W0254148

GEORGIUS
500 AGRICOLA
JAHRE

Herausgegeben von
Friedrich Naumann

Wissenschaftliche Konferenz vom 25. – 27. März 1994
in Chemnitz, Freistaat Sachsen

Veranstaltet von der Technischen Universität
Chemnitz-Zwickau und der Georg-Agricola-Gesellschaft
zur Förderung der Geschichte der Naturwissenschaften
und der Technik e.V.

Birkhäuser Verlag
Basel · Boston · Berlin

Der Herausgeber:

Professor Dr. phil. habil. F. Naumann
Technische Universität Chemnitz-Zwickau
D-09107 Chemnitz

Die Deutsche Bibliothek – CIP-Einheitsaufnahme

Georgius Agricola – 500 Jahre : wissenschaftliche Konferenz vom 25. – 27. März 1994 in Chemnitz, Freistaat Sachsen, veranstaltet von der Technischen Universität Chemnitz-Zwickau und der Georg-Agricola-Gesellschaft zur Förderung der Geschichte der Naturwissenschaften und der Technik e. V. / hrsg. von Friedrich Naumann. – Basel; Boston; Berlin
Birkhäuser, 1994

ISBN-13: 978-3-0348-7160-0 e-ISBN-13: 978-3-0348-7159-4
DOI: 10.1007/978-3-0348-7159-4

NE: Naumann, Friedrich [Hrsg.] ; Technische Universität <Chemnitz-Zwickau>

Gedruckt auf säurefreiem Papier, hergestellt aus chlorfrei gebleichtem Zellstoff
Umschlaggestaltung: Markus Etterich, Basel

9 8 7 6 5 4 3 2 1

Inhaltsverzeichnis

Sektion 2: Agricola und das Bildungswesen seiner Zeit

Sektion 3: Agricola als Diplomat und Politiker

Sektion 4: Agricola und das Hüttenwesen

Vorträge im Rahmen der Jahrestagung der Georg-Agricola-Gesellschaft

Vorwort

24. März 1994 – ein denkwürdiges Datum: ein halbes Jahrtausend ist seit der Geburt eines Mannes vergangen, der jener Zeit in ganz besonderer Weise seinen Stempel aufdrückte und dies in der Absicht, Nützliches, Wertvolles, Tiefgründiges, Außergewöhnliches zu schaffen. Goethe nannte ihn *eine tüchtige und wohl um sich her schauende Natur*, lobte ihn ob seiner Werke, *welche den ganzen Kreis des alten und neuen Bergbaues, alter und neuer Erz- und Steinkunde umfassen und uns als ein köstliches Geschenk vorliegen.*

Welch schöne Worte für einen Menschen, dem das unverfälschte Erbe der Antike ebenso wichtig war wie die im Aufbruch befindliche Wissenschaft zu bereichern und in großer Vielfalt gleichsam zu veredeln. Pädagogik, lateinische und griechische Sprache, Philosophie, Medizin, Historiographie, Numismatik und Metrologie, Geologie und Mineralogie, Berg- und Hüttenwesen, Aufbereitung und Verfahrenstechnik – wer schuf in jener Zeit Vergleichbares und solcherart Facettenreiches in wissenschaftlichem Denken und Wirken, zumal in großem Fleiße niedergeschrieben und für die Nachwelt so auf ewig aufbewahrt?

In diesem Jahr steht dieser große sächsische Humanist und Renaissancegelehrte, dieser *Riese an Denkkraft, Leidenschaft und Charakter, an Vielseitigkeit und Gelehrsamkeit*, deutlicher denn je vor uns, gemahnt gleichermaßen an Gutes wie an umfassende Bildung und Weisheit, nimmt uns auf neue Weise in die tägliche Pflicht.

Ein Geburtstag dieser Art ist nun auch immer ein guter Anlaß, aufs neue den historischen Standort zu bestimmen, die Vielfalt von Erforschtem darzulegen und so das Bild des Wirkens solch eines Giganten der Wissenschaft exakter zu zeichnen. Daß dies vor allem in Chemnitz geschah und von Wissenschaftlern vieler Länder getragen wurde, begründet sich allein darin, daß Agricola fast ein Vierteljahrhundert seines Lebens in den Mauern dieser Stadt zubrachte und dabei einen Großteil seiner wissenschaftlichen Arbeit zu leisten vermochte. Hier vollendete er vor allem das weltberühmte Werk «De re metallica libri XII» und läutete damit die Wissenschaft vom Berg- und Hüttenwesen ein. Daß er sich zudem auch auf Staatsgeschäfte verstand, belegt die viermalige Wahrnehmung des hiesigen Bürgermeisteramtes.

Die Stadt empfindet darüber im besonderen Stolz, und die hiesige Technische Universität, in ihrer reichen Tradition technischer Bildung zutiefst mit der

Frühzeit der industriellen Entwicklung Sachsens verbunden, fühlte sich so auch für die Ausrichtung einer Internationalen Wissenschaftlichen Konferenz zuständig. Im Unterschied zu zurückliegenden Ehrungen in dieser Region, denen politisch bedingte Schranken auferlegt waren, konnte sich an der Konferenz auch die Georg-Agricola-Gesellschaft zur Förderung der Geschichte der Naturwissenschaften und der Technik e. V. beteiligen. Daß mit diesem Buch nun nahezu alle Konferenzreferate, d. h. Fest- und Plenarvorträge wie auch die Vorträge der anschließend abgehaltenen Sitzungen, zudem auch die Vorträge der öffentlichen Jahrestagung der Georg-Agricola-Gesellschaft vorgelegt werden können, kann nur als Bilanz einer erfolgreichen Zusammenarbeit gewertet werden. Somit soll nicht unerwähnt bleiben, daß neben dem umfangreichen wissenschaftlichen Programm sächsische Geschichte und Agricolas Wirken in dieser Region erlebbar gemacht wurden: Exkursionen für alle Tagungsteilnehmer wie auch deren Begleitung führten ins 1000jährige Meißen (Besuch von Porzellanmanufaktur, historischer Altstadt, Albrechtsburg und Dom), in die Bergstadt Freiberg (Untertagebefahrung der Grube Reiche Zeche, Besichtigung der Lehrgrube Alte Elisabeth, Besuch der historischen Altstadt, des Stadt- und Bergbaumuseums, der Mineralogische Sammlungen und des Doms St. Marien mit Konzert an der historischen Silbermannorgel) sowie ins Silberne Erzgebirge (Treibegöpelwerk auf der Augustusburg, Kalkwerk Lengefeld, Bauer-Morgengang bei Marienberg, Stadt Marienberg, Wehrkirchen Lauterbach und Großrückerswalde, Kirche St. Annen in Annaberg, Frohnauer Hammer, Geyersche Pinge, Basaltaufschluß Scheibenberg, Eisenverarbeitung in Schwarzenberg, Wismutbergbau in Hartenstein).

Für den Herausgeber verbindet sich mit dem Vorgelegten zuvörderst ein Dank an all jene, die zum Gelingen der Konferenz beitrugen – das sind vor allem die Kollegen des Vorbereitungskomitees, die Damen und Herren des Tagungsbüros, die an der Texterfassung beteiligten Studenten, Herr Dr. Bernd Sommer bezüglich der redaktionellen Mitwirkung, nicht zuletzt auch Frau Christine Langer als fleißige «rechte Hand des Chefs» – und schließlich die berechtigte Hoffnung, daß das alle Ehrungen verbindende Motto «Wissen schlägt Brücken» auch für den Inhalt dieses Buches zutreffen möge.

Prof. Dr. habil. Friedrich Naumann,
Chemnitz

Georgius Agricola – ein sächsischer Humanist und Naturforscher von europäischer Bedeutung

Hans Prescher (Dresden)

Drei Sentenzen an den Beginn dieses Vortrages zu stellen, sei mir gestattet:

1. *Biographien zu schreiben ist wie der Versuch, die Luft vergangener Zeiten mit der Hand einzufangen* – diesen Satz habe ich vor Jahren im Rundfunk gehört, ohne heute noch sagen zu können, wer diese Aussage machte.
2. *Reiche Einzelerkenntnisse machen allein noch keine Biographie aus* – dieser Satz stammt von dem Berliner Historiker Werner Mittenzwei in einem Aufsatz über Friedrich II, den Großen.
3. *Denn zu einem großen Manne gehört beides: Kleinigkeiten als Kleinigkeiten und wichtige Dinge als wichtige Dinge zu behandeln* – dieser Satz stammt von dem klugen Sachsen Gotthold Ephraim Lessing.

Mit diesen guten Vorsätzen ausgerüstet, bleibt es dennoch ein risikoreicher Versuch, einen Menschen, der immerhin vor einem halben Jahrtausend lebte, so darzustellen, daß seine Biographie uns noch heute vorstellbar wird. Es gibt viel Material, es ist weit verstreut und es macht große Mühe und viel Arbeit, es nicht nur zusammenzubringen, sondern es auch so zu verwenden und vor allem kritisch so zu bewerten, daß ein Lebensbild entsteht, welches weitestgehend den uns bekannten Tatsachen entspricht.

Agricola war und ist in Lehre und Forschung immer bekannt und wurde vielfach zitiert. Wer aber war er nun wirklich? In gebotener Kürze wird hier versucht, die seit Agricolas Tod bis heute vorgestellten Biographien zu analysieren; denn sie alle haben wertvolles Material beigetragen, wenn auch manches Geschriebene den herrschenden Ideen (oder Ideologien) geschuldet war.

Schon sehr frühzeitig wurde versucht, das Leben dieses ungewöhnlichen Menschen darzustellen. Sein junger Freund Georgius Fabricius, der in Chemnitz Nachbarskind und der Agricola in herzlicher Freundschaft und Bewunderung lebenslang zugetan war, hatte schon bald nach Agricolas Ableben den Plan gehabt, wichtige Briefe wissenschaftlichen Inhalts von den Empfängern wieder zu erwerben, um eine Briefedition mit einer Biographie herauszugeben. Doch der Plan scheiterte, nicht zuletzt auch durch den Widerstand der Familie Agricolas selbst.

Vierunddreißig Jahre nach Agricolas Tod schrieb 1589/90 der Churfürstlich Sächsische Sekretarius Petrus Albinus die erste umfängliche Biographie Agricolas. Er erwähnte, daß ihm sein Großvater, *Johannes Hibsch uffm Schneeberg* noch von Agricola erzählt hatte, auch kannte er offenbar noch Dokumente in den Archiven, die er einsehen konnte, die später verloren gingen. (Albinus 1589, S. 353–356; 1590, S. 4–5).

Es mußten wiederum 163 Jahre ins Land gehen, ehe umfangreiche biographische Angaben über Agricola publiziert wurden. Der Rektor des Gymnasiums Zittau Adam Daniel Richter veröffentlichte 1763 eine – wie zu seiner Zeit vielerorts übliche – Chronik der Stadt Chemnitz. Hatte Albinus Agricola noch in den Rahmen einer Geschichte Sachsens gestellt, so fand er diesmal seinen Platz unter den übrigen Herren des Rates der Stadt. Auf insgesamt 28 Druckseiten gab Richter einen ausführlichen Lebensbericht, wobei er noch einige bis dahin unbekannte Dokumente einreihen konnte. Diese Biographie ist äußerst ambivalent. Einerseits lobt er ihn mit folgenden Worten: *Es ist aber unser Agricola nicht nur ein großer Physicius und in Bergwerks-Wissenschaften aller Welt Lehrmeister gewesen!* Aber er schrieb auch, daß er meineidig geworden sei und im Schmalkaldischen Krieg aus Angst die Stadt verlassen habe. *Es bringt dahero dieser Umstand unserem Agricola schlechte Ehre, und zeugt von einem schlechten Gewissen und vieler Untreue auch in bürgerlichen Dingen ... und im Christlichen Ursache gehabt haben, sich über seinen blinden Religionseifer zu beklagen.* Nicht weniger als sechs Druckseiten widmete Richter den Vorkommnissen um die Beerdigung Agricolas und deren zwiespältigen Widerhall. Diese weitschweifige Ausführlichkeit veranlaßte 1806 den nächsten Biographen Agricolas, den Freiberger Bergbeamten Friedrich August Schmid zu den Worten, *einem weitläufigen Resonnement ohne Zweck.* Aber erst in unserem Jahrhundert wurden Richters üble Verleumdungen von Strauss (1955) als solche zurückgewiesen.

Die erste Dissertation über Agricola schrieb Johann Heinrich Jacobi 1888 an der Universität Leipzig. Hierbei – und das gilt auch für die beiden anderen Doktorarbeiten – stand das Biographische nicht mehr im Mittelpunkt, es wurde über Spezialthemen gearbeitet. Jacobi beschrieb und analysierte Agricolas Mineralsystem. Bei den späteren Arbeiten standen philosophische (Herlitzius 1960) bzw. metrologische Probleme (Ladwig 1988) zur Diskussion.

Eine der maßgebendsten Biographien, die auch noch heute modernen Ansprüchen genügt, stammt von Reinhold Hofmann, der sie zuerst 1898 in Aufsatzform in den Schönburgischen Geschichtsblättern publizierte, ehe er sie 1905 als

Buch herausgab. Dieses Buch ist auch heute noch als Quelle unentbehrlich und fand – vor allem auch im Ausland – Anklang und Aneignung, einschließlich einiger Fehler. Daher war aber auch ein gewisser Höhepunkt in der zusammenfassenden Darstellung von Leben und Werk Agricolas erreicht. Andererseits kam es nun durch subtile archivalische Arbeiten – für die Otto Clemen in Zwickau, Paul Uhle und viel später Rudolph Strauss in Chemnitz zu nennen sind – zu beachtenswerten Detailergebnissen, die uns den Lebenslauf Agricolas immer besser verstehen ließen.

Als 1912 mit Herbert Clark Hoover, der spätere Präsident der USA, die Renaissance der Neuausgabe der Werke Agricolas in aller Welt begann, wurden diesen Editionen naturgemäß einleitend biographische Skizzen beigegeben. Sie sind von ganz unterschiedlicher Quantität und auch Qualität. Daran hat sich bis heute nicht viel geändert.

Im Jahre 1950 begann die Arbeit an der Agricola-Gedenk-Ausgabe des Staatlichen Museums für Mineralogie und Geologie zu Dresden. Dabei stand vor uns die Aufgabe, Agricolas Leben und Wirken neu darzustellen, denn die älteren Arbeiten, vor allem die Hofmanns, waren längst vergriffen. Der Altphilologe und Historiker Helmut Wilsdorf in Freiberg übernahm diese Arbeit, die als Band I der oben genannten Ausgabe 1956 erschien. Aber auch hier mußten sich Autor (und Herausgeber) auf längst Bekanntes verlassen. Nur relativ wenig Neues konnte beigebracht werden. Dabei muß man die Zeitumstände noch in Betracht ziehen. Nach dem zweiten Weltkrieg waren einfach viele Archive nicht oder nur begrenzt benutzbar. Diese Biographie hat aber in den letzten Jahrzehnten für viele Arbeiten als wissenschaftlich fundierte Basis gedient. Populärwissenschaftliche Biographien erschienen 1953 von Hartmann und unter dem wirksamen Titel «Agricolabüchlein» 1955 von U. Horst.

Die Agricola-Bibliographie 1520–1963 gibt auf 25 Seiten Autorenregister 1840 Autoren an. Man darf sagen, daß über Agricola in über 474 Jahren viel Beachtenswertes geschrieben worden ist. Manches davon war auch nur für den Tag gedacht und hat vieleicht nur noch (oder kaum noch?) historisches Interesse. Alle Arbeiten sind aber ein Zeugnis von der Größe Agricolas. Reformation, Humanismus, Renaissance, Zeitalter der Entdeckungen, Beginn der modernen Naturforschung sind Schlagworte, welche die Zeitspanne umfassen, in der Agricola lebte. Für diese Schlagworte sind Namen von großen Menschen repräsentativ. Für die Reformation Luther, Zwingli und Calvin, für den Humanismus Erasmus von Rotterdam, Melanchthon und von Hutten, für die Renaissance-Kunst Dürer, Cranach, Holbein, Riemenschneider und Stoss, für die Entdeckungen Kolumbus und Magallan, für die Naturforschung Copernicus, Paracelsus, Gesner und eben Agricola. Neben diesen hellen Zeiten dieser Zeit gab es auch die dunklen: Pest, innere und äußere Kriege und große soziale Auseinandersetzungen – wie eben den Bauernkrieg.

Zwei Regionen waren es, die Agricola nachhaltig beeindruckt haben: Sachsen-Böhmen und Italien. In beiden Gebieten herrschten damals eine hohe kulturelle Blüte, materieller Wohlstand und lebendiges wissenschaftliches Leben. Bauten, wie die fürstlichen Residenzen in Torgau, Dresden und Freiberg, Kirchen in St. Annaberg, Schneeberg und Brüx zeugen noch heute von der künstlerischen Blütezeit. Italien war trotz politischer Zersplitterung von einer ungeheuren vielseitigen kulturellen Fülle durchsetzt, nur drei Namen seien stellvertretend genannt: Michelangelo (dessen Pieta im Petersdom zu Rom Agricola 1546 – wenn auch falsch – mineralogisch beschrieb), Tizian (der Kaiser Karl V. in der Schlacht von Mühlberg 1547 malte) und Raffael (dessen Sixtinische Madonna zu den erhabensten Schätzen der Dresdner Gemäldegalerie gehört).

In dieser ungeheuren spannungsreichen Zeit wurde am 24. März 1494 dem Tuchmacher Gregor Pawer in der kleinen Residenzstadt Glauchau an der Zwickauer Mulde und in der Herrschaft Schönburg gelegen, ein Sohn geboren, der den Namen Georg erhielt. Vom Vater wissen wir nur, daß er zwei Tage im Jahr für die Herrschaft frohnen mußte, und daß er vielleicht etwas jähzornig war. Er hatte im Wirtshaus einem Zecher eine Kanne Bier an dessen Kopf zerschlagen. Dafür mußte er Strafe zahlen, daher wissen wir seinen Namen. Die Mutter war brav, kam in kein Gerichtsbuch, und daher wissen wir überhaupt nichts von ihr, weder Vor- noch Mädchenname. Die Familie war nicht unbemittelt. Von vier Söhnen studierten drei, und die drei Töchter heirateten in angesehene Glauchauer Familien ein. Der junge Georg besuchte die Parochialschule seiner Vaterstadt. Im Alter von etwa zwölf Jahren wechselte er auf die Lateinschule nach Chemnitz über, wo er sicherlich die Anfangsgründe der lateinischen, vieleicht sogar der griechischen Sprache erlernte. Welche Gründe ihn veranlaßten, 1511 Magdeburg zu besuchen, wissen wir nicht.

Als *Georg Pawer* schrieb er sich 1514 am Georgstag an der Universität Leipzig ein. Diese Universität befand sich damals in einem geistigen Umbruch. Der Humanismus forderte energisch Einlaß trotz vieler ernster Widerstände, vor allem von Seiten der Theologen. Aber Herzog Georg der Bärtige von Sachsen, der für das geistige und materielle Wohl der Universität die Verantwortung trug, holte bedeutende Vertreter der neuen Geistesrichtung an die alma mater Lipsiensis. Zwei Professoren waren es, die einen bedeutenden Einfluß auf den jungen Studenten ausübten. Da war zunächst der Graecist Richard Crocus, ein Engländer, und ab 1517 der Latinist und Theologe Petrus Mosellanus (der eigentlich Peter Schade hieß und aus Bruttig an der Mosel stammte). Vor allem der nur ein Jahr ältere Mosellanus beeinflußte ihn ganz entscheidend dadurch, daß er ihn mit der Gedankenwelt des Fürsten der Humanisten, Desiderius Erasmus von Rotterdam, bekannt machte. Es war vor allem dessen Forderung nach der geistigen Unabhängigkeit der Menschen, die ihn faszinierte. Schon 1515 hatte er den untersten akademischen Grad, den eines *Baccalaureus artium*, erworben. Es ist seltsam, daß er – obwohl er nach eigenem Zeugnis 1517/1518 griechische Vorlesungen hielt – nicht Magister wurde. 1518 verließ er Leipzig. Vorher hatte er sich, der Sitte der Zeit entsprechend, den Namen zugelegt, unter dem er später weltberühmt wurde: Georgius Agricola.

Auf Bitten seines Schulfreundes Stephan Roth in Zwickau und auf Empfehlung seines Lehrers Mosellanus nahm er eine Stelle als *Supremus* (Konrektor) an der Lateinschule in Zwickau an. Das Schulwesen in der Muldenstadt, die von großen sozialen Spannungen in der Bürgerschaft erfüllt war, befand sich in einer länger währenden Reorganisation. In die verschiedenen Querelen wurde er direkt einbezogen, bis er 1519 Rektor der nun neugeschaffenen Ratsschule, einer Einrichtung also, die nicht mehr der Kirche, sondern der Stadt unterstand. Zu Beginn seiner Zwickauer Tätigkeit griff er direkt auch in die religiösen Streitigkeiten ein, er verfaßte ein Epigramm gegen den Ablaßhandel. Thomas Müntzer nannte ihn in einem Brief an Luther als Mithelfer bei einer theologischen Streitfrage gegen einen auswärtigen Priester. Aber bald wandte er sich von diesen Dingen ab und widmete sich nun nur noch dem Aufbau seiner Schule. Seine pädagogischen Ziele waren hoch gesteckt, vielleicht zu hoch. Er verfaßte 1520 eine Lateingrammatik, die gedruckt in Leipzig erschien, weitere pädagogische Schriften gingen verloren. Nach Müntzers Weggang war in der Bevölkerung die Begeisterung für eine humanistische Bildung sehr geschwunden, den biederen Bürgern hätte es genügt, wenn ihre Kinder Lesen, Schreiben, Rechnen und etwas Singen gelehrt bekommen hätten. So kam es bald zu Schwierigkeiten und Vorwürfen, und Agricola wird vermutlich relativ leichten Herzens zu Walpurgis 1522 – Luther predigte an diesem Tag in Zwickau gegen die Schwärmer – die Stadt verlassen haben.

Er begab sich wiederum nach Leipzig, wo er bei dem Medizinprofessor Heinrich Stromer von Auerbach wohnte (in dessen Keller später Faust seinen Faßritt unternahm). Zunächst schrieb er zwei kleine religiös geprägte Sendschreiben, die allerdings ohne größeren theologischen Tiefgang waren, sie zeigten vielmehr schon damals seine große Literaturkenntnis in den Kirchenvätern und in der Bibel. Damit war er ein typischer Humanist, der mit seinen Kenntnissen brillieren wollte. Insgeheim schwankte er, ob er vielleicht doch Theologie studieren sollte – schließlich hatten ihm die Zwickauer dafür eine Pfründe vermacht – oder ob er sich der Medizin zuwenden möchte. Er löste dieses Problem dadurch, daß er für ein paar Jahre nach Italien reiste.

In Italien, dem damals gelobten Land für Kunst und Wissenschaft, studierte er in Bologna, eventuell auch in Padua, Medizin. An einer Universität erwarb er irgendwann den akademischen Grad eines Doktors der Medizin. Agricola sah sich auch sonst im Land um, war in Rom, besuchte Neapel, bestieg vielleicht sogar den Vesuv und lebte einige Zeit in Venedig. Im Haus des Verlegers Andreas

Asulanus war er an der Herausgabe der Werke der griechischen Ärzte Galenos und Hippokrates beteiligt. Dieses Studium der antiken Mediziner war für ihn von besonderer Bedeutung, lernte er doch dabei weitere Mitarbeiter, vor allem aus England, kennen. Er vervollständigte seine Sprachkenntnisse, lernte sogar etwas Arabisch. Mit reichen Erkenntnissen und Erfahrungen versehen, kehrte er 1526 nach Sachsen zurück.

Zunächst begab sich Agricola nach Zwickau, siedelte aber bald nach Chemnitz über. Dort – oder in Schneeberg – heiratete er die Witwe des herzoglichen Zehntners von Schneeberg Matthias Meyner, Frau Anna geborene Arnold aus Chemnitz. Freunde, die viel über ihn vermochten, rieten ihm, das Amt des Stadtarztes und -apothekers im benachbarten St. Joachimsthal anzunehmen. Dies tat er 1527 und zog in die junge, gerade zehn Jahre alte Bergstadt am Südfuße des Erzgebirges. Hier lernte er im damals wohl modernsten Erzbergbaurevier Mitteleuropas die Welt von Bergbau und Hüttenwesen gründlich kennen. Das Berggeschrei *In's Thal, In's Thal, mit Mutter, mit All* hallte durch das Reich. Bergleute aus Sachsen, Tirol, dem Harz, den Karpaten und vor allem aus Böhmen eilten herbei. Sie wollten alle an dem sagenhaften Silberreichtum teilhaben. Es gab unter ihnen manche geschwinde Leute; Abenteurer und Betrüger. Agricola verkehrte natürlich zunächst mit den Vertretern der Obrigkeit. Sie waren allesamt tüchtige Männer und im Bergbau erfahren, so der Berghauptmann Heinrich von Könneritz, der Bürgermeister Lukas Schippgen, der Stadtschreiber Bartholomaeus Bach aus Geyer, der gelehrte Schulmeister Petrus Plateanus, ein Wallone aus der Gegend um Lüttich, der Hüttenschreiber Lorenz Wermann und schließlich noch die Familie der Grafen Schlick, der Herren von St. Joachimsthal. Sie alle berieten ihn über das Montanwesen. Aber Agricola fuhr selbst in die Schächte und Stollen ein und sah dem Bergmann vor Ort bei seiner schweren Arbeit zu. Dabei erkannte er – und das muß ein Schock für ihn gewesen sein –, daß jeder Bergmann mehr und besser über die Minerale, vor allem über die Erze, über Gesteine und über die imposanten Bergbaumaschinen, die man treffend *Künste* nannte, Bescheid wußte, als alle antiken Autoren zusammengenommen. Er sammelte Erfahrungen und Kenntnisse und hatte die antiken Autoritäten fleißig studiert. Wir kennen die Mahnung eines Nürnberger Buchhändlers von 15 Talern für Buchschulden, das war eine enorme Summe. Seine Kenntnisse legte er in einem kleinen Buch vor, das er «Bermannus sive de re metallica», ein Dialog über den Bergbau, nannte, gewidmet Lorenz Wermann, latinisiert Bermannus. Er schrieb es in Form eines lukianischen Dialoges; diese Form wählte er, weil sie ihm gestattete, aufgeworfene Fragen offen zu lassen. Und deren gab es viele. Der Dialog war sein wissenschaftliches Arbeitsprogramm, das er Zeit seines Lebens strikt durchführte. Es war Erasmus, der dieses Werk mit einer Widmung versah und es auf Bitten von Plateanus im Verlag Froben in Basel zu Druck beförderte; es erschien 1530.

Aber auch zu hochaktuellen politischen Tagesfragen nahm Agricola Stellung. Als 1529 die Osmanen vor Wien standen und das Reich und den christlichen Glauben bedrohten, machte Agricola seinen damaligen Landesherren, König Ferdinand I, Bruder Kaiser Karls V. und alle deutschen Fürsten überhaupt, aufmerksam, sich ihrer patriotischen Pflicht zur Rettung des Vaterlandes zu erinnern und in Eintracht gegen den Feind zu ziehen. Er schrieb 1530 eine lateinische Schrift, die sein Freund Lorenz Wermann sofort verdeutschte und die unter dem Titel «Rede von der Notwendigkeit des Krieges gegen die Türken» gleichzeitig in Dresden und in Nürnberg 1531 erschien.

Agricola gab 1531 seine Ämter in St. Joachimsthal auf und siedelte in das katholische albertinische Herzogtum Sachsen über und wurde endgültig in Chemnitz seßhaft. Warum ging er dorthin? Hatten ihn die Chemnitzer zu ihren Stadtarzt gewählt? War es wegen seiner Frau, die dort ein Haus besaß, oder war es der Wunsch, in einem katholischen Land leben zu wollen, denn er war Katholik geblieben. Vielleicht spielten alle drei Gründe eine Rolle. In Chemnitz war er wieder als Stadtarzt tätig. Als Freihaussasse unterstand er direkt dem Herzog bzw. dessen Amtmann, er wurde nicht Bürger von Chemnitz.

Die Chemnitzer Zeit Agricolas läßt sich in zwei Perioden einteilen: Die erste reichte von 1531 bis 1546, in ihr betrieb er hauptsächlich Grundlagenforschung. Die zweite Periode reichte von 1546 bis zu seinem Tode, in ihr war Agricola sehr stark kommunalpolitisch tätig.

Zunächst befaßte sich Agricola mit Maßen und Gewichten. Es war ihm als praktizierender Apotheker aufgefallen, daß jedes Ländchen sein Quentchen besaß. Kein Apotheker konnte mehr alle die noch aus der Antike überlieferten Rezepte richtig zusammensetzen. Aber er hatte auch bemerkt, daß andere Zeitgenossen über dieses Problem nachdachten und Werke publizierten. Er fragte deshalb 1531 bei Erasmus an, ob er gegen diese Autoren etwas schreiben könne, ohne sie zu verletzen. Erasmus ermutigte ihn zu seiner Arbeit; so beendete er sie mit einem Widmungsschreiben an den soeben zu Macht gekommenen ernestinischen Kurfürsten Johann Friedrich. Unter dem Titel «De mensuris et ponderibus» (Maße und Gewichte), erschien der Band 1533 in Basel. Er hatte dieses Werk in nur zwei Monaten druckreif gemacht, dabei blieben einige Druckfehler stehen, auf die ihn Petrus Plateanus, der in Marburg Medizin studierte, aufmerksam machte. In seiner Antwort darauf, dem sogenannten «Plateanus-Brief» gab 1534 Agricola einige grundsätzliche Bemerkungen über Bewertung und Zielsetzung wissenschaftlicher Arbeit, über Neid und Mißgunst unter Gelehrten und über hilfreiche Kritik. Als im Bergbau Kundiger hatte er im erst 1528 fündig gewordenen Abertham sich am Betrieb beteiligt und aus der Grube Gottesgabe viel Ausbeute erhalten, so daß er am 1. September 1533 dem Abt Hilarius von Rehburg vom Benediktiner-Kloster in Chemnitz 1000 Rheinische Gulden leihen konnte. Aber auch aus der Ferne wurden an ihn Anfragen über

Bergbaufragen gerichtet. So wollte am 16. Oktober 1534 Herzog Heinrich der Jüngere von Braunschweig ein Gutachten von ihm über seine Gruben im Harz haben. Das konnte und wollte sicherlich auch Agricola nicht geben, so daß sich die Sache verlief.

Zehn Jahre nach seiner Rückkehr aus Italien schrieb Agricola am 1. Februar 1536 an den Rat der Stadt Zwickau und berichtete, was es mit der unbekannten Inschrift auf der Reliquie mit einem Splitter vom Kreuz Jesu, das Martin Römer der Marienkirche Zwickau gestiftet hatte, auf sich hatte. In Italien hatte er zuerst in Bologna und dann in Venedig viel Zeit und Mühe verwandt, jemand zu finden, der die Schrift kannte. Es gelang ihm, und es stellte sich heraus, daß es kyrillische Buchstaben waren. Der Rat bedankte sich höflich dafür und spendete ihm – nicht ganz ohne Druck von seiner Seite – einen silbernen Pokal im Wert von 15 Gulden. Es ist übrigens interessant, daß sein alter Freund Stephan Roth, der damals Stadtschreiber war, den lateinischen Brief für seinen Ratsherren sofort verdeutschte, wobei er einige Insider-Nachrichten mit einfließen ließ.

Die 1537 übernommene Vormundschaft über die Kinder seines Nachbarn Jobst Wildeck brachten ihm in der Zukunft viel Ärger. Das begann schon 1538, denn eine Tochter, Katharina Wildeck, war nämlich Nonne im Jungfrauenkloster in Freiberg geworden. Als ihr Vormund schickte Agricola eine bestimmte Geldsumme zu ihrem Lebensunterhalt. Als sie aber 1538 zum evangelischen Glauben übertrat, strich er das Geld. Darüber beschwerte sich die Priorin beim Rat der Stadt und forderte diesen auf, Agricola zur Zahlung zu ermahnen. Wir wissen nicht, wie die Sache ausging. Als gläubigen Katholik war es für Agricola sicherlich nicht leicht, sich mit den neuen Gegebenheiten, nämlich der Einführung der Reformation im übrigen Herzogtum Sachsen, abzufinden. So warnte ihn auch sein Freund Professor Wolfgang Meurer am 22. August 1539, denn die Einführung der neuen Lehre ging nicht überall ohne Härte vor sich. Aber Agricola blieb unbehelligt. Sein Bruder Christoph Pawer, der in Glauchau sein Haus verkauft hatte, zog 1540 ebenfalls nach Chemnitz. Warum wohl? Doch nicht etwa seines berühmten Bruders wegen? Sollten nicht ältere familiäre Verbindungen nach Chemnitz bestanden haben, die wir noch nicht kennen? War vielleicht die Mutter eine Chemnitzerin gewesen?

Um diese Zeit aber verstarb seine Frau Anna. Der Mitvierziger heiratete etwa 1542 sein erst 17jähriges Mündel Anna Schütz. Sie war eine Tochter des Bürgermeisters und Besitzers der Kupferhütte Chemnitz, Ulrich d. J. Schütz und seiner Ehefrau Christina (deren Vormund Agricola nach Ulrich Schützs Tod war). Damit heiratete er in eine der angesehensten und reichsten aber auch streng katholischen Familien ein. Agricola war jedoch ebenfalls nicht unvermögend, denn wie die Türkensteuerregister von 1542 ausweisen, gab er 2300 Gulden als seinen Besitz an.

Auch im Lande hatten sich wichtige Veränderungen ereignet. Im Jahr 1541 war Herzog Heinrich der Fromme (er erhielt diesen Beinamen, weil er die Reformation eingeführt hatte) gestorben. Sein junger, energischer Sohn Herzog Moritz war bemüht, die politische und wirtschaftliche Basis seines Landes zu festigen. So scharte er Gelehrte um sich bzw. zog sie durch Gewährung bestimmter Privilegien an sich, so auch Agricola. Am 15. Juni 1543 erneuerte er in der sogenannten Freihausurkunde Steuerfreiheit für das Haus seiner Frau, Befreiung vom Stadtrecht und von allen öffentlichen Ämtern, damit er sich seinen wissenschaftlichen Studien widmen könne, und so durfte er auch fremde Biere einkaufen.

Vermutlich 1543 wurden seine Tochter Irene und 1545 sein Sohn Valerius geboren. Inzwischen war Agricola dabei, seine großen Werke zur Mineralogie fertigzustellen, wobei er Nachrichten aus aller Welt zusammentrug. Darüber ist ein origineller Brief bekannt geworden, der von einem Besuch der zwei Theologie-Professoren Paulus Eber und Caspar Cruciger aus Wittenberg handelte. Beide waren auf einer naturwissenschaftlichen Reise im Erzgebirge und kehrten bei Agricola ein, baten ihn zum Essen. Dabei kam das Gespräch auf den Zweck der Exkursion, die im Herbst 1545 erfolgte. Agricola machte sie mit seinen wissenschaftlichen Ergebnissen bekannt, worüber die Reisenden begeistert waren. Aber auch Eber konnte etwas vorweisen. Er zeigte eine Tafel mit den Schichten der Kupferschieferfolge von Mansfeld. Darüber war nun wieder Agricola erstaunt, denn er kannte sie nicht. Er bat Eber, ihm die Tafel einige Zeit zu leihen. Eber, von der langen Reise etwas durstig, hatte wohl ein wenig zu tief ins Glas geguckt. In dieser weinseeligen Verfassung schenkte er Agricola diese Tafel, obwohl sie ihm gar nicht gehörte, sondern dem Mansfelder Gewerken Phillipp Gluenspiess. Aus dem langen Entschuldigungsschreiben vom 21.Oktober 1545 kennen wir diese Episode.

Zwischen dem 1. März 1544 und dem 21. März 1546 beendete Agricola nicht weniger als fünf umfangreiche mineralogisch-geologische Werke, die er in der Hauptsache Herzog Moritz, aber auch seinem Jugendfreund Georg Komerstadt und Wolfgang Meurer widmete. Diese Werke erschienen 1546 als großer Sammelband bei Froben in Basel. Diese Schriften erhoben ihn im 18./19. Jahrhundert zum «Vater der Mineralogie».

Der Konflikt zwischen den Zentralmachtbestrebungen des Kaisers und den ihm entgegenstehenden Interessen der Territorialfürsten trieb dem Höhepunkt zu. Der Krieg zwischen dem katholischen Kaiser Karl V. und dem im Schmalkaldischen Bund unter Führung des sächsischen Kurfürsten Johann Friedrich vereinten evangelischen Fürsten war nicht mehr aufzuhalten. Herzog Moritz hatte sich auf die Seite des Kaisers geschlagen und stand nun gegen seinen protestantischen Vetter, den Kurfürsten. Das hatte in der Bevölkerung seines Landes immer viel Unverständnis eingebracht, ja man nannte ihn sogar den

«Judas von Meißen». Agricola aber, der im Kaiser des Heiligen Römischen Reiches deutscher Nation den legitimen Nachfolger des Imperium Romanum sah und dazu noch als Verteidiger einer ungespaltenen Kirche unterstützte Moritz wegen seiner Treue zum Reich. Moritz verfolgte allerdings im Geheimen ganz andere Pläne, die aber Agricola noch nicht durchschauen konnte. Herzog Moritz war im Vorfeld des Krieges bemüht, in den wichtigsten Städten seines Territoriums Männer seines Vertrauens an die Spitze der Städte zu setzen. So annulierte er im Mai 1546 den vom Rat von Chemnitz gewählten Bürgermeister und setzte dafür Agricola ein. Um das Amt überhaupt antreten zu können, mußte er erst einmal Bürger werden. Am 6. Mai 1546 fand nun die erste Ratssitzung unter seiner Leitung statt.

Am 11.August 1548 vollendete er ein höchst merkwürdiges Werk unter dem Titel «De animantibus subterraneis» (Die Lebewesen unter Tage), das er seinem jungen Freund Georgius Fabricius widmete und das 1549 erstmalig in Basel erschien.

Als Ratsherr blieb er mit den Geschäften der Stadt eng verbunden. So reiste er im August 1548 nach Dresden, um wegen Fragen des Klosters zu verhandeln und um die Jahreswende 1548/49 auf den Landtag nach Leipzig. Dort verhandelte man über das sogenannte «Leipziger Interim», eine von Melanchthon erarbeitete und vom Kaiser gebilligte Vereinbarung, die die Wiederherstellung der bischöflichen Machtbefugnisse, des Fastens, Feiertage etc. vorsah. Agricola begrüßte dieses Interim, es entsprach in vielem seinen der erasmianischen Mitte zugewandten Ansichten. Es wurde im Juli 1549 Landesgesetz. Im Februar 1549 mußte er seinen Bruder Christoph Pawer in Chemnitz begraben. Vom 10. März bis zum 17. August 1549 vollendete Agricola nicht weniger als fünf teilweise recht umfängliche Arbeiten über Maße, Gewichte und Münzen. Er widmete sie neben dem kurfürstlichen Brüderpaar Kurfürst Moritz und Herzog August von Sachsen hohen sächsischen Hofräten, nämlich Ernst von Miltitz, Christoph von Carlowitz, Hieronymus Kiswetter und Georg Kommerstadt und wiederum Georgius Fabricius. Dieser umfangreiche Sammelband erschien 1550 in Basel.

Bei der Wichtigkeit der Taufe zur damaligen Zeit ließ Agricola am 14.April 1550 seinen Sohn Theodor in der evangelischen Stadtkirche Chemnitz taufen. Wiederum war Agricola in diesem Jahr mehrfach für den Rat auf Reisen, so z.B. in Dresden und Torgau.

Ein wichtiges Datum ist der 1. Dezember 1550. An diesem Tag datierte er seinen Widmungsbrief an Kurfürst Moritz und Herzog August zu seinem Werk «De re metallica». Damit war im Text ein Werk vollendet, an dem er mindestens seit seiner Zeit in St. Joachimsthal gearbeitet hatte. Er hatte dafür keine Vorbilder, und auch der Stoff stellte etwas gänzlich Neues dar, nämlich eine Gesamtdarstellung aller Prozesse im Berg- und Hüttenwesen seiner Zeit.

Wiederum zum Bürgermeister wurde Agricola am 16.April 1551 bestimmt. Die Vorgänge dieser Wahl sind noch nicht völlig geklärt. Wir wissen aus dem Türkensteuer-Verzeichnis von 1551, daß Agricola 7579 Taler versteuerte, er gehörte damit zu den reichsten Bürgern der Stadt, der außerdem in der Vorstadt Niklasgasse ein Grundstück besaß. Am 23.März 1552 ließ er auch seine Tochter Anna taufen. Wegen der Schwangerschaft seiner Frau war er vermutlich nicht auf dem stürmisch verlaufenden Landtag in Torgau gewesen, auf dem am 8. März 1552 Kurfürst Moritz den Landständen eröffnete, daß er gegen den Kaiser zu Felde ziehen müsse. Dieser als Fürstenrebellion bekannte Feldzug hat Agricola sehr betroffen gemacht, da er als kaiser- und reichstreuer Katholik diesen Krieg nicht billigen konnte. Er wird daher erleichtert sein Bürgermeisteramt am 28. April 1552 abgegeben haben.

Dieser Krieg, der Deutschland von März bis April 1552 überzog, schmerzte Agricola nach seinen eigenen Worten mehr als die Pestepidemie, die das Land Meißen verheerte. Wie jeder Stadtarzt, war auch Agricola verpflichtet, eine Schrift über diese Krankheit zu schreiben und wie man sich vor ihr schützen könne. Er tat dies sehr ausführlich, natürlich in Latein. Das half dem einfachen Mann naturgemäß wenig, zumal das Buch «De Peste» (die Pest) erst 1554 erschien als diePest schon erloschen war. Aber Agricola wußte, daß die Seuche ansteckend war. Dagegen wandte er eine ganz praktische Methode an, die er einst in Venedig kennen gelernt hatte. Er isolierte die Kranken außerhalb der Stadtmauer in einem Haus ... und hatte Erfolg. Die Zahl der Toten blieb in Chemnitz in engen Grenzen, jedoch fiel der Pest sein Schwiegersohn, der Apotheker Gregor Ziegler, zum Opfer.

Zum vierten Male übernahm Agricola am 20. April 1553 das Amt des Bürgermeisters. Inzwischen hatten sich auch bemerkenswerte politische Dinge ereignet. Kurfürst Moritz war am 11. Juli 1553 seinen in der Schlacht bei Sievershausen erlittenen Verwundungen erlegen. Sein Bruder Herzog August übernahm am 18. August die Kur, und unter seiner Leitung fand schon am 21. August in Leipzig der erste Landtag statt, an dem Agricola teilnahm. Einen ärgerlichen Streit zwischen der Stadt Chemnitz und dem Amtmann Jörg Österreicher konnte man unter Agricolas Vermittlung im Tag von Mittweida am 23. November beilegen. Aber einen ernsthaften persönlichen Streit zwischen Agricola und dem Stadtvogt Paul Neefe mußte der Rat unter Androhung hoher Geldstrafen im Dezember schlichten. Das wirft ein Bild auf den Charakter der beiden Kontrahenten. Sie müssen rechte Dickschädel gewesen sein. Der Grund des Zwistes wurde im Protokoll fast ängstlich verschwiegen.

Agricola gab Anfang April 1554 das Amt des Bürgermeisters ab und widmete sich intensiv historisch-genealogischen Studien. Das Ergebnis war die Schrift «Die Sippschaft des Hauses Sachsen». Er schloß sie am 1.Oktober 1555 ab und übergab sie Kurfürst August, der sie erneut in Auftrag gegeben hatte, nachdem Kurfürst Moritz schon vor Jahren ein solches Werk wünschte. Aber auch als Stadtrat war er mehrfach tätig. Im Januar 1555 fanden in Grimma Verhandlungen zwischen der Stadt Chemnitz und den Ratsdörfern und Rittergutsbesitzern im Bereich der städtischen Bannmeile statt. Es ging um den Schutz der Privilegien. Der Grimmaer Vertrag war eine Art Gesamtfestlegung zwischen den Parteien. Aber Vertragstext und Realisierung standen hier wiederum im Verhältnis von Anspruch und Wirklichkeit.

Im Alter von zwölf Jahren starb seine Tochter Irene und wurde am 12. Februar begraben. Da im Grimmaer Vertrag ein Hauptproblem auch die Tranksteuer war, nimmt es nicht Wunder, daß Agricola sozusagen als Sachverständiger vom 4. bis 7. April auf den Landtag nach Torgau reiste, wo gerade aber eine solche Steuer für das ganze Land verhandelt wurde. Agricolas letzte amtliche Tätigkeit führte noch in die Zeit des Schmalkaldischen Krieges zurück. Von den Oppositionellen gegen Herzog Moritz gelang es Jobst Thiel zu fliehen. Aber da er in Chemnitz sein Haus und seine Familie zurücklassen mußte, stellte er 1555 den Antrag an Kurfürst August, wieder nach Hause zurückkehren zu dürfen. Der Kurfürst fragte in dieser Angelegenheit bei dem damaligen Ankläger nach, der konnte keine Antwort geben, denn es hatte ja keinen Prozeß gegeben. In seiner Antwort verwies er aber auf Agricola. Also schickte er am 23. August 1555 einen Boten nach Chemnitz. Natürlich konnte auch Agricola nichts dazu sagen. Aber er gab dem Kurfürsten den Rat, einmal in seiner eigenen Kanzlei *Bericht suchen müssen.* Das war stark, aber es half, denn ein paar Tage später wurde Thiel wieder in Kursachsen aufgenommen!

Im Oktober erkrankte Agricola plötzlich an Fieberanfällen und starb am 21. November 1555 in Chemnitz im Alter von 61 Jahren und wurde am 26. oder 27. November im Peter-Pauls-Dom zu Zeitz begraben. Wie war es zu dieser ungewöhnlichen Maßnahme gekommen, denn es war Sitte, den Bürgermeister in der Stadtkirche beizusetzten? Am 25. September 1555 war der Augsburger Religionsfrieden abgeschlossen worden, dessen Ergebnis für die weltlichen Stände in aller Kürze lautete: *Cujus regio, hujus religio!* Andersgläubige bekamen keine Religionsfreiheit zugebilligt, sondern nur das Recht zur Auswanderung. Agricola war Katholik geblieben, Kursachsen war evangelisch. Die Stellung des jungen Kurfürsten August war innerhalb des Reiches noch unsicher. Er durfte keine Fehler machen, denn Herzog Johann der Beständige versuchte immer wieder seine verloren gegangene Kurwürde zurück zu erlangen. Somit konnte es Kurfürst August auf keinen Fall zu einem Präzedenzfall kommen lassen, er konnte sich keine Konfrontation mit dem Kaiser erlauben. So mußten er bzw. seine Räte in Dresden – der Herrscher war damals zur Jagd außerhalb der Residenz – den um Rat wegen der Beerdigung suchenden Chemnitzer Superintendenten Tettelbach ein solennes Begräbnis verweigern. Es ist – bewußt oder unbewußt, je nach ideologischer Position der Historiker – übersehen worden, daß der Kurfürst nicht prinzipiell ein Begräbnis verweigerte, sondern nur ein feierliches, nach katholischem Ritus verlaufendes, verbieten mußte. Die standesbewußte Witwe hielt das aber für unwürdig. Sie wandte sich deshalb an Agricolas Studienfreund, den im Range eines Reichsfürsten regierenden katholischen Bischof von Zeitz – Naumburg Julius Pflug und bat ihn, ihren Mann im Dom zu Zeitz beisetzen zu dürfen. Pflug stimmte sofort zu, und so fand Agricola seine letzte Ruhe in Zeitz.

Nichts wurde bisher gesagt über Agricolas Mineraliensammlung, seine Bibliothek, für die er nachweislich ziemlich viel Geld ausgegeben hatte, nichts über Freunde, Helfer und Zeitgenossen, nichts über seine Familie, seine Kinder. All dies sind interessante Kapitel, aber eine Behandlung würde hier zu weit führen. Georgius Agricola war ein sächsischer Humanist und Naturforscher von europäischer Bedeutung. Bei einer Betrachtung all dessen, was aus seiner Feder stammt, kann man eindrucksvoll seine Universalität dokumentieren. Dabei wollen wir uns nicht der zugegebenermaßen schwierigen Frage verschließen, zu erschließen, was neben dem Überkommenen, mehr oder minder umfangreichen gedruckten Büchern, es noch an verschollenen, aber nicht vollendeten oder nur geplanten Arbeiten gegeben haben könnte. Wir zählen heute 17 Werke Agricolas, von denen nur eines, nämlich die «Sippschaft des Hauses Sachsen», zu seiner Zeit überhaupt nicht gedruckt wurde. Wir zählen weiterhin drei Werke, an denen er mitgearbeitet hat, das sind die drei griechischen Editionen in Venedig, und 15 heute verlorengegangene Werke.

Sein gesamtes Schaffen wollen wir in acht Arbeitsgebiete unterteilen, sie besprechen, sowie fragen, wie lange seine Werke auch in späteren Zeiten noch Spuren hinterlassen haben, und wie wir diese heute beurteilen. Agricola war zuerst Pädagoge, denn sein frühestes Amt war das eines Schulmeisters in Zwickau. Wie jeder Lehrer war er mit den vorhandenen Lehrbüchern nicht zufrieden; daran hat sich im universitären Bereich bis heute nicht allzuviel geändert. Also schrieb er 1520 eine Schulgrammatik, die er zwar etwas zurückhaltend «Libellus», also Büchlein nannte, die aber eben mehr war, als nur ein Schulbuch, wie es manch anderer Lehrer auch tat, sie war eine Art Programmschrift für die soeben gegründete Ratsschule in Zwickau. Er widmete dieses Büchlein zwei zehn- bis elfjährigen Knaben: Paul Mühlpfordt und Erasmus Bärensprung, Söhne zweier Bürgermeister der Stadt, denen natürlich die Widmung galt. In diesem heute nur noch in sieben Exemplaren überlieferten Buch (wer hebt sich schon Schulbücher auf und dazu noch eine Lateingrammatik?) sprach sich Agricola auch über seine Erziehungsgrundsätze aus. Er forderte einen stetigen positiven Einfluß auf die Kinder durch das Elternhaus. Von den Lehrern erwartete er ein großes Verantwortungsbewußtsein, denn sie hätten einen großen Anteil daran, ob ein junger Mensch sich gut oder böse entwickelt. Sie sollten die Kinder liebevoll ermahnen und keine rohe Gewalt anwenden und nicht wie Folterknechte auf die Schüler einschlagen. Die Studien erforderten einen heiteren Sinn! Aber auch die Lehrer sollten sich eines untadeligen Lebenswandels befleißigen. Agricola führt im Libellus eine neuartige Schreib- und Lesemethode ein mit deutschen Texterläuterungen für die Schüler. Der Stoff baut sich vom Leichten zum Schweren auf. Bei den Präpositionen wählte er Beispiele aus zeitgenössischen Problemen aus. Es seien nur drei Beispiele erwähnt, die das aufzeigen, z. B. *juxta. Nahe bei der Mühle liegt der Kohlberg* (den kannte jedes Kind in Zwickau) oder *Ante: Vor wenigen Jahren kauften wir den Himmel mit Münzen* (ein Hinweis auf den Ablaßhandel!). Etwas eigenartig, aber für den späteren Bergbaukundigen klingt das Beispiel für *subter: Unter der Erde kriechen die Schächte der Habsucht*! Er war aber auch brandaktuell. Ein Vorwurf, den er den vorhandenen Schulbüchern machte, war der, daß sie nicht zur Frömmigkeit erzogen. So wählte er als Lesestück die Bergpredigt aus dem Matthäus-Evangelium des Neuen Testaments in der Übersetzung des Erasmus (die ja Luther zur Grundlage seiner Bibelübersetzung machte). Natürlich erlebte diese Grammatik nur eine Auflage. Folgende Lehrer schrieben wieder neue. Weitere Schriften sind verloren gegangen. Darunter befand sich ein Manuskript «Rudimenta Graeca» (also: Erster Versuch oder Vorschule im Griechischen). Es war offensichtlich das griechische Gegenstück zum lateinischen «Libellus» und diente vielleicht als Handschrift nur für den eigenen Unterricht. Um 1520/21 hatte sich Agricola auch um mehrere Schulordnungen bemühen müssen. Es ist wahrscheinlich, daß die gedruckte Ordnung von 1523, die sein Nachfolger Leonhart Nather publizierte, zwar nicht den Buchstaben, wohl aber dem Geiste nach von Agricola stammte. Neben diesen pädagogischen Facharbeiten können wir feststellen, daß Agricola in allen seinen Werken ein hervorragendes pädagogisches Geschick an den Tag legte.

Agricola war vier Jahre lang Lehrer; wenn man seine Vorlesungstätigkeit in Leipzig und eventuell in Italien dazurechnet, sind es vielleicht noch einige Jahre mehr. Aber er war 28 Jahre lang Arzt und teilweise Apotheker. Seine ersten Sporen verdiente er sich als Arzt bereits in Venedig. Im dortigen Verlags- und Druckhaus des Andreas Asulanus, der die Druckerei seines berühmten Schwiegervaters Aldus Manutius übernommen hatte, war Agricola an der Bearbeitung der griechischen Erstausgaben der Werke der bedeutenden antiken Ärzte Galenos (1525), Hippokrates (1526) und Paulus Aeginetus (1528) beteiligt. Bei der Galenos-Ausgabe hatte sich der Herausgeber für den fünften Band auch der Mitarbeit Agricolas versichert, bei den beiden Ausgaben war er als Bearbeiter beteiligt.

Das einzige erhaltene Werk medizinischer Art von Agricola ist sein Buch «De Peste» (die Pest), das 1554 in Basel erschien. Anlaß für dieses Werk war die 1552/53 in Sachsen wütende Pestepidemie. Das Buch widmete er – nach langem Suchen und Überlegen – dem hohen Kursächsischen Hofrat Hieronymus Kiswetter. Agricola gab in diesem Werk an, daß er sich hauptsächlich auf Hippokrates und Galenos stützte. Aber er ließ auch viele eigene Beobachtungen einfließen, hatte er sich doch immerhin in schon mehreren Pestepidemien mit dieser Krankheit auseinandersetzen müssen. Nach ihm gibt es drei Arten der Pest, die eine allgemeine, ansteckende Krankheit von epidemischer Art sei. Sie sei eine fieberhafte Seuche mit meist tödlichem Ausgang. Als Ursache wies er alle theologischen Gründe (also Krankheit als Strafe Gottes für ein sündhaftes Leben) entschieden zurück und gab dafür rein medizinische Gründe an, wie verpestete Luft, verdorbene und verfaulte Lebensmittel etc. Häufig werde die Pest durch Reisende übertragen. Um sich gegen diese Seuche zu schützen, zitierte er zahlreiche griechische Philosophen und vor allem die Bibel. Natürlich gab er auch praktische Hinweise mit allerdings uns heute bisweilen etwas seltsam anmutenden Medikamenten. Er führte für alle pestverdächtigen Kranken eine Quarantäne in einem von ihm erstmalig in die medizinische Fachsprache so genannten Lazarett außerhalb der Stadt und hatte Erfolg. Die in sehr klarer Sprache verfaßte Arbeit erläuterte die Pest in der Sicht seiner Zeit so vortrefflich, daß sie 1607 in Schweinfurt und 1611 in Gießen nachgedruckt wurde. Medizinhistorisch wird dieses Pestbuch heute hoch bewertet. Es gibt eine Reihe von verlorengegangenen medizinischen Schriften Agricolas. So hatte er um 1530 «Libellus Galeni» verfaßt, also eine Übersetzung eines der Bücher Galenos in die lateinische Sprache. Sie ist leider verschollen. Zu diesem Fragenkomplex gehören auch der «Castigationes in Hippokratem et Galenum», also Textbereinigungen zu den beiden antiken Ärzten. Vielleicht hat Agricola diese Arbeit schon in Venedig während seiner Editionstätigkeit begonnen. Noch 1534 war in einem Brief Agricolas an Melanchthon davon die Rede. Auch sie existieren nicht mehr.

Agricola bearbeitete auch eine Schrift, die er als «De medicatis fontibus» (über Heilquellen) bezeichnete. Es muß ein relativ umfangreiches Manuskript in zwei Büchern gewesen sein, auch dieses ist verlorengegangen. Ein Jahr nach Agricolas Tod erhielt Fabricius von Kurfürst August ein Manuskript mit dem Titel «De putredine solidas partes humani corporis corrumpente» (über die Fäule, die die festen Körperteile des Menschen zerstört). Die Fäule ist eine eitrige Entzündung, die häufig bei Binnenschiffern auftritt und durch angegangenes Fischmaterial bedingt ist. Verantwortlich für diese Infektion sind Eiweißabbauprodukte aus der Gruppe der Tomine im Sinne von Leichengiften. Angriffsorte der Infektion sind Augen und Haut. Fabricius schickte sie nach Leipzig zu Professor Wolfgang Meurer zur Begutachtung. Seitdem ist sie verschollen. Die Schrift wäre, wenn sie erhalten geblieben, ein frühes Werk zur Gewerbehygiene gewesen. Aus der Pestschrift 1554 erfahren wir, daß Agricola noch ein Werk «De aeris statibus» (der Zustand der Luft) schreiben wollte. Vermutlich ist es über eine Absicht nicht hinausgekommen. Erstaunlicherweise hat die moderne Medizingeschichte Agricolas vielfältige Angaben pharmakologischer Art, also über die Heilkraft der Mineralien und Heilquellen völlig unberücksichtigt gelassen. Dabei war doch Agricolas Maxime vom «Bermannus» 1530 bis zu «De re metallica» 1556, man müßte Bergbau treiben, allein der Medizin wegen. Diese Fehleinschätzung ist wohl in der Hauptsache darauf zurückzuführen, weil die beiden höheren Bergbeamten aus Freiberg, Friedrich August Schmid und Ernst Lehmann, die zwischen 1806 und 1892 auf Anregung von Abraham Gottlob Werner Agricolas mineralogischen Werke ins Deutsche übersetzten, alle medizinischen Angaben einfach wegließen. So entstand ein falsches Bild, das mehr Bestand hatte, weil danach niemand (oder kaum jemand) noch zu den lateinischen Originalen griff. Erst die Dresdner Agricola-Gedenk-Ausgabe hat diese Lücke geschlossen. Aber eine medizingeschichtliche Auswertung steht bis heute aus.

Im Jahre 1533 erschien das Werk «De mensuris et ponderibus» (Maße und Gewichte) in fünf Büchern. Mit diesem mit allem wissenschaftlichen Rüstzeug arbeitenden Werk trat Agricola in die wissenschaftliche Großwelt und in Konkurrenz zu anerkannten Größen seiner Zeit ein. Nachdem um 1530 eine Reihe metrologischer Schriften erschienen war, wurde es für ihn Zeit, seine Erkenntnisse und Ergebnisse zu publizieren, daher auch die Eile seiner Niederschrift. Des Autors Absicht war, die richtige Kenntnis der antiken Maße und Gewichte zu finden, die für alle wichtig sind, welche sich mit der Wissenschaft befassen. Vor allem Ärzte und Apotheker benötigen richtige Gewichte. Es ging Agricola letztlich um eine einheitliche Auffassung, die er für seine weiteren Forschungen benötigte. Im Buch I werden die römischen und im Buch II die griechischen Maße, in Buch III die römischen und in den Büchern IV und V die griechischen Gewichte beschrieben. Agricola hat mit erstaunlicher Sicherheit die Leser durch den Dschungel der antiken Metrologie geführt. Dieser ersten Auflage folgte ebenfalls 1533 ein Nachdruck in Paris und 1535 in Venedig, bis dann 1550 Agricola selbst einen ergänzten und verbesserten Nachdruck im großen Sammelband veröffentlichte. Diese Ausgaben stießen sofort auf großes allgemeines Interesse, aber sie waren äußerst unhandlich und teuer. Da halfen Bearbeitungen. Schon 1540 erschien eine erste Epitome (Auszug). Bis 1649, also in reichlich 110 Jahren, erschienen nicht weniger als 24 umfangreiche Bearbeitungen. Neben Druckorten wie Köln, Solingen und Lyon war dies vor allem Paris. Die erste deutsche Übersetzung erfolgte übrigens erst 1959 im Rahmen der AGA.

Die durch die schnelle Niederschrift von nur zwei Monaten bedingten 57 Druckfehler berichtigte Agricola durch einen gedruckten Brief an Petrus Plateanus. Er benutzte diese Gelegenheit, einige grundsätzliche Ausführungen über Bewertung und Zielsetzung wissenschaftlicher Arbeit, Neid und Mißgunst der Gelehrten, echte kollegiale Kritik, Beanstandungen seines Stils, wissenschaftliche Erörterungen und Beweisführungen zu machen. Das sehr seltene Büchlein konnte in Europa nur noch in vier öffentlichen Bibliotheken nachgewiesen werden.

Erneut wandte sich Agricola 1550 mit einem umfangreichen Sammelband an die Öffentlichkeit. Man sollte dabei den Zeitpunkt der Veröffentlichung mit in Betracht ziehen, an dem sie erschien. Das 1548 abgeschlossene Leipziger Interim war für Agricola ein Zeichen dafür, daß es doch gelingen könnte, die Einheit der Kirche wiederherzustellen. Im Sammelband legte er in seinem umfangreichen Widmungsbrief an Kurfürst Moritz und Herzog August für die 2. Auflage von «De mensuris et ponderibus» (nun mit dem Zusatz «Romanorum atque Graecorum», d.h. der Römer und Griechen) seinen Wunsch ganz offen dar, die Einheit der Kirche wiederherzustellen, damit dieser Streit, der fast ganz Deutschland schwersten Schaden gebracht hatte, beendet würde. Diese kühnen und unerschrockenen Worte waren und sind selten. Neben diesen politischen Problemen galt es nun, die ganz praktischen Fragen über Maß und Gewicht zu diskutieren. Es folgten dann der Text von 1533 und danach die fünf Werke.

«De externis mensuris et ponderibus, libri II» (Die ausländischen Maße und Gewichte, 2 Bücher) behandelte im ersten Buch ausländische, d.h. nichtrömische und nichtgriechische Maße, also ägyptische, persische, syrische, hebräische, arabische und griechische Maße, die im vorstehenden Werk nicht enthalten sind, weil sie entweder medizinische oder landwirtschaftliche Maße waren. Im zweiten Buch wurden die ausländischen Gewichte in derselben Reihenfolge behandelt.

Die einzige, erhalten gebliebene Streitschrift Agricolas ist «Ad ea, quae Andreas Alciatus denuo disputavit de mensuris et ponderibus, brevis defensio» (Kurze Verteidigung gegenüber dem, was Andreas Alciatus von neuem über Maße und Gewichte vorgebracht hat). Dieser hatte eine Gegenschrift schon 1536 geschrieben, das hatte ihm später Fabricius mitgeteilt, aber erst jetzt kam Agricola dazu, darauf zu antworten. Die Schrift Agricolas ist voll Ironie und Schärfe, aber auch Konzilianz. Es handelte sich um die verschiedene Interpretation antiker Autoren und um die Verwechslung des Alciatus von Maß- und Gewichtsunzen. Die Schrift «De mensuris quibus intervalla metimus» (Maße, mit denen wir Entfernungen messen) ging von griechischen Maßen aus, denen die römischen folgen. Von «ausländischen Maßen» wurden einige persische, ägyptische und hebräische Maße erörtert. Da römische Maße zu Agricolas Zeiten noch in Gebrauch waren, war die Wendung im Titel ... *mit denen wir Entfernung messen* noch voll gerechtfertigt.

Das Forschungsziel von «De restituendis ponderibus atque mensuris» (Wiederherstellung der Gewichte und Maße) ist bezeichnend für Agricolas Geschichtsauffassung. Der Widmungsbrief an Hieronymus Kiswetter ist ein Essey für sich über das angesprochene Thema, das zu behandeln ist, notwendig aus volkswirtschaftlichen, juristischen und medizinischen Gründen. Im Text wurden natürliche und künstliche Maße und Gewichte aufgeführt und auf ihre Brauchbarkeit hin analysiert. Als Ergebnis blieb, der römische Fuß sollte als Grundlage dienen. Die Schrift «De precio metallorum et monetis» (Der Preis der Metalle und die Münzen) ging von einer Güterlehre aus und fand im Geld einen Generalmaßstab für alle Werte. Im Buch I und II erörterte er die Vorzüge der einzelnen Metalle untereinander nach Nutzwerk und Preisverhältnissen. Ausführlich wurden die Münzen behandelt. Buch III bestimmte den Preis der alten Münzen, d.h. ihre Bewertung in zeitgenössischem Geld. Es wurden viele Beispiele von antiken Autoren über Einkünfte von Staaten, Herrschern und Privatpersonen und die Umrechnung aller deren Werte in einheimische Münzen gebracht. Es ist dies Ergebnis einer ungeheuren Rechenarbeit in den umständlichen Verfahren mit Rechenbrett und bei der Kompliziertheit der vielen verschiedenen Münzsysteme. Er entwickelte Gedankengänge, wie sie schon 1530 im sächsischen Münzstreit dargelegt worden waren. Scharf wandte er sich gegen Münzfälscher. Vielleicht darf man Agricola, unter allem Vorbehalt, zu einem frühen Vertreter des Merkantilismus zählen. Für den ganzen Sammelband ist die historisch-kritische Methode Agricolas interessant, durch die er uns eine gewaltige Fülle von Wissen übermittelte. Im Band sind etwa 1500 Zitate enthalten, davon stammen rund 1300 Zitate von 146 antiken Autoren und nur 200 von 50 Zeitgenossen. Diese Werke erreichten nur zwei Auflagen (1550 und 1959).

Es ist bekannt, daß Agricola Zeit seines Lebens sich viel mit historischen Fragen beschäftigt hat. Im Jahr 1534 erhielt er von Herzog Georg dem Bärtigen den Auftrag, eine «Typographia Mysnia et Toringia», also eine bildhafte Beschreibung der meißnischen und thüringischen Gebiete des Herzogtums Sachsen zu schreiben. Diese Arbeit reichte er 1544 an den Dresdner Hof ein. Seitdem ist sie verschollen.

Die «Sippschaft des Hauses Sachsen» ist in mehrfacher Hinsicht ein eigenartiges Werk. Sie ist die einzige Arbeit Agricolas in seiner Muttersprache. Sie ist die letzte, die er überhaupt geschrieben und mehr oder weniger vollendete, und sie lag ihrem Inhalt nach doch weit ab von seinen sonstigen Arbeiten. Sie ist nur in zwei Handschriften aus der zweiten Hälfte des 16. Jahrhunderts überliefert und wurde erst 1963 gedruckt. Nachdem Kurfürst Moritz 1549 Agricola mit der Abfassung dieses Werkes beauftragt hatte und Kurfürst August ab 1554 dem Wunsche seiner verstorbenen Brüder Nachdruck verlieh, vollendete es Agricola im Oktober 1555. Buch I enthält die Vorgeschichte der Sachsen bis Karl dem Großen, Buch II den Stamm Brun, Buch III Witkind und seine Nachkommen und im Buch IV die Wettiner bis zu Agricolas Zeiten. Agricola nahm sich vor, einen möglichst vollständigen Stammbaum aufzustellen und ging dabei auf Wesen und Taten – auch der schlimmen – der Personen ein. Georgius Fabricius hatte dann auf Befehl von Kurfürst August das Werk ins Lateinische übersetzt, verbessert (?) und ergänzt; es erschien posthum 1597.

Die politische Lage Europas 1529 wurde beherrscht durch die ersten Angriffe der Osmanen unter Sultan Suleiman II auf das deutsche Reich, nachdem er 1526 in der Schlacht bei Mohacz das Heer Ludwigs II, König von Böhmen und Ungarn, vernichtend geschlagen hatte. Dabei fiel vermutlich auch Graf Stephan Schlick, Herr auf Ellbogen und von St. Joachimsthal. Unmittelbar nach Abzug der Türken vor Wien im Oktober 1529 schrieb Agricola diesen Appell an seinen damaligen Landesherren König Ferdinand I. von Böhmen, dem er die «Oratio» widmete, und an die übrigen deutschen Fürsten. Darin forderte er einen Angriff gegen die Türken als Präventivkrieg. Legitimation für diese ungewöhnliche Schrift war seine Vaterlandsliebe, er appellierte an die Deutschen zur Einigkeit, zur Überwindung des Partikularismus und Stärkung der Reichseinheit. Sein Freund Lorenz Wermann übersetzte das lateinische Original sofort in die deutsche Sprache, die Erstausgabe erschien 1530 in Dresden, ein Nachdruck in Nürnberg. Das lateinische Original wurde 1538 in Basel gedruckt. Bis 1603 erschienen noch vier Ausgaben.

Als Abraham Gottlob Werner in Freiberg im Jahre 1791 in seiner berühmten Arbeit «Neue Theorie bei der Entstehung der Gänge» Agricola *Vater der Mineralogie* nannte, stützte er seine Aussage wohl in erster Linie auf seine Kenntnisse von Agricolas «Bermannus» 1530 und den mineralogisch-geologischen Werken im Sammelband von 1547.

«Bermannus sive de re metallica» (Bermannus oder ein Gespräch über den Bergbau) war Agricolas erstes mineralogisch-lagerstättenkundlich-bergbautechnisches Werk. Es entstand 1527/28 in St. Joachimsthal und stellte die dortigen geowissenschaftlichen und montanistischen Verhältnisse in der höchst lebendigen Form eines Gesprächs zwischen zwei Ärzten und dem Bergverständigen Lorenz Wermann dar. Agricola ehrte mit der Nennung im Titel seinen Freund Wermann (da es im Latein kein W gibt, mußte er Bermannus schreiben). Agricola beschrieb in origineller Weise, versehen mit Zitaten antiker und arabischer Autoren und vor allem auch von Albertus Magnus, 30 Minerale und zwei Gesteine und dürfte damit die damals aufgeschlossene Erzlagerstätte St. Joachimsthal fast vollständig erfaßt haben. Natürlich stellte er auch die ihn imponierenden Bergwerksmaschinen dar, die man treffend ja *Künste* nannte. Aber in erster Linie war es sein Anliegen, die Minerale in den Dienst der Medizin zu stellen, allein deshalb müsse man Bergbau treiben. Das ist sein Credo. Im Bermannus stellte er sein künftiges Arbeitsprogramm dar und hat es sein Leben lang konsequent verfolgt. Von diesem Werk zählen wir bis heute 13 Ausgaben, davon acht in Latein, drei in Deutsch und je eine in Französisch und Tschechisch.

Der griechische Philosoph Aristoteles hatte die Welt der Steine in zwei Gruppen eingeteilt, nämlich in die Stoffe, die selbst aus der Erde herausfließen und in die, welche man ausgraben muß. Als bewußter Aristoteliker folgte Agricola im Sammelband 1547 im Grundsatz dieser Auffassung. Er beschrieb zunächst die Ursachen *ortus* und Entstehung *causus* der Stoffe im Erdinnern, dann die Stoffe, die aus der Erde herausfließen und dann die zu grabenden. Aber er ging noch einen Schritt weiter, über Aristoteles hinaus, indem er auch die unter der Erde befindlichen Lebewesen mit einbezog und trennte damit erstmals bewußt Anorganisches von Organischem.

Dem Werk «De ortu et causis subterraneorum» (Die Entstehung der Stoffe im Erdinnern) ist eine Elegie von Valentin Hertel an Adam Siber vorangestellt, in der Agricolas folgende Werke in gebotener Kürze dargestellt werden. Wir ordnen nun Agricolas Ausführungen heute der Allgemeinen Geologie zu. Das Werk ist seine systematischste Schrift. Von den Stoffen ist die Feuchtigkeit die häufigste Erscheinung, daher wird von ihr auch ausgegangen und zunächst die Entstehung des Wassers und dann die des sogenannten Gemenges behandelt. Die Tatsache der warmen Wässer führt auf die Frage nach dem Feuer im Erdinnern. Es folgt die Behandlung der unterirdischen Luft als Ursache der Erdbeben. Von diesen die Erdoberfläche morphologisch verändernden Prozessen ist der Übergang zu den *Gebirgsbildungen*, d. h. zu der Entstehung der Felsen und Erden, der Steine und Metalle, gegeben. Damit ist die Entstehung *ortus* und die Ursache *causis* behandelt.

Das zweite Werk «De natura eorum quae efluunt ex terra» (Die Natur der aus dem Erdinnern hervorquellenden Dinge) behandelt nun die Eigenart *natura* der Stoffe. Es enthält eine Hydrogeologie in vier Büchern, wobei der Balneologie viel Aufmerksamkeit geschenkt wurde – hier kam der Arzt zu Wort. Das erste Buch behandelt die Eigenarten der Wässer, also Farbe, Geschmack, Geruch, Temperatur usw., und lehrte die Methoden, wie man die Mischungen der Wässer feststellen kann. Buch II handelt von den Wirkungen des Wassers, Buch III vom Lauf der Flüsse und Bäche. Für die Dämpfe und die nach seiner Ansicht durch sie verursachten Erdbeben, Vulkane und Erdbrände sowie warmen Quellen, von denen allen er eine gedrängte Übersicht gab, bleibt dann Buch IV. Von diesem Werk kennen wir acht Ausgaben: fünf in Latein, zwei in Deutsch, und eine italienische.

Das dritte Werk «De natura fossilium libri X» (Die Minerale, 10 Bücher) ist das wohl nachhaltigste Werk Agricolas gewesen. Er hatte für die Darstellung aller Minerale, einschließlich dessen, was er darunter verstand, keine Vorläufer. Es ist das erste wirkliche Lehrbuch der Mineralogie überhaupt. Im Buch I werden die verschiedenen Eigenschaften der Minerale dargestellt. Buch II handelt von den Erden, Buch III und IV von den Festen Gemengen. Buch V enthält die Steine, Buch VI Edelsteine. Buch VII Marmor und die Bücher VIII bis X Metalle und Erze. Dieses Werk wurde bislang achtmal gedruckt, viermal in Latein, zweimal in Deutsch und je einmal in Italienisch und in Englisch. Mit diesen drei Werken hatte Agricola die theoretische Grundlage für ein paar

Jahrhunderte geschaffen. Mit *sensus, experimentum, ratio*, also mit sinnlicher Wahrnehmung, Erfahrung und logischem Denken, schaffte er die Wissenschaft von den unterirdischen Dingen als *sollers et diligens interpres naturae*, als sachverständiger und sorgfältiger Ausleger der Natur.

Der Band enthält noch das Werk «De veteribus et novis metallis». Um die Priorität dieser kleinen nur 27 Seiten umfassenden Arbeit streiten sich Geschichtswissenschaft und Mineralogie. Diese Schrift, deren lateinische Fassung in ihrer lapidaren Kürze nicht übersetzbar ist, und die wir «Erzlagerstätten und Erzbergbau in alter und neuer Zeit» genannt haben, stellte einen ersten Versuch einer Geschichte des Bergbaus dar, bei dem Statistik und Kurzbericht bis heute charakteristisch geblieben sind. Aber sie ist auch ein nach lagerstättenkundlichen Prinzipien gestaltete Arbeit, in der erstmalig Edelmetallprovinzen zusammenhängend dargestellt wurden. Dieses Buch ist ein genialer Erstling, der ohne Vorläufer war und lange Zeit ohne Nachfolger blieb. Neun Auflagen gibt es, vier in Latein, zwei in Deutsch und je eine in Italienisch, Polnisch und Russisch.

Zuletzt diktierte Agricola noch 1546 einen Brief an Wolfgang Meurer, dem er ein 480 Fachbegriffe umfassendes lateinisch-deutsches Vokabularium beifügte. Adam Siber hatte es 1545/46 im Auftrag Agricolas zusammengestellt. Man kann es als Vorläufer unserer modernen mehrsprachigen Wörterbücher ansehen, deren Notwendigkeit und Nützlichkeit auf der Hand liegt.

Zu den verlorengegangenen Schriften gehören auch Agricolas Ausführungen gegen den Tübinger Professor Jakob Schegk, der gegen die Ausführungen Agricolas über die Entstehung der Metalle in «De ortu et causis subterraneorum» 1550 polemisiert hatte. Die Schrift «De terra motu» (Über Erdbeben) befand sich noch im Nachlaß, ist aber seitdem verschollen.

Völlig unklar ist das Schicksal einer Schrift, die Agricola vielleicht schon 1531/32 unter der Feder hatte und die den Titel «De varia temperie sive constitutione aeris» trug. Worum handelte es sich dabei, um *Die verschiedene rechte Mischung und Beschaffenheit von*? Ging es hier um Kupfer oder um Luft? Beides wäre möglich, die Frage bleibt offen.

Wir müssen an dieser Stelle noch ein kleines zoologisches Werk einschieben. Im Jahre 1549 erschien die Schrift «De animantibus subterraneis» (Die Lebewesen unter Tage). Agricola legte großen Wert darauf, die Erörterungen über die unterirdischen leblosen Stoffe durch solche über die belebten zu vervollständigen. Das Thema lag abseits von der damals aktuellen Zoologie und hatte deshalb später auch keinen Einfluß auf die zoologische Literatur. Aber es ist von philosophischer Bedeutung: Agricola trennte bewußt Unbelebtes von Belebtem, also Anorganisches von Organischem. Das war zur Zeit des damals weit verbreiteten Vitalismus eines Paracelsus ein entscheidendes Ergebnis. In der Einleitung untersuchte er den Zusammenhang mit seinen eigenen Schriften und den der

Lebewesen mit den vier Elementen. Er begann dann mit den Tieren, die den Standort infolge klimatischer Verhältnisse wechseln, wandte sich dann den Tieren zu, die in der Erde verborgen sind. Es folgen Tiere, die dauernd unter Tage leben, wie z. B. *Maulwürfe, Würmer, Fische und ... die Berggeister oder Dämonen,* wie sie Agricola nannte. Agricola forderte auf, weiter zu forschen und schrieb ... *denn es stände ja übel mit den Wissenschaften, wenn es den Späteren nicht erlaubt sein sollte, zu dem was die Früheren gefunden haben, noch neues hinzuzufügen!* – Es ist die seltsame Erscheinung festzustellen, daß außer «De re metallica» dieses Werk mit 19 Auflagen die zweithöchste Verbreitung aufweist. Das hat aber den einfachen Grund darin, daß der Verlag Froben dieses Werk einfach mit «De re metallica» zusammen druckte. Viele der nachfolgenden Auflagen folgten ohne zwingenden sachlichen Grund dieser Vorlage.

Es ist eine große Tragik im Leben Agricolas gewesen, daß er sein Hauptwerk «De re metallica» nicht zu Lebzeiten gedruckt in seinen Händen halten durfte, es erschien erst 1556. Wie wir heute Agricola vor allem – und dies weltweit – als den bedeutendsten Montanwissenschaftler zu Beginn der Neuzeit feiern, so dürfen wir aber nicht vergessen, daß er dies zu seinen Lebzeiten nicht war, nicht sein konnte. Für seine Zeitgenossen war er ein humanistisch gebildeter Naturforscher, Arzt und Kommunalpolitiker. Wenngleich Agricola schon als Schüler, sicher aber während seines Aufenthaltes in Zwickau 1518/22 mit dem Bergbau des nahen Erzgebirges in Berührung gekommen war, direkt vertraut wurden ihm diese Fragen erst, als er in St. Joachimstal lebte. Seinem dort entstandenen, für die eigene Forschung bedeutungsvollen grundsätzlichen Dialog, «Bermannus» gab er ja bereits den richtungsweisenden Untertitel «De re metallica». Schon um 1528 begann Agricola Material über den Bergbau zu sammeln. Auch muß er sich bereits früh darüber klar gewesen sein, daß er sich einer ebenso umfangreichen wie komplizierten Aufgabe gestellt hatte. Er fand ja ein fast völlig unbearbeitetes Feld vor. So mag am Anfang die Arbeit recht schnell vorangegangen sein. Gegenwärtige technische und volkswirtschaftliche Probleme wurden mit dem Wissen der Antike verglichen. Dabei stellte er überrascht fest, daß seine Zeit eine technologische Überlegenheit aufwies, die den Bergleuten und Hüttenmännern seiner Zeit zur höchsten Ehre gereichte und sie zu achtbaren Künstlern (im Sinne von Technik = kunstvolles Handwerk) erhob. Aber er hatte durch genaueres Studium bemerkt, daß ihm noch zu viele Details fehlen. Er mußte noch viele Jahre an diesen Fragen arbeiten. Am 1. Dezember 1550 vollendete er das Werk. Es kann keine Zweifel darüber geben, daß Agricola selbst bei seinen Besuchen in den Bergwerken vor Ort und in den Hütten skizzierte. Die Reinzeichnungen hat ihm aber der Joachimsthaler Künstler Basilius Weffringer angefertigt und bis 1553 noch daran gearbeitet, ehe sie nach Basel zum Druck gingen. Es müssen noch ein paar Worte zu den Holzschnitten gesagt werden. Ihnen ist es zu verdanken, daß «De re metallica» in der Bergbaupraxis mehrere Jahrhunderte lang eine überragende Rolle spielte. Auch ein des Lateins Unkundiger konnte sich aus den Bildern ausreichende Kenntnisse erwerben. Dem Werk hatte Georgius Fabricius 1551auf ausdrücklichen Wunsch Agricolas eine Elegie gewidmet. Sie ist heute wiederum aktuell in der Auseinandersetzung um die sittlichen Aufgaben der Technik und stellte eine dichterische Verteidigung dessen dar, was man zu seiner Zeit unter dem heutigen Begriff Technik verstand, nämlich vor allem Kunstfertigkeit. Damit sind aber nicht nur Sachkenntnis und Geschick, besonders die Mechanik betreffend, gemeint, sondern auch Theorie und Praxis. Das Werk selbst gliedert sich in zwölf Bücher (oder Kapitel), die Agricola selbst so charakterisiert:

Deren erstes enthält das, was gegen diese Kunst und gegen die Bergwerke und Bergleute ... gesagt werden kann. Das zweite entwirft ein Bild des Bergmanns und geht über zu der Erörterung wie man sie gewöhnlich über die Auffindung der Erzgänge aufstellt. Das dritte handelt von den Gängen, Klüften und Gesteinsschichten. Das vierte entwickelt das Verfahren des Vermessens von Lagerstätten und legt auch die Ämter der Bergleute dar. Das fünfte lehrt den Aufschluß der Lagerstätten und die Kunst des Markscheidens. Das sechste beschreibt das Gezäh, Gerät und Maschinen. Das siebente handelt vom Probieren der Erze. Das achte gibt Vorschriften über die Arbeit des Röstens, des Pochens, des Waschens und des Dörrens. Das neunte entwirft Verfahren des Erzschmelzens. Das zehnte unterrichtet die Bergleute, wie man Gold abscheidet. Das elfte weist die Wege, wie man Silber von Kupfer trennt. Das zwölfte gibt Vorschriften für die Gewinnung von Salz, Soda, Alaun, Vitriol, Schwefel, Bitumen und Glas.

Seit dem Erscheinen der ersten Ausgabe im Jahre 1556 erschienen bis heute nachweisbar 36 Ausgaben. Zuerst in Latein, Deutsch und Italienisch, sodann 1912 in Englisch durch den späteren Präsidenten der USA Herbert Clark Hoover und seine Frau, 1928 in Deutsch, 1933 in Tschechisch und nach dem zweiten Weltkrieg in Russisch, Japanisch, Spanisch, Ungarisch und Französisch. Vermutlich gab es 1664 eine Ausgabe in Chinesisch, die aber noch in keiner Weise nachweisbar ist. Es erschien dieses Werk in zehn 10 (oder elf) Sprachen. Es wurde zum Lehrbuch des Montanwesens für zwei Jahrhunderte. Agricola fügte das Montanwesen in das System der Wissenschaft ein und begründete damit in dessen Rahmen die erste Technikwissenschaft.

Literatur

Albinus, Petrus: Meißnische Land- und Bergchronika. Dresden 1589 u. 1590.

Clemen, Otto: Zwei theologische Abhandlungen des Georg Agricola. In: Neues Archiv für Sächsische Geschichte 21(1900). Dresden, S. 265–273.

Engewald, Gisela-Ruth: Georgius Agricola. Einblicke in die Wissenschaft. Stuttgart-Leipzig 1994.

Hartmann, Hans: Georgius Agricola (1494–1555). Begründer dreier Wissenschaften. Stuttgart 1953.

Herlitzius, Erwin: Georgius Agricola (1494–1555). Seine Weltanschauung und seine Leistung als Wegbereiter einer materialistischen Naturauffassung. In: Freiberger Forschungshefte D32. Berlin 1960.

Hofmann, Reinhold: Dr. Georg Agricola. Ein Gelehrtenleben aus dem Zeitalter der Reformation. Gotha 1905.

Hoover, Herbert Clark; Hoover, Lou Henry: Georgius Agricola: De re metallica. London 1912.

Horst, Ullrich: Das Agricola-Büchlein. Dresden 1955.

Horst, Ulrich; Prescher, Hans; Fraustadt, Georg: Georgius Agricola. Briefe und Urkunden. In: Agricola, Georgius: Ausgewählte Werke. Gedenkausgabe des Staatlichen Museums für Mineralogie und Geologie zu Dresden. Bd. IX, Berlin 1992.

Ladwig, Roland: Beiträge zur Herausbildung eines wissenschaftlichen ökonomischen Denkens durch Georgius Agricola. In: Freiberger Forschungshefte D194. Leipzig 1989, S. 15–38.

Michaelis, Rudolf; Prescher, Hans: Agricola-Bibliographie 1520–1963. In: Agricola, Georgius: Ausgewählte Werke. Gedenkausgabe des Staatlichen Museums für Mineralogie und Geologie zu Dresden. Bd. X, Berlin 1971, S. 5–543.

Prescher, Hans; Otfried Wagenbreth: Georgius Agricola – seine Zeit und ihre Spuren. Leipzig/Stuttgart 1994.

Schmid, Friedrich August: Georg Agricolas Bermannus. Freiberg 1806.

Strauß, Rudolf: Agricolas Tätigkeit als Bürgermeister und Diplomat 1546/47. In: Agricola-Gedenkschrift. Berlin 1955, S. 247–256.

Uhle, Paul: Urkunden zur Geschichte der Stadt Chemnitz im Schmalkaldischen Krieg. In: Mitteilungen des Vereins für Chemnitzer Geschichte 4(1884), S. 225–256.

Wilsdorf, Helmut: Georg Agricola und seine Zeit. In: Agricola, Georgius: Ausgewählte Werke. Gedenkausgabe des Staatlichen Museums für Mineralogie und Geologie zu Dresden. Bd. I, Berlin 1956.

Georgius Agricola und der böhmische Bergbau seiner Zeit

Jiři Majer (Pribram)

Die Zeit, in der Georgius Agricola im Jahre 1494 geboren wurde, gehörte wegen ihrer Dynamik zu den Umsturzperioden. In Europa begann die Ära der Neuzeit, welche durch die Änderungen auf fast allen Gebieten des gesellschaftlichen Wesens begleitet wurde. Der befruchtende Einfluß des Humanismus riß Barrieren des Dogmatismus nieder und bildete die Bedingungen für die Enstehung der Wissenschaft als einer Methode für die objektive Erkenntnis. In mehreren Ländern entstanden auch politische Spannungen und Südosteuropa wurde vom Vordringen der osmanischen Truppen gefährdet. Seit der Wende vom 15. zum 16. Jahrhundert setzten sich in der europäischen Wirtschaft neue Tendenzen durch. In den Küstenländern kamen sie durch die Kolonialexpansion zutage, im Binnenlande waren die Bestrebungen offensichtlich mit Rücksicht auf das erhöhte Bevölkerungswachstum zu schaffen. Der zunehmende Bedarf an landwirtschaftlicher und handwerklicher Produktion hatte die Entstehung weiterer Erzeugungszweige, neuer Technologien und technischer Anlagen ermöglicht. Dieser verschiedenartige Prozeß hatte die Handelsbeziehungen wesentlich erweitert und erzwang, die erhöhte Menge an Tauschmitteln zu sichern. Da die Golderzlagerstätten schon reichlich erschöpft waren, erhöhte sich seit Ende des 15. Jahrhunderts die Bedeutung des Silbers, welches schrittweise zum Hauptmünzmetall der europäischen Währungen wurde. Diese Tatsache gab den Anstoß zu umfangreichen Prospektionen der Silbererzlagerstätten, vor allem in den Alpenländern, im Erzgebirge, im Harz, in der Slowakei und in Siebenbürgen. Sie wurden von einer mächtigen Welle der bergmännischen Kolonisation begleitet, die zur schnellen Besiedlung der Berggebiete führte. Die böhmischen Länder betrifft dies zu Anfang des 16. Jahrhunderts, wobei die Entdeckung der ersten Joachimsthaler Silbergänge im Jahre 1511und die ab 1516 folgende Erschließung der ganzen Lagerstätte Signalwirkung hatte.[1] Während der drei folgenden Jahrzehnte wurden 73 Gangzüge entdeckt und ausgebeutet,[2] welche Mächtigkeiten von 30 bis 70 cm, stellenweise sogar bis 2 m erreichten.[3] Die gewonnenen Erze in der Oxidations- und Zementationszone, die bis in die Tiefe von 60 bis 80 m reichten, wiesen einen Silbergehalt 60% bis 87% auf. Der Aussage des Joachimsthaler Pastors Johannes Mathesius nach wurde auf einigen Gangausbissen gediegen Silber solcher Art gefunden, daß man es schneiden und ohne Feinbrennen als Münzmetall benützen konnte.[4]

Die Nachrichten über den Reichtum der Joachimsthaler Lagerstätte lockten Tausende neue Ansiedler aus mehreren mitteleuropäischen Ländern in dieses Gelände. Bald kam Beteiligung des ausländischen Kapitals dazu, zuerst von den großen Bank- und Handelshäusern in Nürnberg und Leipzig, schließlich von den Gewerken aus den Bergstädten Freiberg, Schneeberg, Annaberg und Geyer, anschließend dann aus Zwickau, Chemnitz, Meißen, Dresden, Köln, Basel, St. Gallen und anderen europäischen Städten.[5] Für den Bergbau gab es in Joachimsthal günstige Bedingungen – steile Berghänge bis in 1000 m Meereshöhe, vorteilhaft für den Aufschluß der Lagerstätte, unberührte Wälder, und in den Haupt- und Nebentälern war in den Bächen und Gewässern genügend Wasser für die Gruben-, Aufbereitungs- und Hüttenbetriebe vorhanden. Die Grubenarbeiten gewannen darum an Intensität. In den Jahren 1518–1523 hatte das Joachimsthaler Bergamt 600 bis 700 Genehmigungen für neue Bergwerke erteilt, im Jahre 1524 sogar 841.[6]

Abb. 1
Jáchymov/St. Joachimsthal, Blick auf das historische Zentrum der Stadt: Rathaus, Kirche und Münzhaus aus der 1. Hälfte des 16. Jahrhunderts.

Abb. 2
Altes Grubengelände in der Umgebung von Jáchymov, am Horizont der Keilberg (1244 m).

Demzufolge bildete sich im *Thal* eine bergmännische Siedlung. Am 6. Januar 1520 wurde der Ort zur freien Bergstadt ernannt und mit günstigen wirtschaftlichen Sonderrechten ausgestattet. In demselben Jahre lebten schon 5000 Personen dort, und deren Anzahl stieg auch rasch an.[7] Im Jahre 1527 hatte die Einwohnerzahl 17000 Personen erreicht.[8] Zu dieser Zeit gab es in der Umgebung von Joachimsthal 900 Gruben und Stollen, in den rund 8000 Bergleute, 400 Schichtmeister und 800 Steiger beschäftigt waren.[9] Als durchschnittliche jährliche Ausbeute wurde in einigen Zeitabschnitten bis 10000 kg Silber erreicht.[10]

In diese rege Stadt kam im Jahre 1527 Georgius Agricola, um das Amt des Stadtarztes und Apothekers zu übernehmen. Die Umwelt in Joachimsthal war für ihn nicht gänzlich fremd. Die ärztliche Pflicht hatte er von Georg Sturz – sein Freund aus der Zeit der gemeinsamen Universitätsstudien in Leipzig – übernommen; auch traf er einen Mitschüler der Universität in Bologna, Andreas von Könneritz, später Hofrat König Ferdinands I. Dessen Vater stand damals als Berghauptmann an der Spitze der Joachimsthaler Bergverwaltung. Bald gelang es ihm, Freundschaft mit dem Stadtschreiber Bartholomeus Bach und dem Rektor der Joachimsthaler Lateinschule und Absolventen der Erfurter Universität Petrus Plateanus anzuknüpfen, später auch mit dem Berg- und Hüttenfachmann Lorenz Wermann wie auch mit anderen gebildeten Persönlichkeiten. Agricolas Entscheidung, im neu entstandenen Grubengebiet zu wirken, hatte seine Sehnsucht beeinflußt, hier neue Erkenntnisse über die Ausnutzung der Mineralstoffe für Heilzwecke erwerben und deren Vielfalt erweitern zu können.[11] Die Mineralisation der Joachimsthaler Lagerstätte konnte ihm für solche Erkenntnisse reichlich Material bieten, wobei das Studium von Genese, Art und Eigenschaften von Mineralien und Gesteinen voraussetzte, sich mit dem Bergbau und Hüttenwesen vertraut zu machen. In den Grubenbauen und auf den Halden suchte er die verschiedenen Mineralien, und in den Gesprächen mit den Bergleuten erwarb er darüber praktische Erkenntnisse.[12] Schrittweise stellte er seine mineralogische Sammlung zusammen, die später zu den größten Dokumentationskollektionen seiner Zeit geworden ist.[13]

Agricolas Aufenthalt und Wirkung in Joachimsthal von 1527 bis 1531 ist einigermaßen vom Schleier des Geheimnisses verhüllt. Die bisher wenig zugänglich gemachten Quellen im Karlsbader Bezirksarchiv gewähren leider keine befriedigende Antwort. Auch in der erhaltenen Korrespondenz Agricolas sind bis auf seltene Reminiszenzen keine Erwähnungen zu finden, um diese seine Lebensperiode näher zu erklären. Dafür kann nur seine wissenschaftliche Tätigkeit, im besonderen das Buch «Bergmannus sive de re metallica», im Jahre 1528 vollendet, ausgewertet werden. In dieser Schrift hatte Agricola seinen Freund aus der Zeit gemeinsamer Universitätsstudien in Bologna, Johannes Naevius, von 1533 bis 1540 in Joachimsthal als Arzt tätig, zum Hauptakteur gewählt,[14] zudem Nikolaus Payer und den schon erwähnten Lorenz Wermann, dessen Namen er in lateinischer Form für die Benennung seines Werkes benutzte. In dieses Buch hat Agricola nicht nur neue Erkenntnisse über die Joachimsthaler Lagerstätte einverleibt, sondern dort auch sein wissenschaftliches Programm erklärt, nämlich das Studium der Minerale in den Dienst der Medizin zu stellen.[15] Dieses zu seinem eigenen Vergnügen geschriebene Büchlein deutet auch weitere Vorhaben an. Der Untertitel *de re metallica* verweist nämlich darauf, daß bereits damals der Plan reifte, Bergbau und Hüttenwesen systematisch und kritisch zu behandeln. Ein zusammenfassendes Werk dieser Art wurde bis dahin nicht verfaßt. In dieser Zeit, als der Bergbau fortwährend neue Belege über die Schöpfungskraft der Natur lieferte und die Menschheit in die Ära des Maschinenalters trat, konnte ein Werk solcher Art nicht nur für die Wissenschaft, sondern auch für die Praxis hohe Bedeutung erwerben. Agricola erfüllte sein Vorhaben, jedoch bedurfte es einer zwanzigjährigen Vorbereitungsarbeit, bis er das «De re metallica libri XII» vollendet hatte. Die Herausgabe dieses Werkes im Jahre 1556 und seine Wertbestimmung konnte er jedoch nicht mehr erleben.

Während seines Aufenthaltes in Joachimsthal arbeitete Agricola auch an anderen wissenschaftlichen Schriften, und zwar an einer verlorengegangenen Übersetzung eines ärztlichen Werkes von Galen. Es scheint, daß Agricola in

Joachimsthal auch die Unterlagen für die Werke über die Maße und Gewichte gesammelt hat, deren Bedeutung bereits Desiderius Erasmus von Rotterdam im Jahre 1531 im Stadium der Vorbereitungsarbeiten lobend erwähnte.[16] Diese Schrift brachte Agricola außerordentliche Anerkennung ein. Nach der Drucklegung im Jahre 1533 folgten gleich weitere drei Ausgaben.[17]

Im Jahre 1530 kam es im Leben Agricolas zu einer Veränderung, denn er verzichtete auf das Amt des Sadtarztes. Welche Gründe ihn dazu bewogen, ist unbekannt. Seine Entscheidung wurde möglicherweise durch die Tatsache beeinflußt, daß er damals wirtschaftlich völlig unabhängig war, und ihm aus seinen Bergwerksanteilen (Kuxen) im angegrenzenden Grubenrevier Abertham soviel Geld zufloß, daß er sich nicht um einen Sold als Stadtarzt zur Fristung seines Lebens zu bemühen brauchte.[18] Er konnte jetzt die Zeit für die Forschung ausnützen und blieb deshalb in Joachimsthal bis zum folgenden Jahr. Im Herbst 1531 verabschiedete er sich dann doch von der Stadt, um nach Chemnitz überzusiedeln, wo er nun bis zu seinem Lebensende blieb. Nach Joachimsthal kam er doch von Zeit zu Zeit wieder, möglicherweise schon im Jahre 1534, bedingt durch seine Anteile am Bergbau. Zweifellos besuchte er Joachimsthal im Jahre 1550. Dieser Aufenthalt machte sich, außer anderen Gründen, auch durch die Abschlußarbeiten zum Buch «De re metallica libri XII» erforderlich.[19]

Als Agricola Joachimsthal verließ, erlebten die Stadt und der Bergbau eine Periode der Hochkonjunktur. Am Anfang der 30er Jahre des 16. Jahrhunderts standen im «Thal» und auf seinen Hängen 1200 Wohnhäuser in mehreren Straßen übereinander und die Einwohnerzahl hatte rund 18000 Personen erreicht. Nur Prag und Kuttenberg im Binnenlande glichen bezüglich dieser Anzahl der Stadt Joachimsthal, vergleichbare Städte in Deutschland waren Erfurt und Freiberg, in Tirol Schwaz und in Italien die Universitätsstädte Bologna und Padua.[20] Die Kurve des Silberertrages aus den Joachimsthaler Gruben stieg ständig an, und im Jahre 1533 wurde der Höhepunkt von mehr als 14000 kg Silber erzielt.[21] Zu dieser Zeit kulminierte der Ruhm Joachimsthals, denn der Reichtum schien unerschöpflich zu sein. Für den Bergbau wurden hier auch günstige legislative Bedingungen durch jene Bergordnung geschaffen, welche der Besitzer dieses Grubengebiets, Graf Stephan Schlick, im Jahre 1518 verkündet hatte. In diesem Regulativ wurden die sächsischen montanrechtlichen Grundsätze der Annaberger Bergordnung aus dem Jahre 1509 angewendet und der Joachimsthaler Bergbaupraxis angeglichen. Durch ihre instruktive Form wurde die Joachimsthaler Bergordnung während der ersten Hälfte des 16. Jahrhunderts in mehreren Grubenrevieren Böhmens eingeführt und damit die Ära der neuzeitlichen Berggesetzgebung eingeleitet.[22]

Die Bedeutung des Joachimsthaler Bergbaus gewann auch durch die Münzstätte, die erst seit dem Jahre 1519/20 ihre Tätigkeit durch die Prägung der schweren Silbermünze aufnahm. Zum Muster wurde der sächsische Guldengroschen vom Jahre 1518 gewählt, der jedoch in Joachimsthal seine eigene Benennung erhielt, nämlich «Joachimsthaler Gulden», abgekürzt Taler. Vom Jahre 1528 an ist der Taler zur böhmischen Regierungsmünze geworden. Die Intensität der Münzarbeiten bezeugt die Tatsache, daß von 1520 bis 1528 im Joachimsthaler Münzhaus rund 3250000 Taler geprägt wurden, also mehr als dreimal so viel als im vergleichbaren Zeitabschnitt in Annaberg.[23] Der Taler hatte sich schnell in das mitteleuropäische Geldsystem eingegliedert. Beispielsweise wurden nach Sachsen in diesem Zeitintervall über 2 Millionen Taler geschafft.[24] Die Prägung dieser Münze eröffnete eine neue Periode, die im folgenden Zeitraum als Talerära bezeichnet wurde. Als Nachweis wachsenden Prestiges des Joachimsthaler Bergbaus kann angeführt werden, daß man hiesige Bergsachverständige nicht nur in den inländischen Grubenrevieren, sondern auch im Ausland, z. B. im Harz und von anderswo her, als Berater verlangte.[25]

Der Aufschluß der Joachimsthaler Lagerstätte war zur rechten Zeit erfolgt, denn der böhmische Bergbau war am Anfang des 16. Jahrhunderts in eine Produktionskrise geraten. Der Mangel an Silber begann die Qualität der böhmischen Münze ungünstig zu beeinflussen, und es drohte Geldmangel im gängigen Handelsverkehr. Der Ausfall in der Produktion zeigte sich vor allem im böhmischen Hauptrevier Kuttenberg, die Silberausbeute sank hier unter die Grenze von 2000 kg.[26] Demzufolge gab die Entfaltung des Joachimsthaler Bergbaus den Anstoß zu umfangreicher Schürf- und Grubentätigkeit an mehreren Orten in den Böhmischen Ländern, zuerst jedoch im Erzgebirge. Im Zeitraum von 1520 bis 1534 entstand in diesem Berggebiet eine Reihe von neuen Grubenrevieren. In diesen wurden zehn Bergstädte gegründet, und am Anfang der zweiten Hälfte des 16. Jahrhunderts kamen noch weitere vier Bergstädte dazu. Einige dieser Städte hatten ihren Namen nach der Art der Lagerstätte, wie z. B. Kupferberg oder Bleistadt. Diese neuen erzgebirgischen Bergstädte machten 13% der Gesamtanzahl der seit Mitte des 15. Jahrhunderts gegründeten Städte in Böhmen aus.[27] Außer diesen städtischen Agglomerationen kamen in den Lagerstätten noch weitere Bergorte hinzu. Manche wurden später zu Bergstädtchen ernannt und mit Wirtschaftsrechten ausgestattet.

In der Eingangsphase der böhmischen Bergbauentfaltung wurden vorzugsweise die Silbererzlagerstätten erschlossen und abgebaut. Hoffnungsvolle Perspektive hatte am Anfang der 20er Jahre des 16. Jahrhunderts besonders die Entdeckung eines mächtigen Silbergangzuges nahe des südböhmischen Handelszentrums Böhmisch Budweis versprochen, wo ein neues Bergstädtchen – später königliche Bergstadt und nach dem Kaiser «Rudolfstadt» benannt – gegründet wurde.

Dadurch wurde die erfolgreiche Prospektion an mehreren Stellen in Süd- und Westböhmen veranlaßt.[28] Vielversprechend schienen auch das Grubenrevier Příbram[29] und andere silberführende Gebiete an der böhmisch-mährischen

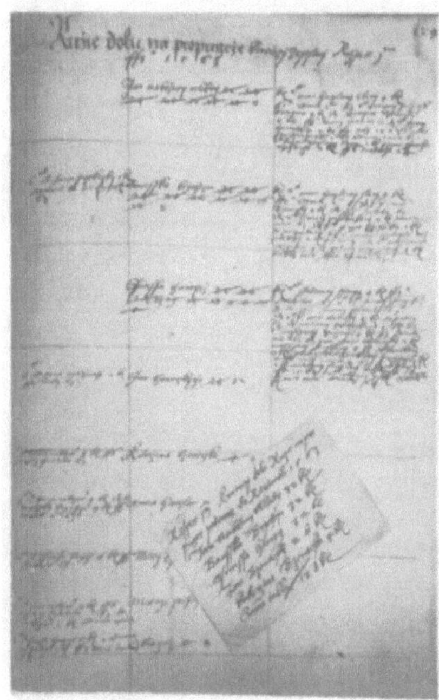

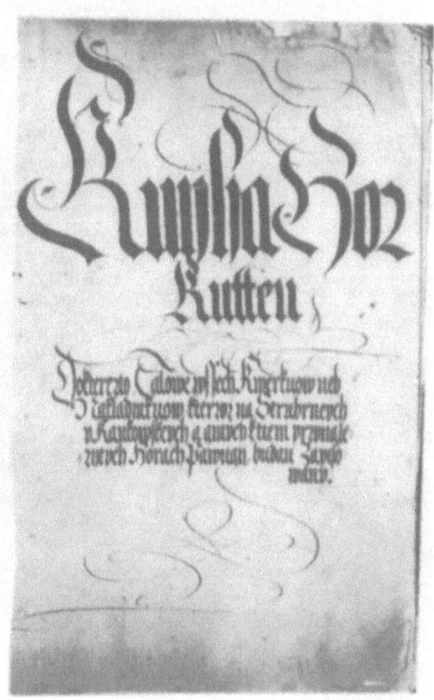

Abb. 3
Titelblatt eines Bergbuches vom Jahre 1560 mit dem Verzeichnis der Gewerken im Revier Kutná Hora (Kuttenberg).

Hochebene und im mährischen Nordrand zu sein. In den neuen Grubenrevieren wurde die Joachimsthaler Bergordnung als Rechtsnorm eingeführt. Die Intensität des böhmischen Silberbergbaus läßt sich auch durch das Bestreben belegen, neue Münzstätten zu errichten, so z.B. im Jahre 1525 in Schlaggenwald, 1548 in Böhmisch Budweis und 1551 in Příbram.[30] Zu den königlichen Münzhäusern in Kuttenberg und Joachimsthal gesellte sich im Jahre 1539 noch die Prager Münzstätte. Annähernd kann abgeschätzt werden, daß während des 16. Jahrhunderts aus den böhmischen Lagerstätten rund 700000 bis 750000 kg Silber gewonnen wurden.[31] Fast zwei Drittel dieser Menge lieferten Joachimsthal und andere erzgebirgische Grubenreviere. An der Gesamtmenge von 1950000 kg Silber, die in den Böhmischen Ländern von 1460 bis 1600 ausgeschmolzen wurden, machten die in der 1. Hälfte des 16. Jahrhunderts erzielten Erträge fast 35% aus.[32]

Der erzgebirgische Bergbau regte schließlich auch dazu an, sich erneut der Gewinnung der Golderze, vor allem im traditionellen Grubenrevier Eule bei Prag, zu widmen. Nach der dortigen Einführung der Joachimsthaler Bergordnung im Jahre 1536[33] wurde das Golderz in einer weiten Umgebung von dieser königlichen Bergstadt gefördert, auch wurde der Seifenabbau wieder aufgenom-

Abb. 4
Stribro (Mies), rechts im Bild eine Halde aus dem 16. Jahrhundert

men. Dank der Erträge aus den goldführenden böhmischen Lagerstätten konnten erneut Golddukaten geprägt werden.[34]

Mit zunehmender Ausbeute der Gruben sind während der ersten Jahrzehnte des 16. Jahrhunderts auch die Arbeiten in den Buntmetallagerstätten verstärkt worden. Die traditionelle Zinnförderung oberhalb der Bergstadt Graupen im Erzgebirge hatte zwei neue Grubengebiete – und zwar im Kaiserwaldgebirge bei Schlaggenwald und Schönfeld und im Erzgebirge bei Platten und Gottesgab – durch ihre Produktionshöhe in den Schatten gestellt. Dank der Entdeckung der ergiebigen Zinnstöcke und Gänge sind diese Lagerstätten jahrelang zu den Hauptproduzenten dieses Metalls in Europa geworden. Durch Menge, Qualität und den günstigen Preis hat das böhmische Zinn in der ersten Hälfte des 16. Jahrhunderts die englische Konkurrenz an den westeuropäischen Märkten verdrängt. Die Hütten im Kaiserwald erzeugten zu dieser Zeit durchschnittlich 400–500 Tonnen Zinn pro Jahr; das meiste davon wurde nach Nürnberg, Leipzig und Antwerpen geliefert.[35] In den Jahren 1500–1620 wurden aus den böhmischen Lagerstätten über 55000 Tonnen Zinn erzeugt, über 50% davon in der ersten Hälfte des 16. Jahrhunderts.[36] In diesem Zeitabschnitt hatte die böhmische Zinnproduktion die sächsischen Erträge im Verhältnis von rund 65% zu 35%,

Abb. 5
Schlaggenwalder Floßgraben im Kaiserwaldgebirge, errichtet 1531–1536, Gesamtlänge 24 km.

also fast um ein Drittel, überstiegen.[37] Die Bedeutung der Schlaggenwalder Zinnerzförderung unterstrich Agricola auch in seinem Werk «De veteribus et novis metallis» im Jahre 1546.[38] Das Handelsinteresse an diesem gemeinnützigen Metall war dem böhmischen König Ferdinand I. Veranlassung, das Zinn im Jahre 1550 unter königliches Privileg zu stellen.[39]

Eine ansehnliche Steigerung erlangte auch die Eisenerzgewinnung, zuerst bei Irrgang und Neudeck, nahe Joachimsthal; bis hierhin erstreckten sich die sächsischen Lagerstätten von Johanngeorgenstadt und Hennersberg. Auch an anderen Stellen wurde Eisenerz gewonnen, besonders intensiv bei Weipert und Schmiedeberg; in ihrer Nähe entstanden auch mehrere Hammerwerke. Einige von diesen hatten sich auf die Herstellung bergmännischer Werkzeuge spezialisiert.[40] Im Erzgebirge wurden auch andere Erzlagerstätten entdeckt, im besonderen Vorkommen von Bleierz. Dieses bezogen die böhmischen Länder bisher aus Goslar, Tarnowitz, Bytom oder aus Bleiberg in Kärnten. Das meiste Blei benötigten die Silberhütten, denn Blei war unentbehrlich für die Silberextraktion. Die Entfaltung des Bleibergbaus wurde besonders in der Nähe von Bleistadt bedeutend, das im Jahre 1523 zur Bergstadt erhoben worden war. Die erzeugte Menge an Blei aus dieser und aus anderen böhmischen Lagerstätten genügte den Anforderungen der Silberhütten dennoch nicht; denn in Joachimsthal verbrauchten allein 13 Silberhütten jährlich ca.

300–400 Tonnen, in manchen Zeitperioden sogar das Doppelte.[41] Auch der Kupferverbrauch nahm im Verhältnis zum anwachsenden Metallgewerbe schnell zu; im Erzgebirge wurden deshalb im Jahre 1520 zwei mächtige Kupfererzlagerstätten neu erschlossen: Kupferberg, wo im Jahre 1520 das Bergamt residierte und die bergmännische Siedlung zur Bergstadt ernannt wurde, und in der Nähe von Grasslitz, im Jahre 1541 gleichfalls zur königlichen Bergstadt erhoben. Weitere Kupfererzlagerstätten wurden in der ersten Hälfte des 16. Jahrhunderts auch im Böhmerwald und im Riesengebirge entdeckt. Die böhmische Kupferproduktion war zu dieser Zeit nicht allzu groß und kann auf annähernd 300– 400 Tonnen jährlich geschätzt werden. Für den einheimischen Bedarf war dies jedoch mehr als ausreichend;, so daß darüber hinaus auch nach Nürnberg geliefert werden konnte.[42]

Die ersten Jahrzehnte des 16. Jahrhunderts bedeuteten also für den böhmischen Erzbergbau eine hohe Konjunktur, und es läßt sich ohne Übertreibung behaupten, daß mit der Entdeckung der Joachimsthaler Silbererzlagerstätte der Anfang gemacht wurde. In den 40er Jahren zogen sich jedoch über dem Bergbau in den Böhmischen Ländern schwarze Wolken zusammen. Während des Schmalkaldischen Krieges in den Jahren 1546 bis 1547 war das Interesse der ausländischen Gewerken wesentlich erlahmt, und die Bedingungen für den Vertrieb der Nutzmetalle wurden wegen der Kriegsunruhen in Westeuropa, besonders in Frankreich und in den Niederlanden, schlechter. Auch verschlechterte sich im Königreich Böhmen zu dieser Zeit die ökonomische Lage durch die gesamteuropäische Wirtschaftskrise. Davon war insbesondere die Förderung der Silbererzlagerstätten betroffen, denn in den erreichten und ökonomisch vertretbaren Teufenbereichen waren diese nahezu vollständig erschöpft. Zum Rückgang der Grubenarbeiten hat vor dem Ende der 40er Jahre des 16. Jahrhunderts auch die Senkung des Silberpreises um 21 % beigetragen. Gleichzeitig begann eine Steigerung der Lebenshaltungs- und Betriebskosten rund um 50% bis 70%,[43] einen negativen Einfluß auszuüben. Diese Tendenz wurde noch durch den Zufluß des südamerikanischen Silbers beschleunigt, durch welchen seit Anfang der 60er Jahre in ganz Europa ein rapider Preisverfall erfolgte. Die Rentabilität der böhmischen Silberbergwerke sank im Resultat dessen erheblich. Diese Tatsache widerspiegelte sich auch in dem Rückgang der Produktion, in der Verschlechterung der böhmischen Münze und in der Erstarkung der Inflationsrate. Zwischen 1521 und 1544 erreichte in den Böhmischen Ländern die Silberausbeute bis 19 % der europäischen und bis 15 % der Weltproduktion.[44] Während der zweiten Hälfte des 16. Jahrhunderts begann diese auf einen Bruchteil des ehemalig hohen Gewinnes zu sinken. Auch Zuschüsse seitens der Krone für den Vortrieb der Erbstollen und die Verbesserung der technischen Anlagen, besonders die kostspieligen Wasserhaltungsmaschinen betreffend, konnten den schnellen Rückgang nicht aufhalten.[45]

Als Georgius Agricola im Jahre 1550 nach Jahren nochmals Joachimsthal besuchte, mußte er bereits einen Rückgang des hiesigen Bergbaus konstatieren. Joachimsthal wurde eine sterbende Stadt, zumal sich die Rezession in den nachfolgenden Jahren noch beschleunigte. Der letzte Aufenthalt Agricolas, Zeuge der Entfaltung des Silbererzbergbaus in den 20er Jahren des 16. Jahrhunderts, beschloß somit fast symbolhaft die Konjunkturperiode, und zwar nicht nur des hiesigen, sondern auch weiter Bereiche des gesamten böhmischen Silberbergbaus. Ohne Übertreibung kann deshalb behauptet werden, daß Agricolas Wirken in Böhmen, trotz seiner Kürze, seinen weiteren wissenschaflichen Lebensweg in bedeutender Weise beeinflußt hatte. Im Jahre 1527 begann er in Joachimsthal, seinen wissenschaftlichen Plan zu verwirklichen, im Jahre 1550 krönte er dieses Vorhaben durch die Auswahl der Illustrationsthematik für die Schrift «De re metallica libri XII».[46]

Für Georgius Agricola ist in der europäischen Kulturgeschichte ein Ehrenplatz vorbehalten, und dies nicht nur als Begründer der Geo- und Montanwissenschaften, sondern auch als Mitgestalter des modernen humanistischen Denkens, zumal er auch durch seine Werke Bedeutendes beigesteuert hat. Zu diesem seinem Vermächtnis meldet sich darum auch die tschechische Historiographie, denn sein Hauptwerk über den Bergbau und das Hüttenwesen eröffnet nämlich die Reihe der montanwissenschaftlichen Lehrbücher in Böhmen. Sein «De re metallica libri XII» wurde ab 1717 an der Joachimsthaler Bergschule und ab 1763 auch beim Studium der Bergbauwissenschaften an der Prager Universität über lange Zeit als Lehrbuch benutzt. Das Werk erlangte den Charakter eines außerordentlich wertvollen Zeugnisses über die bevorstehende wissenschaftliche Revolution; Georgius Agricola war einer ihrer bedeutendsten Repräsentanten. Auch wenn dieser Naturforscher und Humanist ein geborener Sachse war, so gehört er selbstverständlich in die Galerie der Persönlichkeiten, die durch ihr Werk wie auch ihr Wirken zur kulturellen Entfaltung der böhmischen Ländern beigetragen haben.[47]

Anmerkungen

1 Die erste Grubenverleihung wurde vom Joachimsthaler Bergamt am 1.8.1516 registriert. Vgl. Weizsäcker, Wilhelm: Sächisches Bergrecht in Böhmen – Joachimsthaler Bergrecht des 16. Jahrhunderts. Reichenberg 1929, S. 290.

2 Majer, Jiři: Těžba stříbrných rud v Jáchymově v16. stoleti. In: Sbornik Národniho technického muzea 5. Praha 1968, S. 156.

3 Kratochvíl, Josef: Topografická mineralogie Čech VI. Praha 1960, S. 32.

4 Mathesus, Johannes: Sarepta oder Bergpostill. Nürnberg 1564. 6. Predigt, fol. 40, 88 v. und 9. Predigt, fol. 92.

5 Verzeichnis der Gewerken bei Mittenzwei, Ingrid: Der Joachimsthaler Aufstand von 1525, seine Ursachen und Folgen. Berlin 1963, S. 36 ff. Über die Ankunft *vill hewer und ausslendischmann* vgl. Wilsdorf, Helmut: Präludien zur Agricola: I. Das Joachimsthaler Bergbüchlein des Hans Ruthart 1523. In: Freiberger Forschungshefte D5. Berlin 1954, S. 20.

6 Deutsches Bergbaumuseum Bochum: Verleihungsbuch für 1518–1520. Ebd.: für das Jahr 1518 wurden 574 Verleihungen der Grubenbaue registriert.
7 Lorenz, Hans: Bilder aus Alt Joachimsthal. Joachimsthal 1925, S. 25.
8 Hofmann, Gustav: K populačnimu vývoji Jáchymova v 16. stoleti. In: Studies in the history of mining 19. Praha 1987, S. 72.
9 Majer, Jiři: Těžba stříbrných rud v Jáchymově v16. stoleti. In: Sbornik Národniho technického muzea 5. Praha 1968, S. 156.
10 Majer, Jiři: Těžba stribrných rud v Jáchymové v16. stoleti. In: Sbornik Národniho technického muzea 5. Praha 1968, S. 269.
11 Siehe Agricolas Erwähnung in seinem Briefe an Kommerstadt vom 7.3.1546. In: Agricola, Georgius: Ausgewählte Werke (AGA). Gedenkausgabe des Staatlichen Museums für Mineralogie und Geologie zu Dresden. Hrsg. von Prescher, Hans und Mathé, Gerhard. Bd. IX, 1992, sub A 82, S. 363. Siehe auch Wilsdorf, Helmut: Georgius Agricola und seine Zeit. Berlin 1956, S. 155.
12 Stern, Leo: Der große deutsche Naturforscher und Humanist Georgius Agricola und seine Zeit. In: Georgius Agricola (Sammelbuch). Berlin 1955, S. 27.
13 Prescher, Hans: Von Sammlern und Sammlungen des Mineralreiches im XVI. Jahrhundert. In: Georgius Agricola (Sammelbuch). Berlin 1955, S. 320f.
14 Mathesius, Johannes: Chronica der Keyserlichen freyen Bergkstadt Sanct Jochimsthal/der zuuor die Conradsgrün genent war. Nürnberg 1562.
15 Vgl. Prescher, Hans: Vorwort zu Agricolas Dialog «Bermannus». In: AGA, Bd. II, Berlin 1955, S. 10ff.; und derselbe Autor: Georgius Agricola. In: Georgius Agricola und Reflexionen in erzgebirgischer Schnitzerei. Dresden 1993, S. 11.
16 Vgl. Desiderius Erasmus von Rotterdam im Brief an Agricola vom 29.8.1531. In: AGA, Bd. IX, Berlin 1992, sub A 26, S. 173–175.
17 Wilsdorf, Helmut: Georgius Agricola und seine Zeit. Berlin 1956, S. 205 u. 209.
18 Stern, Leo: Der große deutsche Naturforscher und Humanist Georgius Agricola und seine Zeit. In: Georgius Agricola (Sammelbuch). Berlin 1955, S. 27.
19 Wilsdorf, Helmut: Georgius Agricola und seine Zeit. Berlin 1956, S. 168f.
20 Majer, Jiři: Těžba stříbrných rud v Jáchymové v16. stoleti. In: Sbornik Národniho technického muzea 5. Praha 1968, S. 152.
21 Nach dem Extrakt für 1529–1535. In: Státní ústřední archiv, SÚA-Zentrales Staatarchiv, Praha: Sign. MM/5/80, Fasz. 367. Über den Bergabau in Joachimsthal zur Agricola Zeit vgl. Majer, Jiři: Ore Mining and the Town of St. Joachimsthal/Jáchymov at the Time of Georgius Agricola. In: Geo Journal 32(1994)2, S. 91–99.
22 Majer, Jiři: Těžba stříbrných rud v Jáchymové v16. stoleti. In: Sbornik Národniho technického muzea 5. Praha 1968, S. 143f.; die Beschreibung und Bewertung dieser Bergordnung, vgl. Weizsäcker, Wilhelm: Sächsisches Bergrecht in Böhmen – Joachimsthaler Bergrecht des 16. Jahrhunderts. Reichenberg 1929.
23 Nemeškal, Lubomir: Jáchymovská mincovna v prvni polovině 16. stoleti /1519/20–1561. Praha 1964, S. 83.
24 Sieber 1954, S. 80.
25 Z. B. Schreiben des Grafen Stephan Schlick an Herzog Heinrich vom 16.5.1524 betreffend die Entsendung des Joachimsthaler Bergmeisters Wolf Sturz als Berater nach dem Harz, vgl. Dennert, D. h.: Quellen zur Geschichte des Bergbaus und Hüttenwesens im Westharz von 1524 bis 1631. Clausthal-Zellerfeld 1979, S. 1.

26 Koran, Jan: Dějiny dovováni v rudnim okrsku kutnohorském. Praha 1950, S. 86.
27 Jančárek, Petr: Města českého Krušnohoři v Předbělohorské době. Ústi n. L. 1971, S. 130.
28 Nemeškal, Lubomir: Českobudějovická mincovna v letech 1569–1611. České Budějovice 1969, S. 17f.
29 Vgl. Majer, Jiři: Dolvani střibra na Přibramsku v 16. stoleti. In: Sbornik Národniho technického muzea 1. Praha 1955, S. 51f.
30 Ebenda, S. 54; auch Nemeškal, Lubomir: Českobudějovická mincovna v letech 1569–1611. České Budějovice 1969, S. 19.
31 Majer, Jiři: Z dějin hornictvi Hor Matky Boži. Přibram 1989, S. 56.
32 Koran, Jan: Sláva a pád starého českého rudného hornictvi. Přibram 1988, S. 186.
33 Čihák, Václav: Paměti královskehó horniho města Jilového a jeho zlatých dolů. Praha 1948, S. 111.
34 Kořan, Jan: Sláva a pád starésho českého rudného hornictvi. Přibram 1988, S. 146ff.
35 Ausführlich Majer, Jiři: Těžba cinu ve Slavkovském lese. Praha 1970.Majer 1970, S. 178ff.
36 Majer, Jiři: Der Zinnbergbau im sächsisch-böhmischen Grenzgebiet während des 16. und frühen 17.Jahrhunderts. In: Abhandlungen des Staatlichen Museums für Mineralogie und Geologie zu Dresden, Vol. 30, Leipzig 1980, S. 186, Tabelle 2.
37 Ebenda, S. 186, Tabelle 4.
38 AGA,Bd.VI, Berlin 1961, S. 101.
39 Vgl. dazu auch Majer, Jiři: Der Zinnbergbau im sächisch-böhmischen Grenzgebiet während des 16. und frühen 17.Jahrhunderts. In: Abhandlungen des Staatlichen Museums für Mineralogie und Geologie zu Dresden, Vol. 30, Leipzig 1980, S. 168f.
40 Pleiner, Radomir et alii: Dějiny hutnictvi železa v Československu I. Praha 1984, S. 69. Über das Eisenhüttenwesen im Erzgebirge, siehe Kořan, Jan: Vývoj železářstvi v Krušných horách. Praha 1969.
41 Majer, Jiři: Po kovových stezkách dějin ¿eskoslovenska. Přibram 1991.Majer 1991, S. 87.
42 Ebenda, S. 92f.
43 Janáček, Josef: Česke dějiny I/1/1526–1547. Praha 1968, S. 72.
44 Ebenda, S. 30.
45 Mehr Majer, Jiři: Die Habsburger und der Böhmische Bergbau des 16.Jahrhunderts. In: Veröffentlichungen des Östereichischen Museums für Volkskunde, Vol. XVI, Wien 1975, S. 135 ff.; und derselbe Autor: Zur Entwicklung der Bergbautechnik des 16.Jahrhunderts im Westteil des böhmischen Erzgebirges. In: Deutsches Jahrbuch der Volkskunde, Vol. 13/II, Berlin 1967, S. 336ff.
46 Für die Bewertung dieses Werkes Agricolas vgl. Wagenbreth, Otfried: Der Arzt Georgius Agricola und das Montanwesen. In: Jahrbuch für Bergbau, Erdöl und Erdgas, Petrochemie. Essen 1994, S. 24ff. u. 31ff.; auch Prescher, Hans: Georgius Agricola. In: Georgius Agricola und Reflexionen in erzgebirgischer Schnitzerei. Dresden 1993, S. 33–57.
47 Über die Anfänge des Montanschulwesens in den Böhmischen Ländern vgl. Majer, Jiři: Z dějin Vysoké školy báňské v Přibrami. Přibram 1984, S. 13ff.

Literatur

Agricola, Georgius: Ausgewählte Werke (AGA). Gedenkausgabe des Staatlichen Museums für Mineralogie und Geologie zu Dresden. Hrsg. von Prescher, Hans und Mathé, Gerhard:
Bermannus sive der re metallica /1530/, AGA, II, 1955.
De veteribus et novis metallis /1546/, AGA, VI, 1961.

De re metallica libri XII /1556/, AGA, VIII, 1974.
Georgius Agricola Briefe und Urkunden, AGA, IX, 1992.
Čihák, Václav: Paměti královskehó horniho města Jilového a jeho zlatých dolů. Praha 1948.
Dennert, D. H.: Quellen zur Geschichte des Bergbaus und Hüttenwesens im Westharz von 1524 bis 1631. Clausthal-Zellerfeld 1979.
Hofmann, Gustav: K populačnimu vývoji Jáchymova v 16. stoleti. In: Studies in the history of mining 19. Praha 1987, S. 72–89.
Janáček, Josef: Česke dějiny I/1/1526–1547. Praha 1968.
Jančárek, Petr: Města českého Krušnohoři v Předbělohorské době. Ústi n. L. 1971.
Kořan, Jan: Dějiny dolováni v rudnim okrsku kutnohorském. Praha 1950.
Kořan, Jan: Vývoj železářstvi v Krušných horách. Praha 1969.
Kořan, Jan: Sláva a pád starého českého rudného hornictvi. Pribram 1988.
Kratochvíl, Josef: Topografická mineralogie Čech VI. Praha 1960.
Lorenz, Hans: Bilder aus Alt Joachimsthal. Joachimsthal 1925.
Majer, Jiři: Dolvani stříbra na Přibramsku v 16. stoleti. In: Sbornik Národniho technického muzea 1. Praha 1955, S. 49–63.
Majer, Jiři: Zur Entwicklung der Bergbautechnik des 16. Jahrhunderts im Westteil des böhmischen Erzgebirges. In: Deutsches Jahrbuch der Volkskunde, Vol. 13/II, Berlin 1967, S. 313–338.
Majer, Jiři: Těžba stříbrných rud v Jáchymově v 16. stoleti. In: Sbornik Národniho technického muzea 5. Praha 1968, S. 111-279.
Majer, Jiři: Těžba cinu ve Slavkovském lese. Praha 1970.
Majer, Jiři: Die Habsburger und der Böhmische Bergbau des 16. Jahrhunderts. In: Veröffentlichungen des Östereichischen Museums für Volkskunde, Vol. XVI, Wien 1975, S. 131–139.
Majer, Jiři: Der Zinnbergbau im sächsisch-böhmischen Grenzgebiet während des 16. und frühen 17.Jahrhunderts. In: Abhandlungen des Staatlichen Museums für Mineralogie und Geologie zu Dresden, Vol. 30, Leipzig 1980, S. 153–208.
Majer, Jiři: Z dějin Vysoké školy báňské v Přibrami. Přibram 1984.
Majer, Jiři: Z dějin hornictvi Hor Matky Boži. Přibram 1989.
Majer, Jiři: Po kovových stezkách dějin Československa. Přibram 1991.
Majer, Jiři: Ore Mining and the Town of St. Joachimsthal/Jachymov at the Time of Georgius Agricola. In: Geo Journal 32(1994)2, S. 91–99.
Mathesius, Johannes: Chronica der Keyserlichen freyen Bergkstadt Sanct Jochimsthal. Nürnberg 1562. Mathesius, Johannes: Sarepta oder Bergpostill. Nürnberg 1564.
Mittenzwei, Ingrid: Der Joachimsthaler Aufstand von 1525, seine Ursachen und Folgen. Berlin 1963.
Nemeškal, Lubomir: Jáchymovská mincovna v prvni polovině 16. stoleti /1519/20–1561. Praha 1964.
Nemeškal, Lubomir: Českobudějovická mincovna v letech 1569–1611. České Budějovice 1969.
Pleiner, Radomir et alii: Dějiny hutnictvi železa v Československu I. Praha 1984.
Prescher, Hans: Vorwort zum Agricolas Dialog «Bermannus», AGA, II, 1955.
Prescher, Hans: Von Sammlern und Sammlungen des Mineralreiches im XVI. Jahrhundert. In: Georgius Agricola (Sammelbuch). Berlin 1955, S. 320–338.
Prescher, Hans: Georgius Agricola. In: Georgius Agricola und Reflexionen in erzgebirgischer Schnitzerei. Dresden 1993, S. 6–57.

Stern, Leo: Der große deutsche Naturforscher und Humanist Georgius Agricola und seine Zeit. In: Georgius Agricola (Sammelbuch). Berlin 1955, S. 9–42.

Wagenbreth, Otfried: Der Arzt Georgius Agricola und das Montanwesen. In: Jahrbuch für Bergbau, Erdöl und Erdgas, Petrochemie. Essen 1994, S. 3–41.

Weizsäcker, Wilhelm: Sächsisches Bergrecht in Böhmen - Joachimsthaler Bergrecht des 16. Jahrhunderts. Reichenberg 1929.

Wilsdorf, Helmut: Präludien zur Agricola: I. Das Joachimsthaler Bergbüchlein des Hans Ruthart 1523. In: Freiberger Forschungshefte D5. Berlin 1954, S. 7–64.

Wilsdorf, Helmut: Georgius Agricola und seine Zeit. Berlin 1956.

Der wettinische Herrschaftsbereich – der Lebensraum des Georgius Agricola

Reiner Groß (Dresden)

1927 schrieb Johannes Walther, Haeckel-Schüler, Geologe und Paläontologe an der Universität Halle und Präsident der Leopoldina zu Halle von 1929 bis 1931 in einem Geleitwort zu dem Sammelband «Deutschland. Die natürlichen Grundlagen seiner Kultur»: *Der Lebensgang und die Weltgeltung seines Volkes werden dadurch bestimmt, wie es die natürlichen Bedingungen eines Volkes auszunutzen versteht und dem Wechsel seiner Umwelt im Laufe der Geschichte Rechnung zu tragen vermag. Auch seine Führer sind Kinder derselben geographisch bedingten Rasse und können nur dann dauernden Einfluß auf seine Schicksale haben, ... soweit solche Ziele im Rahmen der natürlichen Umwelt erreichbar sind. ... In einer Zeit, wo die Zukunft des deutschen Volkes schwer bedroht und von dunklen Wolken beschattet wird, erscheint es uns wertvoll, einmal die natürlichen Wurzeln aufzudecken, auf denen sich die deutsche Kultur im Laufe von Jahrtausenden entfaltet hat, um zu prüfen, welcher Anteil an seiner früheren Blüte durch die Hilfsquellen seines Landes bedingt war und was die Eigenkraft der Nation auf dieser Grundlage geleistet hat.*[1]

Mit dem Erinnern an Georgius Agricola, seine Zeit und seinem Lebensraum sind wir an einer solchen Wurzel unserer geschichtlichen Entwicklung, die bis in die Gegenwart reicht und nach dem Wiedererstehen des sächsischen Staates als ein Bundesland im föderalen Deutschland neue Bedeutung erlangt hat. Auch für diesen historischen Raum zwischen Harz, Thüringer Wald, Fläming und Erzgebirge trifft noch im 15. Jahrhundert zu, was Friedrich Ratzel in seinem Werk «Deutschland. Einführung in die Heimatkunde», Leipzig 1907 feststellte: *Zunächst wollen wir an das Naturgesetz erinnern, daß alle Staaten aus kleinen Ansätzen hervorgehen. Die Zersplitterung in kleine Gebiete ist der Anfang aller politischen Entwicklung, die Zusammenfassung zu größeren Gebieten folgt erst später, und aller Staatswachstum ist ein Ringen.*[2]

Agricola wurde in eine Zeit hineingeboren, in der dieser Staatsbildungsprozeß in vollem Gange war, ja er war zum Teil unmittelbarer Zeitzeuge und auch Mitgestalter dieser Entwicklung im Herrschaftsbereich der Wettiner. Andererseits haben diese grundlegenden Entwicklungen Leben und Werk Agricolas nachhaltig beeinflußt und noch heute nachvollziehbare Spuren in der gegenständlichen, literarischen und archivalischen Überlieferung hinterlassen. Dabei ist der Lebensraum Agricolas über Jahrzehnte hinweg, ja nahezu den größten Teil seines 62 Jahre währenden Lebens mit dem Herrschaftsbereich der Wettiner, seit 1485 den ernestinischen wie den albertinischen, verbunden. Geboren ist er in den Schönburgischen Herrschaften, dort verbrachte er Kindheit und Jugend, erhielt seine schulische Ausbildung. Zum Studium ging er an die Landesuniversität des albertinischen Herzogtums Sachsen in Leipzig, nicht an die 1502 in Wittenberg gegründete Landesuniversität des ernestinischen Kurfürstentums Sachsen. Nach dem Studium nahm er in Zwickau, der größten und wirtschaftlich bedeutendsten Stadt im ernestinischen Kurfürstentum Sachsen, seine berufliche Tätigkeit an der weithin bekannten, vom humanistischen Gedanken geprägten Lateinschule auf. Nach einem als Intermezzo anzusehenden Aufenthalt im benachbarten Königreich Böhmen, in der aufblühenden jungen Bergbaustadt Joachimsthal, nur wenig entfernt vom Schönburgischen Gebiet am Fichtelberg, kehrt er schließlich in das albertinische Herzogtum Sachsen zurück und findet in Chemnitz im Alter von 37 Jahren bis zu seinem Tod 1555 den Wohn- und Arbeitssitz seines Lebens. Von diesen historischen Gegebenheiten ausgehend, möchte ich versuchen, den politischen und territorialstaatlichen Hintergrund von Agricolas Lebensraum zu skizzieren. Das betrifft

- die Schönburgischen Herrschaften,
- die beiden wettinischen Staaten im Verlauf der Reformation und
- das Herzogtum Sachsen vom Reichstag zu Speyer 1526 bis zum Augsburger Religionsfrieden 1555.

I. Die Schönburgischen Herrschaften

Glauchau, die Geburtsstadt von Georg Bauer, war Verwaltungsmittelpunkt der Schönburgischen Herrschaften und Stammsitz der Herren von Schönburg. Dieses Reichsministerialengeschlecht, in salischer Zeit in das pleißenländische Territorium gekommen, hatte sich im 12. Jahrhundert an der Zwickauer Mulde festgesetzt und vermochte im Verlauf des 13. und 14. Jahrhunderts zu eigener landesherrlicher Gewalt aufzusteigen, wurde schließlich noch im 18. Jahrhundert in den Reichsgrafenstand, 1790 in den Fürstenstand erhoben. Diese Herren von Schönburg hatten es geschickt verstanden, von Glauchau und Lichtenstein aus das von ihnen beherrschte Territorium systematisch muldenabwärts und muldenaufwärts bis zum Erzgebirgskamm auszudehnen. Sie erreichten dies in steter Abwehr der Bemühungen der wettinischen Markgrafen von Meißen und späteren Kurfürsten von Sachsen, auch dieses von ihnen umschlossene Gebiet in die wettinische Landesherrschaft zu integrieren. Dabei nutzen die Schönburger geschickt die machtpolitischen Verhältnisse im Reich aus, traten zu Beginn des 14. Jahrhunderts in lehnsrechtliche Beziehungen zu den Königen von Böhmen und entzogen sich so dem unmittelbaren wettinischen Zugriff. Als 1526 nach der Schlacht bei Mohács und dem Tod des ungarischen Königs Ludwig II. die Königreiche Ungarn und Böhmen an den Habsburger Ferdinand fielen, waren auf einmal die Herren von Schönburg Lehnsherren des habsburgischen deutschen Königs und Kaiserhauses. Andererseits war Veit I. von Schönburg nach militärischen Auseinandersetzungen gezwungen, 1390 einen Dienstvertrag mit den Wettinern abzuschließen. Dies beeinträchtigte maßgeblich die landesherrliche Stellung der Herren von Schönburg. In der zweiten Hälfte des 15. Jahrhunderts verstärken sich die Bestrebungen zur vollen Einbeziehung in die wettinische Landeshoheit. Die von den Herren von Schönburg 1406/1439 erworbene Herrschaft Hartenstein wird 1456/1457 als Bestandteil des Burggrafentums Meißen betrachtet, und damit kommen sie als Reichsafterlehen unter die Botmäßigkeit der Kurfürsten von Sachsen. Das wird dadurch verstärkt, daß versucht wird, die Herrschaft Schönburg nach 1467 in die kursächsische Steuerverfassung einzubeziehen, was aber scheitert. Am Ende des 15. Jahrhunderts und damit am Vorabend der Reformation befinden sich die Herren von Schönburg mit ihren Territorien in einer Doppelstellung: sie sind Reichsstände und stehen damit unmittelbar unter dem Reich, und sie sind Landstände, sind Grafen und Herren der Herzöge und Kurfürsten von Sachsen. Sie sind den kurfürstlichen verantwortlichen Räten in ihrer Dienststellung am Hofe gleichgestellt, sie sind landesherrliche Beamte und nicht mehr freie Ratgeber. Einer derjenigen Schönburger, die zu Lebzeiten Agricolas diese Stellung einnahmen und gleichermaßen für ihr Territorium und das albertinische Herzogtum Sachsen wirkten, war der zehn Jahre ältere Ernst II. von Schönburg. Er hatte als Besitzer der Herrschaft Hartenstein 1526 am Fichtelberg ein Bergwerk eingerichtet, das bald guten Ertrag bringen sollte, und das Bergstädtchen Oberwiesenthal gegründet. Um 1550 hatte es 570 Einwohner.[3] Um dieses Gebiet entstand zwischen 1529 ein Streit zwischen den Schönburgern, den ernestinischen Kurfürsten von Sachsen Johann dem Beständigen, Herzog Georg von Sachsen, den Herren von Tettau und den Grafen von Schlick als böhmische Lehnsträger, der schließlich vor dem Oberhofgericht in Leipzig anhängig wurde. Als Ernst II. von Schönburg am 12. September 1534 an der Ruhr starb, war der Grenzstreit noch nicht beigelegt.[4] Er verdeutlicht jedoch Herrschaftsverhältnisse, Ansprüche, Ausdehnungsbestrebungen der weltlichen Gewalten in jenen Jahrzehnten im allgemeinen und der Herren von Schönburg im besonderen. Agricola verfolgte mit Gewißheit diese Bemühungen seines ersten Landesherrn, dem 1484 geborenen Ernst II. von Schönburg, regierender Herr des Hauses Schönburg von 1521 bis 1534, erst von Joachimsthal, dann von Chemnitz aus als neuer Untertan des albertinischen

Herzogtums Sachsen unter Herzog Georg. Dieser Schönburger erwarb auch weitere wettinische Lehen: 1523 die Herrschaften Lohmen und Wehlen, 1525 Hohnstein und 1531 Kriebstein. An deren Stelle traten 1543 durch Kauf und Tausch die Herrschaften Wechselburg, Rochsburg, Penig und Remse. Diesen Gebietstausch nahm Herzog Moritz vor, der auf diese Weise den landesherrlichen Besitz um seine Residenz Dresden abrundete und andererseits die Schönburger, die dadurch zwar zu einem größeren zusammenhängenden Territorium am Laufe der Zwickauer Mulde kamen, in sächsische Lehenabhängigkeit brachte. Die Schönburgischen Herrschaften unterschieden sich seitdem in die Rezeßherrschaften (böhmische bzw. sächsische Reichsafterlehen) und in die Lehnsherrschaften (sächsische Lehen, womit die Schönburger zu Landsassen des Hauses Sachsen wurden). In der Reformationszeit bestanden enge Verbindungen zwischen Ernst II. von Schönburg und Herzog Georg von Sachsen. Der Schönburger (1484–1534 und seit 1521 Vertreter des Gesamthauses) war jahrelang in Diensten bei Herzog Georg und stand letzterem auch persönlich sehr nahe, so z.B. bei der Niederschlagung des Bauernaufstandes und bei der Ablehnung der lutherischen Lehre. 1529 schlossen Wolf und Ernst von Schönburg mit Herzog Georg einen Vertrag über die gemeinsame Ausübung der Berggewalt in den Bergwerken der Schönburger im Erzgebirge. Das betraf insbesondere die Gesetzgebung, die Gerichtsbarkeit und die Verwaltung. Ebenso wurde der Ertrag der Bergwerke in den Schönburgischen Herrschaften geteilt: in den «böhmischen» Lehen erhielt Georg die Hälfte, in der Herrschaft Hartenstein zwei Drittel der Ausbeute. Als Inhaber von sächsischen Lehen nahmen sie an den Landtagen teil. Als Reichsstand waren sie Teilnehmer der Reichstage, dies auch gegen den erklärten Willen und trotz aller Proteste der albertinischen Herzöge in Dresden. 1521 erhielten Wolf und Ernst von Schönburg auf dem Wormser Reichstag von Kaiser Karl V. das Recht, von den die Herrschaft Hartenstein durchfahrenden Frachtwagen Wegegeld zu erheben. Im gleichen Jahr stehen die Schönburger auch in der Reichsmatrikel: Sie waren Kaiser und Reich unmittelbar unterworfen und wurden vom Reich zur Türkensteuer herangezogen. Diese erhoben sie von ihren Untertanen und führten sie unmittelbar an das Reich ab. In der Reformationszeit führte Ernst II. von Schönburg auch einen langwierigen Streit mit den ernestinischen Kurfürsten von Sachsen wegen der Lehen über Ponitz. Die Herrschaft Crimmitschau blieb aber unbestritten in Lehnsabhängigkeit von den Wettinern.

1524 wurde das «Gesamthaus» Schönburg eingerichtet, um bei allen Teilungen zwischen den Brüdern eine einheitliche Vertretung nach außen und einen tatsächlichen Zerfall der Schönburgischen Herrschaften zu verhindern. Glauchau wurde für das Gesamthaus der Regierungsmittelpunkt. Die Stadt war Sitz der Gesamtregierung und des Lehnhofes sowie des Lehngerichts und seit 1556 des gemeinschaftlichen Archivs des Gesamthauses. Die Einführung der Reformation geschah in den Schönburgischen Herrschaften selbständig und unabhängig von Ernestinern und Albertinern. In Glauchau wurde die erste evangelische Predigt am 18. Oktober 1542 durch den Leipziger Superintendenten Johannes Pfeffinger gehalten. In den folgenden Wochen wurde in Glauchau und den zur Herrschaft gehörenden Ortschaften der evangelische Glaube eingeführt und in Glauchau eine eigene Superintendentur geschaffen. In den folgenden zwei Jahren setzte sich dann die lutherische Lehre in den Schönburgischen Herrschaften durch. Dafür wurde auch eine eigene, schönburgische Kirchenordnung verfaßt, und zwar von Pfeffinger. Die Kirchenvisitationen wurden von den Schönburgern in eigener Kirchenhoheit durchgeführt. Die Schönburger übten ein eigenes landesherrliches Kirchenregiment aus. Über das Verhältnis der Schönburger zu dem albertinischen Herzogtum Sachsen unter Georg, Heinrich und Moritz äußerte sich zutreffend zusammenfassend Walter Schlesinger: *Solange Ernst II. von Schönburg, der zum letzten Male alle schönburgischen Besitzungen in einer Hand vereinigte, lebte, war von Sachsen wenig zu befürchten. Gegen den Geheimen Rat Herzog Georgs, dem er in der konservativen, der alten Kirche anhängenden Gesinnung verbunden war und auf dessen Entschlüsse er Jahre hindurch einen nicht unerheblichen Einfluß ausgeübt haben dürfte, wurde wenigstens von albertinischer Seite nichts unternommen, und als es 1530 mit Kurfürst Johann dem Beständigen zu einem Streit wegen der Lehnherrlichkeit über das Schloß Ponitz mit Zubehör kam, hatte Ernst von Schönburg nicht nur an Böhmen, sondern auch am Herzog so viel Rückhalt, daß er seinen Standpunkt nach langwierigem Hin und Her schließlich durchsetzen konnte.*

Nach Ernsts Tode 1534 wendete sich das Blatt. Seine Kinder waren unmündig, die Vormünder standen entweder selbst auf dem sächsischen Standpunkt, wie natürlich Herzog Georg selbst, der mit Burggraf Hugo von Leisnig Obervormund war, ... oder Dr. Ludwig Fachs, Bürgermeister von Leipzig und Ordinarius der dortigen Juristenfakultät, zugleich aber sächsischer Geheimer Rat, ... oder sie waren nicht energisch genug, um den sächsischen Forderungen erfolgreich entgegenzutreten, wie Graf Günther von Schwarzburg mit «dem fetten Maule» und Graf Georg von Mansfeld, die an die Stelle der 1538 und 1539 verstorbenen Obervormünder traten. Streitigkeiten gab es zunächst in Glaubensfragen. Es ist bereits darauf hingewiesen worden, daß die Reformation in den Schönburgischen Landen später als im albertinischen Sachsen und völlig selbständig eingeführt wurde, wenn auch nicht ohne Druck von Seiten des Herzogs Moritz. Schwierigkeiten ergaben sich alsbald in der Behandlung der Grafschaft Hartenstein. Obwohl Reichsafterlehen, war sie doch mit den Lehen nicht an Böhmen, sondern an Sachsen gewiesen und wurde demgemäß den sächsischen Lehnsherrschaften gleichgestellt; zu den Visitationen von 1539 und 1540 mußten, wie bereits berührt, die Pfarrer der Grafschaft Hartenstein in

Chemnitz erscheinen und 1556 wurde die kursächsische Visitation gar auf hartensteinischem Boden selbst durchgeführt.[5]

2. Die beiden wettinischen Staaten im Verlauf der Reformation

Eines der einschneidendsten politischen und territorialstaatlichen Ereignisse im wettinischen Herrschaftsbereich zu Beginn der frühen Neuzeit war die Leipziger Teilung von 1485.[6]

Der von Kurfürst Ernst und Herzog Albrecht seit 1464 gemeinsam regierte wettinische Staat erreichte mit dem erneuten Anfall von Thüringen nach dem Tod Herzog Wilhelms III. 1482 seine größte Ausdehnung. Der so vereinigte Besitzstand der Wettiner bildete in jenem Jahr das politisch, ökonomisch und militärisch bedeutendste Kurfürstentum nächst der kaiserlichen Hausmacht im Reich.

Bald jedoch wurde zur erneuten Teilung dieses großen Territoriums geschritten, nachdem bereits 1482 die Trennung der gemeinsamen Hofhaltung der beiden Brüder im Dresdner Schloß herbeigeführt worden war. Über mehrere Vorvertragstufen, von denen der Vertrag vom 7. Juli 1484 mit dem Verzicht der Teilnahme Herzog Albrechts an der Regierung auf zehn Jahre hervorzuheben ist, wurde nach längeren Verhandlungen zwischen den Beauftragten von Kurfürst Ernst und Herzog Albrecht die Teilung des Landes am 17. Juni 1485 in Leipzig beschlossen. Ihre Grundlinien wurden dahingehend besprochen, daß Ernst zu teilen und Albrecht zu wählen hatte, das Herzogtum Sachsen mit der Kurwürde und Wittenberg als zentralem Ort unteilbar blieb und zwei Hauptteile mit wesentlichen Gebieten in Thüringen und Sachsen gebildet wurden, wobei eine ineinander verzahnte Lage der Territorien beabsichtigt war. Gemeinsam blieben die Bergwerke, die neu erworbenen Herrschaften in Schlesien und in der Lausitz, Schutz und Schirmherrschaften über Reichsstädte und geistliche Territorien sowie die Schulden, Anwartschaften und Lehen. Am Ende ging der thüringische Teil mit der Kurwürde an Ernst, den Begründer des ernestinischen Kurfürstentums Sachsen. Den Meißnischen Teil hatte Albrecht gewählt, womit das albertinische Herzogtum Sachsen ins Leben trat.

Die Rechtsstellung der Herren von Schönburg war innerhalb dieses Herzogtums noch die beste von allen anderen Grafen und Herren, z.B. derer von Mansfeld, von Hohenstein, von Beichlingen, der Burggrafen von Leisnig und der Birken von der Duba. Die Stellung der Schönburger war in ihrer Eigenständigkeit dadurch beeinträchtigt, daß seit 1456 die Grafschaft Hartenstein wettinische Reichsafterlehen war.

Seit der Leipziger Teilung von 1485 lagen die Schönburgischen Herrschaften zwischen dem ernestinischen Kurfürstentum Sachsen im Westen und Norden und dem albertinischen Herzogtum Sachsen im Osten. Altenburg, Schmölln,

Crimmitschau, Zwickau, Grünhain, Schwarzenberg waren ernestinisch, Zwickau mit etwa 7000 Einwohnern eine der größten städtischen Ansiedlungen des Kurfürstentums. Geithain, Stollberg, Chemnitz, Annaberg lagen im Herzogtum Sachsen. Das Schönburgische Territorium gehörte zum Meißnischen Teil und damit zum albertinischen Herzogtum Sachsen. Deshalb waren manche Entscheidungen im Leben Agricolas nicht zufällig, sie waren, wie bereits einleitend angedeutet, von den politischen und territorialstaatlichen Entwicklungen wenn nicht allein bestimmt, so doch wesentlich beeinflußt. Da es keine Grenzen im Sinne heute noch existierender Staatsgrenzen für den Bürger, ob Stadt- oder Landbewohner, gab und trotz aller Bindungen relativ große Freizügigkeit bestand, konnte auch Agricola ihm unangenehmen politischen Entwicklungen ausweichen. Dies war in diesem mitteldeutschen Raum im ersten Drittel des 16. Jahrhunderts auch nicht verwunderlich, vollzogen sich doch seit dem ersten Jahrzehnt dieses Saeculums Ereignisse von weltgeschichtlicher Bedeutung ebenso wie für die europäische und deutsche Geschichte.

Das ernestinische Kurfürstentum Sachsen wurde zur Wiege der reformatorischen Bewegung. Neben Wittenberg war Zwickau die wichtigste kursächsische Stadt, in der seit 1520 das lutherische Wort in der Marienkirche und Müntzers volksreformatorische Ideen, gepredigt in der Katharinenkirche, hart aufeinanderprallten. Kurfürst Friedrich der Weise duldete dies alles, sein Bruder Johann der Beständige, Kurfürst von 1525 bis 1532, und vor allem dessen Sohn Johann Friedrich der Großmütige, von 1532 bis 1547 Kurfürst von Sachsen, führten die lutherische Reformation in vollem Umfange in ihren Landen durch. Säkularisation und Visitation ließen eine katholische Glaubensausübung nach 1526 immer weniger zu. Dies dürfte Agricola gespürt haben, als er sich 1526, von Italien kommend, bei seinem Freund Nikolaus Hausmann in Zwickau aufhielt. Das war im benachbarten Königreich Böhmen ebenso nicht in Frage gestellt wie im Herzogtum Sachsen. Hier hatte Herzog Georg seit der Leipziger Disputation von 1519 ein zunehmend strengeres altkirchliches Regime aufgerichtet. Drei Jahre nach der Leipziger Teilung hatte ihm sein Vater Herzog Albrecht, der die meiste Zeit im Auftrag des Kaisers außerhalb der Landesgrenzen verbrachte und die wirtschaftlichen Potenzen seines Herzogtums in bedeutendem Maße für die habsburgische Reichspolitik in den Niederlanden und in Friesland einsetzte, die Statthalterschaft übertragen. Von diesem Zeitpunkt an bis zu dessen Tod im April 1539, also für ein halbes Jahrhundert, wird die wirtschaftliche, politische und kulturelle Entwicklung des straff geleiteten und verwalteten albertinischen Territorialstaates seit 1500 in Nachfolge seines Vaters Albrecht von Georg bestimmt. Im Bezug auf die nach 1517 einsetzende reformatorische Bewegung nahm zunächst Herzog Georg, von seiner Mutter Sidonie, einer Tochter des Königs von Böhmen Georg Podiebrad, streng im altkirchlichen Glauben erzogen und geistlich gebildet, selbst eine kritische Haltung gegenüber den Auswüchsen religiösen Lebens seiner Zeit ein, tolerierte so auch Luthers Thesen gegen den Ablaßhandel und ihre Verbreitung in seinem Herzogtum, ja, er fügte in diesem Sinne auf dem Reichstag zu Worms zum Entsetzen von Kurie und Kaiser Karl V. den Beschwerden der deutschen Nation eigene zwölf «Gravamina» gegen den Mißbrauch geistlicher Ämter und den Ablaßhandel hinzu. Aber bereits zu diesem Zeitpunkt befand sich Georg in einem unüberbrückbaren Gegensatz zu Luther und damit auch zu seinem Vetter Friedrich dem Weisen. Wenn Herzog Georg in späteren Jahren bis zu seinem Tode 1539 auch immer wieder selbst versuchte, die Kirche in seinem Lande zu bessern und in Zusammenarbeit mit den Bischöfen von Meißen und anderen kirchlichen Würdenträgern in gewissem Sinne zu reformieren, so ging er niemals den Weg Luthers mit, der für ihn ein Ketzer war. Die Unvereinbarkeit der Auffassungen aus Georgs Sicht bestanden in drei entscheidenden Punkten: im unbedingten Festhalten an der Geschlossenheit und Einheit der römisch-katholischen Kirche, in der konsequenten Ablehnung jedes nur irgendwie als hussitisch und damit ketzerisch verdächtigen Gedankens sowie in der festen Verteidigung der Autorität der Kirche gegenüber den Untertanen in Stadt und Land. So nimmt es nicht Wunder, daß Herzog Georg bald mit weiteren energischen Maßnahmen versuchte, die Verbreitung der reformatorischen Bewegung zu verhindern.

Dies führte letztlich dazu, daß sich die lutherische Lehre im Herzogtum Sachsen nicht durchsetzen konnte, zumindest nicht bis zu dessen Tod am 17. April 1539. Als jedoch sein ihm in der Regierung nachfolgender Bruder Heinrich von seinem *Freiberger Ländchen* noch am Abend des 17. April in Dresden eintraf, war die Entscheidung über die Anerkennung des Luthertums in diesem Territorialfürstentum gefallen. Herzog Heinrich war bereits 1536 unter dem Einfluß des kursächsischen Hofes in Wittenberg zum Protestantismus übergetreten und hatte sich gemeinsam mit seinem Sohn Moritz nach längeren Geheimverhandlungen mit Kurfürst Johann Friedrich von Sachsen dem Schmalkaldischen Bund, jener politischen und militärischen Organisation der protestantischen Reichsstände zum Schutze ihres Glaubens und ihrer Interessen, angeschlossen.

3. Vom Reichstag zu Speyer 1526 bis zum Augsburger Religionsfrieden 1555

Mit dem Regierungsantritt von Herzog Moritz am 7. August 1541 begann eine neue Periode in der politischen und wirtschaftlichen Entwicklung des albertinischen Herzogtums Sachsen. Der einundzwanzigjährige Herzog ging mit Tatkraft daran, seine machtpolitischen Vorstellungen unter klarer Einbeziehung der religionspolitischen Verhältnisse seiner Zeit in die Wirklichkeit umzusetzen. Zur Gewinnung der dazu erforderlichen finanziellen und materiellen Mittel veranlaßte er neben einer Neuordnung der Einnahmen aus Ämtern, Städten, Bergwerken und Münzstätten sowie der Erhebung neuer Steuern auch die vollständige und geordnete Erfassung des Kirchen- und Klostervermögens. Auf der von ihm durchgesetzten Verfügungsgewalt über das säkularisierte Kirchen- und Klostergut ging er dazu über, dieses entweder durch landesherrliche Vögte verwalten zu lassen oder zu verkaufen. Bald war der junge Moritz in die deutsche und europäische Machtpolitik zwischen Kaiser Karl V., dem Schmalkaldischen Bund und den west- und nordeuropäischen Mächten eingebunden. Dabei war er bemüht, sein eigenes Ziel zu erreichen: die Leipziger Teilung von 1485 rückgängig zu machen und das wettinische Territorium unter seiner alleinigen Regentschaft wieder zu vereinen.

Seit der Bildung des Schmalkaldischen Bundes im Dezember 1530 hatten Mitgliederzahl und Bedeutung dieses politischen Bündnisses der Protestanten ständig zugenommen. Es erlebte zwischen 1534 und 1537 seine Glanzzeit. Der Bundestag von 1537 zu Schmalkalden, zu dem Frankreich und Dänemark Beobachter geschickt hatten, demonstrierten gegenüber Kaiser und Reich diese gewachsene Macht. Herzog Heinrich und sein Sohn Moritz traten im Sommer 1537 ebenfalls dem Hauptvertrage bei. Trotzdem kam es 1542 erstmals zur militärischen Konfrontation zwischen zwei Territorialstaaten gleicher Konfession und Mitgliedern des Bundes: zwischen dem ernestinischen Kurfürstentum Sachsen und dem albertinischen Herzogtum Sachsen in der Wurzener Fehde. Nur dem schnellen diplomatischen Eingreifen des Landgrafen Philipp von Hessen, Hauptverbündeter des Kurfürsten Johann Friedrich dem Großmütigen und Schwiegervater von Herzog Moritz, war es zu danken, daß im April 1542 der Oschatzer Vertrag geschlossen wurde.

Nach dem Frieden von Crespy vom 18. September 1544, der den vierten Krieg zwischen den Habsburgern und Frankreich beendete, konnte sich Kaiser Karl V. mit ganzer Kraft den inneren Reichsangelegenheiten zuwenden. Die kaiserlichen Truppenbewegungen traten nach erfolgreichen Finanzierungsverhandlungen vor allem mit dem Fuggerschen Bankhaus und der Kurie um 1544/1545 in ihr entscheidendes Stadium. Am spanischen Hof sprach man offen vom bevorstehenden Feldzug gegen die *Ketzer*, allem voran Kursachsen und Hessen. Ein 1545 mit dem Osmanischen Reich geschlossener fünfjähriger Waffenstillstand hatte zudem die Bedrohung des habsburgischen Imperiums im Osten zunächst beseitigt. Zudem war es Kaiser Karl V. seit Beginn der vierziger Jahre gelungen, den Schmakaldischen Bund zu spalten und damit dessen politische und militärische Kraft zu schwächen. Landgraf Philipp von Hessen hatte infolge seiner Nebenehe mit dem sächsischen Hoffräulein Margarethe von der Sale geheime Absprachen über die Unterstützung der kaiserlichen Politik treffen müssen. Herzog Moritz wurde nach mehrjähriger Neutralitätspolitik durch Zusage der Schutzherrschaft über die Stifter Magdeburg und Halberstadt sowie der sächsischen Kurwürde für die kaiserliche Politik gewonnen. Am 20. Juli 1546 verhängte Kaiser Karl V. über Kurfürst Johann Friedrich von Sachsen und

Landgraf Philipp wegen Verweigerung des Gehorsams die Reichsacht. Der daraufhin vom Schmalkaldischen Bund überraschend geführte Vorstoß seiner Truppen blieb ohne militärische Wirkung. In dieser Situation erließ Karl V. von Regensburg aus seinen Befehl an Moritz zur Vollstreckung der Acht. Der Befehl machte den sächsischen Herzog auf seine gegenüber dem Reichsoberhaupt eingegangene Verpflichtung in aller Deutlichkeit aufmerksam und drohte ihm im Falle der Befehlsverweigerung selbst die Acht an. Als dann Moritz im Prager Vertrag vom 19. Oktober 1546 alle Reichs- und Bischofslehen des sächsischen Kurfürsten zugesagt worden waren, trat er offen in das kaiserliche Lager über. Am 30. Oktober 1546 fiel er, unterstützt von böhmischen Truppen, in das Kurfürstentum Sachsen ein. Daraufhin zogen sich die Schmalkaldener eilens nach Hessen und Kursachsen zurück, wobei sich das Kriegsglück zunächst Kurfürst Johann Friedrich dem Großmütigen zuwandte. Danach zog sich der Krieg im Kurfürstentum und Herzogtum Sachsen mit wechselndem Erfolg für beide Parteien bis in das Frühjahr 1547 hin. Die Entscheidung gelang dem Kaiser mit dem Zug seines etwa 27000 Mann starken Heeres von Böhmen aus über das Erzgebirge in Richtung Meißen, wo sich Johann Friedrich befand. Als sich der Kurfürst in seine Residenz Wittenberg zurückziehen wollte, kam es am 24. April 1547 zu einem Gefecht bei Mühlberg an der Elbe, in dessen Verlauf der sächsische Kurfürst in der Lochauer Heide gefangengenommen wurde. Während der Belagerung der kursächsischen Residenz Wittenberg war der Kurfürst nach zähen Verhandlungen gezwungen, in die Wittenberger Kapitulation einzuwilligen. Am 19. Mai nahm er den Vertrag an und unterzeichnete die vom Kaiser darüber ausgestellte Urkunde mit. Er mußte für sich und seine Nachkommen auf die Kurwürde verzichten, die Festungen Wittenberg und Gotha ausliefern, seinen Anteil an der Markgrafschaft Meißen und an den sächsischen Bergwerken aufgeben und die böhmischen Lehen Kursachsens abtreten. Johann Friedrich, bis 1552 Gefangener des Kaisers, wurde nur ein wesentlich verkleinertes Fürstentum überlassen. Die konfiszierten Gebiete, vor allem aber die Kurwürde als ranghöchstes Reichslehen und das Herzogtum Wittenberg, erhielt am 4. Juni Herzog Moritz, der eigentliche Gewinner der Auseinandersetzungen, zugesprochen. Mit der Wittenberger Kapitulation wurde das albertinische Kurfürstentum Sachsen begründet, das dadurch eine große räumliche Ausdehnung erreichte und im Naumburger Vertrag von 1554 nur geringfügige territoriale Korrekturen erfuhr. Damit war reichlich 60 Jahre nach der Leipziger Teilung erneut eine völlig veränderte territorialstaatliche Situation in Mitteldeutschland entstanden. Für das mit kaiserlichem Machtspruch geschaffene albertinische Kurfürstentum ergaben sich zwei grundsätzliche Aufgaben. Nach innen mußten der albertinische Territorialstaat neu organisiert, zu einem einheitlichen Ganzen zusammengefügt, die z.T. auseinanderstrebenden Kräfte integriert werden. Dem dienten solche grundlegenden Neuschöpfungen wie die Bildung einer zentralen Behörde, die Geschäftsverteilung in der Kanzleiordnung durch Kurfürst Moritz im Jahre 1548 und die Errichtung von Kreisen als völlig neue regionale Verwaltungsbezirke. Die Integrierung von Adel, Geistlichkeit, Städtebürgern und bäuerlicher Bevölkerung wurde von Moritz energisch betrieben. Dazu nutzte er die Land- und Ausschußtage, versuchte Kompromißlösungen und fand sie auch. Der Kurfürst stützte sich in seinen Bemühungen auf ihm ergebene Personen, auf Wissen, Können, Verstand und Tatkraft. Das religiöse Bekenntnis hatte dabei keine wesentliche Bedeutung.

Die zweite grundlegende Aufgabe bestand für Kurfürst Moritz in der außenpolitischen Sicherung seines wesentlich vergrößerten, neuen Staates. Das begann im Grunde bereits ein Jahr nach der Wittenberger Kapitulation.

Der *geharnischte* Reichstag zu Augsburg von 1548 bedeutete für Karl V. mit der Verabschiedung des Augsburger Interims zur Religionsfrage und der Zusage von Papst Paul III. zur Fortsetzung des Trienter Konzils einen weiteren wichtigen Fortschritt bei der Durchsetzung seiner reichspolitischen Ziele. Bald aber erwuchs ihm in dem gerade gekürten sächsischen Kurfürsten ein politischer Widersacher, der an die Spitze der Fürstenopposition trat und den Kaiser um alle errungenen Siege brachte. Der Widerstand gegen das Reichsoberhaupt reichte vom Herzog von Bayern über Markgraf Hans von Küstrin und Herzog Johann Albrecht von Mecklenburg bis zu Herzog Albrecht von Preußen, und selbst Karls Bruder, König Ferdinand von Böhmen, der durch den die österreichische Linie benachteiligenden habsburgischen Familienpakt verstimmt war, nahm eine passive Haltung ein.

Moritz gelang es im Verlauf geheimer Verhandlungen mit den oppositionellen Fürsten, das gegen ihn als offiziellen Parteigänger des Kaisers im Reich bestehende Mißtrauen zu überwinden und sich so an die Spitze der Fürstenopposition zu stellen. Moritz begann im Frühjahr 1552 den Feldzug gegen den Kaiser, der in Innsbruck ohne jegliche militärische Macht weilte. Unter dem Eindruck der Erstürmung der Ehrenberger Klause als dem Eingangstor nach Tirol durch Moritz am 19. Mai 1552, der nächtlichen Flucht des Kaisers von Innsbruck über das Gebirge nach Villach und des Auseinanderlaufens des Trienter Konzils begann Moritz am 18. April 1552 die Verhandlungen mit König Ferdinand als Beauftragtem des Kaisers in Linz zur Beilegung des Konfliktes. Das führte zum Passauer Vertrag vom 2. August 1552, der zwischen Ferdinand und Moritz geschlossen wurde. Dieser Vertrag garantierte allen protestantischen Reichsständen erneut das Recht auf freie Religionsausübung bis zum nächsten Reichstag. Erst dieser sollte darüber befinden, ob der Religionszwiespalt durch das Konzil, durch Reichstagsbeschluß oder durch ein Religionsgespräch zu beenden sei. Dazwischen lag der Kriegszug gegen Albrecht Alcibiades, der für Moritz auf dem Schlachtfeld von Sievershausen im Jahre 1553 mit dem Tode endete. Das von Moritz verfolgte Ziel der Friedenssicherung wurde schließlich zur großen Aufgabe des Augsburger Reichstages von 1555, den Karl V. zwar noch einberufen, aber nicht mehr aufgesucht hatte. Sein Bruder, König Ferdinand, konnte sich dem von den protestantischen Reichsständen mit Nachdruck vorgetragenen Verlangen nach einem endgültigen Frieden nicht entziehen. Die Hauptbestimmungen des Religionsfriedens erkannten die Augsburgische Konfession als gleichberechtigt neben der katholischen an, wenngleich sie alle übrigen Bekenntnisse wie Täufer, Zwinglianer und Calvinisten davon ausschlossen. Die proklamierte Religionsfreiheit erlaubte lediglich den Landesherrn die Entscheidung für eine der beiden anerkannten Konfessionen. Die Untertanen waren gezwungen, dem Bekenntnis ihres Fürsten zu folgen. Das unter der Regentschaft von Kurfürst Moritz erkennbare Toleranzverständnis, etwa auch in seinen Bemühungen um das Leipziger Interim, war nach dem Augsburger Religionsfrieden und dem Politikverständnis von Kurfürst August nicht mehr zu erwarten, was wiederum für den Lebensraum eines Agricola im albertinischen Kurfürstentum Sachsen sehr realistische Auswirkungen hatte.

Anmerkungen

1 Deutschland. Die natürlichen Grundlagen seiner Kultur. Hrsg. von der Kaiserlich Leopoldinischen Deutschen Akademie der Naturforscher zu Halle. Leipzig 1928, S. V.

2 Ratzel, Friedrich: Deutschland. Einführung in die Heimatkunde. 2. Auflage. Leipzig 1907, S. 229.

3 Blaschke, Karlheinz: Bevölkerungsgeschichte von Sachsen bis zur industriellen Revolution. Weimar 1967.

4 Müller, Conrad: Eine Schönburgisch-Hartensteinische Grenzrainung am Fichtelberg 1529. In: Neues Archiv für Sächsische Geschichte und Altertumskunde. Band 55. Dresden 1934, S. 161–177; Brichzin, H.: Augenschein-, Bild- und Streitkarten. In: Kursächsische Kartographie bis zum Dreißigjährigen Krieg. Berlin 1990, S. 138ff.

5 Schlesinger, Walter: Die Landesherrschaft der Herren von Schönburg. Eine Studie zur Geschichte des Staates in Deutschland. Köln 1954.

6 Blaschke, Karlheinz: Die Leipziger Teilung 1485 und die Wittenberger Kapitulation 1547 als grundlegende Ereignisse mitteldeutscher Territorialgeschichte. In: Kleinstaaten und Kultur in Thüringen vom 16. bis 20. Jahrhundert. Hrsg. v. Jürgen John. Weimar 1994, S. 1–7.

Georgius Agricola und die geistigen Auseinandersetzungen seiner Zeit

Günther Wartenberg (Leipzig)

Überblicken wir die Ereignisse des 16. Jahrhunderts in unserem Raum, so bietet es sich an, trotz mancher, nicht unbegründeter Einwände, um 1550 eine Zäsur zu setzen. Politische, wirtschaftliche und geistige Entwicklungen bestätigen diesen geschichtlichen Einschnitt. Frühkapitalismus, Humanismus und Reformation sind die Begriffe, mit denen die wirtschaftlichen und geistigen Prozesse des 15. und 16. Jahrhunderts in den wettinischen Gebieten zu umschreiben sind, in denen der Lebensweg des Georgius Agricola verankert ist. Obwohl über die politische Gesamtproblematik an anderer Stelle gehandelt wird, erscheint es sinnvoll, auf die Bedeutung der Zeit um 1550 einzugehen. Die Niederlage des Ernestiners Johann Friedrich 1546/47 im Schmalkaldischen oder Sächsischen Krieg, der Triumph Karls V. über den Schmalkaldischen Bund, sein Sieg über die Vertreter einer protestantischen Offensivpolitik korrigierten teilweise die Leipziger Teilung von 1485. Sie schufen die Grundlagen für den Aufstieg des albertinischen Sachsens. Erst 1815 gab es erneut größere territoriale Veränderungen in unserem Raum. Innerhalb von sieben Jahren, von 1546 bis 1553, durchlief Moritz von Sachsen eine bemerkenswerte Entwicklung: Vom begünstigten und abhängigen Fürsten wurde er zum Partner, Gegner und Bezwinger des Kaisers, zum Wegbereiter eines konfessionellen Ausgleichs, der im Passauer Vertrag 1552 fixiert und im Augsburger Religionsfrieden 1555 reichsrechtlich bestätigt wurde, eines Ausgleichs, der den Glaubensstreit zwar vorläufig beendete, jedoch einen religionspolitischen Status quo festschrieb, wie ihn Agricola sicher nicht gewollt hat.[1]

Dieser ging in seinen Vorstellungen stets von einer Überwindung des Grabens zwischen Evangelischen und Altgläubigen aus. Die Auseinandersetzungen um das Interim als Teil der innerprotestantischen Streitigkeiten nach Luthers Tod verfestigten die Positionen der Religionsparteien.[2] Mit dem Augsburger Religionsfrieden begann die Konfessionalisierung in den Territorien des Reiches. Die Verweigerung des Begräbnisses für Agricola in Chemnitz ist bereits Zeichen dieser oft erst später angesetzten Entwicklung und Vorbote des konfessionell geschlossenen Territorialstaates, wie ihn Kurfürst August aufgebaut und mit der Allgemeinen Kirchen- und Schulordnung von 1580 geordnet hat.[3]

Der Erlaß der «Generalartikel» vom 8. Mai 1557 stützt den bereits hervorgehobenen historischen Einschnitt um 1550 in Kursachsen. Diese Artikel integrierten als verbindliche Kirchengesetzgebung nicht nur die 1547 erworbenen ernestinischen Gebiete, sie beendeten zugleich die eigentliche Umgestaltung des Kirchenwesens. Sie kennzeichneten den Übergang vom Aufbau zum Ausbau und zur theologischen Fundierung der sächsisch-albertinischen Landeskirche.[4] Auf die Besonderheiten in der Entwicklung der Reformation im albertinischen Sachsen ist noch einzugehen, um die Frage zu beantworten, wie sich die mit der Politik Herzog Georgs des Bärtigen verbundene zeitliche Verschiebung des Reformationsprozesses und partielle Antizipation der Gegenreformation im Denken Agricolas widerspiegelte. Humanismus und Reformation, Humanismus oder Reformation; Agricola entschied sich für den zweiten Weg. Er gehörte zu den Humanisten, die wie Erasmus sich der Reformation in ihren unterschiedlichen Ausprägungen verschlossen haben, die nur bereit waren, über eine Reform der spätmittelalterlichen Kirche nachzudenken. Wo liegen die Ursachen für eine solche Entscheidung. Hängt sie davon ab, in welcher Form sich die Begegnung mit dem Humanismus vollzogen hat?

Seit Mitte des 19. Jahrhunderts wird mit Humanismus[5] eine Geistesbewegung bezeichnet, die vom 14. bis 16. Jahrhundert reichte. Der Humanismus gilt als Epochenbezeichnung. Allmählich entwickelte er sich in verschiedenen Ausprägungen aus dem Mittelalter heraus und faßte in unterschiedlichen Lebensbereichen und Lebensanschauungen Fuß. So läßt sich keinesfalls der Humanismus beschreiben, vielmehr ist von den Anschauungen einzelner Humanisten oder Humanistenkreise auszugehen, um so die Entwicklung an einzelnen Orten, in bestimmten Regionen oder an Fürstenhöfen und Universitäten nachzuzeichnen. Die humanistischen Wanderpoeten, wie Peter Luder, der zwischen 1456 und 1470 in Heidelberg, Erfurt, Leipzig, Basel und Wien sein Programm vertrat, erschweren zusätzlich überzeugende Begründungen. Vielfach bestanden die überlieferten Formen des Unterrichts, der Lehrbücher und der Prüfungen weiter, während Studenten und Magister sich einem Frühhumanismus verbunden fühlten, der sich nicht unbedingt als «Gegenüber» der Scholastik verstand. Die Verflechtung des Humanismus mit Scholastik und Mystik sollte nicht übersehen werden. Zum Konflikt an den Universitäten kam es erst dann, als um Veränderung der Vermittlungsformen, der Lehrbücher und der Übersetzungen gerungen wurde.

Die neuere Forschung sieht im Humanismus eine geistige Bewegung des Spätmittelalters, um durch die *Suche nach neuen Symbolen der Sicherheit* die um sich greifende religiöse und gesellschaftliche Krise zu überwinden. Wesentlich stärker als die Reformation spiegelt sich in der Entwicklung des Früh- und des Hochhumanismus die innere Verunsicherung bestimmter Gesellschaftsgruppen wider, die mit überkommenen Wertvorstellungen in Konflikt gerieten und die deren fehlende Tragfähigkeit und Integrationsfähigkeit erleben und erkennen mußten. Im Vordergrund standen die *studia humanitatis*, Bildung verhilft zu wahrem Menschsein. In der Auseinandersetzung mit dem, was *humanitas* im antiken Sinne ausmacht, entwickelt der Einzelne seine eigene *humanitas* unter Hervorheben von Würde, Freiheit und Autonomie. Dabei blieb die gewachsene christliche Grundlage erhalten. Die Bemühungen der Reformation, die Störungen in den Beziehungen zwischen Gott und Mensch zu überwinden und Gottes Handeln in Christus zu vermitteln, werden nicht erfaßt. Das ist tatsächlich mehr als beißende Kritik an Theologie, Kirche und Auswüchsen der Religiosität oder die Rückwendung zu den eigentlichen Quellen des Christentums oder die Propagierung einer *vita christiana*. Die Reformation nimmt diese Anliegen des Humanismus auf und führt sie durch ihren theologischen Grundansatz weiter, der den Schlüssel zu wirkungsvollen Veränderungen enthielt, den Humanismus dadurch überrollte sowie diesem die eigene, reformatorische, transformierende Dynamik entgegenstellt. Die Reformation beschleunigte den Niedergang des Humanismus als geschichtlich eigenständig wirkende Bewegung. Die aufbrechenden religionspolitischen Auseinandersetzungen verdrängten den Humanismus in seiner Ursprünglichkeit, der nur noch eine Chance erhielt in Verbindung mit der Reformation oder mit der Gegenreformation, alles andere führte zur Isolierung oder Marginalisierung. Nur mit der Reformation konnte der Humanismus die Übermacht der Scholastik zurückdrängen.

Im Sommersemester 1514 ließ «Georgius Pawer de Glauchaw» sich in die Matrikel der Leipziger Universität einschreiben. Die Entwicklung des Humanismus an der Universität Leipzig[6] wird vielfach unterschätzt. Die hinhaltende Starrheit, mit der sich die Leipziger Theologen der lutherischen Reformation widersetzen, wird zu schnell auf die gesamte Universität übertragen. Tatsächlich kommt die humanistische Reform der oberen drei Fakultäten erst 1539 zum Tragen. Der schrittweise Wandel in der Artistenfakultät ist jedoch schon seit der Jahrhundertwende nachweisbar. Die Stellung Leipzigs als Hauptmittelpunkt des Buchdrucks und des Buchhandels unterstreicht die Präsenz des Frühumanismus in Leipzig, was gleichfalls durch die Beobachtung unterstützt wird, daß Leipzig bis zum allgemeinen Niedergang der deutschen Universitäten – davon ist auch Wittenberg betroffen – vor einer humanistischen Gesamtreform als stark besuchte und blühende Hochschule anzusprechen ist, was nicht zuletzt auf die Fürsorge und tatsächlich wahrgenommene Verantwortung Herzog Georgs des Bärtigen[7] zurückzuführen ist. Agricola hat an einer Universität studiert, an der sich der Frühhumanismus Schritt für Schritt etablierte und behauptet hat. Ein Beschluß der Artistenfakultät von 1496 räumt mit der Zulassung der Rhetorik dem Humanismus offiziell einen gewissen Spielraum ein. 1500 kommt mit Hermann von dem Busche ein Vertreter der neuen Generation der Humanisten nach

Leipzig. Acht Jahre später erlaubt die Artistenfakultät eine *nova translatio* der Moralphilosophie des Aristoteles, aber noch nicht *publice*.

In der Grammatik bleiben noch Donatus[8] und Alexander[9] verpflichtend *et non aliter*. Eine Änderung trat erst 1515 ein, als andere Grammatiken als Alexander Gallus zugelassen wurden. Der Humanismus ist zwar im Studium präsent, aber innerhalb der Leipziger Universität nicht bestimmend. Das starke Gewicht der Traditionalisten mußte Aesticampanus spüren, der 1513 relegiert wurde, wobei dieser Akt auch eine Machtprobe zwischen Universität und Landesherr zu sein schien, denn Herzog Georg war an Aesticampanus sehr interessiert und beabsichtigte, ihm offiziell eine Lektur zu gewähren. Die Artistenfakultät kam dem zuvor und verhinderte so eine stärkere Ausbreitung der neuen Gedanken. Zum Prüfstein für die Öffnungsbereitschaft und Öffnungsfähigkeit entwickelte sich die Vermittlung der griechischen Sprache, die 1515 der Engländer Richard Crocus lehrte, dem 1517 Petrus Moselanus folgte.

Wieweit Agricola das humanistische Studienangebot genutzt hat, kann nicht im einzelnen belegt werden, jedenfalls gehörte Griechisch zu seinem Studium, das er in Leipzig auch selbst unterrichtet hat. In der ersten Leipziger Zeit wird bei Agricola die Grundlage für humanistisches Denken und Arbeiten gelegt, wobei die Intensität weder mit den Möglichkeiten in Erfurt noch in Wittenberg zu vergleichen ist. In Leipzig erfuhr er durch Freundschaft und dialogische Kommunikation mit Gleichgesinnten die *sodalitas* der Humanisten untereinander.

Zu seinem Freundeskreis gehörten u.a. Stephan Roth, Caspar Cruciger, Georg von Komerstadt, Joachim Camerarius, Anton Beuther, Christoph von Karlowitz, Petrus Mosellanus, Julius Pflug. Vermutlich mit Empfehlung Mosellanus' ging Agricola 1518 als Lehrer nach Zwickau, ein für den Lebensweg eines Humanisten nicht unüblicher Schritt. Kurz nach seiner Ankunft griff er in die Auseinandersetzungen um Mißstände in Lehre und Praxis spätmittelalterlichen Kirchenwesens der Stadt ein. Bei den Exequien für Kaiser Maximilian I. im Februar 1519 ließ er ein lateinisches Distichon an die Kirchentür heften, das mit dem Kardinalsatz *regnum caelorum non emitur auro et argento* (das Himmelreich erwirbt man nicht mit Gold und Silber) sich eindeutig gegen die Ablaßpraxis richtete. In dem Vierzeiler selbst ist der *infelix,* der glaubt, daß ihn die Münze rettet, die in den Kasten geworfen wird, während *nihil infelix* ist, der meint, daß Christi Tod allein dem Sünder Rettung bringt.[10] Damit gab Agricola eine allgemeine Stimmung wieder. Die Ablehnung des Ablasses, der Käuflichkeit des Heils ist Ausdruck einer antiklerikalen Haltung und an sich noch kein Bekenntnis zur Reformation. Herzog Georg zählte ebenfalls zu den Kritikern der Ablaßpraxis und begrüßte daher Luthers 95 Thesen. Es ist Vorsicht geboten, latente Kritik an Kirche und Klerus vorschnell als reformatorisch zu bezeichnen. Daß Agricola in seiner Zwickauer Zeit tatsächlich zu denen zählte, die von der Reformbedürftigkeit der spätmittelalterlichen Kirche überzeugt waren, läßt sich außerdem an Beispielsätzen für den Gebrauch der Präpositionen in seinem «Libellus de prima ac simplici institutione grammatica», Leipzig 1520, ablesen:

Wer gegen Christi Lehre ‹bellt›, ist Christi Namen nicht wert.
Wegen Ihres Geizes sind viele gegen die wahren Prediger Christi feindlich gesinnt.
Hinter den Schranken stehen die begierigen Hörer des göttlichen Wortes.
Aus schlecht eingerichteten Schulen gehen Herden ungebildeter Mönche hervor.
Nur der Kleidung nach erscheinen viele Menschen als heilig.
Viele kommen in die Kirche, nicht um zu beten, sondern nur, um zu schauen.[11]

Mit diesen Aussagen ging Agricola allerdings über die übliche antiklerikale Polemik nicht hinaus, wenn auch die Kritik sich nur auf Mönche und Priester beschränkte, sondern auch vorsichtig die Laien mit einbezog. In diesen Zusammenhang gehört auch der Hinweis Thomas Müntzers in einem Brief an Luther vom 13. Juli 1520, daß der Lehrer der griechischen Sprache (Agricola) bereit sei, gegen die Franziskanermönche auch literarisch aufzutreten.[12] Leider ist die Quellenanlage für die Zwickauer Zeit Agricolas so unergiebig, daß wir sein Verhältnis zu Müntzer nicht eindeutig beschreiben können. Mit großer Wahrscheinlichkeit gehört er zu denen, die sich mit dem Prediger an St. Katharinen zunächst verbunden fühlten.

Der Weggang Agricolas läßt sich durchaus aus dem «Wandertrieb» der Humanisten erklären, für welche die Existenz als Schulmeister oft nur eine Durchzugsstation gewesen ist. Man spricht vom «Plattformberuf» des Lehrers an städtischen Lateinschulen. So gehörte der weitere Weg Agricolas als Arzt neben dem «Aufstieg» in der Verwaltung oder im geistlichen Dienst zu einer nicht seltenen Laufbahnrichtung, wenn auch seine Einnahmen als Rektor der Ratsschule einschließlich der Zinsen aus dem Altarlehen St. Erasmi in der Marienkirche 100–130 fl. betrugen. Er konnte damit seinen Italienaufenthalt mitfinanzieren. Es waren wohl nicht finanzielle Gründe, die Agricola zum Weggang veranlaßten und der Wunsch nach weiterer akademischer Ausbildung. Es könnte auch, abgesehen von beruflicher Unzufriedenheit, ein Erschrecken über die Radikalisierung der antiklerikalen Bewegung (Sturm auf den Grünhainer Hof am 6. März 1522) oder Vorbehalte gegen die von Wittenberg und Luther ausgehenden Veränderungen gewesen sein, die deutlich sichtbar in Zwickau an Boden gewannen. Der Tod des Erasmus Stella am 2. April 1521, der neben Müntzer auch Agricola begünstigt hatte, wird die Entscheidung befördert haben. Zu Walpurgis (1. Mai) 1522 gab Agricola sein Rektorat auf und ging nach Leipzig.

Über das Studienfach während des zweiten Leipziger Aufenthaltes ist viel spekuliert worden. Es gibt keine Belege dafür, daß Agricola sich dort gezielt der Theologie zugewandt hat. Die scholastische Grundausrichtung der Leipziger Theologen wird das kaum gefördert und eigentlich ausgeschlossen haben. Die Beschäftigung mit theologischen Problemen gehört zum üblichen «Geschäft» eines Humanisten. In diesem Sinne ist sicher der Brief an Gregor Kopp zu verstehen zur Frage, daß *Deum non esse auctorem peccati*. Das gilt ebenfalls für das Schreiben an Petrus Fontanus, in dem sich der Verfasser mit dem Problem auseinandersetzt, ob die Magier Könige gewesen sind oder nicht.[13] Diese Epistel ist gerade ein Lehrstück, wie Humanisten ihre Fragestellungen gestalteten und wie sie argumentierten. Mit Belegen aus der Bibel, aus den Schriften der Kirchenväter (Chrysostomus, Hieronymus, Athanasius) bis hin zu Erasmus untermauerte Agricola seine Auffassung, daß die Magier keine Könige gewesen sein können. Es geht ihm um die Wahrheit und die Glaubwürdigkeit. So schließt der Brief mit der Mahnung an Fontanus, die Wahrheit zu predigen, wenn er Christus – die Wahrheit – liebe, und nichts dem Volk zu verkündigen, *quae tutari non possis*.[14] So knüpft dieses Sendschreiben duchaus an die Kirchen- und Kleruskritik in Zwickau 1519/20 an. Möglicherweise gehört es schon in diese Zeit, da sich Agricola gegenüber dem Provinzialmeister der obersächsischen Franziskaner auf eine Predigt bezieht, die ein Jodocus Zeidler – vermutlich in Zwickau – am Dreikönigstag gehört hat.

Die Urkunde vom 26. August 1522[15] mit der vagen Zusage, so Gott will, Priester zu werden, ist wohl mehr ein Akt, um die Beziehungen nach Zwickau nicht abreißen zu lassen und seinen Bruder Franziscus zu unterstützen, der die Zinsen für drei Jahre erhalten soll, als ein Zeugnis für Überlegungen, Geistlicher zu werden. Vielleicht steckt auch die Absicht oder die Hoffnung Zwickauer Bürger dahinter, mit Agricola später einen Pfarrer zu erhalten, der in ihrem Sinn tätig sein könnte, aber das ist wohl mehr Spekulation.

Anfang der dreißiger Jahre ließ sich Agricola in Chemnitz nieder. Er trat zugleich in enge Beziehungen zum Dresdner Hof, er wurde Hofhistoriograph Georgs des Bärtigen. Der Besitz, den seine erste Frau in die Ehe gebracht hatte, verstärkte seine wirtschaftliche Unabhängigkeit. Die verwandtschaftlichen Verbindungen seiner Frau werden für die Übersiedlung nach Chemnitz ausschlaggebend gewesen sein, wenn auch die Religions- und Kirchenpolitik des Herzogs und der Einfluß erasmianisch denkender Räte in Dresden nicht ohne Bedeutung war. Die Einflußnahme Kommerstadts bei der Ansiedlung im albertinischen Sachsen ist zu bedenken. Agricola faßte Fuß in der Chemnitzer Oberschicht, er wurde Teil einer im Aufschwung sich befindenden Region. Die Übernahme der Vormundschaft für Christina Schütz, Witwe des verstorbenen Bürgermeisters Ulrich Schütz, und ihrer Kinder verstärkte die Integration in die Chemnitzer Ratsgeschlechter. Er gehörte 1539 schließlich zu der Gruppe Chemnitzer Bürger, die sich der offiziellen Einführung der Reformation zwar nicht widersetzten, sie tolerierten, aber an ihren Überzeugungen festhielten, was wohl nur in einer Stadt wie Chemnitz möglich war. Während Hieronymus Schütz sich zurückzog, begann 1546 die administrative Karriere Agricolas. Die Ablehnung der lutherischen Reformation durch Familien städtischer Oberschichten ist unterschiedlich motiviert. Persönliche Gewissensentscheidungen, religiöse Familientraditionen, materielle Überlegungen, aber auch die Verankerung im Humanismus und Auswirkungen der Politik Herzog Georgs könnten als Gründe benannt werden. Diese Frage ist letztlich noch nicht überzeugend geklärt, denn alle aufgeführten Gründe führten jedoch auch zur Entscheidung für die Reformation. Die geistige Situation in Chemnitz entsprach den Überzeugungen Agricolas und förderte sein Schaffen. Aus seiner Verbundenheit mit der altgläubigen Kirche machte er keinen Hehl.

Als nach dem Tod Herzog Georgs im Frühjahr 1539 die Reformation im albertinischen Sachsen eingeführt wurde, übermittelte Wolfgang Meurer seinem Freund eine Warnung, daß allen, die sich der Veränderung verweigerten, eine *üble Behandlung* drohe.[16] Diese Furcht entsprach wohl mehr der Sorge, daß die teilweise rigorose Religionspolitik Georgs unter anderem Vorzeichen fortgesetzt werden könnte. Die deutliche Begünstigung durch Herzog Moritz 1546 – erneut auf Einfluß von Komerstadt und Ernst von Miltitz – weckte auch bei Agricola Illusionen, daß sich doch eine Weiterführung der auf Ausgleich und Erhalt der überlieferten Kirchenstruktur ausgerichteten kirchenpolitischen Gründsätze unter Georg und im Umkreis der von Erasmus beeinflußten Räte um Georg von Karlowitz und Julius Pflug ermöglichen lassen könnte. Er übersah die politische Dominanz in den Entscheidungen von Moritz. Für die Vielschichtigkeit spricht, daß Agricola trotz des klaren Festhaltens am alten Glauben politische Verantwortung sowohl in Chemnitz als auch im Umkreis des jungen Herzogs übernehmen konnte. Seine Existenz ist mit der des Christoph von Karlowitz vergleichbar, der nach 1555 in habsburgischen Dienst trat und der Kirchen- und Religionspolitik unter Moritz abwartend gegenüberstand. Fabricius klagte im November 1547 gegenüber Meurer: Wenn Agricola in der Religionsfrage doch mit uns einig wäre! Er schloß den Wunsch an: Christus möge seine *verhängnisvollen papistischen Meinungen* zerstören.[17] Mit großen Hoffnungen begleitete Agricola die Bemühungen um das Interim. Im veränderten Widmungssbrief zu «Maße und Gewichte» vom 10. März 1549 läßt er ganz eindeutig seine Sicht erkennen. Die Erstausgabe 1533 war dem Ernestiner Johann Friedrich und dem Albertiner Johann, dem ältesten Sohn Georgs, gewidmet.[18] Während Johann Friedrich als Kurfürst regierte, sah Agricola in Johann den künftigen Herzog in Dresden. 1549 übereignete er Moritz und August das Werk.[19] Der Verfasser bedauert darin die so tiefe Entfremdung der Deutschen in der Religionsfrage, was er als furchtbares Übel ansieht. Wirklicher Friede ist möglich bei Rückbesinnung auf die Schriften der Apostel und die Bräuche der heiligen katholischen Kirchen.[20] Knüpft der erste Bereich an die Vorstellungen Georgs von Karlowitz an, so bezieht der zweite sich auf das Interim. Die Widmungsvorrede von 1549 signalisiert eine zunehmende Enttäuschung, nicht zuletzt über den Verlauf des Leipziger Landtages von Weihnachten 1548, der in der Interimsfrage zu keinem Beschluß geführt hatte.

Agricolas Mahnung, die Gebote von Kaiser und König zu befolgen – *wie Ihr Euch es ja vorgenommen habt* [21] – kann sich nur auf das kaiserliche Religionsgesetz von 1548 beziehen. In diesem Zusammenhang gehört auch die Beschwörung der Einheit der Fürsten im Reich. Anfang August 1549 weilte Agricola in Marienberg. Sicher besprach er nicht nur mit dem venezianischen Gesandten Francesco Badoer «Bergbaufragen»,[22] er wird auch Kurfürst Moritz als Berater bei dessen Gesprächen mit König Ferdinand über das Interim gedient haben. Dabei kann ihn Moritz durchaus benutzt haben, um den Habsburger gegenüber Absichten und Pläne in der Interimsfrage darzustellen, die eigentlich nicht mehr zum politischen Gesamtkonzept des Albertiners gehörten.[23]

Sowohl der Fürstenkrieg im Frühjahr 1552 als auch der Passauer Vertrag wenige Monate später waren für Agricola eine große Enttäuschung. Er mußte erfahren, daß die Reformation sich behauptete. Zu den Anliegen der auf Luther zurückgehenden Kirchenerneuerung fand er nie einen Zugang. Den politischen Veränderungen konnte er nur mit Unverständnis begegnen und sie beklagen. In der Person Agricolas bündeln sich nicht nur die Probleme im Verhältnis von Humanismus und Reformation, in seinem biographischen Kontext werden auch die Spannungen und Unterschiede zwischen beiden geistigen Bewegungen zu Beginn der Neuzeit erkennbar, nicht zuletzt ein starker im Mittelalter verhafteter Traditionsstrom des Humanismus. Das persönliche Leben Agricolas zeigt, wie wenig sich zwischen 1520 und 1555 die Unterschiede und das Trennende zwischen Evangelischen und Altgläubigen, zwischen Protestanten und Katholiken bereits herausgebildet hatten. Die relativ späte Einführung der Reformation im albertinischen Sachsen und die Wirren um das Interim verlängerten einerseits die Übergangsphase, zum anderen beschleunigten sie den Trennungs- und Abgrenzungsprozeß zwischen den Religionsparteien. Diese Entwicklungen ließen für Vermittlungstheologen wie Pflug oder für Reformen innerhalb der spätmittelalterlichen Kirchen, wie sie Agricola vertrat, keinen Raum.

Die evangelische Taufe der Kinder Agricolas[24] ist ebenfalls ein Zeichen für die noch bestehende Offenheit in Chemnitz, aber sicher nicht für Toleranz, sondern eher für ein unbekümmertes Dulden. Zur Vielfalt gehörte, daß Agricola dem Meißner Bischof Nikolaus II. Geld für Seelenmessen übersandte, vor allem für die am 10. Februar 1555 begrabene Tochter Irene. In seiner Antwort lobte der Bischof besonders Agricolas Treue zur heiligen apostolischen Kirche und seine Kenntnis der Bibel.[25] Es blieb Agricola erspart, die konfessionelle Verhärtung noch selbst zu erfahren, wenn er auch selbst, wie Fabricius im Dezember 1555 an Melanchton schrieb,[26] bei Gesprächen über die Religion keinen ertragen konnte, der sich gegen ihn wandte und anderer Meinung war. Dieser Brief ist besonders aufschlußreich, da er den Graben zwischen Agricola und vielen seiner Freunde aufzeigt.

Fabricius berichtet, daß der Verstorbene die erneuerte Kirche ablehnte und nicht *in der Gemeinschaft des Blutes Christi* mit den Evangelischen leben wollte. Danach lehnte Agricola das lutherische Abendmahl unter beiderlei Gestalt ab, was in Chemnitz nicht unbeachtet geblieben ist. Die Verweigerung des Begräbnisses erscheint so als Problem der Umsetzung der bestehenden kirchlichen Ordnung. Man wird der kurfürstlichen Entscheidung unter heutigen Anschauungen nur mit Unverständnis begegnen, aber sie ist eine sehr konsequente Verwirklichung der inneren Konfessionalisierung und ein Zeichen für die religionspolitische Verengung unter Kurfürst August von Sachsen ab 1553.

In dem Thema «Georgius Agricola und die geistigen Auseinandersetzungen seiner Zeit» wird erkennbar, wie Agricola sich in den Spannungsräumen bewegt und sich den Fragen seiner Zeit gestellt hat. In seinem Lebensweg spiegeln sich die geistigen und politischen Ereignisse unseres Raumes in der ersten Hälfte des 16. Jahrhunderts wider. Agricola hat die Herausforderungen ernstgenommen, er ist ihnen nicht durch Weggehen ausgewichen. Durch sein Festhalten am alten Glauben erleben wir in seiner Form eine besondere Spannung zwischen Umwelt und eigener Existenz, wie sie während der frühen Reformationszeit viele Menschen zu durchleben hatten.

Anmerkungen

1 Zu Moritz von Sachsen vgl. Wartenberg, Günther: Theol. Realenzyklopädie 23(1994), S. 303–311 (Literatur).

2 Zum Interium in Sachsen vgl. Wartenberg, Günther: Philipp Melanchton und die sächsisch-albertinische Interimspolitik. Lutherjahrbuch 55(1988), S. 60–82 sowie Herrmann, Johannes; Wartenberg, Günther: Die Ereignisse vom 26. Mai 1548 bis zum 8. Januar 1551. In: Politische Korrespondenz des Herzogs und Kurfürsten Moritz von Sachsen, Bd. 4, Berlin 1992, S. 11–20.

3 Zum Albertinischen Sachsen im 16. Jh. vgl. Das Jahrhundert der Reformation in Sachsen. Hrsg. von Helmar Junghans, Berlin 1989.

4 Dazu Wartenberg, Günther: Die Entstehung der sächsischen Landeskirche von 1539 bis 1559. In: Das Jahrhundert der Reformation... (vgl. Anm. 3), S. 87f.

5 Vgl. u. a. Junghans, Helmar: Der junge Luther und die Humanisten. Weimar 1984, 17.62; Rüegg, W.: Humanismus. A. Allgemein und Italien. Lexikon des Mittelalters 5, Sp. 186–193 (Literatur).

6 Vgl. Bauch, Gustav: Geschichte des Leipziger Frühhumanismus unter besonderer Rücksicht auf die Streitigkeiten zwischen Konrad Wimpina und Martin Mellerstadt. Leipzig 1899. Ihm folgt Georg Wittkowski: Geschichte des literarischen Lebens in Leipzig. Leipzig 1909, S. 10–46.

7 Zu diesem Fürsten zusammenfassend: Junghans, Helmar: Theol. Realenzyklopädie 12(1984), S. 385–389.

8 Die «Ars minor» (Donatus vulgaris) des Aelius Donatus (um 310–380) war die Grammatik für den lateinischen Elementarunterricht des Mittelalters. Vgl. zu Donatus Lexikon des Mittelalters 3, S. 1238–1240.

9 Der Grammatiker und Mathematiker Alexander de Villa Dei (1160/70–1240/50) verfaßte 1199 die Elementargrammatik «Doctrinale (puerorum)», die den Donatus zunächst verdrängte und von Humanisten später verspottet und radikal abgelehnt wurde. Vgl. Lexikon des Mittelalters 1, Sp. 381.

10 Vgl. Steinmüller, Karl: Agricola in Zwickau. In: Agricola-Studien. Berlin 1957, S. 37 (Freiberger Forschungshefte D18); Ulrich, Horst: Neue Beiträge zur Agricola-Forschung. Abhandlungen des Staatlichen Museums für Mineralogie und Geologie zu Dresden 31(1982), S. 186.

11 Zu dieser kleinen Schulgrammatik AGA 6, S. 2–39; zu den Beispielsätzen ebenda, S. 36–38.

12 Agricola, Georgius: Ausgewählte Werke (AGA). Gedenkausgabe des Staatlichen Museums für Mineralogie und Geologie zu Dresden. Hrsg. von Prescher, Hans und Mathé, Gerhard. Bd. IX, Berlin 1992, S. 515.

13 Ebenda, S. 75–79 und S. 112–152.

14 Ebenda, S. 122.

15 Ebenda, S. 153f.

16 Ebenda, S. 273–277.

17 Ebenda, S. 553.

18 Ebenda, S. 185–193.

19 Ebenda, S. 421–433.

20 Ebenda, S. 430.

21 Ebenda, S. 439.

22 So Helmut Wilsdorf in AGA, Bd. I, Berlin 1956, S. 251f.

23 Zu den Verhandlungen in Marienberg vgl. Politische Korrespondenz ... (vgl. Anm. 2), S. 481f.

24 AGA, Bd. IX, Berlin 1992, S. 623: Theodor am 14.4.1550; Bd. IX, S. 630: Anna am 23.3.1552.

25 AGA, Bd. IX, Berlin 1992, S. 491–495.

26 Ebenda, S. 566f. Dieses Schreiben bedarf einer intensiveren Interpretation, um die Vielschichtigkeit der Verbindungen Agricolas zu seinen evangelischen Freunden zu erfassen und zu verstehen. Fabricius hält dem Verstorbenen vor, daß dessen Auffassungen zur Religion – trotz innerer Logik – nicht schriftgemäß seien. Das gelte ebenso für Agricolas Aussagen zur Kirche und zum Gebrauch der Sakramente.

«Bermannus» – the names and the things

Nicoletta Morello (Genua)

The greater part of Agricola's notoriety is linked, as has been noted, to the «De re metallica», a treatise of a technical nature on the the art of mining, the outline of which took the author from his time in Joachimsthal until almost the end of his life. Within the panorama of the technical mining literature of the sixteenth century this work presents many unique features, it is written in latin, dedicated to res metallica in its broadest sense, (the administration of the mine, the diseases of the miners, prospecting, extraction and assaying methods, various stages or phases of the work and so on) and is very rich in extraordinarily descriptive illustrations. These characteristics of the work amply justify its being widely read and successful down through the centuries.

This work, however, almost obscures the rich production of writings by Agricola on multiple subjects in which he was interested, some of these were strictly geo-mineralogical but were also discussed in theoretical works. These writings provide us with a more precise image of Agricola, giving a definite outline of him with rigorous adherence to the route or path of his intellectual development.

The first work of the group of geo mineralogical writings is the «Bermannus sive de re metallica» (Froben, Basilea, 1530: all quotations used here refer to this edition) which appears as an individual edition and also as the closing article of works considered to be of minor importance. This is presented as a suggestive and varied work with which Agricola gently introduces the reader (according to Erasmus) to numerous themes concerning the res metallica, themes which would be later fully discussed only in specific works and in the following years. The *Bermannus* is often considered marginally or successively to the other works of Agricola, as is apparent, especially, in the History of Science literature from non-german cultures.

When the consideration of the *Bermannus* is strongly influenced by a knowledge of Agricola's successive writings, the *Bermannus* is then regarded as a *lighthearted and playful anticipation* of his more serious works. It thus becomes a very delicate work, not to be taken seriously in its own right, in which is lost its innovative importance or significance. This interpretation *which comes from the future* has given a distorted view of the *Bermannus* as a unitarian work which must be placed in relation to the recent past from which the dialogue is produced and expressed at the same time.

The sixteenth century, in the History of Natural Science, is presented as being a nonhomogeneous century, in which, approximately, the first half is considered as an extension of the second part of the fifteenth century and the second as the begining, without a conspicious break in continuity, of Natural Science in the seventeenth century. A significant change in the History of Natural Science may be placed therefore within the middle decade of the sixteenth century. Scientific humanism shows, through a collation of the vulgate version, the translations and the originals (or presumed as such) of old works, especially greek, rediscovered by the humanists, that the scientific literature, especially the medical and natural history works, inherited from the western latin culture, has a similar history to that of the literary and philosophical writings. The interpolations are numerous as are the multiple alterations to the works and their contents which have taken place during the transmission from one manuscript to another. Furthermore, during this process the influence of more than one culture has been introduced among which is also included the Arabian culture.

It is well noted that the translation from one language to another is not a mechnical process, but it goes from one lexical, grammatical and syntactic universe to another, which sometimes is radically diverse. This process is influenced, frequently in a decisive way, by the ‹cultural tradition› in which it is carried out, by its own intellectual and material characteristics (environment, flora, fauna, and, within the medical-pharmacological field, specific illnesses and therapies).

The awareness of the unreliability of the translations and the vulgate versions and therefore the uncertainty of the knowledge gained from the tradition, is also accompanied however by the discovery of works from the past which remained unknown up to that time.The original works from Antiquity become a font of suggestive naturalistic knowledge. In some cases, common in the sixteenth century, humanistic culture and an interest in the surrounding nature were combined in the same person. The explaination from the old works discovered extends to include the latter type and has as a final term of the collation nature itself: the return to the *natural archetype*. The scientific assertions of the ancients are therefore scrutinized by the direct observations of the naturalistic philosopher.

From this subsequent comparison, which began to conclude in the second half of the sixteenth century and which extinguished much of the initial enthusiasm, emerges the discordance between the knowledge of the ancients and the recently acquired data and with it, for example, the inadequacy of the scientific terminology of the past. Moreover, in a relatively short time the limit of the knowledge of the ancients is ascertained, the observations of whom in the naturalistic field, except for some particular cases, have as geographical boundaries those of the Mediterrean basin.

In his attempts to resolve the differences between two sources so diverse for the knowledge of nature, i.e. the written source and direct observations, the naturalist makes a revision of his knowledge. In this way he makes new discoveries. The value of the scientific findings gained from personal observation is accentuated in this way. The emergent naturalist, knows the ancient works but distances himself from these and begins the process of a complete revision of the known works. This is the first modern scientific treatment of natural facts.

A systematic and global consideration of organic and inorganic bodies from nature became necessary: this signifies that all the natural objects should be taken into consideration together so that an effective understanding may be reached of nature itself and its behaviour, *iuxta propria principia*. This awareness constitutes one of the most important acquisitions of the socalled ‹scientific revolution› and it is the base of scientific collectionism. These viewpoints are amply expressed in the naturalistic literature printed in the sixteenth century. It is obvious that the interest in observing and studying nature was not born exclusively from the desire to emphasis a verification of the ancient sources through a direct comparison with the state of *res naturales*. The knowledge of mineralogy (in its broadest sense) together with that of botany have been for centuries strictly linked to the practise of pharmacy and to mining activities and is connected therefore or rather restricted to the world of the apothecary and the technician.

The neccesity of restoring the original links, which had been lost or recomposed in an arbitary way, between the ancient terminology and the natural objects that they define (or defined), emerges in the sixteenth century. This happened mainly in connection with the philosophical approach to the works of antiquity. The aims of this restoration are very precise with a definite practical tendency: profitably developed in the mining activities; correct use of plants and minerals in the preparation of pharmaceuticals.

Often however, the petrographer of the sixteenth century (as for the zoologist and the botanist) saw a nature for which no corresponding one was found in the pages of the ancient works. This nature was not only different but showed a variety of organic and inorganic forms never described in the past (to those are added species successively described from recently discovered continents). A lot of problems arose from the identification, classification and systematic correlation of new forms and forms already described in the past, from the observations of which new morphological features were defined.

The interpretation of the *Bermannus* may be placed in a general context: it is shown to be one of the few printed works from the sixteenth century which allows us to grasp a precise moment in this process. The *Bermannus* is also the only work (as far as I am aware) which thanks to the freshness of its dialogue, helps us to understand *in media re*, the specificity of that process in relation to knowledge – past and present – on minerals.

The history of the naturalistic works elaborated since the classical age opened a division in the correspondance between the names and the things *that nature or art had made* (*quas vel natura edidit vel ars invenit*) (Bermannus, p. 10). There followed a serious loss to both: the names (*nomina*) became progressively deformed from the ancient terminology or borrowed from a non cultural language; the things (res) were little known or completely ignored. The science and the knowledge of the ancients descended into darkness and fell into oblivion. Among the best men a group of hardworking enthusiasts arrived in time before the complete disappearance of the ancient science and brought to light and to memory the bonae disciplinae e le nobiles artes.

The passionate excitement of the work of the humanists as the ones who encouraged the rebirth of bonae disciplinae and of *nobiles artes* was for the Agricola who wrote the Bermannus, after the return from Italy, the recognition of the significance of his efforts but also the first declaration of the direction and the aim which he intended to give to his future work. In the *Bermannus* the full acceptance of the ‹new› ancient and the modern was always accompanied by a marked refusal of the sense of impotence derived from the ignorance of the things. The two schools of medicine, the Arabian and that of the Greek-Latin tradition, are represented in the dialogue by such personnages as Ancon/Payer and Naevius/Neefe who represent the knowledge of the past, its limits and at the same time its new aspirations. On the other hand the innovative things are introduced by the character of *Bermannus*.

Bermannus numerat, metitur, canit, cursus astrorum tenet, (Bermannus, p. 16), excelled in the discipline of quadrivium. His academic culture was that of the faculty of Arts. In the opening conversation with Naevius, *Bermannus* showed that he was able to quantify the distance between places cited in his first discourse within the dialogue which was of a geographical nature. The description of the german mining district, with its mining towns, its mountains and its rivers represents a real geographical map explained through the words of *Bermannus* with the support of Naevius. This is probably in honour of the Ptolemy's Geographia reprinted after 1477 which was followed by the first publication of atlases and maps of Europe and the known world. It was a tribute to the modernity of the nomenclature which Ptolemy used for the relief of central Europe. It was also the recognition of the utility of an emerging discipline, cartography; one of the noble arts, the result of the attempts by the cartographers in developing adequate techniques in order to graphically represent the territory.

But the geographical description with reference coordinates given by the morphology also supported another type of information, the location of the mines of central Europe, which was emerging to compliment classical knowledge.

Germany (not in the modern sense) described in antiquity, for example by Tacitus, as an infertile region as regards mining, had instead revealed an uncommon underground richness. The recognition and the exploitation of the mines was made possible by direct and original observations of the terrain and its products, the result of the accumulated experience gained from time spent completely within the world of mining. The notable and mature expertise of the miners in their field allowed the collection of data and information which, apart from the cultural tradition of knowledge, soon revealed their use in the sphere of theoretical and applicative knowledge.

In this way Agricola showed to the contractors and to von Könneritz a territory with its considerable potential for exploitation and therefore the production of the richness. He demonstrated still more to the *res publica litterarum* that an alternative source of natural knowledge, particularly there where the ancient science had failed, could come from the technical world and a local culture, the original and unique knowledge acquired through daily experience.

The motivation was not any different for the treatment of medical and mineralogical subjects in the *Bermannus*. Ancon and Naevius were the voices of information from the past as regards minerals: but *Bermannus* the character was speaking in reality with Agricola himself, who like every other doctor, knew the practical aspect of his profession which was technical, another of the noble arts. In Joachimsthal, this profession branched in two directions, one the doctor who cures and the other the pharmacist who prepares the medicine which he himself prescribes and also that of other colleagues.

The doctor knows that there are medicines that may be prepared with mineral substances: the ignorance which resulted from the entanglement of the knowledge of the past, perhaps was justified by Agricola, in spite of his attacks on his colleagues about this. However, he did not forgive the negligentia, that is to say the carelessness in not consulting the knowledge that was at hand. He did not forgive the ignorant and despicable doctors who exploited the good faith of uneducated men and confused their patients by pronouncing obscure names of uncertain or non-existent substances. *Pudeat nos* – given that Agricola was also a doctor – *eas voces toties legere, toties in ore habere, et res, quas significant, non noscere* (Bermannus, p. 13). For a doctor the lack of knowledge means an inability to take part in an efficient way and without risk in a therapy already tested by the ancients: therefore it is not astonishing if the doctor is often not able to heal his patients.

Agricola during the time he passed through Italy learnt how much the old traditions could offer not only in medical matters but also regarding the use of inorganic substances in the preparation of medicines. Together with many pages of comments on the pharmacology and mineralogy of antiquity, he brought with him on his return to his own country, all the problems that came to the attention of one who, like him, presumed to inherit an *alternative medicine* from the restored works of the great doctors of the past. The official recognition of the validity of which was derived directly from its practise and from the authority of those who had used it in the past. As they themselves said the principle difficulty that they encountered was the correlation of the names with the things. In harmony with the tendencies of scientific humanism Agricola looked for answers directly from nature: *Quae sana praecipua fuit causa, quam ob rem ad loca, quae metallis abundarent, contulerim* (Bermannus, p 14).

Therefore to be able to recognise the minerals described by the ancients and satisfy the aims of a conscientious doctor, Agricola came to work in Joachimsthal, a recently founded mining town in the process of expansion where above all he found friends, acquaintances and colleagues already well settled in the higher levels of the community who were ready to help him on his way. Because the doctor was morally obligated to return his patient to full health, Agricola took into account the humanitarian reasons linked to specific situations. The majority of those who turned to him as a doctor and as a pharmacist were the miners of the area, poor people in need of urgent help in order to return immediately to work so as to earn their salary to live. It certainly would have been a considerable advantage to know the therapeutic properties of minerals and be able to meet the requests of the sick and the doctor's prescriptions with an inexpensive immediate medicine based on locally available components.

It is not clear when Agricola's interest in the questions raised by *Bergmedizin* was developed. These two attitudes were already fused in the *Bermannus* and besides when Agricola wrote this text he was already working in Joachimsthal for over a year. However, prior to this time the world of mining and its problems certainly was not unknown to him.

At Joachimsthal he soon realised that comparing the pages of the ancient works with the minerals was not the main route (*via regia*) to obtaining the answers that he was looking for. In addition to the problems in explaining the old works were the difficulties of nature itself which was particularly difficult to interpretate as it was inorganic. This inorganic nature included a wide variety of mineral bodies ignored by the ancients and the variability of their external characteristics and physical properties – consider for example the polymorphic elements such as diamond-graphite, white-black tin and so on. This does not guarantee in many cases any certainty in the recognition of minerals based on an examination of their features. Moreover, inorganic bodies are rarely represented in nature as a pure substance but rather in association with extraneous material, with other minerals or embedded within the host rock.

Dealing with the objective difficulties associated with inorganic materials – also the most recent medieval tradition did not include many studies on minerals or metals – Agricola reacted by approaching not only an isolated object which as a result of its form is a source of more ambiguity but to those who learned to recognise minerals by another method, and associate the pureness of metal obtained with that form, that colour, the external features of that local mineral type and its variants. The ease or difficulty of extraction and the labour, the grade of richness if they are able to extract it or the sum they could lose were also associated with these properties.

Agricola directed these comments therefore to those who had acquired competence from actual daily experience with the things (*res*). He started by frequenting the mine and descending with the miners into the galleries where the material is freshly cut. Consequently he followed the selection phases, washing, preparation for fusion, the fusion itself until the pure mineral was reduced to ingots ready for sale.

Agricola did not show any disdain towards the work in the mines, a contempt which according to some contempory historians was widespread among the ‹intellectuals› of the sixteenth century when faced with certain mechanical arts. The *Bermannus* showed that Agricola acceded to the knowledge and the expertise of the miners in order for him to also acquire these.

He re-examined them then in the light of his abilities in an Aristotelian based theoretical context and presented them – like he did in his so-called minor works – in terms of a scientific treatise with rigorous styles and concepts. Also the «De re metallica» the largest of his works was already being worked out in these years. It was, more than anything else, the symbol of the fascination the world of mining exercised over him together with its extent of men, machines, knowledge, energy and richness which was needed to convert the minerals into objects of use. The same minerals only seen until now through the pages of the ancients could not have so greatly stimulated his interest.

It cannot be denied that his choice of believing in the knowledge of the miners was, in a certain sense, forced by the nature of the objects themselves which he intended to study. At the begining of the sixteenth century, the scarce notes of descriptive mineralogy were not valid for the recognition of minerals. There didn't exist a system of identification which specified the individual diagnostic features on which to base a classification.

Agricola therefore did not possess a systematic and descriptive reference grid with which to compare the mineral descriptions of the past – above all to eliminate or identify the uncertain ones – and on the base of which to specify newly recognised minerals. In order to acquire this knowledge himself which was essential to his aim he spent much of the time he had free from his medical and pharmaceutical commitments studying minerals and the interior of the mine and obviously contact with the miners, the workers, was inevitable even if he did not wish it. The worker (*operarius*) however, had a limited knowledge, in the sector of objects, of language (*terminology*) and of the overall work in the mine as each type of worker was expert only in his own work sector.

His real interlocutors were men like Bach and *Bermannus* and of the two chiefly *Bermannus*. The latter name was used deliberately or maybe only for assonance for giving the title to the dialogue. It is said that *Bermannus* attended the faculty of Arts and gave preference to the disciplines of quadrivium in respect to that of trivium. He therefore knew latin and as is often shown he was a cultured man who did not however, present himself as an intellectual. He was a great expert (*peritissmus*) in the art of mining. His knowledge was gained by a special type of apprenticeship, profundly diverse from that of the worker (*operarius*). *Bermannus* was the son of a Zehender (*decimanus*) and that signifies that his contact with the mining world was part of his daily life.

In contrast to the operarius who learned his trade visually, *Bermannus* was able to develop an interest in minerals which seems, from the pages of the dialogue (little is known about his life), that he concentrated his knowledge on systematic and descriptive subjects. Overall, like Dioscoride, he travelled and acquired knowledge that allowed him to establish comparisons between nature not between written works. *Bermannus* knew not only the world of *res* (things) but mining in its entirety. Probably from this merging of experience derived his ability to gather a series of problems – that today are called technical scientifical problems – organising them within a knowledge that does not put questions and does not give answers of a scientific nature (or pre-scientific if you wish) as Agricola will do.

Bermannus was the bearer of practical considerations, he reflected on problems and solutions that could be put and resolved exclusively within the technical sphere, without even having to assume that science (in the terms in which it was outlined at that time) could have been a support or a reference. But *Bermannus*, in contrast to the operarius, extracted his knowledge not from single cases but by contrasting groups of cases (for example types of minerals). He therefore presented Agricola with data elaborated in a comparative way.

In the dialogue, *Bermannus* in spite of the fact that he attended the faculty of Arts and was therefore a cultured man in respect to the operarius, did not frankly seem interested in the problems connected with the contrast between the traditions of the past and the urgent requirements of the present. Instead an interest in these problems was characteristic of the humanists – naturalists of the first half of the sixteenth century. From *Bermannus's* point of view the opinions of the ancient doctors and naturalists on mineral bodies were not significant; in spite of the assertions of Pliny or Galen or Theophrastus – mentioned by the doctors in the dialogue, which were also known and quoted by *Bermannus* as he was well educated – his certainty was based on things which are as they exist in nature and not otherwise. In this way the limits of ancient science began to be defined.

Since the first pages of the *Bermannus* Agricola shows the awareness of finding himself at a particular moment in which the inability to recognise what is known determines the conditions which impede – or slow down – the knowledge of the new.

Agricola consequently gave to an innovator such as *Bermannus*, whose principle feature was that he himself was a new figure, the task of indicating the way by which to determine the adequacy of knowledge from the old world in relation to the reality of res naturales. But this way was already concluded in the *Bermannus* with the intuition that while a part of the scientific heritage of the classical age is found to be full of corresponding interests to the sixteenth century and in fact was the stimulus for more elaborations (as in the case of cartography and other noble techniques) the other part cannot be simply conserved in its original form.

Bermannus – who was obviously superimposed by the figure of Agricola – defined the the boundaries for the *res* (things) within which are enclosed the language problems connected with the sphere of the knowledge of mineralogy. The significance of his mediation is to place his intervention between the problems of the names and the physical properties of the things. He chooses the latter in his dialogue.

The *Bermannus*, appears as a symbolic work where is evident the passage from the ancient knowledge on minerals, with its burden of philological problems and new questions, to the discovery of the surrounding nature through the technical culture at the time which immediately preceded the reorganization of thought towards modern scientific elaborations.

Over the next ten years Agricola set himself the task, in minor works, of comprehending the res naturales *scientifically* (in an Aristotelian sense), in particular general problems and general contexts for specific problems and he looked for logical and empirically adequate answers.

Wissenschaft vom Akzidentellen. Methodische Aspekte der Mineralogie Georgius Agricolas

Bernhard Fritscher (München)

Wenn wir in diesem Jahr des 500. Geburtstages Georgius Agricolas gedenken, so tun wir das vor allem aus zwei Gründen: Zum einen gilt uns Agricolas Hauptwerk «De re metallica» als Grundlegung der neuzeitlichen Montanwissenschaften, zum anderen sehen wir in seinen mineralogisch-geologischen Werken den Beginn der neuzeitlichen, wissenschaftlichen Mineralogie. Letzteres gilt wiederum insbesondere für sein Werk «De natura fossilium» (im folgenden als DNF zitiert), das *erste wirkliche Handbuch der Mineralogie.*[1] Auf die Frage, was eigentlich das grundlegend Neue an diesem Werk war bzw. was Agricola eigentlich zum Begründer der neuzeitlichen Mineralogie werden ließ, wird in der Regel auf die bis dahin umfassendsten und genauesten Beschreibungen der einzelnen Mineralien verwiesen, die Agricola, gestützt auf die einschlägigen Erfahrungen der Bergleute, in «De natura fossilium» gegeben hat. Wenngleich er – als quellenkundiger Humanist – hinsichtlich der Mineralsystematik und der Frage des Ursprungs und der Entstehung der unterirdischen Körper seinen Vorgängern Aristoteles, Theophrast, Plinius, Avicenna, Albertus Magnus u.a. vielfach verpflichtet war, so habe er doch die Kennzeichenlehre und das System der Mineralien *bis zu der damals möglichen Vollendung geführt.*[2] Im Gegensatz zu dieser in erster Linie inhaltlich-materialen Bewertung soll die Mineralogie Agricolas hier unter methodologischen Aspekten betrachtet werden. Es soll gezeigt werden, daß in dieser Hinsicht insbesondere sein Werk «De natura fossilium» der neuzeitlichen Naturwissenschaft angehört bzw. Ausdruck eines neuzeitlichen Naturverständnisses ist. Dies gilt zunächst im Hinblick auf einen methodischen Grundzug der neuzeitlichen Naturforschung, den man als «neues Interesse für die Akzidenzien» bezeichnen könnte, d.h., die im antiken und mittelalterlichen Verständnis zentrale Frage der (Natur-)Erkenntnis nach einem unveränderlichen ‹Wesen› bzw. der ‹Substanz› der Dinge tritt zurück zugunsten der Frage nach den Akzidenzien, nach den veränderlichen und zufälligen, sinnlich wahrnehmbaren Eigenschaften der Dinge.

In einem weiteren Sinne gilt dies dann auch im Hinblick auf einen damit zusammenhängenden Prozeß, der hier als «Verselbständigung der Naturgeschichte» bezeichnet werden soll und der seinen vorläufigen Höhepunkt in der Wissenschaftsphilosophie Francis Bacons (1561–1626) erreichen sollte: Die beschreibende Naturgeschichte, die *Historia naturalis*, die bis dahin gewißermaßen die Vorstufe der *Scientia naturalis*, der eigentlichen, nach dem Allgemeinen und nach den Ursachen fragenden wissenschaftlichen Naturerkenntnis war, wird nunmehr – als die unverzichtbare Basis der späteren Naturwissenschaft – zu einem eigenständigen, gleichberechtigt neben dieser stehenden Teil der Naturforschung.

Agricola hat selbst keine eigene Schrift zu den methodischen Aspekten der von ihm neu geschaffenen «Wissenschaft von den unterirdischen Dingen» verfaßt – zumindest ist eine solche nicht bekannt geworden. In den Widmungsschreiben und den einleitenden Sätzen seiner geowissenschaftlichen Werke – neben «De natura fossilium» sind dies noch «De ortu et causis subterraneorum» (DOCS) und «De natura eorum, quae effluunt ex terra» (DNET) – gibt er aber doch einige Hinweise, aus denen der methodische Anspruch seiner Erforschung der unterirdischen Dinge bzw. die Einordnung dieses neuen Wissenszweiges in die *philosophia* bzw. in den Kanon der Wissenschaften abgelesen werden kann. Das eigentliche Ziel seiner Untersuchungen formuliert Agricola gleich zu Beginn des ersten seiner geowissenschaftlichen Werke: *Quia naturas eorum, quae intra terram gignuntur, perquirere*, also *die Naturen der Stoffe zu erforschen, die in der Erde erzeugt werden*. Da sei es dann nicht unangebracht, zuerst deren Entstehung und Ursachen zu betrachten, genauer gesagt: die Entstehung und die Ursachen ihrer *Wirkungen und Eigenschaften* (*ortus, effectuumque, et qualitatum causas*) (Agricola: DOCS, S. 1). Diese Zielsetzung wird in der Einleitung zu DNET sinngemäß wiederholt: nachdem er die Entstehung und die Ursachen der Dinge, welche die Erde in sich erzeugt, in fünf Büchern erklärt habe, bleibe ihm nunmehr noch die Erforschung ihrer *naturas* (Agricola: DNET, S. 88).

Die unterirdischen Dinge teilt Agricola dann bekanntlich in zwei Gattungen (*genera*) ein, nämlich in diejenigen Dinge, die *aus eigener Kraft aus der Erde* austreten, wie *Feuchtigkeit*, *Luft, Ausdunstung, Feuer*, und diejenigen, die *gegraben* bzw. bergmännisch gewonnen werden (*effodiuntur*), wie *besondere Erde, Gemenge, Stein, Metall, und das, was gemischt ist.* Dementsprechend unterteilt er die Untersuchung der «Naturen» der unterirdischen Dinge noch einmal in zwei Abschnitte. Zuerst seien die Stoffe der ersten Gattung zu behandeln, da sie zum einen entweder Elemente (*elementa*) sind oder doch der Natur der Elemente sehr nahe kommen (*ad naturam elementorum proxime accedunt*), und da sich zum anderen aus ihnen und Erde die Stoffe bilden, die die zweite Gattung ausmachen (Agricola: DOCS, S. 1).

Agricola stellt sich also in seiner neuen *Wissenschaft von den unterirdischen Dingen* die Aufgabe, die Entstehung sowie die Ursachen und die *Naturen* der unterirdischen Dinge zu erforschen, wobei das eigentliche Interesse seiner Forschungen von Beginn an diesen Letzteren gilt und weniger eben den Problemen der Genese der Mineralien und deren Ursachen. Auffällig ist dabei, daß Agricola zuerst die Entstehung und die Ursachen der unterirdischen Dinge behandelt und dann erst deren *Naturen*, eine methodische Abfolge, die auch in der Reihenfolge der Entstehung der drei geowissenschaftlichen Werke zum Ausdruck kommt. (DOCS entstand 1544, DNET 1545 und DNF 1546.) Auf diese methodische Abfolge wird noch einmal zurückzukommen sein.

Zunächst soll jetzt aber gefragt werden, was Agricola eigentlich unter der *Natur* der unterirdischen Dinge versteht. Im Hinblick darauf, daß diese erklärtermaßen das eigentliche Ziel seiner gesamten Untersuchungen ist, mag man hier zunächst an eine *Natur* im Sinne eines – wie auch immer zu bestimmenden – «inneren Wesens» der unterirdischen Dinge denken. Daß hier aber gerade nicht ein solcher Naturbegriff gemeint ist, sondern vielmehr die *Natur* als Inbegriff der Eigenschaften (bzw. der Akzidenzien), die ein Ding zu einem bestimmten machen – und in dieser Bedeutung dann eben ein neuzeitlicher Begriff von Natur[3] – das wird im Widmungsschreiben und der Einleitung zu DNF deutlich.

Im Widmungsschreiben stellt Agricola zunächst allgemein fest, daß die *Wissenschaft* die Entstehung, die Ursachen und die *Naturen* der Dinge erforscht (*Philosophia, rerum ortus, causas, naturas persequitur*) und daß sie, entsprechend den behandelten Gegenständen, in zahlreiche Teilgebiete zerfällt; so stelle man darin u.a. Erörterungen über die göttlichen Dinge an, über den Himmel und die Gestirne, über die Elemente, die Lebewesen und die Pflanzen und auch – was Agricola hier wie selbstverständlich anfügt – über die unterirdischen Dinge. Wie weit diese Zuordnung der Erforschung der unterirdischen Dinge zur *philosophia* eine wesentliche Neuerung darstellt, muß hier dahingestellt bleiben. Agricola selbst zumindest sieht die Frage nach der Entstehung und den Ursachen der unterirdischen Dinge in der Meteorologie des Aristoteles (wenngleich unvollständig und mangelhaft) behandelt (vgl. Agricola DOCS, Widmungsschreiben, S. 7). In Übereinstimmung mit der in DOCS und DNET formulierten Zielsetzung heißt es dann weiter, daß er nunmehr, nachdem er die Entstehung und die Ursachen der unterirdischen Stoffe sowie die Naturen der Stoffe der ersten Gattung behandelt habe, noch die *Unterschiede* der Stoffe der zweiten Gattung, deren Wirkungskräfte und deren Nutzertrag für den Menschen erforschen wolle (*nunc harum differentias, vires, utilitates fructum, quem homini prebent*) (Agricola: DNF, Widmungsschreiben, S. 163).

Hier ist jetzt also nicht von der *Natur* der *Fossilien*, sondern etwas spezifischer von deren *Unterschieden* die Rede. Daß nun aber der Naturbegriff bei

Agricola gerade auf diese Unterschiede und die spezifischen, sinnlich wahrnehmbaren Eigenschaften der Fossilien zielt, dies macht ein Satz deutlich, der geradezu als Schlüssel zum methodischen Verständnis der Mineralogie Agricolas betrachtet werden kann: *Ab his igitur quae fossilibus accidunt, habemus necesse cognitionem accipe re differentiarum, et cognoscere eorum naturas* (Agricola: DNF, S. 166). Es sei erforderlich, so sagt Agricola also, die Kenntnis der Unterschiede und der Naturen, der jeweiligen Eigenart der Mineralien, aus dem zu entnehmen, was an den Fossilien akzidentell ist. Hier erscheint zum einen der Begriff der Akzidenzien, der veränderlichen, sinnlich wahrnehmbaren Eigenschaften der Dinge, zum anderen wird hier – in Verbindung mit dem bisher Gesagten – implizit auf die Methodik der Zoologie des Aristoteles verwiesen.

Der Begriff Akzidenz, die lateinische Übersetzung des griechischen τά συμβεβήκοτα, das Hinzukommende, findet sich bekanntlich zuerst bei Aristoteles. Er bezeichnet dort im engeren logischen Sinne diejenigen Eigenschaften, die einem Ding sowohl zukommen als auch nicht zukommen können, deren Auftreten an einem Ding also zufällig ist und die deshalb keinen Einfluß auf die substantielle bzw. essentielle Bestimmung des Dinges haben (z. B. die Hautfarbe der Menschen).[4] In einem weiteren wissenschaftsphilosophischen Sinn findet sich der Begriff in der «Metaphysik». Dort steht er für *dasjenige, was zwar geschieht, aber nicht immer, noch mit Notwendigkeit, noch auch meistenteils*, und wovon es deshalb auch keine wissenschaftliche Betrachtung im strengen Sinne, das heißt keine ἐπιστήμη geben könne.[5]

In einer dritten Bedeutung schließlich, und dies ist die uns hier eigentlich interessierende, findet sich der Begriff in der «Historia animalium». Dort steht τά συμβεβήκοτα für die weiteren Merkmale oder Eigenschaften der einzelnen Arten der Lebewesen neben den eigentlichen, bestimmenden Unterscheidungsmerkmalen διαφοραί der einzelnen Arten einer Gattung. Beide zusammen, die eigentlichen Unterschiede der Arten und ihre jeweiligen weiteren Merkmale, bilden zusammen den Gegenstand der ἱστορία; und eine solche Historia müsse zunächst einmal von jeder einzelnen Art vorliegen, bevor man versuchen könne, die Gründe (αἰτίαι) für diese jeweiligen spezifischen Beschaffenheiten zu finden.[6]

Vergleichen wir dies nun mit der Stelle aus Agricolas DNF, wo von den *Unterschieden* und den *Naturen* der Fossilien die Rede ist, so wäre dort *Natur* im Sinne dieser ganz speziellen Merkmale der einzelnen Arten zu verstehen. Dabei soll nun hier nicht gesagt werden, daß Agricola *naturas* genau im Sinne des aristotelischen τά συμβεβήκοτα versteht. Agricola war kein Systematiker, und seine Begriffe sind im Einzelfall durchaus nicht immer eindeutig. Es kann aber doch geschlossen werden, daß Agricola, wenn er nach den *fossilium naturas* fragt, nicht ein «inneres Wesen» der Dinge meint, sondern vielmehr – und dies eben ganz im Sinne eines neuzeitlichen Naturbegriffs – die Gesamtheit der sinnlich wahrnehmbaren, *äußeren* Eigenschaften der Einzeldinge, die diese zu einem bestimmten Einzelding machen. In diesem Sinne hat vor allem Nobis auch darauf aufmerksam gemacht, daß in der frühen Neuzeit die klassischen Bestimmungsweisen der Dinge, das heißt die überlieferten Weisen der Realdefinition in teilweise modifizierter bzw. differenzierter Form vorkommen. So gäbe es jetzt etwa in der «Dialectica» (1537) des Philipp Melanchthon (1497–1560) neben der *Definitio essentialis* u. a. eine solche unter der Rücksicht der Teile (*ex partibus*) und der Wirkungen (*ex effectibus*) sowie der beiläufigen Erscheinungsweisen (*ex accidentibus*).[7]

Wenn nun hier gesagt wird, daß Agricolas Mineralogie insofern Ausdruck eines neuzeitlichen Naturverständnisses ist, als er zur Bestimmung der *differentias* und der *naturas* der Mineralien allein die Akzidenzien (*quae fossilibus accidunt*) verwendet, so darf dabei nicht übersehen werden, daß Agricola dies letztlich in Rücksicht auf die behandelten Gegenstände begründet. Die Mineralien unterschieden sich nämlich – im Gegensatz zu den Tieren und den Pflanzen – weder in der Vielfalt ihrer Entstehung noch nach dem Ort, an dem sie ihr Leben verbringen (*loco, in quo vitam degunt*), denn sie hätten gar kein Leben. Ferner besäßen sie keine Verschiedenheit in der Wesensart und in den Handlungen (*nec dissimilitudinem habent in moribus et actionibus*), die die Natur allein den Lebewesen verliehen habe. Und nicht zuletzt bestände auch kein so großer Unterschied in den Teilen der Mineralien, wie dies bei den Tieren und Pflanzen der Fall sei. Aus diesen Gründen also sei man bei der Bestimmung der Mineralien auf die Akzidenzien angewiesen (vgl. Agricola: DNF, S. 166).

Diese Problematik kann hier nicht im Einzelnen diskutiert werden. Aber letztlich wäre Agricolas Mineralogie dann allein schon deshalb Ausdruck eines neuzeitlichen Naturverständnisses, weil er die unterirdischen Dinge eben trotzdem – obwohl auf sie die «klassische Bestimmung» der «Natur der Dinge» nicht oder nur zu einem geringen Teil anwendbar ist – für «würdig» befindet, Gegenstand einer neuen *Wissenschaft* zu sein. Damit bleiben jetzt noch die methodischen Probleme im engeren Sinne zu behandeln, das heißt das Verhältnis von «Beschreibung» und «Ursachenforschung» wie es in Agricolas Werken zum Ausdruck kommt.

Im Zusammenhang mit dem Begriff der Akzidenzien bei Aristoteles war bereits implizit gesagt worden, daß die Aufgaben, die sich Agricola in DNF gestellt hat, letztlich genau die sind, die Aristoteles zum Gegenstand der *Historia animalium* bestimmt hat. Und diese aristotelische *Historia animalium* ist bekanntlich, wenn man sie im Verhältnis zu seinen anderen zoologischen Schriften sieht, methodisch als der beschreibende Teil der Zoologie zu verstehen, im Gegensatz zur Frage nach den Gründen beziehungsweise den Ursachen dieser Beschaffenheiten sowie den Problemen der Erzeugung und der Entwicklung, die in «De partibus animalium» bzw. «De generatione animalium» behandelt werden. Ganz explizit fordert Aristoteles diese methodische Abfolge der Untersuchung im ersten Buch von «De partibus animalium», wenn er sagt, daß zuerst die Phänomene (φαινόμενα) bei jeder einzelnen Gattung festzustellen seien, dann nach den Ursachen (αἰτίαι) und schließlich nach dem Werden bzw. der Entstehung (γένεσις) zu fragen ist.[8] In ganz analoger Weise hat später sein Schüler Theophrastos bei seinen botanischen Forschungen zwischen der Beschreibung sowie der Klassifikation der Pflanzen in der «Historia plantarum» und der Frage nach den Gründen der jeweiligen Beschaffenheiten in «De causis plantarum» unterschieden.[9]

Agricolas Untersuchung der *fossilium naturas* ist also methodisch im Sinne der aristotelischen *Historia animalium* zu verstehen, sein Werk DNF ist methodisch als eine *Historia fossilium* anzusehen, das heißt, der Arzt Agricola entwirft eine *Historia fossilium* nach dem Modell der aristotelischen *Historia animalium.* So hat er eben die Frage nach den *fossilium naturas* mehrfach explizit von der Frage nach der Entstehung und den Ursachen der unterirdischen Dinge abgegrenzt. Vor allem aber ergibt sich dies daraus, daß er im Hinblick auf die botanischen Forschungen des Theophrastos sagt, dieser habe die *Ursachen* und die *Naturen* der Pflanzen erforscht (*stirpium causas atque naturas*) (Agricola: DNF, Widmungsschreiben, S. 163), wobei mit letzterem offensichtlich dessen *Historia plantarum* gemeint ist.

Wenn also eine solche methodische Kongruenz zwischen der Zoologie des Aristoteles bzw. der Botanik des Theophrastos und der Mineralogie Agricolas besteht, so ist dann aber auffallend, daß Agricola die methodische Abfolge gewißermaßen umkehrt, indem er zuerst die Entstehung und die Ursachen der unterirdischen Dinge und dann erst ihre *Naturen* behandelt: der beschreibende Teil seiner *Wissenschaft von den unterirdischen Dingen* ist nicht der Ausgangspunkt, sondern letztlich deren eigentliches Ziel. Agricola sah in der Beschreibung der einzelnen Mineralien, in der Frage nach ihren *Kräften* und ihrem *Nutzertrag* für den Menschen die zentrale Aufgabe seiner Mineralogie. Diese Aufgabe war zu lösen, unabhängig davon, wie weit die Frage nach der Entstehung der Mineralien und deren Ursachen überhaupt gestellt bzw. beantwortet werden konnte.

Der beschreibende Teil der Naturforschung erfährt also in der Mineralogie Agricolas eine deutliche Aufwertung, und damit steht nun gerade sein Werk DNF für den im 16. Jahrhundert zu beobachtenden Prozeß der «Verselbständigung der Naturgeschichte», das heißt für deren Konstitution als einem eigenständigen – nicht mehr notwendig auf die *Scientia naturalis* hingeordneten – Bereich der Naturforschung. Ihren eigentlichen Höhepunkt erreichte diese Entwicklung mit der *Historia naturalis*, wie sie Francis Bacon einige Jahrzehnte später – wenngleich nur theoretisch – entworfen hat. Auch Bacons *Historia* blieb methodisch der «Ursachenforschung» untergeordnet, aber diese war bei ihm eben mit ungleich größerer Dringlichkeit auf jene angewiesen. Die *Historia* steht bei Bacon für einen eigenständigen Erkenntnisweg, und sie bildet in jeder Hinsicht den Mittelpunkt des Forschungsprozesses. Wie weit darüber hinaus eine Wissenschaft überhaupt möglich war, die – als eigentliche Ursachenforschung – mehr als *Historia* sein wollte, war für eine solche *Historia* unerheblich.[10] Methodisch ganz analog – das heißt unter Betonung der Beschreibung der unterirdischen Dinge bei gleichzeitiger Skepsis gegenüber einer vorschnellen Frage nach deren Entstehung und ihren Ursachen – haben dann im 18. Jahrhundert etwa Nicolas Desmarest (1725–1815) oder Abraham Gottlob Werner (1749–1817) ihre «Geographie physique» bzw. ihre «Oryctognosie» entworfen. Und indem Agricolas *Historia fossilium* bzw. seine Mineralogie nun gerade in dieser methodischen Hinsicht als ein Beispiel für die spätere *Historia naturalis* Francis Bacons stehen kann bzw. für die Geowissenschaft des 18. Jahrhunderts, ist sie als herausragender Ausdruck neuzeitlicher Naturforschung zu werten.

Anmerkungen

1 Darmstaedter, E.: Georg Agricola (1494–1555). Leben und Werk. In: Münchener Beiträge zur Geschichte und Literatur der Naturwissenschaften und Medizin 1(1926), S. 40.

2 Prescher, H.; Wagenbreth, O.: Georgius Agricola – seine Zeit und ihre Spuren. Leipzig/Stuttgart 1994, S. 100f.

3 Nobis, H.M.: Die Umwandlung der mittelalterlichen Naturvorstellung. Ihre Ursachen und ihre wissenschaftsgeschichtlichen Folgen. In: Archiv für Begriffsgeschichte 13(1969), S. 49 f.; Nobis, H.M.: Frühneuzeitliche Verständnisweisen der Natur und ihr Wandel bis zum 18. Jahrhundert. In: Archiv für Begriffsgeschichte 11(1967), S. 55.

4 Vgl. Aristoteles: Topik I,5. 102b, S. 4–8.

5 Aristoteles: Metaphysik, XI, 8. 1065a, S. 1–6 u. 1064b, S. 30–32.

6 Aristoteles: Historia animalium I,6. 491a, S. 9–14.

7 Vgl. Nobis, H.M.: Art. ‹Definition (I)›. In: Historisches Wörterbuch der Philosophie. Bd. II. Hrsg. v. J. Ritter. Basel/Stuttgart 1972, S. 32.

8 Aristoteles: De partibus animalium I,1. 640a, S. 14–5.

9 Vgl. Jahn, I.: Grundzüge der Biologiegeschichte. Jena 1990, S. 64–76.; Kullmann, W.: Wissenschaft und Methode. Interpretationen zur aristotelischen Theorie der Naturwissenschaft. Berlin/New York 1974, S. 154–268.

10 Vgl. Seifert, A.: Cognitio historica. Die Geschichte als Namengeberin der frühneuzeitlichen Empirie. Berlin 1976. S. 116–38.; Krohn, W.: Francis Bacon. München 1987, S. 114–34.

Literatur

Agricola, G.: De ortu et causis subterraneorum, libri V. Basel 1558.
Agricola, G.: De natura eorum, quae effluunt ex terra, libri IV. Basel 1558.
Agricola, G.: De natura fossilium, libri X. Basel 1558.
Agricola, G.: Ausgewählte Werke. 10 Bd. Hrsg. von H. Prescher. Berlin 1955ff.
Aristoteles: Opera. Bd. 1.2. Hrsg. von E. Bekker. Berlin 1960.

Darmstaedter, E.: Georg Agricola (1494–1555). Leben und Werk. In: Münchener Beiträge zur Geschichte und Literatur der Naturwissenschaften und Medizin 1(1926).

Jahn, I.: Grundzüge der Biologiegeschichte. Jena 1990.

Krohn, W.: Francis Bacon. München 1987.

Kullmann, W.: Wissenschaft und Methode. Interpretationen zur aristotelischen Theorie der Naturwissenschaft. Berlin/New York 1974.

Nobis, H.M.: Frühneuzeitliche Verständnisweisen der Natur und ihr Wandel bis zum 18. Jahrhundert. In: Archiv für Begriffsgeschichte 11(1967), S. 37–58.

Nobis, H.M.: Die Umwandlung der mittelalterlichen Naturvorstellung. Ihre Ursachen und ihre wissenschaftsgeschichtlichen Folgen. In: Archiv für Begriffsgeschichte 13(1969), S. 34–57.

Nobis, H.M.: Art. ‹Definition (I)›. In: Historisches Wörterbuch der Philosophie. Bd. II. Hrsg. v. J. Ritter. Basel/Stuttgart 1972. Sp. 31–5.

Prescher, H.; Wagenbreth, O.: Georgius Agricola – seine Zeit und ihre Spuren. Leipzig/Stuttgart 1994.

Seifert, A.: Cognitio historica. Die Geschichte als Namengeberin der frühneuzeitlichen Empirie. Berlin 1976.

Georgius Agricolas Beiträge zur Entwicklung geologischer Vorstellungen

Martin Guntau (Rostock) / Gerhard Mathé (Dresden)

Die Vorstellungen und Leistungen von Georgius Agricola zur Entwicklung von Wissenschaft und Technik entsprachen voll den Ideen des deutschen Renaissance-Humanismus in der ersten Hälfte des 16. Jahrhunderts. Seine geologischen Auffassungen hatten diesen geistigen Hintergrund und bildeten ihrerseits wesentliche Beiträge zu der sich in dieser Zeit herausbildenden neuzeitlichen Naturwissenschaft. Agricola war noch nicht in der Lage, einen paradigmatischen Ansatz für die Geologie als eigenständige wissenschaftliche Disziplin zu schaffen, aber er leistete dazu wichtige Beiträge in Gestalt neuer Sichtweisen und wesentlicher Erkenntnisse sowie durch die Entwicklung entsprechender methodischer Ansätze.

Neben verstreut in anderen Werken zur Natur zur Erde von Agricola geäußerten Auffassungen stellte er seine geologischen Ansichten vor allem in den folgenden Arbeiten dar:

Bermannus, sive de re metallica	Basel 1530
De ortu et causis subterraneorum libri V	Basel 1546
De natura eorum quae effluunt ex terra libri IV	Basel 1546
De natura fossilium libri X	Basel 1546
De veteribus et novis metallis libri II	Basel 1546
De re metallica libri XII	Basel 1556

Diese Schriften wurden vielfach in der Originalsprache und auch übersetzt herausgegeben. Bei aller Würdigung ihrer wissenschaftlichen Bedeutung in der Geschichte ist aber im Vergleich zu anderen Aspekten des Werkes von Agricola bisher die Diskussion über seine geologischen Vorstellungen deutlich schwächer entwickelt.

Als Mann der Renaissance war Agricola ein brillanter Kenner der Ideen der antiken Autoren über die Erde, insbesondere von Aristoteles, Theoprast, Epikur, Lukrez, Strabo, Seneca und Plinius d. Ä. Auch die geologischen Vorstellungen des islamischen Gelehrten Ibn Sina (Avicenna) kannte er, da dessen mineralo-

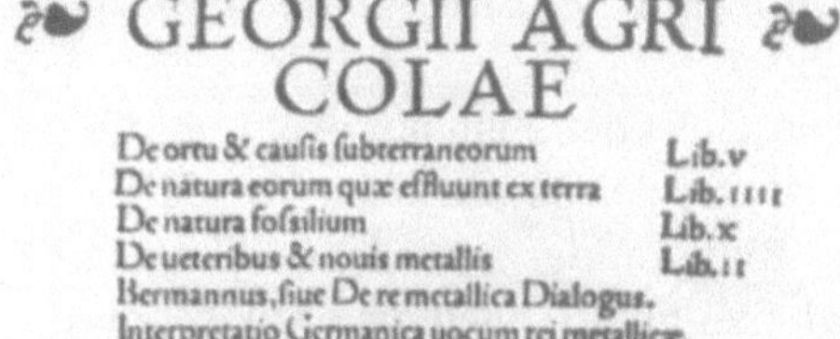

GEORGII AGRI COLAE

De ortu & causis subterraneorum Lib. v
De natura eorum quae effluunt ex terra Lib. IIII
De natura fossilium Lib. x
De ueteribus & nouis metallis Lib. II
Bermannus, siue De re metallica Dialogus.
Interpretatio Germanica uocum rei metallicae, addito Indice foecundissimo.

Cum priuilegio Imp. Maiestatis ad quinquennium.

Abb. 1
Titelseite der geologisch-mineralogischen Werke Agricolas (Basel 1546)

gisch-geologisches Traktat bis in unser Jahrhundert für eine Schrift des Aristoteles gehalten wurde. Neben hoher Anerkennung der Leistungen antiker Autoren im Hinblick auf die Naturerkenntnis bemerkte Agricola aber auch, daß alles *was unter der Erde verborgen ist, davon haben dieselben Philosophen ein gut Teil beiseite gelassen oder doch keineswegs genügend entwickelt.*[1] Auch zur Behandlung der unterirdischen Naturerscheinungen durch Aristoteles meinte er kritisch, daß dieser *die einen überhaupt nicht, die anderen nur obenhin berührt; die, denen er nachgegangen ist, hat er nicht alle richtig erfaßt.*[2] Natürlich waren die Aussagen der antiken Philosophen für Agricola nicht nur zu hinterfragende historische Überlieferungen sondern vor allem ernsthafte Erkenntnisse, die er ausführlich darstellte und auf der Grundlage seiner Erfahrungen bestätigte oder kritisch bewertete. Die unmittelbare sinnliche Wahrnehmung der Phänomene in der Natur war ihm aber dabei die Basis für seine Erkenntnis. Agricola folgte dem von ihm formulierten kognitiven Prinzip: *Da wir das alles mit den Augen sehen und, was man mit den Sinnen … erfaßt, eine zuverlässigere Erfassung der Wirklichkeit ist, als wenn man es durch einen Beweis … erkennen würde, genügt es, wenn ich ... das lehre, was wir über die Entstehung der Erden sinnlich wahrnehmen.*[3]

Sein Anliegen war es offenbar, ganz im Geist der Zeit, das exakte Studium von Arbeiten antiker Autoren im Original mit der empirischen Forschung zu verbinden, um auf diese Weise ein neues Bild von der natürlichen Umgebung des Menschen, also von der Welt, zu gewinnen und so auch die antik-scholastische Sicht zu überwinden.

1. Über die gesteinsbildende Kraft

Aus einer solchen Haltung heraus wird auch die kritische Distanz Agricolas gegenüber Albertus Magnus verständlich. Ohne dessen Bedeutung für die Naturerkenntnis zu negieren, wählte er doch deftige Worte, wenn durch Albertus Auffassungen des Aristoteles mit unzutreffenden Folgerungen verknüpft wurden, so beispielsweise bei alchimistischen Erklärungsversuchen zur Entstehung einzelner Minerale: *Albertus impft des Aristoteles Lehre mit der Krätze der Alchimisten: die trieft immer vom Eiter des Quecksilbers und riecht nach dem Gestank des Schwefels.*[4] Offenbar wird hier Agricolas Abneigung gegenüber der Alchimie, die er auch in anderen Zusammenhängen zum Ausdruck brachte.[5]

Von Bedeutung für die geologische Erkenntnis ist zweifelsfrei Agricolas Polemik gegen die Idee des Albertus über die *gesteinsbildende Kraft*[6], die noch bis zum 18. Jahrhundert in den Diskussionen um die Fossilgenese eine Rolle spielen sollte. Agicola wandte ein, daß zwar Organismen aus sich selbst heraus weitere durch Geburt hervorbringen könnten, nicht aber Erden oder Gesteine andere ihrer Art: *So wie ein Mensch einen Menschen, eine Zypresse eine Zypresse erzeugt, kann nicht Rötel einen Rötel und ein Diamant einen Diamanten erzeugen.*[7]

Ausgehend von der Unterscheidung zwischen Organischem und Anorganischem begründete er sehr einleuchtend, daß es eine besondere gesteinsbildende Kraft nicht geben kann: *Jeder Gattung von Lebewesen, soweit sie nicht aus faulender Materie stammt, hat die Natur Samen zugeteilt. Wenn der sich in der Gebärmutter festgesetzt hat, bildet er ein lebendiges Wesen. Ähnlich erzeugt jede Pflanze aus sich Samen; der fällt von ihr ab, die Erde nimmt ihn in ihrem Schoße auf, und er erzeugt aus sich eine seiner Erzeugerin ähnliche Pflanze. Aber kein Stein bringt Samen hervor. Daher kann auch keines Steines Stoff, weil er nicht Samen ist, in sich eine Kraft haben, die Erzeugerin eines Steines wäre; sondern außerhalb befindet sich das, was aus dem Stoff einen Stein bildet.*[8]

Agicola stützte sich hier bei seiner Ablehnung einer gesteinsbildenden Kraft allein auf die Beobachtung und Erfahrung. Den Albertus griff er aber bezeichnenderweise wegen der Art der vom ihm dargelegten Beweisführung für den Begriff der *gesteinsbildenden Kraft* an, weil die von dem mittelalterlichen Gelehrten gegebene Definition eine Tautologie sei.[9] Agricola meinte in der Diskussion um die Problematik, *daß Albertus mit seiner unreinen Auffassung die Lehren der Wissenschaft beschmutzt hat.*[10] Unmißverständlich kommt hier die unter den Vertretern des Renaissance-Humanismus verbreitete Gegnerschaft gegenüber der mittelalterlichen Scholastik zum Ausdruck. Agricola zog in seinen Arbeiten trotz scharfer Einzelkritiken weder die peripatetischen noch scholastischen Naturlehren grundsätzlich in Zweifel oder entwickelte gar neuartige Prinzipien für die Naturerkenntnis. Deutlich werden aber aus seinen Arbeiten eine vorurteilsfreie Sicht in die Natur, die Rolle der Erfahrung auf der Grundlage sinnlicher Wahrnehmungen sowie die Suche nach den kausalen Ursachen für die verschiedenen Naturphänomäne der Erde. Agricola entdeckte die Montanproduktion als Gegenstand für wissenschaftlich-literarische Darstellungen, die er in einer allgemein verständlichen Art gab und obendrein durch höchst instruktive Abbildungen in dreidimensionaler Perspektive ergänzte. Damit trug er auch auf diesem Gebiet zu einer neuartigen Begegnung zwischen dem traditionsreichen theoretischen Denken und der Praxis auf dem Feld der zu dieser Zeit führenden Technologie bei.[11] Wohl hatte er den praktischen Nutzen von Wissen im Sinn, vor allem aber sollte die Erkenntnis – ganz im humanistischen Geist – den Menschen in seinem Wesen bereichern und ihm bei seiner Entfaltung behilflich sein. Das eröffnete die Möglichkeit für neue Sichtweisen und Erkenntnisse auch zur Natur der Erde.

2. Veränderungen und Ereignisse in der Vergangenheit der Erde

Ganz wesentlich war das Erfassen der historisch-genetischen Dimension und der Veränderungen in der Zeit bei den durch Agricola in der Natur beobachteten geologischen Phänomenen. Obwohl – im Unterschied zu analogen Auffassungen von Leonardo da Vinci – dieser historische Denkansatz durch Agricola 1546 veröffentlicht wurde, fanden seine Ideen bei den Zeitgenossen oder unmittelbaren Nachfolgern kaum Resonanz. Offenbar wurde unter den nach wie vor herrschenden religiösen Ideen die Vergangenheit der Erde allein unter den Gesichtspunkten der Schöpfung und dem Ereignis der Sintflut gesehen. Die anfänglichen Vorstellungen in dieser Epoche über die Zeit – beispielsweise von Giordano Bruno[12]– wurden wohl vor allem durch die aufkommende Gegenrenaissance im 17. Jahrhundert zurückgedrängt und konnten sich erst im 18. Jahrhundert allgemein durchsetzen. Agricola sah die Meere und Berge nicht als ewig existierend an und sprach über Veränderungen in früheren Zeiten, die aber durch die menschliche Erinnerung kaum zu erfassen waren und deshalb auch nicht bekannt gewesen sind. So sagte er: *Aber auch die Vertiefungen, die jetzt die Meere enthalten, hat es einst nicht alle gegeben, noch die Berge, die deren Fluten zähmen und brechen, sondern an vielen Stellen war Feld, bevor die Gewalt das erregte und in Flut aufbrausende Meer darauf trieb. Auf die gleiche Weise arbeitet die Gewalt des Wassers auch geradezu an der Abtragung und Zertrümmerung der Hügel und Berge. Aber weil wegen der großen zeitlichen Entfernung der menschlichen Erinnerung das Wissen darum versagt ist, wann, wo und wie diese zahlreichen gewaltigen Veränderungen der Landschaft begonnen haben, sieht es für die große Menge so aus, als vollzögen sie sich gar nicht, gerade wenn sie sich vollziehen.*[13]

Auch an dieser Stelle bemerkte Agricola, daß sich viele Naturzustände scheinbar über Jahrhunderte nicht verändern und deshalb diese Prozesse von vielen Laien nicht erkannt würden.[14] Aber er vertrat nicht nur die Idee der Veränderung. Ganz wesentlich war in diesem Zusammenhang, daß er bei den auf Beobachtungen beruhenden Darstellungen über die Minerale eine genetische Sicht einbrachte, also ausdrücklich nach ihrer Entscheidung fragte. Er wandte sich gegen jene die meinten, *man müsse eher über das Wesen der Minerale sprechen als über ihre Entstehung und deren Ursachen.*[15] An anderer Stelle sagte er dazu weiter: *Die Philosophen, Chymisten, Astrologen untersuchen die Entstehung der Erze, weil ja nichts ohne Ursache geschieht, und sie behaupten ganz richtig, es käme auch jetzt noch, wie einst, zur Entstehung von Erzen.*[16] Agricola unterstrich hier die Bedeutung von Überlegungen zur Genese von Mineralen und Erzen neben Betrachtungen über ihre Eigenschaften oder ihren Charakter. Das war ein neuer Gesichtspunkt mit erheblicher Relevanz für die Erkenntnis der Minerale, der aber erst in späterer Zeit eine gebührende Aufmerksamkeit finden sollte.

Ein neuartiger Aspekt im Denken von Agricola über die Natur der Erde kommt in seinem unmißverständlichen Bekenntnis zur Historizität der geologischen Erscheinungen zum Ausdruck. Von einem deistischen Ansatz ausgehend, befreite er den Blick in die Vergangenheit von dem einmaligen Ereignis der Schöpfung und postulierte zur Erklärung der verschiedenen Phänomene in der Geschichte ihr ständiges Neuentstehen. 1546 schrieb er in seinem Werk «De ortu et causis subterraneorum»: *Um so weniger tragbar ist die völlig lächerliche Ansicht der großen Masse – sie ist einem Dichtermärchen ähnlich und widerspricht jeglicher Erfahrung –*, wenn Sie behauptet, nicht nur die Felsen, sondern auch die Erze und Edelsteine und die verschiedenen Erdarten in ihren Gängen, Klüften und Fugen habe zu Beginn der Welt Gott so gebildet und geschaffen, wie man sie jetzt findet, und in der Zwischenzeit wären aus den dazu geeigneten Stoffen keine solchen Dinge entstanden, und der höchste Werkmeister habe keine irgendwie geartete Naturkraft zu ihrer dauernden Erzeugung in Bewegung gesetzt.[17]

In weiteren Erörterungen über das Nachwachsen von Erzen betonte Agricola den unzureichenden Charakter von Autoritätsbeweisen und unterstrich die Rolle der sinnlichen Beobachtung bei der Erklärung entsprechender Phänomene und ihrer Ursachen, was von erheblicher methodischer Bedeutung für die Erkenntnis der Natur der Erde war und die wissenschaftliche Leistungsfähigkeit der Renaissance-Gelehrten zeigte.

Mit diesen Ideen zur Historizität der Natur war Agricola noch nicht der Entdecker der Erdgeschichte oder einer der Begründer der Historischen Geologie. Aber seine Erkenntnisse über die Veränderungen in der Natur der Erde und die Erklärungsversuche für ihre Ursachen auf der Grundlage natürlicher Bedingungen waren wichtige Schritte zum Begreifen der Geschichte der Erde. Diese Beiträge Agricolas sind lange Zeit nicht beachtet oder vergessen worden. Vorstellungen dieser Art über die Geschichte der Erde setzten sich allgemein erst zwei Jahrhunderte später durch, ohne dabei die Leistungen von Vordenkern aus der Zeit der Renaissance immer gebührend zu würdigen.

3. Wirkungen des Wassers, Erdbeben und Vulkane

In seinen Arbeiten hat Agricola auch Ideen zu verschiedenen Gebieten der Physikalischen oder Allgemeinen Geologie entwickelt. Unverkennbar ist dabei seine tiefe Verwurzelung im aristotelischen Denken. Durchdrungen waren seine Vorstellungen von der peripatetischen Elementenlehre, wobei seine Gedankengänge immer wieder Wasser, Feuer, Luft und Erde in die Betrachtungen einbezogen oder auf ihnen basierten.

Über das Wasser und seine geologischen Wirkungen wird von Agricola in «De ortu et causis subterraneorum» wesentliches ausgesagt, während in «De natura eorum, quae effluunt ex terra», wie der Titel vermuten läßt, Wasser zwar den Hauptgegenstand ausmacht, die Behandlung dieses Stoffes sich aber vor allem in dessen physikalischen und chemischen Eigenschaft erschöpft. Der erodierenden Bildung der Gebirge ist danach vor allem auf die Schaffung von Hohlräumen und die Erosion durch Wässer verursacht: *Daß das Wasser die meisten Berge hervorbringt, liegt offen vor Augen. Denn die Gießbäche spülen zuerst die weiche Erde weg, dann reißen sie härtere ab, darauf wälzen sie auch die Felsen weg. So höhlen sie in wenigen Jahren die Ebenheit der Felder oder irgendeinen Abhang zu einiger Tiefe aus, was in gebirgiger Gegend auch Laien beobachten können. Indem sie aber eben diese Hohlräume in vielen Menschenaltern zu erstaunlicher Tiefe aushöhlern, schaffen sie von beiden Seiten eine ungeheuere Erhebung.*[18]

So genau hier auch die Erosionswirkung des fließenden Wassers geschildert wird, so offensichtlich zeigt sich ebenfalls Agricolas fehlendes Verständnis für absolute Höhen. Er erkannte am Südhang des Erzgebirges oder am Harzrand die aus flachem Gelände aufsteigenden Berge und gewiß hatte er bei seinen Reisen nach Italien auch die gewaltigen Höhen der vergletscherten Alpenketten bemerkt. Die Gebirgsbildung durch die Kraft des Wassers war für ihn trotzdem lediglich ein Akt der Zertalung. Aber auch der Wind schafft nach Meinung von Agricola Hügel und Berge[19], wobei vermutlich Ideen von Anaximenes von Milet bei ihm noch eine Rolle spielten, wonach aus dem Urelement Luft durch Verdünnen und Verdicken nicht nur Wolken und Regen sondern auch Erde und Felsen hervorgegangen sein sollten. Agricola dachte da mehr an die Anhäufung von Sandmassen zu Bergen als Wirkung des Windes. Aber auch im Zusammenhang mit Erdbeben frei gesetzte Winde[20] sollen nach antiken Berichten Inseln wie Delos, Rhodos, Anaphe usw. haben entstehen lassen, die Agricola als aus dem Meer hervorgebrachte Berge ansah.

Die Erdbeben als geologische Phänomene finden in den Arbeiten von Agricola eine breite Berücksichtigung, obwohl er vermutlich zu diesen Erscheinungen kaum persönliche Erfahrungen sammeln konnte. Aber die antiken Autoren des seismisch aktiven europäischen Mittelmeerraums stellten zu dieser Thematik umfängliche Betrachtungen an, die Agricola natürlich gut kannte. Er zitierte und kommentierte diese Arbeiten umfänglich und gründlich, um danach seine eigenen Auffassungen darzustellen. Er untergliederte die Erdbeben – noch auf den antiken Autoren fußend – nach ihrem Charakter in vier Typen: Erdzittern *tremor*, Erderschütterung *succosio*, Erdstöße *arietatio* und Erdschwanken *inclinatio*.

Zu den Ursachen der Erdbeben äußerte er sich ebenfalls ausführlich, wobei er die unmittelbare Wirkung des Feuers dabei ausschloß. *Das Feuer ist also nicht Ursache des Erdbebens, sondern der Luftstrom, der, wie wir nicht in Abrede stellen, bisweilen sich entzündet und aufflammt.*[22] Agricola setzte auf die in der Erdkruste eingeschlossene Luft als Ursache für die Beben, womit er die Argumente der Peripatetiker aus der Antike, die sich ihrerseits auf Anaxagoras (4. Jh. v. u. Z.) stützen, in seiner Zeit nochmals belebte und weitergab. Er vertrat die Meinung: *Erdbeben entsteht auf folgende Weise. Wenn die Hitze oder das Feuer unter der Erde eine Masse Dunst erzeugt und die Kälte in die Enge getrieben hat … dann versucht er … an der nächsten Stelle durchzubrechen … Während … der Luftstrom hin und her wandert, wird die Erde erschüttert, aber sobald er in den Fugen der Felsen eine Stelle findet, da zerbricht er die Felsen … und wirft alles hinaus, was entgegensteht und hindert.*[23]

Alle vier Elemente (Erde, Wasser, Feuer, Luft) wurden von Agricola in den Überlegungen zu der Verursachung von Beben einbezogen und keines bei ihrem Zusammenwirken in der Totalität ausgeschlossen. Ein gasförmiges Medium – in welcher Form auch immer – blieb aber letztlich die direkte Ursache für das Phänomen der Beben. Bei der Erklärung der Vulkane spielte natürlich bei Agricola das Feuer die entscheidende Rolle. Aber selbst blieb ein *Hauch* das auslösende Medium für die Entzündung von brennbaren Substanzen im Innern der Erde, die er für die entscheidenden Ursachen des unterirdischen Feuers hielt: [Das Feuer] … *zündet … ein in Brand gesetzter Hauch an. Der gerät in Brand, indem die Kälte ihn entweder auspreßt, wie die Wolken die Blitze ausstoßen, oder in die Enge der Lagerstätten hineintreibt; er windet sich durch diese und sucht einen Ausweg, wobei er durch Zusammenstoß und Reibung sich entzündet und entflammt. Wo ihm aber ein Stoff begegnet, der leicht entzündlich ist und das Feuer nährt, dort wächst dann die Flamme, und das Innere der Erde geht ganz in Flammen auf.*[24]

Als brennbare Substanzen sah Agricola Schwefel und Bitumina an, wobei er zu den letzteren auch die Steinkohle rechnete. Eindeutig hielt er die Bitumina für die entscheidenden und andauernden Ursachen der unterirdischen Feuer. Er formulierte: *Weil aber angezündeter Schwefel im Wasser auslöscht und sich rasch verzehrt, so kann er doch, wenn auch manche Vulkane ihn ausspeien ... nicht die Ursache für die Fortdauer des Feuers sein, sondern es muß vielmehr das Bitumen sein, das in Hohlräumen brennt, die Wasser enthalten.*[25] *Aber das Bitumen spielt bei der ganzen Materie, von der sich das unterirdische Feuer nährt, unstreitig die Hauptrolle.*[26]

Erdbrände durch Kohlenlager hatte Agricola in Zwickau selbst beobachten können. Der über viele Jahrhunderte hinweg schwelende und zu verschiedenen Zeiten stärker aufflammende Flözbrand von Zwickau-Planitz wurde von ihm in seinen Werken mehrfach erwähnt: *Im Meißner Gebiet aber, einer Landschaft Deutschlands, brennt der Kohleberg, der von der Stadt Zwickau etwa 3 Meilen entfernt ist ...Der Beginn des Feuers im Meißner Lande liegt vor menschlicher Erinnerung. Vor 40 Jahren flammte der Berg stärker auf, so daß er die Stadt in Angst versetzte. Weil er aber nur an der Oberfläche brennt, wird er wahrscheinlich auch von einem Menschen zuerst angebrannt worden sein.*[27]

Wirkliche vulkanische Aktivitäten auf der Grundlage von solchen unterirdischen Bränden hat Agricola natürlich nicht beobachten können. Seine Beschreibungen vulkanischer Prozesse von der Lava-Effusion über vulkanische Bomben und Ascheregen bis hin zu Gasaushauchungen, die er aus antiken Quellen kannte, gleichen aber durchaus modernen Schilderungen zum Vulkanismus. So schrieb er: *Die Stellen, an denen aus der Tiefe der Erde das Feuer heraufflammt, brennen zwar meist dauernd; doch wenn ein Feuer entweder neue Krater öffnet und alte schon erloschene wieder aufreißt, da beginnen sie doch zu rasen, und sie geben Feuerbäche von sich, sie speien Feuerkugeln aus, sie geben brennende Felsen von sich, sie jagen eisenhaltige Massen heraus, Asche verstreuen sie weit und breit, Finsternis verbreiten sie und rauben das Licht.*[28]

Von Agricola wurden in seinen Arbeiten zahlreiche *Vulkane* als Beispiele angeführt, die diesen Gesichtspunkten heute entsprechen – oder auch nicht. Neben den heute noch aktiven Vulkanen wie Ätna, Vesuv oder Stromboli in Italien wird auch der Hekla auf Island erwähnt. Darüber hinaus hat Prescher (1956) 25 Orte aufgelistet, an denen Agricola Erscheinungsformen des unterirdischen Feuers belegte.[29] Dazu gehören auch Flözbrände in Sachsen, in der Steiermark und in Schottland. Die Theorie, daß brennende Kohleflöze die Ursache vulkanischer Erscheinungen seien, waren sehr langlebig. Noch 250 Jahre später modernisierte und nutzte Abraham Gottlob Werner diese Erklärungsmöglichkeit für die Deutung vulkanischer Erscheinungen und stützte damit seine Konzeption des Neptunismus zu einer ganz wesentlichen Frage. Auch an der Wende vom 18. zum 19. Jahrhundert gab es noch keine allgemein überzeugende physikalische oder chemische Theorie, die die unterirdische Wärme eindeutig zu erklären vermochte. Das unterstreicht die große wissenschaftliche Leistung von Agricola. Der von ihm gegebene Erklärungsansatz entsprach dem Wissen seiner Zeit und er bemühte sich um eine natürliche Deutung, ohne spekulative Zutat. Mit seinen Vorstellungen zur geologischen Wirkung des Wassers und seinen Ideen über Erdbeben und Vulkane leistete Agricola frühe theoretische Beiträge über die Mechanismen exogener und endogener geologischer Prozesse.[30]

4. Zur Lagerstättensuche und Geologie von Erzgängen

Die längste Zeit seines wissenschaftlich produktiven Lebens verbrachte Agricola im sächsisch-böhmischen Erzgebirge, das im 16. Jahrhundert mit seinem Bergbau und Hüttenwesen ein (wenn nicht das) europäische Zentrum der am höchsten entwickelten Technologie in der gewerblichen Produktion war. Die Voraussetzung dafür bildete die Gewinnung von Silber, Zinn, Eisen und anderen Metallen auf verschiedenen Lagerstätten der Region, die bereits seit einigen Jahrhunderten abgebaut wurden. Der Renaissancegelehrte Agricola interessierte sich nicht nur für die Medizin, die Technik oder Metrologie, sondern eben auch für die natürlichen Bedingungen der Bergbauproduktion. Dazu gehörten in besonderem Maße die geologischen Aspekte der Erzlagerstätten, von ihrer Gliederung und Verteilung über ihre Suche bis hin zu ihrer Struktur und Vererzung.[32]

Seit dem Beginn des 16. Jahrhunderts erschienen verschiedene Bergbücher, in denen vor allem neben den juristischen, ökonomischen und technologischen Bedingungen der Erzgewinnung auch die natürlichen Gegebenheiten dargestellt waren. Eröffnet wurde diese Gruppe von Publikationen «Ein nützlich Bergbüchlein» des Freiberger Arztes Ulrich Rülein von Calw, das um 1500 erschien. Im Verlauf des Jahrhunderts entstanden dann weitere Darstellungen wie das «Joachimsthaler Bergbüchlein» (1523), das «Schwazer Bergbuch» (1556) oder das «Speculum metallorum» (1575), die zunächst als Handschriften vorlagen.[33] Agricolas Arbeiten waren demnach keine Einzelerscheinung, hoben sich aber deutlich durch ihren Charakter und die Kompetenz des Autors von anderen Schriften ab.

In seiner Arbeit «De veteribus et novis metallis» (1546) gab Agricola einen detaillierten Überblick zur geographischen Lage sowie der Entdeckungs- und Nutzungsgeschichte von Erzlagerstätten vor allem der Antike. Detailliert und systematisch berichtet er dann über europäische Lagerstätten von Gold, Silber,

Quecksilber, Kupfer, Zinn, Wismut, Blei und Eisen, um dann abschließend einige wichtige Länder durch Angaben über ihre Erzvorkommen zu charakterisieren.[34]

Lagerstättengeologische Fragen im engeren Sinne werden dann in Agricolas Hauptwerk «De re metallica» (1556) behandelt, wobei diese Themen in die an der Technologie des Montanwesens orientierten systematischen Darstellungen einführen. Das zweite Buch beschäftigt sich vor allem mit der Suche von Erzlagerstätten. Die Gänge standen dabei wegen der in ihnen insbesondere auftretenden Silbererze im Mittelpunkt des Interesses. Zunächst beschreibt Agricola eine Reihe von natürlichen Kriterien für das Auffinden von Ganglagerstätten. Entsprechende Aufschlüsse können danach verursacht sein durch Naturgewalten infolge von Gießbächen oder Felsstürzen sowie durch gewaltige Winde und die aushebende Wirkung des Wurzelwerks umgestürzter Bäume. Erörtert wird auch die verschiedenartige Wirkung von Erzgängen im Unterschied zum Nebengestein an der Erdoberfläche im Hinblick auf eine andersartige Reifbildung und Besonderheiten beim Wuchs von Pflanzen, Bäumen und Pilzen. Zu diesen Methoden der Lagerstättensuche sagt Agricola: *Auf diese Weise können die Gänge durch Beobachtung der Natur gefunden werden.*[35] Ausführlich beschäftigt sich Agricola an gleicher Stelle mit der Wünschelrutenfrage. Detailliert geht er auf die Ansichten der Anhänger und Skeptiker dieser Suchmethode ein, stellt sachlich die verschiedenen Argumente gegeneinander, hält selbst aber den Sinn dieses Verfahrens unter den Bergleuten für strittig. Abschließend stellt er dann folgende Position dar: *Weil wir aber wollen, daß der Bergmann ein frommer und ernsthafter Mann ist, wendet er die Zauberrute nicht an, und weil wir wollen, daß er ein naturerfahrener und kluger Mann ist, sieht er ein, daß die gegabelte Rute ihm nicht von Nutzen ist, sondern, wie ich oben ausgeführt habe, er hat natürliche Zeichen für das Vorhandensein von Gängen, und diese Zeichen beobachtet er. Wenn daher die Natur oder der Zufall an einem zum Schürfen geeigneten Ort solche Zeichen offenbart, zieht dort der Bergmann Schürfgräben; andernfalls durchforscht er den Ort mit zahlreichen Schürfgräben, bis er die Gangöffnung findet.*[36]

Agricola setzte hier offenbar auf die natürlichen Anzeichen bei der Suche nach Erzgängen und die genaue Bestimmung ihrer Lage durch Schürfgräben. Welche Rolle aber in der Mitte des 16. Jahrhunderts (neben Alchemie und Astrologie) die Wünschelrute gespielt hat, kann man den Darstellungen auf dem entsprechenden Bild aus «De re metallica» entnehmen, wo der Gebrauch der Rute völlig gleichberechtigt neben der Anlage der Schürfgräben gezeigt wird. Es gibt deshalb bei einigen modernen Autoren auch Unsicherheiten, ob Agricola selbst die Wünschelrute tatsächlich völlig abgelehnt hat oder sie vielleicht doch wenigstens tolerierte.

In einem weiteren Kapitel (Buch III) von «De re metallica» entwickelte Agricola auf der Grundlage bergmännischer Erfahrungen eine systematische Übersicht zu den geologischen Arten, Formen und Strukturen von Erzlagerstät-

Abb. 2
Die Arten des Suchens und Schürfens nach Lagerstätten (Agricola: De re metallica, Buch II).

ten. Der Text dieses Abschnittes wird durch 34 Holzschnitte mit dreidimensionalen Darstellungen instruktiv ergänzt. Zunächst unterscheidet Agricola drei Typen von Lagerstätten: Gänge, schwebende Gänge oder Flöze und Stöcke. Diese Gliederung ist offenbar die erste Klassifikation von Lagerstätten nach ihrer Form, die im Verlauf der späteren Geschichte erweitert worden ist. Bei allen Darlegungen stehen die Gänge im Mittelpunkt des Interesses. Eingehend stellt Agricola das Streichen und Fallen der Gänge dar, also ihre horizontale und vertikale Erstreckung im Gebirge. Erklärt werden in diesem Zusammenhang Bau und Funktion des Bergkompasses, mit dem dazu entsprechende Werte gemessen werden können. Zu den verschiedenen Typen und Formen von Gängen faßt Agricola den gesamten Erfahrungsschatz der Bergleute zusammen. Er beschreibt und zeigt (in den Holzschnitten) verschiedene Formen von Haupt-

Abb. 3
Darstellung horizontaler («schwebender») Gänge (Agricola: De re metallica, Buch III).

und Nebengängen, hangenden und liegenden Gängen, Gangteilungen und -vereinigungen, Kreuz- und Quergängen sowie auch die verschiedenen Bereiche eines Ganges als Ursprung und Ende, Kopf und Schwanz, wozu die entsprechenden Erklärungen gegeben werden. Weiter spricht Agricola über Klüfte und Trümer (auch Quer- und Seitentrümer), die er als kleine Gänge bezeichnet.[37] Systematisch zusammengefaßt werden damit die Erfahrungen zur Tektonik, vor allem von Ganglagerstätten des sächsisch-böhmischen Erzbergbaus.

Diskutiert werden von Agricola ebenfalls die Beziehungen von Vererzung und Tektonik der Gänge. Die offenbar weit verbreiteten Ansichten, wonach bestimmte Richtungen des Streichens oder Fallens von Gängen besondere Erzanbrüche erwarten ließen, relativiert er oder gibt Begründungen für ihre Ablehnung. Desgleichen wendet er sich gegen die Meinung, daß Gold in Bächen oder Flüssen entstehen könne und erklärt sein Vorkommen treffend aus der Wirkung des Wassers, durch das es *von Gängen und Trümern losgelöst worden ist.*[38] Die Genese von Erzen berührte Agricola aber auch in anderen Zusammenhängen, worauf Fischer (1961) bereits eingegangen ist.[39] Gänge, Klüfte und Trümer

Abb. 4
Darstellung einer stockförmigen Lagerstätte (Agricola: De re metallica, Buch III).

konnten sich seiner Meinung nach als Fugen im Gestein sowohl während der Entstehung der Gebirge durch Austrocknung als auch im Ergebnis der Zirkulation von Wässern in Felsen durch Lösung von Gestein bilden. Nach ausführlichen Diskussionen der Vorstellungen von Aristoteles und weiteren Peripatetikern betont Agricola die Rolle von Wasser, das teils von der Erdoberfläche eingesickert und teils im Erdinnern entstanden ist, vom Gebirge überall etwas abzulösen vermag und schließlich mit verschiedenen Bestandteilen beladen, zur Bildung von Erzen beitragen kann. Dazu schrieb Agricola: *Denn aus beiden [Wässern], in Verbindung mit Erde, können die edlen Geschicke, aus denen die Erze entstehen, hervorgehen.*[40] Erklärten diese Gedanken aus heutiger Sicht auch noch sehr unvollkommen die Genese von Erzen, stecken darin doch wichtige Keime für theoretische Vorstellungen über die Entstehung von Erzgängen in späterer Zeit. Damit hat Agricola ganz wesentliche Beiträge zur Entwicklung einer Lagerstättenlehre (in der Zeit ihrer Vorgeschichte als Disziplin) geleistet.

Zusammenfassend kann gesagt werden, daß verschiedene Gedanken Agricolas zur Entwicklung geologischer Vorstellungen in der Geschichte maßgebend beigetragen haben, wozu gehören: Die Argumente gegen die Wirkung einer besonderen gesteinsbildenden Kraft, Ideen zu einer wirklichen Historizität im Hinblick auf die Vergangenheit der Erde, Beobachtungen und Erklärungsversuche zur geologischen Wirkung des Wassers, zu Erdbeben und Vulkanen sowie nicht zuletzt Darstellungen über die Suche und die Natur von Lagerstätten nutzbarer Minerale. Dabei wandte sich Agricola gegen Auffassungen, die auf mangelnder Kenntnis von Gegebenheiten in der Natur beruhten, Resultate unzulässiger Verallgemeinerungen von Einzelerfahrungen waren oder der sinnlichen Wahrnehmung natürlicher Sachverhalte widersprachen. Er selbst machte die aktuellen Beobachtungen in der Natur zur Grundlage seiner Auffassungen, blieb aber den Ansichten antiker Philosophen verbunden, wenn in seiner Zeit neuere Erkenntnisse zu derartigen Sachverhalten noch nicht gewonnen werden konnten. Als Renaissance-Gelehrter stand er noch in der Tradition des antiken Denkens, deutlich aber auf die Erforschung der geologischen Phänomene der Erklärungen orientiert.

Anmerkungen

1 Agricola, Georgius: De ortu et causis subterraneorum. 1544. In: Georgius Agricola: Ausgewählte Werke (AGA). Gedenkausgabe des Staatlichen Museums für Mineralogie und Geologie zu Dresden.Hrsg. von Prescher, Hans und Mathé, Gerhard. Bd. III, Berlin 1956, S. 75.
2 Ebenda.
3 A. a. O., Aufl. 1558, AGA, Bd.III, S. 132.
4 A. a. O., Aufl. 1544, AGA, Bd.III, S. 139.
5 Agricola, Georgius: Bermannus, sive de re metallica. 1530. In: AGA, Bd.II, Berlin 1955, S. 121.
6 Agricola, Georgius: De ortu et causis subterraneorum. 1544. In: AGA, Bd.III, Berlin 1956, S. 149ff.
7 A. a. O., S. 133.
8 A. a. O., S. 150.
9 Fraustadt, Georg: Historisch-philologische Anmerkungen zu «De ortu et causis subterraneorum». 1544. In: AGA, Bd.III, Berlin 1956, S. 203.
10 Agricola, Georgius: De ortu et causis subterraneorum. 1544. In: AGA, Bd.III, Berlin 1956, S. 151.
11 Hartig, Georg: Schriften zur Geschichte der Naturwissenschaften. Berlin 1983, S. 19.
12 Blei, Wolfgang: Erkenntnisse zur Erd- und Lebensgeschichte, S. 123. Wissenschafliche Taschenbücher, Bd. 219, Akademie-Verlag, Berlin 1981.
13 Agricola, Georgius: De ortu et causis subterraneorum. 1544. In: AGA, Bd. III, Berlin 1956, S. 126.
14 A. a. O., S. 132.
15 A. a. O., S. 133.
16 A. a. O., S. 161.
17 Ebenda.
18 A. a. O., S. 125.

19 A. a. O., S. 126.
20 A. a. O., S. 127.
21 Agricola, Georgius: De natura eorum, quae effluunt ex terra. 1545. In: AGA, Bd.III, Berlin 1956, S. 300f.
22 Agricola, Georgius: De ortu et causis subterraneorum. 1544.In: AGA, Bd.III, Berlin 1956, S. 116.
23 A. a. O., S. 118.
24 A. a. O., S. 122f.
25 A. a. O., S. 124.
26 A. a. O., S. 123.
27 Agricola, Georgius: De natura eorum, quae effluunt ex terra. 1545. In: AGA, Bd.III, Berlin 1956, S. 310f.
28 A. a. O., S. 309.
29 Prescher, Hans: Einführung in die geologischen Werke «De ortu et causis subterraneorum». 1544. In: AGA, Bd.III, Berlin 1956, S. 53.
30 Mathé, Gerhard: Agricola und die Geologie. In: Internat. Z. f. Gesch. u. Ethik der Naturw., Technik und Medizin (NTM), N.S., Vol.2, Nr. 1, Basel 1994, S. 13–26.
31 Guntau, Martin: Die Bedeutung von Gangvererzung und Gangtheorie im sächsischen Erzgebirge für die Entwicklung der Lagerstättenlehre. In: Z. f. Geolog. Wiss. 8(1980)10, Berlin 1980, S. 1335–1342.
32 Prescher, Hans: Die Bedeutung G. Agricolas (1494–1555) für die Geschichte der Lagerstättenkunde. In: Geologie 20(1971)6/7, Berlin 1971, S. 740–747.
33 Pieper, Wilhelm: Ulrich Rülein von Calw und sein Bergbüchlein.In: Freiberger Forschungsheft D7. Berlin 1955.; Wilsdorf, Helmut: Das Joachimsthaler Bergbüchlein des Hans Rudert 1523. In: Freiberger Forschungsheft D5. Berlin 1954, S. 7–64.; Winkelmann, Heinrich (Hrsg.): Schwazer Bergbuch. 1556. Bochum 1556.; Kirnbauer, Franz (Hrsg.): Speculum metallorum. 1575. Leobener Grüne Hefte, Nr. 50, Wien 1961.
34 Agricola, Georgius: De veteribus et novis metallis. 1546. In: AGA, Bd.VI, Berlin 1961, S. 104.
35 Agricola, Georgius: De remetallica. 1556. In: AGA, Bd.VIII, Berlin 1974, S. 88.
36 A. a. O., S. 90f.
37 A. a. O., S. 93–128.
38 A. a. O., S. 131.
39 Fischer, Walther: Zum 450.Geburtstag Agricolas, des Vaters der Mineralogie und Pioniers des Berg- und Hüttenwesens. In: Neues Jahrbuch f. Mineralogie, Geologie und Paläontologie. Monatshefte Abt. A. Stuttgart 1944, S. 1–128.; ders.: Gesteins- und Lagerstättenbildung im Wandel wissenschaflicher Anschauung. Stuttgart 1961, S. 324f.
40 Agricola, Georgius: De ortu et causis subterraneorum. 1544. In: AGA, Bd.III, Berlin 1956, S. 165.

Georgius Agricola und der Basalt

Fritz Krafft (Marburg)

Abraham Gottlob Werner[1], der eigentliche Begründer der wissenschaftlichen Mineralogie und Geologie und deshalb in einem Atemzug zu nennen mit Georgius Agricola, dem Erneuerer der (antiken) Mineralogie, ging 1787 in der Abhandlung «Kurze Klassifikation und Beschreibung der verschiedenen Gebirgsarten» erstmals öffentlich auf seine Vorstellungen von der *neptunistischen* Entstehung der Minerale und geologischen Schichtungen ein.[2] Ihm sei die vulkanistische Deutung schon immer suspekt gewesen, doch hätten sich erst 1776, als er *den berühmten Sächsischen Basaltberg, den bei Stolpen, besuchte und beobachtete*, empirische Argumente ergeben. *Hier fand ich nun auch nicht eine Spur von vulkanischer Wirkung, auch nicht das geringste Merkmal einer vulkanischen Erzeugung. Vielmehr bewies die ganze innere Struktur des Berges ganz das Gegenteil. Nun wagte ich es zuerst, öffentlich zu behaupten und zu beweisen: daß wenigstens nicht aller Basalt vulkanischen Ursprungs sein könnte, und zu letztern unter anderen der Stolpener unbezweifelt gehöre.*

Bestätigt fand er seine Vorstellungen durch die im folgenden Jahr durchgeführten Untersuchungen *ehemaliger Erdbrände in dem um die Basalt- und Porphyrschiefergebirge des Böhmischen Mittelgebirges herumgelegenen* vermeintlichen Steinkohlengebirge (vielmehr: Braunkohlenlager) und der *daraus entstandenen Pseudovulkanischen Gebirge*[3], woraus sich für ihn entsprechend seiner Vulkantheorie als Konsequenz ergab, *daß kein Basalt vulkanischen, sondern alles, so wie alle übrigen uranfänglichen und Flözgebirgsarten, nassen Ursprungs sei.*

Die petrographische Stratigraphie, die Werner damals entwickelte, hatte folgende Form:

4. Aufgeschwemmte Gebirge (Kies, Sand, Lehm, Moor, Seifen, Raseneisenstein)
3. Vulkanische Gebirgsarten (echt vulkanisch: Lava, Asche, Tuff, Traß; pseudovulkanisch: Erdschlacken, gebrannte Tone)
2. Flözgebirge (Flözkalk, Sandstein, Steinkohle, Kreide, Steinsalz, Gips, Eisenton)

1. Urgebirge (Granit, besonderer Granit [später: Syenit], Gneis, Glimmerschiefer, Tonschiefer, Porphyrschiefer [später: Phonolith], Porphyr, Basalt, Mandelstein, Serpentinstein, Urkalk, Quarz, Topasfels).

Damit hatte er die Grundzüge der Stratigraphie Deutschlands durchaus richtig getroffen – wenn auch nicht ihre Entstehung. Hatte er jedoch den Basalt aus petrographischen Gründen 1787 noch ins Urgebirge gesetzt, so fand er zwei Jahre später am Scheibenberg und dann auch am Pöhlberg (bei Annaberg) im Erzgebirge Basalt über Kies, Sand, Ton und *Wacke*, was diese Einstufung nicht zuließ[4]: *Hier drängten sich mir [...] die Ideen schnell und unwiderstehlich auf: Dieser Basalt, Wacke, Ton und Sand sind alle von einer Formation, sind alle durch nassen Niederschlag aus einer und derselben ehemaligen Wasserbedeckung dieser Gegend entstanden; das diese Gegenden damals bedeckende Gewässer schwemmte erst Sand hin, setzte dann auf diesen Ton ab, änderte nach und nach seinen Niederschlag in Wacke und endlich in wahren Basalt um.* Damit hatte die Deutung des Basalts als Sedimentgestein, die als Nachklang des Diluvialismus etwa von dem irischen Geologen Richard Kirwan, dem Schotten W. Richardson, dem schwedischen Chemiker Tobern Olof Bergman und seinem Landsmann Carl von Linné sowie in Deutschland von Johann Friedrich Wilhelm Charpentier vertreten worden war, in dem damals bedeutendsten Mineralogen und Geologen auch öffentlich einen kundigen und überzeugenden Mitstreiter gefunden. Werner vermochte seine ganze Erfahrung als Geologe einzubringen und konnte die einzelnen Phänomene als einziger in ein geologisch-stratigraphisches Gesamtbild einordnen; zudem besaß er einen großen Kreis von Schülern, die ihm bestätigende Beobachtungen beibrachten und ihren verehrten Lehrer aufs heftigste gegen die wissenschaftlichen Kontrahenten, die den Basalt weiterhin vulkanischem Ursprung zuschrieben, verteidigten.

Im Gegensatz zur diluvianisch-neptunistischen Vorstellung von der Basaltgenese gab es damals auch keine einheitliche vulkanistische Theorie. Hatte beispielsweise der «Vulkanist» Johann Carl Wilhelm Voigt, ehemals selbst ein Schüler Werners und später sein erbittertster Gegner, ursprünglich (richtig) die Säulenbildung als Abkühlungserscheinung erklärt, so neigte er später, auf der Höhe der Kontroverse mit Werner, wieder der ursprünglichen Ansicht von Jean Etienne Guettard zu. Guettard hatte 1751 in der Auvergne an den Laven erstmals als solche unbekannte erloschene Vulkane erkannt und damit dem Vulkanismus eine neue, weit in die Vergangenheit reichende empirische Quelle erschlossen, aber dem am Mont d'Or beobachteten säulenförmigen Basalt wegen seiner bergkristallähnlichen Form eine Kristallisation aus wäßriger Lösung zuerkannt[5], und dieser Meinung hatte sich neben anderen[6] schließlich 1791 auch wieder Voigt angeschlossen.[7]

Anfang der 1770er Jahre hatte dagegen Nicolas Desmarest in der Auvergne festgestellt, daß «echter» (säulenförmiger) Basalt dort häufig von vulkanischen Aschen bedeckt war oder solche überlagerte und nicht selten in echte Lava überging, insgesamt den Charakter einer ursprünglich flüssigen, später erstarrten vulkanischen Materie aufwies.[8] Der Basalt zeige auch vielfache Übergänge in Porphyr und dieser in Granit, woraus er schloß, daß wahrscheinlich alle diese Gesteine auf feuerflüssigem Wege entstanden wären, der Basalt durch höhere Schmelzung aus Porphyr und dieser aus Granit. Die bald durch chemische Untersuchungen festgestellte Unähnlichkeit von Porphyr und Granit mit dem Basalt ließ die gesamte Theorie dann aber wieder ins Wanken geraten. Die vulkanische (plutonische) Herkunft des Granits (und Porphyrs) wie die des Basalts blieb höchst umstritten, wenn auch gerade des letzteren Auftreten zwischen Aschen und Laven am ehesten dafür sprach.

Werner hatte seine Beobachtung am Scheibenberg 1788 bekannt gemacht[9] und Voigt hatte dieser *Bekanntmachung* sogleich eine *Berichtigung über die neue Entdeckung von dem Herrn Akademie-Inspektor Werner* nachfolgen lassen[10], in der aus Beobachtungen und aus der Literatur Argumente vorgebracht werden, die auch eine vulkanische Erklärung des beobachteten Sachverhaltes ermöglichten. Werner nahm mit Recht insbesondere an dem Ausdruck *Berichtigung* Anstoß, und Voigt entschuldigte sich dann auch damit, daß die Herausgeber dieses Wort versehentlich in die Überschrift gesetzt hätten; denn an Werners Beobachtungen selbst sei nichts zu *berichtigen*, nur an den daraus gezogenen Schlußfolgerungen. Der gegenseitig beleidigende Ton in den folgenden Artikeln, in denen der Gegenpartei jeweils Unverstand und mutwillige Verdrehungen vorgeworfen wurden, ließ dann die wissenschaftliche Kontroverse zu einem häßlichen, in der Öffentlichkeit ausgetragenen persönlichen Streit ausarten, der von Schülern Werners einerseits und Voigt, der die Schärfe hineingetragen hatte, nebst Anhängern andererseits bis 1794 fortgesetzt wurde. Der ganze Streit war auch noch dadurch angefacht worden, daß mitten in die Auseinandersetzung hinein ein Preisausschreiben fiel, in dem als Vermittlungsversuch der Herausgeber des neuen Magazins für die Naturkunde Helvetiens 1787 zur Beantwortung der Frage aufgerufen hatte: *Was ist Basalt? Ist er vulkanisch oder ist er nicht vulkanisch?*[11] Was ein anonymer «unparteiischer Beobachter» bereits vor der Beurteilung der eingegangenen Arbeiten geschrieben hatte, bewahrheitete sich auch: *Denn so wie hier, ein System dem andern schnurgerade gegenübergestellt und nun zum Wettkampf unter die Anhänger auf beiden Seiten geblasen wird, so gibt das, wenn alles gut geht, höchstens einen Streit wie unter Advokaten [...] Jeder Verfasser nimmt die bereits vorhandenen Data, drehet sie und verdrehet sie so lange, als der bestimmte Termin der Einsendung verstattet, bis sie zu seiner Hypothese passen.*[12]

Er schlug demgegenüber einen langfristigen, von gründlichen empirischen und experimentellen Studien begleiteten «Prozeß» vor, wie er sich letztlich in den folgenden 50 bis 60 Jahren auch abspielte. Aber man muß bei der Beurteilung auch beachten, daß als vulkanische Tätigkeit damals nur das *Feuerspeien* der Vulkane angesehen wurde, das Austreten von Laven und Aschen. An Magma- und Gasausbrüche aus Spalten dachte noch niemand, geschweige denn an tektonische Verwerfungen; die lavoisiersche Chemie, die erstmals Gasprodukte bei chemischen Reaktionen berücksichtigte, hatte 1790 gerade ansatzweise auch in Deutschland ihren Siegeszug gestartet, und die experimentelle Geologie nahm erst 1798 ihren Anfang, nachdem James Hall mit seiner Schrift Experiments on Whinstone Lava[13] das systematische Experiment in die Debatte geworfen hatte. Damit war die Deutung der Säulenform des Basalts als bloße Abkühlungs- und Schrumpfungserscheinung bei der Erstarrung des Lava-Schmelzflusses erstmals bestätigt worden. Sie war zwar schon früher aus zufälligen Beobachtungen bei unsachgemäßer Abkühlung in Glashütten erschlossen und mehrfach angeführt worden[14], hatte bis dahin experimentell aber nie nachvollzogen werden können. Nach dem Tod Werners (1817) klang der Streit um die Basaltgenese daraufhin auch rasch aus und ging in weitgehendes Entgegenkommen über. Zwar gehörte im 18. und teilweise auch im 19. Jahrhundert eine historische Herleitung des Forschungsstandes, also die Vorgeschichte, noch jeweils zur Beurteilung eines Problems, so daß auch die Darstellung neuer Ergebnisse meist mit einer historischen Einleitung versehen wurde. Aber daß Alexander von Humboldt in seiner noch rein neptunistischen Erstlingsschrift mineralogische Beobachtungen über einige Basalte am *Rhein Bemerkungen über den Basalt der ältern und neuern Schriftsteller* voranschickte[15], die mehr als die Hälfte des kleinen Werkes einnehmen, findet eine Erklärung nicht nur in seiner weitgefächerten, auch klassisch-humanistischen Bildung, sondern hauptsächlich in dem behandelten Problem selbst. Der Name «Basalt» war schließlich von Georgius Agricola im Anschluß an eine bestimmte Stelle in Plinius' *Naturalis historia* für die neuzeitliche Wissenschaft geprägt worden; und da die Bestimmung dessen, was «Basalt» sei, noch höchst unsicher war, lag es für viele nahe, sich in den literarischen Quellen selbst umzusehen. Jean Etienne Guettard[16] war darin Humboldt mit einer gründlichen Untersuchung vorangegangen, und es hatte seitdem zum guten Stil gehört, auf die Frage des «Basalts der Alten» mit einzugehen.

Nachdem chemisch-mineralogisch geklärt war, was Basalt ist, stellte sich heraus, daß das, was man heute unter «Basalt» versteht, im Mittelmeerraum der Antike durchaus bekannt war und vielfältig genutzt wurde.[17] Erstaunlich ist dann aber, daß Humboldt am Ende der von Agricola eingeleiteten Bemühungen Klarheit in die von den Griechen und Römern benutzten Mineral-Bezeichnungen aufgrund sowohl gegenwärtiger naturwissenschaftlicher Kenntnisse und Erfahrungen als auch philologischer Kleinarbeit an den Texten zu erlangen, schreiben konnte: *Es ist jetzt unmöglich bestimmt zu entscheiden, welchen Stein Plinius Basalt nenne [...] Plinius giebt den Basalt als ein bloss ägyptisches Product an. Wäre sein Basalt und der unsrige einerlei Steinart, so hätte er gewiss auch seine Lagerstätte in Italien und dem südlichen Frankreich gekannt. [... Die europäischen Basalte] mussten überdies durch ihre regelmässige, säulenförmige Gestalt das Auge der Naturforscher auf sich ziehen. Plinius, der die Steine so gern nach ihrer Figur unterscheidet, erwähnt bei seinem Basalte dieses Kennzeichen gar nicht.*[18] Das alles mache es höchst unwahrscheinlich, daß unser Basalt und der *Basaltes P.[linii] synonim sind.*

Der Begriff *basaltes* kommt in der gesamten Plinius-Überlieferung nur an einer einzigen Stelle vor, von der auch Agricola ausging. Sie lautet (Naturalis historia 36, § 58): *Invenit eadem Aegyptus in Aethiopia quem vocant basalten, ferrei coloris atque duritiae, unde et nomen ei dedit. – Eben dieses Ägypten fand in Äthiopien [einen Stein], den man «basaltes» nennt, von des Eisens Farbe und Härte, woraufhin man ihm auch den Namen gegeben hat.*

Humboldt hatte aber immerhin aufgrund des Gleichklangs mit dem *locus classicus* bei Plinius eine Erwähnung des *basaltes* in den *Etymologiae (Origines)* des Isidorus von Sevilla erschlossen, wo unter die Marmorarten gezählt wird (XVI 5, 6): *Basanites ferrei coloris sive duritiae, unde et nomen ei datum est: Inventus in Aegypto et Aethiopia.*

Humboldt faßte hier wie kurz zuvor der Philologe Johannes Vossius das *basanites* als Verschreibung von *basaltes* auf, korrigierte den Text und gewann so einen weiteren Beleg für den «Basalt» in der Antike. Da die Plinius-Stelle der einzige Beleg aus dem Klassischen Altertum für *basaltes* war, ging man davon aus, daß er ein besonderes Mineral sei, bestimmt durch die bei Plinius genannten Eigenschaften, also durch seine Eisenfarbe und -härte und sein Vorkommen in Äthiopien. Es war deshalb nur folgerichtig, an der sich an die Formulierungen von Plinius anlehnenden Stelle bei Isidorus dasselbe Mineral zugrundezulegen. Der italienische Philologe Arevalo verfuhr entsprechend in seiner Isidorus-Ausgabe (Rom 1797–1803), deren Text auch in Mignes «Patrologiae Cursus completus» übernommen wurde.

Das hatte Georgius Agricola noch nicht wissen können; er kannte nur die Plinius-Stelle. In seinem humanistischen Bemühen, die mineralogischen Kenntnisse der alten Griechen und Römer für die Gegenwart wieder anwendbar und fruchtbar zu machen[19], setzte er im «ersten Handbuch der Mineralogie», dem «De natura fossilium libri X» von 1546 (1558), den bei Plinius genannten *basaltes* mit dem Basalt des Stolper Burgberges gleich: *Mancher Marmor ist eisenfarbig, so auch der basaltes, den die Ägypter in Äthiopien gefunden haben. Hinter ihm steht der Meißner nicht zurück, weder in der Farbe – er ist besonders stark eisenfarbig – noch in der Härte; diese ist so groß, daß die Schmiede ihn als Amboß verwenden* (in der Ausgabe von 1558 wird ergänzt: *und die Meißner ihn in engen Straßen an die Häuserecken setzen, damit die Wände keinen Schaden durch die Unachtsamkeit vorüberfahrender Wagen er-*

fahren). Auf diesem Basalt ist die Burg Stolpen des Bischofs von Meißen errichtet. Die Säulen sind eckig.[20]

Und er fügte etwas später hinzu: *Die Natur erzeugt auch Säulen, bald ohne Ecken [...] bald eckig, wie die Basalte im Meißner Land, auf denen, wie gesagt, die Burg Stolpen des Bischofs von Meißen errichtet ist. Eckig sind sie aber nicht einheitlich, sondern sie haben mindestens vier und höchstens sieben Ecken. [...] Von den Meißner sind die größten 1½ Fuß dick und 14 Fuß hoch.*[21]

Agricola beschreibt hier also eindeutig den säulenförmigen Basalt des Stolper Burgberges, und dieser ist für ihn, wie die mehrmalige Nennung im Zusammenhang mit der Farbe, der Härte und der Säulenform zeigt, so etwas wie der heimische Musterfall für diesen, in seiner Plinius-Ausgabe *basaltes* genannten Stein aus Ägypten. Die Gleichsetzung mit diesem *basaltes* erfolgte aber lediglich aufgrund der eisengrauen Farbe und der Härte.

Nun steht bei Plinius, und Agricola wiederholt es einfach[22], daß der Stein wegen seiner (eisengrauen Farbe und) Härte *basaltes* genannt werde. Da das Wort sonst nicht belegt ist und auch die Versuche einer etymologischen Rückführung auf bekannte Wörter ohne Erfolg blieben, ergibt diese begriffliche Verknüpfung keinen Sinn. Sinnvoller wäre eine Rückführung, wenn in dem Text das mehrfach in griechischen und lateinischen Texten belegte *basanites* statt *basaltes* stünde; denn mit βασανίτης (auch: βάσανος)[23] wird ein spezieller, aus Ägypten stammender «Probierstein» bezeichnet, den die Griechen durch die Vermittlung der für ihren Goldreichtum bekannten Lyder kennengelernt hatten und Λύδια λίθος (πέτρη) – und der tatsächlich Basalt war.[24]

Damit soll nicht gesagt werden, daß jedes in der Antike als ‹Probierstein› genutzte harte Gestein Basalt gewesen sein müßte – und es ist es auch nicht gewesen –, sondern nur, daß Plinius sagt, daß der «äthiopische (Marmor)» wegen seiner (Farbe und) Härte *basanites*/«Probierstein» genannt (und als solcher benutzt) würde. In seinen «Mineralogisch-geologischen Anmerkungen» zu dieser Stelle schreibt Georg Fraustadt[25]: *Agricola schreibt hier ganz richtig vom Basalt. In späteren Zeiten werden z. T. langatmige philologische Exkurse angestellt, ob es Basanites oder Basaltites [?] heißt, Dinge, die wir heute als überflüssig betrachten.*

Die älteren Überlegungen waren zwar am Ziel vorbeigeschossen, «überflüssig» waren sie aber nicht; und wenn diese «philologischen Exkurse» schon früher auf das Richtige geführt hätten, wäre der Geschichte der Geologie und Mineralogie sicherlich ein langer Umweg und eine unnötige häßliche Streiterei erspart geblieben. In seinen «Historisch-philologischen Anmerkungen» ahnt der Herausgeber der deutschen Agricola-Ausgabe, Hans Prescher, dann bereits das Richtige, wenn er schreibt: *Die Plinius-Stelle [...] hat in der besten Lesart «basanites» = Probierstein; dazu paßt die Eisenfarbe und die Härte. Das Wort basaltes, das natürlich daraus entstanden ist, ist spätlateinisch.*[26]

In einer entsprechenden Analyse war schon 1808 Buttmann zu dem Ergebnis gekommen, daß in dem Pliniustext eine sehr alte Korruptel vorliegen müßte, die in sämtliche Handschriften eingegangen wäre; es müsse *basaniten* statt *basalten* heißen.[27] Im Gegensatz zu allen anderen älteren Spekulationen hatte Buttmann dann das Glück, daß seine Schlußfolgerungen wenige Jahre später bestätigt werden konnten. In dem 1831 von dem Plinius-Herausgeber Ludwig Jan aufgefundenen Codex Bambergensis aus dem 10. Jahrhundert, der einzigen älteren Handschrift mit dem Text des 36. Buches, steht an dem vermeintlichen «locus classicus» für den antiken Basalt nämlich tatsächlich *basaniten*. Die Lesart ist damit eindeutig als plinianisch bezeugt, zumal sie in der einheitlichen Überlieferung des entsprechenden Wortlautes bei Isidorus von Sevilla einen noch einige Jahrhunderte älteren Überlieferungszeugen besitzt. Hier mußte die von Vossius und Humboldt vorgeschlagene Konjektur *basaltes* wieder zugunsten des überlieferten *basanites* rückgängig gemacht werden; während im Plinius-Text erstmals in der Ausgabe von Julius Sillig aus dem Jahre 1851[28] und seitdem das Wort *basaltes* verschwunden ist.

Es ist auch kein «spätlateinisches» Wort, und es ist nicht aus *basanites* «entstanden», es ist schlicht eine Verschreibung in dem Hyparchetypos der jüngeren Plinius-Handschriften, deren Entstehen aus einer verlesenen Minuskel leicht plausibel basaltes hat gemacht werden kann: basaiten basalten – mit anderen Worten: das Wort *basaltes* hat es nie gegeben, bevor es Agricola für ein Gestein verwendete, dessen Farbe und Härte mit einem bei Plinius genannten Probierstein *(basanites)* aus Ägypten übereinstimmte. Der an dieser Stelle in den Plinius-Ausgaben bis 1851 gestandenen und von Agricola übernommenen Begriff war ein reines «Geist-Wort»[29], vergleichbar den Wörtern, auf die der tucholskyische Herr Panter beim *kreuzworträtseln mit Gewalt* geführt wurde.[30]

Verhängnisvoll war daran nur, daß zum einen für die Säulenförmigkeit des Stolpener Basalts, das zu einem der Merkmale des «Basalts» von Agricola wurde, im Plinius-Text überhaupt kein Anhalt besteht und daß zum anderen das durch eine Korruptel entstandene Pseudowort vorgaukelte, daß an dieser Stelle eine sonst in antiken Texten nicht erwähnte, besondere Gesteinsart genannt würde, der Agricola durch die Gleichsetzung mit dem Basalt des Stolpener Burgberges auch noch Säulenform verlieh; denn daraufhin mußte man in der Folgezeit davon ausgehen, daß der plinianische *basaltes* und der *säulenförmige* Stolpener Basalt etwas anderes seien als der nicht als säulenförmig beschriebene βασανίτης der Antike.

Diese fälschlich auf antike Terminologie zurückgeführte Trennung von säulenförmigem «Basalt» und nicht-säulenförmigem βασανίτης (der ebenfalls Basalt ist), die ohne die von Agricola übernommene falsche Schreibweise am *locus classicus* bei Plinius kaum erfolgt wäre, war also zumindest die Voraussetzung für den Jahrhunderte währenden Streit um die Identifizierung und Genese des vulkanischen Gesteins, von dem allein die säulenförmig erstarrte Form von Georgius Agricola und bis ins 19. Jahrhundert «Basalt» genannt wurde.Und insofern ist die Klärung der philologischen Verhältnisse bei Plinius und Agricola für die Geschichte der Wissenschaft wohl nicht ganz überflüssig. Heute nennt man sogar umgekehrt eine besondere Form des Basalt mit dem ehemals übergreifenden Begriff «Basanit».

Anmerkungen

1 Zu Werner siehe jetzt Guntau, Martin: Abraham Gottlob Werner. (Biographien hervorragender Naturwissenschaftler, Techniker und Mediziner, Bd. 75) Leipzig, Teubner 1984.; Dictonary of Scientific Biography. Vol 14, New York: Scribner's Sons 1976, S. 256a–267b (A. Ospovat).

2 Werner, A.G.: Kurze Klassifikation und Beschreibung der verschiedenen Gebirgsarten. Dresden: Walther 1787, S. 25.

3 Siehe hierzu Werner, A.G.: Versuch einer Erklärung der Entstehung der Vulkane durch die Entzündung mächtiger Steinkohlenschichten. *Höpfners Magazin für die Naturkunde Helvetiens* 4 (1789), 239–254. Zum wernerschen Vulkanismus und seiner Vulkantheorie vgl. Otfried Wagenbreth: Abraham Gottlob Werner und der Höhepunkt des Neptunismusstreites um 1790. In: Bergbau und Bergleute. Neue Beiträge zur Geschichte des Bergbaus und der Geologie. (Freiberger Forschungshefte, D11) Berlin (DDR): Akademie-Verlag 1955, S. 183–241.

4 Werner, A.G.: Bekanntmachung einer am Scheibenberger Hügel über die Entstehung des Basalts gemachte Entdeckung. Köhlers Bergmännisches Journal 1(1789), Bd 2, S. 845ff., hier S. 848ff. Vgl. auch Widenmann, J.F.W.: Beantwortung der Frage: Was ist Basalt? Ist er vulkanisch oder ist er nicht vulkanisch? (Preisschrift). Höpfners Magazin für die Naturkunde Helvetiens 4(1789), S. 135–212; hier S. 196.

5 Guettard, J.E. (a): Mémoire sur quelques montagnes de la France qui ont été des Volcans. Mémoires de l'Académie Royale des Sciences à Paris pour 1752 (1756 und 1761), S. 27ff.; derselbe (b): Mémoires sur differentes parties des sciences et des artes. Tome 2, Paris 1770, S. 226–277: «Mémoire sur le Basalte des anciens et des modernes».

6 Vgl. Hamilton, W.: Briefe über die nördliche Küste der Grafschaft Antrim, die natürliche Geschichte ihrer Basalte. Aus dem Englischen [London 1776] übersetzt, und nebst einer Abhandlung des Herrn Berghauptm. von Veltheim über die Bildung des Basalts. Hrsg. von Lorenz Crell. Leipzig: Weygand 1787.; darin A.F.von Veltheim (a): Über die Bildung des Basalts und der vormaligen Beschaffenheit der Gebirge in Deutschland (S. 133–177; hier S. 143), sodann (b): Gedanken über die Bildung des Basalts und die vormalige Beschaffenheit der Gebirge in Deutschland. Neue verbesserte Auflage. Braunschweig: Schulbuchhandlung 1789; J.F.W.Widenmann (wie Anm.4).

7 Voigt, J.C.W.: Mineralogische und bergmännische Abhandlungen. 3 Teile, Leipzig: Müller 1789–1791; hier Tl 2, S. 193 (vgl. auch S. 198).

8 Desmarest, N.: Mémoire sur l'origine et la nature du basalte à grandes colonnes polygones, dterminées par l'histoire naturelle de cette pierre, observée en Auvergne. Mémoires de l'Académie Royale des Sciences à Paris pour 1771 (und 1773).

9 Intelligenzblatt der allgemeinen Litteratur-Zeitung Nr.57 (20.X.1788), S. 484f. Wiederholt als A.G. Werner (wie Anm.4); vgl. auch denselben: Über das Vorkommen des Basalts auf

Kuppen vorzüglich hoher Berge. Köhlers Bergmännisches Journal 2(1789), Bd 1, S. 252–260; sowie das ‹Schreiben des Kgl. preuß. Bergrats Eversmann an den Herrn Insp. Werner über eine von ihm an dem berühmten Basaltberge König-Arthur-Sitz bei Edinburg [...] gemachte ganz conforme Beobachtung mit der des letzteren am Scheibenberger Hügel›. *Köhlers Bergmännisches Journal* 2(1789), Bd 1, 485ff.; Zur Vulkanismus-Neptunismus-Kontroverse um den Basalt vgl. aus der älteren Literatur neben O.Wagenbreth (wie Anm.3) Lasaulx, A.von: Der Streit über die Entstehung des Basalts. (Sammlung gemeinverständlicher wissenschaftlicher Vorträge. Serie 4, Heft 76) Berlin: Lüderitzsche Verlagsbuchhandlung 1869. 38 SS. (S. 117–156).; Engelhardt, Wolf von: Neptunismus und Plutonismus. *Fortschritte der Mineralogie* 60(1982), Heft 1, S. 21–43, und die Literatur, die genannt und diskutiert wird bei Fritscher, B.: Vulkanismusstreit und Geochemie. Die Bedeutung der Chemie und des Experiments in der Vulkanismus-Kontroverse. (Boethius, Bd 25) Stuttgart: F. Steiner 1991, S. 2–7.; sowie Krafft, F.: Alexander von Humboldts «Mineralogische Beobachtungen über einige Basalte am Rhein» und die Neptunismus-Vulkanismus-Kontroverse um die Basalt-Genese. In: Studia Fribergensia. Vorträge des Alexander-von-Humboldt-Kolloquiums in Freiberg vom 8. bis 10. November 1991 aus Anlaß des 200. Jahrestages von A. v. Humboldts Studienbeginn an der Bergakademie Freiberg. (Beiträge zur Alexander-von-Humboldt-Forschung, Bd 18) Berlin: Akademie-Verlag 1994, S. 117–150.

10 Voigt, J.C.W.: Berichtigung über die neue Entdeckung von dem Herrn Akademie-Inspektor Werner. Intelligenzblatt der allgemeinen Litteratur-Zeitung Nr.60 (vom 23.XI.1788), S. 510–512; dann ebenfalls in Köhlers Bergmännisches Journal 2(1789), Bd 2, S. 856ff.; Werner, A.G.: Antwort auf Herrn Bergsekretät Voigts im Intelligenzblatt [...] eingerückten sog. Berichtigung meiner [...] Entdeckung. Ebenda S. 872ff. (ebenfalls zuvor im Intelligenzblatt). J.C.W.Voigt druckte weitere Erklärungen in seinen Abhandlungen (wie Anm.7), Tl 2, S. 145–190 und 191–238, ab.

11 Siehe auch Köhlers Bergmännisches Journal 1(1788), Bd 1, S. 378. Im ganzen waren sechs Arbeiten eingereicht worden; den Sieg trug mit geringer Stimmenmehrheit die 80 Seiten umfassende Schrift des Werner-Schülers und überzeugten Neptunisten J.F.W. Widenmann (wie Anm.4) davon. Voigts, J.C.W.: Beantwortung der Frage: Was ist Basalt? Ist er vulkanisch oder ist er nicht vulkanisch?, ebenfalls erschienen in Höpfners Magazin für die Naturkunde Helvetiens 4(1789), 213–232, unterlag wegen ihres geringen Umfang knapp.

12 Schreiben eines unparteiischen Beobachters an den Herausgeber über die jetzige Streitigkeit wegen der Entstehung des Basalts. In: J.C.W. Voigt: Abhandlungen (wie Anm.7), Tl 1, S. 99–140.

13 Hall, J.: Experiments on Whinstone and Lava. Transactions of the Royal Society of Edinburgh 5(1805), 43–75. Siehe hierzu jetzt Bernhard Fritscher (a): Die «James Hall-Sammlung» in Keyworth. Berichte zur Wissenschaftsgeschichte 11(1988), 27–34, sowie denselben (b): Die Verwissenschaftlichung der Geologie. Zur Bedeutung phänomenologischer und konstruktiver Erfahrungsbegriffe im Vulkanismusstreit. Sudhoffs Archiv 73(1990), S. 22–44, und (wie Anm.9), bes. S. 52ff.

14 Die noch weitgehend am Habitus orientierte Vorstellung von der Basalt-Kristallisierung auf trocknem Wege wird daraufhin vertreten etwa von Hamilton, W.: Bericht vom gegenwärtigen Zustand des Vesuvs und Beschreibung einer Reise in die Provinz Abruzzo und nach der Insel Ponza. Dresden: Walther 1787.; Voigt, J.C.W.: Mineralogische Reise von Weimar über den Thüringer Wald, Meiningen, die Rhönberge bis Bieber und Hanau (im

Herbst 1786). Leipzig: Müller 1787, S. 29, und (wie Anm.11), S. 229.; Widenmann, J.F.W. (wie Anm.4), S. 181–183; vgl. jetzt B. Fritscher (wie Anm.9), S. 38–52.

15 Humboldt, A.von: Mineralogische Beobachtungen über einige Basalte am Rhein. Mit vorangeschickten, zerstreuten Bemerkungen über den Basalt der ältern und neuern Schriftsteller. Braunschweig: Schulbuchhandlung 1790, S. 9–74 (von insgesamt 126 Seiten!). Nachdruck (a): Mit einen Nachwort von Fritz Krafft «Alexander von Humboldt und die Neptunismus-Vulkanismus-Kontroverse». Darmstadt: Privatdruck «Die 10 der Montagsrunde» (in der Wissenschaftlichen Buchgesellschaft) 1980; (b): Mit einem Nachwort «Marginalien zu Humboldts Schrift Mineralogische Beobachtungen ueber einige Basalte am Rhein (1790)» von Peter Kühn, Wolfhart Langer, Peter Schmidt. Freiberg: Privatdruck Bergakademie Freiberg o.J. (1992).

16 Guettard, J.E.: vgl. Anm.5/b.

17 Siehe etwa Charles Singer et al. (Eds.): A History of Technology. Bd 1, Oxford: Clarendon Press 1954, S. 477, 506 (Steinbeile im Neolithikum), 675. Insgesamt siehe Hugo Blümner: Technologie und Terminologie der Gewerbe und Künste der Griechen und Römer. Bd 3, Leipzig: Teubner 1884 (Nachdruck Hildesheim: Olms 1969), S. 23–25.; Forbes, Robert James: Studies in Ancient Technology. Bd 7, Leiden: E.J. Brill 1963, S. 90, 170f. und 175.

18 Humboldt, A.von: vgl. Anm.15, S. 65–67.

19 Siehe hierzu Krafft, Fritz: Der Naturwissenschaftler und das Buch in der Renaissance. In: F. Krafft; D.Wuttke (Hrsgg.): Das Verhältnis der Humanisten zum Buch. (DFG-Kommission für Humanismusforschung, Mitteilung 4) Boppard: H.Boldt Verlag/Bonn-Bad Godesberg: DFG 1977, S. 13–45, bes. S. 22–24.

20 Agricola, Georgius: De natura fossilium libri X. Basel 1546 (1558), p. 310.; Agricola, Georgius: De natura fossilium libri X – Die Mineralien. Übersetzt und bearbeitet von Georg Fraustadt in Verbindung mit Hans Prescher. (Ausgewählte Werke, Bd. 4) Berlin (DDR): Deutscher Verlag der Wissenschaften 1958, S. 188.

21 Agricola, G.: vgl. Anm. 20, p.315/S. 194.; vgl. auch p.172/S. 24 zur «Farbe», p.178/S. 31 zur «Härte» und p.181/S. 34/35 zur Säulenform des Stolpener Basalts.

22 Agricola, G.: vgl. Anm. 20, p.309/S. 186.

23 Kurt Sethe (Die Bau- und Denkmalsteine der alten Ägypter und ihre Namen. *Sitzungsberichte der Kgl. Preuß. Akademie der Wissenschaften*, Phil.-hist. Klasse 1933, S. 894–909.) führt den griechischen Begriff auf ägyptisch *bhn* (bahan) zurück, den Namen des Grauwackeschiefers im Wadi Hammamat, der von den Ägyptern als Prüfstein des Goldes verwendet wurde.

24 Vgl. Blümner, H.: vgl. Anm.17; und seinen Artikel «Basalt». In: Paulys Realencyclopädie der Altertumswissenschaft. Neue Bearbeitung hrsg. von G.Wissowa. Bd. III 1, Stuttgart: Metzler 1897, Sp.37f.

25 In: G.Agricola (wie Anm.20), S. 288.

26 In: G.Agricola (wie Anm.20), S. 300.

27 Museum der Alterthumswissenschaft 2(1808), S. 57ff.; hier S. 69.

28 C.Plini Secundi Naturalis Historia, libri XXXVII. Recensuit et commentariis criticis indicibus instruxit Iulius Sillig. Bd. 5, Hamburg/Gotha: Perthes 1851.

29 Vgl. auch den «Literaturbericht für das Jahr 1933» von P.Kretschmer in: Glotta-Zeitschrift für griechische und lateinische Sprache 24(1936), S. 90.; Max Niedermann: Ghost words. Lat. celtis «ciseau». *Museum Helveticum* 2 (1946), 123–136 (hier S. 127f.).; Hjalmar Frisk: Griechisches etymologisches Wörterbuch. Bd 1, Heidelberg: C.Winter 1960, S. 222.

30 Kurt Tucholsky: Zwischen gestern und morgen. Eine Auswahl aus seinen Schriften und Gedichten. Hrsg. von Mary Gerold-Tucholsky. (rororo Taschenbuch 50) Hamburg: Rowohlt 1952, S. 110–113: «Kreuzworträtsel mit Gewalt» [1930].

Kombinatorik bei Agricola – über Gemische und Verbindungen in «De natura fossilium libri X»

Dietrich Stoyan/Helga Stoyan (Freiberg)

Einleitung

In Buch X versucht Agricola, Minerale nach der Art ihrer Zusammensetzung aus gewissen Komponenten zu klassifizieren. Er betrachtet die verschiedenen Möglichkeiten der Zusammensetzung in Abhängigkeit von der Anzahl der Komponenten und löst hierbei kombinatorische Probleme. Der Text von Buch X gilt als kompliziert und wenig verständlich. Das liegt unserer Meinung nach vor allem an der Darstellung ohne Formeln sowie an der unübersichtlichen und ungegliederten Textgestaltung. Außerdem tragen die vielen Beispiele und Abschweifungen wenig zum Verständnis bei. Sicherlich hat diese Arbeit von Agricola auf die Wissenschaftsentwicklung kaum Einfluß genommen. Dennoch mag es interessant sein, den Inhalt von Liber X in moderner Sprache knapp darzustellen. Das wird sicherlich dazu beitragen, das Denken Agricolas verständlicher zu machen. Wie es sich zeigen wird, hat er im wesentlichen mathematisch richtig gearbeitet; die vorhandenen Rechenfehler sind wohl nur eine Folge von Flüchtigkeit.

1. Agricolas Ansatz

Agricola betrachtet Zusammensetzungen aus verschiedenen Grundkomponenten. Eine solche Komponente kann entweder ein einfaches Mineral oder ein Gemisch sein. Agricola unterscheidet vier einfache Minerale: Metall, Festes Gemenge, Gestein und Erde. Wir kürzen sie im Folgenden mit m, f, g und e ab.

Der Begriff des Metalls hat sich in den letzten Jahrhunderten gewandelt. So zählt Agricola zu den Metallen u. a. Grünspan ebenso wie Quecksilber. Unter einem Festen Gemenge kann man sich nach Agricola etwa Soda, Schwefel, Erdöl oder eine Koralle vorstellen. Für ihn ist eine Perle ein Gestein ebenso wie Sand, während Kreide bei ihm eine Erde ist.

Bei den Gemischen unterscheidet er sechs Gattungen *m f, m e, g m* (*g* und *m* zu gleichen Teilen), *g m* (*g* überwiegt), *g m* (*m* überwiegt) und *g m f*. Es spielt für das zu betrachtende Problem also z.B. keine Rolle, um welches Gestein es sich im konkreten Fall handelt. Agricola kennt ja auch mehrere Erden. Die Trennung in die vier einfachen Minerale erscheint vielleicht als etwas eigenartig. Wenn man sich aber die Gemische ansieht, wird Agricolas Anliegen deutlich. Ihn interessieren vor allem die Metalle. Daher wird sogar bezüglich der Metallanteile in den Gattungen drei bis fünf unterschieden. Wir können uns unter den Gemischen *Erze* vorstellen.

Um bei den Zusammensetzungen die Anzahl der Vertreter aus den einfachen Mineralen bzw. aus den Gemischen unterscheiden zu können, benutzen wir die Symbole *E* und *G*. Wenn wir 3*E*, 2*G* schreiben, soll das bedeuten, daß wir es mit einer Mischung aus fünf Komponenten zu tun haben, nämlich einer aus drei einfachen Mineralen und zwei Gemischen.

Warum z.B. bei Agricola das Gemisch der Gattung sechs *(g m f)* keine Zusammensetzung (3 *E*) aus den einfachen Mineralen *g, m* und *f* ist, soll hier nicht zur Diskussion stehen. Ab wann etwas «überwiegt», bleibt ebenfalls unklar, wohl weil zu Agricolas Zeiten die Möglichkeit einer quantitativen Analyse fehlte. Genau darf man das sicher nicht nehmen, denn in der Natur würde dann ein Gemisch der Gattung drei praktisch niemals auftreten, eine Mischung also, die aus zwei genau gleichen Teilen Metall und Erde besteht.

Nun wollen wir uns der kombinatorischen Aufgabe zuwenden, die Anzahl der möglichen Zusammensetzungen aus *n* verschiedenen Komponenten zu bestimmen. Bei Agricola würde *n* bis zehn gehen können, weil er die Komponenten aus maximal vier einfachen Mineralen (4*E*) und sechs Gemischen (6*G*) schöpft, die oben aufgeführt sind. Darüber hinaus schränkt Agricola ein: Es soll stets ein Bestandteil vorrangig vertreten sein. Daß er diese Forderung nicht ganz so streng sieht, soll uns hier nicht weiter stören; in AGA X, Seite 272, spricht Agricola von *Plätzen*, was darauf hinweist, daß nicht unbedingt nur ein einziger Bestandteil eine Sonderstellung einnehmen kann. Derartige Inkonsequenzen zeigen, daß Agricolas Ausführungen wohl lediglich als «akademische» Bemühung gewertet werden können, in die Welt der Minerale etwas Ordnung zu bringen.

2. *Systematische Aufstellung der Zusammensetzungen*

Es gibt neun Fälle für die Anzahl *n*, nämlich $n = 2,3,\ldots, = 10$.

Im folgenden wird zunächst für $n = 2$ die Anzahl aller möglichen Kombinationen ausführlich ermittelt. Die Zusammensetzung kann aus

- zwei einfachen Mineralen (Fall 2*E*, z.B. Metall und Festes Gemenge),
- einem einfachen Mineral und einem Gemisch (Fall 1*E*, 1*G*, z.B. Gestein und

Gemisch der Gattung fünf, also ein Gemisch aus Gestein und überwiegend Metall) oder

– zwei Gemischen (Fall $2G$, z. B. $m\,f$ und $m\,e$) bestehen.

Hat in der Zusammensetzung ein einfaches Mineral den Vorrang, so kann im Fall $2E$ die zweite Komponente nur noch unter den übrigen drei einfachen Mineralen ausgewählt werden. Da für die erste Komponente vier einfache Minerale zur Verfügung stehen, erhält man insgesamt 12 (nämlich $4 \cdot 3$) Möglichkeiten von Zusammensetzungen aus zwei einfachen Mineralen. Wenn im Fall $1E$, $1G$ ein einfaches Mineral den Vorrang hat, so stehen für die zweite Komponente alle sechs Gattungen der Gemische zur Auswahl, hat dagegen eines der sechs Gemische den Vorrang, kann für die zweite Komponente unter allen vier einfachen Mineralen ausgewählt werden. Beide Male erhält man 24 ($= 4 \cdot 6$) Möglichkeiten. Liegt aber der Fall $2G$ vor, kann man analog zum Fall $2E$ für die zweite Komponente nur noch unter fünf Gemischen auswählen und kommt auf 30 (also $6 \cdot 5$) Kombinationen. Die gesuchte Gesamtanzahl ist somit $12 + 24 + 24 + 30 = 90$.

Bei Agricola beginnt die Beschreibung dieses Sachverhalts für die Fälle $2G$ und $1E$, $1G$ wie folgt (vgl. AGA X, S. 266–268): *Jetzt will ich von denen sprechen, die aus* ***zwei Gemischen*** *bestehen. Es verbindet sich also entweder mit der ersten Gattung die zweite oder die dritte, vierte, fünfte oder sechste; oder mit der zweiten die erste, dritte, vierte, fünfte oder sechste; oder es vereinigen sich mit der dritten die übrigen oder ähnlich mit der vierten, fünften oder sechsten. Und hier gibt es wieder verschiedene Zusammensetzungen, je nachdem welche Gattung der Gemische in der zusammengesetzten Masse überwiegt und wieviel Arten es davon gibt. Wenn z. B. die erste Gattung überwiegt, so wird, je nachdem, ob es ein schwefelhaltiges Gestein oder / ein bitumenhaltiges oder eines von einer anderen ist, mit dem sich irgendeine von den Formen der zweiten, dritten, vierten, fünften oder sechsten Gattung verbindet, dies die Zusammensetzung verändern. Wenn also in der zusammengesetzten Masse die erste Gattung überwiegt und Spuren davon Arten der zweiten Gattung umfassen, so gibt es eine große Mannigfaltigkeit. Denn unter der zweiten Gattung werden folgende Formen begriffen: Gold-, Silber-, Kupfer-, Blei- und Eisengemisch, und das Silbergemisch zerfällt wiederum in zwei, das Bleigemisch in drei Arten; und außerdem … Nun will ich von denen sprechen, die aus einem einfachen Mineral und einem Gemisch zusammengesetzt sind. Zuerst: eine Masse Erde umfaßt ein Teilchen irgendeiner Form der ersten Gattung, oder dieses haftet an ihr. Dann wird es, mag es ein schwefel-, bitumenhaltiges oder ein anderes Gestein sein, die Zusammensetzung verändern. Oder eine Masse Erde umfaßt ein Teilchen der zweiten Gattung, oder dieses verbindet sich mit ihr. Ich will die dritte Gattung der Gemische übergehen, beiseite lassen die vierte, die fünfte auch, einmal weil sie ebenso Metalle in sich enthalten und weil ihre Formen mit denselben Wörtern, wie die Formen der zweiten Gattung, benannt werden …*

In Kurzform lautet die Rechnung wie folgt:
Zusammensetzung aus 2 Elementen

2E	: 4	· $\binom{3}{1}$					= 12
1E, 1G	: 4	· $\binom{6}{1}$	+ 6 · $\binom{4}{1}$		= 24	+ 24	= 48
2G	:		6 ·	· $\binom{5}{1}$			= 30
						Σ	= 90

Ohne weitere Erklärungen führen wir jetzt erst die Rechnungen für n = 3,4,...,10 auf, bevor wir die verwendeten Symbole näher erklären.
Zusammensetzung aus 3 Elementen

3E	: 4 · $\binom{3}{2}$						= 12
2E, 1G	: 4 · $\binom{3}{1}$	· $\binom{6}{1}$	+ 6 · $\binom{4}{2}$		= 72	+ 36	= 108
1E, 2G	: 4	· $\binom{6}{2}$	+ 6 · $\binom{4}{1}$	· $\binom{5}{1}$	= 60	+ 120	= 180
3G	:		6	· $\binom{5}{2}$			= 60
						Σ	= 360

Zusammensetzungen aus 4 Elementen

4E	: 4 · $\binom{3}{3}$						= 4
3E, 1G	: 4 · $\binom{3}{2}$	· $\binom{6}{1}$	+ 6 · $\binom{4}{3}$		= 72	+ 24	= 96
2E, 2G	: 4 · $\binom{3}{1}$	· $\binom{6}{2}$	+ 6 · $\binom{4}{2}$	· $\binom{5}{1}$	= 180	+ 180	= 360
1E, 3G	: 4	· $\binom{6}{3}$	+ 6 · $\binom{4}{1}$	· $\binom{5}{2}$	= 80	+ 240	= 320
4G	:		6	· $\binom{5}{3}$			= 60
						Σ	= 840

Zusammensetzungen aus 5 Elementen

4E, 1G	: 4 · $\binom{3}{3}$	· $\binom{6}{1}$	+ 6 · $\binom{4}{4}$		= 24	+ 6	= 30
3E, 2G	: 4 · $\binom{3}{2}$	· $\binom{6}{2}$	+ 6 · $\binom{4}{3}$	· $\binom{5}{1}$	= 180	+ 120	= 300
2E, 3G	: 4 · $\binom{3}{1}$	· $\binom{6}{3}$	+ 6 · $\binom{4}{2}$	· $\binom{5}{2}$	= 240	+ 360	= 600
1E, 4G	: 4	· $\binom{6}{4}$	+ 6 · $\binom{4}{1}$	· $\binom{5}{3}$	= 60	+ 240	= 300
5G	:		6	· $\binom{5}{4}$			= 30
						Σ	= 1260

Zusammensetzung aus 6 Elementen

4E, 2G :	$4 \cdot \binom{3}{3} \cdot \binom{6}{2}$	$+ 6 \cdot \binom{4}{4} \cdot \binom{5}{1}$	= 60	+ 30	= 90
3E, 3G :	$4 \cdot \binom{3}{2} \cdot \binom{6}{3}$	$+ 6 \cdot \binom{4}{3} \cdot \binom{5}{2}$	= 240	+ 240	= 480
2E, 4G :	$4 \cdot \binom{3}{1} \cdot \binom{6}{4}$	$+ 6 \cdot \binom{4}{2} \cdot \binom{5}{3}$	= 180	+ 360	= 540
1E, 5G :	$4 \cdot \binom{6}{5}$	$+ 6 \cdot \binom{4}{1} \cdot \binom{5}{4}$	= 24	+ 120	= 144
6G :		$6 \cdot \binom{5}{5}$			= 6
				Σ	= 1260

Zusammensetzung aus 7 Elementen

4E, 3G :	$4 \cdot \binom{3}{3} \cdot \binom{6}{3}$	$+ 6 \cdot \binom{4}{4} \cdot \binom{5}{2}$	= 80	+ 60	= 140
3E, 4G :	$4 \cdot \binom{3}{2} \cdot \binom{6}{4}$	$+ 6 \cdot \binom{4}{3} \cdot \binom{5}{3}$	= 180	+ 240	= 420
2E, 5G :	$4 \cdot \binom{3}{1} \cdot \binom{6}{5}$	$+ 6 \cdot \binom{4}{2} \cdot \binom{5}{4}$	= 72	+ 180	= 252
1E, 6G :	$4 \cdot \binom{6}{6}$	$+ 6 \cdot \binom{4}{1} \cdot \binom{5}{5}$	= 4	+ 24	= 28
				Σ	= 840

Zusammensetzung aus 8 Elementen

4E, 4G :	$4 \cdot \binom{3}{3} \cdot \binom{6}{4}$	$+ 6 \cdot \binom{4}{4} \cdot \binom{5}{3}$	= 60	+ 60	= 120
3E, 5G :	$4 \cdot \binom{3}{2} \cdot \binom{6}{5}$	$+ 6 \cdot \binom{4}{3} \cdot \binom{5}{4}$	= 72	+ 120	= 192
2E, 6G :	$4 \cdot \binom{3}{1} \cdot \binom{6}{6}$	$+ 6 \cdot \binom{4}{2} \cdot \binom{5}{5}$	= 12	+ 36	= 48
				Σ	= 360

Zusammensetzung aus 9 Elementen

4E 5G :	$4 \cdot \binom{3}{3} \cdot \binom{6}{5}$	$+ 6 \cdot \binom{4}{4} \cdot \binom{5}{4}$	= 24	+ 30	= 54
3E, 6G :	$4 \cdot \binom{3}{1} \cdot \binom{6}{6}$	$+ 6 \cdot \binom{4}{3} \cdot \binom{5}{5}$	= 12	+ 24	= 36
				Σ	= 90

Zusammensetzung aus 10 Elementen

4E, 6G :	$4 \cdot \binom{6}{6}$	$+ 6 \cdot \binom{4}{4}$	= 4	+ 6	= 10

Zum Verständnis der Rechnungen wollen wir an dieser Stelle noch einige Erklärungen geben für die Zeile mit $3E, 2G$ bei $n = 5$:

In diesem Fall von fünf Komponenten liegt eine Zusammensetzung aus drei einfachen Mineralen und zwei Gemischen vor, deshalb gibt es zwei Summanden. Den Vorrang in der Zusammensetzung könnte erstens eines der sechs insgesamt existierenden Gemische haben, von denen hier aber nur jeweils zwei auftreten. Das führt zu dem Faktor 6 des zweiten Summanden. Das zweite in der Zusammensetzung vorhandene Gemisch kann nun nur noch aus den verbleibenden fünf Gemischen ausgewählt werden. Das führt zu dem Faktor, der mit dem Symbol $\binom{5}{1}$ bezeichnet wurde. Die drei einfachen Minerale können beliebig aus den insgesamt vier existierenden ausgewählt werden, wofür es $\binom{4}{3}$ Möglichkeiten gibt. Nach den Regeln der Kombinatorik sind die gefundenen Einzelanzahlen zu multiplizieren, um die Gesamtzahl aller Fälle zu erhalten, in denen ein Gemisch den Vorrang hat. Damit ist der zweite Summand erklärt.

Der erste Summand ergibt sich auf Grund folgender Überlegung. Jetzt hat eines der vier einfachen Minerale den Vorrang. Dann sind nur noch je zwei einfache Minerale und Gemische frei wählbar, wofür es $\binom{3}{2}$ bzw. $\binom{6}{2}$ Möglichkeiten gibt. Multiplikation liefert dann auch den ersten Summanden. Die Klammersymbole sind die aus der Kombinatorik bekannten Binominalkoeffizienten, die hier aus typographischen Gründen etwas anders als sonst üblich geschrieben werden. Sie drücken aus, wieviele verschiedene Möglichkeiten es gibt, unter einer bestimmten Anzahl a von Elementen eine Teilmenge von b Elementen $(1 \leq b \leq a)$ auszuwählen. Die Zahl $\binom{a}{b}$ *läßt sich berechnen oder in Tabellen nachschlagen:*

$$\binom{a}{b} = \frac{a! \cdot b!}{(a-b)!} \text{ mit } n! = 1 \cdot 2 \ldots (a-1) \cdot a.$$

Schlußbetrachtungen

Wie viele Texte Agricolas ist Buch X nicht in Absätze gegliedert, was das Lesen außerordentlich erschwert. Wenn man seinen Text und unseren vergleicht, erkennt man vielleicht, welchen Fortschritt seitdem Wissenschaftssprache und Typographie gemacht haben. Deutlich wird auch die Rolle der Mathematik als Kunst des Einfachmachens.

Wir sind der Meinung, daß sich Agricola in einigen Fällen geirrt hat. Im Fall $3E, 1G$ vergaß Agricola (AGA X, S. 271) 24 Einzelfälle und zwar diejenigen, bei denen ein G überwiegt. Ebenso kommt Agricola im Fall $2E, 2G$ (AGA X, S. 270) bei den G nur auf die Zahl 144 anstelle von 180, weil er die Kombinationen 4–5, 4–6 und 5–6 unbeachtet ließ. Im Fall $1E, 3G$ liegt in AGA X, S. 271, ein Übersetzungsfehler vor, den wir aufgedeckt haben. Dort stehen die Zahlen 60, 60 und 260, während es im lateinischen Original richtig 40, 40 und 240 heißt. Den Fall $1E, 5G$ ließ Agricola (S. 272) ganz aus. Dennoch spricht er bei Zusammensetzungen aus sechs Komponenten sogar von sechs Fällen, wo es doch nur fünf (bei uns erkennt man das an den fünf Zeilen für diesen Fall) geben kann unter den gemachten Voraussetzungen.

Zusammensetzungen aus mehr als sechs Komponenten hat Agricola überhaupt nicht mehr betrachtet. Seine diesbezüglichen Untersuchungen brechen ziemlich unvermittelt ab. Vielleicht hatte er Angst vor uferlosen Rechnungen. (Wie oben gezeigt wurde, nimmt aber die Zahl der Fälle mit wachsendem n ab.) Dementsprechend baut Agricola auf seine erhaltenen Zahlen keine weiteren Betrachtungen mehr auf, so, als wollte er mit ihnen lediglich anschaulich machen, wieviele Kombinationen bereits bei einer relativ kleinen Anzahl von Elementen zu erwarten sind. Und vielleicht hat er dazu seine Bausteine in wenige und überschaubare Klassen einteilen wollen.

Bei einer Beurteilung von Agricolas Werk muß man sich immer den damaligen Wissensstand vor Augen halten und vor allem berücksichtigen, daß viele heutige Wissenschaftszweige im 16. Jahrhundert überhaupt noch nicht existierten. Wir halten die systematische, abstrakte und strukturbezogene Vorgehensweise von Agricola für eine außerordentliche geistige Leistung. Der Leser möge sich bitte vorstellen, welche Mühe es macht, einen komplizierten Sachverhalt mit vielen Fallunterscheidungen ausschließlich verbal deutlich zu machen. Auch wenn Agricola ein Zeitgenosse von Adam Ries war und er von dessen Lehren profitieren konnte, waren die obigen, für uns heute so einfachen Rechnungen für ihn sicherlich ziemlich kompliziert. Daß er sie überhaupt durchführte, kann nach einer Idee von Claus Marx mit seinen Gewohnheiten als Mediziner und Apotheker zusammenhängen, auch zu seinen Leistungen als Metriker scheint ein Bezug als sinnvoll.

Literatur

Agricola, G: De natura fossilium libri X. Die Minerale. Übersetzt und bearbeitet von G. Fraustadt und H. Prescher. In: Gedenkausgabe des Staatlichen Museums für Mineralogie und Geologie zu Dresden. Bd. IV, Berlin 1958.

Kenntnisse über Fossilien im deutschen Kulturraum zur Agricola-Zeit

Wolfhart Langer (Bonn)

Einleitung

Fossilien sind in Deutschland und den angrenzenden Gebieten keine Seltenheit. Vor allem in früheren Zeiten, als weder Sammler noch Wissenschaftler herausgewitterte Stücke in großen Maße absammelten, müssen Fossilien wegen ihrer Form ganz besonders den Bauern aufgefallen sein. Obwohl uns weitgehend genauere morphologische Diagnosen aus jener Zeit vor 1500 fehlen, so weisen mittelhochdeutsche Dichtungen oder das «Buch der Natur» des Konrad von Megenberg[1] auf die Kenntnis bestimmter Formgruppen bei den Fossilien hin. Eine große Rolle spielen in diesem frühen Literaturzeugnissen bestimmte, angeblich positive Schutzeigenschaften der Fossilien. Neben griechisch-lateinischen Namen, welche die Übernahme antiker Traditionen belegen, waren auch deutsche Bezeichnungen üblich.

1. Die frühe naturwissenschaftlich-deskribtive Phase

Es ist sehr merkwürtig, daß Gregor Reich, der sonst durchaus Mineralien berücksichtigte, in seiner 1503 gedruckten «Margarita philosophica» auf kein einziges Fossil hinwies. Das ist bei Georgius Agricola ganz anders. Er führte viele alte, aber auch neue Namen für Gebilde an, die wir heute als Fossilien ansehen. Agricola weicht auch von der älteren, etwa bei Albertus Magnus benutzten, alphabetischen Anordnung der Mineralien, Gesteine und Fossilien ab. In der neuen Systematik finden sich die meisten Fossilen unter *Steinen*. Als 1546 in Basel der große Sammelband erschien mit den Werken «De ortu et causis subterraneorum», «De natura eorum quae effluunt ex terra», «De natura fossilium» u.a., da griff Agricola häufig auf Namen zurück, die bereits Plinius d. Ä. benutzte. Wie man aus der mineralogisch-petrographischen Nomenklatur weiß, hat Plinius eine weitgehend unkritische Komplikation von Begriffen geliefert, die wegen des Fehlens ausreichender Diagnosen zu späteren Fehlinterpretationen geführt haben. Neudefinitionen haben vielfach Bestand bis in unsere Epoche gezeigt.

Im Brief an Wolfgang Meurer von 1546[2] findet sich im Vokabular ein Dutzend Namen, die sich auf Fossilien beziehen. Die Kommentierung durch H. Prescher weist deutlich auf die genannten Interpretationsmöglichkeiten hin. Der Bernstein hat unter der Kategorie *Gemenge* eine Sonderstellung bei Agricola, der auch die Inkluden (s. u.) erkannte. Die meisten Fossilien hat Agricola wohl wegen ihrer Form ziemlich zusammenhängend bei den *lapides* beschrieben. Fehlende oder zu knappe Diagnosen lassen hier manchen Identifizierungswunsch offen. Nachfolgend sei eine Auswahl von Namen aus «De nature fossilium»[3] zitiert, die sich meist auf Fossilien beziehen dürften. Ungewiß bleibt, ob unter *Galactites* und *Melities* Fossilien aus Kalkstein zu verstehen sind.[4] Beim Judestein (eichelartiger großer Echinidenstachel vom Clidaris-Typ) sah Agricola an Bruchflächen die gleichen glänzenden Rhomboederflächen wie an den gut beschriebenen Crinoidenstielgliedern *Trochites.* Zusammenhängende Trochiten wurden als *Entrochos* bezeichnet. Die als schildkrötenkopfartig beschriebenen *Bronitas* und *Ombrias* sind fossile Echiniden mit ihrer Täfelung. Skeptisch weist Agricola auf die populäre Deutung hin, sie seien vom Himmel gefallen. Agricola teilt aber vielfach ohne Bedenken angebliche lithotherapeutische Heilwirkung mit. Bei dem obskuren plinianischen Diphyis weist Agricola auf Funde bei Koblenz hin, die weibliche Schamteile zeigten. Cardano hat kurz darauf den Namen *Hystera petra* dafür geprägt. Als Hysterolithes lebt er als Fossilienname weiter. Es handelt sich um unterdevonische Brachiopodensteinkerne, bei denen die Ausfüllung von Muskelinsertionsbereichen den weiblichen äußeren Labia ähneln. Der im Meurer-Brief[5] genannte *Chelonitides* ist ein kleiner halbkugeliger Zahn aus dem Gaumengebiß bestimmter Jurafische (Gruppe um *Lepitotus* und *Dapedius*), der als *kleiner Krötenstein* auch in Ringen gefaßt wurde.[6] Einige weitere Beispiele: das Ammonshorn *cornu Ammonis* ist etwas anderes als *Ammonites* (Oolith). Merkwürdig kurz wird *Glossoptera* (Natternzunge) behandelt. Es sind Haifischzähne, die seinerzeit als Giftabwehr eine große Rolle spielten.[7] Auch über *Belemnites* wird kaum etwas gesagt. Ähnlichkeiten mit heutigen Mollusken geben oft Anlaß zur Namengebung: *Myites* (nach der Muschel Mya), *Strombites* (nach der Schnecke Strombus). Diese Art der Namengebung ist im 19. Jahrhundert auch in die Paläontologie eingegangen. Ausführlicher werden auch fossile Hölzer mitgeteilt. Teils sind es mit Pyrit infiltrierte Braunkohlenstämme aus Westböhmen, teils sind es silifizierte Baumstämme, wie sie aus dem Rotliegenden von Chemnitz genannt werden.

Einen beachtlichen Teil seiner Fossilfunde verdankte Agricola dem früh verstorbenen Valerius Cordus.[8] In dessen 1561 von C. Gesner in Straßburg posthum herausgegebenen «Annotationes in Pedacii Dioscoridis Anazarbei de medica materia libros V» finden sich einige ganz knappe Hinweise auf Fossilien wie etwa auf die *Idäischen Dactylen* aus dem Jura bei Hechingen; gemeint sind damit Belemniten.

Schon vor fast 40 Jahren wies H.Wilsdorf darauf hin, daß die älteste Fossilabbildung in einem gedruckten Buch 1550 in der «Cosmographey» des Sebastian Münster erschien. Es ist einer der berühmten Kupferschiefer-Fische aus der Gruppe um *Palaeoniscus* aus dem Mansfelder Revier. Bereits im folgenden Jahr folgten die ersten Holzschnittdarstellungen von fossilen Invertebraten bei Entzelt.[9] Entzelts Werk, qualitativ deutlich den Ausführungen Agricolas nachstehend, war möglicherweise im Gegensatz zu Agricola ein mineralogisches Handbuch aus bewußt protestantischer Feder.

Auch Entzelt kennt Bernsteininklusen. Bei Fossilbeschreibungen hat er sich mehrfach geirrt, worauf später C. Gesner auch hinweist. Den *Thecolithos* des Plinius (Judenstein, *lapis Iudaicus*) scheint er mit Crinoidenstielgliedern zu verwechseln. Einen vermutlich allochtonen oligozänen Lemellibranchiaten (Venericardia-Typ) verwechselt er wegen der gegliederten Schalenoberfläche mit *Chelonites*, worüber primär ein getäfelter *Echinide* zu verstehen ist. Unter den Abbildungen wäre noch ein vermutlicher Steinkern eines turmförmig gewundenen Gastropoden und eine vermutlich erratische tabulate Koralle, die – ebenfalls unüblich – als *Aetites* angesprochen wurde. Alle diese Funde stammen aus der Umgebung von Tangermünde (nördlich Magdeburg).

Die von ihren Abbildungen her eindrucksvollste Arbeit jener Zeit war von Conrad Gesner[10] (1565). In durchaus identifizierbaren Holzschnitten sieht man Belemniten, runde und pentagonale Crinoidenstiele, Jura-Ammoniten, diverse Haifischzähne *(Glossopetren)*, Judensteine, zwei verschiedene Echinidentypen usw. Im gleichen Band wurde auch der berühmte Katalog der Sammlung Kenntmann[11] abgedruckt. Die Liste der Fossilnamen lehnt sich weitgehend an Agricola an. Reich mit Holzschnitten bebildert ist ein 1598 erschienenes Buch von Jean Bauhin. Bauhin, in Basel geborener Sohn französischer Emigranten, bildet eine größere Anzahl von Fossilien ab, die im unterjurassischen Posidonienschiefer von Bad Boll (Schwaben) gefunden wurden. Vorwiegend handelt es sich um Ammoniten und Lamellibranchiaten, die der Kenner der örtlichen Verhältnisse recht gut zuordnen kann. Auf einige weitere Zitate gehe ich kurz im folgenden Kapitel ein.

2. Die Interpretation von Fossilien

Selbst an diesem kleinen Spezialbereich läßt sich die Janusköpfigkeit der Naturforschung im 16. Jahrhundert beobachten. Einerseits gibt es modern anmutende, in die Zukunft weisende Deutungen, andererseits wirken alte, oft bis in die Antike reichende philosophisch begründete Anschauungen fast übermächtig nach. Ein wesentliches Problem bei der Deutung von Fossilien als Teile ehemaliger Organismen bot der Erhaltungszustand, ein anderes war biologisch-systematischer Art.

Ia. Geologisch junge Fossilien sind von ihrer Konsistenz her noch am ehesten mit rezenten Organismen zu vergleichen. Besonders Schalentiere wie Gastropoden oder Lamellibranchiaten kommen in Frage. Auch Vertebratenknochen und deutliche Pflanzenreste kann man hierher rechnen.

b. Reste von Schalentieren, die man heute noch existierenden systematischen Großgruppen zuordnen kann, aber deren primäre Hartteile diagenetisch umgewandelt (versteinert) sind. Dies war wohl ein ganz besonderes Problem für die Forscher des 16. Jahrhunderts. In diese Gruppe rechne ich auch die Steinkernerhaltungen.

II. Fossilien, deren Hartteile sekundär diagenetisch verändert sind und die zugleich systematischen Kategorien angehören, die in Europa nicht vorkommen; es können auch Gruppen sein, die völlig ausgestorben sind, wobei ein heute unbekannter Bauplan möglich wäre. Zur Ergänzung möchte ich anfügen, daß beispielsweise Crinoiden erst in der Mitte des 18. Jahrhunderts als noch existierende Reliktgruppe nachgewiesen wurde.

Eine wichtige Rolle bei der Fossilinterpretation spielte auch der persönliche Erfahrungsschatz, denn es ist ja eine biologisch-komparative Arbeitsweise, die hier verlangt wurde. Ein Kontinentaleuropäer, der niemals am Mittelmeer das stachelfreie Gehäuse eines regulären Echiniden gesehen hat, wird zwangsläufig Schwierigkeiten bei der Interpretation eines fossilen Echiniden, etwa in Steinkernerhaltung, haben.

Eine modern anmutende Deutung geht auf Gerolamo Fracastoro zurück; darüber berichtet der Jurist Torellus Sarayna in seiner «Geschichte der Stadt Verona» im Jahre 1540. Funde tertiärer Mollusken, Echiniden und Dekapoden vom Stadtrande Veronas sah Fracastoro 1517 als Reste von Meerestieren an, die im Laufe langer Zeit zu Stein geworden seien. Da die Sintflut ein «Süßwasserereignis» war, deutete er die Funde als Belege für eine andere, eine marine Überflutung.

In der Ausgabe von Agricolas «De natura fossilium» aus dem Jahre 1558 hat man diese Funde von Verona nur sehr kurz zitiert. Es fehlt jeglicher Hinweis auf die von Fracastoro gezogenen Konseqenzen.[12] Sehr ausführlich hingegen findet man eine Wiedergabe des Originalzitats bei Braune & Hogenberg[13] (1582). Der gebürtige Kölner Georg Braun (verwandt mit der Maler-Familie Bruyn) hat als Kompilator neutral auch andere Texte übernommen. Die Kupferschieferfische von Mansfeld wurden als *Mirakel der kurzweiligen Natur* angesehen. Der 1590 von Braun abgedruckte Bericht des H. von Rantzau über die Insel Helgoland behandelt eine Fülle geologischer und paläontologischer Phänomene. Aus der Unterkreide schienen wohl die Schnecken und Muscheln zu stammen, die in Metall (Pyrit) verwandelt seien. Das Gleiche wird von vererzten Baumzweiglein (pyritisierte Endichia?) behauptet. Eine Diskussion über den Vorgang der Verzung fehlt. Obwohl der Städteatlas von Braun & Hogenberg europäische Bedeutung erlangte, sind die hierin zu findenden geologisch-paläontologischen Hinweise anscheinend unbeachtet geblieben. Die Inklusen im Bernstein sahen Agricola und Entzelt als echte Organismen an. Doch kannte Agricola offenbar auch einige Fälschungen (Fisch als Inkluse), was ihn zu der Fehlerannahme bewog, Bitumen sei auch submarin eingeflossen.

Eine ideologisch eingeengte Interpretation sah in den Fossilien Dokumente der noachischen Sinflut. Die Tradition dieser Deutung reicht bis in die späte Antike. Martin Luther hielt 1544 die versteinerten Hölzer, Fische und andere Tiere in den Erzbergwerken (Mansfelder Kupferschiefer) für unzweifelhafte Zeugnisse der Sintflut. Wir dürfen aber wegen dieser Bemerkungen Luther nicht für einen Naturforscher halten, denn diese Funde paßten gut als eine Art physikotheologischer Beweisstücke in seine Weltanschauung. Einen Sintflutbeleg sieht Albinius 1589 in den fossilen Hölzern aus Sachsen. Es ist auffällig, daß Agricola nie den Versuch machte, solche Funde als Sintflutbeleg zu werten. Es ist aber seltsam, daß er ausgerechnet silifizierte Hölzer als organogen ansah.

Ohne Quellenangabe erwähnen Braun & Hogenberg (1582) die fossilreichen Schichten der Oberkreide bei Maastricht. Etliche, schreibt Braun, nähmen an, daß dort durch die Sintflut *Wasserschneckenschalen* und *Gebeine von Tieren* zusammengeschwemmt wurden. Ein ungewöhnlicher Beleg für die Sintflutdeutung stammt aus der Sammlung auf Schloß Ambras bei Innsbruck.[14] Es ist ein fossiler Fisch (*Tharsis dubius* – früher Lepolepis) in einem Plattenkalkstück von einem der berühmten Weißjura-Fundpunkte im Altmühltal. 1582 brachte man auf dem Stück eine Inschrift an. Es sind aus zwei Werken des Vergilius zusammengeflickte Hexameter, die besagen, daß Gott Fluten ins Land schickte, um alles Leben zu vernichten: also ein deutlicher Sintfluthinweis.[15]

Gelegentlich beobachtet man auch einen deutlichen Zwiespalt einiger Autoren bei der Deutung. Der schwäbische Historiker Crusius (1596, fide Quenstedt 1855)[16] meldet, daß man westlich Münsigen auf der Schwäbischen Alb Muscheln fände, die Jakobsmuscheln ähnelten. Ganz im Sinne Fracastoros folgerte er, möglicherweise seien dies Reste einer Meeresüberflutung. Fügt aber in einem kurzen Nachsatz hinzu, daß die Gelehrten glaubten, diese Dinge seien unter Einfluß der Gestirne im Gestein gewachsen (Einfluß des Aristotelismus bei Albertus Magnus).

Eine ähnlich Intermediärstellung bei dem Versuch einer Deutung finden wir bei dem Flamen Jan van Gorp. 1569 beschrieb er Haifischzähne aus Schichten der oberen Kreidezeit von Aachen. Einerseits erkannte er die Identität mit rezenten Selachierzähnen, aber er konnte sich nicht recht vorstellen, daß das Meer einst bis Aachen gereicht habe und so greift er auf die alte Ansicht von Theophrastos zurück, wonach Knochen im Gestein entstehen können.

Schließlich komme ich auf das Gebiet der Fossilieninterpretation unter dem Einfluß philosophischer Systeme. Für Einzelheiten muß an dieser Stelle auf Lehrbücher der Philosophie verwiesen werden. Große Bedeutung hatte das System des Aristoteles; dessen Modifikation durch Albertus Magnus lehnte Agricola zum Beispiel ab.[17] Einmal weist Agricola ausdrücklich darauf hin, daß Steine, die Wassertieren ähnlich sähen[18] aus Erde und Wasser entstünden. Letztlich sind Fossilien für ihn eine Art Spiel der Natur. Eine organogene Herkunft sieht er nur bei fossilen Hölzern – auch wenn diese silifiziert waren – und bei den Bernsteinklusen.

Mathesius sieht Fossilien und ähnliches als *wunderbarliche Gewächse* der Erde an, wobei er vom scholastischen Aristotelismus beeinflußt scheint.

Das für uns äußerst schwer zu begreifende System des Neoplatonismus mit seinen Varianten[19] wird von Rudwick[20] als Erklärung für die Ausführungen bei Conrad Gesner zitiert. Trotz der relativ guten Fossilabbildungen weist Gesner nur auf Ähnlichkeiten hin, spricht sich aber nicht für die organogene Herkunft der Fossilien aus.[21] Bei den «Einhörnern» wendet er sich deutlich gegen Sintflutableitung und vertritt eine Genese in der Erde. Ähnliche Gedanken hatte vielleicht auch Bauhin, für den die Natur bei den Fossilien spielte. Ein Wachsen von Schnecken im Boden vertrat auch Erastus.[22]

Damit kommen wir in jenen Bereich, wo als Interpretation der Fossilen der Begriff des *lusus naturae* fällt. Es wird unklar, ob der Autor bei diesem Gedanken sich auf ein philosophisches System stützt, oder ob dieser Begriff ganz neutral der Ausdruck des Nichtwissens ist. Es kann durchaus sein, daß mancher sich mit der Benutzung dieses Begriffes weiterer Forschungen entheben wollte. Torben Bergman sah um 1780 die Benutzung des Begriffs Sintflut in den Frühformen von Geologie und Paläontologie als einen ähnlichen Begriff zur Kaschierung von Nichtwissen oder Unwillen zur weiteren Forschung an.

Das 16. Jahrhundert zeigt sich bei der Erforschung der Fossilien einerseits eine erste empirische morphologische Registrierung (besonders deutlich bei Agricola, Kentmann, Gesner oder Bauhin) des Bestandes. Zum anderen versucht man Erklärungen. Diese fallen, wie die vorgehenden knappen Andeutungen zeigen, oft sehr widersprüchlich aus. Insofern haben wir auch hier einen Widerspiegel anderer Phänomene im 16. Jahrhundert, die eine Schwankungsbreite zwischen Modernität und Mittelalter zeigen.

Anmerkungen

1 Lüschen, Hans: Die Namen der Steine. Das Mineralreich im Spiegel der Sprache. Thun & München 1968.

2 Agricola, Georgius: Ausgewählte Werke (AGA). Gedenkausgabe des Staatlichen Museums für Mineralogie und Geologie zu Dresden. Hrsg. von Prescher, Hans und Mathé, Gerhard. Bd. III, Berlin 1956.

3 AGA, Bd. IV, Berlin 1958.
4 Lüschen, Hans: Die Namen der Steine ... (Anm. 1).
5 AGA, Bd. III, Berlin 1956.
6 Lüschen, Hans: Die Namen der Steine ... (Anm. 1).; Oakley, Kenneth P.: Decorative and symbolic uses of vertebrate fossils. In: Pitt Rivers Museum, Occasional Papers on Technology, 12, Oxford 1975, S. 1–60.
7 Pogatscher, H.: Schlangenhörner und Schlangenzungen vornehmlich im 14. Jahrhundert. In: Röm.Quartalsschr. christl. Altertumskunde u. Kirchengesch., 12, Rom 1898, S. 162–215; Lüschen, Hans: Die Namen der Steine ... (Anm. 1); Oakley, Kenneth P.: Decorative and symbolic uses ... (Anm. 6).
8 Horst, Ulrich: Alte erdwissentschafliche Beobachtungen und Funde aus dem Hildesheimer Raum in neuzeitlicher Betrachtung. In: Z. Mus. Hildesheim, NF 21, Hildesheim 1970, S. 1–131.
9 Langer, Wolfhart: Die paläontologische Buchillustration. In: Claus Nissen (Hrsg.): Die zoologische Buchillustration, Bd. 2; Lfg.14, Stuttgart 1976, S. 361–409; Lanza, V.: Il *de re matallica...*, die Christophorus Encelius (1517–1583). Le prime illustazioni esplicative di fossili. In: Geologica Romana, 23, Rom 1984, S. 111–120.
10 Gesner, Conrad: De rerum fossilium, Lapidum et Gemmarum maxime, figuris et similitudinibus Liber. Tiguri 1565.
11 Prescher, Hans u. a.: Johannes Kentmanns Mineralienkatalog aus dem Jahre 1565. In: Abh. des Staatl. Museums für Mineralogie und Geologie zu Dresden, 30, Leipzig 1980.
12 AGA, Bd. IV,Berlin 1958, S. 134.
13 Braun, Georgius; Hogenberg, Franz: Contrafactur und Beschreibung von den vornembsten Stetten der Welt, Bd. 3–4, Köln 1582, 1590.
14 Impey, O.; Macgregor, A. (Hrsg.): The origin of museums. Oxford 1985.
15 Zapfe, H.: Materialien zu einer Geschichte der Paläontologie in Österreich. In: Catalogus fossilium Austriae, 15 a, Wien, S. 209–242.
16 Quenstedt, August: Über Pterodactylus suevicus im Lithographischen Schiefer Würtembergs, Tübingen 1855.
17 AGA, Bd. III, Berlin 1956.
18 AGA, Bd. IV, Berlin 1958, S. 133.
19 Hess, Hans: Naturanschauungen der Renaissance in Italien. Marburg/Lahn 1924.
20 Rudwick, Martin J. S. : The meaning of fossils. Episodes in the history of paleonology. London 1972.
21 Adams, F. D.: The birth and development of the geological sciences. New York 1954.
22 Erastus, Thomas: Epistola de natura, materia, ortu atque usu lapidis sabulosi qui in Palatinatu ad Rhenum reperitur (Per Petrum Pernam 1572). Faksimile. Übersetzung und Kommentar von Wo. Ziehen, Aalen 1984.

Literatur

Albinius, Petrus: Meißnische Land- und Berg-Chronica, in welcher ein vollstendige description des Landes zwischen der Elbe, Sala und Südoedischen Behmischen gebirgen gelegen. Dresden 1589.

Bauhinus, Johannes: Historica novi et admirabilis fontis balneique Bollensis. Montisbelgardi 1598.

Basset, M. G.: Formet stones, Foklore and fosilis. In: National Museum of Wales. Geol. Ser., 1, Cardiff, S. 1–32.

Bromehead, C. E. N.: Geology in embryo (up to 1600 A. D.). In: Proc. geol. ass., 56, London 1945, S. 89–134.

Crusius, Martin: Annales suevici, sive Chronica rerum gestarum antiquissimae et inclytae suevicae gentis ..., Bd. 3, Frankfurt /M. (non vidi, fide Quenstedt).

Elenberger, Fracois: Jan van Gorp (Goropius Becanus), 1518–1572: un pionnier meconnu de l'ètude des fossiles au XV siècle. In: Trav. Comité Francais Hist. geol. (COFRHIGEO), Ser.3, fasc. 1, Paris 1987, S. 9–27.

Ellenberger, Francois: Histoire de la géologie. Bd. 1, Paris 1988.

Entzelt, Christoph: De re metallica, hoc est, de origine, varietate, et natura corporum metallicarum ...libri III. Frankfurt 1551 (Deutsche Übersetzung in: Corpus juris et systema metallicorum, oder: Neuverfaßtes Berg-Buch ..., Frankfurt /M. 1698, S. 1–96).

Kirnbaum, F. (Hrsg.); Wilsdorf, Helmut: Montangeschichte und Montanethnographie. Eine Bibliographie zu seinem 65. Geburtstag. In: Leobener Grüne Hefte, 168, Wien 1977, S. 1–63.

Luther, Martin: Enarratio in I cap. Genesis. In: Martin Luther Werke. Kritische Gesamtausgabe, 42, Weimar, S. 3–673.

Mathesius, Johann: Sarepta oder Bergpostill sampt der Jochimßthalischen kurtzen Chronicken, Nürnberg 1564.

Pechblende – ein schicksalhaftes Mineral des Erzgebirges

Eike Gelfort (Köln)

Georgius Agricola lebte von 1527 bis 1531 in St. Joachimsthal. Er befaßte sich dort interessiert und nachhaltig mit dem Bergbau, gibt jedoch in allen seinen schriftlichen Berichten damals und später (Erstlingsschrift: «Bermannus») keinen Hinweis auf das Uranmineral Pechblende. Dieses Erzmineral kann sowohl noch nicht vorgelegen haben als auch übersehen worden sein. Die in der Frühzeit des Bergwesens bebauten, zu Tage gehenden Morgengänge (von Ost nach West laufende Gänge; man trieb Ausbeute ohne Grubenlicht) erbrachten gediegenes Silber oder reiche silberhaltige Erze sowie Bleiglanz und Zinkblende. Mit zunehmender Taufe fanden sich in den Mitternachtsgängen (von Nord nach Süd laufende Gänge) die Mineralien mit Kobalt und Nickel. Sowohl in Joachimsthal als auch anderenorts zeigt sich im Erzgebirge immer wieder die tiefenbezogene Abfolge der Elemente in der Formation (hydrothermale Mineralisationsphase im Abschluß an die fluorbarytische Formation): Bi, Co, Ni, Ag und U.

So kann sich nur in deren tiefsten Abschnitten nach diesen Mineralien vorwiegend in den Gangkreuzen die Uran-Pechblende finden lassen. Zuunterst, d.h. in der größten Tiefe, liegt Uran vor, so daß sich die alte Aussage bestätigt: wurde Pechblende fündig, gingen der Silbergehalt zurück und die Gewerkschaft der Bergbautreibenden schlechten Zeiten entgegen.

So nannten die Bergleute das Wismut mit Recht den Hut des Silbers als positives Anzeichen, berichtet Agricola (V. Buch). Diese polymetallische Natur der Erzvorkommen mit Wismut, Kobalt, Nickel, Silber, Uran – genannt Formation der Edlen Geschicke – hat den Bergleuten im Erzgebirge viermal entscheidende wirtschaftliche Impulse gegeben:

- nach der Entdeckung des Silbers wurde ab 1460 neben Silber gediegen Wismut gefunden, das als Letternmetall eine wichtige Verbesserung der Gutenberg-Erfindung ermöglichte;
- durch den Silbersegen von 1515 bis 1550 (Thaler-Prägung ab 1519: 27,2 g Ag-Gehalt);

- nach 1560 erfolgte die Nutzung des Kobaltoxids zur erzgebirgischen Blaufarben-Erzeugung (Schneeberger Kobaltfeld);
- um 1820 setzte die Nickelnutzung einschließlich Zinkblende als sogenanntes Neusilber ein (Dr. Geitners Argentan mit 20% Ni, 55% Cu, 25% Zn);
- nach 1945 hat die Urangewinnung bis heute dem Revier einen Stempel aufgedrückt (96000 Tonnen Uran im Erzgebirge von ca. 221000 Tonnen Uran in den Jahren 1946 bis 1990 in Thüringen und Sachsen).

Im mittelalterlichen Silberbergbau galt wahrscheinlich das Einbrechen der Uranpechblende als ungünstig. Daher ist es in vielen Grubenberichten ein verschwiegenes Ereignis, da ihr Erscheinen immer mit der Verringerung des Silbergehaltes der Erzgänge verknüpft war. Die anfallende Uranpechblende wurde als unbrauchbare, wilde und raubende Erzart entweder auf die Halde gestürzt, in den Bauen gelassen oder als Versatz benutzt. Große Mengen von dieser Uranpechblende dürften mit der Bi-, Co-und Ni-Gewinnung an die Blaufarbenwerke und Metallhütten gegangen sein und verzettelten sich mit den Abfällen und Schlacken in den Bergbau-Revieren.

Einerseits wurde der Name Pechblende in sächsischer Mundart bereits vor 1565 (J. Kentmann) genannt, andererseits ist er erst ab 1727 (F. E. Brückmann) für St. Joachimsthal als *Schwartz-Bech-Ertz, so Silber, Kupffer und Bley hält,* belegt. Die aus dem Mittelalter stammenden Namen für Pechblende und Wismut sowie Uran sollen kurz erklärt werden, da sie gewisse historische Bezüge veranschaulichen.

Der Name Pech leitet sich vom lateinischen *Pix* ab und ist der gemeinschaftliche Name verschiedener Harze und Teere im Mittelalter gewesen, der sich grundsätzlich auf die Eigenschaft der Klebrigkeit bezieht. Insbesondere führen die Harze der Nadelhölzer den Namen Pech, wenn sie sich durch Einwirkung von Hitze (trockene Destillation des Teers durch Schwelen) zum schwarzen Pech oder Teer als Brandharz (Verflüchtung des Brandöles) verwandelten. Volkstümlich (Rotwelch) verbindet man mit Pech den Begriff «Pechvogel», weil im Mittelalter das klebrige Harz, sprich Pech, auf Leimruten zum Vogelfang verwendet wurde. *Pech haben*, das bedeutet, am Pech kleben, ein gefangener *Unglücksvogel sein,* ein Unglück haben. Es scheint so, daß sich der Name Pechblende auf solch eine unglückliche Situationsbeschreibung übertragen läßt – dem ist jedoch nicht so –, denn der Name bezieht sich auf die äußere Erscheinung: Pechblende beschreibt ein Erzmineral mit pechschwarzer Farbe, matt und undurchsichtig (Uraninit: UO_2/U_3O_8; ca. 79% U-Gehalt; kollomorph; radioaktiv und mit Zerfallselementen).

Der Name wurde im Mittelalter für viele Mineralien verwendet (z.B. Zinkblende), die einen halbmetallischen bis diamantartigen Glanz besaßen, aber diese augenfälligen Erwartungen nicht erfüllten, so daß der Name *Blen-*

der bedeutet. Der Name Uran wurde 1789 dem aus der Pechblende extrahierten neuen Element durch seinen Entdecker M.H. Klaproth (24.09.1789 Kgl. Preußische Akademie der Wissenschaften zu Berlin) in Anlehnung an den im gleichen Jahr entdeckten neuen Planeten Uranus gegeben. Die ihm vorgelegte und analysierte Pechblende stammt aus der Grube George Wagsfort bei Johanngeorgenstadt (verlassene Zeche aus dem Jahr 1670, der 1654 gegründeten Bergstadt.) Die Lagerstätte ist von gleicher Art wie die in Joachimsthal oder Schneeberg.

Der Name Wismut, auch er sollte im Hinblick auf den mittelalterlichen Ursprung erläutert werden, weist darauf hin, daß gediegen Wismut im Mittelalter (1250) im Erzgebirge entdeckt und gefördert wurde. Die wahrscheinliche Bezeichnung im Schneeberger Revier *Wiesen gemutet* ist in alle europäischen Sprachen eingegangen. Die Gewinnung hat Agricola beschrieben. Schon geringe Zusätze des Wismut machten Zinngefäße haltbarer. Seit 1450 spielte es in der Buchdruckerei eine große Rolle, denn Blei- und Zinnlettern mit einem Wismut-Zusatz hielten dem Druck der Pressen besser stand.

Als Fazit läßt sich nach dem Leitgedanken *nomen est omen,* d.h. Name ist Vorzeichen, sagen, daß einerseits die Uranpechblende als nicht segensreich tituliert und andererseits nicht sonderlich auffällig war. Sicher ist jedoch, daß sich im Mittelalter in den uranreichen Gängen des Erzgebirges (große Ausbrüche mit Uranpechblende) mitunter derbe Trümer der Uranpechblende von 20 cm Mächtigkeit zeigten. Solch einen Fund hat man beispielsweise auf der Pariser Weltausstellung gezeigt. Diese 50 kg Pechblende beinhalten 38 kg Uran (ca. 0,75 %). Wegen der Radioaktivität befinden sich folgende Radionukleide mit dem Uran im Zerfallsgleichgewicht (Mineralbildung vor ca. 240 Jahren – Gleichgewichtseinstellung nach ca. 3 Mio Jahren gemäß Halbwertszeiten):

U-238	38	Kilogramm
U-235	270	Gramm
Ra-226	13	Milligramm
Ra-206	1,5	Kilogramm als stabiles Endprodukt

Das Uran zerfällt; es ist radioaktiv. Diejenigen radioaktiven Elemente, die in einem genetischen Zusammenhang stehen, bilden eine Zerfallsreihe. Für die Pechblende ist dieUran-Radium-Reihe von besonderer Relevanz. Als Halbwertszeit wird diejenige Dauer bezeichnet, in der das Radionuklid um die Hälfte zerfallen ist. Die Eigenschaft bestimmter Atomkerne, sich ohne äußere Einwirkungen unter Aussendung von Strahlung umzuwandeln, wird als Radioaktivität bezeichnet. Die Alpha-Strahlen bestehen aus Teilchen mit jeweils zwei Neutronen und Protonen, die aus dem Atomkern austreten. Ihre Reichweite ist sehr gering; zur Abschirmung genügt bereits ein Blatt Papier.

Die Beta-Strahlen entstehen dann, wenn sich im Atomkern ein Proton und ein Elektron umwandelt und dieses austritt. Sie können in einige Zentimeter dicke Wasserschichten oder in dünnes Blech eindringen. Die Gamma-Strahlen werden im Atomkern gebildet, indem dessen Energieüberschuß in Form elektromagnetischer Strahlen abgegeben wird. Die Gamma-Strahlung, ähnlich dem sichtbaren Licht oder der Wärmestrahlung in ihrer Struktur, ist jedoch viel energiereicher als Licht und kann erst durch mehrere Meter dicke Betonwände abgeschirmt werden. Die ausgesendeten Strahlen (α, β, γ) können bei entsprechender Konzentration und Einwirkungszeit für den Menschen gesundheitsschädigend werden. Eine beispielhafte Abschätzung ergibt folgendes Bild für den Uran-Pechblende-Block auf der Pariser Weltausstellung:

1. Randbedingungen (γ):

Abstand:	1m
Urandichte:	8,5 g/cm^3
Belastungszeit:	2000 h/a, d.h. ca. 6 h/d im Jahr
Menge:	50 kg U_3O_8
Form:	Würfel (15 cm Kantenlänge)
Abluft:	keine Radon-Freisetzung
Strahlenbelastung:	äußerlich
Äquivalentdosis:	104 mSv/a

Die äußere Strahlenbelastung von 100 mSv/a liegt zu der heute zulässigen Strahlenbelastung von 50 mSv/a für beruflich strahlenexponierte Personen (Kategorie A; Anlage X, Tab. 1 der StrlSchV), wenn unter relativ ungünstigen Bedingungen solch ein Pechblende-Block als Quelle unterstellt wird, um die Hälfte höher. Die Strahlenexposition für den Bergmann besteht aus dieser äußeren Direktstrahlung und aus der Inhalation sowohl von Erz- und Gesteinsstaub als auch vom dem Edelgas Radon und dessen Zerfallsproduktion (mit der besonders kritischen α-Strahlung):

2. Randbedingungen (α):

Radonfreisetzungsrate	100%
Dosiskonstante:	2,9 Sv/a für die Inhalation
Gleichgewichtsfaktor	0,35, d.h. Auswirkungen der Folgeprodukte
Belastungszeit	2000 h/a d.h. 6 h/d im Jahr
Strahlenbelastung	innerhalb durch Einatmen (Inhalation)
a) Äquivalentdosis	2 200 mSv/a
Luftaustausch	keiner
b) Äquivalentdosis	6 mSv/a
Luftaustausch	5 mal pro Tag und 10% Freisetzungsrate für Radon aus dem Pechblende-Block

Der Bergmann erhält bei äußerst pessimistischen Randbedingungen eine Strahlenbelastung von insgesamt ca. 2300 mSv/a. Sie läßt sich nur unterstellen, wenn der Bergmann vor Ort in einem Gebiet hoher Konzentration der Pechblende ohne Bewetterung arbeiten muß. Die Aufenthaltszeit von ca. 6 Stunden pro Tag in der Nachbarschaft einer radioaktiven Quelle solchen Ausmaßes ergibt sich jedoch aus der Tatsache, daß um 1530 die jährliche Vortriebsleistung eines einzelnen Bergmanns in einem Stollen von 1,5 m mal 1 m Querschnitt mit Schlägel und Eisen je nach Gesteinsart nur 2 bis 3 m betrug. Dieser Orientierungswert von ca. 2 Sv/a bedeutet letztendlich im Vergleich zu den heutigen Grenzwerten 0,05 Sv/a eine direkte Krankheitsgefahr.

Die Äquivalentdosis, gemessen in Sievert (Sv), beschreibt im Strahlenschutz die aus der Energiedosis (gesamte absorbierte Strahlungsenergie an die bestrahlte Materie) und aus dem Bewertungsfaktor (unterschiedliche biologische Wirkung der verschiedenen Strahlenarten: α, β, γ, n) zu bestimmende äußere und innere Strahlenexposition des Menschen. Demzufolge läßt sich nach dieser Abschätzung belegen, daß ein Bergmann, mit großen Mengen Uranpechblende befaßt, schnellstens nach ca. 100 Tagen gemäß unserer heutigen Erfahrung gesundheitlich durch Krebs geschädigt wird. Dieser 50 kg-Pechblende-Block für Paris stellt demzufolge eine gesundheitsgefährdende Angelegenheit dar. Es fragt sich, begegneten den Bergleuten um 1525 solche Funde?

Unter dem Einfluß von Luft und Sauerstoff (Anwitterung) bildete sich aus dem primären Erzmineral Uran-Pechblende eine Reihe von sekundären Mineralen des Urans, die in den alten Gängen als mineralische Neubildungen entstehen, heutzutage gefunden werden und einen Beleg für die Uranhöffigkeit im Mittelalter darstellten, so daß die Bergleute mit der Uran-Pechblende in Kontakt gekommen sind. In St. Joachimsthal sind solche uranreichen Baue im Bereich des Sächsischen *Edelleut-Stolln* besonders gefürchtet gewesen. Die höchste Sterblichkeit herrschte unter den in Gangabschnitten mit Uranerzvorkommen tätigen Bergleuten. Sie sind sämtlich *bergfertig* (krank) geworden und erlagen einem bösartig verlaufenden unheilbaren Siechtum. Nach den heutigen Kenntnissen ist die Berg- oder Lungensucht der erzgebirgischen Bergleute eine Folge der andauernden Respiration der radonhaltigen Grubenluft. Der Bronchialkrebs entwickelt sich häufig auf dem Substrat einer Silikose, wobei der Uran- und Arsengehalt des eingeatmeten Staubes für die Ätiologie des Carcinoms von Bedeutung ist, da die Radioaktivität eine zusätzliche Strahlenbelastung des vom Arsen gereizten Lungengewebes bewirkt.

So sind in Joachimsthal in den alten Bauen des Geister-Ganges sowie im Bereich des Kreuzes von *Elias- und Fluther-Gang* Fundorte sekundärer Uranminerale bekannt geworden. Auch die alten Halden um den Elias- und Wernerschacht lieferten Produkte der Zersetzung der Uranpechblende, z. B. Uranglimmer und Urangrün. Im sächsischen *Edelleut-Stolln* fand man sekundäre Minerale des Urans besonders in den alten Bauen auf dem *Zeidler-Gang*. Einerseits gab es die Strahlenbelastung durch die Uranpechblende, andererseits wurden die gesundheitlichen Belastungen beobachtet, was sich bei Agricola so liest (VI. Buch): *... es bleibt noch übrig, von den Unglücksfällen und Krankheiten der Bergleute zu sprechen und von den Mitteln, durch die sie sich vor ihnen bewahren können, denn wir müssen größeren Wert auf die Erhaltung der Gesundheit legen als auf den Gewinn, damit wir ungehindert mit unseren Körperkräften die Arbeit verrichten können ... die dritte Ursache sind die bösen Wetter, welche bisweilen die Bergherren weder durch Kunst noch durch Aufwand verbessern können, weshalb der Betrieb aufgegeben wird ...*

Agricola, der den Bergbau befürwortet, seine Leistungen positiv dokumentierte und mit den zwölf Büchern des «De re metallica» ein glänzendes Zeugnis des Montanwesens gab, war auf Mäßigung bedacht, um die negativen Folgen für die Gesundheit des Menschen und die Schäden in der Landschaft einzuengen. Die Waldordnung des Jahres 1564, durch Kaiser Maximilian II. erlassen, belegt jedoch, daß der Bedarf an Holz für den Bergbau zum Raubbau entartete. So mußte 1526 für St. Joachimsthal eine Forstordnung gegen Holzverschwendung und Waldverwüstung erlassen werden, der 1538 eine zweite Forstordnung folgte.

Der Bergbau, seit 1460 (Nürnberger Schmelzverfahren für silberhaltige Kupfererze) aufblühend, mit seinen technischen und organisatorischen Veränderungen, fand unter den Zeitgenossen Agricolas keineswegs nur Zustimmung, denn es heißt: Die *Jagd nach dem Silber wecke die menschlichen Leidenschaften zu sehr* und der *Eingriff in die Erdrinde sei ein Frevel an der göttlichen Schöpfung*. Agricola hat dem im 1. Buch des «De re metallica» deutlich widersprochen, indem er die Ambivalenz menschlichen Tuns klar herausstellte: *wenn die Metalle aus dem Gebrauch des Menschen verschwinden, so wird damit jede Möglichkeit genommen, sowohl die Gesundheit zu schützen und zu erhalten, als auch ein unserer Kultur entsprechendes Leben zu führen ...*

Nach dem Aufblühen und Anwachsen durch den Masseneinsatz von Menschen – mit 18000 Einwohnern war St. Joachimsthal in seiner Blütezeit 1533 eine der volkreichsten Städte Mitteleuropas – wurde das Leben damals wie heute in der ganzen Region verändert, die Gewinne wurden eingestrichen und die Lasten der Zukunft überlassen. Deshalb stellen sich der Silber-Segen sowie auch der Uranpechblende-Segen nur dann als Vorteil heraus, wenn gleichzeitig das menschliche Maßhalten erreicht wird.

Gifte bei Georgius Agricola

Klaus Müller (Leipzig)

Gifte sind noch heute nicht scharf abgrenzbar von Nichtgiften; Stoffe sind nicht Gifte schlechthin, sondern werden es nur durch ihre Wechselwirkung mit lebenden Organismen unter ganz bestimmten Wirkungsbedingungen. Diese Relativität oder Dialektik des Giftbegriffes war der Antike und dem Mittelalter, ja noch der angehenden Neuzeit weitgehend fremd, wenigstens soviel wir davon wissen. Hier besteht sicher noch Forschungsbedarf, denn das Erfahrungswissen über Gifte ist uralt. Implizit ist es – wie ich meine – älter als die Menschheit, da das Leben mit Giften in der Umgebung, in der Umwelt ein Erfordernis des Lebens *ab initio* darstellt. Gifte standen im Verständnis der frühen Geschichte stets in der Nähe von Magie, Hexerei, Beschwörungen, Dämonen. Anstatt rein stofflich verstanden zu werden, hatte ihre Wertung überirdische, religiös bzw. mystisch verbrämte Komponenten, ebenso wie man keinen scharfen Gegensatz annahm zwischen Gegengiften und Amuletten oder Talismanen. Insofern war der berühmte Satz *Dosis sola facit venenum* des Paracelsus anfangs des 16. Jahrhunderts ein Markstein für die künftige Entwicklung einer wissenschaftlichen Toxikologie, die wir erst zu Ende des 18. und zu Beginn des 19. Jahrhunderts ansetzen, die mit Geburtswehen verlief und genaugenommen noch nicht abgeschlossen ist.[1]

Paracelsus – mit einem unsicheren Geburtsdatum zwischen Dezember 1493 und Frühjahr 1494 gleichaltrig mit Agricola – hatte wie dieser Verbindung zum Bergbau. Mit seinen sieben *Defensiones* setzte er sich gegen Vorwürfe seiner Gegner zur Wehr, er vergifte die Patienten mit seinen neuen (vielfach mineralischen) Arzneimitteln. Den entscheidenden Satz zum Dualismus Gift/Heilmittel hat er ursprünglich deutsch formuliert: *Alle Dinge sind Gift und nichts ist ohne Gift, nur die Dosis macht, daß ein Ding kein Gift ist.* War diese Auffassung, diese Relativierung des Giftbegriffes, die im übrigen nach Paracelsus anscheinend für Jahrhunderte kaum beachtet wurde, seinerzeit einsame Denkleistung oder mit der Renaissance heranreifendes Verständnis?

Diese Frage führte uns dazu, bei Agricola nach Auffassungen über Gifte zu suchen: von Haus aus Arzt, mußte er erst recht als Begründer der Mineralogie und Bergbaukunde mit Giften in Berührung gekommen sein. Vorweggenommen werden soll, daß die Suche nach entsprechenden Äußerungen auch in den Werken Agricolas erfolgreich war. Er hat keinen solch fundamentalen Satz geprägt wie Paracelsus, aber bei allem Gegensatz dieser beiden Persönlichkeiten in Weltbild und Darstellungsweise zeigten sich auch Gemeinsamkeiten. Dabei sind sie sich, soweit bekannt ist, nie begegnet und haben wahrscheinlich nicht einmal voneinander gewußt.

Paracelsus war durch und durch von Grundideen überzeugt, mit einem religiösen, ja mystisch wirkenden Weltbild, das von der Astrologie über die Theologie bis zur kritischen Empirie und praktischen Tatkraft reichte. Seine Darstellungsweise ist weithin schwerer zugänglich, und seine Argumentation ist vorwiegend deduktiv. Paracelsus predigte Auffassungen, und als ein unbestrittener Erneuerer der Medizin mit epochaler Bedeutung geriet er doch zuweilen zum Eiferer und schuf sich viele Feinde. Agricola kennen wir in erster Linie als Beobachter, er schilderte, erklärte auf dem Hintergrund eines offenbar ganz diesseitigen, rational geprägten Weltbildes und äußerte Überzeugungen eher beiläufig. Sein Herangehen war stark induktiv determiniert, und seine – gleichwohl durch die Übersetzung aus dem Lateinischen adaptierte – Sprache wirkt überwiegend leichtverständlich und fast modern. Agricola bezeichnete mehrfach Stoffe als giftig, die anschließend oder in einem anderen Zusammenhang als Heilmittel erwähnt werden, z.B. Vitriole, Arsen, auch Pflanzengifte. Auf die Kenntnis der Dosis bzw. Konzentrationsabhängigkeit weisen auch Feststellungen hin, wie die über *Chrysokalla* (Malachit): *In geringer Dosis eingenommen, verursacht sie Erbrechen, in starker wirkt sie tödlich* oder über Vitriolwässer, die *verdünnt heilend, wenn sie zu stark sind, tödlich wirken.*

Da die Giftwirkung lange als mystisches Phänomen angesehen wurde, war diese Mengenabhängigkeit andererseits keineswegs – wie uns heute scheinen will – selbstverständlich. Der berühmte römische Arzt Galen rechnete z.B. Quecksilber zu den Stoffen, *die den Menschen so zuwider sind, daß selbst ein ganz kleiner Teil davon genommen, im Ganzen schädigt*, was man offenbar als Annahme einer Dosisunabhängigkeit zu interpretieren hat.

Agricola kannte auch den Unterschied zwischen der toxischen Wirkung des metallischen Quecksilbers und dessen löslicher Salze. Er erwähnt die relative Harmlosigkeit verschluckten Quecksilbermetalls (von dem Dioscorides behauptet hatte, es zerstöre die inneren Organe durch sein Gewicht). Dagegen meint er offenbar Quecksilberverbindungen, wenn er schreibt: *Aber wenn man es mit anderen Stoffen so vermischt, daß es nicht mehr auseinander läuft und die Körperwärme ihre Wirkung darauf ausüben kann, dann strebt es, inwendig eingenommen oder äußerlich aufgestrichen, nach dem Kopfe und verursacht ganz starke Entwicklung von Schleim, der teils durch den Mund ausfließt, teils sich im Zahnfleisch und im Gesicht festsetzt, so daß diese anschwellen. Die Chymisten aber bringen es in ein besonderes Gefäß; es wird durch die Hitze des Feuers hochge-*

trieben und daraus eine weiße Masse gebildet, die sie Quecksilbersublimat nennen. Das hat eine besonders zersetzende Wirkung; wenn man es trinkt, wirkt es ... tödlich.

Was die Applikationsart anbelangt, unterscheidet Agricola zwischen der Aufnahme über den Verdauungstrakt und der *äußerlichen* Einwirkung über die Haut; er räumt sogar darauf zurückzuführende Unterschiede der Wirkungsart ein (außer beim Quecksilber z.B. bei der Cerussa, dem Bleiessig). Zur Cerussa gibt er an, sie wirke in der Heilkunst als Einreibung abkühlend, könne aber beim Trinken tödlich sein.

Den Einfluß der Einwirkungszeit erwähnt Agricola bei der Beschreibung der Wirkung *tödlicher Dünste* einer Höhle bei Neapel (wahrscheinlich der sogenannten Hundsgrotten): *Die Dünste töten jedes Lebewesen, wenn es lange verweilt; wenn es aber sofort wieder herausgezogen wird, berauben sie es so der Besinnung und Bewegung, daß es tot zu sein scheint.* Besonders bemerkenswert ist auch die Erwähnung der Speziesabhängigkeit der Giftwirkung – oder wie es Agricola nennt *der Körperbeschaffenheit des Lebewesens.* Beiläufig erwähnt er: *So ist ja auch Schierling für den Star Speise, für den Menschen Gift.*

Danach war also Agricola ebenso wie Paracelsus davon überzeugt, daß ein Stoff nicht unter allen Umständen Gift oder «Nichtgift» ist. Mystisches Denken war Agricola augenscheinlich weitgehend fremd. Er scheint generell überzeugt, daß alles seine (natürliche) Ursache hat und lehnt übernatürliche Kräfte auch dann ab, wenn unmittelbare Erklärung oder Beweis nicht gelingen. Im Zusammenhang mit der Entstehung der Erze sagt er ausdrücklich – wenn auch beiläufig und wie selbstverständlich – *weil ja nichts ohne Ursache geschieht.* Er akzeptiert nicht, daß Priester durch göttlichen Schutz gegen Gift gefeit sein könnten und gibt für die dahingehenden Berichte die einleuchtendere, obwohl nicht unmittelbar belegbare Erklärung, die Priester hätten offenbar nur ihnen bekannte Schutzmaßnahmen angewandt. Im Zusammenhang mit der gewerblichen Exposition in Bergbau und Hüttenwesen führt er sogar konkrete Schutzmaßnahmen an und postuliert allgemein dazu, *es käme immer mehr darauf an, die Gesundheit aufrecht zu erhalten, als Gewinn zu erzielen,* – eine Forderung, deren völlige Durchsetzung ja noch immer aussteht. Beim Schmelzen von Zinnober und als Staubschutz unter Tage empfiehlt Agricola das Vorbinden einer Gesichtsmaske, beim Kontakt mit ätzenden und hautschädigenden Stoffen wie Cadmia oder Hüttenrauch das Tragen von Stiefeln und Handschuhen. Derartige Vorschläge haben allerdings ihre Vorgänger bereits in der Antike, und Agricola versäumt nicht, Plinius als Urheber zu zitieren. Paracelsus hat sich sogar intensiver mit Berg(werks)krankheiten beschäftigt und ein Buch «Über die Bergsucht» geschrieben. Insofern muß man – abgesehen von den antiken Autoren – die beiden Renaissancegelehrten sogar auch zu den Begründern der Arbeitsmedizin rechnen.

Hinsichtlich der Schilderung von Symptomen zeigen sich die Begrenztheit der damaligen Kenntnisse und die Übernahme mystisch gefärbter Behauptungen der Literatur; andererseits bestehen hier aber auch große Schwierigkeiten des Vergleichs mit unseren heutigen Kenntnissen. Die seinerzeit verwendeten Bezeichnungen sind nicht durchweg exakt definiert und übersetzbar; eine konsequente Beziehung auf die Zusammensetzung war damals natürlich nicht möglich, solange noch keine wissenschaftliche Chemie existierte. Oft werden Begleitstoffe für die Wirkungen verantwortlich gewesen sein. Die Begriffe Gemisch, Verbindung und Element in unserem Sinne waren ohnehin unbekannt, so daß diese Kategorien nicht auseinanderzuhalten waren. Wenn beispielsweise *Pompholyx* (Kupfer- oder Ofenbruchasche) beschrieben wird, ist wahrscheinlich das enthaltene Arsentrioxid die Ursache seiner lokal irritierenden Wirkung gewesen. Andererseits mußten sich außer bei der Schilderung von Symptomen bzw. Vergiftungsbildern die Begrenztheit des Wissens und Reste mystischen Denkens auch beim Überbetonen von Ordnungskategorien zeigen. Wenn Agricola schreibt, *die Gegengifte widerstrebten einesteils den Giften, andere heilten Krankheiten* oder *einige Gegengifte würden ungerichtet gegen Vergiftungen, andere nur gegen bestimmte Gifte helfen*, entspricht das zwar nach unseren heutigen Kenntnissen tatsächlich denkbaren Antidot-Prinzipien, war aber damals auf Grund des Fehlens entsprechender chemischer und pharmakologisch-physiologischer Kenntnisse wohl mehr Wunschdenken und damit Spekulation, höchstens Vorahnung. Schlangen- und Krokodilbisse werden in einem Atemzug genannt. Der Diamant *stelle das Vorhandensein von Giften fest und mache Gifte unwirksam.* Hier offenbaren sich wahrscheinlich unkritische Übernahmen aus der Literatur – leider noch heute eine Quelle von Irrtümern. Dieses Beispiel zeigt zugleich, wie zäh dem Giftbegriff – und damit auch dem der Gegengifte – das uralte Odium des Mystischen anhaftete, das zwischen Giften und Zauberei ebensowenig unterschied wie zwischen Gegengiften und Amuletten oder Beschwörungen. Weitere Beispiele für das Verständnis Georgius Agricolas von den Giften ließen sich anführen, und das minutiöse Studium mag selbst an unvermuteten Stellen seiner Werke noch indirekte Bezüge zutage bringen.

Zusammenfassend können wir jedoch bereits auf Grund dieser wenigen Zitate feststellen, daß bei aller Begrenztheit des toxikologischen Wissens jener Zeit sich nicht nur bei Paracelsus die Anfänge des dialektischen Giftbegriffes herausbildeten; bei seinem großen Zeitgenossen Agricola finden sich ähnliche – wenn auch nicht vergleichbar abstrahierte – Ansätze.

300 Jahre vergingen noch, ehe daraus die wissenschaftliche Toxikologie als Lehrgebäude entstehen konnte. Um so erstaunlicher ist es, daß nicht nur so viel früher bereits wesentliche Elemente des späteren wissenschaftlichen Giftbegriffes, des Verständnisses der Giftwirkungen nicht nur als einsame Denkleistung aufkeimten, sondern daß ein bereits als außerordentlich vielseitig bekannter

großer Wissenschaftler wie Georgius Agricola auf einem weiteren Fachgebiet Bleibendes geleistet hat. Seiner ohnehin erstaunlichen Universalität wird damit nochmals ein Aspekt hinzugefügt, der unsere Bewunderung verdient.

Zusammenfassung

Georgius Agricola hat sich neben seiner Rolle als Begründer von Mineralogie, Bergbau- und Hüttenkunde auf mehreren weiteren Gebieten erfolgreich betätigt.Gerade wegen seiner tiefgründigen Beschäftigung mit dem Berg- und Hüttenwesen als Arzt vermuteten wir aber, daß er auch giftig wirkende Mineralien und andere Gifte kennengelernt haben mußte und sich in seinen Werken darüber geäußert haben würde. Bisher galt Aureolus Theophrastus Bombastus von Hohenheim genannt Paracelsus als ein einsamer Vorläufer der Toxikologie, die sich erst an der Wende zum 19. Jahrhundert zur Wissenschaft entwickelte und für die Gifte und Giftwirkungen im Gegensatz zum mystischen Giftbegriff des Mittelalters einen relativen, dialektischen Charakter haben.

Unsere Vermutung hat sich insofern bestätigt, als Georgius Agricola tatsächlich in der ihm eigenen nüchtern naturwissenschaftlichen Ausdrucksweise Äußerungen über Gifte trifft, die Rückschlüsse auf sein Verständnis dieses relativen Charakters der Toxizität, der Gifte und der sich daraus ergebenden eigenartigen Stellung der Toxikologie erlauben. Im Unterschied zu Paracelsus traf Agricola seine Feststellungen zu Giften eher beiläufig und hat sie nicht in einem Kernsatz wie Paracelsus berühmtem *Dosis sola facit venenum* kristallisiert; die eingestreuten Bemerkungen Agricolas muten jedoch teilweise geradezu modern an.

Anmerkungen

1 Diese Äußerung war zu jener Zeit eine herausragende historische Denkleistung, deren vollständiges Begreifen noch heute nicht ubiquitär zu sein scheint, wie öffentliche Diskussionen nicht selten erkennen lassen. Im Grunde gar keine abgeschlossene Definition, sondern nur eine ganz wesentliche Charakterisierung der Gifte, ist die bekannter gewordene Formel *Dosis sola facit venenum* zwar sehr einprägsam, aber recht frei übersetzt und kehrt, genaugenommen, das ursprüngliche Argument um.

Literatur

Agricola, Georgius: Ausgewählte Werke. Gedenkausgabe des Staatlichen Museums für Mineralogie und Geologie zu Dresden. Hrsg. von Prescher, Hans und Mathé, Gerhard. Bände I bis X, Deutscher Verlag der Wissenschaften, Berlin 1956–1992.

Georgius Agricola – seine Kindheit und Jugend

Gisela-Ruth Engewald (Freiberg)

Erste biographische Ansätze zum Leben und Wirken von Georg Pawer, der sich später Georgius Agricola nannte, reichen bis zu seinem Freund Georg Fabricius (1516–1571) und bis zum sächsischen Chronisten Petrus Albinus (1534–1598) zurück. Beide kannten Georgius Agricola, sie waren Zeitgenossen, sie schrieben Erlebtes und Bekanntes ihrer Zeit auf. Doch über Agricolas Kindheit und Jugend erfahren wir nichts. Erst Ende vergangenen Jahrhunderts wurden durch Reinhold Hofmann und Paul Uhle handschriftliche Quellen der Stadtarchive von Chemnitz und Zwickau sowie des Hauptstaatsarchivs Dresden für die Nachzeichnung des Lebensweges von Agricola mitausgewertet. Auch hier erfahren wir über seine Kindheit und Jugend kaum etwas, kommt doch erschwerend dazu, daß die Stadtbrände von Glauchau, Agricolas Geburtsstadt, in den Jahren 1547, 1630 und 1712 nahezu alle Archivalien vernichteten, die Aufschluß über Georgs Kindheit geben könnten. Das galt auch für Agricolas Lebensdaten, die noch im vergangenen Jahrhundert zu Verwechslungen mit Zeitgenossen führten. Obwohl sie von Albinus und Fabricius genannt werden, ist in neuerer Zeit mit dem Auffinden des Textes einer Gedenktafel, die Agricolas Ehefrau Anna im Zeitzer Dom anbringen ließ, in einer Zeitzer Chronik auch der letzte Beweis für die Richtigkeit des Geburtsdatums am 24. März 1494 in Glauchau und seiner Beisetzung im Zeitzer Dom erbracht.

Dem Glauchauer Familienforscher und Archivar Fritz Resch ist es zu verdanken, daß wir heute als gesichert annehmen können, daß Georgs Vater Handwerker war und das Färber- und Tuchmacherhandwerk betrieb und daß Georg noch drei Schwestern und drei Brüder hatte.

Urkundlich gesichert sind drei Eintragungen über Agricolas Studienzeit in den Büchern der Leipziger Universität, und zwar

1. die Einschreibung von Georg Pawer (Agricolas deutscher Name) mit Beginn des Sommersemesters 1514 in die Matrikel der Artistenfakultät mit 6 Groschen Gebühr (6 Groschen Einschreibegebühr zahlten unbemittelte Studenten),

2. im gleichen Jahr wird diese Eintragung geändert auf 10 Groschen, den vollen Gebührensatz,
3. am 4. September 1515, also ein Jahr später, legte Georg Pawer die *Baccalaureus*-Prüfung ab und beendete damit das Studium an der Artistenfakultät. Georgius Agricola war damit 20 Jahre, als er sich 1514 als unbemittelter Student in Leipzig eintragen ließ (der Eintrag wurde geändert auf den üblichen Satz vermögender Studenten), ein Jahr später schloß er ein Studium ab, das im Normalfall drei bis vier Jahre dauerte und deren Studenten etwa 12 bis 18 Jahre alt waren.

Aus diesen Fakten – Eintragung in das Sommersemester 1514 mit 6 Groschen für unbemittelte Studenten, Änderung der Aufnahmegebühr in den vollen Gebührensatz und Beendigung der Artistenfakultät als *Baccalaureus* nach bereits einem Jahr Studium – sollen folgende Fragen abgeleitet und näher untersucht werden:

1. wo hat der Junge Georg die Schule besucht,
2. wo hat er sich so viel Kenntnisse angeeignet, daß er bereits nach einem Jahr Studium an der Artistenfakultät das *Baccalaureus*-Examen ablegte,
3. warum war er bereits 20 Jahre, als er ein Studium aufnahm,
4. wieso schrieb er sich zunächst als unbemittelter Student ein, zahlte dann aber die volle Gebühr?

Reinhold Hofmann machte schon 1898 in seiner Biographie über Georgius Agricola darauf aufmerksam, daß der Schönburgische Landesherr Ernst I. (um 1456–1489) 1480 eine Schule zur Ausbildung von *Choralisten*, also Chorsängern, gründete. Anregungen dazu hatte Ernst I. in jungen Jahren am Hofe des kunstverständigen Herzog Albrecht IV. von Bayern, wo er 1476 weilte, erhalten, die er dann in Stiftungen in seinem Besitz umsetzte. Neuere Forschungen am Museum und der Kunstsammlung Schloß Hinterglauchau besagen, daß sich die Schule während Agricolas Kindheit im heutigen Schloß Hinterglauchau befand und erst später in ein Gebäude der Stadt Glauchau umzog. In dieser Schule im Schloß wurden acht Knaben bis zum Alter von 12 Jahren (der Zeit des Stimmbruches) für den Gesang in der Kirche ausgebildet. Zugleich erhielten sie eine gute Bildung, denn wie ist es sonst zu erklären, daß, 1502 beginnend, eine ganze Reihe Glauchauer Stadtkinder in der Matrikel der Leipziger Universität zu finden sind. Daß unser Georg als Kind eine sehr schöne Stimme hatte, geht auch aus späteren Briefen hervor. Georgs schöne Stimme, der Unterricht im Glauchauer Schloß und die Tatsache, daß die Kinder der Herrschaft von Schönburg nur wenig älter als er waren, wird den Kontakt zu diesem Herrscherhaus hergestellt haben. Es war um 1500 gar nicht ungewöhnlich, daß sich Herrschaften der

Kinder ihrer Untertanen annahmen, besonders dann, wenn diese ungewöhnliche musische Begabungen zeigten. Vergleicht man die Lebensläufe der fünf Kinder der Herrschaft mit den wenigen Angaben zu Agricolas Kindheit, die wir aus seinen späteren Werken oder aus seinen Briefen besitzen, so kommt man zu überraschenden Übereinstimmungen. Einige seien hier angeführt.

1. In seinem 1546 erschienenen Buch «De natura fossilium» erwähnt Agricola einen Aufenthalt in Magdeburg 1511. Im gleichen Jahr weilte auch Wolf I., der älteste Sohn der Schönburger, in Magdeburg.
2. In seinem 1528 geschriebenen Buch «Bermanus, sive de re metallica» vergleicht Agricola die junge Stadt St. Joachimsthal mit Erfurt und Prag in einer Art, daß man annehmen kann, daß er sie kannte. Auch da gibt es Hinweise zum Herrscherhaus der Schönburger. Die Schönburger waren ein Adelsgeschlecht, das dem Kaiser als Reichsunmittelbare direkt unterstand, die zugleich aber auch vom böhmischen König und von den sächsischen Fürsten, den Wettinern, Besitz zu Lehen hatten. Bei jedem Wechsel der schönburgischen Regenten bzw. der Lehensherren mußten die Lehen neu beantragt und damit vergeben werden. Das brachte Reisen mit sich. So weilten die Schönburger Wolf I. (1482–1529) und Ernst II.(1484–1534), nachdem ihre Mutter Anna (1458–1525) ihnen die Machtbefugnisse über den Schönburgischen Besitz 1512 übertragen hatte, in Weimar und Dresden bei den Wettinern und mehrmals in Prag.

In Erfurt könnte sich Georg zusammen mit den Schönburger Kindern bei mütterlichen Verwandten aufgehalten haben, denn Mitglieder der fränkisch-thüringischen Adelsgeschlechter von Gleichen (Graf Michael) und von Wertheim (Graf Siegmund der Jüngere) waren neben Anna von Schönburg Vormünder der Kinder (ihr Vater Ernst I. war 1489 *als Hauptmann der Keyserlichen Majestät zu Diensten* bei der Verteidigung der Hausmachtpolitik der Habsburger in den Niederlanden an den Folgen einer Verletzung gestorben). Bezeichnend ist auch, daß Verwandte der Mutter (sie war eine geborene von Rieneck und mit dem Adelsgeschlecht von Wertheim verwandt) hohe Ämter beim Klerus im Erzbistum Mainz bekleideten. So wurden die Söhne Wolf I. und Ernst II. in den Familien ihrer Mutter auf ihre Dienste für die deutschen Fürsten und den hohen Klerus vorbereitet, was Agricola miterlebt hat. Mit der Übernahme ihres Besitzes im Jahre 1512 trat Wolf I. 1515 in den Dienst des Erzbischofs von Magdeburg als Geheimer Rat und wurde Stadthalter von Halle. Etwa zeitgleich trat er in den Dienst des Deutschritterordens und beglich damit eine Schuld der Familie diesem Orden gegenüber. Der jüngere Schönburger Sohn Ernst II. trat zur gleichen Zeit in weltlichen Dienst und wurde Geheimer Rat bei dem Wettiner Herzog Georg dem Bärtigen und war viele Jahre Statthalter von Dresden. Die

Übernahme der Regens auf ihrem eigenen Besitz 1512, das Antreten von Ämtern bei weltlichen und klerikalen Fürsten durch Wolf I. und Ernst II. deckt sich in etwa mit Georgs Entschluß, die Universität zu besuchen.

Die Kindheit und Jugend von Agricola so zu sehen, bietet auch die Möglichkeit für Erklärungen seiner Beziehungen zu Vertretern der Kirche in späteren Jahren. Dazu zwei Beispiele:

1. 1524 besuchte Georgius Agricola während seines Italienaufenthaltes zusammen mit Moritz von Hutten (1503–1552), der in Padua studierte, Jacob von Questenberg (1466–1527) in Rom. Dazu eine Erklärung. Moritz von Hutten war Domherr in Eichstätt/Mittelfranken und Neffe von Ulrich von Hutten (1488–1523), Ulrich wiederum ein enger Freund und Ratgeber des Kardinals und Erzbischofs von Magdeburg und Mainz, von Albrecht II. (1490–1545). Ulrich hielt sich viel am erzbischöflichen Sitz auf der Burg Giebichenstein bei Halle auf. Hier war auch Wolf I. von Schönburg. Jacob von Questenberg war der damals höchste deutsche Würdenträger beim Papst in Rom, am Vatikan: Er war der Tischgenosse des Papstes Alexander VI., ab 1505 päpstlicher Protonotar (Aufsicht über Ausfertigung päpstlicher Bullen, Urkunden usw.) und ab 1519 wirklicher Geheimkämmerer des Papstes. Der Kontakt sowohl zu Moritz von Hutten als auch zu Jakob von Questenberg läßt auf Agricolas Verbindung zu den höchsten katholischen Würdenträgern schließen.
2. Am 16. Oktober 1534 richtete der spätere Bischof Johann VIII. von Lebus, Johann Horneborch (1490–1555), damals Ratgeber des Herzogs von Braunschweig-Wolfenbüttel und Hofrat des Erzbischofs von Magdeburg, von Halle aus ein Schreiben an Georgius Agricola in Chemnitz. Er bitte Agricola darin um ein Gutachten für den Oberharzer Bergbau, den der Herzog in den 20er Jahren neu belebt hatte. Das Schreiben ist so abgefaßt, daß man auf eine persönliche Bekanntschaft von Agricola und Horneborch schließen kann. Ob sie sich schon länger kannten oder erst kurze Zeit zuvor kennenlernten, ist nicht nachvollziehbar. Doch sicher ist, daß sich Horneborch im September 1534 im Schloß Glauchau aufhielt, um im Auftrag seines Herrn, des Herzogs von Braunschweig-Wolfenbüttel, die Festlegungen im Testament Ernst II. von Schönburg, der am 12. September 1534 in Glauchau verstorben war, zu regeln. Ob Agricola das geforderte Gutachten anfertigte, ist nicht bekannt.

Die vier gestellten Fragen ließen sich noch mit verschiedenen anderen Details unterlegen. Zusammengefaßt kann man sie wie folgt beantworten:

Ein Schulbesuch von Georgius Agricola ist nur in Glauchau belegbar, für Schulbesuche in Zwickau, Chemnitz oder Magdeburg, wie sie häufig in Biographien angeführt werden, gibt es keine Beweise. Georgs überdurchschnittlich gute

Kenntnisse in Latein und Griechisch sowie in den sieben Fächern des *Studium generale* und sein sicheres Auftreten den Gelehrten seiner Zeit und den gleichaltrigen Angehörigen der Adelsklasse sowie des Klerus gegenüber lassen vermuten, daß er mit seinen Landesherrn, den jungen Schönburgern, an weltlichen und kirchlichen Residenzen erzogen wurde und dort seine Bildung erfahren hat. Nachdem beide Schönburger Wolf I. und Ernst II. im Jahre 1512 die Regenz in eigenen Besitz und kurz darauf weltliche bzw. klerikale Ämter bei anderen Fürsten übertragen bekamen, war auch Georg frei für den eigenen Lebensweg und die Aufnahme des Studiums in Leipzig. Die gute Erziehung und Bildung in seiner Kindheit ermöglichten es ihm, nach nur einem Jahr Studium an der Leipziger Artistenfakultät das *Baccalaureus*-Examen abzulegen. Hier könnte vertiefende Forschung ansetzen.

Die Frage, warum sich Agricola zunächst als unbemittelter, dann als vollzahlender Student in die Leipziger Matrikel einschrieb, ist am schwersten zu beantworten. Die Einschreibung als unbemittelter Student deutet auf Agricolas Herkunft als Handwerkersohn hin (auch sein Bruder Franz zahlte 1505 die Summe von 6 Groschen Einschreibgebühr, sein Bruder Caspar allerdings im Jahre 1522 bereits 6,5 Groschen – war zwischenzeitlich eine Gebührenerhöhung eingetreten?). Die Erhöhung der Einschreibgebühr von Georg läßt auf Unterstützung aus angesehenen, wohlhabenden Kreisen schließen. War es eine Abfindung? Auch hier ließe sich sicherlich eine Antwort durch gezielte Forschungsarbeit zur Biographie der Schönburger Herrschaft finden.

Welchen großen Einfluß die Erlebnisse in der Kindheit auf den weiteren Lebensweg haben, formulierte Agricola in seinem «Büchlein vom einfachen grammatischen Anfangsunterricht», das 1520 in Leipzig gedruckt wurde, mit folgenden Worten: *... irgendwie pflegt das, was wir in den Jahren zarter Kindheit aufnehmen, so mit uns mitzuwachsen, daß es für das ganze Leben ganz fest dauert!*

Literatur

Agricola, Georgius: Ausgewählte Werke. Gedenkausgabe des Staatlichen Museums für Mineralogie und Geologie zu Dresden. Hrsg. von Prescher, Hans und Mathé, Gerhard. Bd. II (Berlin 1955); Bd. IV (Berlin 1958); Bd. VI (Berlin 1961); Bd. IX: Briefe und Urkunden (Berlin 1992).

Museum und Kunstsammlungen Schloß Hinterglauchau. Sonderheft (Die Schönburger. Wirtschaft. Politik. Kultur) Glauchau 1990/91; Schriftenreihe Heft 9, Glauchau 1992.

Historisch-genealogische Nachschriften von dem uralten Geschlecht derer Grafen und Herren von Schönburg. Waldenburg 1772.

Albinus, P.: Meißnische Land Chronica. Dresden 1589.

Albinus, P.: Meißnische Berg Chronica. Dresden 1590.

Amrhein, A.: Die Prälaten und Canoniker des ehem. Collegiatsstiftes St. Peter und Alexander zu Aschaffenburg. Würzburg 1882.

Eckardt, E.: Chronik von Glauchau. Glauchau 1882.

Engewald, G.-R.: Georgius Agricola. Leipzig/Stuttgart 1994.

Fischer, W.: Zum 450. Geburtstag Agricola's, des «Vaters der Mineralogie» und Pioniers des Berg- und Hüttenwesens. Neues Jahrbuch für Mineralogie, Geologie und Paläonthologie, Abteilung A, Stuttgart 1944.

Hofmann, R.: Dr. Georgius Agricola aus Glauchau, der Vater der Mineralogie. Glauchau 1898.

May, J.: Der Kurfürst, Cardinal und Erzbischof Albrecht II. von Mainz und Magdeburg. München 1855.

Resch, F.: Neue urkundliche Forschungsergebnisse zur Sippengeschichte von Georg Agricola auch Glauchau (Sachsen). In: Zum 450. Geburtstag Agricola's, des «Vaters der Mineralogie» und Pioniers des Berg- und Hüttenwesens. Neues Jahrbuch für Mineralogie, Geologie und Paläonthologie. Abteilung A, Stuttgart 1944.

Prescher, H.; Wagenbreth, O.: Georgius Agricola – seine Zeit und ihre Spuren. Leipzig/ Stuttgart 1994.

Schön, Th.: Geschichte des fürstlichen und gräflichen Gesamthauses Schönburg. Bd. V, Waldenburg 1903.

Schönburg, M. A.: Ernst II., Graf und Herr von Schönburg und sein Haus. In: Die Heimat (7), Glauchau 1934.

Uhle, P.: Urkunden zur Geschichte der Stadt Chemnitz im Schmalkaldischen Krieg. In: Mitteilungen des Vereins Chemnitzer Geschichte 4(1884).

Wolf von Schönburg und der Deutsche Orden. In: Schönburgische Geschichtsblätter (1915)23 Waldenburg.

Zur Entwicklung einiger städtischer Lateinschulen des sächsischen Erzgebirges unter dem Einfluß des Humanismus

Ute Rosenbaum (Zwickau)

Bemüht man sich, der Entwicklung des erzgebirgischen Schulwesens zu folgen, so muß man feststellen, daß Schulen in diesem zunächst ärmsten und am wenigsten kulturell erschlossenen Teil Sachsens erst relativ spät nachzuweisen sind und sich deren Existenz auch dann im wesentlichen auf einige Städte reduziert. Aus dem 13. und 14. Jahrhundert lassen sich nur zwei Städte nennen, die schon Schulen besaßen – Lößnitz und Wolkenstein. Einem Lößnitzer *rector Scholarum* begegnen wir in einer Urkunde von 1304,[1] und *Schüller* zu Wolkenstein finden wir 1385 erwähnt.[2] Ein deutlich regeres Bildungsstreben erwachte mit der Entdeckung der reichen Silbervorkommen im oberen Erzgebirge und dem daraus resultierenden raschen Wohlstand der beteiligten Städte, der Neugründung einiger Städte und dem durch bildungsinteressierte Städtebürger, meist Ratsherren, geforderten Aufrichten von Lateinschulen im eigenen Einflußbereich. Zuerst entwickelte sich aus einer unbedeutenden Siedlung die Stadt Schneeberg (1477), die zwischen 1481 und 1490 ihre Schule angelegt haben muß.[3] Ihr folgte 1496 Annaberg, wo ab 1498 eine Schule nachweisbar ist.[4] Die darauffolgenden Schulgründungen beziehen sich auf die Anstellung eines Schulmeisters im böhmischen Joachimsthal 1516,[5] dem Jahr der Stadtgründung, und die Erwähnung des ältesten bekannten Lehrers in Buchholz um 1527, wobei die Schulgründung aufgrund des 1529 bei einer Visitation vorgefundenen hohen Entwicklungsstandes auf ein weiter zurückgehendes Datum angesetzt werden müßte. Marienberg errichtete 1530, neun Jahre nach der Stadtgründung, eine Schule und zwar zunächst eine deutsche. Ab 1537 existierte auch eine Lateinschule.[6] Scheibenberg konnte als jüngste der neuen Berg- und Silberstädte (1522 angelegt) den 1540 durch die Stadt kommenden Visitatoren ebenfalls eine Schule vorweisen.[7] Eine Ausnahme unter den erzgebirgischen Städten und deren Bildungsbemühungen war das vom Silberbergbau fast gänzlich unberührte und entsprechend arme Jöhstadt, das – 1518 gegründet – 1555 noch nicht über einen Küster und erst 1577 über einen Schulmeister verfügte, jedoch noch kein Schulhaus besaß. Infolge des wirtschaftlichen Aufschwunges versahen sich eine Reihe älterer Städte des Erzgebirges am Ende des 15./Anfang des 16. Jahrhunderts mit eigenen Schulen. Zu ihnen gehörten u.a. Schellenberg (1504), Schlettau (1521) und Thum (1522).[8] Die Visitatoren fanden im ernestinischen Teil des Erzgebirges 1529 jedoch ebenfalls nicht mehr nur Schulen in Lößnitz, Schlettau und Buchholz vor, sondern auch in Schwarzenberg und Zwönitz. In rascher Folge wurden Schulen in Geyer und Aue (1533), in Grünhain (1536) sowie in den entlegenen Städten Oberwiesenthal (1537) und Altenberg (1539) erfaßt.

Als im Jahre 1540 die erste gründliche Visitation im albertinischen Sachsen stattfand, ließen sich in einer größeren Zahl erzgebirgischer Städte Schulen finden, so z.B. in Frauenstein, Lauenstein, Lengefeld, Zöblitz, Zschopau, Ehrenfriedersdorf, Elterlein, Eibenstock, Glashütte, Hartenstein und Neustädtel. Erst nach der Einführung der Reformation im Herzogtum Sachsen 1540 entstanden die Schulen in Brand (bei Freiberg), Bärenstein, Geising und Wildenfels.[9] Die erwähnten erzgebirgischen Schulen strebten im 16. Jahrhundert durchweg den Charakter von Stadtschulen an. Während die der neugegründeten Städte von Anfang an als solche geplant wurden, entstanden viele andere aus Pfarrschulen, die erst allmählich erweitert und umgewandelt worden waren. Einige standen mit der Einführung der Reformation noch im Begriff, sich zu Stadtschulen zu entwickeln, ohne jedoch in jedem Fall die für eine höhere Schule notwendige Profilierung zu erreichen. Wesentliche Einflußfaktoren zum Erreichen des angestrebten Ziels waren die materielle Lage der Städte, die Zusammensetzung und philosophische Ausrichtung des Rates und die Wahl der jeweiligen Lehrer. Von ihrer Ausbildung und ihrem Engagement im Schulbetrieb hingen der Lernwille und Erfolg der Schüler und der Ruf der Schule über die Stadtgrenzen hinaus ab. Besonders wichtig waren hier die von den Lehrern meist selbst und in sehr unterschiedlicher Qualität erarbeiteten Unterrichtsinhalte und Methoden. Die Vorsteher der Schulen waren die Stadträte. Daher wurden diese Schulen häufig auch Ratsschulen genannt. Ein typisches Beispiel für diese Benennung ist die Lateinschule in Zwickau. In den Händen der Räte lag das wichtige Recht, Lehrer willkürlich anzustellen und zu entlassen. Dabei ist ein Kampf der weltlichen Obrigkeit mit der Geistlichkeit um das unmittelbare Schulpatronat, wie er in Dresden, Zwickau, Plauen und Reichenbach geschah,[10] aus keiner der erzgebirgischen Städte gemeldet. Allerdings übte der Klerus zum Teil wohl beträchtlichen Einfluß auf die Wahl der Lehrer aus. Nach Festlegungen zur Lehrerwahl durch die Visitatoren konnten sich die Geistlichen, wenn sie ihre Berechtigung zur Teilnahme an der Wahl der Schulmeister nachweisen wollten, seit 1557 nicht bloß auf ein gewisses Gewohnheitsrecht berufen, sondern auch das Gesetz für sich in Anspruch nehmen. Die Generalartikel vom 8. Mai 1557 bestimmen folgendes: *Der Schulmeister mit seinen gehülffen, sollen mit rath vnd vorwissen des Pfarhers auff vnd angenohmen, Vnd hierüber keiner eingedrungen oder entsetzt werden.*[11]

Die Schulordnung von 1580 setzte letztendlich fest, daß die Patrone die Lehrer wählten, die Consistorien sie prüften und die Pfarrer sie einwiesen.[12] Die für Lehrer und deren Hilfskräfte übliche Anstellung auf Zeit, die höchstens einige Jahre, oft aber nur wenige Monate umfaßte, blieb bis zum Ende des 16. Jahrhunderts in Gebrauch. Diese Regelung behinderte einerseits eine kontinuierliche Entwicklung der Schulen und des Unterrichts, eröffnete aber andererseits auch die Möglichkeit, daß verschiedene humanistische Gelehrte in überschaubaren Zeiträumen ihr Wissen, Können und ihre Ideen in die Schule einbrachten und damit zum Teil in hohem Maße wissenschaftlich befruchtend wirkten. Gleichzeitig konnten die Räte bei Unzufriedenheit mit dem angestellten Lehrer diesen in relativ kurzer Zeit austauschen.

Das Recht der Räte, die Lehrer einzustellen und zu entlassen, schloß zugleich auch die Verpflichtung ein, für die Unterhaltung der Schulen zu sorgen. Als vorbildlich in ihrer Sorge um des Schulwesen wurden von dem Chronisten Albinus die Städte Annaberg, Schneeberg und Marienberg genannt, aber auch Zwickau, Freiberg, Leipzig, Torgau, Dresden, Chemnitz u. a.[13] Diese Städte waren es im wesentlichen auch, die sich sehr intensiv um eine hochwertige Bildung ihrer Söhne (und teilweise auch ihrer Töchter, in Zwickau seit 1526[14]) bemühten und sich dabei häufig an den Bildungsidealen des Humanismus orientierten.

Am Beispiel der Lateinschule von Zwickau, soll im Folgenden kurz dargestellt werden, wie sich diese Schule unter dem Einfluß humanistischer Gelehrter und mit dem Wohlwollen der Räte entwickelte, wobei die Verbindungen der Humanisten untereinander in Bezug auf ihre Lehrtätigkeit zu gegenseitigem Ansporn, Austausch und kritischer Begutachtung führten. Ihr näheres geistiges Zentrum fanden die im Erzgebirge und den angrenzenden Städten lehrenden Humanisten an der Universität zu Leipzig.

Nach der Auseinandersetzung Herzog Georgs mit der Universität gelang es nun auch humanistischen Gelehrten, Fuß zu fassen und Lehrgebiete, wie das Griechische, zu etablieren. Der erste Vertreter des Griechischen, der dies innerhalb des Universitätskörpers lehrte, war der Engländer Richard Crocus, der 1514 nach Leipzig kam und in Petrus Mosellanus einen vortrefflichen Nachfolger fand.[14] Mosellanus war es auch, der auf Bitten der Räte verschiedene seiner Schüler in den Dienst an städtischen Lateinschulen empfahl. Tüchtige sächsische Schulmänner wie Georgius Agricola, Joachim Camerarius, Valentin Trotzendorf oder Johannes Muschler haben bei ihm gehört und sich insbesondere dem Griechischen gewidmet. In der Folge universitärer Machtkämpfe und verschiedener Eingriffe von außen neigte sich die Ära des Humanismus an der Leipziger Universität zunächst ihrem frühen Ende zu, und es verließen in der Folge eine Vielzahl von Anhängern des Humanismus Leipzig, oft zu mindestens vorübergehendem Schuldienst.[15] Stellvertretend seien hier der Zwickauer Rektor Stephan Roth und dessen Nachfolger Georgius Agricola sowie die in Freiberg amtierenden Lehrer Jacobus Sobius und Richard Sbrulius genannt.

Diese und andere junge Gelehrte zogen zu einem großen Teil ähnlich gesinnte junge Männer an sich heran und gewannen sie meist, wenigstens eine Zeitlang, für den Schuldienst. An den *status scholasticus* als solchen dachte man damals noch kaum. Wie die *facultas artium* nur die Vorbereitung für die drei oberen Fakultäten darstellte, jedenfalls keine rechte Aussicht auf einen Lebensberuf gewährte, so war es auch mit den *humaniora* selbst bestellt. Es ist wohl auch deshalb so häufig nachweisbar, daß sich die Gelehrten nach vorübergehendem Schulamt nochmals in die Hörsäle begaben, dort entweder Jura oder Medizin studierten und schließlich diesen Studien entsprechende Ämter übernahmen. Dabei wurde die Zeit als Lehrer oder Rektor nicht selten als eine Möglichkeit gesehen, die nötigen finanziellen Mittel für beabsichtigte weitere Studien zu beschaffen. Beispiel für ein solches Verfahren ist auch der hochverehrte Georgius Agricola. Auf Bitten des Hohen Rates und Empfehlung von Mosellanus 1519 als Rektor der griechischen Schule nach Zwickau gekommen und bald darauf die lateinische Schule in Ablösung von Stephan Roth ebenfalls leitend, erhielt Agricola seit Ostern 1519 Pretium und Sold. Darüber hinaus war er seit dem 18. Juli 1520 Inhaber des nicht unbeträchtlichen Altarlehens St. Erasmi, welches mit dem Tode des Vikars dieser Kirche, Erasmus Preuß, frei geworden war. Das Lehen war mit 1000 Gulden ausgestattet, so daß der Schulmeister jährlich über 50 fl. daraus bezog. Das offensichtliche Interesse an der Beförderung der Schule und der Person Agricolas in seiner Eigenschaft als Schulmeister geht ebenfalls aus einem Ratsbeschluß vom 10. November 1520 hervor, in dem ihm auch finanzielle Zusagen gemacht werden: *Schul der Stadtkynder. Ist vf anregen des baccalaurei vnd der kynder schulmeister eyntrechtiglich beschloßßen Das man yme stargke Zusagung thuen solle, der Rath wölle nach allen seynen chrefften und vermogen vbir der vffgerichtn schule, der masen vnd ab gott will bey vnß vnd vnsern nachkommen, aynen ewigen bestandt haben solle. Es gestehe auch den Radt was er gestehen möge, indemo der Radt kaynes vleyses nach vermegen sparen solle.*[16]

Unter diesen Bedingungen war Agricola also in relativ kurzer Zeit in der Lage, für erneute Studien in Leipzig, die er nach seinem Abschied von Zwickau Ende 1521 zunächst wieder aufnahm, die nötigen Mittel aufzubringen und so die Voraussetzungen zu schaffen für seine spätere Karriere als Stadtphysicus, Ratsmitglied und Bürgermeister von Joachimsthal und Chemnitz. So war der ehemalige Schulmann Niavis Oberstadtschreiber in Zittau und Bautzen, Muschler Beisitzer am Leipziger Schöppenstuhl, Bömer Notar in Leipzig und Stephan Roth Oberstadtschreiber und Syndikus in Zwickau. Solche Beispiele ließen sich von fast jeder Schule des Erzgebirges und darüber hinaus leicht vermehren.

Neben den zu dieser Praxis schon erwähnten Nachteilen war die Lehrerschaft jedoch immer jung und amtsfreudig und hatte das Gefühl, beständig, wenn auch nicht immer materiell, vorwärts zu kommen und immer neue Stoffe bewältigen und für den Unterricht aufbereiten zu können. In der Folge wandte sich eine Anzahl junger Gelehrter dem Lehrerberuf direkt zu und blieb ihm im Gegensatz zur vorangehenden Generation auch treu. Unter ihnen sind besonders zu nennen Johannes Rivius, der spätere Rektor der vorbildlichen Annaberger Schule, der ganz besondere Anziehungskraft gehabt haben muß, da seine Freunde ihm nach seiner Vertreibung aus Annaberg fast überall hin ins Erzgebirge nachfolgten, die verschiedenen Brüder Fabricius aus Chemnitz, von denen Georg der bedeutendere war, Matthias Dabercusius, Hiob Magdeburg und nicht zuletzt Adam Sieber, der Rektor der Chemnitzer Lateinschule, Rektor der Fürstenschule in Grimma und dominanter Gegenspieler Andreaes bei der Erstellung der Schulordnung von 1580 war. Nicht zu vergessen sind auch M. Petrus Plateanus, Paul Rebhuhn u.a.m. Bald da, bald dort in sächsischen Landen lehrend, bald wieder einmal studierend, bald auf der Wanderschaft, teils nach anderen deutschen Bildungsstätten, teils nach Italien, bildeten sie bei aller Ernsthaftigkeit ihrer Studien den humanistischen Typus der Zeit.

Näherer Betrachtungen wert ist die Tatsache, daß das Aufblühen und der Bestand der einzelnen Lateinschulen des Erzgebirges mit ihrer entsprechend hohen Qualität in der Lehre und ihrem zum Teil umfassenden Einfluß auf das Geistesleben der Stadt meist recht eng gebunden waren an die Anwesenheit humanistischer Lehrer und Rektoren. Sowohl die Latein- und Griechischschule in Zwickau als auch die Stadtschulen in Annaberg und Chemnitz erlebten ihre wirklichen Blütezeiten unter der Leitung bekannter Humanisten, die mit gleich oder ähnlich gesinnten Schulmännern und Gelehrten in regem Kontakt standen und die Erkenntnisse aus ihren Studien und ihrer Korrespondenz unmittelbar für den Unterricht nutzten.

Um bei Georgius Agricola zu verweilen, sei hier kurz die Zwickauer Ratsschule während seines Wirkens und des humanistischen Einflußes, den er auf Inhalt und Ordnung der Schule ausübte, beleuchtet, stellvertretend auch für eine Vielzahl humanistisch gesinnter Gelehrter im Schuldienst.

Vom Rat der Stadt Zwickau wurde am 9. Dezember 1518 die Gründung einer *Newhen Schule für unser Stadtkinder*[17] beschlossen, da es nicht möglich war, das Griechische, das auf Wunsch des Rates gelehrt werden sollte, in den Organismus der bestehenden zu reformierenden Lateinschule einzubauen, die griechische Sprache aber für das Studium der Antike entsprechend den humanistischen Auffassungen eine wichtige Voraussetzung bildete. Der als Leiter dieser Schule tätige *baccalaureus supremus* Agricola schien schon bald die Bewunderung der Akademiker der Stadt errungen zu haben und wurde von ihnen auch in den nachfolgenden Diskussionen um die Schule, deren Unterbringung und Selbständigkeit sowie deren Aufgaben und Rechte unterstützt.

Schnell ein relativ gesichertes Profil erhielt die Schule durch die intensive konzeptionelle Arbeit Agricolas. Zu Walpurgis 1519 erhielt die Schule ihr eigenes Haus, wobei der Unterricht unter Leitung von Agricola wesentlich eher begonnen haben mußte, wurde doch in den Ratsprotokollen vom März 1519 bereits ein von den Schülern dieser Schule aufgeführtes Fastnachtsspiel erwähnt.

Dem Vorschlag Agricolas folgend, berief der Rat am 16. April 1519 eine Schulkommission, die aus zwei Ratsherren und dem Stadtmedikus bestand und das *aufrichten* der Schule befördern sollte. Gleichzeitig wurde der von Agricola erarbeitete erste Vorschlag zur Verfassung der Neuen Griechischen Schule bestätigt. Bis spätestens Herbst 1520 stellte Agricola eine umfassende zweite Schulordnung fertig, erarbeitete ein neues Elementarbuch der griechischen Sprache und konzipierte die *Rudimenta graeca*. Er stand außerdem in regen Verhandlungen mit der Stadt um Mittel für seine Schule.

Die von Agricola geschriebene Grammatik wurde am 22. Mai 1520 abgeschlossen und von ihm zunächst an seinen Lehrer und Freund Mosellanus nach Leipzig geschickt. Nach dessen Einverständnis in seinem Brief vom 31. Mai 1520[18] wird seine Schrift unter dem Titel «Libellus de prima ac simplici institutione grammatica» 1520 bei Melchior Lotther d.Ä. in Leipzig gedruckt. Sie ist im übrigen das erste noch erhaltene Druckwerk Agricolas. Er erarbeitete seine Grammatik in Abgrenzung zur üblichen Methodik von Donat, Diomedes, Prician oder Aldus Manutius. Er gliederte seine Grammatik in drei wesentliche Teile – das Lesen, das Beherrschen der acht Redeteile und neuartige Anweisungen für den Lehrer. Der Grammatik voran stand ein Widmungsschreiben, in dem Agricola seine grundlegenden pädagogischen Ansichten zum Ausdruck brachte und teilweise begründete. Unter Berufung auf Platon und Quintilian trat Agricola für eine kindgemäße Unterweisung und Erziehung in der Schule ein, forderte einen umfassend gebildeten, in seinem Lebenswandel untadeligen Lehrer mit einer wissenschaftlichen Ausbildung und christlichen Haltung, mit Liebe zur Jugend und pädagogischer Geduld. Ausdrücklich wendet er sich Methoden körperlicher Züchtigung in der Schule zu. Damit bezieht sich Georgius Agricola zugleich auch eindeutig auf pädagogisches Gedankengut von Erasmus von Rotterdam und verarbeitet wohl ebenso Anregungen aus der «Paedologia» des Mosellanus, die 1518 erschienen war. Neben Hinweisen auf Gang und Verfahren der Grammatik gibt er ein Versprechen für einen nachfolgenden zweiten Band des Werkes ab, der aber kaum geschrieben wurde, zumindest nicht nachweisbar ist.

Einen weiteren Schritt auf dem Wege zu einer angesehenen und leistungsfähigen Schule in Zwickau machte Agricola mit der Ausarbeitung einer neuen Verfassung und Ordnung, der «Ludus Scholae Graecolatine translatus ad locum scholae particularis et noua Reformatio facta» bis Ende des Jahres 1520,[19] die sicher das alleinige Werk Agricolas war und am 4. Februar 1521 als «Ordnung der Neuen Schule» vom Zwickauer Rat angenommen und in Kraft gesetzt wurde.[20] Diese umfangreichere *institutio* galt allerdings für die inzwischen vereinigte Latein-Griechisch-Schule unter der Leitung von Agricola. Obwohl uns keine der drei von Agricola erarbeiteten Schulordnungen oder *institutiones* erhalten geblieben sind, kann man doch gerade für die jüngste Schulordnung in den Ratsprotokollen und der von Natther 1523 herausgegebenen, wesentlich auf Agricola beruhenden Schulordnung Hinweise auf Art und Inhalt dieser letzten Ordnung finden.[21]

Mit Unterstützung großer Teile des Hohen Rates entstand die Zwickauer Ratsschule vor allem durch das persönliche Engagement Georgius Agricolas als eine den humanistischen Ideen der Renaissance verpflichtete, weltliche und weltoffene, vom gemäßigten Teil des reichen Bildungsbürgertums getragene Lehranstalt, die eine den Maßstäben der Zeit entsprechende, hochwertige Bildung vermittelte und auch in die Erzgebirgsregion ausstrahlte.

Im Herbst 1521 entschloß sich Agricola, seine Stellung als Schulmeister aufzukündigen und Zwickau zu weiteren Studien zu verlassen. Verursacht wurde seine Entscheidung, die er zu Walpurgis 1522 in die Tat umsetzte, wahrscheinlich durch mehrere Faktoren. Zum einen nahmen die Auseinandersetzungen im Rat um theologische Probleme mit dem in Zwickau predigenden Thomas Müntzer immer mehr zu und beeinflußten das gesamte Klima der Stadt, zum anderen gab es mit Machtkämpfen im Rat verbundene, anhaltende Diskussionen der Bürger um das Profil der Schule, wobei vor allem die mittleren Schichten, wie z.B. die Tuchweber, eine deutsche Schreib- und Leseschule forderten, die jedoch erst 1527 gegründet wurde. Auf eine Einladung von Mosellanus und mit dem teilweisen Einverständnis des Rates ging Agricola nach Leipzig zurück, studierte dort aber nicht wie vorgesehen Theologie, sondern Medizin. Den Anstoß hierfür konnte Agricolas Freund, der Zwickauer Stadtphysicus, Bürgermeister und Chronist Stella gegeben haben, der 1521 verstorben war. Nicht unbedeutend war evtl. auch eine gewisse Scheu vor den aufbrechenden Konflikten in der humanistischen Gelehrtenwelt und der durch die Reformation bedingte Vorrang der Theologie vor der Philologie mit ihrer traditionellen Sprache, dem Latein, die Agricola letztendlich seine Entscheidung treffen ließ.

Obwohl nie in den direkten Schuldienst zurückkehrend, erhielt sich Agricola doch zeit seines Lebens ein reges Interesse für pädagogische und schulische Belange und zeigte dies auch während seiner Amtszeiten in Chemnitz. So war er z.B. in ständiger Verbindung mit Johann Rivius, empfahl Adam Sieber nach Chemnitz und begleitete auch dessen weitere Karriere. Er kannte sicher die Brüder Fabricius und folgte der Entwicklung der Zwickauer Ratsschule unter Plateanus mit Aufmerksamkeit.

Sicher ließe sich an dieser Stelle noch eine Vielzahl weiterer Ausführungen zu Agricolas pädagogischen und schulpolitischen Bemühungen machen. Unter Berücksichtigung aller Besonderheiten seiner Biographie ist er doch einer der typischen Vertreter der humanistischen Schule, die durch ihr Selbstverständnis, ihr wissenschaftliches Arbeiten und ihren sehr persönlichen Einsatz bei der Durchsetzung ihrer Überzeugungen im Rahmen des Gegebenen erfolgreich wirkten und nachhaltige Verbesserungen auf den Weg brachten.

Anmerkungen

1 Oesfeld: Histor. Beschreibung einiger merkwürdigen Städte im Erzgebürge. 1776.l, S. 184.

2 Köhler: Histor. Nachrichten von...... Wolkenstein. 1781, S. 35. Hans von Waldenberg verschrieb 1385 den Altarleuten am Wolkensteiner Gotteshause das Gut und Dorf Arnsfeld. Dafür sollten sie die Hohe Messe singen *mit den Schüllern und uff der Orgel.*

3 Stade: Geschichte des Lyzeums zu Schneeberg, 1. Teil, S. 4.

4 Jenisius. Annabergae historia, l, 62b.

5 Mathesius. Chronica der Keyserlichen freyen Bergkstadt Sanct Jochimsthal/der zuuor die Conradsgrün genent war. 1562. Unter dem Jahr 1516.

6 Acta scholastica. Hrsg. von Bidermann, Teil IV, S. 70ff. (Eine kurze Geschichte der Marienberger Schule von Kreissinger).

7 Loc. 10594.Visitation derer Kloster etc. 1540, BI. 297a.

8 Bergner. Beschreibung ... des Städtchens Schellenberg. 1778, S. 147; Oesfeld: a.a.0., II, 113. Eine Urkunde vom Jahre 1521 erwähnt den Schulmeister. Hering: Geschichte des sächsischen Hochlandes. Bd. II, S. 34ff.

9 Loc. 2001. GK. 1555. Bl. 90b: Schulmeister. Loc. 2003. MK. 1577. Bl. 72a: Schulmeister. Ebenda, Bl. 69a: Schulmeister. Im Frühling des Jahres 1581 hatte Wildenfels noch keine Schule. Loc. 1984. LK. 1581, Bl. 385b.

10 Loc. 2004. MK. 1578, Bl. 345a.

11 Loc. 2009. Generalartikel vom 8. Mai 1557, Bl. 248a.

12 Vornbaum: Evangelische Schulordnungen. Band 1, S. 251.

13 Meißnische Land- und Berg-Chronica 1589. Band 1, S. 301f.

14 Schwabe: Das Gelehrtenschulwesen Kursachsens von seinen Anfängen bis zur Schulordnung von 1580. Leipzig/Berlin 1914, S. 30ff.

15 Ebenda.

16 Ratsprotokolle 1519/20, Bl. 6, Ratsbeschluß vom 10.11.1520, Stadtarchiv Zwickau.

17 Ratsprotokolle 1518/19, Bl. 12, Ratsbeschluß vom 16.4.1519, ebenda.

18 Ebenda, Ratsbeschluß vom 9.12.1518.

19 Zwickauer Annalen des Paul Greff (Auszug von Petrus Aibinius). Landesbibliothek Dresden, Msc. d3, Bl. 9b.

20 Ratsprotokolle 1520/21, Bl.18, Ratsbeschluß vom 4.2.1521, Stadtarchiv Zwickau.

21 Ordnung der Nawen rudij und yetztaufferichten Collegij yn Fürstlicher Stadt Zwickau. Leipzig 1523. Melchior Lotter d. Ä. In: Buchmuseum der Deutschen Bücherei Leipzig.

Georgius Agricolas Latein-Grammatik im Kontext von Zeit und Raum

Karlheinz Hengst (Zwickau)

In der Geschichte der Linguistik werden überlicherweise für die Sprachwissenschaft der Renaissance und des Humanismus charakteristische Kriterien genannt: Einmal die einsetzende Kritik an der mittelalterlichen Grammatik-Theorie, wobei auf Julius Caesar Scaligers Schrift von 1540 und Juan Luis Vives mit «In pseudo dialecticos» von 1519 verwiesen wird. Zum anderen werden die ersten Versuche hervorgehoben, zu den sogenannten Vulgärsprachen *linguae vernaculae* Grammatiken zu schreiben.[1]

In Darstellungen zur Wissenschaftsgeschichte der Linguistik fand Georgius Agricola bisher keine Erwähnung. Somit ergibt sich sofort die Frage, ob Agricola mit seiner Grammatik des Lateinischen von 1520 noch der scholastischen mittelalterlichen Sprachwissenschaft zuzurechnen ist und ob er überhaupt für die Linguistik interessant und erwähnenswert ist.

Eine Antwort hierzu soll unter Verzicht auf eine ausführliche Argumentation versucht werden. Agricolas Grammatik ist seine Erstlingsschrift. Sie wurde bisher aus pädagogischer bzw. didaktischer Sicht oder im Rahmen der kulturgeschichtlichen Entwicklung beachtet bzw. erwähnt.[2] Eine kurze beschreibende Würdigung erfolgte auch bereits im Rahmen der Darstellung von «Georg Agricola und seine Zeit» in der Ausgabe von Agricolas Ausgewählten Werken.[3] Aus linguistischer Sicht ist zu bemerken, daß H. Wilsdorf sich darauf beschränken mußte, Agricolas ablehnende Position zu den mittelalterlichen Darstellungen des Lateinischen von Donatus, Priscianus, Diomedes usw. mit Begründung zu referieren. Wesentlich ist aber, daß Erasmus von Rotterdam sowie Petrus Mosellanus als die anregenden Gelehrten für Agricola erkannt und benannt wurden.[4]

Agricola ist mit seiner Kritik an den mittelalterlichen Grammatikdarstellungen und seinem Bestreben, das Aufwand-Nutzen-Verhältnis in der Fremdsprachenausbildung zu ändern, eindeutig Vorläufer und auch Wegbereiter der humanistischen Sprachwissenschaft des 16. Jh. in Sachsen bzw. in Deutschland. Er bezieht klar Stellung gegen die Überbetonung der Grammatik in der Ausbildung und will rasch unmittelbar an den fremdsprachigen Text heranführen. Modern ausgedrückt, ist das eine kommunikative Orientierung bei Agricola. Damit steht Agricola mit in der ersten Reihe jener Gelehrten, die im zweiten Jahrzehnt des 16. Jahrhunderts den Sieg des Humanismus auch in Sachsen durchsetzen halfen. Die Unterstützung in der Hinwendung zu den antiken lateinischen und griechischen Autoren erfolgte bei Agricola gleichsam mehrfach: erstens durch die Einrichtung der Griechischausbildung in Zwickau, zweitens durch Übernahme der vereinigten lateinisch-griechischen Schule ab 1520 und drittens durch die Edition eines lateinischen Lehrwerks in ausgesprochen faßlicher Form.

Wesentlich ist dabei, daß Agricola wie die Althumanisten seiner Zeit und wie auch die Förderer der Reformation die Sprachwissenschaft nicht mehr ausschließlich in den Dienst der Theologie stellte. Darin besteht der ganz offensichtliche Bruch mit der mittelalterlichen Scholastik. Insofern spiegelt Agricola Bestrebungen wider, wie sie auch bei seinen Zeitgenossen beobachtbar sind. Erwähnt sei beispielsweise Justus Jonas (1493–1555), der sich früh dem thüringischen Humanistenkreis anschloß, 1519 Rektor in Erfurt war und die Triade des «Schulhumanismus» Latein, Griechisch und Hebräisch förderte, dabei später auch an Kirchen- und Schulordnungen in Halle, Zerbst, Dessau usw. mitwirkte.[5] Aber während Justus Jonas Theologe wurde und als Mitarbeiter Luthers wirkte, wandte sich Georgius Agricola als Althumanist ganz dem weltlichen Geschehen zu. Das zeigt sich auch im Bereich der Sprache: Hier erwies sich Agricola bereits als nüchterner Faktologe, als Materialsammler und Deskriptivist. So hielt er sich von vorgefaßten Ansichten z.B. zur Abstammung der Sprachen (der sogenannten Sprachenharmonie) fern bzw. traf dazu zumindest keine Aussage in seiner Grammatik. Damit trifft für ihn voll zu, was sonst in der Geschichte der Linguistik erst zu Joseph Justus Scaliger und seinen «Opuscula varia» (1610) festgestellt wird: Beobachtung und Sammlung sprachlicher Erscheinungen und keine sakrale Sprachenauffassung.[6]

Agricolas materialmäßige Erfassung und wesentliche Begründung der Fachsprache der Montanwissenschaften sowie die Aufzeichnungen aus der Arbeitssprache des Bergbaus zeigen später die gleiche Position, wie sie für den Verfasser der lateinischen Grammatik schon gültig ist: Er stellt die Wissenschaft in den Dienst einer sich von scholastischer Enge befreienden Entwicklung. Dabei tritt er auch den sogenannten Vulgärsprachen, also den Volkssprachen, unvoreingenommen gegenüber. Sein Bemühen beispielsweise um die Entschlüsselung und Übersetzung eines in unbekannten Schriftzeichen geschriebenen Textes, den er von Zwickau mit nach Italien genommen hat und die Erläuterungen dazu schließlich in einem langen Brief an den Zwickauer Rat von 1536 bezeugen dies. In Italien erlebte Agricola Gelehrte, die die Volkssprachen der Griechen, Italiener, Spanier und Araber kannten. Im Brief erwähnt er ferner die Kroaten, Bosnier und Serben, wobei sich der Text als in Kyrillica geschrieben erwies. So teilte letztlich Agricola im 16. Jh. die Übersetzung eines altserbischen Textes in lateinischer Sprache mit.[7] Die Ernsthaftigkeit und Beharrlichkeit seiner Bemühungen schon allein ist ein Zeichen für seine Aufgeschlossenheit gegenüber dem vulgärsprachlichen Phänomen.

Aus diesem kurzen Abriß ist ersichtlich, daß Agricola als moderner Humanist und Reformer der Schulbildung auch aus linguistischer Sicht Beachtenswertes in der Entwicklungslinie der Linguistik in der ersten Hälfte des 16. Jh. markiert hat, freilich ohne selbst den philologischen Entwicklungsweg weiter zu beschreiten.

Doch kehren wir zur Latein-Grammatik zurück. Wenden wir uns der nächsten Frage zu: Was bewog Georgius Agricola, eine Einführung in die Laut- und Formenlehre des Lateinischen überhaupt abzufassen? Dazu muß die Situation im zweiten Jahrzehnt des 16. Jahrhunderts Beachtung finden. Nur stichwortartig kann einiges angedeutet werden.

Von der italienischen Philologie kam die Anregung *Zurück zu den Quellen*. Der Humanist Erasmus von Rotterdam (1466–1536) folgte ihr. Er edierte daher auch lateinische und griechische Autoren der Antike. Für die Humanisten ergab sich die praktische Notwendigkeit, vom klassischen Text aus und in Verbindung mit dem Text zur Sprachaneignung zu führen. Im Zusammenhang mit den Bestrebungen, auch die biblischen Texte im Original zu studieren, gewannen neben dem Latein besonders das Griechische und Hebräische an Interesse. Damit wuchs der Druck auf die Leistungsfähigkeit der Sprachausbildung, aber auch auf die Hilfsmittel zu diesen Sprachen. Quasi in gleicher Zeit mußte das Dreifache an Sprachen bewältigt und zugleich auch der Effekt erhöht werden. So entstand gewissermaßen generell für West- und Mitteleuropa das Bedürfnis nach gestraffter und leichter rezipierbarer Grammatikdarstellung.

Wie reagierten die Philologen jener Zeit in den deutschsprachigen Ländern auf die neuentstandene Situation? Es sind aus der Rückschau von heute zwei Tendenzen erkennbar:

1. Die zu dieser Zeit rund ein Jahrtausend tradierten gebräuchlichen lateinischen Grammatiken von Donatus und Priscianus hatten eine solche dominante und unerschütterbare Autorität sowie Position, daß wohl erst ab etwa 1525 radikal gekürzte Neufassungen ediert wurden. Kurzfassungen zur lateinischen Grammatik in Gestalt des Donat sind in Wittenberg 1527 und in Leipzig 1536 und 1545 erschienen und in der Ratsschulbibliothek Zwickau vorhanden.[8] Aber es sind eben Kurzfassungen ganz in der Diktion von Donatus, also schwerfällig noch in Form von Fragen und Antworten abgefaßt.[9] Auch eine Auswahl aus der Grammatik von Priscianus ist erst in der Ausgabe Paris 1565 (64 S.) in der Ratsschulbibliothek nachweisbar.[10]
   Das Werk des aus Frankreich stammenden Franziskanermönchs Alexander

(de Villa Dei) mit einer Grammatik-Darstellung von ca. 1200, dem «Doctrinale puerorum», wurde im Lateinunterricht des 15./16. Jahrhunderts genutzt. Das zeigte auch die Bibliothekssituation in Zwickau.[11] Dieses in Hexametern geschriebene Lehrwerk verdeutlicht – trotz Luthers vernichtender Kritik – das Bemühen auch der vorreformatorischen Zeit um immer weitere Überlegungen und Bestrebungen zur Verbesserung der Grammatikvermittlung. Diese didaktische Seite kann hier nicht weiter verfolgt werden. Ganz offensichtlich entsprachen aber all diese Lehrwerke nicht dem veränderten Bedarf Anfang des 16. Jahrhunderts in zufriedenstellender Weise. Daher ist noch eine zweite Tendenz klar erkennbar und zu nennen.

2. Die den modernen Anliegen Rechnung tragenden Sprachlehrer wie Erasmus von Rotterdam und Petrus Mosellanus wählten offenbar in ihrer Lehrtätigkeit neue Wege und Verfahren in der Sprachvermittlung. Philologisch bzw. linguistisch sind zwei Prinzipien als tragend feststellbar:

a) Reduktion des Sprachmaterials bzw. der grammatischen Gesamtdarstellung zum Lateinischen,
b) Übersichtlichkeit und Überschaubarkeit durch klare Systematisierung, vor allem schon im Anfangsunterricht.

So hat Erasmus von Rotterdam bereits ein Jahr nach Aufnahme seiner Lehrtätigkeit in Basel 1515 ein als ausgesprochen vollkommen ausreichend bezeichnetes Lehrbuch ediert: «Absolutissimus de octo orationis partium Constructione libellus» (24 Bl.), das bereits 1517 erneut verlegt wurde. Es erschien zugleich auch 1515 in Leipzig bei Melchior Lotter d. Ä., ebenso 1518, dann 1520 in Leipzig bei Valentin Schumann. Zugleich wurde der Titel auch 1515 in Straßburg verlegt. Das zeigt das breite Interesse. Von Anfang an trägt der Titel nach *libellus* den Zusatz *nec minus eruditione pueris utilis futurus*… (sowie)… *commodus et iucunus*. So wird auf Beschränkung im Umfang einerseits durch das *Deminutivum libellus* hingewiesen. Die Adjektive *utilis* ‹nützlich›, *commodus* ‹bequem› und *iucundus* ‹angenehm› bekunden im Titel bereits das neue Anliegen des Verfassers. Das gewiß positive Echo auf diese Ausgaben zeigen die weiteren Editionen ab 1521 auch in Mainz, Wien, Köln, Nürnberg.[12] Auch von Philipp Melanchthon gibt es eine entsprechende Darstellung, die im Umfang von 62 Seiten z.B. 1527 in Wittenberg erschien und bereits wieder Neuerungen gegenüber älteren Darstellungen ausweist.[13] Jedoch bereits 1518 brachte Melanchthon eine griechische Grammatik «Institutiones Grammaticae Graecae» heraus. Sie erlebte vom Ersterscheinen in Hagenau bis 1622 insgesamt 44 Neudrucke. Sie dürfte auch für Agricola orientierender Leitfaden gewesen sein für seine Lehrtätigkeit in Leipzig und Zwickau.

Doch kehren wir zum Lateinischen zurück. Agricola hatte in Leipzig an der Seite von Petrus Mosellanus ab 1515 bei dem vom Humanismus geprägten

Engländer Crocus (Richard Croke) sein Griechisch vertieft und den besonderen Einfluß seitens Erasmus von Rotterdam durch Croke sowie Mosellanus erlebt. Von Mosellanus erschienen zum Lateinischen bereits 1516 «Tabulae de schematibus et tropis» (Frankfurt), worin er eine tabellarische Zusammenstellung der Eigentümlichkeiten der lateinischen Sprache gab.[14]

Auch außerhalb deutscher Lande ist die gleiche Entwicklung zu beobachten. Beispielsweise gab der sizilianische Gelehrte Lucius Marineus, der in Salamanca und Madrid Latein lehrte, 1532 eine «Grammatica brevis ac perutilis» (67 S.) heraus.[15] Hier sind im Titel des Buches bereits die entscheidenden Programmworte enthalten: Kürze und Nützlichkeit. Sie kehren später eigentlich immer wieder, so z.B. auch Ende des 19. und natürlich im 20. Jahrhundert, besonders seit den 50er Jahren. Damit ist die Situation knapp umrissen, in die Georgius Agricola an der Universität Leipzig bei Mosellanus und anschließend als Rektor in Zwickau einzuordnen ist. So ist also ab etwa 1515 nachweisbar, daß sich herausragende Gelehrte des Humanismus um neue, knappe und übersichtliche Grammatiken zu den klassischen Sprachen mit Erfolg bemühten. Damit soll aber hier keineswegs die Gesamtsituation und die Kritik an der Fremdsprachenausbildung zu Luthers Zeit umrissen sein.[16]

Wenden wir uns nun ganz Georgius Agricola und seiner Einführung ins Lateinische zu. Das Buch erschien im Herbst 1520 in Leipzig und im gleichen Verlag wie 1515 und 1518 das Lehrwerk von Erasmus von Rotterdam. Bisher fehlt eine vergleichende Untersuchung der beiden Schriften. Aber die Vorbildrolle von Erasmus Desiderius ist schon äußerlich erkennbar: Auch Agricola tituliert «Libellus», wobei der Titel vollständig lautet «Libellus de prima ac simplici institutione grammatrica». Die Verwendung von *institutio* im Sinne von *Unterweisung* war zu jener Zeit üblich, und sowohl Priscianus «Institutiones grammaticae» (Paris, Köln, Basel 1516, 1528, 1545) als auch Melanchthon (1518) gebrauchen diesen Terminus.

Was ist aus der Sicht der Linguistik nun an Agricolas Lehrwerk bemerkenswert? Da ist erstens die durchgängig betonte pragmatische Grundposition zu nennen. Um einen wirksamen und dauerhaften Effekt in der Grammatikvermittlung zu erreichen, wird auf linguistische Definitionen bewußt verzichtet bzw. nach gewissen Lernfortschritten erst deren Einführung empfohlen.[17] Aber über diese Äußerung Agricolas hinaus werden noch weitere Maßnahmen getroffen. Besonders zu nennen ist die implizit verfolgte Systematik und Übersichtlichkeit in Verbindung mit jeweiliger Illustration und gleichzeitiger Beschränkung auf jeweils ein einziges, aber plausibles Beispiel. Hier ist Agricola gewiß Vorbildern gefolgt, wie er auch selbst andeutet. Jedoch in der Konsequenz und Zusammenführung der einzelnen Gesichtspunkte darf er als Novator gelten. Diese hier skizzierte Grundposition läßt sich im weiteren noch präzisieren.

Da ist zweitens zu verweisen auf die Bemühungen um Überschaubarkeit und Lernerleichterung durch die dargebotenen Übersichten z.B. beim Namen zu Genus, Numerus und Kasus, wobei die Feststellung *Geschlechter sind es sieben* verständlich gemacht wird.[18] Dasselbe ist auch bei der Abhandlung der fünf Nominaldeklinationen beobachtbar. Auch hier werden auf insgesamt nur fünf Seiten die linguistisch entscheidenden Informationen gegeben, nämlich die Zuordnungskriterien und deren sprachliche Marker. Agricola nennt die nominalen Erkennungszeichen und die jeweiligen Kasusendungen. Er verwendet dazu bereits die Tabellenform. Damit erleichtert er auch die Vergleichbarkeit und erreicht eine enorme Entlastung in der Darstellung. Im Grunde wird das in Ausbildungsschritten anzusteuernde Ausbildungsergebnis in linguistisch beispielhaft deskriptiver Form geboten. Die gelungene und sprachwissenschaftlich unanfechtbare Abhandlung von Nomina Appellativa, Propria und Adjektiva als ein Komplex ist in dieser Komprimiertheit leider in modernen Handreichungen zum Lateinischen nicht zu finden. Um Agricola nicht in den Verdacht des isolierten Kasusendungsdrills geraten zu lassen, sei erwähnt, daß er ausdrücklich auf die Unverzichtbarkeit von Übungen zur Differenzierung der Deklinationsklassen sowie zur Bestimmung der Kasusendungen unter Beachtung der Homonymie hingewiesen hat.[19]

Drittens ist ganz wesentlich die Verbindung linguistischer Erkenntnis mit didaktischer Konsequenz. Das zeigt sich z.B. bei der differenzierten Zuordnung der Pronomen und Partizipien zu den nominalen Deklinationsklassen nach äußeren Merkmalen.[20] Verzicht oder Entlastung in der Aufführung der Paradigmatik ist dann die folgerichtige Konsequnz. Zugleich wird aber auf die Notwendigkeit der Aneignung der Einzelformen in ihrer systematischen Abfolge verwiesen, wenn z.B. Deklinationsformen von *hic, haec, hoc* nacheinander auf einer Zeile erscheinen, also so, wie sie linear anzueignen sind. Auch auf die Wortbildung wird konsequent verwiesen. Dies geschieht unter den Termini *Species* (Arten) bzw. *Figura* (Gestalt), wobei nach *Primitiva* bzw. *Simplicia* und *Derivativa* bzw. *Komposita* unterschieden wird. Diese linguistische Erkenntnis wird wiederum genutzt, um den Aneignungsprozeß zu erleichtern, vgl. z.B. bei *idem, eadem, idem* den Rückverweis auf die Deklination von *is, ea, id.*[21]

Viertens ist linguistisch bedeutsam und für Agricola erstmalig kennzeichnend, daß er

a) auf metasprachliche Ausführungen verzichtet sowie
b) grammatische Kategorien als Ordnungsprinzip deutlich hervorhebt und mit sprachlichen Beispielen situativ erläutert, vgl. z.B. zum Konjunktiv unter Optativ das Beispiel *utinam amarem* oder unter Subiunctiv *cum amem, cum amerem, cum amaverim, cum amavissem, cum amavero.*

Bei der Darstellung zum Verb vermißt man vielleicht heute die Kennzeichnung der unveränderlichen Personalendungen oder nähere Angaben zum Perfektstamm oder zu den Deponentionen. Dafür werden aber das Verb in vier Konjugationsklassen sowie das Hilfsverb *esse* auf zwölf Seiten ganz übersichtlich und systemtisch aufgeführt. Innerhalb der vertikalen Abfolge nach Genera verbi, Modi und Tempora sind Singular- und Pluralformen horizontal angeordnet. So ist stets ein Vergleich bzw. eine Zuordnung auch von Formen aus dem Text mühelos möglich. Das Verb erfährt auf Grund seiner Schlüsselfunktion im Text gleichsam eine sowohl nach den Sprecherintentionen differenzierte Ordnung als auch als einziger Redeteil eine komplette Darstellung des lateinischen Formenreichtums.[22]

Fünftens schließlich ist bei der bestaunenswert knappen Ausführung zur lateinischen Formenlehre auf nur 27 Seiten nach der Analyse schließlich wieder die Synthese angezielt. So werden zu den Präpositionen Beispielsätze mit ausgesprochen informativem Gehalt geboten (zur Geschichte, Heimatkunde, Geographie usw.).[23] Damit klingt die Einführung in die Grammatik auf der Satz- bzw. Äußerungsebene aus. Agricola unterstreicht gleichsam sein Anliegen, letztlich zum Verstehen von Text befähigen zu wollen. Er führt so von der Einzelform bis zur Äußerung in Sprachform hin. Das berechtigt, ihn nach der Gesamtanlage seines Libellus als Wegbereiter oder Vorläufer von betont kommunikativ orientierter Sprachbeschreibung zu bezeichnen und zu würdigen.

Abschließend bleibt der Wunsch, Agricolas linguistisches Werk künftig in der Wissenschaftsgeschichte in vergleichende Untersuchungen einzubeziehen und seine Leistung auch in der Geschichte der Sprachwissenschaft auszuweisen.

Anmerkungen

1 Berkle, Herbert Ernst: Einführung in die Geschichte der Sprachwissenschaft. Darmstadt 1985.

2 Vgl. z.B. Engewald, Gisela-Ruth: Georgius Agricola. Leipzig 1982, Biographien hervorragender Naturwissenschaftler, Techniker und Mediziner Bd. 61, S. 26–29.; Hengst, Karlheinz: Die Fremdsprachenausbildung bis zum Beginn des 16. Jahrhunderts – dargestellt am Beispiel der Stadt Zwickau. In: Hengst, K. (Hrsg.): Fremdsprachenausbildung in Geschichte und Gegenwart. Lehrmaterial zur Ausbildung von Diplomlehrern. Fachsprachen. Zwickau 1986, S. 20–22; Prokscha, Helmut: Georgius Agricola als Philologe – sein Beitrag zur Entwicklung der Zwickauer Stadtschule und ihres Fremdsprachenunterrichts. In: Hengst, K. (Hrsg.): Fremdsprachenausbildung in Geschichte und Gegenwart ..., S. 36–38.

3 Wilsdorf, Helmut: Georg Agricola und seine Zeit. In: Agricola, Georgius: Ausgewählte Werke (AGA). Gedenkausgabe des Staatlichen Museums für Mineralogie und Geologie zu Dresden. Hrsg. von Prescher, Hans und Mathé, Gerhard. Bd. I, Berlin 1956, S. 110–113.

4 Ebenda, S. 122f.

5 Möller, Helmut: Justus Jonas. 500. Geburtstag. In: Gedenktage des Mitteldeutschen Raumes. Ein deutsches Kalendarium für 1993. Bonn 1993, S. 122ff.

6 Arens, Hans: Sprachwissenschaft. Der Gang ihrer Entwicklung von der Antike bis zur Gegenwart. Freiburg/München 1969, S. 74.
7 AGA, Bd. VI, Berlin 1961, S. 234–242.
8 Hengst, Karlheinz: Die Fremdsprachenausbildung bis zum Beginn des 16. Jahrhunderts ... (Anm. 2), S. 11ff.
9 Ebenda, S. 10ff.
10 Ebenda (ausführlicher), S. 13f.
11 Ebenda, S. 17f.
12 Vgl. VD 16: Verzeichnis der im deutschen Sprachbereich erschienenen Drucke des 16. Jahrhunderts. Hrsg. v. d. Bayer. Staatsbibl. in München in Verbindung mit der Herzog August Bibl. in Wolfenbüttel, I. Abt, Bd. 6, Stuttgart 1986, S. 202 ff.
13 Hengst, Karlheinz: Die Fremdsprachenausbildung bis zum Beginn des 16. Jahrhunderts ... (Anm. 2), S. 20.
14 Vgl. ADB: Allgemeine Deutsche Biographie. Bd. 22, Leipzig 1885, S. 358.
15 Vgl. Hengst, Karlheinz: Die Fremdsprachenausbildung bis zum Beginn des 16. Jahrhunderts ... (Anm. 2), S. 21.
16 Vgl. ausführlicher Apelt, Walter: Martin Luthers Ideen zu Sprache und Sprachunterricht. Reformkonzeptionen im Rahmen frühbürgerlicher pädagogischer Ansichten des 16. Jahrhunderts. In: Fremdsprachenunterricht 27(1983), S. 374ff.; Hengst, Karlheinz: Die Fremdsprachenausbildung bis zum Beginn des 16. Jahrhunderts ... (Anm. 2), S. 15 ff.
17 Agricola, Georgius: Libellus de prima ac simplici institutione grammatica. Lipsiae 1520. Deutsche Übersetzung in AGA, Bd. VI, Berlin 1961, S. 9–39.
18 Ebenda, S. 20.
19 Ebenda, S. 25f.
20 Ebenda, S. 27f. und 33.
21 Ebenda, S. 28.
22 Ebenda, S. 30–41.
23 Ebenda, S. 44–46.

Literatur

ADB: Allgemeine Deutsche Biographie. Bd. 22, Leipzig 1885.

Agricola, Georgius: Ausgewählte Werke. Hrsg. v. Hans Prescher, Bd. 1, Berlin 1965; Bd. 6 (Vermischte Schriften I). Berlin 1961.

Agricola, Georgius: Libellus de prima ac simplici institutione grammatica. Lipsiae 1520. (Deutsche Übersetzung in Agricola, Georgius: Ausgewählte Werke, Bd. 6, S. 9–39).

Amirova, T. A.; Ol'chovikov, B. A.; Roždestvenskij, Ju. V.: Abriß der Geschichte der Linguistik. Hrsg. v. Georg Friedrich Meier. Leipzig 1980.

Apelt, Walter: Martin Luthers Ideen zu Sprache und Sprachunterricht. Reformkonzeptionen im Rahmen frühbürgerlicher pädagogischer Ansichten des 16. Jahrhunderts. In: Fremdsprachenunterricht 27(1983), S. 374–386.

Arens, Hans: Sprachwissenschaft. Der Gang ihrer Entwicklung von der Antike bis zur Gegenwart. Freiburg/München 1969.

Berkle, Herbert Ernst: Einführung in die Geschichte der Sprachwissenschaft. Darmstadt 1985.

Engewald, Gisela-Ruth: Georgius Agricola. Leipzig 1982 (Biographien hervorragender Naturwissenschaftler, Techniker und Mediziner Bd. 61).

Hengst, Karlheinz: Die Fremdsprachenausbildung bis zum Beginn des 16. Jahrhunderts – dargestellt am Beispiel der Stadt Zwickau. In: Hengst, K. (Hrsg.): Fremdsprachenausbildung in Geschichte und Gegenwart. Lehrmaterial zur Ausbildung von Diplomlehrern. Fachsprachen. Zwickau 1986, S. 9–26.

Möller, Helmut: Justus Jonas. 500. Geburtstag. In: Gedenktage des Mitteldeutschen Raumes. Ein deutsches Kalendarium für 1993. Bonn 1993, S. 122–125.

Prokscha, Helmut: Georgius Agricola als Philologe – sein Beitrag zur Entwicklung der Zwickauer Stadtschule und ihres Fremdsprachenunterichts. In: Hengst, K. (Hrsg.): Fremdsprachenausbildung in Geschichte und Gegenwart. Lehrmaterial zur Ausbildung von Diplomlehrern. Fachsprachen. Zwickau 1986, S. 27–43.

VD 16: Verzeichnis der im deutschen Sprachbereich erschienenen Drucke des 16. Jahrhunderts. Hrsg. v. d. Bayer. Staatsbibl. in München in Verbindung mit der Herzog August Bibl. in Wolfenbüttel, I. Abt, Bd. 6, Stuttgart 1986.

Wilsdorf, Helmut: Georg Agricola und seine Zeit. In: Agricola, Georgius: Ausgewählte Werke (AGA). Gedenkausgabe des Staatlichen Museums für Mineralogie und Geologie zu Dresden. Hrsg. von Prescher, Hans und Mathé, Gerhard. Bd. I, Berlin 1956.

Georgius Agricola und der Orient

Gerhard Sperl (Leoben)

1. Einleitung

Das Leben Georgius Agricolas läßt sich bezüglich der wissenschaftlichen Ausrichtung in drei grobe Abschnitte unterteilen: Prägend sind

a) der philologisch-didaktische Abschnitt in Glauchau, Leipzig und Zwickau, und
b) die medizinisch orientierte Zwischenphase beginnt mit den Studium in Leipzig (1521–3), umfaßt den Italien-Aufenthalt (1523–26) (Boccini 1994) und teilweise die anschließende Zeit in Joachimsthal mit der Abfassung des Bermannus (gedruckt 1530),
c) der naturwissenschaftlich-montanistische Abschnitt vor allem in Joachimsthal und Chemnitz.

Vor allem in diesen Lebensabschnitt fallen seine Berührungen mit dem Orient: Erlernen des Hebräischen, die Beschäftigung mit der Naturwissenschaft der Araber, vor allem der Alchemie, und die Abfassung der «Türkenrede», drei durchaus unterschiedliche Zugänge zur Welt des Orients.

Unter Orientalistik versteht man heute die wissenschaftliche Beschäftigung mit den Sprachen und Kulturen des Nahen Orients, der Türkei, Syriens, Arabiens und Persiens etc.[1] Die Beziehungen dieses Bereiches des Mittelmeeres zu Europa waren im 16. Jahrhundert vielfältiger Natur: Negativ durch die Eroberung Konstantinopels durch die Türken 1453 und ihr Expansionsstreben bis vor Wien 1529 bzw. 1683 (Waissenberger 1983); durch die Raubzüge der Piraten unter Chair eddin Barbarossa (†1547) bis zum Sieg vor Lepanto 1571. Andererseits kamen über Spanien nach der Reconquista 1492 die Kenntnisse der Araber über die antike Naturwissenschaft, vor allem des Aristoteles und seiner Schule, immer mehr nach Mitteleuropa, so die Humanisten in ihrer Arbeit zur Kultur der Antike unterstützend. Beide Aspekte haben bei Agricola ein deutliches Echo gefunden, so daß es berechtigt erscheint, in Fortsetzung der Ansätze von Wilsdorf (1956)[2] die Beziehungen Agricolas zum Osten des Mittelmeerraumes, sei es des antiken oder des zeitgleichen, zu untersuchen.

2. Türken 1529 vor Wien

Nach dem Fall Konstantinopels 1453 drangen die Türken immer mehr nach Europa vor, um 1529 Wien zu belagern (Durigl 1979/80). Über das ganze 16. Jahrhundert wurde das Mittelmeergebiet durch Raubzüge der Türken oder ihrer Verbündeten heimgesucht. Georgius Agricola erkennt die Gefahr für das Christliche Abendland, das durch die Reformation und lokale Rivalitäten zerrissen war und ruft in seiner «Türkenrede» (1538), wohl noch im Jahre 1529, den Kaiser und die Deutschen zur Besinnung auf die Gemeinsamkeiten und zum Krieg gegen die Türken auf. Wilsdorf (1956) erwähnt weit über 100 ähnliche Schriften seit 1454, oft von prominenten Persönlichkeiten der Zeit, wie Martin Luther, Erasmus von Rotterdam oder Aventinus (Turmaier 1881), lobt dabei aber die Geschlossenheit der Darstellung Agricolas.

Aus der «Türkenrede» ist allerdings kein tieferes Interesse Agricolas am Orient festzustellen, ja er bedient sich bei der Nennung der arabischen Namen der in Europa allgemein üblichen Schreibweise: Mahomet (statt Mohammed), Acometes (statt Ahmad) usf.; tiefere Kenntnisse der arabischen Schreibweise, obwohl hier aus dem Sprachverständnis zu fordern, können dabei nicht gefunden werden. Da Agricola aber bereits vorher, nachweislich in Bologna 1523/25, sich mit dem Arabischen beschäftigt hat, muß man aus dem Gesagten schließen, daß er einen Zusammenhang zwischen der Kultur der Türken und jener der Araber nicht sah. Diese Facette der Orientalistik ist daher nicht weiter in die vorliegende Betrachtung einzubeziehen.

3. Trilinguität in Theorie und Praxis

Ein frühes Ideal der Humanisten war die Trilinguität (Rüegg 1993) die Beherrschung der drei Sprachen Latein, Griechisch und Hebräisch neben der Muttersprache. Damit war nicht nur die gelehrte Diskussion (in Latein) möglich, sondern auch die Lektüre der griechischen Philosophen in der Originalsprache und der Bibel, mit ihrer Sekundärliteratur Trägerin manchen Geheimwissens, wie sie sich in der Kabbala ausdrückte. Insbesondere Philipp Melanchton, der treue Wegbegleiter Martin Luthers und erste Theoretiker der Reformation, hat die Kenntnis der drei Sprachen als wichtige Voraussetzung für wissenschaftliche Studien dieser Zeit anerkannt. Die Schulordnung in Zwickau von 1523, die Agricola maßgeblich geformt hat (Proschka 1986), sieht ausdrücklich die Erlernung der drei Sprachen vor. Es wird jedoch schon für Agricola als sonderbar bezeichnet, daß er Griechisch unterrichtet; dies wirft ein bezeichnendes Licht auf die tatsächlichen Griechischkenntnisse an diesen Schulen, und nicht viel besser – eher schlechter – scheint es mit dem Hebräischunterricht in dieser Schulart gewesen zu sein.

Zur Erlernung der lateinischen Sprache gab es zur Zeit Agricolas bereits eine lange Tradition von Grammatiken (Hengst 1986), und Agricola selbst hat 1520 eine Lateingrammatik, das «Libellus de prima ac simplici instutione grammatica», verfaßt, die 1520 in Leipzig gedruckt wurde. Auch hat er verschiedentlich, so wahrscheinlich auch in Italien, für den Lebensunterhalt in Griechisch unterrichtet (Wilsdorf 1955). Seine Mitarbeit bei der Galen-Ausgabe 1524/26 in Venedig setzte allerdings vorzügliche Kenntnisse des Altgriechischen voraus.

Wenn man Agricola die Abfassung einer Lateingrammatik eindeutig zuschreiben kann, so ist über die Anfänge seiner Griechischkenntnisse schon weniger bekannt. Allerdings waren auch hier Grammatiken bereits üblich und wurden mit der Ausbreitung der Buchdruckerkunst auch immer leichter zugängig.

Anders scheint es mit Hebräisch (und Arabisch) gewesen zu sein: die ersten hebräischen Grammatiken für Nichtjuden erschienen erst in dieser Zeit, und Arabisch sollte man, wie Agricola es selbst ausdrückt, am besten bei den Arabern lernen.

4. Geschichte der Grammatik und Aufbau der semitischen Sprachen Arabisch und Hebräisch

Die nach dem biblischen Sem, dem Sohn Noahs, bezeichneten semitischen Sprachen zeichnen sich durch eine weitgehende Verwandtschaft im Wortschatz und der Art der Grammatik aus. Besonders charakteristisch ist die Trilitterarität, d.h., daß die Bedeutung des Wortes an drei Konsonanten, manchmal auch Halbvokalen, hängt. Diese werden in vielfacher Abwandlung modifiziert, so daß sich ein weites Bedeutungsfeld aus einer Wurzel ergibt. Arabisch und Hebräisch gehören zu dieser Gruppe, wobei das heutige Schriftarabisch im wesentlichen auf den Text des Koran (Qur'an) zurückgeht, ähnlich wie das heutige gesprochene Hebräisch (Ivrit) den Text der Bibel als Grundlage hat. Wichtig ist bei den semitischen Sprachen auch, daß man auf die Schreibung der kurzen Vokale wenig Wert legt, daß diese vielmehr für präzisere Textdefinition durch sogenannte Vokalisierung extra gekennzeichnet werden müssen (Bauer 1922).

Das gesprochene Hebräisch erlebte in den letzten 3000 Jahren ein ständiges Auf und Ab (Bauer 1922), beginnend von der Zeit der Abfassung der ersten Bibeltexte im 2. Jahrtausend vor Christus über den Verfall des Hebräischen und den Ersatz durch das Aramäische zur Zeit Christi, der Pflege des Hebräischen im rituellen Gebrauch des Mittelalters und schließlich die Renaissance des Hebräischen mit der Gründung des Staates Israel. Als Continuum durch die Geschichte des Hebräischen zieht sich also die Pflege des biblischen Hebräisch, der Thorah und der späteren biblischen Schriften. Offizielle Grammatiken gibt es nach dem Vorbild der arabischen Sprachforschung allerdings erst etwa seit 900 nach Christi, wobei Sa'adja (Bauer 1922, S. 37) als erster ein in arabischer

Sprache verfaßtes Werk «Bücher der Sprache» in 12 Teilen verfaßt hat, die erste systematische hebräische Grammatik. Wenig später verfaßte der spanische Jude Menachem Ben Saruk (um 960) ein Wörterbuch, dem mehrere spanische Grammatikwerke folgten. Die Schriften waren meist in Arabisch abgefaßt und so den Juden Europas lange Zeit nicht zugänglich. Erst Abraham Ben Esra (Abenesra genannt, gestorben 1167) verfaßte eine hebräische Grammatik für die Juden des christlichen Abendlandes. Besonders verdient war aber Josef Ben Qimhi (letzte Hälfte des 12. Jahrhunderts), und auch seine Söhne Moses und David Qimhi führten die Tätigkeit weiter.

Erst der Anfang des 16. Jahrhunderts bedeutet für die hebräische Sprachwissenschaft einen Wendepunkt. Bis dahin waren die Juden die alleinigen Vertreter des hebräischen Sprachwissens, doch durch den Humanismus und die Reformation wurde das Interesse an der hebräischen Sprache enorm gesteigert (König 1881). Der Humanismus forderte das Zurückgehen auf die Originalquellen, die Reformation stellte die Bibel in ihrem Originaltext in den Mittelpunkt des Interesses. Wenn es auch Vorläufer wie den Predigermönch Petrus Nigri mit seiner hebräischen Fibel von 1477 gab, so ist doch der Humanist Johannes Reuchlin (gest. 1522) der erste echte abendländische Grammatiker des Hebräischen. Im Jahre 1506 erschien das Buch «De Rudimentis hebraicis» (Schaub 1981), und bald waren andere Gelehrte, wie Sebastian Münster und Philipp Melanchton, auf dem Gebiet des Hebräischen tätig (RA.L. 1971). Auch der jüdische Gelehrte Elija Levita (gest. 1449) hat viel zur Kenntnis des Hebräischen für Nichtjuden beigetragen, und seine Lehrbücher wurden von seinem Schüler Sebastian Münster lateinisch bearbeitet. Nach zwei Jahrhunderten der konventionellen Grammatikpflege schaffte erst Wilhelm Gesenius mit seinem hebräischen Elementarbuch von 1813 den Durchbruch zur modernen Sprachwissenschaft des Hebräischen (Kautsch 1909, König 1881).

Georgius Agricola stand ganz in der Tradition seiner Zeit und hat wohl auch bei Juden in Deutschland, nachweislich aber in Bologna bei Jakob Mantinus Hebräisch in den Grundzügen erlernt. Jedenfalls, wie manche seiner Schriften zeigen, konnte er hebräisch lesen und über sprachliche Verwandtschaft des Hebräischen mit dem Arabischen diskutieren.

Das Arabische wiederum, eine semitische Sprache aus dem zentralen Teil der Arabia Felix (heute Saudiarabien), eroberte mit dem Islam seit dem 7. Jahrhundert nach Christus den Mittelmeerraum. 711 mit der Schlacht bei Jerez de la Frontera (Andalusien) drangen die Araber auch nach Europa vor und beherrschten für sieben Jahrhunderte Spanien. Früh, wohl bald nach Abfassung und Kodifizierung der heiligen Schrift der Moslem, des Qur'an (= Lektüre) begann die grammatikalische Bearbeitung des Arabischen, die, wie oben erwähnt, schließlich um 900 auch Vorbild für die hebräische Grammatikarbeit wurde. Agricola selbst allerdings meint, daß man nur bei einem Araber selbst –

er versuchte es in Bologna bei Battista Leo, einem christianisierten Tunesier – wirklich Arabisch lernen könne (Wilsdorf 1955a).

Welchen Effekt für die Arbeit Agricolas sein Studium der hebräischen Sprache überhaupt hatte, läßt sich nicht leicht fassen. Daß er versucht hat, in der Originalsprache in die Geheimnisse der Kabbala einzudringen, ist nirgends in seinem Werk direkt nachweisbar. Agricola stand im Widerstreit der Meinungen zwischen platonischem und aristotelischem Erbe (Sperl 1993) auf der Seite der Empiriker, d. h., er wollte Dinge, die sich nicht durch Erfahrung beweisen lassen, nicht als real anerkennen (Senger 1986). Scheinbar hält Agricola wenig von der Wissenschaft der Araber, wie Wilsdorf (1955a, S. 232) zitiert:

[...] ich glaubte, daß gebildete Leute, die aus reinen und klaren Quellen der Griechen zu trinken gewohnt sind, die trüben Rinnsale der Araber und zumal die der Mauren, die mit ganz entstellten oder geradezu falschen Auffassungen verunreinigt sind, nicht versuchen, sondern allenfalls, wie man sagt, mit den äußersten Lippen daran nippen möchten. Ich nahm an, die arabischen Entstellungen des Griechischen möchten ein an den edlen Wohlgang des Lateins gewöhntes Ohr beleidigen [...]

Hier irrt Agricola sicher, wenn er die arabischen Quellen (Fakhry 1978) nur als Abklatsch der griechischen Philosophie betrachtet und Eigenleistungen auf dem Gebiet der Wissenschaft nicht in Betracht zieht. Verständlich wird dies wohl dadurch, daß Agricola die Alchemie als den Versuch zur Goldmacherei ablehnt und in den Schriften der Araber hier eine wissenschaftliche Begründung zu finden glaubt.

Gleichzeitig greift er aber, wie Wilsdorf (1955a, S. 219 ff.) eindringlich darlegt, auf viele arabische Quellen zurück. Er kritisiert oder bestätigt Vorstellungen der ihm gut bekannten arabischen Naturphilosophen wie Averroes (Ibn Rushd), Avicenna (Ibn Sina, 970–1037), Razi, Serapio und andere.[3] Bei der Betrachtung der arabischen Quellenbezüge ist es nicht erstaunlich, daß das erste montanistische Werk Agricolas, kurze Zeit nach seinem Italienaufenthalt verfaßt, diese Bezüge in besonders deutlichem Maße aufweist. Der Aufenthalt in Italien und die Beschäftigung mit den Arabern dort hat eben seine Spuren in Agricolas Werk hinterlassen und noch im Spätwerk «De re metallica» (1555/56) sind diese Spuren zu erkennen, obwohl er die arabischen Texte anfänglich nicht für sehr wertvoll hielt.

Wilsdorf hat sich bemüht, die arabischen Quellenbezüge zu dokumentieren und stellt nur Spuren und Bruchstücke der auf die Araber zurückgehenden naturwissenschaftlichen Anschauungen und Ergebnisse der Welterforschung im «Bermannus» fest. Doch imponiert Agricola die Exaktheit der arabischen Wissenschaftler, die einen Fortschritt gegenüber der griechischen Wissenschaftsbetrachtung zeigen. Ein Teil der Ablehnung der arabischen Kenntnisse geht wohl darauf zurück, wie Wilsdorf (1955a) meint, daß die lateinischen Übersetzungen der arabischen Texte sehr minderwertig und damit schlecht lesbar waren.

5. Die Alchemie, Agricola und der Orient

Wenn auch Agricola mit Recht als der erste moderne Wissenschaftler auf dem Gebiet des Montanwesens zu betrachten ist, so steht er doch auf dem Boden der naturwissenschaftlichen Methoden seiner Zeit. Diese sind durch die Philosophie der Griechen und die durch die Araber übermittelten Kenntnisse geprägt, wobei besonders die 4-Elementelehre in der Tradition des Aristoteles hervorsticht. Agricola hat dies besonders deutlich in einer Textstelle des 9. Buches der «De re metallica», angewendet auf das Hüttenwesen seiner Zeit, dargestellt (Sperl 1969): *Dieser fürwar ist allwegen in der zal der fürtrefflichsten Schmeltzern gehalten worden / welcher die vier Element recht kündte vermischen. Er wird sie aber alsdann recht vermischen / so er nicht mehr des Ertzes / das mit der Erden Theil hat / dann es sich gebüret / in Ofen wirffet: Der da Wasser / so offt es die noth erfordert / hineingeusset: Der den Blast der Belgen mit kunst regiert: Der in das Fewr / an welchem theil es hell brennet / das Ertz wirffet.*

Bereits zur Zeit Agricolas hat man sich auch über den Ursprung des Namens «Alchemie» Gedanken gemacht und manche Spekulation über das daraus ableitbare Alter dieser Wissenschaft, die sicherlich schon für die altbabylonische Zeit (Eisler 1925) nachweisbar ist, angestellt.[4]

Wie Wilsdorf (1956, S. 45–50) richtig anmerkt, hat Agricola wohl im Vorwort seines Hauptwerkes «De re metallica» die seiner Meinung nach wichtigsten Alchemisten aufgezählt, andererseits aber die Alchemie als Goldmacherkunst und manche Persönlichkeit, die mit diesem Aspekt in Zusammenhang gebracht werden könnte, abgelehnt. Bei Agricola wird daher das Doppelbild der Alchemie seiner Zeit – einerseits als strittige Theorie der natürlichen chemischen Vorgänge, andererseits als solides Fachwissen in der Praxis des chemischen Laboratoriums und der Hüttenwerke – besonders deutlich.

Nachteilig spürbar ist diese Ablehnung der Alchemie bei Agricolas Betrachtung der arabischen naturwissenschaftlichen Arbeiten, die er auch aus einem anderen Grund, nämlich wegen der schlechten lateinischen Übersetzungen, für minderwertig hielt, wie oben erwähnt wurde. Das er offensichtlich zusammen mit dem Juden Jakob Mantinus bei dem christianisierten Tunesier Battista Leo in Bologna Arabisch zu lernen versuchte, zeigt aber doch zumindest das Interesse an den wissenschaftlichen Grundlagen der arabischen Schriftsteller.

6. Zusammenfassung

Georgius Agricola hat sich mehrmals mit den Sprachen des Orients auseinandergesetzt, da er sie als nützlich für seine Forschungen betrachtete. Neben wohl mäßigen Hebräischkenntnissen hat er aber kaum Arabischkenntnisse aufzuweisen; in der Beurteilung der Araber als Mittler der griechischen Wissenschaften schwankt er sehr, um sie aber dennoch immer wieder zu zitieren. Die Kultur des zeitgenössischen Orients, der Türkei und Arabiens, hat ihn aber nicht interessiert, wie aus der «Türkenrede» zu entnehmen ist.

Anmerkungen

1 Der Lehr- und Arbeitsplan am Institut für Sprachen und Kulturen des Alten Orients an der Universität Innsbruck umfaßt das geistige und materielle Erbe der Länder im östlichen Mittelmeer und ihrer Nachbarn. Eine solche Sicht wird auch dem hier verwendeten Begriff «Orientalistik» unterstellt.
Der Autor hat neben seiner Arbeit als Metallurge in Hall in Tirol Studien am Institut für Sprachen und Kulturen des Vorderen Orients (Univ. Prof. Karl Oberhuber) an der Universität Innsbruck betrieben, daneben auch klassische Archäologie und Ur- und Frühgeschichte in Innsbruck und Freiburg/ Brsg. studiert. Dieses Studium wurde 1983 in Innsbruck mit dem Dr. phil. nach einer Dissertation über den «Einsatz elektronischer Rechenanlagen für die Keilschriftforschung» abgeschlossen. In diese Zeit fällt auch die Beschäftigung mit der Metallurgie des 16. Jahrhunderts in Tirol (Dissertation, Leoben 1970), dem technologischen Hintergrund zur Herstellung der Grabmalsfiguren für Kaiser Maximilian in Innsbruck, hergestellt zwischen 1507 und 1550.

2 Der von Wilsdorf (1955b, S. 191, Note 1) angekündigte Artikel zu diesem Thema «Georgius Agricola und die Welt des Morgenlandes» scheint niemals veröffentlicht worden zu sein.

3 Interessant ist, daß z.B in der Schrift «De ortu et causis subterraneorum» auch ein «Gilgil mauretanus» erwähnt wird. Während der Ausdruck mauretanus schlicht und einfach mit maurisch oder aus Mauretanien kommend übersetzt werden kann, scheint Gilgil für Wilsdorf rätselhaft. Dieser Name erscheint aber als Bezeichnung für den Feuergott im alten Mesopotamien, damit ein für die Kunst der Feuermetallurgie wichtiger Schutzpatron. Es ist erstaunlich, wie lange sich diese Tradition hält, und daß die zugehörige Beschreibung sich nicht in den entsprechenden Schriften findet.

4 Georgius Agricola und die Alchemie (Notiz aufgrund einer Anfrage in der Diskussion zu diesem Vortrag):
1. Seine Stellung dazu: *[...] Viele Alchemisten, die Kunst geübt haben, Metalle in andere zu verwandeln [...] ob sie es wirklich tun können [...] vermag ich nicht zu entscheiden [...] Aber da, wie wir lesen, noch niemand von dieser Kunst reich geworden ist [...] so ist die Sache höchst zweifelhaft* (dort, in der Vorrede an Moritz von Sachsen, «De re metallica», S. XXVI; dort zählt er die bekanntesten Namen seiner Zeit auf: *Osthanes... Geberus... Jüdin Maria*).
2. Die Deutung des Namens «Alchemie»: Nach der Struktur «al-Kimiya'», wie es im Arabischen geschrieben wird, kann man mit einiger Berechtigung eine echte arabische Wurzel bestreiten, da es kein Wort mit den Radikalen «kmy» gibt. Wilsdorf (1955b, S. 230/1) erwähnt, daß al-Razi in Nachfolge Gebers unter «al-kimiya» die Kunst der Nutzung der irdischen Geister, unter «as-simiya» die der astralen Geister verstand.
Die Deutungen des Wortes Alchemie sind zahlreich, wie die Überprüfung einiger Wörtbücher und Publikationen ergibt (Berthelot 1885, Brockhaus 1901, Carpentieri 1883, Encyclopedia 1968, Forbes 1964, Robert 1986, Simpson 1989). Einige seien erwähnt, wobei keiner die letzte Schlüssigkeit zuzusprechen ist:
– geographische: *KEMI* soll der koptische Name für Ägypten gewesen sein (Brockhaus 1901),

von den *CYMRERN* (Kimmerier) einem Schmiedevolk am Schwarzen Meeer, nach Gebelin (1991), S. 101;
– nach Stoffen: *CHYMOS* = griechisch: Saft, Flüssigkeit,
von chinesisch *KIM-Ya,* eig. *jinyi*: trinkbares Gold, nach Needham (1989);
– nach Personen: *CHAM (Ham),* Sohn Noahs, soll das geheime Wissen der Hebräer über die Sintflut gerettet und den Ägyptern übergeben haben (Gebelin (1991), S. 102, *CHEMES, CHYMES,* nach Zosimos ein gefallener Engel im Buch Henoch, (Gebelin 1991 S. 101 bzw. Berthelot, 1885, Neudruck Osnabrück 1966, S. 10).
– magische Bedeutungen: *KI MI-YAH;* hebräisch: weil sie von Gott ist, bei Gebelin (1991) S. 100, nach Scholem, Judaica 1984, 4, bereits im 14. Jh. als Erklärung erwähnt;
KIMIYA – SIMIYA: Nutzung der Kraft der irdischen und astralen Geister (nur Erklärung, bei Wilsdorf 1955b, S. 230/1, s. o.).

Literatur

A. Zitierte Agricola-Werke: s. a. Wilsdorf (1956), Liste S. 286ff,

Agricola, Georgius: Libellus de prima ac simplici instutione grammatica; Leipzig 1520.

Agricola, Georgius: Oratio de bello adversus Turcam suscipiendo, ad Ferdinandum Ungariae Boemiaeque regem, et principes Germaniae MDXXXVIII (Basel 1538), deutscher Titel: Oration, anrede und vormanunge...von Kriegsrüstung und Heerzuge widder den Türken...1531 (s. a. Wilsdorf 1956).

Agricola, Georgius (1550a): De Precio Metallorum et monetis; op.21: Der Preis der Metalle und die Münzen 1550;

Agricola, Georgius: De re metallica Libri XII, Froben Basel 1556 (lateinisch).

B. Agricola-Reihe

Wilsdorf, Helmut (1955a): Georgius Agricola 1494–555, zu seinem 400. Todestag 21. November 1955; Deutsche Akademie der Wissenschaften zu Berlin, Akademie-Verlag-Berlin 1955, darin: Agricola in Italien und seine persönlichen Beziehungen zur angelsächsischen Welt, S. 230–46.

Wilsdorf, Helmut (1955b): Georg Agricola Bermannus oder über den Bergbau – Ein Dialog: Georgius Agricola – Ausgewählte Werke, Gedenkausgabe des staatlichen Museums für Mineralogie und Geologie zu Dresden – Herausgeber Hans Prescher, VEB Deutscher Verlag der Wissenschaften, Berlin 1955; darin: Verzeichnis arabischer Quellenbezüge, S. 219–231; Verzeichnis der Quellen nach Agricolas eigenen Angaben, S. 200–216.

Wilsdorf, Helmut (1956): Georg Agricola und seine Zeit, Georgius Agricola – Ausgewählte Werke, Gedenkausgabe des staatlichen Museums für Mineralogie und Geologie zu Dresden – Herausgeber Hans Prescher, VEB Deutscher Verlag der Wissenschaften, Berlin 1956; darin: Die Alchimie, S. 44–50; Agricola und Erfurt, S. 125–127; Agricola in Italien, S. 128–150; Agricolas erste Studienzeit; S. 99 –124; zur «Türkenrede» S. 188ff.

C. Weitere Literatur

Bauer, Hans; Pontus Leander: Historische Grammatik der Hebräischen Sprache des Alten Testamentes, Erster Band: Die grammatische Bearbeitung der hebräischen Sprache, S. 36–49, Verlag Max Niemeyer, Halle a. S. , 1922.

Berthelot, M.: Les Origines De L'Alchimie 1885; Nachdruck Otto Zeller, Osnabrück 1966.

Boccini, Varani: Agricola and Italy. In: Geojournal, In Commemoration of Georgius Agricola 1494 –1555; Kluwer Academic Publishers, Dordrecht/Boston/London, February vol. 32, No. 2, 1994, S. 151–160; deutsche Fassung dazu: Boccini Varani Maria Antonietta: Agricola und Italien. In: Mitteilungen des Chemnitzer Geschichtsvereines (1994): 64. Jahrbuch, Neue Folge III, Georgius-Agricola-Jahr 1994; Selbstverlag des Chemnitzer Geschichtsvereins, Chemnitz 1994.

Brockhaus: Alchemie. In: Konversations-Lexicon, vierzehnte vollständig neubearbeitete Auflage, 1. Bd. (1901).

Brockhaus: Sebastian Münster bzw. Johanes Reuchlin. In: F.A. Brockhaus in Leipzig, Berlin und Wien, 13. Band, 1903, S. 804–805.

Carpenterii, D. P.; G. A.L. Henschel: Glossarium Mediae et infimae latinitatis, Niort L. Favre, Impremeur-Editeur, toud droits réservés 1983.

Darmstädter, Ernst (Übersetzer): Die Alchemie des Geber; Dr. Martin Sändig oHG. Wiesbaden 1969.

Dürigl, Günter (Hrsg): Wien 1529 – die erste Türkenbelagerung, Historisches Museum der Stadt Wien; 62. Sonderausstellung 1979/80, Eigenverlag der Museen der Stadt Wien.

Eisler, Robert: Der Babylonische Ursprung der Alchemie. In: Chemiker-Zeitung Cöthen, 49. Jahrgang, Nrt. 83, 11.7.1925, S. 577–584.

Encyclopaedia Universalis (1968): Alchimie, Volume I, Aalto. Anneaux, S. 588–598, Encyclopaedia Universalis France, Editeur à Paris, 1968.

Fakhry, Majid: Philosophy and History. In: John R. Hayes (Hrsg.), The Genius of Arab Civilization, Source of Renaissance, Phaidon 1978, S. 55–66.

Forbes R. J.: The Origin of Alchemy; in: Studies in Ancient Technology, Vol. 1, Leiden, E. J. Brill 1964, S. 125 -148.

Gebelein, Helmut: Alchemie; Eugen Diederichs Verlag, München 1991.

al-HASSAN Ahmad Y., Donald R. Hill: Mining and Metallurgy. In: Islamic technology an illustrated history; Cambridge University Press, UNESCO 1986, S. 233–260.

Hengst, Karlheinz: Die Fremdsprachenausbildung bis zum Beginn des 16. Jahrhunderts – dargestellt am Beispiel der Stadt Zwickau. In: Fremdsprachenausbildung in Geschichte und Gegenwart; Lehrmaterial zur Ausbildung von Diplomlehrern Fachsprachen, Pädagogische Hochschule Zwickau, 1986, S. 9–26.

Hill, Donald R: Mechanik im Orient des Mittelalters. In: Spektrum der Wissenschaft, Juli 1991, S. 80–85.

Kautzsch, E.: Wilhelm Gesenius' Hebräische Grammatik; 28. vielfach verbesserte und vermehrte Auflage, Verlag F. C. W. Vogel, Leipzig 1909.

König, Friedrich Eduard: Historisch-kritisches Lehrgebäude der Hebräischen Sprache, mit steter Beziehung auf Qimchi und die anderen Auctoritäten, Erste Hälfte: Die verschiedenen Methoden, die Grammatik der hebräischen Sprache zu schreiben, S. 2–9; J.C. Hinrichs'sche Buchhandlung, Leipzig 1881.

Lange, Alfred: Georg Agricola und das Hüttenwesen seiner Zeit. In: Georgius Agricola 1494–1555, zu seinem 400. Todestag 21. November 1955, Deutsche Akademie der Wissenschaften zu Berlin; Akademie-Verlag-Berlin 1955, S. 113–153.

Needham, J.: In: Inst. f. Gesch. d. Naturwiss., 1989, S. 214.

Paulus, Julian: Alchemie und Paracelsismus um 1600. Das Verzeichnis spagyrischer Mediziner des Augsburger Stadtarztes Karl Widemann. Kritische Edition und Kommentar. In: Frühneuzeit-Info – Aufsätze, Wien, S. 48–72.

Prokscha, Helmut: Georgius Agricola als Philologe – sein Beitrag zur Entwicklung der Zwickauer Stadtschule und ihres Fremdsprachenunterrichts; in: Fremdsprachenausbildung in Geschichte und Gegenwart, Pädagogische Hochschule Zwickau 1986, S. 27–43.

R.A.L.: Hebraists Christian (1100–1890). In: Encyclopaedia Judaica (1971): Band 8, Keter Publ., Jerusalem 1971, Spalte 9–73.

Robert, Paul: Le Grand Robert de la Langue Francaise, Dictionnaire Alphabétique et Analogique de la Langue Francaise, Tome I, A-Bio, Le Robert, Paris 1986.

Rosetti, Lucia: Die Universität Padua, ein geschichtlicher Querschnitt; Edizioni Lint, Mailand 1972.

Rüegg, Walter: Das Aufkommen des Humanismus, Epilog; in: Geschichte der Universität in Europa, herausgegeben von Walter Rüegg, Band I, Mittelalter, S. 387–408, Verlag C.H. Beck München, 1993.

Schaub, Wiebke: Sebastian Münster: Dictionarium Caldaicum S. 504–505 und Johannes Reuchlin, Liber ... de rudimentis hebraicis liber primus S. 510–512; Die Renaissance im Deutschen Südwesten zwischen Reformation und Dreissigjährigem Krieg, Band 1, Abteilung Buchdruck. In: Ausstellungskatalog des Landes Baden-Württemberg, Badisches Landesmuseum Karlsruhe (1981?).

Senger, Hans Gerhard: Aristotelismus vs. Platonismus – Zur Konkurrenz von zwei Archetypen der Philosophie im Spätmittelalter. In: Aristotelisches Erbe im Arabisch-Lateinischen Mittelalter, Übersetzungen, Kommentare, Interpretationen, Herausgegeben von Albert Zimmermann, S. 53–80, Walter de Gruyter, Berlin/New York 1986.

Simpson, J.A., E.S. C. Weiner: The Oxford English Dictionary, Second Edition, Volume 1, Clarendon Press, Oxford 1989, Stichwort: Alchemie.

Siraisi, Nancy: Die medizinische Fakultät. In: Geschichte der Universität in Europa, herausgegeben von Walter Rüegg, Band I, Mittelalter, S. 321–342, Verlag C. H. Beck München, 1993.

Sperl, Alexander: Agricolas Bildungsweg zwischen Humanismus und Scholastik. In: Österreichischer Kalender für Berg Hütte Energie 1994, S. 33–38, Leoben 1993.

Sperl, Gerhard: Die Aussagekraft der chemischen Analyse antiker Kupferlegierungen für die Altertumswissenschaft; unveröffentlichte Dissertation, Montanistische Hochschule Leoben, Mai 1969.

Steinmüller, Karl: Agricola in Zwickau. In: Agricola-Studien, Freiberger Forschungshefte, Kultur und Technik, D. 18, S. 20–44, Akademie-Verlag Berlin, 1957.

Stern, Leo: Der große deutsche Naturforscher und Humanist Georgius Agricola und seine Zeit. In: Georgius Agricola 1494–1555, zu seinem 400. Todestag 21.11.1955, Deutsche Akademie der Wissenschaften zu Berlin, Akademie-Verlag Berlin 1955, S. 17–21.

Turmaier, Johannes, genannt Aventinus: Kleinere Historische und Philologische Schriften; herausgegeben von der K. Akademie der Wissenschaften, Christian Kaiser, München 1881.

Waissenberger, Robert (Hrsg.): Die Türken vor Wien; Museen der Stadt Wien, 1983.

Wiedemann, Eilhard: Aufsätze zur Arabischen Wissenschaftsgeschichte – Collectanea VI/I, Georg Olms Verlag Hildesheim, New York, 1970.

Agricola und der Basler Humanismus – Agricolas «Bermannus» in der Hand des Erasmus

Peter F. Tschudin (Riehen)

Agricolas «Bermannus» ist in mehrerer Hinsicht bemerkenswert, nicht nur durch seine Zweckbestimmung und seine literarische Form, sondern auch durch die Tatsache, daß es sich um das erste bei Froben verlegte Werk Agricolas und den Wegbereiter für das Hauptwerk «De re metallica» handelt. Dabei kommt dem Einfluß des Erasmus entscheidende Bedeutung zu, der im folgenden näher erläutert wird.

1. Basler Buchdruck: von Gutenberg zu Froben und Erasmus

Nicht zufällig hat Erasmus von Rotterdam in Basel gewirkt und seine Werke bei Johannes Froben erscheinen lassen, und ebensowenig zufällig sind Agricolas Werke bei dessen Sohn Hieronymus Froben verlegt worden. Die Hintergründe der Edition des wegweisenden Werkes des in diesen Tagen zu ehrenden Jubilaren ist denn auch Gegenstand dieser Betrachtung. Unabhängig vom noch immer nicht endgültig zu entscheidenden Streit um die Erfindung des Buchdrucks kann festgestellt werden, daß in der Inkunabelzeit drei gleich bedeutende Voraussetzungen für eine erfolgreiche Druck- und Verlagstätigkeit vorauszusetzen sind:

- Kapital,
- Vertriebsmöglichkeiten (Absatzmärkte, Handel) und
- geistiges Potential.

Die technischen Voraussetzungen treten demgegenüber in den Hintergrund. Es ist nämlich – die nötigen Fachkenntnisse vorausgesetzt – möglich, wie die Entwicklung der vielen kleinen Druckorte belegt, nur mit wenigen Matrizensätzen und einem Gießgerät ausgerüstet, fortzuwandern und an einem beliebigen Ort mit Hilfe der lokalen Handwerker eine Druckerei einzurichten. Ist keine

Papiermühle in der Nähe, kann das benötigte Papier über den regionalen Handel ohne Schwierigkeiten bezogen werden. In Basel treffen diese drei Vorbedingungen in idealer Weise zusammen.[1] Die geographische Lage mitten in Europa am Knotenpunkt wichtiger Verkehrsachsen hat bereits in vorgeschichtlicher Zeit weitreichende Kontakte und Beziehungen entstehen lassen. Im Spätmittelalter wird die aufstrebende, sich allmählich vom Bischof als Stadtherrn loslösende Stadt Sitz großer, nach heutigen Begriffen international tätiger Handelsunternehmen.[2] Damit geht eine Kapitalakkumulation, verbunden mit Kapitalverflechtung, Hand in Hand, die auch die Papiermacherei nach Basel bringt.[3] Die dritte, für Buchdruck und Verlagswesen entscheidende Voraussetzung, erhält Basel als Stadt des Konzils, aus dessen interner Hochschule die Basler Universität hervorgegangen ist.[4] Dank einer Kette glücklicher Umstände besteht diese just im Moment, da nach der Erstürmung von Mainz die «Jünger Gutenbergs» sich in alle Winde zerstreuen. In der Tat finden wir praktisch alle Basler Frühdrucker in der Universitätsmatrikel verzeichnet. Der Basler Buchdruck geht, wenn nicht direkt auf Gutenberg, so doch auf einen seiner Gehilfen der ersten Stunde zurück, auf Berthold Ruppel von Hanau, der sich 1462 an der Universität Basel immatrikulierte. Bald folgten ihm andere, um die *nova ars scribendi* beflissene Scholaren, und Basel durfte für sich in Anspruch nehmen, zu den großen Druckerzentren Europas zu gehören. Bis 1500 sind die Namen von über 70 Buchdruckern in Basel nachzuweisen.[5]

Wohl der bekannteste aller Basler Frühdrucker war Johannes Amerbach.[6] Er hatte in Paris studiert und war als Lektor und Korrektor in der großen Kobergerschen Offizin in Nürnberg tätig, bevor er in Basel eine Druckerei gründete. Dabei übernahm er vor allem den wissenschaftlichen und kaufmännischen Teil des Betriebes, während Johann Petri das eigentliche Setzen und Drucken überwachte. Amerbach stand mit den ersten Gelehrten der Zeit in freundschaftlichem Verhältnis. Mit Koberger hielt er engste Verbindungen aufrecht. Johannes Amerbach hat den Landsmann Johannes Froben in seine Offizin geholt.[7] 1491 machte sich dieser selbständig, unterstützt durch das Kapital seines Schwiegervaters Wolfgang Lachner, der in der Folge sich der verlegerisch-kaufmännischen Seite des Betriebs annahm. Gleich der erste Druck, die erste lateinische Taschenbibel, war ein voller Erfolg. Auch seine nächsten Werke waren nach sorgfältigen Absatzprognosen ausgewählt, wobei sich eine Vorliebe für die neuen Werke des Humanismus herausbildete. In eben diesem Zusammenhang erlaubte sich Froben 1513, wie damals oft üblich, auf Anregung des Beatus Rhenanus das vielversprechende Werk des Erasmus «Adagiorum Chiliades», eine Sammlung von kommentierten Sprichwörtern der Antike, ohne Einwilligung des Autors nach der bei Aldus in Venedig erschienenen Ausgabe nachzudrucken. Da dieser Nachdruck gegenüber der

Aldina viele Verbesserungen im lateinischen und griechischen Text enthielt, versöhnte sich Erasmus mit Froben und edierte, im Hause Frobens wohnend, 1516 erstmals das Neue Testament im griechischen Urtext.[8] Georgius Agricola, selbst «Insider» der humanistischen Richtung, Lehrer, Verfasser von altphilologischen Schulbüchern, zeitweise bei Aldus als Lektor für die Hippokrates- und Galen-Ausgabe tätig, hat den Kontakt mit eben diesem Basler Kreis gesucht[9] und – schließlich vermittelt durch Petrus Plateanus – den Zugang zu Erasmus, dem «Princeps der Humanisten» und zu den Nachfolgern Frobens, des «Vaters der Bücher» gefunden. Entscheidend war dabei die von Agricola für seinen «Bermannus» gewählte literarische Form, der satirische Dialog, den Erasmus in seinem «Bestseller», den «Colloquia familiaria», meisterhaft angewendet hat.

2. Der satirische Dialog als Literaturform

Wie Agricola in seinem Vorwort zum «Bermannus» schreibt, wählte er aus Gründen der leichteren Lesbarkeit den Dialog als Darstellungsform, offenbar aber auch um der Literaturgattung selbst willen, die seinem Anliegen eben am besten entsprach. Diese aus dem Altertum stammende[10] Art der erzählenden Wiedergabe von Gedanken und Informationen ist als *platonischer Dialog* berühmt, in der späteren Entwicklung aber – analog zur Entwicklung der Komödie[11]– speziell für die kritisch-satirische Darstellung eines Themas verwendet worden. Die Satire[12] findet sich in vielfältigen Abwandlungen.[13] In der von den Römern übernommenen *Menippeischen Satire*[14] hat sie ihre vollkommenste Form gefunden,[15] die uns leider nur in einem einzigen vollständigen Werk, der «Apocolocyntosis Divi Claudii» (Verkürbissung des Claudius)[16] des Seneca erhalten ist. Der zu dieser Literaturgattung gehörende, in eine Rahmenerzählung eingebettete Dialog ist durch die Spätantike und das Mittelalter hindurch immer wieder, speziell in Philosophie und Theologie, verwendet worden.[17] Die Humanisten haben ihn aufgenommen, einmal als willkommenes Werkzeug der Schulstube, um ein von den Verderbnissen des Mittelalters gesäubertes, im Sinne der Klassik erneuertes gesprochenes Latein darstellen zu können, zum anderen eben als formvollendetes Vehikel des Spottes, der Zeitkritik. Den Zusammenhang dieser beiden Ziele erkennen wir am besten in den «Colloquia familiaria» des Erasmus von Rotterdam, die – und nicht die sprachlich eher unbeholfen wirkenden Lehr-Dialoge des ihm doch näher stehenden Paulus Niavis[18] – für Georgius Agricola das Vorbild abgegeben haben.

3. Die «Colloquia familiaria» des Erasmus

Dieses wohl verbreitetste Werk des Erasmus dürfte Agricola bereits während seines ersten Studiums in Leipzig, spätestens aber während seiner Rektoratszeit in Zwickau kennengelernt haben. Seine Entstehungsgeschichte[19] zeigt einen einmaligen Erfolg, aber auch eine interessante Gewichtsverschiebung vom Schulbuch zum – auch in Einzelteilen als Sonderdrucke weit verbreiteten – programmhaften, kritischen Zeitspiegel in populärem Stil. In Paris hatte Erasmus als Griechisch-Student bei Georgios Hermonymos die «Colloquia et conversationes Graecae» des Marsilius Ficinus aus Florenz kennengelernt.[20] Kurz vor 1500 verfaßte er – mehr zur Auflockerung des Unterrichts – neben eigenen Sprachlehrbüchern auch «Sermones quosdam quotidianos...» (Alltagsgespräche) in lateinischer Sprache. Über Beatus Rhenanus gelangte eine Abschrift, wohl von der Hand und mit Ergänzungen des seinerzeitigen Pariser Zimmergenossen Camynadus, zu Froben, der sie ohne Wissen des Erasmus im November 1518 als «Familiarium colloquiorum formulae» (Redewendungen für das Alltagsgespräch) herausgab. Erasmus war der vielen unkorrigierten Fehler wegen erzürnt und strengte sofort eine von ihm selbst verbesserte Neuausgabe bei Martens in Löwen an. Doch bereits im Februar 1519 erschien, um eine Anweisung zum Wiederholen und um Marginalien vermehrt, bei Froben die nächste, verbesserte Ausgabe. Das Werk fand reißenden Absatz und Eingang in praktisch allen Lateinschulen humanistischer Richtung, wie die Zahl der Nachdrucke zeigt: die Basler Froben-Ausgaben wurden bis Ende 1520 fünfzehnmal nachgedruckt (in Paris, Antwerpen, Straßburg, Leipzig, Wien, Krakau, Mainz, Augsburg, Köln und sogar Basel). Ende1519 erscheint bei Martens eine nächste Ausgabe, der bald zwei weitere folgen. Diese und die in der gleichen Zeit erscheinenden weiteren Froben-Ausgaben werden bis Anfang 1522 insgesamt neunzehnmal nachgedruckt (in Deutschland, Frankreich, Italien und den Niederlanden). Den Anfang der satirischen Zeitkritik finden wir im Geleitwort zur ersten Martens-Ausgabe, in der Erasmus den Leser über die Vorgeschichte der Ausgabe aufklärt und sich bissig über den unerlaubten Druck von Schriften, die vom Autor nicht druckreif gemacht worden sind, ausläßt, und sodann in der zweiten Martens-Ausgabe (Ende 1519), wo er sich in Zusätzen gegen die konservativen Theologen Löwens für die Anerkennung einer der Universität anzugliedernden Lehranstalt für Latein, Griechisch und Hebräisch einsetzte. Mit der seinem Patenkind Erasmius Froben gewidmeten Basler Ausgabe von 1522, die ganz neue Dialoge enthält und im Untertitel eindeutig die *Anleitung zur Lebensführung* als neuen Zweck bezeichnet, hat Erasmus den endgültigen Schritt weg vom reinen Schulbuch getan. Nun folgen Neuauflage auf Neuauflage und Nachdruck auf Nachdruck. Zu Lebzeiten des Erasmus dürften über 90 Ausgaben des Werkes erschienen sein; die von seiner Hand stammenden Auflagen sind jeweils um weitere

Dialoge vermehrt worden. Dazu kommen ungezählte Drucke einzelner, teils in andere Sprachen übersetzter Dialoge als Flugschriften; besonders populär war z.B. das «Ehegespräch». Diese Satiren blieben natürlich nicht ohne Folgen. Das Werk wurde in Paris verboten und in Spanien der Inquisition vorgelegt, die dessen Lektüre nur Theologen gestattete. Eine kleine Anmerkung zum Verkauf des Bandes sei hier noch erlaubt: Erasmus berichtet, dank dem Hinweis auf das bevorstehende Leseverbot habe ein Pariser Drucker viele tausend Exemplare in kurzer Zeit abgesetzt. 1533 erschien bei Hieronymus Froben die letzte, von Erasmus persönlich neugestaltete Ausgabe im Umfang von 836 Seiten. Die Bedeutung des Werkes blieb über die Jahrhunderte unverändert, auch wenn die Satire nicht mehr die unmittelbaren Zeitgenossen berührte. Allein in Basel erschienen bis 1707 noch 41 lateinische Ausgaben. Welches sind nun Inhalt und Aufbau der «Colloquia»? Im ursprünglichen, ersten Teil geht es Erasmus darum, Redewendungen einer für den Alltag gedachten *Konversation der Gelehrten* zusammenzustellen, die – weit entfernt vom *Kauderwelsch* des mittelalterlichen Lateins – der humanistischen Auffassung vom *klassischen* Latein entsprechen. Er beginnt mit Varianten der Begrüßung und geht zu Floskeln des Bedauerns, des Glückwunsches, des Dankes, der Entschuldigung usw. über. Im zweiten Teil finden sich dann, gewissermaßen als Beispiele für die Anwendung der Formeln, zusammenhängende kleine, um des Leserinteresses willen mit viel Humor ausgestattete Episoden in Konversationsform, also im Dialog, die – wie in den modernen Sprachführern – der Wortkunde wegen bestimmte Themen behandeln (z.B. Gesundheit, Reisen, Familie, Pädagogik, Priesterweihe, Kinderspiele, Ehe usw.). Diese oft mit bissigem Humor gewürzten Stücke benützt Erasmus nun auch dazu, seine eigene Meinung zu Tagesthemen in volkstümlicher Ausdrucksweise darzustellen, ohne sich wegen einer streng wissenschaftlichen Äußerung der direkten Anfeindung aussetzen zu müssen. Die Verwandtschaft mit der antiken Satire läßt sich mit Händen greifen. Daß Agricola eben diese Art der Darstellung zum Vorbild nimmt, darf nicht erstaunen, ist doch – wie er im Vorwort, aber auch im Text des «Bermannus» immer wieder betont[21] – sein Hauptanliegen, abgesehen von der Belehrung des Lesers, in dieser Schrift mit dem überlieferten Unverstand der damaligen Medizin den Mineralien und ihrer Gewinnung gegenüber abzurechnen und eine neue, streng naturwissenschaftliche Betrachtungsweise im heutigen Sinne an deren Stelle treten zu lassen. Dies ist natürlich – Agricola schreibt ja als Arzt – mit der Gefahr verbunden, den allgemeinen Zorn der Standesgenossen, aber auch der noch immer zahlreichen und einflußreichen Anhänger der mittelalterlichen Philosophie und Philologie heraufzubeschwören. Deshalb wählt er diejenige literarische Form, die eine gewisse *Narrenfreiheit* in der Polemik beinhaltet. Gleichzeitig verspricht er sich davon eine leichtere Lesbarkeit und Eingänglichkeit der Ausführungen, da die zu nennenden technischen Details doch recht trocken sind und leicht in eine langweilige Aufzählung münden könnten. Erasmus hat sich begreiflicherweise in den «Colloquia» wenig mit naturwissenschaftlichen Fragen befaßt. Im Dialog *Alcumistica*, der unmittelbar auf den Dialog *Exorzismus* folgt, geißelt er die Verblendung der Leute, die einem Alchemisten fürs Goldmachen immer wieder Vorschüsse auszahlen und den Betrug nicht bemerken wollen. Der Dialog *Astragalismos sive talorum lusus* handelt von Würfelspiel und Würfelglück, kommt aber auch auf Zufallszahlen zu sprechen und erwähnt u. a. mit Bezug auf Aristoteles' «Historia animalium» verschiedene, von der Antike bis zu Erasmus' Lebzeiten als Würfel verwendete Knochen und ihre Formen.[23] Das Gespräch *Ars notoria* geißelt neue Schnell-Lernmethoden mit illustrierten Büchern, die angeblich in zwei Wochen zu umfassenden Kenntnissen in Biologie und Zoologie verhelfen sollen.[24] Im «Problema» geht es um Schwerkraft, Dichte, Magnetismus.[25] Dieser Dialog steht von der Sache her, aber auch sprachlich nahe beim «Bermannus».

4. Die Kontakte Agricolas zu Erasmus und Froben

Aus der leider nur unvollständig erhaltenen Korrespondenz, dem Vorwort des Erasmus und dem Geleitwort des Petrus Plateanus zum «Bermannus» geht hervor, daß Agricola zögerte, diesen ersten Versuch[26] einer Darstellung über die Mineralien und den Bergbau als neu interpretierte Summe des antiken Wissens, ergänzt durch Ausführungen zur modernen Bergwerkstechnik, zu veröffentlichen. Sein Freund Plateanus hat es unternommen, das – in den Augen Agricolas unfertige – Manuskript dem Erasmus zu übermitteln. Dabei spielt die persönliche Verbindung des Erasmus zur Familie des Joachimsthaler Berghauptmanns Heinrich von Könneritz, dessen Söhne Andreas und Christoph bei Erasmus studierten, eine große Rolle, hat doch, wie aus einem Schreiben des Erasmus klar zu entnehmen ist, Andreas von Könneritz den Druck sehr befürwortet.[27] Erasmus hat in seinem bezeichnenderweise an die Brüder von Könneritz gerichteten Empfehlungsschreiben sowohl den ihm zusagenden Stil – als Lob seiner Bemühungen um ein neues Latein – als auch besonders die klare Darstellung des Inhalts, die weit über das hinausging, was man von einem solchen Dialog eigentlich erwartete, als Vorzüge herausgestellt. Hieronymus Froben, der ebenfalls klar die inhaltliche Bedeutung des Werkes erkannt hatte, das ein damals sehr aktuelles Thema aufgriff und damit einen kaufmännischen Erfolg versprach, hatte keinen Grund, die Edition zu verzögern und sicherte sich die Verbindung zu einem Autor, von dem schon damals bekannt war, daß er an einem weiteren thematisch wichtigen Werk[28] und an einer umfassenden Gesamtdarstellung der Bergbaukunde arbeitete.[29] Bedauerlicherweise scheint der zweifellos umfangreiche Briefwechsel zwischen Agricola und seinen Basler Verlegern bis auf ganz wenige Ausnahmen verlorengegangen zu sein. Bleibt noch eine Bemerkung zum

Brief Leonhard Casembroots aus Padua an Erasmus von 1525,[30] der für einige Verunsicherung gesorgt hat. Man hat den darin enthaltenen Gruß Agricolas an Erasmus als Beweis für einen Besuch Agricolas bei Erasmus in Basel anläßlich seiner Reise nach Italien ansehen wollen,[31] also die persönliche Bekanntschaft als weiteren Grund für das Eintreten des Erasmus zugunsten des Druckes des «Bermannus» vorausgesetzt. Dabei dürfte es sich jedoch um eine Überinterpretation handeln. Angesichts der Kontakte des Erasmus zu seinem ehemaligen Adagia-Verleger und zu damals in Italien wirkenden Humanisten steht außer Zweifel, daß er über die Personen, die bei Aldus arbeiteten, unterrichtet war. Was Agricola betrifft, könnte er sogar früher von einem seiner Briefpartner über den der neuen Richtung angehörenden Zwickauer Schulmann, der Sprachlehrbücher verfaßt hatte, informiert worden sein. Darauf könnte der Passus *der Euch zuallererst zugetan ist* denn auch hinweisen. In einem solchen Zusammenhang findet der Gruß als unaufdringliche, empfehlende Kontaktnahme seinen Sinn. Zudem setzt der Wortlaut des Plateanus-Briefs[29] an Erasmus voraus, daß dieser Agricola nicht persönlich kennt.

5. Erasmisches im «Bermannus»

Erasmus lobt in seinem Empfehlungsschreiben neben den Vorzügen der Thematik und der neuartigen Argumentation den *einfachen Stil* Agricolas, aber auch den eingestreuten Humor, die das Lesen angenehm machen. Hat sich Erasmus etwa durch die Zitate aus den «Adagia», die sich da und dort finden[32] und deren Anwendung er in seinen «Colloquia» eindrücklich demonstriert, geschmeichelt gefühlt? Doch finden sich im Textfluß Agricolas einige Stellen, die sich in der Diktion von der allgemein vorherrschenden nüchternen Sachlichkeit abheben.[33] Hat hier Agricola Erasmus kopiert? Oder könnte es sogar sein, daß Erasmus in seiner Freude über Inhalt und Argumentation der Agricola-Schrift einige ihm dafür passend erscheinende Stellen «verbessert» oder ergänzt hat, wie dies beim «Schmutztitel-Text» für Frobens zweite Konkordanz-Ausgabe[34] der Fall zu sein scheint? Wenn ja, wäre dies das größte Kompliment für Agricolas Werk.

6. Der «Bermannus» als Teil des Froben-Verlagsprogramms

Über das Verlagsprogramm Frobens und seiner unmittelbaren Nachfolger sind wir recht gut unterrichtet.[35] Dabei ergibt sich folgendes Bild: Zu Beginn seiner selbständigen Druckertätigkeit, seit 1491, druckt Froben, mehrmals zusammen mit Johann Petri von Langendorf, zunächst neben Bibeln und wenigen theologischen Schriften, darunter eine Konkordanz, vor allem von Sebastian Brant herausgegebene juristische Werke. Größere Arbeiten werden gemeinschaftlich auch mit Johannes Amerbach verlegt, unter anderem 1506 die Augustin-Gesamtausgabe. Dazu gehört auch eine 1503 gedruckte, für den Unterricht bestimmte poetische Anthologie. Mit dem Nachdruck der «Adagia» des Erasmus 1513 beginnt die Hinwendung zu philologischen Ausgaben der Klassiker; die Serie der von Erasmus herausgegebenen oder verfaßten Schriften philologischen, philosophischen und theologischen Inhalts reißt nicht mehr ab. Erste Höhepunkte sind das «Lob der Torheit» (1515), das griechisch-lateinische Neue Testament (1516) und die mit den Gebrüdern Amerbach gemeinsam finanzierte Hieronymus-Ausgabe (1516). Es folgen vermehrt auch Schulbücher und Geschichtswerke; die Beziehungen zu England, aber auch zum deutschen Osten finden nun ihren Niederschlag. Speziell zu erwähnen sind Frobens hebräische Drucke. Als einziges naturwissenschaftliches Werk findet sich die «Naturalis Historia» des Plinius. Frobens Sohn Hieronymus, dessen Stiefvater Johannes Herwagen und sein Schwager Nicolaus Episcopius haben die Druckertätigkeit fortgesetzt und dabei das Hauszeichen als Verlagsmarke weiterverwendet. Das Verlagsprogramm erfuhr kaum Änderungen. Nun sticht ein erstes Werk über Münzwesen und Gewichte hervor, das 1530 erschienene Buch «De pecuniis, ponderibus...» des Leonardus Portius. In diesem Zusammenhang, also als Lehrbuch im doppelten Sinne, dem humanistischen und dem naturwissenschaftlichen, paßt der «Bermannus» durchaus ins Verlagsprogramm, das von Hieronymus Froben zusammen mit Nicolaus Episcopius im Sinne des verstorbenen Vaters, auch nach Ausscheiden Herwagens 1531, weitergeführt wurde. Der erhaltene Verlagskatalog von 1557 legt davon Zeugnis ab und zeigt auch die Bedeutung der Schriften Agricolas, allen voran das prunkvoll ausgestattete Hauptwerk «De re metallica». Neben 25 theologischen, 39 philologischen, vier juristischen sind 13 medizinische, sechs historische und sieben technisch-naturwissenschaftliche Werke verzeichnet, von denen vier aus der Feder Agricolas stammen, eines die Seefahrt betrifft und die zwei restlichen (Plinius und Strabo) ebensogut den philologischen Editionen zugerechnet werden könnten. Unter den medizinischen Werken ist übrigens Agricolas «De peste» zu finden. Zusammenfassend stellen wir fest: Agricola war die Bedeutung Basels als Druckort, speziell als Ort der vorbildlichen Zusammenarbeit Froben/Erasmus, wohl bekannt. Um so mehr dürfte er seinem Freunde Plateanus dankbar gewesen sein, daß dieser trotz anfänglichem Zögern des Autors seine Beziehungen zu Erasmus spielen ließ und das Manuskript an ihn und Froben weiterleitete, der als wissenschaftlicher Verleger vor allem humanistischer Schriften einen ausgezeichneten Ruf genoß. Bessere Vorzeichen für die sich ankündende Publikationstätigkeit hat sich Agricola nicht wünschen können. Eine Besonderheit ist dabei der persönliche Einsatz des Erasmus, der nicht einfach mit einer politisch motivierten Reverenz gegenüber Sachsen zu erklären ist, sondern in der persönlichen Genugtuung des «Fürsten der Humanisten», unterstützt durch seine Schüler aus Joachimsthal, eine hinlängliche Begründung findet.

Anmerkungen

1 Ehrensperger, F.: Basels Stellung im internationalen Handelsverkehr des Spätmittelalters, Diss., Basel 1972.

2 Stolz, P.: Basler Wirtschaft in vor- und frühmittelalterlicher Zeit, 1977.

3 Kälin, H.B.: Papier in Basel bis 1500, Diss., Basel 1974.

4 Bonjour, E.: Die Universität Basel von den Anfängen bis zur Gegenwart, 1960, S. 21ff.

5 Die bedeutendsten Namen sind für die Inkunabelzeit: Berthold Ruppel; Bernhard Richel; Michael Wenssler; Martin Flach; Michael Furter; Niklaus Kessler; Jakob von Pforzheim; Johann Bergmann von Olpe; Johannes Amerbach; Johannes Froben; Adam Petri. Im 16. Jahrhundert kommen noch dazu (Auswahl): Johannes Herwagen; Heinrich Petri (Sohn Adams) und seine Söhne Sixtus und Sebastian; Nikolaus Episcopius; Johannes Oporin; Nikolaus Lamparter; Andreas Cratander; Thomas Wolff; Valentin Curio; Johannes Bebel; Michael Isengrin; Johannes Faber; Nikolaus Brylinger; Thomas Guarin; Peter Perna; Konrad Waldkirch.

6 Amerbach-Korrespondenz, herausgegeben von A.Hartmann (Bd.1–5) und B.R. Jenny (Bd.6–9), Basel 1942ff.

7 Wackernagel, R.: Geschichte der Stadt Basel, Bd.3, 1924, S. 166–169.

8 Erasmus von Rotterdam. Katalog zur Ausstellung im Historischen Museum Basel, 1986, S. 162f.

9 Siehe unten (Kap.4).

10 Bereits im Alten Ägypten und in Mesopotamien nachzuweisen (Erman, A.: Die Literatur der Alten Ägypter, 1923.; Weber, O.: Die Literatur der Babylonier und Assyrer, 1907.), hat sich der Dialog vor allem in der griechischen und römischen Literatur im heutigen Sinne entwickelt, siehe Lexikon der Alten Welt, 1965, s. v. «Dialog».

11 Lexikon der Alten Welt, 1965, s. v. «Komödie»; zu berücksichtigen ist auch die spezielle Literaturgattung des Mimus (Lexikon der Alten Welt, 1965, s. v. «Mimos») und der Spottschriften und -gedichte (Lesky, A.: Geschichte der griechischen Literatur, 1957, S. 615f. und 653.).

12 Lexikon der Alten Welt, 1965, s. v. «Satire».

13 Römisch wohl von *satura lanx* (= gefüllte Schüssel) abzuleiten, verstanden als Mischung verschiedenster Themen; gemeinsam ist die persönlich-pointierte Stellungnahme.

14 Menippos von Gadara, kynischer Philosoph der 1.Hälfte des 3. Jh. v. Chr., schreibt in einer Mischung von Poesie und Prosa (verlorene) kritisch-spöttische Abhandlungen.

15 Nachgeahmt durch M.Terentius Varro (116–27 v.Chr.); direkt und indirekt Vorbild für die «klassischen» Satiren eines Horaz, Persius, Juvenal, Lukian. Vgl. auch Norden, E.: Die römische Literatur, 1952, S. 21; 30f.; 40ff.; 65f.; 88ff.

16 L. Annaei Senecae Apocolocyntosis Divi Claudii, ed. Rossbach, O.: Kleine Texte für Vorlesungen und Übungen (H.Lietzmann) 154, 1926.

17 Heinrichs, J. In: Historisches Wörterbuch der Philosophie, ed. J.Ritter, Bd.2, 1972, Sp. 226.

18 Dyalogus magistri Pauli Niavis parvulis scholaribus ad latinum ydioma perutilissimus, Köln 1501; siehe: Erasmus von Rotterdam. Katalog zur Ausstellung im Historischen Museum Basel, 1986, S. 183f.

19 Hieronymus, F. In: Erasmus von Rotterdam. Katalog zur Ausstellung im Historischen Museum Basel, 1986, S. 51ff.

20 Ficino, Marsilio – humanistischer Arzt und Philosoph im Dienste des Cosimo de Medici in Florenz, 1433–1499.

21 Z. B. Agricola, Georgius: Bermannus, Ausgabe Basel 1530, pp.11ff.; 52; 60; 66f.; 72; 118.

22 Desiderius Erasmus von Rotterdam, Familiarium colloquiorum opus, Ausgabe Basel 1533, pp. 366–376.

23 Erasmus von Rotterdam, Familiarium colloquiorum opus, Ausgabe Basel 1533, pp. 617–627.

24 Erasmus von Rotterdam, Familiarium colloquiorum opus, Ausgabe Basel 1533, pp. 650–653.

25 Erasmus von Rotterdam, Familiarium colloquiorum opus, Ausgabe Basel 1533, pp. 736–745.

26 Erasmus bezeichnet in seinem der Bermannus-Ausgabe von 1530 vorangestellten Schreiben das Werk ausdrücklich als Vorübung *(procumnasmata).*

27 Brief des Eramus an Agricola vom 29.8.1531 (Allen Nr.2529, IX, S. 332ff.).

28 «De mensuris et ponderibus», vgl. den in Anm. 27 zitierten Brief.

29 Brief des Petrus Plateanus an Erasmus vom 8.9.1529 (Prescher, Briefe, S. 524ff.).

30 Allen VI, S. 139f.; Prescher, Briefe, S. 518.

31 Prescher a. a. O. (Anm.30), Anm.2 zum Brief Casembroots.

32 Z. B. Bermannus, Ausgabe Basel 1530, p.16 *Fuimus Troes...* (Erasmus, Adagiorum Chiliades, Ausgabe Basel 1541, Nr. 50, p. 309); p.28 *Cimmeriae tenebrae...* (Adagia Nr. 134, p. 523); p. 58 *Unum duobus opponere...* (Adagia Nr. 39, p.171); p.63 *Omissis fontibus consectari rivulos...* (Adagia Nr. 509, p.1062).

33 Z. B. Bermannus, Ausgabe Basel 1530, p. 14 (*Cum autem mihi tum a medendi officio...*; p.19 (*si tibi per negotia licet...*); p. 31 (*Atque hac certe ratione...*)

34 Tschudin, P.F. In: Erasmus von Rotterdam. Katalog zur Ausstellung im Historischen Museum Basel, 1986, S. 198.

35 Stockmeyer, I.; Reber, B.: Beiträge zur Basler Buchdruckergeschichte, 1840, S. 85ff. Tschudin, P.F.: Handel, Handwerk, Humanismus, 1983, S. 39ff.; 52f.

Geogius Agricolas books throughout Transylvania

Sidonia Puiu/Liviu Sofonea (Klausenburg)

Georgius Agricola is a world wide known humanist personality: a doctor, a philosopher, a paedagogist, a researcher of nature (minerals and mines), a metrologist, a politician, a musician. Georgius Agricola represents a humanistic model valid even today in European scientific culture, proving thus the everlasting values of humanism.

In Romania (namely in Transylvania),[1] Agricola became known through the intermedium of some of his books in this part of Europa, starting from the 16th century. It is therefore natural to wonder what information Agricola had about the Romanian countries, and Transylvania. His works revealed that the information he had and used was only taken over from ancient writers: Dioskorides, Theophrastos, Plinius Secuncus Major, Ctesias Thimaeus etc. This information concerns metal resources (gold, silver, lead, aluminium, ferrous water etc.) from the antique territories, Thracia, Scythia, Dacia[2], the Carpathian Mountains.[3]

The existence of Agricola's books throughout Europe, the spreading of the ideas, the scientific an technical knowledge disseminated by means of these books – draw the attention to the extremely significant relation between the history of book and the history of science, in the 16th century. The discovery of printing represented a turning point for the universe of values. Starting with the Renaissance, the main impulse of the cultural evolution became the printed matters. This is the reason why humanist scholars and printers got deaply involved in the effort of transferring ancient culture from manuscripts into the culture of printing. This was also the time when young Agricola spent three years in Italy (1524–26), in well known Renaissance centres: Bologna, Venezia, Padua. He studied then philosophy and medicine, improved his Greek, Latin, Hebrew, got acquainted with the new knowledge system of the universities, spread by means of the printing houses. More over Agricola took active part in the new cultural movement created around the publishing house of Aldus Manutius, of Venice. New researches[4] emphasized the collaboration of Agricola with Aldus printing house. After the death of its founder, Aldus Manutius Romanus (1515) during the same Century when the printing house was led by his father-in-law, Andreas Asulanus Torresanus – the Aldin Publishing House started a new publication programm of the ancient writers (Greek, Latin, Arab) whose texts were adapted from the ancient manuscripts. Such a programm was followed by all humanist printers of the 16th century. Agricola also collaborated at the printing of first edition of the Greek doctors' works of Antiquity, in Greek: the princeps edition Hippokrates,[5] Venezia, 1526, as an editor (on the title page). He is also presumed to have collaborated with a group of english humanists (who studied in Padua), under the supervision of J. Battista Opizone, to the publication of Galenos' Work,[6] 5 vols, Venezia, 1525.

Even if these editions had been criticized for some mistakes or the quality of the chosen manuscripts, they still represent the first printed edition belonging to these authors, being at the same time a base to be improved, for the future Greek-Latin editions of the 16th–17th centuries. They are extremely rare. All those years spent in Italy, the friendships and collaborations were of major importance for the formation of Agricola as humanist and scientists. The consequences are thus, absolutely positive. In his works, Agricola used the information from antique writers, checking it by observation, even giving it an experimental ground and adding his own ideas and observation.

In 1530 Agricola had completed his first work on mining and minerals, for publication, Bermannus. He took it to Basel – the centre of European humanism in 16th century, namely to «Officina Frobeniana», a humanist Publishing House. «Officina Frobeniana» had unquestionable merits in the history of printing, by introducing the Aldine, Italica letter – in the German countries; it also gave a new dimension to publishing work, as Aldus. As a result of collaboration with great scholars, philologists, philosophers, artists (counsellors of the editor). «Officina Frobeniana» reconsidered the ancient values, returning them to the culture of printing; at the same time, it also tried to discover the humanist writings and values of the country.

Thus, Erasmus of Rotterdam, the friend and collaborator of Froben was among the first to understand the novelty and the unique character of Agricola's work, «Bermannus, sive de re metallica», the first work concerning mining, that had been written and published since antiquity. Erasmus praised and recommended the work for printing, in his «epistola dedicatoria», addressed to the brothers Andreas and Christopherus a Couritz, at the Basel edition, 1530. After the death of Johannes Frobenius, in 1527, the major part of Agricola's work was published by Hieronymus Frobenius (the son of Johann). Out of the 34 works written by Agricola, only 19 have been preserved; only 6 of these 19, existed in the collections of the Transylvanian libraries, in 20 copies (15 are printed an published in Basel, 8 of them Frobenien.[8] Others editions (possibly fake) are identical with the Frobenien editions.[9]

Abb. 1
Titelbaltt der Schrift «Bermannus, sive de re metallica» – Gespräch über den Bergbau. G. Agricola, Basel 1530.

GEORGII
AGRICOLAE MEDICI
BERMANNVS, SIVE
DE RE METALLICA.

Basileæ, in ædibus Frobenianis
Anno M. D. XXX.

More than half of the material of the present study (11 copies) represents rare, precious 16th century editions, a fact proved by documentary sources Brunet[10] and Graesse[11]. Out of the edtions bublished during the live of the scientist, that of 1546 (existing in Aiud, Cluj, Tg. Mures)[12] gathered the results of his research works either in the field of mineralogy or in that of mining. All these results had been previously published. Thus, to the contents of the books also belongs «Bermannus, sive de re metallica» ... first published in 1528, then in 1530. «De ortu et causis subterraneorum» had been published first in 1544, and represents the basis of physical geology. «De natura eorum»... was published in 1545, while he finished «De natura fossilium libri X» in 1546. In the last two works Agricola gives the first systematic and total description of minerals. It also

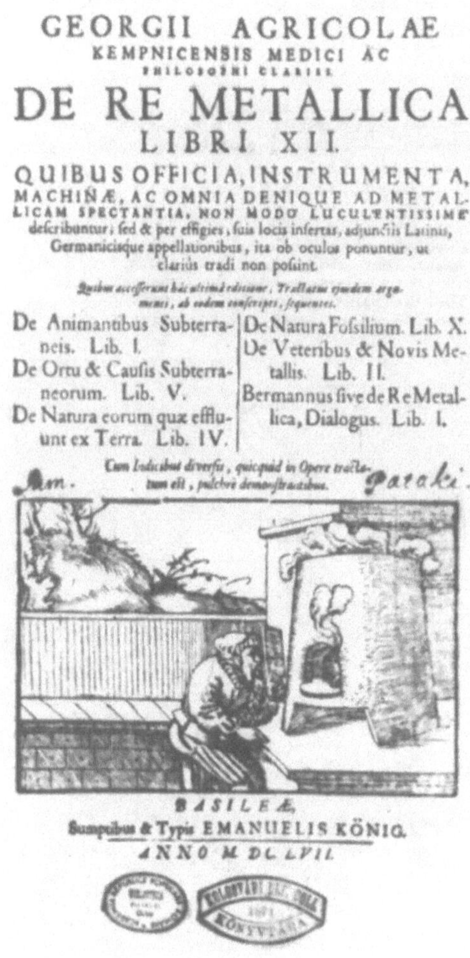

GEORGII AGRICOLAE
KEMPNICENSIS MEDICI AC
PHILOSOPHI CLARISS.

DE RE METALLICA
LIBRI XII.

QUIBUS OFFICIA, INSTRUMENTA, MACHIÑÆ, AC OMNIA DENIQUE AD METALLICAM SPECTANTIA, NON MODO LUCULENTISSIME describuntur; sed & per effigies, suis locis insertas, adjunctis Latinis, Germanicisque appellationibus, ita ob oculos ponuntur, ut clariùs tradi non possint.

Quibus accesserunt hac ultimâ editione, Tractatus ejusdem argumenti, ab eodem conscripti, sequentes.

De Animantibus Subterraneis. Lib. I.	De Natura Fossilium. Lib. X.
De Ortu & Causis Subterraneorum. Lib. V.	De Veteribus & Novis Metallis. Lib. II.
De Natura eorum quæ effluunt ex Terra. Lib. IV.	Bermannus sive de Re Metallica, Dialogus. Lib. I.

Cum Indicibus diversis, quicquid in Opere tractatum est, pulchrè demonstrantibus.

BASILEÆ,
Sumptibus & Typis EMANUELIS KÖNIG.
ANNO M DC LVII.

Abb. 2
Titelblatt der Schrift «De re metallica libri XII» – 12 Bücher vom Bergbau und Hüttenwesen. G. Agricola, Basel 1657.

deals with the economic use of various minerals, as well as the spreading of deposits.[13] Later on, Agricola fulfilled his research, so that the xylographs illustrating his book, were also ready by the year of his death (1555). In 1556 «Officiana Frobenania» printed the princeps edition of his work, completed with information about mining, with extremely modern scientific documentation, illustrated in wood cut, by Basilius Wehring of Joachimsthal, under the title «De re metallica libri XII». In 1928, after 372 years this edition was translated from Latin into German; its value being considerably increased by the works through which Geothe, in the preface of the work praises the founder of mineralogy and geology. The edition of 1561 (kept in Cluj) in also a rare one; its 290 illustrations were created by Hans Brosamer and Hans Rudolph Manuel Deutsch.

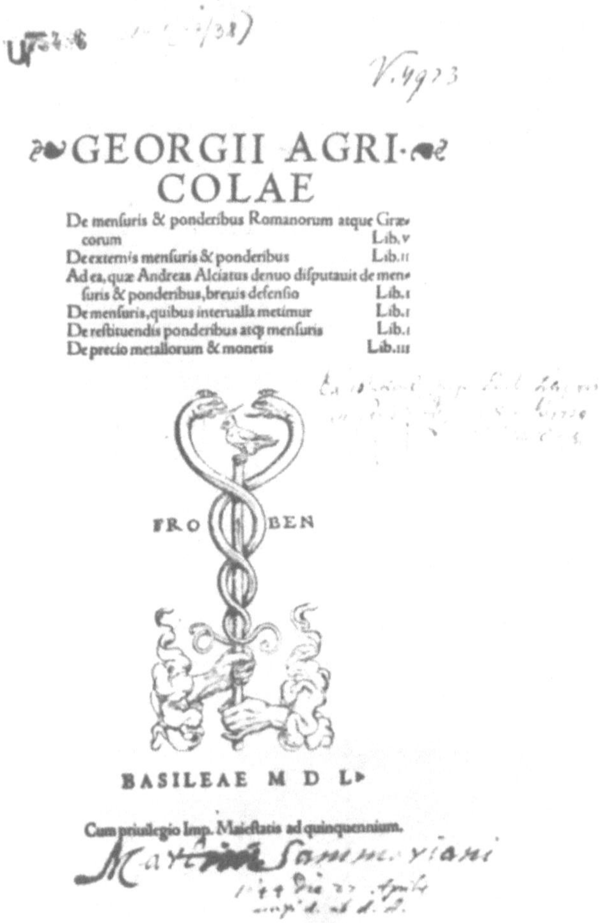

GEORGII AGRICOLAE

De mensuris & ponderibus Romanorum atque Graecorum Lib. V
De externis mensuris & ponderibus Lib. II
Ad ea, quae Andreas Alciatus denuo disputauit de mensuris & ponderibus, breuis defensio Lib. I
De mensuris, quibus interualla metimur Lib. I
De restituendis ponderibus atque mensuris Lib. I
De precio metallorum & monetis Lib. III

FRO BEN

BASILEAE M D L.

Cum priuilegio Imp. Maiestatis ad quinquennium.

Abb. 3
Titelblatt der Schrift «De mensuris et ponderibus» – Ausländische Maße und Gewichte (2 Bücher) von G. Agricola, Basel 1550.

Almost half of Agricola's books (6 editions, 10 copies) existing in Transylvanian towns represent in fact the same work, «De re metallica» (5 copies in Cluj,[14] 2 in Sibiu,[15] 2 in Tg. Mures[16], 1 in Aiud[17]). The most widely spread edition thoughout in the 17th century colleges, is that of Basel, 1657 (5 copies). It was published by Emanuel König; the edtition introduces Agricola's impressions on Venice, where he had spent two years. The edition also includes the names (in Latin, Greek, German) of metals.

Besides the works on mineralogy and mining, there were also some others about measures and weights at Romans and Greeks. «De mensuribus et ponderibus Romanorum et Graecorum lib. V» is to be found in Sibiu – in a Paris edtition (1533) belonging to Christianus Wechelus,[18] colligated with Encelius

Christopherus «De re metallica», printed in 1557, two years after the death of Agricola. The author of this colligate illustrates the concern of that humanist century for nature, namely the origins of metals and their use in medical science. The owner of the two colligates was the chief doctor of Sibiu, Andreas (1560), a fact that proves that European books were spread and known in Transylvania throughout the 16th century.

An extremly useful work for the 16th century Transylvanian society was «De peste libri tres» (2 editions, 2 copies) – 1554 and 1611 – both colligated with medical or natural science works, of the 16th and 17th centuries. This work was known only among Saxons in Sibiu, an important cultural centre for mediaval Transylvania, connected with Germany. The work might have been in the ancient library of the town, certyfied around 1300. This library together with the Dominican library were taken over by the library of the Saxon College in 1592, thus becoming the owner of one of the copies, which later on passed in the collections of baron Brukenthal.[19] During the second half of the 16th century there was an epidemic of plague all over Transylvania[20] and by 1530 it also reached Sibiu. In the same year, the chief doctor, Sebastian Pauschner printed the first medical book in Transylvania «advice against plague»[21] with the help of the typographer Lukas Trapoldner. It is therefore natural, that since 1554 and later on, Agricola's work about plague had been of great interest in Transylvania.

Owing to «Officina Frobeniana», Agricola aquired an important place in the history of book, book illustration and printing: that is why all the Transylvanian editions of the 16th century we own now, could be considered as preciouse and rare, that is bibliophile. At the same time, the scientific level of his research, his critical method of investigation were an important step forward at the time and later on. Agricola is a reference point in the 16th century history of science, while his performance is valid even today.

The present of Agricola's books throughout Transylvania may be proved first by the mediaeval custom existing in Europe till the 18th century, namely *peregrinatio academica*. For over 600 years the young people from Transylvania attended foreign universities and travelled through all European cultural centers: When returning home they tried to bring the new ideas and concepts in the autochtonouse cultural life, preparing thus the way for national humenism, for Reform, Enlightenment and even Romanticism. All these young intellectuals were bibliophile; besides their graduation certificates they also brought home books[22] (in fact, a humanist attitidude, connected with the great amount of printings in the 16th century).

The present study illustrates such an attitude by mentioning the owners of Agricola's books: Except the Saxons, who had the book about plague, some other possessors, identified in the 17th and 18th centuries are: Benedictus Arkosi[23] was professor at the Unitarian College in Cluj in 1636 and 1660; he had studied philosophy and medicine at Padua and Franeker, had travelled to Austria (Linz, Vienna). Aytai Michael (Ajtai Abód Mihaly), studied at Franeker; later he was professor at the Calvanist College in Aiud.[24] Pataki Samuel (1731–1804), professor at the Calvanist College in Cluj, in 1758. After 1746 he studied physics, mathesis, Greek and Arabian languages, theology, medicine at Leyden, Frankfurt an der Oder, Utrecht. All the professors donated their libraries to the college where they had studied and taught.

Our statistics proves that Agricola was present in the 17th and 18th century ... transylvanian society; his works became known owing to the Reform. Half of his Works (10 copies) were found in the Calvinist Colleges libraries in Transylvania (Aiud,[26] Cluj, Sighet) and the Unitarian College library from Cluj.[27] The notes, underlinings on the texts of these books prove that were used for teaching natural sciences in the 17th and 18th century. Agricola's books brought into light a new science (almost unknown at the time) – mineralogy – representing important didactic «sources».

The Transylvanian intellectuals who had studied at prestigious European universities (Netherlands, England, Switzerland, Italy, Germany) and adopted the values of late humanism, became conscious of the value of science as an important element for progress. Education, instruction are the aims of Reform; the Calvanist princes who ruled over Transylvania for a century were deeply concerned with reorganizing education; they founded several schools (even for Romanians[28]), who though representing a majority were considered as («tolerated nation» in Transylvania[29]) colleges with university rank, libraries. Professors who taught in these colleges were under the influence of Descartes ideas, so they were mainly concerned by natural sciences while confessional tendencies became weaker.

During the 18th century, a century dominated by Linné's ideas – the information contained in Agricola's works was used with practical purpose.Several works about territorial mineralogy were published in Europe while mining and new technics developed. In Transylvania, «opus Agricolae» stimulated the appearance of the first autochtonous books about mining and minerals.

At the end of the 17th century, after the Karlowitz Peace (1699) Transylvania was included in the Habsburg Empire; in 1765 it became Great Principality, repressenting a real «Eldorado» of mining resources (precious stones, rare metals) for Vienna. The imperial administration was concerned with new modern technics preparing specialists for geological prospections[30] while at universities mineralogy and mining law were taught.

The counsellor and general inspector of mines, Samuel Köleséri (1663–1732) wrote «Auraria Romano-Dacica» (Cibinii, Typis publicis, 1717, 243p.) and Posonii et Cassoviae (1780) dealing with gold mining in Transylvania from the Roman period till the Austrian domination. This work prefigurates the Enlightenment from an economic and cultural point of view. In fact, its author is an intermediary of the new cultural European trends in Transylvania[31]; he was at the same time a passionate traveller,[32] a major figure of 18th century Transylvanian bibliophily.

At a time when a strong Counter-Reform tendency started, Catholicism became eager to reconquer its lost position after a century of Calvinist supremacy. Thus, Cluj became the centre of Counter-Reform; the Catholic Academy of Cluj (Academia Claudiopolitana S. J.) became the centre of the tendencies of 18th century. One of the professors of this Academy Johannes Fridvalszky[33] (1730–1786) was a well known scientist at the time; among his research[34] domains, there were the minerals in Transylvania: «Dissertatio de natura ferri et ferrariis Hungariae et Transylvaniae» ... Claudiopoli, 1766, 21 f. & «Mineralogia Magni Principatus Transilvaniae» seu metalla, semimetalla, sulphura, lapides et aquae conscripta (Claudiopoli, Typis Academicis S. J., 1767, 206 p).

Mineralogic research in Transylvania was also favoured by the efforts of the Saxons from Sibiu. Their most important representative was Johann Ehrenreich Fichtel[35] counsellor at the Vienna Court, member of the Leipzig Mines Society (1781), member of the Berlin Natural Scienes Society (1775), founder of paleonthology in Transylvania. Let us mention some of his works: «Beytrag zur Mineralgeschichte von Siebenbürgen», Theil I–II, Nürnberg 1780; «Mineralogische Aufsätze», Wien 1794; «Mineralogische Bemerkungen von den Karpathen», Theil I–II, Wien 1791 etc.

The ideology of Enlightenment agreed with the spiritual values of humanism, even increasing their significance. This is true and was proved by the humanist model of Agricola who got involved in the history of science and technics in the 18th century in Europe and in Romania.

We cannot conclude without a homage paid to Agricola, to everlasting humanist concepts in scientific culture. Therefore, this is the spiritual message of the Chemnitz scholar over the centuries.

Notes

1 Transylvania = Siebenbürgen; historical Romanian province. Territory between the Eastern and Western Carpathians and Western Mountains. Transylvania was an important part of Dacia before the Roman conquest; the place where the Romanian people was born.

2 Dacia – the name of the territory inhabited by Geto-Dacian population, being almost the same territory later inhabited by the Romanians.

3 Agricola, Georgius: De re metallica ... Basileae, E. König, 1657, p. 18, 225, 254, 584, 648.

4 Bochini, Varani M. A.: Agricola and Italy. Geo Journal (London), vol. 32, nr. 2, 1994, p. 151–160.

5 Hippocrates: Opera omnia ... Venetiis, in aed. Aldi et Andr. Asulani soceri, 1526, in-fol. Brunet, II, 104; Renouard, A. A.: Annali delle edizioni Aldine. Bologna, Fiammengi, 1953, p. 101–102.

6 Galenos: Opera omnia, graece … / Ediderunt Andr. Asulanus et J. B. Opizo /. Venetiis, in aedibus Aldi et Andreae Asulani soceri, 1525, in-fol., 5 vol. The work is at the Academic Library in Cluj.
7 First edition had appeared in 1528; La Grande encyclopédie, tome I, 1885, p. 884.
8 Dumitru, Silvia: Editii frobeniene existente in fondurile Bibliotecii Centrale Universitare din Cluj-Napoca. Biblioteca si cercetarea (Cluj), III, 1979, p. 116–125.
9 The 1546 edition, Wittenberga, is identical with the Froben edition, Basel 1561. Dumitru, Silvia: Carti de stiinta in secolele XVI-XVII in bibliotecile din Cluj-Napoca. Biblioteca si invatamantul (Cluj), VII, 1983, p. 57–63.
10 Brunet, J. Ch.: Manuel du libraire et de l'amateur de livres … Tome I, Paris, 1842, coll. 112.
11 Graesse, J. G. Th.: Trésor de livres rares et précieux. Tome I, Dresde, 1859, p. 43.
12 Teleki Library in Tg. Mures was foundet by Teleki Samuel (1739–1822), chancellor of Transylvania.
13 Allgemeine Deutsche Biographie. Bd. I, Leipzig 1875, S. 143–144.
14 Cluj-Napoca = Claudiopolis, Klausenburg, Kolozsvár. Sidonia Puiu, Index locorum, Cluj, 1984, p. 63.
15 Sibiu = Cibinium, Contra Acincum, Hermanni Villa, Hermannstadt, Nagyszeben. Sidonia Puiu, op.cit., p. 211.
16 Tg. Mures = Agropolis, Markstadt, Neumarkt am Mures, Vásárhely, Marosvásárhely. Sidonia Puiu, op.cit., p. 228.
17 Aiud = Agnetinum, Enedinum, Gross-Enyed, Strassburg, Nagyenyed. Sidonia Puiu, op.cit., p. 13.
18 Graesse considers this Paris edition as being a copy of the first edition of Officina Frobeniana, Basel, 1533. It could be a pirate edition.
19 Biblioteca Muzeului Brukenthal din Sibiu. Bucuresti 1957, 35 p. The founder of this library was Samuel Brukenthal (1721–1803); german politician, governor of Transylvania (1777–1787).
20 Istoria Romaniei, vol.II, Bucuresti 1962, p. 559.
21 Jakó, S. : Philobiblon transilvan. Bucuresti, Edit. Kriterion, 1977, p. 94. New historiographic data consider the printing of Sibiu as the only existing in that part of Europe in 1529/30.
22 Tonk, Sándor: Erdélyiek egyetemjárása a Közepkorban. Bukarest, Edit. Kriterion, 1979. Szabo M.; Tonk, S. : Erdélyiek egyetemjárása a korai ujkorban 1521–1700. Szeged 1992. Gömöri, György: Magyar peregrinusok a 17 századi Cambridgeben. Irodalomtörténeti közlemények, 89, 1985, p. 194–202.
23 Szinnyei, J.: Magyar irók élete és munkái, I köt., Budapest 1891, col. 249.
24 Idem, col. 93–94.
25 Idem, X. köt., col. 497; Török István: A kolozsvári Ev. Ref. Kollégium története. Kolozsvár 1905, I. köt., p. 61–67.
26 The Reformed Calvin College of Aiud was founded by Gabriel Bethlen in 1622; the same year another college was founded in Cluj. Bethlen Gabriel, Prince of Transylvania (1613–1629), reformer; his policy was one of independence from the Habsburgs and the Turks. He took part in the Thirty Years War, on the side of the Protestants.
27 The Unitarian College in Cluj was founded in 1568 when Unitarian religion became widely spreat throughout Transylvania.
28 The Reform brings the Romanians the first cult books in their national language, «The Lutheran Catechism» of 1544, Sibiu.

29 Prodan, David: Supplex Libellus Valachorum. Din istoria formarii natiunii romane. Bucuresti, Edit. stiintifica, 1984, p. 102.

30 Neamtu, al.: Tehnica miniera din Transilvania in secolul XVIII. Anuarul Institutului de Istorie si Arheologie din Cluj, XIV, 1971, p. 81–104. Neamtu, Al.: Premize pentru o istorie a stiintei si tehnicii românesti. In: Omagiu acad. Stefan Pascu. Cluj, 1974, p. 569–576.

31 Jakó, S. : Beiträge zu der Beziehung des Rumänischen kulturellen Lebens mit den Deutschen zur Aufklärung. Revue Roumaine d' Histoire, 1969, p. 673–686.

32 Jakó, S. : Legaturile bibliofile si stiintifice cu Tara Româneasca ale lui Köleséri Samuel. In: Philobiblon transilvan. Buc., Edit. Kriterion, 1977, p. 227–236. Köleséri studied and travelled to Leyden, Franeker, England (Cambridge). He also had cultural and scientific relations with Wallachia (the princes Constantin Brancoveanu and Nicolae Mavrocordat).

33 Csetri, Elek: Fridválsky János, a természettudományok hazai úttöröje. Korunk, 1965, p. 1521–1526. Szinnyei, J., op.cit., III. köt., col. 759–760.

34 Fridvalszky made also botanical, agronomical and epigraphical researches.

35 Allgemeine Deutsche Biographie. Bd. VI, S. 771.

Ansätze der Modellmethode in den montanistischen Werken von Georgius Agricola

Frieder Jentsch (Chemnitz)

Vorbemerkung

Die Nutzung von Modellen in verschiedenster materiell-körperlicher und ideeller Art und in unterschiedlichen gesellschaftlichen Bereichen ist so alt wie die Menschheit. In der Renaissance tritt sie uns im Verhältnis zum Mittelalter verstärkt und ausdrucksvoll entgegen. Revolutionierende wissenschaftlich-technische und geisteswissenschaftliche Leistungen mußten in allgemeinverständliche Darstellungen gebracht werden. Es entstand eine Vielzahl von Modellen in vergegenständlichter und ideeller Art.

Erfindungen, wie die des Buchdrucks, von Bohrwerken zum Ausbohren von Geschützrohren, der Kokillenguß für Geschützkugeln, Drahtziehwerke, Bergmaschinen, wie z.B. das Kehrrad, oder Aufbereitungsmaschinen wie die Naßpochwerke, erforderten die Verwendung von anschaulichen Modellen. Zur Entwicklung der Modellproblematik haben im besonderen die Italiener Leon Battista Alberti (1404–1472) und Jacopo Zarabella (1533–1589) beigetragen. Alberti, der als Begründer der Kunstwissenschaft und Ästhetik zugleich Dichter, Philosoph, Musiker, Techniker und Architekt war, verwendete Modelle in der Baukunst. Als erster machte er auf ihre dreidimensionale Bedeutung im Vergleich zur Planzeichnung aufmerksam. Zarabella eröffnete mit der *ars inveniendi*, seiner *Erfindungskunst*, Betrachtungsweisen, die der Modellmethode bereits nahe kamen und über die spätantiken und scholastisch-mittelalterlichen Betrachtungsweisen hinausreichten. Demnach wurden die Dinge in eine *ordo* gebracht, an die sich ein Methodenkonzept anschloß, das fortschreitende Erkenntnis bewirkte und weitgehend Modellcharakter trug. Der Prozeß kann als ein Vorläufer der Modellmethode im heutigen Sinne gesehen werden. Inhalte waren sowohl im ideellen als auch im materiellen Bereich angesiedelt.

1. Begriffe «Modell» und «Modellmethode»

Unter dem Begriff Modell versteht man im allgemeinen ein Muster, ein Vorbild oder eine Hilfsvorstellung. Eine Fixierung der Bedeutung des Begriffs «Modell» wird jedoch dadurch erschwert, daß seine Verwendungsmöglichkeiten im umgänglichen oder wissenschaftlichen Sprachgebrauch außerordentlich verschiedenartig und vielfältig sind. Das Modell, das Grundlage für die Modellmethode sein soll, muß jedoch hinreichend definiert sein, um einen faßbaren methodischen Ansatz zu haben. Zunächst muß man davon ausgehen, daß Modell und Original nicht identisch sind, sie sich jedoch in den wesentlichen Eigenschaften und Erscheinungen soweit gleichen, daß die Modellfunktion gerechtfertigt ist. Ein materielles oder ideelles Objekt kann ein Modell sein, *wenn zwischen ihm und einem anderen Objekt (*dem «Original»*) in den Grenzen des Untersuchungszieles solche Übereinstimmung besteht, daß aus den Erkenntnissen über dieses Objekt Rückschlüsse auf das andere Objekt möglich sind.*[1] Aus dieser Prämisse ergibt sich die Relation zwischen dem Subjekt, welches das Modell geschaffen hat, dem Original und dem Modell. Zwischen Modell und Original bestehen Analogien, die entsprechend der Aufgabenstellung und der Zugänglichkeit des Originals mehr oder weniger eng sind.

Unter einem Modell versteht man im allgemeinen und in Anlehnung an frühere Darstellungen ein ideell vorgestelltes oder materiell realisiertes System, das den materiellen oder ideellen Untersuchungsgegenstand adäquat widerspiegelt oder spezifische Eigenschaften und Relationen analog reproduziert. Das Modell kann den Untersuchungsgegenstand so vertreten, daß sein Studium dem Menschen ermöglicht, neue Erkenntnisse über ihn zu erhalten und zur besseren Beherrschung und Ausnutzung des Untersuchungsgegenstandes selbst beizutragen.[2] Die entsprechende Methode ist die Modellmethode. Modelle geben in der Regel Sachverhalte des Originals in vereinfachter Art wider. Grundsätzlich ist das Modell durch die Beziehung bestimmt, wovon und wofür es Modell ist. Es ist ein Mittler zwischen Theorie und Praxis.

2. Das Modell bei Agricola

Ohne ausgewiesen modellmethodisch vorzugehen, d. h. über die Anwendung von Modellen zu neuen Erkentnissen zu kommen, hat Georgius Agricola mit dem Kenntnisstand seiner Zeit diese wissenschaftliche Vorgehensweise praktiziert. Ungeachtet vieler Modellvorstellungen, die sich durch die montanistischen Werke ziehen, hat er am 1. März 1544 in einem Brief an Herzog Moritz von Sachsen seine generelle Position formuliert: *Man hat immer die vorzüglichsten Gegenstände einer sorgsamen Betrachtung für wert gehalten, ganz besonders die der Natur; denn mit ihrer Erkenntnis, glaubte man, habe der Mensch einmal etwas*

Größeres empfangen, als dem Anschein nach dem Geschlecht der Sterblichen gegeben sei, und dann habe er ständig etwas zur Hand, woran er sich freuen und womit er sich gleichsam nähren könnte.[3]

Deutlich wird die Wechselbeziehung zwischen dem Original, insbesondere der Natur, dem ideellen Modell in Form der Erkenntnis über das Original und der Rückwirkung auf dieses, indem sich der Mensch freuen und auf höherem Erkenntnisniveau geistig «nähren» kann.

Obwohl Georgius Agricola die aristotelische Logik übernahm, hat er sich mit dessen Werk ernsthaft auseinandergesetzt. So kritisierte er auf der Grundlage neuer, großenteils selbst gewonnener Erkenntnisse althergebrachte Auffassungen und forderte die ständige Auseinandersetzung mit der Natur zur Erkenntnisgewinnung: *Aristoteles lehrt nicht auf Grund der Erfahrung, nicht auf Grund von* Beweisen.[4] Vorab bemerkt, hat Agricola mit seinen Auffassungen über die Natur, Technik und Politik, die fernab von jeglichem Mystizismus lagen, einen beachtenswerten Beitrag zur Materialisierung und Qualifizierung von seinerzeit bestehenden Modellvorstellungen geleistet.

Im besonderen sind aus den montanistischen Werken Georgius Agricolas ideelle und materielle Modelle in verschiedenen Gruppen herauslösbar. Das sind:

- ideelle Modelle als genetische Vorstellungen über Vorgänge in der Natur und
- technische Modelle.

Die Gruppe der ideellen Modelle charakterisiert die Auseinandersetzung mit Natur und Gesellschaft, indem auf der Grundlage des vorhandenen Wissens modellartige Vorstellungen über die Entstehung der Erscheinungen entwickelt werden. Die Methode ist nicht nur immanenter Bestandteil der empirischen Wissenschaften in der Renaissance. Agricola hat sich insbesondere bemüht, eine auf Naturbeobachtung beruhende Modellierung von Theorien zu erreichen und bestehende auf dieses Niveau zu heben. Damit unterschied er sich wesentlich auch von seinem Freiberger Vorgänger Ulrich Rülein von Calw, dessen Bergbüchlein ebenfalls zahlreiche modellartige Aussagen enthielt. Sie waren jedoch noch stark von alchimistischem Gedankengut untersetzt.[5]

Calw schreibt zum Beispiel in seinem «Bergbüchlein» zur Entstehung der Erzlagerstätten: *Wie dem auch sei, nach gutem Verständnis und rechter Auslegung ist eines jedem Meinung recht, jedenfalls entsteht das Erz oder Metall aus der fetten Feuchtigkeit der Erde als 'Grundstoff ersten Grades' und aus dem Dunst und Brodem eines Teils davon als «Grundstoff zweiten Grades»; und beide werden hier «Quecksilber» genannt. In der Vermischung oder Vereinigung des Quecksilbers und des Schwefels im Erz verhält sich der Schwefel wie der männliche Same und das Quecksilber wie der weibliche Same in der Zeugung oder Empfängnis eines Kindes. Also ist der Schwefel ein besonders geeigneter Erzeuger der Erze und Metalle.*[6]

Diesem von alters her überlieferten Genesemodell widerspricht Georgius Agricola. Aus den Erfahrungen des erzgebirgischen Gangerzbergbaus und aufbauend auf den Erfahrungen von Aristoteles, Theophrast u.a. entwickelte er seine Gangtheorie, die in ihren Grundzügen nach mancherlei späteren Irrungen noch heute Gültigkeit hat.[7] Gegen die noch von Calw vertretene alchimistische Auffassung der Metallbildung aus Schwefel und Quecksilber hält er eigene Beobachtungen, nach denen Quecksilber und Schwefel in den Metallagerstätten gediegen, teilweise oder ganz umgewandelt vorkommen müßten. Er stellt seiner Zeit ein ähnliches Gleichnis als Arzt entgegen: *Wenn sich aus den zwei besagten Stoffen Erze bildeten, dann wäre es notwendig, daß sich an der Fundstätte jedes von ihnen zuerst einmal sie selber völlig unverändert vorfänden, dann etwas davon zu dem Erz, das aus ihnen wird, verändert und gewandelt, dann der größte Teil zu eben dem Erz geworden wäre. Denn die Natur steigt gewissermaßen in der Reihe von Stufen zur Vollendung und zur Vollkommenheit ihrer Werke auf. Denn wenn sie im Mutterleib eine Frucht aus beiden Samen und Monatsblut bildet, zeigen verschiedene Zeitpunkte ihre Fortschritte an, mag sie wenige Tage nach der Empfängnis die Frucht, die noch kein Lebewesen ist, aus der Gebärmutter lösen oder nach Verlauf einiger Monate die Frau eine Fehlgeburt haben oder schließlich nach Vollendung von neun Monaten gebären. Da sich das so verhält, wird uns niemand glauben, wenn wir behaupten, die Natur könne in einer Gebärmutter eine Frucht erzeugen, in der niemals Samen und Monatsblut gewesen sei.*[8]

Mit dieser Anschaulichkeit ergeben sich zugleich zwei Modellebenen zum Original. Einerseits sind es die Vorstellungen über die unmittelbaren genetischen Zusammenhänge bei der Lagerstättenbildung, andererseits der Analogieschluß auf die Fortpflanzung des Menschen. Derartige Vergleiche, die als Modell nicht zuletzt zu Rückschlüssen auf die natürliche Situation heranziehbar waren, finden sich in den Begründungen der Erdbeben- und Vulkantheorie, in der Theorie der Thermalwässer, in der Erdbrandtheorie und an anderer Stelle. Im Zusammenhang mit dem Flözbrand bei Zwickau 1499 versuchte er, seine Theorie, komprimierte Dämpfe könnten durch Reibung an brennbarer Materie wie Kohle und Bitumen eine solche Entzündung bewirken, mit Modellversuchen zur Entzündbarkeit der Stoffe zu beweisen.

Zur Betrachtung der zweiten Gruppe von Modelldarstellungen, den technischen Modellen, stehen insbesondere die Holzschnitte der «De re metallica» zur Verfügung. Die generelle Frage besteht darin, welche Möglichkeiten die Renaissance bot, technisches Wissen bildlich zu speichern, um es für Bildung und Erkenntnisgewinnung nutzen zu können. Zweifelsohne bot die in Blüte gekommene Buchdruckerkunst neue Möglichkeiten der Kommunikation. Weitgehend im Dunkeln ist jedoch die Verwendung von dreidimensionalen Modellen, wie sie in der technischen Bildung und Forschung vom 18. bis zum Beginn des 20. Jahrhunderts an den europäischen Berghochschulen infolge der Komplizierung technischer Sachverhalte unumgänglich wurde. Überlieferte Objekte aus dem 15. bis 17. Jahrhundert sind unbekannt, ebenso fehlen Beschreibungen zum Modellbau, obwohl gerade die Bergwerksmaschinen eine Schlüsselstellung im Maschinenbau insgesamt einnahmen.

Trotzdem kann zunächst der Schluß nicht gelten, dreidimensionale Modelle wären nicht eingesetzt worden. Möglicherweise hat man auf Beschreibungen verzichtet. Die Forschungen dazu sind nicht abgeschlossen. Es ist ebenso anzunehmen, daß man auf Modelle wegen der Kostspieligkeit der Herstellung verzichtete und gleich den Bau der Originalmaschinen mit dem erforderlichen Verständnis bewirkte. Grundprinzipien der Antriebe über verschiedene Formen von Wasserrädern waren hinreichend bekannt. Erzpochwerke glichen in ihrem technischen Inventar den Walkmühlen, die Georgius Agricola vor den Toren der Stadt Chemnitz vorfand. Inwieweit eine solche Mühle als Modell in den Darstellungen der «De re metallica» Pate gestanden hatte, ist nicht nachvollziehbar, ebenso bleibt die Fülle und Präzision der Informationen im Dunkeln, die Kaufleute dem Bergwerksverständigen mitbrachten.

Ungeachtet der Unsicherheiten in der Faßbarkeit der Modellverwendung hat Georgius Agricola mit den bildlichen Darstellungen die Brücke zu der unumgänglichen Verwendung von dreidimensionalen Modellen in der Technik geliefert. Bildliche Darstellungen bei Ulrich Rülein von Calw,[6] Hans Rudhardt[9] und Sebastian Münster[10] zeigen originale Situationsberichte mit zweckmäßigen Positionierungen der Objekte. Agricola geht darüber hinaus, indem er Maschinenteile aus dem technischen Verband herauslöst und gesondert darstellt (Abb. 1). Dies ist eine spezielle Form modellartiger Information, die sich aus den Möglichkeiten und Erfordernissen der Kenntnisvermittlung ableitet.

Der Umgang mit Modellen, sowohl ideellen als auch materiellen, ist in seiner Gesamtheit keiner besonderen Fachdisziplin zuzuschreiben, sondern nur einer Methode. Georgius Agricola hat auch auf diesem Gebiet einen wesentlichen Beitrag geleistet. Modelle haben, insbesondere in ihrer Stellvertreterfunktion, Modell *von etwas für etwas* zu sein, zur Bewältigung der großen wissenschaftlich-technischen Fragestellungen in seiner Zeit beigetragen.

Agricola war die Verwendung von Modellen durchaus geläufig, obgleich er sich mit diesen Fragen nicht vordergründig auseinandergesetzt hat. Dennoch bleibt eine Textstelle im Buch I der «De re metallica», in der er im Zusammenhang mit den Fähigkeiten, die ein Bergmann haben muß, erklärt: *Deinde Architecturae, ut diuersas machinas substrictionesque ipse fabricari, uel magis fabricandi rationem aliis explicare queat. Postea Picturae, ut machinaru exempla deformare possit* (Erstausgabe 1556).[11]

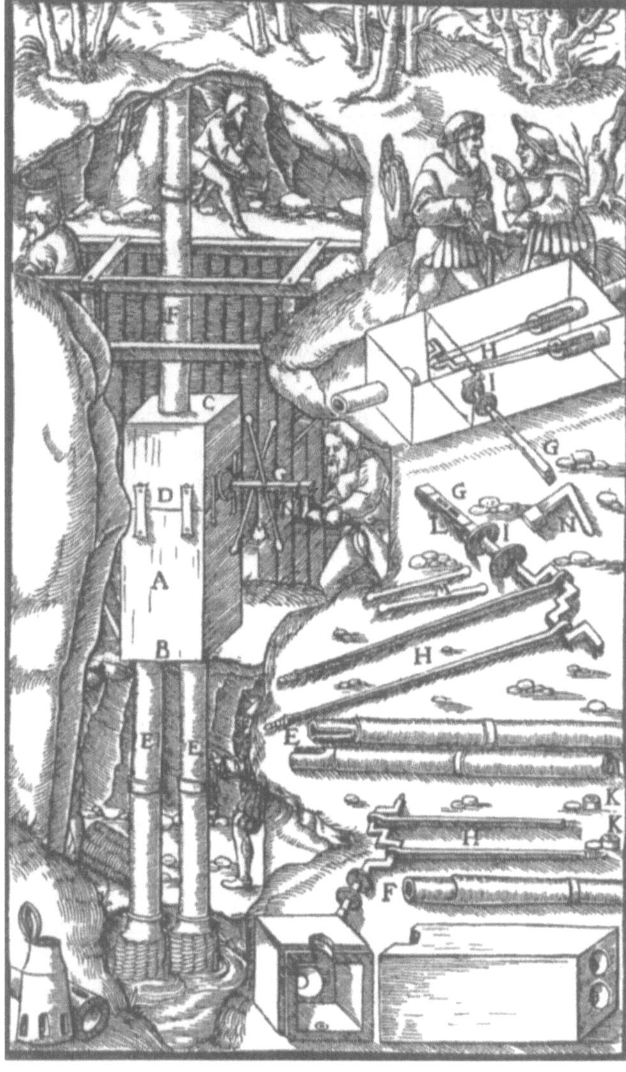

Abb. 1
Hubpumpe mit zwei Saugrohren. Modellartig herausgezeichnete Teile, z.T. in «Glaskastenperspektive». Aus: De re metallica (1559), S. 139.

In der deutschen Übersetzung von 1557: *Als dann soll er auff alle gebeuw abgericht sein /das er mancherley sältzame bergkünst vnn gebeuw könne machen / oder zum wenigsten ander leüten angeben. Darnach sol er auch maler seyn / das er aller gebeuwen muster könne abreissen.*[12]

Die Übersetzung von 1928 lautet: *Ferner die Baukunst, damit er die verschiedenen Kunstgezeuge und Grundbauten selbst machen oder wenigstens anderen die Art und Weise angeben könne, wie sie zu machen seien. Alsdann soll er auch die Zeichenkunst kennen, daß er (die) Modelle aller Gezeuge abzeichnen könne.*[13]

In der Agricola-Gesamtausgabe von 1974 heißt es: *Ferner in der Baukunst, damit er die verschiedenen Kunstgezeuge und Grundbauten selbst herstellen oder noch besser die Art der Herstellung andern erläutern kann. Weiter in der Zeichenkunst, damit er (die) Modelle für die Gezeuge aufzeichnen kann.*[14]

Ungeachtet der Übersetzungsnuancen wird die Funktion der Zeichnung, Modell von einem Original für ein anderes Original zu sein, deutlich. Außerdem schließt das Verb *deformare* auch dreidimensionale gegenständliche Modelldarstellungen ein, ohne den Beweis für das 16. Jahrhundert wegen fehlender Überlieferung entsprechender Objekte antreten zu können.

3. Modellproblematik in der Gegenwart – ein Postskriptum.

Agricola hat mit seinen Werken wesentlich dazu beigetragen, das industrielle Zeitalter einzuleiten. Dies ist auf der einen Seite als ein notwendiger Fortschritt zu sehen, andererseits wurde schon durch ihn die Notwendigkeit mitbegründet, gegenläufigen Tendenzen, wie z. B. dem schonungslosen Umgang mit den Ressourcen, entgegenzuwirken. Ansätze brachte er beispielsweise bei seinen Betrachtungen über die Schädlichkeit des Rauchs beim Feuersetzen, über die Bergsucht, in seiner Pestschrift und anderswo. Steht nicht auch in der heutigen Situation zwingend die Frage nach verständlichen Modellen, die unbedingt Handlungen zum Erhalt der menschlichen Gesellschaft bewirken, die unverzichtbar notwendig sind? Analysen besagen z. B. folgendes: Wenn weltweit keine rigorose Verringerung des Kohlendioxidausstoßes erfolgt, ist ein spürbarer Schaden für die menschliche Zivilisation und überhaupt für das Leben auf der Erde in den nächsten zwei bis drei Generationen unausbleiblich.[15] Dieses und andere ähnlich gelagerte Probleme lösen sich nicht im Selbstlauf. Es bedarf aller Kraft in allen gesellschaftlichen Bereichen und mit unterschiedlichen Methoden. Die Modellmethode als Mittel der vergegenständlichten Darstellung nimmt hierbei einen wichtigen Platz ein. Die Suche nach den einfachen Vergleichen, d. h. nach verständlichen Modellen, ist eine wichtige Voraussetzung für die Gestaltung der modernen menschlichen Zivilisation. Das Modell tritt damit aus der wissenschaftlich-akademischen Diskussion heraus und wird ungeachtet der Disziplin, die es vertritt, zum praktikablen Handwerkszeug. Damit ist die Seriosität der Wissenschaft zugunsten der Allgemeinverständlichkeit komplizierter Prozesse, die aus gesellschaftspolitischer Sicht notwendig sind, nicht in Frage gestellt.

Anmerkungen

1 Lexikon der Wirtschaft. Arbeit, Bildung, Soziales. Verlag Die Wirtschaft, Berlin 1982, S. 654f.

2 Philosophie und Naturwissenschaften. Wörterbuch zu den philosophischen Fragen der Naturwissenschaften. Hrsg. von Herbert Hörz, Rolf Löther, Siegfried Wolgast. Dietz-Verlag 1978, S. 606–612.

3 Agricola, Georgius: Ausgewählte Werke (AGA). Gedenkausgabe des Staatlichen Museums für Mineralogie und Geologie zu Dresden. Hrsg. von Prescher, Hans und Mathé, Gerhard. Bd. IX, Berlin 1992, S. 305.

4 AGA, Bd. III, Berlin 1956, S. 147.

5 Pieper, W.: Ulrich Rülein von Calw. In: Freiberger Forsch.-H. D7, Akademie-Verlag Berlin 1955.

6 Calw, U.R. v.: Ein nützlich Bergbüchlein, 1500, S. 9 (Übersetzung nach Anm. 5).

7 Fischer, W.: Agricola, der Vater der Mineralogie. In: Georgius Agricola 1494–1555. Akademie-Verlag Berlin 1955, S. 66–80.

8 Agricola, Georgius: Ausgewählte Werke, Bd. III (De ortu et causis ...), S. 168f.

9 Rudhardt, H.: Antzeigung des Neuen Weithberuffen Berckwergkes Sanct Joachimsthall. Leipzig 1525.

10 Münster, S. : Cosmographia. Basel 1544.

11 Agricola, Georgius: De re metallica, libri XII, Basileau MDLVI, S. 1.

12 Agricola, Georgius: Vom Bergkwerck, XII Bücher. Übersetzt von Ph. Bechius, Basel 1557, S. II.

13 Agricola, Georgius: Zwölf Bücher vom Berg- und Hüttenwesen. Bearbeitet von C. Schiffner u. a., VDI-Verlag, Berlin 1928, S. 2.

14 AGA, Bd. VIII, Berlin 1974, S. 54, (Einklammerungen vom Verf.)

15 Dritter Bericht der Enquete-Kommission. Vorsorge zum Schutz der Erdatmosphäre. Deutscher Bundestag, Drucksache 11/8030 vom 02.10.1990, 1123 S.

Georgius Agricolas staatstheoretische Auffassungen als Grundlage und Begründung seines politischen Wirkens

Andrea Kramarczyk (Chemnitz)

Wenn Agricola in seinen Werken die Frage aufwirft, was dem Gemeinwesen nutzt, so handelt es sich in erster Linie um die Begründung von konkreten Handlungsanweisungen im Rahmen der zeittypischen Vorstellungen. Agricola verfaßte keine staatstheoretischen Abhandlungen. Die in Widmungsbriefen und Werken gemachten Äußerungen zeugen von einem politisch aufgeschlossenen, patriotisch denkenden Menschen, der zu den Fragen seiner Zeit sowohl sachlich und verantwortungsbewußt als auch emotional bewegt und polemisch Stellung nimmt. Agricola bemühte sich um die Lösung konkreter Probleme, nicht um große theoretische Entwürfe. Seine Herangehensweise ist dieselbe, die er in seinem Dialog «Bermannus sive de re metallica» (Basel 1530) mit Blick auf die Naturerkenntnis formulierte: *Denn wenn uns die Substanzen hinsichtlich der in ihnen wohnenden Kräfte nicht bekannt würden, so redeten wir im Gespräch bloß leere Worte ohne jeden Nutzen.*[1] Agricola beteiligte sich persönlich am politischen Leben. Auf Wunsch des Herzogs Moritz von Sachsen wurde er Bürgermeister von Chemnitz und folgte diesem während des Schmalkaldischen Krieges ins Feldlager. Seine Haltungen und sein Tun waren bereits bei den Zeitgenossen sehr umstritten. Anhand zweier Fragen soll deren gedanklicher Hintergrund rekonstruiert werden.

1. Wie schätzte Agricola überhaupt die politische Tätigkeit ein?
2. Welchen politischen Zielen gegenüber sah er sich verpflichtet?

Die Zeit Agricolas war geprägt von der Inbesitznahme der Welt. Die Politik wurde Gegenstand humanistischen Denkens. Gelehrte, die im Dienst von Fürsten standen oder freundschaftlich und vertraut mit ihnen verkehrten, beobachteten und durchdachten die politischen Prozesse. Erasmus von Rotterdam und Thomas Morus legten in Werken und Briefen davon beredt Zeugnis ab. Thomas Morus sah die Gefahr der Aussichtslosigkeit bei einem von Gelehrtenseite unternommenen Versuch, auf die Inhalte und die Kultur der Politik Einfluß auszuüben. Dennoch sprach er in seiner «Utopia» (Löwen 1516) für diesen

Versuch: *Indessen scheint mir, du würdest durchaus deiner selbst und deiner edlen Gesinnung, ja eines wahren Philosophen würdig handeln, wenn du dich entschließen könntest, wenn auch mit einiger Aufopferung persönlichen Wohlbefindens, deine Begabung und deinen Eifer dem öffentlichen Wohl zu widmen. Und niemals könntest du das mit solchem Erfolge tun, als wenn du als Berater irgendeines großen Königs ihm – das würdest du ja unzweifelhaft tun – mit richtigen und trefflichen Ratschlägen beistündest. Ergießt sich doch ein Sturzbach gleichsam alles Guten und Bösen vom Fürsten auf alles Volk herab wie von einer nie versiegenden Quelle.*[2] Diese Worte waren Agricola sicherlich vertraut, arbeitete er doch in Venedig mit dem Mitarbeiter und späteren Schwiegersohn des Morus John Clement eng zusammen und würdigte ihn im «Bermannus». Niccolo Machiavellis Vorgehen stand den Intentionen des Engländers direkt entgegen. Machiavelli proklamierte keinen idealen Gesellschaftszustand wie dieser, sondern beschrieb die von ihm beobachtete raue politische Praxis in Italien. Er war ein Realist und Pragmatiker. Auch seine Gedanken wird Agricola gekannt haben, denn sie wurden am Hof in Padua diskutiert. Es ist möglich, daß Agricola an das überlieferte und zeitgenössische politische Denken zunächst unkritisch heranging, betrachtete er sich auf diesem Gebiet ohne Jurastudium sicher nicht als Experte, sondern als interessierter teilnehmender Staatsbürger. Sein späteres Herangehen läßt jedoch darauf schließen, daß er auf sein eigenes Urteil in Staatsangelegenheiten vertraute.

Die hohe Achtung Agricolas vor der Politik kommt in zahlreichen Äußerungen zum Ausdruck. Als erstes sei seine Beschreibung des Adels im Brief an den kurfürstlichen Rat und Gesandten bei Kaiser Karl V. Christoph von Carlowitz angeführt: *Bei den Menschen, meine ich, gibt es dreierlei Arten von Adel: einen der Geburt, einen zweiten der Tapferkeit, einen dritten der Wissenschaft und Kunst... Denen, die aus adligem Geschlecht stammen, hat Gott die ganz große Vollmacht gegeben, uns zu leiten und zu regieren. Wer ihrem Befehl gehorcht und dem der Behörden, die sie eingesetzt haben, gehorcht dem Willen Gottes, wer ihn ablehnt, widersteht Gott und leistet ihm Widerstand. Wenn sie gut sind und der Herrschaft und Amtsgewalt würdig, so haben wir mit vollem Recht die Verpflichtung, sie zu lieben.*[3] Die Leitung des Vaterlandes ist für Agricola eine ehrenvolle Aufgabe. Sich für das Land einzusetzen, Mühen und Gefahren auf sich zu nehmen, adelt selbst. Auf das städtische Gemeinwesen bezog sich Agricola in seiner Darstellung des idealen friedlichen Lebens im Widmungsbrief an Kurfürst August 1555: *Doch die Männer, die ein großes Vermögen besitzen, verwalten mit Überlegung und treuem Rate das Gemeinwesen und die Werte des Friedens, selbst hochgeehrt*[4] Darüber hinaus ist Agricolas uneingeschränkt positive Einstellung zur Einflußnahme der Gelehrten auf die Politik zu konstatieren. Häufig rühmte er das historische Beispiel des persönlichen Miteinander von Geist und Macht in der Freundschaft Alexanders des Großen und Aristoteles. Das Verhältnis zwischen dem Gelehrten und dem Fürsten begriff er als ein beiderseitiges: Der Gelehrte ist der Ratgeber und der Fürst fördert die Wissenschaft. Die finanzielle Unterstützung bestehender und die Schaffung neuer Schulen und Universitäten durch Herzog Georg den Bärtigen und Herzog Moritz bewertete Agricola hoch. Erziehung und Wissenschaft sah er in der Verantwortung des Herrschers.

In der Würdigung des Adels und seines Herrschaftsauftrages kam Agricolas Forderung nach einem guten Herrscher zum Ausdruck. Bereits in seiner philologisch-pädagogischen Schrift «Libellus de prima ac simplici institutione grammatica» (Leipzig 1520) äußerte Agricola die Idee von der Erziehung der Staatenlenker. Die letzte abgeschlossene Schrift Agricolas, die «Sippschaft des Hauses zu Sachsen» (1555), beinhaltete ebenfalls dieses erzieherische, moralisierende Moment: Die wahrheitsgetreue Darstellung der Geschichte der Vorfahren des eigenen Geschlechtes soll die Herrscher ermuntern, den guten Taten nachzueifern und die begangenen Fehler selbst zu vermeiden. In der Person Herzog Georg des Bärtigen sah Agricola die Anforderungen an einen guten Fürsten verwirklicht. Er sei, so heißt es in der «Sippschaft», *ein kluger / frommer / gotfurchtiger / gerechter und geltreicher furst gewest.*[5] Agricola würdigte seine schlichte Lebensart und Ehrlichkeit, sein Bestreben, Ruhe und Ordnung und die alten Sitten zu bewahren, seine Reichstreue und seine Förderung der Wissenschaft.

Die Erziehung der Staatenlenker findet ihre Entsprechung in der Erziehung der Staatsbürger. Georgius Fabricius formulierte in seiner Elegie *...zu den Bergwerksbüchern des hervorragenden Naturforschers Georgius Agricola* (1551) präzise das Anliegen und den politischen Auftrag der Humanisten: *Und zu geben dem Staat Bürger nur trefflich und gut.*[6]

Der gute Staatsbürger bringt seine Person und seine Fähigkeiten in das Gemeinwesen ein. Für Agricola ist dies sogar eine Motivation für die Aufnahme und Verwendung von Wissen: *Ein fleißiger und sorgsamer Mensch muß deshalb auch dies sich merken, daraus Gewinn ziehen und etwas beitragen zum Nutzen der Allgemeinheit.*[7]

Der Einsatz des Einzelnen für das Gemeinwesen ist antikes Gedankengut. Agricola ging dem Wissen des Altertums möglichst allseitig nach und strebte dabei Vollständigkeit an. Er urteilte durchaus kritisch und vertraute lieber seiner eigenen Beobachtung. Dennoch übernahm er in seiner Begeisterung für die wiederentdeckte Geisteswelt Anschauungen, die in seiner Zeit keinen Bestand haben konnten.

Da ist zunächst die ethische Rechtfertigung der Politik, die sich bis in die Antike zurückverfolgen läßt. Die hohe Würdigung des staatsbürgerlichen Wirkens eines Cicero hatte seine theoretische Grundlage bereits bei den alten Griechen gefunden. Die im Zusammenhang geführte Diskussion von Politik, Ethik und Pädagogik wurde bereits dort als Konsequenz einer Fragestellung angesehen. Die Kategorien, die zur Beantwortung der Frage nach dem Sinn menschlichen Lebens herangezogen wurden, hatten ihren Stellenwert auch bei der Behandlung des Staatswesens: Das Streben nach Tugend, Weisheit und Glück wurde zum obersten politischen Ziel.

Agricola bezog sich in vielen Wissenschaftsbereichen auf Aristoteles und war bestrebt, dessen Werk lückenlos kennenzulernen. Gegenüber Wolfgang Meurer, dem befreundeten Arzt und Professor an der Universität Leipzig, hob er 1544 in einem Brief lobend Giovanni Battista da Monte mit folgenden Worten hervor: *... er folgt dem Verfahren des Aristoteles, das bei weitem alle übertrifft, die es gibt, gegeben hat und geben wird.*[8] Die intensive Aristotelesrezeption darf bei der Betrachtung der politischen Ideen Agricolas nicht außer Acht gelassen werden. Aristoteles verlieh der moralischen Erziehung der Jugend starkes Gewicht. In der «Politik» schrieb der Philosoph: *Daß aber der Staat tugenhaft sei.*[9] Der Staat ist also etwas Gutes. Es bleibt die Frage, ob seine Glieder auch gut und tugenhaft sind oder werden können. Aristoteles ging von der Ausbildung des Charakters, von der Aneignung von Klugheit durch Übung und Gewöhnung aus. Dies unterstützt die pädagogische Sicht: Der gute Mensch und der gute Staatsbürger sind erziehbar.

2. Agricolas politische Ziele sind von drei Hauptinhalten beherrscht, die miteinander im Zusammenhang stehen: die Einheit und Geschlossenheit des Heiligen Römischen Reiches deutscher Nation, die Verhinderung bzw. die Überwindung der Kirchenspaltung und ein dauerhafter Frieden in der christlichen Welt. Er äußerte sie in seiner Türkenrede, in der «Sippschaft» und in Briefen, vor allem aber in den Widmungsbriefen an die sächsischen Herzöge. Hier nutzt er die Gelegenheit, den Landesherrn öffentlich seine Ratschläge zu erteilen. Es handelt sich dabei, zugespitzt und verkürzt, um sehr unterschiedliche Anliegen: In der Türkenrede fordert Agricola den böhmischen König Ferdinand und die deutschen Fürsten zum Krieg auf. 1546 mahnt Agricola Herzog Moritz zum Ausgleich und guten Einvernehmen der Konfessionen. 1547 glaubte er die Niederschlagung des Schmalkaldischen Bundes unterstützen zu müssen, um danach die Ausgleichsbemühungen des Bischoffs Julius von Pflug im Zusammenhang mit dem Augsburger und Leipziger Interim zu begrüßen. Schließlich hält er den Krieg als politisches Mittel für untauglich. Die offenkundigen Widersprüche, die das hohe staatstheoretische Ziel und das dem entsprechen wollende Handeln produzieren, sind Probleme, die Agricola während seines Lebens zu bewältigen sucht. Sie haben ihre Ursache in der Differenz der von Agricola gedachten (idealen) Welt und der tatsächlichen Wirklichkeit.

Als Kurfürst Moritz 1552 die Waffen gegen Kaiser Karl V. erhob, war Agricola entsetzt. Der Widerstand gegen die Zentralgewalt, der Angriff auf das Reich in seiner Personifizierung des Kaisers widersprach all seinen Vorstellungen von der staatlichen Einheit aller Christen. 1529, als Agricola die Türkenrede niederschrieb, pries er die Zukunft Karls V. als Weltenherrscher und bezeichnete ihn als: *...seit Karl dem Großen den mächtigsten, den unbesiegtesten, den durch zahlreichste und größte Siege berühmtesten; ihm gehorchen außer Deutschland so viele Reiche in beiden Spanien, auf so vielen Inseln und fast ganz Italien; seine Macht fürchten die Afrikaner, der Türke erschauert vor ihr; die Skythen haben die größte Achtung vor ihr.*[10] Der für die Konzentrierung eines solch großen Machtvolumens dringend notwendige Frieden innerhalb der Christenheit kann jedoch nur von einem starken Kaiser und ihm treu ergebenen Fürsten garantiert werden. Die Bewältigung dieser Aufgabe traute Agricola Karl V. zu. Die Vorteile der staatlichen Einheitlichkeit konnte Agricola nicht an den griechischen, nicht an den Verhältnissen seiner Zeit aufzeigen, allerdings an den römischen: *Die Behandlung der römischen Maße war dadurch erleichtert, daß sie einem sehr großen Staatswesen zugehören, aber immerhin doch einem Staatswesen, das eine Einheit bildet.*[11] Nicht nur auf diesem fachlich begründeten Feld hoffte Agricola auf eine Wiederkehr des römischen Imperiums, modifiziert als christliche Weltherrschaft unter Kaiser Karl V. vergebens. Agricolas begeisterte Aufnahme der lutherischen Reformation, als sie von vielen Humanisten noch als Reform innerhalb der bestehenden Kirche verstanden wurde, fand kein abruptes Ende. Weiterhin stand Agricola hinter Veränderungen in der Papstkirche. Nur legte er diese nicht in die Hände der Untertanen, wahrscheinlich nicht einmal in die der Fürsten, sondern in die des Konzils. In Wirklichkeit strebte das Reich auseinander, festigten sich die einzelnen Fürstentümer, verhärteten die Beziehungen zwischen den religiösen Lagern.

In der «Oratio de bello adversus Turcam suscipiendo» (Basel 1538), der bereits erwähnten Türkenrede, die Agricola Wochen nach der Belagerung Wiens durch die türkischen Heere abschloß, griff er die Idee des Thomas von Aquin vom gerechten Krieg auf: *... niemals hat sich uns ein gerechterer Kriegsgrund als jetzt dargeboten; denn niemals hat Deutschland ein so schweres Unglück, eine so harte Kränkung und eine so unerhörte Unbill erlitten.*[12] *Wer einen ihm und den Seinen unbillig aufgezwungenen Krieg abwehrt, der ahndet ein Unrecht mit einer rechtlichen Handlung; ein König oder Fürst, der das zu tun unterläßt, ist offenbar weder genügend seiner Pflicht eingedenk, noch sorgt er für seine Untertanen.*[13] Jeder, versicherte Agricola, würde diesen Krieg billigen, da es sich nur um eine Abwehr handele. Was Agricola in seiner Rede letztlich fordert, ist jedoch ein Präventivschlag, ein Angriff auf türkischem Territorium, eine Rückgewinnung Griechenlands sowie die Christianisierung dieser Gebiete. Erasmus von Rotterdam ging in seiner «Klage des Friedens» (1517) völlig anders an die Problematik heran. Er hält den Krieg für verwerflich, für die zu vermeidende Lösung eines Konfliktes, relativiert dies jedoch in Hinblick auf die Auseinandersetzung mit den Türken: *Wenn aber das menschliche Herz so unabänderlich krank ist, daß es gänzlich ohne Kriege nicht bestehen kann, warum läßt man dieses Übel nicht lieber* *gegen die Türken los?*[14] Bei Agricola ist der vorzubereitende Krieg der Hauptgegenstand seiner Schrift. Die «Oratio» ist entsprechend aufgebaut. Agricola legt dar, warum der Krieg gegen die Heere Sultan Solimans II. notwendig, mit welchen Partnern und mit welchen militärischen Mitteln er geführt werden sollte, daß er *ein frommes und gerechtes Werk*[15] und schließlich *leicht und von Nutzen ist.*[16] Daß Agricola vom Nutzen des Krieges spricht, macht auf zwei Haltungen aufmerksam. Er rechnet den Krieg, anders als Erasmus von Rotterdam, zu den nützlichen Unternehmungen, wobei er, ebenfalls im Gegensatz zu Erasmus, pragmatisch argumentiert: *Da ... die Soldaten aber nicht die Rechtschaffenheit und die gerechtere Sache so hoch einschätzen wie reichen Sold und große Beute, muß man sie dahin führen, wo sie dies alles auf gerechtere Weise und in reicherem Maße erreichen können.*[17] Die Heranziehung der potentiellen Kriegesbeute wird aber auch im Kontext der durch Agricola zu leistenden Überzeugungsarbeit zu sehen sein. In diesem Sinne war ihm offenbar jedes polemisch einsetzbare Argument willkommen.

Die Tatsache, daß Agricola im Schmalkaldischen Krieg mit Herzog Moritz von Feldlager zu Feldlager zog, wirft die Frage auf, inwieweit sich Agricola mit seinen politischen Anliegen personifizierte. In seinem Widmungsbrief an Kurfürst Moritz vom 10. März 1549 rechtfertigte er sich: *Weil ich nähmlich sah, daß ihr zu dem Kaiser und dem Könige, denen Gott die Regierungsgewalt über die Deutschen verliehen hat, in Treue haltet, was den Fürsten besonders gut ansteht, glaubte ich, den Eid, durch den ich Euch verpflichtet war, in keiner Weise geringachten zu dürfen.*[18] Agricola war schon in seiner Türkenrede bereit, ganz konkrete Umsetzungsfragen zu durchdenken und nahm sich als Person nicht aus dem Geschehen heraus: *Auf der Donau [kann] jetzt auch ganz bequem Rüstzeug für den Krieg [transportiert werden] und alles das, was wir brauchen werden.*[19]

Nach der Agricola enttäuschenden Fürstenrebellion im Jahre 1552, als dieser vermutlich am politischen Handwerk, eher aber noch an der moralischen Integrität des Kurfürsten Moritz zweifelte, äußerte er grundsätzlich andere Positionen zu Krieg und Frieden. Er bezeichnet den Krieg als *Pflanzschule jeglichen Unrechts.*[20] Die Grausamkeit wird von ihm nicht mehr als Eigenschaft des Feindes aufgefaßt, sondern als eine dem Krieg immanente Erscheinung. Die Notwendigkeit des Friedens wird nicht aus pragmatischer Überzeugung und zeitweisen Bedingungen heraus erklärt, sondern als Grundlage eines sinnvollen Lebens in der Familie wie im Gemeinwesen. Die wichtigsten Gedanken verbindet Agricola jeweils mit einem Zitat: *Wie Pindar Ruhe und Stille geistvoll als Tochter des Rechts bezeichnet, so kann man, nicht ohne Geist, friedliche Zeit die Mutter des Rechts nennen.*[21] Da nur im Frieden Reichtum entsteht, *haben Euripides, der Tragödiendichter, und Aristophanes, der Dichter der alten Komödie, den Frieden nach dem in der Tiefe in ihm verborgenen Reichtum* βαθυπλουτοζ *genannt.*[22] Schließlich führt Agricola an, daß ... *jener Bauer bei dem Komödien-*

dichter Philemon, der mild über die Philosophen lächelt, die über das höchste Gut streiten, sagt, dies Gut sei der Friede.[23] Sowohl das Recht als auch der Reichtum haben den Frieden zur Vorraussetzung, deshalb ist er das höchste Gut. Einzelne Passagen im Brief erinnern an Erasmus' «Klage», so daß man eine erneute Rezeption der Schrift vermuten könnte. Wie müßte es ihm dann, nach seinem Einsatz im Schmalkaldischen Krieg, in den Ohren geklungen haben, wo Erasmus schrieb: *Rühmst du dich, ein Glied der christlichen Kirche zu sein, was hast du dann mit Kriegen zu tun?*[24]

Im ersten Buch von «De re metallica» schilderte Agricola die Beobachtung, daß wirtschaftliche und rechtliche Zwänge den Betrug der Bergleute ausschließen. Dort mußte man sich nach Agricola nicht völlig auf die moralische Integrität der Betreffenden verlassen, denn es gab Regelungen und Kontrollmöglichkeiten, die Mißbrauch weitgehend verhinderten. Ähnliche, an rechtsstaatliches Denken erinnernde Äußerungen enthält Agricolas «Friedensbrief» aus dem Jahre 1555: *Wenn aber Friede herrscht, da werden Gesetze gegeben, da werden Entscheidungen getroffen, da werden Anordnungen erlassen. Sie setzen Belohnungen aus für die Tugend, Todesstrafen für das Laster; sie erwecken Hoffnung bei den Guten, bei den Bösen erregen sie Furcht. So ist jeder zu jeglichem Geschäft der Pflicht gerüstet und lebt im Verein mit der Tugend, oder wenn einer Verbrechen und Schandtaten begeht, so haben diese keine Straflosigkeit zur Folge, wie es der Fall ist, wenn die Trompete zum Kriege ruft.*[25]

Agricolas Friedensforderung ist gründlich durchdacht: Unabhängig von der Eigenart der streitenden Parteien ist im Krieg das Recht außer Kraft gesetzt. Die Einhaltung der moralischen Normen kann dann nicht durchgesetzt werden. Das Eigentum und die Kulturleistungen (sowohl technische, wie Bergbauanlagen, als auch geistige, wie Schulen und Universitäten) sind nicht mehr gesichert. Es ist unmöglich, ein gutes Gemeinwesen zu führen. In dieser Beziehungskette ist der Frieden Vorraussetzung für das Recht, das Recht Vorraussetzung für Moral, für Eigentum und für gemeinnützige Arbeit. Der Frieden muß also das oberste Staatsziel sein, er ist in allererster Linie vom Herrscher zu sichern. Die Argumentation ist schlüssig: Das höchste Gut ist zugleich das oberste Ziel.

Der Stellenwert der Friedensproblematik bei Agricola wird dadurch bestimmt, daß sich hier eine Entwicklung im politischen Denken des Humanisten nachzeichnen läßt. Hier ist, wie auf keinem anderen politischen Gebiet, das er reflektiert, sowohl persönliches Engagement wie auch die theoretische Auseinandersetzung während seines ganzen Lebens gegeben. Durch die Bedeutung, die Agricola der Friedensfrage für das gesamte Staatswesen zumißt, wird sie zu einer Schlüsselfrage seiner politischen Auffassungen. Es sind die Argumente Agricolas gegen oder für den Frieden, die über sein politisches Denken am detailliertesten aussagen.

Anmerkungen

1 Agricola, Georgius: Ausgewählte Werke (AGA). Gedenkausgabe des staatlichen Museums für Mineralogie und Geologie zu Dresden. Hrsg. von Prescher, Hans und Mathé, Gerhard. Bd. II, Berlin 1955, S. 69.
2 Morus, Thomas: Utopia. Übers. von Gerhard Ritter. Nachw. von Eberhard Jäckel. Philipp Reclam jun. GmbH & Co. Stuttgart 1983, S. 21.
3 AGA, Bd. IX, Berlin 1992, S. 443.
4 Ebenda, S. 497.
5 AGA, Bd. VII, Berlin 1963, S. 375.
6 AGA, Bd. VIII, Berlin 1974, S. 42.
7 Ebenda, S. 86.
8 AGA, Bd. IX, Berlin 1992, S. 292.
9 Aristoteles: Politik. Übers. u. mit erkl. Anm. vers. von Eugen Rolfes. 4. Aufl. mit einer Einleitung von Günther Bien, 1981.; Nachdr. Hamburg: Meiner, 1990, S. 266.
10 AGA, Bd. VII, Berlin 1963, S. 46.
11 AGA, Bd. V, Berlin 1959, S. 70.
12 AGA, Bd. VII, Berlin 1963, S. 39.
13 Ebenda, S. 40.
14 Rotterdam, Erasmus von: Klage des Friedens, der bei allen Völkern verworfen und niedergeschlagen wurde. In: Zur Friedensidee in der Reformationszeit. Texte von Erasmus, Paracelsus, Franck. Hrsg. und mit einer Einleitung von Siegfried Wollgast, Akademie-Verlag, Berlin 1968, S. 39.
15 AGA, Bd. VII, Berlin 1963, S. 44.
16 Ebenda, S. 44.
17 Ebenda, S. 50.
18 AGA, Bd. IX, Berlin 1992, S. 431.
19 AGA, Bd. VII, Berlin 1963, S. 46.
20 AGA, Bd. IX, Berlin 1992, S. 497.
21 Ebenda, S. 497.
22 Ebenda, S. 498.
23 Ebenda, S. 498.
24 Rotterdam, Erasmus von: Klage des Friedens, der bei allen Völkern verworfen und niedergeschlagen wurde. In: Zur Friedensidee in der Reformationszeit. Texte von Erasmus, Paracelsus, Franck. Hrsg. und mit einer Einleitung von Siegfried Wollgast, Akademie-Verlag, Berlin 1968, S. 21.
25 AGA, Bd. IX, Berlin 1992, S. 497.

Zu den Verbindungen sächsischer Kommunen zur Zeit von Georgius Agricola, dargestellt am Beispiel Freibergs

Ulrich Thiel (Freiberg)

Bei der Beschäftigung mit dem Zeitalter von Georgius Agricola fällt das dichte Netz von Verbindungen und Kontakten sächsischer Städte und ihrer Einwohner mit Kommunen, Unternehmen, Behörden und Einzelpersonen innerhalb des sächsisch-albertinischen Territorialstaates, des Heiligen Römischen Reiches deutscher Nation und Europas auf. Sie manifestierten sich beispielsweise in Briefwechseln, Geschäftsreisen, einem regen Handel, Bildungsreisen, Wechsel des Wohn- und Arbeitsortes und Kunstaufträgen. Dieses sich rasch und umfassend ausprägende Beziehungsgeflecht ist Ausdruck des damaligen Wandels der Gesellschaft, des Anbruchs einer neuen Epoche, Resultat vollzogener Veränderungen und Katalysator der weiteren Entwicklung. Freiberg bildete im Orchester der sächsischen Kommunen keine Ausnahme. Wie in den anderen Fällen auch, prägte die Spezifik Freibergs entscheidend Richtung und Inhalt dieser Kontakte. Der seit Jahrhunderten dominierende Wirtschaftszweig, das Montanwesen, drückte ihnen ihren ganz besonderen Stempel auf.

Die Beziehungen der Bergstadt beruhten auf jahrhundertelangen Traditionen. Es sei hier nur des Metallhandels mit Böhmen, Polen, Köln und Troyes, des Importes von Tuchen aus Gent, Ypern und Brüssel, von Nahrungsmitteln aus Böhmen, Ungarn, dem Hanseraum und Oberitalien, von Keramik aus dem Rheinland, der Vorbildwirkung der Kathedralen von Laon und Chartres für die Goldene Pforte der Marienkirche, der Übersiedlung Freiberger Bürger nach Kuttenberg und der bis in das Ordensland, nach Schlesien und Böhmen reichenden Wirkung der Freiberger Rechtsgrundsätze gedacht.

Nicht verkannt werden soll die im 16. Jahrhundert gegenüber dem Mittelalter veränderte Position Freibergs von dem die gesamte Mark Meißen beherrschenden Wirtschaftszentrum zu einer Bergstadt mit nur noch teilweise herausgehobener Stellung, insbesondere als Grablege der albertinischen Wettiner, Sitz der mittleren sächsischen Bergbehörde und des sächsischen Bergschöffenstuhls.

Das sächsische Städtewesen verzeichnete also zu Beginn der Neuzeit ein enormes Wachstum, das zu einer Angleichung auf hohem Niveau führte.

Die alte sächsische Bergstadt übte mit ihrer auf dem Montanwesen basierenden Wirtschaftskraft eine große Anziehungskraft auf Fremde aus, die sich mit nicht geringer Zahl hier niederließen und das Bürgerrecht erwarben. Die Bürgermatrikel verzeichnen für das 16. Jahrhundert als Herkunftsgebiete u. a. Thüringen, Nordböhmen, Schlesien und Süddeutschland, vereinzelt auch Norddeutschland. Aus St. Joachimsthal (Jáchymov) kommend, wurde beispielsweise Wolf Thiel heimisch, der als Stadtschreiber (seit 1526), Ratsherr sowie Bergbau- und Hüttengewerke großen Einfluß in Freiberg besaß. Ulrich Rülein, seit 1497 Stadtphysikus, später Bürgermeister, ein wichtiger Bergbausachverständiger und Montanunternehmer, stammte aus dem württembergischen Calw. Die Heimat Georg Lisskirchens, 1525/26 Neubürger in Freiberg, war Regensburg. Er heiratete die Tochter des einflußreichen Bürgermeisters Stephan I. Alnpeck, der über Passau und Regensburg nach der Mitte des 15. Jh. nach Freiberg gekommen war, hatte seit 1527 ein Ratsherrenamt inne, erwarb zahlreichen Grundbesitz und bezog wohl auch aus dem Bergbau Einkünfte. Der älteste Schwager Lisskirchens, Stephan II Alnpeck, ehelichte die Tochter Apollonia des bedeutenden Görlitzer Bürgermeisters und Kaufmannes Georg Emmerich. Ebenfalls aus Regensburg kam Jakob Frauendorfer, aus Nürnberg Hans Glaser im Jahr 1504/05.

Der Hauptgrund für den Zuzug vieler Menschen dürfte der Wunsch nach einer ständigen, möglichst reich sprudelnden Erwerbsquelle gewesen sein, die man in erster Linie, gleichgültig ob direkt oder indirekt, im Montanwesen sah, wie auch die vielen Beispiele aus den obererzgebirgischen Städten zeigen. In Schneeberg und Annaberg etwa ließen sich Ulrich Erkel d. J. aus Nürnberg und der aus Mittelfranken stammende Kunz von Iphofen nieder.

Das bergbauliche Engagement hiesiger Bürger beschränkte sich beileibe nicht auf Freiberg oder Sachsen. Die Familie Alnpeck, aktiv im Zinnhandel tätig, fand dafür ein weites Betätigungsfeld ebenfalls um Graupen (Krupka) und in Joachimsthal in Böhmen. Im Joachimsthaler Bergbau engagierte sich gleichfalls die angesehene Freiberger Familie Münzer, Valentin Buchführer, der ebenso der Oberschicht Freibergs zuzurechnen ist, im böhmischen Zinnbergbau.

Auf der anderen Seite boten die Freiberger Bergwerke gute Verwertungsbedingungen für auswärtiges Kapital. So erwarben der Joachimsthaler Bergmeister Wolf Sturz 1512 eine halbe Kuxe vom Brandstolln, 1527 Hans Silberhorn aus der gleichen Stadt Anteile an der St. Christoph-Fundgrube. Der Magdeburger Münzmeister Barthel Lücken erhielt im Jahr 1554 als Lehnträger eine Grube verliehen. In Teplitz (Teplice) war der Jude Joseff ansässig, der sich gleichfalls in Freiberg engagierte. Er lieferte 1536/37 einen Posten Silber in die Schmelzhütte. Im Jahr 1562 schließlich verhandelten die Gewerken des Bogner Tiefen Stollns mit Jonas Schach aus Prag über den Erwerb der bisher ihm gehörenden Anlage.

Kapital im Hüttenwesen legte 1544/45 Alexander Weller, ein Nürnberger Steinschneider, an, denn er lieferte Brandsilber in die Freiberger Münze. Aus einem Brief des Freiberger Rates an die herzöglichen Räte in Dresden aus dem Jahr 1544 geht hervor, daß man reiche Erze gefunden hatte:... *dadurch dann vihl außlendische frembde, auch einheimische gewerken begiriger, sich alhier mehr dann zuvohren geschehen, mit Bergkwergk zu pauen einlaßen,* wie es in dem Schreiben heißt.[1] Also verfolgten kapitalkräftige Interessenten sehr genau die wirtschaftliche Entwicklung des Bergbaus und legten umgehend bei steigenden Gewinnaussichten ihr Geld an.

Der Bergbau erlebte im Zeitalter Agricolas in vielen Revieren einen Aufschwung, wie dessen Dokumentation «De re metallica» in hervorragender Weise belegt. Die jeweiligen Regalinhaber förderten diese Entwicklung und bemühten sich auch um auswärtige Fachleute, oder aber Spezialisten erschien ein Wechsel der Wirkungsstätte von sich aus sinnvoll. Während man unter den 1519 auf Bitte des dänischen Königs Christian II. nach Norwegen gereisten Bergleuten solche aus Freiberg nur vermuten kann, ist das Wirken des Freibergers Antonius Alnpeck aus der mächtigen gleichnamigen Familie in Norwegen urkundlich belegt. Er lebte spätestens seit 1542 in Norwegen und hatte seit 1544 das Amt des ersten Bergvogtes inne, war damit oberster königlicher Beamter für die norwegischen Bergwerke. Die Bestallung erfolgte wohl aufgrund seiner großen Fachkenntnisse, die er sich vermutlich hauptsächlich im Freiberger Bergbau angeeignet hatte.

Die Vorbildwirkung dieses sächsischen Reviers kommt hier deutlich zum Ausdruck. Alnpeck erkannte die Notwendigkeit eines großzügigen Ausbaus des Schmelzwesens und setzte sich auf einer wahrscheinlich in das Erzgebirge unternommenen Reise für die Gewinnung neuer Fachleute ein. Freiberger Montanspezialisten nahmen auch hohe Positionen im wieder aufblühenden braunschweigischen Bergwesen ein. So lassen sich Peter Rodemann und Paul Klotz um 1549 als Berg- bzw. Hüttenmeister im Harz nachweisen. Es muß jedoch gleichzeitig angemerkt werden, daß man sich im Harz nicht nur auf fremde Hilfe verließ, sondern viele eigenständige Bemühungen zur Verbesserung des Montanwesens unternahm.

Die Biographie eines der größten Experten des Montanwesens im 16. Jahrhunderts, Lazarus Ercker, bezeugt ebenfalls, daß Freiberg damals ein Knotenpunkt des europäischen Bergbaus und Hüttenwesens war. Der seit 1558 in Goslar tätige Ercker machte die modernen Erfahrungen und Erkenntnisse des Oberharzer Hüttenwesens zur Aufarbeitung armer Erze für Freiberg nutzbar, wo diese *hauffenweis vorschmeltzt ūnd vorschwendet werden und am Silber viel zurückbleibt und das bley, soviel in Ertzten ist, fast alles vorbrandt wirt,* wie Ercker schrieb.[2] Er transportierte deshalb auf eigene Kosten Freiberger Erz nach Goslar, wo er und der erfahrene Hüttenmann Valtin Richter erfolgreich Schmelzversuche vornahmen.

Lazarus Ercker widmete sich seit 1568 der Beförderung des böhmischen Bergbaus um Kuttenberg. Da er seine Erkenntnisse über eine durchgreifende Mechanisierung allein nicht durchsetzen konnte, forderte der böhmische König sächsische Sachverständige an. Mit Michael Schönleben, Oberhüttenverwalter und Verwandter von Ercker, und Martin Planer, Bergvogt, kamen zwei der angesehensten Freiberger Bergbeamten, die für das gesamte sächsische Bergwesen Verantwortung trugen. Sie bekräftigten die Meinung Erckers nach Ablösung der vielen Pferde durch intensive Nutzung der Wasserkraft. Im Jahr 1572 reisten die beiden Experten auf Bitte von Kaiser Ferdinand und mit Genehmigung von Kurfürst August erneut nach Böhmen. Auch später, beispielsweise 1589/90, als auf Ersuchen von Kaiser Rudolph II. der Annaberger Zehntner Jost Seyfart und der Freiberger Schmelzer Joachim Thoß nach Kuttenberg fuhren, nahmen die Böhmen sächsische Hilfe in Anspruch. Freiberger Fachleute nutzten andererseits die in auswärtigen Revieren gewonnenen Erkenntnisse. So hielt sich 1556 der bergverständige Ratsherr Sigismund Röling auf Anordnung von Kaiser Ferdinand auf den Bergwerken von Innsbruck und Schwaz auf: Darüber berichtete er: ... *do ich denn, Gottlob, in Berckhwergs-, Schmelzen vnndt Flöß-Sachen allerley nuzbares erfaren, so mitt göttlicher Hülffe hier im Vaterlande mit mergklichenn Nuz, Gott lob vnndt Dank zu werck gerichtet.*[3]

Besonders beeindruckten Röling die Flößeinrichtungen, die Schachtzimmerung und die Förderkunst. Aufgrund seiner Mitteilungen richtete man auf der Grube Dritte und Vierte Maß nach dem Thurmhof mit gutem Erfolg eine solche Fördereinrichtung ein. Ebenso erwies sich die Nachnutzung Tiroler Flößtechnik als segensreich für den Freiberger Bergbau. Diese Beispiele legen beredt Zeugnis vom hohen technischen Niveau des Freiberger Montanwesens und dem großen Sachverstand einheimischer Berg- und Hüttenleute ab. Sie verdeutlichen zudem, daß im Zeitalter Agricolas intensive Beziehungen zwischen den verschiedensten Gebieten Europas, in denen die Entwicklung ebenfalls rasch voranschritt, und einzelnen Persönlichkeiten bestanden. Auch aus der gewerblichen Tätigkeit heraus entwickelten und vertieften sich die Beziehungen Freibergs mit dem Ausland. Akkumulierte Gewinne aus Bergbau und Hüttenwesen und das nunmehr weitverbreitete Repräsentationsbedürfnis bildeten die idealen Nährböden für die Blüte des breitgefächerten Freiberger Handwerks.

Eine besondere Konjunktur erlebten die Zweige, die wir heute dem künstlerischen und kunsthandwerklichen Bereich zuordnen, vor allem die Seidensticker, die Maler, die Bildschnitzer und -hauer, die Goldschmiede und die Bronzegießer. Diese Innungen, die zahlenmäßig teilweise einen beträchtlichen Umfang erreichten, hatten in Freiberg ihren festen Platz. Als Standortfaktor dürfte für die Goldschmiede, aber auch die Bronzegießer und partiell die Seidensticker die gute Materialversorgung mit Silber, Kupfer und Zinn maßgeblich von Gewicht gewesen sein. Die günstigen Bedingungen zogen viele fremde

Handwerker an, die sich in Freiberg niederließen. Obgleich die Quellen nur partiell darauf bezogene Informationen preisgeben, können als Heimatorte Amberg, vermutlich Brünn (Brno) und Oppenheim bei den Seidenstickern sowie Augsburg bei den Goldschmieden namhaft gemacht werden. Lediglich Hypothese sind gegenwärtig familiäre Bindungen zwischen den hochbegabten Freiberger Bildhauern Michael und Jonas Grünberger und der weitverzweigten Nürnberger Künstlerfamilie gleichen Namens. Es zeigten sich jedoch auch zentrifugale Tendenzen, die Freiberger Handwerker zwangen, auswärts Aufträge entgegenzunehmen. Man bedenke beispielsweise, daß 1537 die Reformation im sogenannten Freiberger Ländchen und 1539 im gesamten albertinischen Sachsen eingeführt wurde, damit die Kirche als bisher wichtigster Auftraggeber für die Seidensticker wegfiel. Auch der Konkurrenzdruck innerhalb der Innungen und die Sättigung des Marktes mit speziellen Artikeln zeigten in die gleiche Richtung. Nicht vergessen darf man zudem die tendenzielle Verknappung der aus dem Bergbau stammenden Finanzmittel in bürgerlichen Kreisen im Laufe des 16. Jahrhunderts. Gleichwohl also ein Bündel von Faktoren für die Tätigkeit Freiberger Handwerker im Ausland namhaft gemacht werden kann, dürften in erster Linie die hervorragenden Fähigkeiten den Ausschlag für die Auftragsvergabe gegeben haben. Wie anders wäre es zu erklären, daß Seidensticker für die Erzbischöfe von Prag und Regensburg, den Abt von Osseg (Osek), den Herzog von Bayern und den kaiserlichen Hof in Wien, einen Bürger von Brüx (Most) und die Kurfürstin von Brandenburg arbeiteten, die Bronzegießer u.a. für die Stadt Breslau (Wrocław), die Markgrafen von Küstrin und Brandenburg, die Herzöge von Pommern, von Weimar, von Braunschweig-Lüneburg und den Erzherzog von Steiermark tätig waren. Bildschnitzer und -hauer wirkten nach jüngsten Untersuchungen in den böhmischen Orten Brüx, Buchau (Bochov), Plan (Planá), Gorkau (Jirkov), Brozany sowie Waltirsche (Valtirov). Diese kunsthistorischen Forschungen erbrachten neue Erkenntnisse für eine vermehrte Beteiligung Freiberger Meister seit den sechziger und siebziger Jahren des 16. Jahrhunderts am sächsischen Kunsttransfer. *Dabei lieferte man vermutlich verstärkt nach Böhmen, vielleicht aber auch in die beiden Lausitzen und die Mark vorrangig Kunstwerke, während nach Schlesien Werke wie Künstler gleichermaßen abgegeben wurden.*[4] Diese Feststellung bezieht sich ebenso auf Dresden, Meißen und Pirna. Die Kunstgeschichtsforschung gelangte außerdem über typologische Vergleiche der ältesten von Goldschmieden geschaffenen Prunkgezähe zur Erkenntnis, daß von Freiberg aus, wo 1534 die älteste bekannt gewordene Arbeit dieser Art entstanden war, der Impuls zur Fertigung eines ähnlichen Gezähepaares in der niederungarischen Bergstadt Schemnitz (Banská Štiavnica) ausging.

Durch die Umsiedlung von Meistern in andere Orte oder aber längere Auslandsaufenthalte erfolgte die Weitergabe künstlerischer Auffassungen und handwerklicher Techniken. Bronzegießer ließen sich in Breslau (1519), Stettin (Szceczin), Prag und Wien (um 1590) nieder. Goldschmiede zogen nach Wolfenbüttel (um 1588), Plöen in Holstein und Prag, Maler vermutlich nach Glogau (Glogow) (vor 1590) und Breslau. Eine mehrjährige Auslandstätigkeit ist vom Bronzegießer Martin Hilliger d. J. in Graz (1580/89) und dem Bildhauer Andreas Lorenz in Hannover (1557/76) bekannt. Nur wenige Kunstwerke für Freiberg entstanden im Ausland, so das Moritzmonument, das Antonius von Zeoren aus Antwerpen 1559 bis 1563 nach ersten Entwürfen der Italiener Gabriel und Benedikt Thola schuf. Demgegenüber führte eine ganze Reihe auswärtiger Fachleute in der zweiten Jahrhunderthälfte Aufträge in Freiberg, insbesondere für die Landesherren, aus. Der Kreis der Auftraggeber weist auf neue Tendenzen hin, auf die wachsende Macht des Adels, allen voran der Landesherren, und die Zurückdrängung der Positionen des Bürgertums und auch der Stadt Freiberg.

Hochrangige Künstler gaben der Grablege der Wettiner im Dom St. Marien ihr unverwechselbares würdiges Aussehen, schufen damit ein Denkmal fürstlicher Größe und unvergänglicher Taten. Der sächsische Kurfürst Christian I. entschied sich, dem Italiener Giovanni Maria Nosseni die Gestaltung zu übertragen. Für die Freiplastiken stellte man noch 1589 den Florentiner Carlo de Cesare an, der sein ausgezeichnetes Werk 1593 beendete. Unter der Oberleitung Nossenis arbeiteten zahlreiche weitere Handwerker, so zehn italienische und 23 deutsche Steinmetze. Nachweislich befruchteten die Ausländer das einheimische Kunsthandwerk, was sich an den Engelkindern in der Begräbniskapelle, aber vor allem am Lieberoser Altar der Gebrüder Grünberger (1597), einer Synthese *zwischen bodenständigem, süddeutschem und italienischem Kunstwollen in Obersachsen,* belegen läßt.[5]

Ein Italiener, Rochus von Linar, war es auch, der den 1566 durch Hans Irmisch begonnenen Umbau des Schlosses Freudenstein zwischen 1572 bis 1574 voranbrachte. Das Altarbild für die Schloßkapelle (um 1574/77) sowie Deckenmalereien für profane Räume schuf der aus Braunschweig stammende Dresdner Hofmaler Hans Göding, Gemälde lieferten der Hofmaler Hans Schröer, aus Lüttich gebürtig, und der in Prag lebende Maler E. Gaulrappe.

Alle diese Beispiele können jedoch nicht darüber hinwegtäuschen, daß Freiberg den Zenit seiner Bedeutung im 16. Jahrhundert erreichte und überschritt. Leipzig war längst zur führenden Handelsstadt aufgestiegen, Dresden nahm als Residenzstadt einen großen Aufschwung. Der Freiberger Bergbau blieb zwar eine wichtige landesherrliche Einnahmequelle, aber Freiberg verlor immer mehr an Bedeutung, was sich auch zunehmend auf die auswärtigen Verbindungen auswirkte.

Überblickt man die Geschichte Freibergs im 16. Jahrhundert, so erweist sich diese Kommune im Zeitalter Agricolas als ein wichtiger Punkt, an dem sich Kräfte und Interessen bündelten oder von wo aus Wissen, Personen und Waren ihren Ausgangspunkt nahmen. Dabei drückten Bergbau und Hüttenwesen den Beziehungen Freibergs ihren besonderen Stempel auf. Spezifische Merkmale anderer sächsischer Kommunen prägten in gleicher Weise das auch dort nachweisbare vielfältige Beziehungsgefüge, das Ausdruck des hohen Entwicklungsstandes im albertinischen Sachsen war. Zugleich zeigen die Verbindungen wie ein Indikator bestimmte gesellschaftliche Trends an.

Anmerkungen

1 Stadtarchiv Freiberg, Rep. Aa, I Bf 2, Bl. 72f.

2 Zitiert nach Beierlein, P. R.: Lazarus Ercker. Bergmann, Hüttenmann und Münzmeister im 16. Jahrhundert. Berlin 1955, S. 22.

3 Zitiert nach Löffler, K.: Die Geschichte der Freiberger Muldenflöße und das Transportproblem der Holzkohlenfuhren durch Fronleistungen. In: Wilsdorf, H.; Herrmann, W.; Löffler, K.: Bergbau. Wald. Flöße. Berlin 1960, S. 237.

4 Dietze, W.: Die Freiberger Bildhauerschule zwischen Reformation und Dreißigjährigem Krieg, Diss., Univ. Halle 1992, S. 135.

5 Ebenda, S. 74f.

Die ältere Geschichte des Oberbergamtes Freiberg

Reinhard Schmidt (Freiberg)

Am 15. Dezember 1991 zog das Sächsische Oberbergamt in Freiberg 45 Jahre nach seiner Auflösung durch die sowjetische Militäradministration in Deutschland wieder in das spätgotische Gebäude auf der Freiberger Kirchgasse ein.

Als Landesoberbehörde ist es, dem Sächsischen Wirtschaftsministerium nachgeordnet, eine auf der Grundlage des Bundesberggesetzes zuständige Aufsichts- und Genehmigungsbehörde für den Bergbau des gesamten Freistaates Sachsen. Ihm unterstehen zur Wahrnehmung der Betriebsaufsicht drei Bergämter: in Borna, Chemnitz und Hoyerswerda. In Deutschland gibt es noch Oberbergämter in Dortmund (früher Wetter) seit 1792, Clausthal-Zellerfeld (als Bergamt seit 1593/1570), München, Saarbrücken, Wiesbaden, Senftenberg (künftig Cottbus) und Gera sowie Landesbergämter in Freiburg und Stralsund.

Die Hauptaufgaben liegen heute im Bereich von Arbeitssicherheit und Umweltschutz. Kein anderes Bundesland verfügt über so viele Gewinnungsbetriebe, und nur in Nordrhein-Westfalen gibt es mehr Beschäftigte im Bergbau. Dies trotz des gewaltigen Personalabbaus in den beiden sächsischen Braunkohlenrevieren, dem mitteldeutschen Revier und dem Lausitzer Revier, das wir uns mit dem Nachbarland Brandenburg teilen, und der Wismut. Künftig wird das Bergbaugeschehen weitgehend durch Tagebaubetriebe auf Braunkohle und Steine und Erden und die dazugehörigen Aufbereitungsanlagen bestimmt werden. Einen überdurchschnittlichen Stellenwert wird die Sanierung von Schäden des Altbergbaues behalten. Allein im sächsischen Erzgebirge sind über 4000 bekannte Schadensstellen aktenkundig, fast täglich kommen neue hinzu.

1. Gründung des Oberbergamtes

Die gut zwei Jahre junge Behörde ist gleichzeitig aber das älteste Deutsche Oberbergamt und eine der ältesten Sonderbehörden überhaupt, deren Gründung zu Lebzeiten Georgius Agricolas erfolgte. In die beginnende Neuzeit, die das Mittelalter gerade abgelöst hatte, fielen epochemachende Entwicklungen, die an Universalgelehrte wie Georgius Agricola gebunden waren. Er ist daher ein klassischer Vertreter dieser Epoche.

Äußerlich wurde die Gotik von der Renaissance abgelöst. Die meißnische Berghauptstadt Freiberg war nach dem letzten großen Stadtbrand von 1484 weitgehend neu aufgebaut worden. Bis heute kündet ein großer Teil der Altstadt von dieser selbstbewußten und aufstrebenden Epoche, die sich in zahlreichen Architektur- und Kunstwerken zum Bergbau als Quelle ihres Reichtums bekannte. Erwähnt seien im Dom die Tulpen- und die Bergmannskanzel mit der Darstellung von Bergleuten und zwei bedeutende Hausportale am Obermarkt, die Bergbaulandschaften in der Art des Annaberger Bergaltars noch vor Herausgabe von «De re metallica» durch Agricola zeigen. Selbst die Kunst der Romanik, die viel stärker mit Symbolen arbeitete, hat dem Bergbau in der Goldenen Pforte, dem erhaltenen alten Figurenportal des Vorgängerbaus des heutigen Doms, ein Denkmal gesetzt. In der äußersten Figurengruppe sind Daniel, der Schutzheilige der Bergleute – in katholischen Gegenden wurde er nach Einführung der Bohr- und Sprengarbeit durch die heilige Barbara abgelöst – und Aaron (hebräisch Aaron = Bergmann) als einzige einander zugewandt.

Grundlage für den Wohlstand und die Größe dieser Stadt, aber auch des ganzen Landes, war der Bergbau auf Silber und später auch andere Metalle. Dieser hatte seinen Ausgang in Freiberg gehabt und seit etwa 1168 zu einer ersten Blüteperiode geführt. Bereits im Mittelalter hatte ein Vorläufer der Bergbehörde seinen Sitz im 1186 zur Stadt erhobenen Freiberg, denn es war naheliegend, daß der Landesherr die ihm auf der Grundlage des Bergregals zugefallenen Gewinne rasch einer wirkungsvollen staatlichen Kontrolle und Einflußnahme unterworfen hatte. Das Bergregal war das Recht, unabhängig vom Grundeigentum Bodenschätze aufzusuchen und zu gewinnen. Die Bergwerksfelder konnten auch Dritten überlassen werden. Ursprünglich stand es dem Kaiser, später den Kurfürsten oder Landesherren zu. Bereits in einer Urkunde vom 8. August 1241, also vor über 750 Jahren, wird für Freiberg das Amt des Bergmeisters *magister montium* genannt. Auch der 1255 in Freiberg eingesetzte Bergschöppenstuhl stellte als Bergrechtsinstanz einen Vorläufer bergbehördlicher Tätigkeit dar. Das als «Freiberger Bergrecht B» bezeichnete Bergrechtsbuch, das aus der Vereinigung des alten Freiberger und des Iglauer Rechts um die Mitte des 14. Jahrhunderts hervorgegangen ist, war für das Bergrecht für den gesamten deutschsprachigen Raum, später sogar den europäischen Raum, von entscheidender Bedeutung.

Nachdem die oberflächennahe Oxidationszone mit hohen Silbergehalten abgebaut war, war es um die Mitte des 14. Jahrhunderts zu einer ersten Krise gekommen, die bis ca. 1470 andauerte. Zu den genannten Schwierigkeiten der Lagerstätte, der daraus sich ergebenden größeren Teufe und Wassernot bewirkten die Folgen des Raubbaues an den Wäldern für Verhüttungs- und Bauzwecke,

Hungersnöte durch eine Klimaverschlechterung mit Mißernten und die 1348 in Trient ausgebrochene Pest, die sich anschließend 1349 bis 1351 über ganz Deutschland ausbreitete, eine Wirtschaftskrise und Entvölkerung, die weitaus mehr als regionale Bedeutung hatte und die zum Wüstfallen zahlreicher Ortschaften und bergbaulicher Produktionsstätten nicht nur in Sachsen führte. Überleben konnten nur Bergstädte mit zusätzlicher Verwaltungsfunktion, wie Freiburg, Freiberg oder Goslar. Da die Gewinne aus dem Bergbau sanken und damit eine willkommene Einnahmequelle für die Landesherren ausfiel, wurde nach Lösungsmöglichkeiten gesucht. Dies waren z.B. Freiheiten für Bergleute und Bergstädte und Kostenübernahme von Wasserlösestollen. Aufsehenerregende Silberfunde hatten im oberen Erzgebirge zur Bildung neuer Ansiedlungen geführt: Schneeberg 1479, Annaberg 1495, Marienberg 1521, Johanngeorgenstadt 1551.

In den Revieren ist es z.T. vor Ortsgründung zur Einsetzung von eigenen Bergmeistern gekommen: 1464 Altenberg, 1466 Schneeberg, Ehrenfriedersdorf und Geyer, um 1470 Wolkenstein, um 1480 Elterlein, 1497 Annaberg, deren Amtssitze als Bergämter bezeichnet werden können. Daneben war mit dem Übergang von der Natural- zur Finanzwirtschaft in den Handelsregionen die Finanzkraft gewachsen, die Voraussetzung für notwendige Investitionen und damit für eine neue Blütezeit des Bergbaues wurden, die etwa von 1470 bis 1570 währte. Neben der Finanzkraft war dazu aber auch ein erheblicher Fortschritt von Wissenschaft und Technik notwendig, der durch Gelehrte wie Georgius Agricola geprägt wurde. Das Wasser wurde dank der neu entwickelten Technik nicht nur als schädliches Element mit Wasserkünsten aus den Gruben gehoben, sondern es wurde selber für mehrere Jahrhunderte als wichtigste Energiequelle eingesetzt. Dazu dienten Kehrräder und Kunsträder, aber auch großräumig angelegte Stolln, Röschen, Graben- und Teichsysteme. Planung und Ausführung waren übergeordnete Belange und lagen daher in der Hand der Bergverwaltung. Letztes Relikt in der Verwaltung war die Freiberger Revierwasserlaufanstalt, die dem Oberbergamt unterstanden hatte. Die Gewinnung erfolgte nun in größeren Teufen, so daß neben der Wasserhaltung auch an die Fördertechnik größere Anforderungen gestellt wurden. Kraftübertragung wurde erstmalig durch Feldgestänge auch über größere Distanzen möglich, die ersten standen in Agricolas zeitweiliger Wirkungsstätte St. Joachimsthal um 1550.

Für die Administration ergaben sich Schwierigkeiten dadurch, daß in den Bergstädten den Bergrevieren jeweils einzelne Bergmeister vorstanden. Diese Bergreviere oder Bergämter unterstanden unmittelbar dem Dresdner Hofe; sie verselbständigten sich in einem Maße, daß eine vom Landesherren vorgesehene Einflußnahme durch das Bergamt Freiberg nur schwer durchzusetzen war. Für eine durchorganisierte Verwaltung war es daher naheliegend, das Bergamt von Freiberg zum Vorort zu erheben und damit eine Mittelinstanz einzurichten, die zwischen dem Dresdner Hofrat und den Bergämtern stand. Damit erhielt die sächsische Bergbehörde den klassischen dreistufigen Aufbau, der sich bis heute in fast allen Bundesländern erhalten und bewährt hat. Oberste Landesbehörde war nach dem Hofrat des Landesherren ab 1574 das Geheime Consilium, ab 1606 eine selbständige Bergexpedition, später *Berggemach* genannt. Diese ging 1782 an die Finanzverwaltung über.

Als Gründungsdatum des Oberbergamtes gilt der 1. Juli 1542. Es fällt in die Lebzeiten Agricolas. Kurfürst Moritz von Sachsen hatte im Rahmen einer systematischen Verwaltungsreform eine Münzordnung erlassen, in deren Zusammenhang das Herzogtum in neun Kreise aufgeteilt wurde. Für das Bergbauzentrum, den erzgebirgischen Kreis, wurde als Oberhauptmann Wolf von Schönberg zu Neusorge eingesetzt, dem damit zugleich die Verwaltung aller Bergreviere des Herzogtums übertragen wurde. Insgesamt standen in der Folge neun Mitglieder der sächsischen Familie von Schönberg dem Oberbergamt als Berghauptleute oder Oberberghauptleute vor; der Posten war bis 1868 – von einer Ausnahme (Freiesleben) abgesehen – dem Adel vorbehalten. Neben der Familie v. Schönberg waren Mitglieder der Familien v. Carlowitz, Vitzthum, v. Tettau, v. Kirchbach, v. Schönberg, v. Gartenberg, v. Oppel, v. Ponickau, v. Heynitz, v. Trebra, v. Gutschmidt, v. Herder und v. Beust vertreten. Bis in die unmittelbare Nachkriegszeit hatten der Behörde 34 Leiter vorgestanden.

Im Rahmen des Direktionsprinzips oblagen dem Oberbergamt auch Entscheidungen mit unmittelbarem Einfluß auf personelle, wirtschaftliche und technische Belange der Betriebe. Die Funktion war einer Art Generaldirektion der Betriebe vergleichbar. Man kann es als ausgesprochenen Glücksfall ansehen, daß in dieser bedeutsamen Phase der Innovationen in Technik, Wissenschaft, Organisation, Wirtschaft und Verwaltung Männer wie Georgius Agricola sich dieses Themas angenommen haben.

Literatur über den Bergbau war bis dahin spärlich. Albertus Magnus hatte 1260/62 die besondere Reinheit des Freiberger Silbers gerühmt. Ulrich Rülein v. Calw hatte durch «Ein nützlich Bergbüchlein» um 1500 in Freiberg ein erstes «Lehrbuch» verfaßt. Agricolas «12 Bücher vom Bergbau» von 1556 dokumentierten den Stand der Technik im sächsisch-böhmischen Revier mit einer solchen Ausführlichkeit und Klarheit, daß das Werk für mehrere Jahrhunderte auch als aktuelles Lehrbuch galt. Balthasar Roeßlers «Hell polierter Bergbauspiegel» entstand in Freiberg 1649. Erst 1693 erschien die «Ausführliche Berg-Information» des Freiberger Oberberghauptmannes Abraham v. Schönberg, der eine weitere wichtige Funktion des Oberbergamtes institutionalisiert hat, nämlich die Lehre. Um den bergtechnisch fachlichen Nachwuchs zu fördern, setzte er 1702 eine Stipendienkasse ein, die als Vorläufer für die von seinem Nachfolger v. Oppel 1765 gegründete erste Bergakademie der Welt angesehen werden kann. Die Gründung der Bergakademie vor 229

Jahren war wohl einer der Verwaltungsakte mit der größten Nachwirkung bis in unsere Zeit, die das Freiberger Oberbergamt initiiert hat. Die Lehre verlief in der Anfangszeit mehr in privater Atmosphäre im Wohnhaus v. Oppels, das er dann für die Bergakademie zur Verfügung stellte und das jetzt noch Teil des Rektoratsgebäudes ist.

Vergleicht man die alten Lehrbücher, ist es sicherlich ein Vorteil, daß die literarische Aufgabe einer umfassenden Darstellung des Bergbaues bei Agricola nicht von einem gelernten Bergmann, sondern von einem universell gebildeten Gelehrten übernommen worden ist. Er erlag nicht der Gefahr, durch die Setzung von Schwerpunkten im eigenen Spezialgebiet andere Belange zu vernachlässigen oder bei unterschiedlichen Auffassungen sich auf einen «Expertenstreit» einzulassen. So gibt er eine sorgfältige und ausführliche Dokumentation eines hochentwickelten Standes der Technik, dem erst im 19. Jahrhundert wesentliche Neuentwicklungen beschieden werden sollten.

Das Oberbergamt und vermutlich auch das bereits zuvor existierende Bergamt war zu Lebzeiten Agricolas im Schloß Freudenstein und im Obergeschoß des Städtischen Kaufhauses am Obermarkt, dem heutigen Freiberger Ratskeller sowie in den privaten Räumen der Beschäftigten untergebracht. Erst 1679 wurde unter Oberberghauptmann Abraham von Schönberg das noch heute genutzte spätmittelalterliche Gebäude auf der Freiberger Kirchgasse erworben. Die Notwendigkeit zum Kauf eines einheitlichen Dienstsitzes hatte er damit begründet, daß es sich ereigne, daß nach Absterben derer Beamten, die zu den Ämtern gehörigen Sachen von den Erben zurückbehalten, oder aus Unvorsichtigkeit verworfen würden. Zu Agricolas Zeiten befand sich das Gebäude noch im Eigentum der Familie Schönlebe, die u. a. die Bergmannskanzel im Freiberger Dom gestiftet hatte. Es war ein ehemaliger Freihof, der nicht der Gerichtsbarkeit der Stadt unterstanden hatte. Auch wenn das Gebäude unmittelbar nach dem letzten großen Stadtbrand errichtet wurde und damit rund 500 Jahre alt ist, so bietet es von seiner Lage, Größe und dem Zuschnitt gute Voraussetzungen für die Oberbergamtsarbeit.

Ob der Gelehrte Agricola das Amt besucht hat, ist nicht überliefert. Aufgrund seiner zahlreichen Besuche während seiner Amtszeit als Chemnitzer Bürgermeister zwischen 1538 und 1547 ist aber davon auszugehen, daß er regen Kontakt zu den Wissensträgern hatte, die neben den Betrieben hauptsächlich im Oberbergamt und den Bergämtern saßen. Begünstigt wurden seine Besuche sicher durch den Umstand, daß sein Mündel Katharina Wildeck, die Tochter seines verstorbenen Vorgängers und Freundes, des Chemnitzer Bürgermeisters Jobst Wildeck, im Freiberger Jungfrauenkloster nahe der alten Jakobikirche standesgemäß untergebracht war. Zur Zeit seiner Kontakte nach Freiberg ging die Leitung des Oberbergamtes von Wolf von Schönberg zu Neusorge im Jahre 1547 an Heinrich von Gersdorf auf Dobrilug über, dessen Amtsbezeichnung lautete ebenfalls noch Oberhauptmann des Erzgebirgischen Kreises, gleichzeitig Mitglied der Obersten Bergverwaltungsbehörde.

Neben dem Oberbergamt als Mittelbehörde und damit allen Bergämtern oder Bergrevieren vorgesetzt, existierte auch das für die Revierangelegenheiten zuständige Bergamt in Freiberg. Eine räumliche Trennung dieser Ämter ist bis zur zweiten Hälfte des 17. Jahrhunderts nicht belegt. Die Kontaktpersonen Agricolas dürften vorrangig Oberbergmeister oder Bergmeister, wie Martin Planer (1510 bis 1582), Kunstmeister und Werkmeister, gegebenenfalls auch Zehntner, Bergschreiber und Geschworene gewesen sein. Eine ausdrückliche Erwähnung der Bergbehörde durch den Gelehrten ist mir nicht bekannt, aber das ist auch in heutigen Lehrbüchern des Bergbaues nicht unbedingt der Fall.

Freiberg wird von Agricola als Ergebnis seiner Kontakte aber ausdrücklich gerühmt: *Von allen Silberbergwerken befinden sich die berühmtesten in Meißen und da wieder halte ich die Freiberger für unerschöpflich.* In seinem 1546 verfaßten Werk «Erzlagerstätten in alter und neuer Zeit» (De veteribus et novis metallis) beschreibt Agricola auch den ersten Silberfund und das sich daraus bis zu seiner Zeit als größte und bevölkerungsreichste Bergstadt Sachsens entwikkelnde Freiberg, das zu seinen Lebzeiten etwa 8500 Einwohner gezählt haben dürfte und zeitweise Residenz der Wettiner war. Eher unfreiwillig war der Aufenthalt Agricolas während des Schmalkaldischen Krieges 1546/1547 in Freiberg. Der Herzog hatte sein Feldlager von Chemnitz nach Freiberg verlegt, wohin ihm am 3. März 1547 Agricola auch folgte.

Zu allen Zeiten waren das Oberbergamt und die Bergämter in Sachsen dank der hervorragenden Persönlichkeiten, die dort gewirkt haben, bestimmend für Innovationen, Technik und Ausbildung im Bergbau. Neben der bereits erwähnten Bergakademie, der bis 1869 der Leiter des Oberbergamtes vorstand und die von Anfang an universitären Zuschnitt hatte, wurden beispielsweise auch die Geowissenschaften maßgeblich durch das Amt geprägt. Der zur Zeit des Oberberghauptmanns von Trebra von 1802 bis 1805 tätige Berghauptmann – heute würde man sagen «Vizepräsident» – Johann Friedrich Wilhelm Toussaint v. Charpentier hat durch die Herausgabe einer geognostischen Karte Sachsens ein Vorbild für alle geologischen Karten auf der Welt geschaffen.

Selbst die systematische Forstwirtschaft wurde begründet durch den Freiberger Oberberghauptmann Hans Carl v. Carlowitz, der 1713 das grundlegende Werk «Sylvicultura oeconomica» verfaßte. Als Bergbeamter, zunächst Zehntner, ab 1702 Bergrat in Freiberg, hat Gottfried Pabst von Ohain die Entwicklung des europäischen Hartporzellans durch Böttger wissenschaftlich unterstützt und durch Anregungen und Beschaffung von Rohstoffen, Chemikalien und Geräten die Voraussetzungen für die Erfindung geschaffen. Auch Adam Ries aus Annaberg, der berühmte Rechenmeister, war ab 1525 als Sächsischer Bergbeamter tätig.

2. Vom Direktionsprinzip zum Inspektionsprinzip

Mit Erlaß des Allgemeinen Berggesetzes vom 16. Juni 1868 wurde das gesamte Bergwesen neu geregelt. Die Bergbehörden erhielten eine weitgehend geänderte Zuständigkeit. Waren sie früher für das technische und wirtschaftliche Betriebsgeschehen unmittelbar verantwortlich, galt ihre Arbeit nunmehr den hoheitlichen Aufgaben der Aufsichts- und Genehmigungsfunktion (Bergpolizei) im Rahmen des Betriebsplanverfahrens. Vorrangige Ziele waren die Gewährleistung des Arbeitsschutzes und die Abwendung von Gemeinschäden, also Umweltschutz, lange bevor dieser Begriff geprägt wurde. Die geordnete Vergabe von Bergbauberechtigungen gehörte ebenso dazu, wie der Erlaß von Bergverordnungen.

Mit dem Sächsischen Berggesetz war das Königreich Sachsen den Preußen gefolgt, die 1865 das Allgemeine Berggesetz für die Preußischen Staaten erlassen hatten, das die wesentlichen Grundzüge, angeregt durch das Französische Bergrecht, geprägt hatte.Bis dahin war das Sächsische Bergrecht, das unter anderem auf der Annaberger Bergordnung Herzog Georgs vom 5. Februar 1509 fußte und auf das sich auch das Preußische Allgemeine Landrecht von 1794 berufen hatte, in Deutschland führend gewesen. Die Elemente Betriebsplanverfahren, Aufsichtsperson (heute: verantwortliche Person) und Bergverordnung sind noch heute Grundlage der Bergaufsicht nach dem Bundesberggesetz von 1980, das in Westdeutschland die Vielzahl der Ländergesetze aus der Mitte des 19. Jahrhunderts abgelöst hatte. Dies war in der ehemaligen DDR bereits durch das Berggesetz von 1969 erfolgt.

Mit dem Allgemeinen Berggesetz von 1868 wurde der Status des Oberbergamtes vorübergehend auf den eines Bergamtes für das ganze sächsische Staatsgebiet reduziert, die alten Bergämter wurden Bergreviere genannt. Die Schwerpunkte der Tätigkeiten verlagerten sich gegen Ende des vorigen Jahrhunderts vom Erzbergbau, der in Freiberg 1913 zunächst zum Erliegen kam, auf den Steinkohlen- und auf den Braunkohlenbergbau. 1935 wurde das Oberbergamt Reichsbehörde, ihm unterstanden zu dieser Zeit acht Bergämter.

Die heutige Arbeit des Oberbergamtes steht im Konflikt zwischen Landinanspruchnahme durch Tagebaue und Naturbewahrung. Der staatliche Auftrag, Vorsorge für die Mineralgewinnung zu treffen, kann nur in enger Abstimmung mit den für die Landesplanung zuständigen Behörden und Stellen erfüllt werden. Landesplanungsgesetz und Rohstoffsicherungskonzept sind die dafür notwendigen Voraussetzungen. Dennoch steht das Oberbergamt häufig im Kreuzfeuer der Kritik, vor allem wegen des beantragten Abbaus von Steinen und Erden. Durch eine weitreichende Beteiligung werden andere betroffene Stellen bereits frühzeitig in die Verfahren für Bergbauberechtigungen einbezogen.

Hinsichtlich der Frage des Zusammenwirkens von Bergbau und Umwelt ist dem Bergbau schon zu Zeiten Agricolas nicht nur uneingeschänkte Akzeptanz entgegengebracht worden. Im ersten seiner «12 Bücher» zieht er das Fazit: *Der Mensch hat den Bergbau nicht entbehren können, noch wollte Gottes Güte, daß er den Menschen fehle. Somit ist es klar: Der Bergbau ist ein durchaus ehrliches Gewerbe.*

Georgius Agricola als Chemnitzer Bürgermeister

Helmut Bräuer (Leipzig)

Der Rat war das kollektive politisch-organisatorische Führungszentrum der Bewohnerschaft der spätmittelalterlichen frühneuzeitlichen deutschen Stadt. Er hatte sich in einem vieldimensional verlaufenden Prozeß aus dem Dualismus von Stadtherrn und Stadt konstituiert. Dabei konnte das Ergebnis des Entstehungsvorganges durchaus unterschiedliche Gewichtungen haben, die vom Kräfteverhältnis beider Seiten abhängig waren, d.h., Charakter und Form dieser Auseinandersetzungen vermochten das Resultat weitgehend zu prägen. Hierzu vollzog sich kein Streit der Prinzipien, etwa des genossenschaftlichen wider das herrschaftliche, sondern der Kampf realer politischer Kräfte. Aus der Sicht der Stadt bestimmte sich von daher in einem beträchtlichen Maße der Grad der eigenen Politikfähigkeit, ihre Stoßrichtung, z.T. auch die Breite und Bedeutsamkeit des stadträtlichen Betätigungsfeldes. Zugleich stellte aber der Rat auch ein Produkt innerstädtischer Differenzen dar, die offen oder verdeckt zwischen Stadtbewohnerschichten und -gruppen unterschiedlichen sozialen Profils existierten bzw. in entsprechenden Kämpfen – teilweise mit militärischen Mitteln – ausgestritten wurden. Im Gegensatz zum ersteren Konflikt zwischen Stadt und Stadtherrn, der verfassungsrechtlich-politische Konturen besaß und auf die Ausprägung der städtebürgerlichen Lebensform im Rahmen der feudalen Gesellschaft orientiert war, ging es in diesem zweiten Auseinandersetzungsfeld vornehmlich um persönliche Zugangs- und detaillierte sachliche Kompetenzfragen des Rates. Während des Spätmittelalters und der frühen Neuzeit nahm daher der Rat der Stadt eine Position ein, die einerseits von *Unterordnung* unter den Stadtherren und *Herrschaft* gegenüber der Gemeinde geprägt wurde. Es wäre jedoch falsch, mit diesen beiden Begriffen starre, absolute Eckpfeiler setzen zu wollen; beide Verhältnisse waren vielmehr auch von Kompromissen und Wandel bestimmt.

Das Chemnitzer Stadtregiment folgte in seiner Entstehung und Entwicklung diesen hier skizzierten Grundkonturen. Die Ratsverfassung, über deren Geburt wir nichts wissen, kann zwischen 1290 und 1298, also noch zu reichsstädtischen

Zeiten, als etabliert gelten. Nach dem Übergang der Stadt an die Wettiner hatten sich dann offenkundig die innerstädtischen Spannungen in einer Weise vertieft, die einen Ausgleich zwischen den ratstragenden Familien und gesellschaftlichen Aufsteigern aus der Bürgerschaft ausschlossen, denen es um eine Teilhabe an der Machtausübung ging. Nur notdürftig vermochten die Landesherren um 1345, 1393 und 1414 die streitenden Parteien zu trennen und die Unruhen zu stillen.

Drei, meist allerdings zwei Räte – einer jeweils regierend, einer ruhend – haben die Geschäfte im Rathaus betrieben. Seit dem Erwerb der Hochgerichtsbarkeit (1423) lag die gesamte legislative, exekutive und richterliche Gewalt, die unterhalb der Ebene fürstlichen Eingreifens in der Stadt ausgeübt werden konnte, in den Händen eines *festen* Kreises von ratsfähigen Fernhändlern, Grundbesitzern und reichen Handwerksmeistern. Der Rat – als regierendes Gremium in der Regel aus zwölf Personen bestehend – ergänzte sich durch Kooptation und bestimmte den Stadtrichter und die Schöppen, bedurfte aber seinerseits der fürstlichen Bestätigung nach dem jährlichen Amtswechsel. Dieser Vorgang war mit Rechnungslegung, Geschäftsübergabe und Eidesleistung verbunden. Auch in Chemnitz sind dies neuralgische Punkte in des Rates Geschäftstätigkeit gewesen, wobei vor allem die Prüfung der Kämmereiunterlagen, zu der die Vertreter der Gemeinde spätestens seit dem 15. Jahrhundert zugegen sein durften, immer wieder die Gemüter erhitzt hat. Zwischen den 70er Jahren des 15. und der Mitte des 16. Jahrhunderts kann man nun beobachten, daß sich bestimmte Veränderungen des ökonomischen Profils der Stadt nicht nur im Anwachsen der gesellschaftlichen Widersprüche äußerten, sondern auch zu entsprechenden Konsequenzen auf politischer Ebene führten. Familien, die rasch Zugang zu Berg- und Hüttenbetrieb bzw. zum Metallhandel sowie zu Textilverlag und Textilhandel gefunden hatten und mit ihrem unternehmerischen Potential die traditionellen spätmittelalterlichen sozialen Strukturen in der Stadt erschütterten, drängten mit Vehemenz ins Rathaus. Waren es zunächst die Vertreter der Metallbranche, die etwa mit den Angehörigen der Familie Schütz den größten Einfluß erlangten, so erschlaffte deren politische Aktivität seit dem zweiten Viertel des 16. Jahrhunderts im Gefolge des wirtschaftlichen Niedergangs. An ihre Stelle traten dann Leinen- und Tuchgroßhändler um die Familien Hobler und Neefe.

Diese von den ökonomischen Positionen her geprägten innerstädtischen politischen Machtkämpfe wurden nun zusätzlich durch den Druck mittlerer landesherrlicher Beamter, die auf die Ratspolitik Einfluß zu gewinnen suchten, kompliziert, und die Auseinandersetzungen um die Einführung der Reformation schufen gleichfalls eine Reihe von Konfrontationsfeldern. Insofern war also die Chemnitzer Oberschicht zwischen 1540 und 1560 durch vielfältige Interessengegensätze und Gruppenkämpfe zerrissen und von mehrfachen Frontbildungen geprägt. Land- und Ausschußtage, bei denen es um Kirchengut und Steuern ging, brachten ebenso wie die Kirchenvisitationen viel Streitstoff in die Stadt. Eine dramatische Zuspitzung erfuhr die Lage in Chemnitz jedoch durch den Schmalkaldischen Krieg, weil hier Reichs- und Territorialpolitik sowie konfessionelle Probleme direkt auf die Existenzfrage der Bürger einwirkten, und die potentielle Gefahr für Leben und Gut sorgte für heftigste Aufregung in der Stadt. Diese verfassungspolitischen, wirtschaftlichen sozialen und religiösen Entwicklungslinien müssen im Blick bleiben, wenn man die Ratstätigkeit bzw. das Agieren von Ratsmitgliedern analysieren will; das trifft in besonderem Maße auf die Untersuchung der Rolle des Bürgermeisters zu, zumal der Rat noch als kollegialisches Organ handelte, die politische Einzelleistung also nur selten erkennbar ist.

Unter den oben knapp angedeuteten Bedingungen hatte Georgius Agricola das höchste kommunalpolitische Amt viermal auszuüben (1546/47, 1547/48, 1551/52 und 1553/54) bzw. in den dazwischenliegenden Jahren Pflichten als Ratsherr wahrzunehmen. Die bisherige Forschung hat – stimuliert durch das berechtigt von höchster Wertschätzung getragene Gesamtbild des Gelehrten – auch Agricolas bürgermeisterliches Wirken in Chemnitz als bedeutend eingeschätzt. Und eben in diesem Urteil scheinen mir einige Relativierungen nötig zu sein, da einerseits viele Quellenstellen, vor allem jene aus den Rechnungen, keine inhaltlichen Aussagen über politische Entscheidungen enthalten bzw. jene aus den sogenannten Ratshandelbüchern beschlußprotokollarisch-kollektiven Charakter haben und andererseits mehrere für die innerstädtische Politik gewichtige Beschlüsse zu Zeiten gefaßt wurden, in denen Agricola nicht an der Spitze des Rates stand, ja nicht einmal immer zu belegen ist, ob er als Ratsherr an deren Erarbeitung beteiligt war. Daß zudem die grundsätzlichen Festlegungen, die gegen die innerstädtische Opposition von 1546/47 getroffen wurden, auf ausdrückliche Befehle von Moritz zurückgehen, sich also einer politischen Ratsaktivität entzogen, sei hier nur angemerkt.[1]

Gedrängt hat sich der Gelehrte nach einer kommunalpolitischen Führungsaufgabe wahrhaftig nicht. Das äußerte sich einesteils in der Tatsache, daß er erst im Zusammenhang mit der angetragenen Funktion das Bürgerrecht erwarb, also nur unter diesem Druck 1546 in die politischen Beziehungen der Bürgergemeinde eintrat, und zum anderen gab er in einem Brief vom 22. April 1548 an Meurer seiner Freude Ausdruck, endlich von dieser Bürde befreit zu sein und seinen wissenschaftlichen Unternehmungen wieder nachgehen zu können. Daß ihn das politische Amt von der Wissenschaft abhielt, sahen auch einige seiner Freunde.

Erfahrungen auf dem Gebiet der kommunalpolitischen Leitung sowie in der Stadtverwaltungstätigkeit besaß Georgius Agricola offensichtlich nicht; er hatte, als ihn der landesherrliche Befehl zur Übernahme der Bürgermeisteraufgaben traf, keinerlei stadtpolitische *Vorämter* – etwa das eines Ratsherrn – ausgeübt, doch waren ihm die gesellschaftlichen Strukturen und Beziehungen in der Bürgerschaft dadurch bekannt, daß er seit Anfang der 30er Jahre als Stadtbewohner in Chemnitz lebte, unmittelbaren Zugang zu den sozialen Führungskreisen besaß, hier rechtlich-vormundschaftliche Pflichten ausübte und zugleich als beamteter Stadtarzt wirkte.

Reichte aber dies neben seinem Ansehen als Wissenschaftler aus, eine solch bedeutungsvolle Aufgabe in der Stadt zu übernehmen? Wir kennen die konfessionelle Zusammensetzung der politischen Entscheidungsgremien im Rathaus nicht, jedoch wird davon auszugehen sein, daß es kaum noch offene Anhänger der katholischen Lehre gab. Der Katholik Agricola dürfte also durchweg Räten vorgestanden haben, die sich durch eine protestantische Glaubenshaltung auszeichneten; dies war mit Sicherheit eine komplizierte Position, selbst wenn er vielleicht den heimlichen Beifall von Angehörigen der Familien Schütz, Arnold oder des Stadtschreibers Benedictus von Born und des vormaligen Abtes des Benediktinerklosters, Hilarius von Rehburg, fand.

Von ganz entscheidender Bedeutung war indessen, daß der Gelehrte das Amt auf landesherrlichen Befehl anzutreten hatte. Es ist dies zwar in der Geschichte der sächsischen Stadträte kein völlig unübliches Eingriffsverfahren gewesen, doch drückte sich hier in einer solchen Häufung von personalpolitischen Entscheidungen tendenziell ein frühabsolutistisch geprägter Abbau der städtischen Autonomie aus. Das Mißfallen der Räte wird gewiß nicht zu unrecht unterstellt, zumal es sich nicht schlechthin um landesherrliche *Wahlwünsche*, sondern zumindest 1547 und 1553 nachweislich um Eingriffe in abgeschlossene Wahlakte gehandelt hat, selbst wenn der als Bürgermeister gewählte Merten Hobler 1553 bei Moritz tatsächlich von sich aus um *Amtsverschonung* eingekommen sein sollte. Unklar bleibt nach wie vor die Dauer der Bürgermeisterschaft Agricolas 1551/52, weil offensichtlich der 1550 gewählte Hans Heintz noch eine Zeit das Amt versorgt hat.

Das Unbehagen der Ratsherren gegenüber diesen Akten fürstlicher Souveränität besaß freilich noch eine andere Komponente. Die politischen Manöver des sächsischen Herzogs und seine Hinwendung zum Kaiser gerieten nicht allein auf den Gassen, sondern auch in den Amtsstuben der sächsischen Rathäuser in die Kritik, weil man eine Rekatholisierung des Landes befürchtete, zumal sich die machtpolitischen Intentionen des Dresdners schon recht gut erkennbar auf die Kurwürde des protestantischen Ernestiners Johann Friedrich richteten. Dieser Bündelung von reichs-, territorial und kirchenpolitisch-religiösen Problemen, die eine städtebürgerliche Opposition auslösten, mußte sich Georgius Agricola stellen. Er tat dies zunächst, indem er der Frage der Sicherheit der Chemnitzer Bürger Priorität einräumte und ihr Leben und Gut zu schützen suchte. Zugleich aber folgte er der Aufforderung seines Landesherrn ins Feldlager nach Freiberg. Die März- und Aprilbriefe 1547 nach Chemnitz zeugen davon, daß er sich in der Gehorsamspflicht gegenüber seinem Landesherrn sah, ohne indessen die Existenz der Stadt aufs Spiel zu setzen; wie er Rückkehrwünsche seines Ratskollegiums abwies, solange ihn Moritz nicht ausdrücklich freigab und sich um militärische Verstärkungen für Chemnitz bemühte, so betonte er auch, daß man die Stadt dem Feind übergeben möge, wenn man sie nicht halten könne. Leib und Gut der Bürger, die eigene familiäre Existenzsicherung immer ausdrücklich eingeschlossen, rangierten obenan und überlagerten u.a. auch – trotz der konfessionellen Gegensätze – sein «Feind-Bild» von Kurfürst Johann Friedrich, wie es z.B. in den Briefen vom 14. und 16. April 1547 deutlich wird.

Einer weiteren Untersuchung bedarf die *Resignation* Agricolas vom Amt nach dem Torgauer Landtag vom März 1552, an dem er laut Stadtrechnung teilgenommen hat. Sein Rücktritt – unmittelbar vor Ende der Amtsperiode –, der als prinzipielle Mißbilligung des politischen Konzepts des Landesherrn interpretiert wurde, stützt sich im Grunde nur auf einen Bürgerbucheintrag des Stadtschreibers Benedictus von Born: *Resignirt 1552.* Da aber an dieser Stelle auch das Sterbedatum Agricolas falsch angegeben ist, sollen zumindest Zweifel an der Stichhaltigkeit der Nachricht angemeldet werden. Hat es den Rücktritt des Bürgermeisters in dieser Art und Motivation aber dennoch gegeben, dann ist zu fragen, wie die ein Jahr später erfolgte neuerliche Amtsübertragung durch den Fürsten und deren Akzeptanz seitens Agricolas erklärt werden sollen.

Verständlicherweise warnte der Bürgermeister seine Ratskollegen 1547 vor *Meuterei*, also vor den Kräften einer prokurfürstlichen Partei, die sich wahrscheinlich schon bei Kriegsbeginn unter dem Einfluß der Geistlichen gebildet, dann aber zu einer Oppositionsbewegung ausgeweitet hatte, der zwar Vertreter der verschiedenen sozialen Schichten der Bewohnerschaft angehörten, die aber in Leuten aus der Oberschicht und des Rates ihre Hauptakteure besaß. Deren politische Bedeutsamkeit hat Agricola unter Umständen unterschätzt, denn es existiert in seinen Briefen an den Rat vom Frühjahr 1547 nur ein einziger direkter Bezug zu den damit verbundenen Fragen, während ihm die landesweite Oppositionsbewegung, zumal jene in Freiberg, unmöglich entgangen sein kann. Die Ratsprotokolle geben nun zwar Auskunft über einige Bestrafungsaktionen, Sanktionen nach Rückkehr der Verhafteten aus Dresden und ihre weitere Behandlung, doch lagen diesen Schritten des Rates eindeutige und detaillierte Vorgaben des Landesherrn zugrunde, so daß die politische Haltung des Stadtregiments, das hier faktisch nur Exekutionsorgan war, nicht abgelesen werden kann, und teilweise – etwa im Fall der Ratsentsetzung des Nickel Schulz – lagen die Ereignisse außerhalb der Amtszeit Agricolas.[2]

In der städtischen Kirchenpolitik, einem überaus bedeutsamen Bestandteil der Ratsgeschäfte, blieben für Agricola die Spielräume sehr eng. Die unterschiedlich heftigen Auseinandersetzungen mit Wolfgang Fueß, Nikolaus Specht, Christian Schütz und Johann Tettelbach um reformatorische Ordnungen, Visitationsfragen und Stellenbesetzung, die nicht selten die Öffentlichkeit beträchtlich erregten, lassen immer wieder den Rat als kollegialisch handelndes Organ hervortreten, ohne daß die Rolle des Bürgermeisters zu erkennen wäre.[3] Vergleicht man aber die kirchenpolitischen Bemühungen in den Rathäusern der beiden Nachbarstädte Chemnitz und Zwickau, so erscheint das Chemnitzer Agieren geradezu schwächlich.[4] Natürlich wird man dies Agricola nicht über Gebühr persönlich anlasten dürfen, da sich zwischen 1530 und 1550 die allgemeinen Rahmenbedingungen der Auseinandersetzungen zwischen Stadt, Landesherrn und neuer Kirche geändert hatten, aber andererseits ist der ernsthafte Katholik, für den Religionsfragen offensichtlich *rein* individuelle Glaubensangelegenheiten waren, der seine Kinder in der Stadtkirche nach neuem Ritus taufen ließ und mit evangelischen und katholischen Humanisten gleichermaßen Umgang pflegte, an der Spitze eines protestantischen Rates ungeeignet gewesen, kommunale Kirchenpolitik offensiv zu betreiben.

Um die Mitte des 16. Jahrhunderts war angesichts der allseitig gewachsenen Stadt und der komplizierter gewordenen gesellschaftlichen Strukturbeziehungen die Frage der Regierbarkeit der Kommunität auch an die Fähigkeit ihres Rates zu durchgreifenden verwaltungsorganisatorischen Veränderungen geknüpft. In den Amtszeiten Agricolas lassen sich kaum Spuren solcher Entscheidungen feststellen, die zu einer Qualitätserhöhung der Ratstätigkeit geführt hätten, während bei Bürgermeister Merten Hobler, einem erfahrenen Ratsmann und seit 1531 mehrfach Bürgermeister der Stadt, allein am Beginn des Geschäftsjahres 1548/49 Beschlüsse gefaßt wurden, die die städtische Steuerzahlung, das Belehnungs- und Baurecht, die von der Kontrolle der Gemein separierte Rechnungslegung, den Zugang der Ratsherren zu den Stadtfinanzen, die Eidesleistung der Ratsherren, die Rangfolge im Rat und 1553 unter Wolf Straube die Ratswahlordnung betrafen. Bei Agricolas Regiment schlossen sich hier 1553 nur Festlegungen an, die die Anwesenheit zu den Ratssitzungen regelten.[5]

Die landtagspolitischen Aktivitäten Agricolas sind im wesentlichen nur hinsichtlich seiner Teilnahme, also nicht inhaltlich, zu erfassen; das trifft auch auf Sondermissionen – etwa die Aushandlung des sog. Grimmaischen Vertrages, der die Dorfhandwerkerfrage zu regeln suchte – zu.[6]

Bemüht man sich an dieser Stelle um eine Summe, so ist zu konstatieren: Agricola hat unter schwierigen gesellschaftlichen Gesamtbedingungen eine kommunalpolitische Führungsaufgabe übernehmen müssen, der er als humanistischer Gelehrter nur partiell gewachsen war. Ihn als bedeutendsten Chemnitzer Bürgermeister zu bezeichnen, erscheint folglich nicht berechtigt. Daß er der bedeutendste Chemnitzer auf dem hiesigen Bürgermeisterstuhl war, daran besteht nach wie vor kein Zweifel.

Anmerkungen

1 Die Darlegungen stützen sich vornehmlich auf Prescher, Hans u. a.: Georgius Agricola. Briefe und Urkunden. Heidelberg/Berlin 1992.; Georgius Agricola und seine Familie.

Dokumente. Mit einem biographischen Aufsatz von Hans Prescher. Bearb. v. Gabriele Viertel, Ute Bemmann, Stephan Pfalzer und Ulrich Sacher. Chemnitz 1994.; Prescher, Hans: Georgius Agricola. Kommentarbd. zum Faksimiledruck «Vom Bergkwerck XII Bücher». Leipzig 1985.;Engewald, Gisela-Ruth u. Mitarb. v. Krümmer, Heinz: Georgius Agricola, 2. überarb. Aufl., Stuttgart/Leipzig/Zürich 1994.; Strauß, Rudolph: Agricolas Tätigkeit als Bürgermeister und Diplomat 1546/47. In: Georgius Agricola (1494–1555). Zu seinem 400. Todestag. Berlin 1955.; Wilsdorf, Helmut: Georg Agricola und seine Zeit. Berlin 1956 sowie weitere in diesen Arbeiten genannte Literatur.

2 Stadtarchiv (StadtA) Chemnitz, III VIIb 3, RP 1535ff., Bl. 94bff., 99bff.; III VIIb 4, RP 1548ff., Bl. 2b.; HSTA Dresden, Loc. 9142, Das Schwarze Buch, 1547–65, B1. 29bff., v. a. Bl. 180b–181b,192ff., 231b. Noch 1555 waren für Kf. August der Ratsherr Agricola und der Stadtschreiber die Bezugspersonen in diesen Strafsachen: vgl. ebd., Bl. 268, 273.

3 StadtA Chemnitz, IV V 1, Vol.l (1553).; IV I 46 (1511–1763).;IV I 46b (16. Jh.).; IV I 47 (1553).; IV I 56 (1539–1671).

4 Bräuer, Helmut: Zwickau und Martin Luther. Karl-Marx-Stadt 1983. Ders.: Soziale Probleme bei der Einführung der Reformation in Chemnitz. In: Sächsische Heimatblätter 29(1983)6, S. 258–264.

5 StadtA Chemnitz, III VIIb 4, RP 1548ff.,Bl. 1–11. Vgl. dazu Bräuer, Helmut: Stadtschreiber Benedictus von Born. Bemerkungen zur Chemnitzer Verwaltungsgeschichte im 16. Jh. In: Sächsische Heimatblätter 24(1978)6, S. 267–274.

6 StadtA Chemnitz, I III 1, Landtags-Acta von 1519–1554.; I III 2, Landtags-Acta von Ao. 1555–1595.; II Id 77, Grimmischer Vertrag Ao. 1555.

Georgius Agricola und seine Familie – Dokumente

Gabriele Viertel (Chemnitz)

Das Stadtarchiv Chemnitz gab anläßlich des 500. Geburtstages eine Quellenedition «Georgius Agricola und seine Familie – Dokumente» mit einem biographischen Aufsatz von Hans Prescher (Dresden) heraus. Aus diesem Grunde beschäftigt sich der folgende Beitrag mit den bisherigen Veröffentlichungen Agricolaischer Dokumente aus dem Archivgut der Stadtverwaltung, das im Stadtarchiv Chemnitz aufbewahrt wird. Dem schließen sich eine Vorstellung des Editionsprojektes sowie ein Exkurs in die Verwaltungsgeschichte der Stadt im 16. Jahrhundert an, der auf quellenkundliche Aspekte zur Bewertung der edierten Dokumente verweist.

Das Anliegen des ersten Abschnittes läßt sich unter der folgenden Fragestellung komprimieren: Wie wurden bislang die Quellen des Stadtarchives Chemnitz für die Erforschung des Lebens und Wirkens Agricolas als Chemnitzer Bürger und Amtsperson einschließlich seiner Familie bearbeitet und in der Literatur beachtet?

Als 1881 Paul Uhle vor seiner nebenamtlichen Anstellung sich als Archivar – sozusagen aus Interesse am historischen Fundus – mit dem Chemnitzer Ratsarchiv beschäftigte, waren es vor allem die «Protokolle von allerhand einzelnen Sachen», die er zuerst in Absprache mit dem Hauptstaatsarchivar Hubert Ermisch ordnete. Hierbei handelte es sich um *eine lange Reihe von Paketen, welche lose an den Rat gerichtete Schreiben, auch Concepte, ... kurz alles enthielten, was sich zu keinen Spezialakten zu eignen schien.*[1]

1884 edierte Uhle die «Urkunden zur Geschichte von Chemnitz im Schmalkaldischen Kriege»; diese Veröffentlichung gehörte zu den ersten Resultaten seiner archivarischen Arbeit.[2] Der Zweck dieses Beitrages bestand primär nicht in der Suche nach Agricolaischen Quellen, sondern ihre dort erfolgte Edition gehörte zu einem allerdings bedeutenden Sekundärergebnis der Untersuchung. Das Verdienst dieser Quellenedition liegt in der Erstveröffentlichung der gesamten Agricola-Briefe im Zuge der Einbeziehung Agricolas in den Schmalkaldischen Krieg. Außerdem, und das sei hier nur am Rande vermerkt, trug die

Veröffentlichung zur objektiveren Darstellung des bereits popularisierten Persönlichkeitsbildes Agricolas bei.

Im Rahmen der Aufbereitung von Agricolas Leistungen als Wissenschaftler und in dem Bestreben, ein umfassendes Lebensbild des Gelehrten zu zeichnen, folgten Veröffentlichungen Helmut Wilsdorfs.[3] Von ihm wurde mehrfach auf die Unterstützung durch Strauß und Happach bei Archivstudien verwiesen. Rudolph Strauß war von 1947 bis 1971 Stadtarchivar. Er veröffentlichte 1955 Studien zu Dr. Georgius Agricola in Chemnitz und zu seiner Tätigkeit als Bürgermeister dieser Stadt.[4] Außerdem erschienen Beiträge aus dem Stadtarchiv zur politischen, sozialen, Kultur-, Verwaltungs- und Wirtschaftsgeschichte zur Zeit des Dr. Georgius Agricola in Chemnitz.[5] 1969 untersuchte Strauß die Problematik von Agricolas Chemnitzer Wohnhaus.[6]

Für die o. g. Forschungen wurden relevante Quellen aus folgenden Archivaliengruppen ausgewertet:

1. Stadtbücher (Bürgerbuch, Geschoßbücher, Ausgabe- und Einnahmebücher, Ratsprotokolle, Markbuch, Steuerregister),
2. Urkunden (zum Freihaus, zur Agricolaischen Hinterlassenschaft) und
3. Briefe.

Die Erforschung des Wirkens des Bürgermeisters und der Lebensverhältnisse des Bürgers Georgius Agricola in Chemnitz anhand städtischer Quellen, selbstverständlich unter Benutzung relevanter Literatur, die bis 1955 primär der wissenschaftlichen Arbeit Agricolas galt, wurde somit maßgeblich durch den Stadtarchivar Rudolph Strauß inspiriert und in entscheidendem Maße von ihm selbst betrieben.

Seit 1993 steht der Forschung Bd. IX der Agricola-Gesamtausgabe (AGA) zur Verfügung.[7] Dieses Werk umfassend zu werten, kann hier nicht die Aufgabe sein. Angesichts der eingangs formulierten Fragestellung ist aber folgendes festzustellen: Die Autoren erarbeiteten mit Band IX der AGA eine systematische, an der Chronologie orientierte Aufbereitung und Interpretation der bis 1992 zu Agricola im Stadtarchiv Chemnitz aufgefundenen Quellen. Sie ordneten diese Quellen ein in eine umfassende Darstellung des Lebens und Wirkens Agricolas als Wissenschaftler, Politiker, Schulmann, Familienvater und Katholik bis zu seinem Tode 1555; zirka 100 Einträge aus Quellen des Stadtarchivs Chemnitz wurden im Band IX publiziert.

Zum Projekt «Georgius Agricola und seine Familie – Dokumente» sei das Folgende genannt: Nach Erscheinen des Bandes IX der AGA und der Tatsache, daß die dort veröffentlichten Quellen nur die Lebenszeit Agricolas in Chemnitz umfassen, ergab sich die Möglichkeit, weitere Quellen, die u.a. die Zeit vor 1531 und nach 1555 sowie die Familie und auch seinen Bruder Christoph Bauer betreffen, ergänzend zu veröffentlichen. Die Bearbeitung des vorliegenden Bandes erfolgte also erstmals unter dem Aspekt der Edition von Agricola-Dokumenten der städtischen Quellen in ihrer Gesamtheit. Sekundär ist zu erwähnen, daß dabei auch eine stillschweigende Korrektur mehrfach übernommener Fehler beabsichtigt wurde. Die Vorbereitung des Projektes begann aus den erwähnten Umständen also erst im Frühjahr 1993.

Das Stadtarchiv Chemnitz verfügt über ca. 45 lfm Urkunden, Stadtbücher und Akten des 16. Jahrhunderts, dazu Schreiben von und an Agricola und Korrespondenzen mit dem Herzog im Zuge des Schmalkaldischen Krieges. Diese Archivalien betreffen u. a.:

1. Stadtverfassungssachen, vor allem Privilegien (über Braurecht, Bleichrecht, Bannmeilen, Grundbesitz, Produktionsstätten), Wahl und Aufstellung von Mitgliedern des Stadtrates und des Stadtgerichtes, der jeweiligen Bediensteten von Exekutive und Jurisdiktion, das Bürgerrecht,
2. Stadtverwaltungssachen, Immobilienverwaltung und Stadthaushalt, Bau- und Depositenwesen, Betreuung von Armen, Waisen und Kranken,
3. Kirchen-, Schul- und Stiftungssachen, vor allem in bezug auf die Abgrenzung der städtischen Kirchenangelegenheiten zu den Klöstern und der Neuordnung der kirchlichen Verhältnisse, Verwaltung des Schulwesens und der Einrichtungen der Armen- und Krankenpflege im Zuge der Reformation sowie
4. Reichs- und Landsteuereinahmen.

Einige Bemerkungen zur Arbeitsweise: Nach systematischer Durchsicht der entsprechenden Archivalien durch vier Bearbeiter im Stadtarchiv wurde mit den Transkriptionen begonnen. Die Wiedergabe der Dokumente erfolgte auf der Grundlage der Gliederung des Urkundenbestandes sowie des Bestandes Rat der Stadt 1426–1928 im Stadtarchiv Chemnitz, beginnend mit der Signatur, dem Titel und dem zeitlichen Umfang der Akte. Dem folgen eine knappe Quellenbeschreibung und der überlieferte Titel. Eventuell vorhandene Innentitel bzw. Zwischenüberschriften wurden zum besseren Verständnis des inhaltlichen Zusammenhanges übernommen. Nach der Blattangabe und der Datierung folgt der Text des entsprechenden Eintrages bzw. vor diesem die Zwischenüberschrift. Dabei wurde eine buchstabengetreue Wiedergabe bevorzugt, z. B. Konsonantendopplungen beibehalten, u, v bzw. w belassen, und lediglich die Buchstaben i vokalisch und j konsonantisch verwendet. Unter dem Aspekt der Vermittlung von Originalität wurden auch die römischen Zahlzeichen beibehalten. Aus drucktechnischen Gründen konnte die Zeileneinteilung des Originals nicht analog vorgenommen werden; zur Kenntlichmachung wurden deshalb am jeweiligen Zeilenende Trennzeichen (/) gesetzt. Die sinngemäße, dem heutigen Sprachverständnis angepaßte Interpunktion soll der Verbesserung der Lesbarkeit dienen. Eindeutige Text- und Wortkürzungen wurden von den Bearbeitern kommentarlos aufgelöst. Zwischen textkritischen und sachlichen Anmerkungen erfolgte keine Trennung, sie befinden sich auf der jeweiligen Seite. Neben den Satzanfängen wurden lediglich Personen- und Ortsnamen sowie der Doktortitel groß geschrieben.

Die gute Zusammenarbeit mit Hans Prescher und dem Stadtarchiv widerspiegelt der der Edition vorangestellte biographische Aufsatz, der selbstverständlich unter Beachtung der Quellen des Stadtarchives und unter Einbeziehung einiger während der Editionsarbeiten erfolgten Funde verfaßt wurde. Er umfaßt ca. 50 Seiten und stellt somit eine recht ausführliche Lebens- und Wirkensbeschreibung Agricolas dar.

Zur Verwaltungsgeschichte der Stadt Chemnitz im 16. Jahrhundert als quellenkundlicher Aspekt kann folgendes gesagt werden: Systematisierung und Bewertung der Dokumente und Einträge macht eine verwaltungsgeschichtliche Einordnung notwendig. Bei der vorliegenden Quellenedition zu Agricola sind deshalb als Fakten zu berücksichtigen:

- Agricola war Bürger von Chemnitz und lebte hier mit seiner Familie, ebenso auch sein Bruder Christoph, der bereits 1540 hier Bürger wurde,
- Agricola war Stadtarzt von Chemnitz,
- Agricola war Bürgermeister von Chemnitz,
- Agricola war Schulvisitator.

Die drei letztgenannten Gründe bedingten die Schriftlichkeit aus der amtlichen Tätigkeit Georgius Agricolas.

Seit der Herausbildung der Ratsverfassung im 13. Jahrhundert als Ausdruck der Autonomie der Bürgerschaft oblagen der Ratsherrschaft zudem folgende Gebiete:

- Stadtverteidigung und Kriegswesen,
- Markt- und Gewerbeaufsicht,
- Gerichts-, Finanz- und Steuerwesen.

Die Spitzengruppe der Bürgerschaft, der Rat bzw. die Ratsherren, war zunächst global im Rahmen der Legislative, Exekutive und Jurisdiktion tätig; sie besaß ein festes Reglement und wirkte unter dem Vorsitz des Bürgermeisters. Aus den veränderten wirtschaftlichen, sozialen und politischen Bedingungen gegen Ende des 15. Jahrhunderts erwuchsen Spezifizierungen in diesen drei Bereichen, spürbar in der zunehmenden Verselbständigung des Stadtgerichtes.

Als Ergebnis innerstädtischer Auseinandersetzungen, wirtschaftlichen Wachstums im Handwerk und in frühkapitalistischen Produktionsstätten, der

Stärkung der politischen Macht der städtischen Oberschicht, des Anstiegs der Einwohnerzahl, der zunehmenden sozialen Differenzierung, der intensiveren Einbeziehung in den Territorialstaat, des Regelungsbedarfs der Umlandbeziehungen (u.a. zum Benediktinerkloster und dem Adel der Umgebung) kam es um 1530 zu erhöhten Anforderungen an die Ratstätigkeit, die sich im Zuge der Einführung der Reformation und der Ereignisse des Schmalkaldischen Krieges noch intensivierten. Aus der Notwendigkeit, diese Anforderungen zu bewältigen, resultierten ein außerordentliches Anwachsen städtischer Schriftlichkeit und Ressorttrennungen innerhalb der Verwaltung. Die städtische Kanzlei wurde deshalb zu einem größeren Amt unter der Leitung des Stadtschreibers, der zur Bewältigung seiner Aufgaben einer entsprechenden Bildung bedurfte. Er war die wichtigste, außerhalb des Beschlußorganes «Rat» stehende Persönlichkeit der Stadtverwaltung. In Chemnitz des fraglichen Zeitraumes handelte es sich um den Stadtschreiber Benedictus von Born; er war von 1526 bis zu seinem Tode 1556 tätig.[8]

Sein Einfluß auf die verwaltungsorganisatorischen Entwicklungen und die Qualität der entstehenden schriftlichen Produkte war von entscheidender Bedeutung. Zu seinen Aufgaben gehörten:

- die Schreibertätigkeit im Rat, u.a. die Abfassung der Ratsprotokolle,
- die verantwortliche Schreibertätigkeit für einzelne Verwaltungsbereiche (Stadthaushalt und Steuerwesen, darunter Führung der Einnahme- und Ausgabebücher, Eintreibung der städtischen und landesherrlichen Steuern),
- die Aufsicht über die Kanzlei und das Archiv, so für die Registrierung der Ein- und Ausgänge, die gesicherte Aufbewahrung der städtischen Privilegien und deren Kopiatur,
- die Einbeziehung in den diplomatischen Dienst, z.B. die Teilnahme an den Landtagen.

Die Bemühungen des Stadtschreibers Benedictus von Born um rationelle Aufgabenbewältigung werden auch in den Geschoß- sowie Einnahme- und Ausgabebüchern des Rates deutlich. Er führte neben der chronologischen Fixierung der Einnahmen und Ausgaben eine sachliche Registrierung ein, die aber noch nicht vollständig durchgehalten wurde. So kommt es, daß Agricolas und anderer Bürger rückständige Geschoßzahlung 1547 unter der Überschrift *Ehebruch* und die von ihm für Jobst Wildeck 1547 hinterlegte Steinschuld unter *Salz* rangieren.[9] Aufgrund des Ratsbeschlusses von 1548[10] legte nur noch der abgehende Rat dem nachfolgenden Rat Rechnung; der *Gemeine* wurde keine Rechnung mehr präsentiert. Es bestand keine Veranlassung zur Verschleierung der Finanzpolitik mehr. Auch unter dem Aspekt des Eindringens des römischen Rechts in die Ratsangelegenheiten waren die Ratsherren früherer Qualität überfordert, die Ratstätigkeit funktionierte nicht mehr nach dem kollegialen Prinzip. Allerdings blieb der Rat als Führungs- und Repräsentationsorgan, als Klageorgan beim Landesherrn und als kommunales Herrschaftsorgan erhalten, ebenso seine Einteilung in *alter* und *neuer* Rat. Dem Bürgermeister oblag die Leitung der Ratssitzungen, er war Repräsentant der Stadt, erledigte diplomatische Aufgaben und übernahm selbst die Leitung einzelner Ratsämter. Ein Ratsamt vor 1487[11] galt als Ehrenamt, im 16. Jahrhundert stieg die Besoldung sukzessive an.

Aus den bereits erwähnten Bedürfnissen zur Beherrschung der politischen, wirtschaftlichen und sozialen Veränderungen entwickelten sich Ratsämter, zunächst unter der Leitung jeweiliger Ratsherren, die zur Aufgabenerledigung städtische Bedienstete hinzuzogen, was im Rahmen der vorliegenden Edition z.B erkennbar in der Führung der Bücher und Akten über das Ziegelamt ist, in dessen Registratur die Erben Agricolas Erwähnung finden. Im Zuge der Reformation wurde die Verwaltung der bislang unter klösterlicher und anderer religiöser Obhut stehenden Kranken- und Armenpflegeeinrichtungen für den Rat relevant und erforderte entsprechende Maßnahmen. Als wesentlichstes Ergebnis gilt die Einrichtung des «Gemeinen Kastens». In diesem Stadtbuch befinden sich ab 1542 Einträge über Agricolas Bruder Christoph in Amtsangelegenheiten.

Stellen wir also fest: Dem wachsenden Bedürfnis nach Schriftlichkeit verdanken wir die relativ umfangreiche Überlieferung, die im Stadtarchiv Chemnitz aufbewahrt wird. Aus den damals aktuellen Aufgaben resultiert der für die historische Forschung nun zur Quelle gewordene schriftliche Niederschlag der Tätigkeit der Stadtverwaltung, dessen Aussagen für den jeweiligen historischen Forschungsgegenstand relevant sein können.

Für Echtheit, Wahrheitsgehalt, Vollständigkeitsgrad und Vergleichswert der edierten Quellen sprechen folgende, aus den aufgeführten verwaltungsgeschichtlichen Aspekten abzuleitende Gründe:

1. die gewachsene konstitutive Bedeutung der Schriftlichkeit jener Zeit, vor allem bei Rechtsgeschäften,
2. die Fixierung der Finanzen der Stadtgemeinde in der Aufzeichnung in Hauptbüchern über Stadtvermögen und -finanzen,
3. die politischen Verhältnisse, die durch die innerstädtischen Auseinandersetzungen zum zunehmenden Ausschluß der Gemeinde aus den Amtsgeschäften führten, boten weniger Anlaß zur Verschleierung der Aufzeichnungen,
4. die Aufgabenspezialisierungen erforderten exaktere Informationsübermittlungen für den internen Dienstbetrieb,
5. die gewachsene Schriftlichkeit bietet uns heute eine gute Vergleichbarkeit zwischen den Quellen.

Im Band «Georgius Agricola und seine Familie – Dokumente» wurden ca. 500 relevante Einträge ediert. Es entstand die erste umfassende Quellenedition des Stadtarchivs Chemnitz zu Georgius Agricola. Die systematische Durchsicht von ca. 45 lfm Archivgut war in der Kürze der zur Verfügung stehenden Zeit nur «vor Ort» und unter Mitwirkung mehrerer Bearbeiter möglich. Das Stadtarchiv beabsichtigt damit, die weitere wissenschaftliche Beschäftigung mit Georgius Agricola und seinen Lebensumständen in Chemnitz anzuregen und sie auch außerhalb dieses Hauses zu ermöglichen.

Anmerkungen

1 Stadtarchiv (StadtA) Chemnitz, III VIIa 163, Bl. 31.

2 Uhle, Paul: Urkunden zur Geschichte von Chemnitz im Schmalkaldischen Kriege. In: Mitteilungen des Vereins für Chemnitzer Geschichte, Bd. IV, Chemnitz 1884, S. 225–255.

3 Wilsdorf, Helmut: Die persönlichen Verhältnisse des Chemnitzer Bürgers Dr. Georgius Agricola. In: Bergakademie 6(1955), S. 289–297.

4 Strauß, Rudolph: Dr. Georgius Agricola in Chemnitz. In: Beiträge zur Heimatgeschichte von Karl-Marx-Stadt, Heft 5, 1955.; Strauß, Rudolph: Agricolas Tätigkeit als Bürgermeister und als Diplomat 1546/47. In: Georgius Agricola 1494–1555, Berlin 1955, S. 247–256.

5 Strauß, Rudolph: Das Deutsche Reich und die wettinischen Lande zur Zeit des großen Humanisten Dr. Georgius Agricola. In: Beiträge zur Heimatgeschicht von Karl-Marx-Stadt, Heft 4, 1955.; Kunze, Arno: Die Entwicklung der Produktivkräfte und der Produktionsverhältnisse in Chemnitz in der ersten Hälfte des 16. Jahrhunderts. In: ebenda, Heft 4, 1955.; Happach, Paul: Die Chemnitzer Umwelt des Dr. Georgius Agricola nach den Quellen des Stadtarchivs Karl-Marx-Stadt. In: ebenda, Heft 4, 1955; Josef Müller, Die Kunst zur Zeit des Dr. Georgius Agricola. In: ebenda, Heft 4, 1955.

6 Strauß, Rudolph: Wo wohnte Georgius Agricola in Chemnitz. In: Beiträge zur Heimatgeschichte von Karl-Marx-Stadt, Heft 17, 1969, S. 57–66.

7 Agricola, Georgius: Ausgewählte Werke. Gedenkausgabe des Staatlichen Museums für Mineralogie und Geologie zu Dresden. Hrsg. von Prescher, Hans und Mathé, Gerhard. Bd. IX, Berlin 1992.

8 Bräuer, Helmut: Stadtschreiber Benedictus von Born – Bemerkungen zur Chemnitzer Verwaltungsgeschichte im 16. Jahrhundert. In: Sächsische Heimatblätter 24(1978), S. 267–274.

9 StadtA Chemnitz, III II 53a I, Bd. 3, Bl. 53b und 60.

10 StadtA Chemnitz, III VIIb 4, Bl. 2.

11 StadtA Chemnitz, III VIIb 2, Bl. 134b.

«At nunc non ullis cedit Germania terris» – Zur wissenschaftsgeschichtlichen Leistung des Agricola nach den Lobversen des Georg Fabricius (1551)

Reinhard Düchting (Heidelberg)

Die Verse des Fabricius «An den Leser» *(ad lectorem)* sind der lateinischen Erstausgabe von «De re metallica» des älteren Freundes Agricola beigegeben (erschienen postum Basel 1556); die 156 Verse sind sogenannte elegische Distichen (also 78), ihr Verständnis ist nicht immer leicht. Das Interesse hat natürlich von jeher der wissenschaftshistorischen Leistung der «Zwölf Bücher vom Bergwerk» gegolten, selten den Geleitversen des Fabricius; die deutsche Übersetzung der Verse durch Götz Quarg ist verdienstvoll, gelegentlich aber ganz unverständlich und falsch: S. 13ff *(sive fluens superas...)* lautet in der auch als Taschenbuch verbreiteten Ausgabe der Georg-Agricola-Gesellschaft von 1928: *mag er nun ruhig weithin sich um höhere Ziele bestreben, / werde der Weg ihm nun leicht oder auch sei er ihm schwer.* Subjekt ist aber nicht Agricola, sondern die Erde *(terra 11)* oder was in ihr ist; der Sinn ist also (S. 11ff): *was immer die Erde tief in sich verborgen hält, / hat er alles dir in vielen Büchern hervorgeholt, / ob es nun strömend, von selbst, drängt nach oben / oder mehr durch Technik einen leichten Weg findet.* S. 51ff *(funditur in tormenta...)* lautet in der verbreiteten Übersetzung: *fauchend wie Sturmwind und zuckend wie Blitze, doch wehrlos gefesselt, / fließt in die Formen das Erz und auch der glühende Stahl.*

Das scheint wenig klar, der Wort-Sinn hat immer den Vorzug: *Erz wird zu Geschossen gegossen, die zucken wie der Blitz – eine Eisenmasse gegen feindliche Gebäude.* Die Rede ist von Geschützen (und Schießpulver) als einer deutschen Erfindung des 14. Jahrhunderts, zu welcher im folgenden Distichon die deutsche Erfindung des Druckens mit bewegten Bleilettern als eine *ars miranda* sich fügt; die beiden martialischen und friedvollen Erfindungen werden auch sonst den Deutschen zugeschrieben und nebeneinander zitiert. Die neue Versübersetzung im achten Band der Georgius-Agricola-Gedenkausgabe (1974) von G. Fraustadt und H. Prescher übersetzt diese Stellen korrekt, ist in allem besser, wenig nur diskutabel, mancher Vers wäre auch jetzt noch schärfer zu fassen (S. 44, 64, 81, 119, 146). Die Verse des Fabricius zum Lob der Leistung des Agricola (*de laudibus Agricolae*, S. 152) kommen selbst höchst gelehrt und mythenreich daher: *Chimaera 1, semicanis nympa (= Scylla) 2, semibos vir (= Minotaurus) 2, Titan 3, Gy[g]es 4, Aetnaeum antrum 5, Cyclops (= Polyphemus) 5, vates (seit Homer) 6, Albunea 16, (Mephitis odor 16), Dicaearchis ora 17, Narisci 19, Ceres 20, Iuppiter 21, Vulcanus 22, Lydia 29, Islandia 29, Tyrrhenus ager 30, Vistula 31, Codanus sinus 32, Croesus 36, Midas 36, Macedo (= Philippus) 37, terra Creneis 37, Germania 39, Campania 43, Graii 47, Hesperii 47, Teutonis ora 54, Germanum solum 56, Curtius 76, Iasides (= Palinurus) 81, Metiscus 81, Ptolemaeus 88, Plutonia regna 101, Germanus axis 107, Ausonis ora 109, terra Attica 109, Germanus 110, Phoebus (Apollo) 112, Mars 112, Memnonis orta (= Hemera) 130, Teutona terra 132, Christus 145, Philippi 147.*

Interessant ist an dieser Liste (die sich zudem nur an Nomina propria des antiken Mythos und der Geographie orientiert), daß über die Hälfte der Mythen, etwa 25 dieser Begriffe, im ersten Viertel des Gedichts vorkommen bis V. 38, so daß dieser Vers *at nunc non ullis cedit Germania terris* auch so markiert, daß Deutschland nun nicht mehr irgendeinem Land der mittelmeerischen Antike nachzustehen braucht. Die Mythen des Eingangs (1–6) sind wohl nach Ovid, Trist.IV, S. 7, 11ff, genannt, sie sind *vanae fabulae* (9) von Dichtern, demgegenüber Agricola Wissenschafts-Prosa schreibt: die Dichter lügen, die Prosa hat die Prärogative der Wahrheit.

Ein Mythos, besser der biblische *locus classicus* aller Bergwerkskunde scheint unberücksichtigt (auch im argumentativen historisch-literarischen erstenBuch von «De re metallica» unerwähnt; jedoch hat Philipp Bech in der Vorrede zu seiner deutschen Ausgabe «Vom Bergkwerck XII Bücher», Basel: Froben und Bischoff 1557 auf die Stelle wenigstens angespielt); womöglich hat die Entlegenheit, ja das Versteck des Textes im sprachlich äußerst schwierigen poetischen Teil der Reden des Buchs Hiob eine allgemeine Bekanntheit verhindert, er gilt als ein *Unikum in der antiken Literatur* (s. G. v. Rad, Gesammelte Studien zum Alten Testament 2, 1973, S. 260 f; ders., Weisheit in Israel, 1970, S. 189ff).

Iob XXVIII 1–11 (Vulgata) *habet argentum venarum suarum principia et auro locus est in quo conflatur / ferrum de terra tollitur et lapis solutus calore in aes vertitur / tempus posuit tenebris et universorum finem ipse considerat lapidem quoque caliginis et umbram mortis / dividit torrens a populo peregrinante eos quos oblitus est pes egentis hominum et invios / terra de qua oriebatur panis in loco suo igne subversa est / locus sapphyri lapides eius et glebae illius aurum / semitam ignoravit avis nec intuitus est oculus vulturis / non calcaverunt eam filii institorum nec pertransivit per eam leaena / ad silicem extendit manum suam subvertit a radicibus montes / in petris rivos excidit et omne pretiosum vidit oculus eius /*

profunda quoque fluviorum scrutatus est et abscondita produxit in lucem // sapientia vero ubi invenitur et quis est locus intelligentiae.

Martin Luther, Biblia. Die gantze Heilige Schrifft Deudsch (1545): *es hat das Silber seine genge und das Gold seinen ort da mans schmeltzt / Eisen bringet man aus der erden und aus den steinen schmeltzt man ertz / Es wird je des finstern etwa ein ende und jemand findet ja zu letzt den Schifer tieff verborgen / Es bricht ein solcher Bach erfür das die drumb wonen den weg daselbs verlieren und fellt wider und scheusst da hin von den Leuten / Man bringet auch fewr unten aus der Erden da doch oben speise auffwechst / Man findet Saphir an etliche örtern und Erdenklösse da gold ist / Den steig kein Vogel erkand hat und kein Geiers auge gesehen / Es haben die stoltzen Kinder nicht drauff getretten und ist kein Lewe drauff gegangen / Auch legt man die hand an die fels und grebt die Berge umb / Man reisset Beche aus den felsen und alles was köstlich ist siehet das auge / Man wehret dem Strome des wassers und bringet das verborgen drinnen ist ans liecht // wo wil man aber Weisheit finden und wo ist die stete des verstands.*

Durch Agricola, seine Fachschriften seit 1530 und sein Kompendium und Summe (1556) ist die Bergwerkswissenschaft nahezu erschöpfend behandelt und hat Deutschland wissenschaftsgeschichtlich gleichgezogen durch seinen Forschungsfleiß (*labor operosus*, S. 151); manche Bodenschätze sind anderen Ländern gar fremd, wie Bernstein (*sucinum*, S. 31) in der Weichselmündung oder Wismut (*bisemutum*, S. 48). Der Leser des Buchs (*lector, legere: titulus*, S. 10, 61, 64, 149) liest sich nicht nur durch die zwölf Bücher des Werks (und hört imaginär das Getön des Eisens, S. 93), sondern kann die Holzschnitte betrachten und wird reichlich belehrt darüber, was Natur und Gott geschaffen haben und der Mensch ins Werk setzen kann (*natura/ars*, S. 26 f, *deus auctor*, S. 66, 150); der Kampf um das Druckprivileg ist ein Beweis für die wirtschaftspolitische Bedeutung des Werks.

Manches ist in den Versen des Fabricius zu beobachten und zu klären. Man beachte die Folge von *gemmae (lapides)* und *saxa (marmora)* zu *metalla* (S. 33 ff), die Folge Gold, Silber, Wismut (S. 41ff), das Schema: einst-jetzt-später (S. 105f), *non prius* (S. 104), nicht anderswo (S. 41, 47, 55); die abkürzen wollende und dann doch aussprechende Rhetorik: *quid memorem* (S. 33), *sed quid ego haec repeto* (S. 57), *quae si cuncta velim* (S. 129); das vergleichende Reden vom Bergmann (*metallicus* S. 75, *fossor* S. 46, 82, 124, 141) als Curtius, Schiffer oder Hirt (S. 76, 79, 85). Die Verse empfehlen das folgende Werk: welche Verse beziehen sich auf welche Partien in welchem Buch? (so zitiert Fabricius etwa die Bombarde S. 51f ebenso aus dem 1. Buch des Agricola wie die abweisenden Bedenken S. 69f).

Geleitverse sind Gelegenheitsverse, sind *rituelle Gebrauchslyrik* (s. L. Forster, Wolfenbütteler Barock-Nachrichten S. 6, 1979, 376ff), oft geschäftig und prompt geliefert. Als Konrad Celtis 1501 in Nürnberg die Werke der ottonischen

Hrotsvit von Gandersheim herausgab, begleiteten die Freunde seiner «Sodalitas litteraria» die Erstausgabe mit fünfzehn lateinischen Epigrammen (auch im Briefwechsel des K.C., 1934, S. 468 ff); als Jakob Wimpfeling zwei Jahre später, 1503, in Pforzheim bei Anshelm die Erstausgabe «De laudibus s.crucis» des karolingischen Hrabanus Maurus veranstaltete, lieferten einige Freunde, darunter Reuchlin, solche Verse der Empfehlung, *carmina commendatoria* (bequem zu lesen im Abdruck von Migne, Patrologia Latina 107, 1851, Sp.133 ff). Das Gedicht des Fabricius ist kein geschliffenes Epigramm, in vielem topisch und doch von Bedeutung.

Agricola ist am 21. November 1555 gestorben. Fünf Jahre zuvor, um 1550, war das Handbuch abgeschlossen: die Widmung an die sächsischen fürstlichen Brüder Moritz und August ist vom 1. Dezember 1550 datiert, das Druckprivileg (auf fünf bis sechs Jahre) des französischen Königs Heinrich II. vom 18. Februar 1553; die Verse des Fabricius datieren von 1551 aus Meißen. Sie sind die – neben Privileg, Widmung und Register – einzige Beigabe zu dem zwölfteiligen Werk; dieses erschien, wenige Monate nach dem Tod des Agricola, im Frühjahr 1556 in Basel bei Froben (und Bischoff), im Folio-Format, rund 550 Seiten mit gegen 300 Holzschnitten. Fabricius ist Landsmann und der zweiundzwanzig Jahre jüngere Freund des Agricola; protestantischer Schulmann und seit 1546 erster Rektor der Fürstenschule St. Afra in Meißen wird er der Nachlaßverwalter des Montanisten sein, Agricola hat ihm einige Schriften gewidmet. Die Stücke aus dem Mythos und alle sonstigen literarisch-historischen Zitationen konnten bei Agricola, beim adressierten zeitgenössischen Leser auf Verständnis hoffen.

Agricola hat der Welt und Arbeit unter Tage Sprache gegeben, er hat sich selbst vor Ort kundig gemacht; die Begrifflichkeit der Bergwerksarbeit (etwa des Schürfens: *eruere* S. 45, 56) ist auch die des Literaten (S. 12): Agricola hat seit dem «Bermannus» (Basel: Froben 1530) fachwissenschaftlich geforscht, geschürft und Kenntnisse und technische Empfehlungen ans Licht gefördert, «publiziert»; nicht anders hat Luther beim Dolmetschen (1530) *wacken und klötze aus dem wege räumen müssen und im Hiob ... in vier tagen zu weilen kaum drey zeilen fertigen* können. Fabricius nennt solchen *fossor* Agricola im Eingang (S. 8), vor der Mitte (S. 58) und im frommen Schluß (S. 151); *ingenium acr(e)* scheint *Agr(icola)* als versteckte Hommage zu etymologisieren.

Dem toten Agricola hat Fabricius in einem Epigramm nachgerufen, daß der Gelehrte aus der Erde *(e terris)* Schätze gehoben hat, er länger auf Erden *(in terris)* hätte leben müssen und allein sein Ruhm nun dem Erdkreis *(terris)* bleibt; so haben es die Humanisten immer wieder formuliert, und so auch schon Fabricius im letzten Distichon über die literarische Vollendung von «De re metallica»: *alles vergeht, allein die Zeugnisse geistigen Bemühens* (zumal wenn sie so prächtig und prominent ediert worden sind) *dauern – uncta cadunt letho, studii monumenta vigebant (purpurei donec lumina solis erunt).*

Agricola und die Freundschaft zu Mosellanus

Werner Lauterbach (Freiberg)

Zu den Technikern, Künstlern, Wissenschaftlern und Humanisten, die im 16. Jahrhundert aus dem weiten deutschen Land ins wirtschaftlich aufblühende Erzgebirge kamen, gehörten neben Adam Ries (1492–1559), Hans Witten (um 1470/80–1530), Hans Hesse (vor 1491–1521), Hieronymos Lotter (1497–1580), Ulrich Rülein von Calw (1465–1523) auch zwei Schulmeister, Peter Schade (1493–1524) und Johannes Bach (1500–1553). Sie kamen, weil einmal das neue Berggeschrei lockte, zweitens die durch Bergbau reich gewordenen Bergstädte in ihren spätgotischen obererzgebirgischen Hallenkirchen den Bergmann in seiner Arbeitsumwelt darstellten und drittens Sachsens Herzöge und Kurfürsten Verstand für die Notwendigkeit von Kultur und Bildung bewiesen.

Petrus Mosellanus lebte nur drei Jahrzehnte, aber er hat nicht nur am Gymnasium in Freiberg, an der Universität Leipzig und in der Regionalgeschichte Sachsens Spuren hinterlassen, sondern das Denken und Handeln seiner Studenten geprägt, die an Schulen, Universitäten und am wettinischen Hofe im Sinne des Humanismus wirkten.

Zu ihnen gehörten:

- Caspar Börner (1480–1547), später Rektor der Thomasschule Leipzig,
- Joachim Liebhard Camerarius (1500–1574), später Rektor der Universität Tübingen,
- Christoph von Carlowitz (1507–1578), später Rat an den Höfen Herzog Moritz' und Kurfürst Augusts,
- Caspar Cruciger (1504–1548), später Rektor der Universität Leipzig,
- Valentin Hertel (1499–1557), später Rektor der Lateinschule Chemnitz,
- Georg von Kommerstadt (1498–1559), später Hofrat,
- Valentin Trotzendorf (1490–1556), später Rektor der Lateinschule Goldberg,
- Julius von Pflug (1499–1564), später Bischof zu Zeitz,
- Stephan Roth (1497–1546), später Rektor in Zwickau und Joachimsthal,
- Andreas von Könneritz (um 1500–1553), später Hofrat Ferdinands I.

Sein berühmtester Student war der nur ein Jahr jüngere Georg Bauer aus Glauchau, der als 20jähriger 1514 sein Studium in Leipzig begonnen hatte. Sie wirkten im Jahrhundert der Renaissance und des Humanismus. Renaissance bedeutete Wiederkehr der Antike im Bewußtsein der Menschen, und dazu fühlten sich jene Gelehrten besonders berufen, die Kenner der griechischen und lateinischen Sprache waren und sie weiter vermitteln konnten.

Wer war Petrus Mosellanus? Er wurde als Peter Schade am 1. März 1493 in Bruttig, einem Ort mit 100 Feuerstellen und 400–500 Einwohnern, zwischen Cochem und Beilstein im Kurfürstentum Trier gelegen, geboren. Sein Vater war Weinbauer. Zur Familie gehörten 13 Kinder. Die Mutter schickte ihn zur Schule ins benachbarte Beilstein und nach Luxemburg. Hier erlebte er keine freudvolle Schulzeit, er fiel einem brutalen Lehrer in die Hände und war froh, auf die Schule nach Limburg, später Trier, wechseln zu dürfen. Zwar hatten geographische Entdeckungen und technische Erfindungen das Bild von der Welt geweitet, doch die Ausbildung in den Schulen hielt nicht Schritt.

Die scholastische Strenge und Enge der reformbedürftigen Schule soll mit den Worten Martin Luthers (1493–1546) belegt werden: *Eine Hölle und ein Fegfeuer war unsere Schule, darinnen wir gemartert wurden und doch nichts denn eitel nichts gelernt haben durch soviel Stäuben, Zittern, Angst und Jammer. da hat ein Knabe müssen 20 Jahre und länger Studieren und hat nur soviel böses Latein gelernt, daß er mocht Pfaff werden und die Meß lesen, ist aber ein armer, ungelehrter Mensch sein Lebtag geblieben, der weder zum Glucken, noch zum Eierlegen getaugt hat.*[1] Und Georgius Agricola erinnerte sich: *Oft bin ich mir...nicht wie in einer Schule, sondern wie in einer grausamen Folterkammer vorgekommen.* Er klagte als grausamste Schulmethode die zu häufig angewandten Prügelstrafen an.[2] Kein Wunder, daß sich anbahnendes humanistisches Streben und Denken freudvoll begrüßt wurden.

Am 5.2.1512 trug sich als *Peter Schade de Prothygen art*, also Peter Schade aus Bruttig, Student der sieben freien Künste, in die Matrikel der Universität Köln ein. Der Zeit entsprechend latinisierte er seinen Namen in Petrus Mosellanus Prothegensis.

Die Universität Köln, 1388 durch den Erzbischof gegründet, war nach Heidelberg (gegründet 1386) die zweitälteste Universität Deutschlands. Die Wissenschaft war unter den Fittichen der Kirche groß geworden. Das Lehrprogramm wurde durch die Schriften des Thomas von Aquino (1225–74) und seines Lehrers Albertus von Bollstädt, bekannt unter dem Namen Albertus Magnus (1193–1280) geprägt. Von Magnus stammt übrigens die einzige bedeutende mineralogisch-geologische Schrift des Mittelalters «Liber mineraliae», in der 1269 erstmalig die Fülle und Reinheit der Schätze des Meißnischen Bergbaus, also des Freiberger Bergreviers, gerühmt werden.

Das *studium generale* beinhaltete die sieben freien Künste mit den Fächern Grammatik (in Latein), Rhetorik (die Vortragskunst), Dialektik (die Disputierkunst) im Trivium und Arithmetik, Geometrie, Musik und Astronomie im Quadrivium. Mosellanus' Lehrer in Latein und Griechisch waren Johannes Caesarius und Richard Croke (auch Crocus 1490–1558). Mit 18 Jahren, am 15.11.1512, erhielt Mosellanus das Zeugnis eines *Baccalaureus artium*. Das war der niedrigste akademische Grad, der zum Abhalten von Vorlesungen für Anfänger, aber nicht zur Abnahme von Prüfungen berechtigte. Nun hätte eigentlich ein Fachstudium an der theologischen, juristischen, philosophischen oder medizinischen Fakultät folgen müssen, um die Würde eines Magisters zu erlangen. Er nahm jedoch eine Einladung nach Freiberg an und wanderte über Leipzig in die Bergstadt.

Die Schule war eine Neugründung des Bürgertums. Der Freiberger Bürgermeister Ulrich Rülein von Calw, der sich im Auftrage der Herzöge Georg des Bärtigen (1471–1539) und Heinrich des Frommen (1473–1541) als «Stadtarchitekt» von Annaberg und Marienberg Anerkennung bei der Planung beider Bergstädte erwarb, auch das erste Buch über den Bergbau in deutscher Sprache – «Ein nützlich Bergbüchlein» – verfaßte und als Stadtarzt 1506 den Donatsfriedhof als Pestfriedhof anlegte, gründete mit Pfarrer Nikol Hausmann (1479–1538) im Jahre 1515, eventuell bereits 1514, neben der wahrscheinlich seit 1260 existierenden, aber seit 1382 nachweisbaren Schule an der Kirche zu St. Marien, eine städtische Lateinschule. Eine solche Schule war keine Seltenheit. Genannt seien die bereits bestehenden Schulen am Dom in Meißen (seit 1183), die Stiftsschulen in Bautzen und Wurzen, St. Thomas Leipzig (seit 1254), an der Kreuzkirche in Dresden, in Zwickau (seit 1291), Löbau, Chemnitz und anderen Orten.

Rülein berief Johann Rhagius Aesticampianus (1457–1520), eigentlich Johannes Rack aus Sommerfeld in der Lausitz, zum Rektor dieser neuerrichteten Lateinschule. Dieser hervorragende Gelehrte hatte in Krakau studiert und war Nikolaus Kopernikus (1473–1543) begegnet. Ein interessantes Wanderleben führte ihn über Padua, Bologna, Rom (mit Krönung zum Dichter), Basel, Straßburg, Mainz (Angebot einer Professur), Frankfurt/Oder (Ulrich von Hutten (1488–1523) war sein Schüler), Leipzig (hier zerstritt er sich mit alten und jungen Scholastikern), erneut Rom (Erwerb der Doktorwürde), Paris, Köln nach Freiberg.

Freibergs Chronisten nennen Mosellanus – trotz seiner Jugend – einen unübertroffenen Gelehrten der griechischen Sprache und Literatur. ... *war doch in ganz Sachsenland vor Mosellanus noch Niemand der griechischen Sprache und Literatur in solchem Grade mächtig gewesen.*[3] Nicht nur die Jugend strömte ihm zu. Nach Möller saßen auch *alte gelehrte und hoch ansehnliche Personen, darunter Doctores, Geistlichen und weltlichen Standes* willig zu Füßen des 22jährigen.[4] Ihm und seinen Kollegen ging es nach Vermittlung der notwendigen grammatischen Grundlagen um eine *erfrischende Lektüre der klassischen Autoren selbst*. So erhielt der Lehrstoff durch den humanistischen Geist einen neuen Inhalt. Neue

Methoden begeisterten die Schüler mehr als das Altgewohnte in der benachbarten Domschule. Die Freude am Unterricht sprang auf die Schüler über. Doch alles Neue stößt auf den Widerstand des Alten, es fiel den Humanisten um Rülein immer schwerer, sich gegen Entscheidungen der Vertreter der einstigen Trivialschule des Collegiatstiftes zu behaupten. Mosellanus und Rülein gingen nach Leipzig, Aesticampianus als Professor für Naturgeschichte nach Wittenberg.

Die Universität Leipzig war 1409 durch Kurfürst Friedrich den Streitbaren (1370–1428) gegründet worden. Vorausgegangen war an der 1348 durch Kaiser Karl IV. gegründeten Universität Prag ein Nationalitätenstreit der Landsmannschaften der Studenten, also der Sachsen, Bayern, Böhmen, Polen u. a. über das Wahlrecht. Es betraf die Anzahl der Sitze im studentischen Rat. 369 Studenten und 46 Dozenten der deutschen Nationen erklärten sich mit dem Ergebnis nicht einverstanden und zogen aus. Friedrich nahm sie in Leipzig auf. Per Dekret vom 2.12.1409 gründete er die *Alma Mater Lipsiensis*, eine Universität mit den vier Fakultäten Theologie, Jura, Medizin und Philosophie. Dazu stellte er ein ausgedientes Kloster zur Verfügung.

Mosellanus inskribierte sich am 23. April 1515 und setzte neben seiner Lehrtätigkeit seine Sprachstudien fort. Hier traf er auch seinen Griechischlehrer aus Köln, Professor Crocus, wieder. Als diesen sein König Heinrich VIII. nach England zurückholte, wollte Crocus Mosellanus zur Mitreise überreden, doch dieser lehnte ab. So empfahl Crocus seinen ehemaligen Schüler bei Herzog Georg als seinen Nachfolger.

Mosellanus schloß besonders mit einem Studenten enge Freundschaft, es war der aus Glauchau stammende, nur ein Jahr jüngere Georg Bauer. Von Mosellanus stammte der Vorschlag, Bauer solle seinen Namen in Agricola latinisieren, und unter diesem Namen ist der Autor bedeutender Werke weltweit bekannt geworden. Mosellanus hat wesentlich zur Erweiterung von Agricolas Sprachkenntnissen beigetragen. Bereits am 4. September 1515 erwarb er den untersten akademischen Grad, den eines *baccalaureus artium*. Mosellanus hat den Freund, der nun über die Lehrberechtigung an der Artistenfakultät verfügte, für den pädagogischen Beruf begeistert, denn Agricola wurde mit Beginn des Jahres 1518 Lehrer an der Lateinschule in Zwickau und gründete eine Griechischschule.

1520 erfolgte die Vereinigung mit der bestehenden Lateinschule und eine Umgestaltung zum humanistischen Gymnasium. Agricola war nun Schulmeister, denn die Bezeichnung Rektor kam erst zwei Jahrhunderte später auf. Wichtig war, daß Mosellanus seine Erfahrungen aus Freiberg über die Notwendigkeit einer Lehrplanreform vermittelte. Agricola bereicherte den Lehrplan durch Schriften von Plinius, Aristoteles, Seneca u.a. und erhöhte somit den Anteil weltlicher Bildung. Er sorgte dafür, daß mittels des Lehrplanes Kenntnisse über *Ackergebäude, Jägerei, Fischerei, Weberei, Baumeisterei, Kaufmannschaft, Arznei,*

Kriegsführung, kunstreiches Rechnen, Visierung oder Messung aller Höhen, Dicken und Tiefen vermittelt wurden. Durch Vereinigung der Latein- mit der Griechischschule stabilisierte sich die Schule in Zwickau mit größerem Erfolg, als es der Freiberger im ersten Jahrzehnt versagt geblieben war. Beide erarbeiteten Lehrmaterialien. Zu Mosellanus' Büchern zählt auch die 1518 gedruckte *Paedologia*, eine Kinderkunde, geschrieben für Jungen. Er hoffte, in der Vorrede sei es ihm gelungen, sich auf das Alter der Schüler einzustellen. Die Übungsstücke sind in Dialogform geschrieben, und der Inhalt ist meist aus der Lebens- und Umwelt der Knaben aufgenommen. So führen Knaben Gespräche über die bevorstehende Leipziger Messe, Vorfreude auf die Weinlese in den Ferien, Fischfang – eigene Kindheitserinnerungen klingen an. Mit 70 Auflagen wurde es das erfolgreichste Schulbuch seiner Zeit. Auch Agricola hat eine Grammatik für den Anfangsunterricht an seiner Schule erarbeitet (1520 gedruckt). In einem Brief vom 31. Mai 1520 teilt Mosellanus sein Urteil über die Grammatik mit, *...sie gefällt mir außerordentlich...* und fügt einige Änderungsvorschläge hinzu. Doch während Agricola seine Studien weiter absolvierte, wurde Mosellanus enger in den akademischen Dienst eingebunden. Als junger Professor lebte und lernte er noch mit einigen seiner Studenten gemeinsam in seiner Burse, seinen Wahlspruch realisierend: *Docti discimus* (Erst selbst gelernt, dann andere gelehrt!). Unter den Dozenten Agricolas und seiner Freunde waren Croke und Mosellanus die einzigen akademisch ausgebildeten Lehrer.

1520 erwarb Mosellanus die Würde eines Magisters der Philosophie und gehörte von nun an zum Großen Fürstenkollegium. Im gleichen Jahr erfolgte die erste Ernennung zum Rektor der Universität und im Sommersemester 1523 ein zweites Mal. In die Matrikel der Universität Leipzig trugen sich im Sommersemester 1520 265 und 1523 84 Neueingänge ein. Zweifellos wurde die Konkurrenz der 1502 durch Kurfürst Friedrich III. (den Weisen 1463–1525) gegründeten Universität Wittenberg, an der Luther und Melanchthon lehrten, spürbar. Eine Bewerbung Mosellanus' nach Wittenberg zerschlug sich. 1522 erwarb er auch das für theologische Vorlesungen benötigte Bakkalaureat in der Theologie.

Bevor Mosellanus seine Antrittsrede als Rektor der Universität Leipzig hielt, wurde er vom Dekan der Medizinischen Fakultät, Professor Stromer von Auerbach willkommen geheißen. Stromer rühmte die Eigenschaften des neuen Rektors, lobte die Gaben der Natur, seinen Fleiß und seinen großen Scharfsinn. Er führte von den Leistungen des Mosellanus Übersetzungen griechischer Autoren ins Lateinische an. Auch sein tugendhaftes Leben wurde von Auerbach betont, selbst Fürsten, Erzbischöfe, Bischöfe und Äbte würden den Moselländer hoch schätzen. Von seinen Freunden nannte er besonders Erasmus von Rotterdam (1466–1536) und Ulrich von Hutten (1488–1553).[5] Übrigens war Stromer von Auerbach auch Besitzer einer Gaststätte, in der Studenten mit dem sagenhaften Dr. Faust so gezecht haben sollen, daß selbst Goethe 200 Jahre später davon beeindruckt war und diese Szene literarisch in Faust 1. Teil verarbeitet hat.

In Mosellanus' Antrittsrede als Rektor, sie stand unter dem Thema *Petri Mosellani protegensis oratio, de Concordia praesertim in scholis publicis...* 1520, d. h. *über die Eintracht...*, setzte er sich mit der Zwietracht im Staate auseinander: *Es ist durchaus nicht eitel, wenn die Dichter behaupten, daß die Kriegsfackeln, d. h. alle Arten der Zwietracht von den Höllenfurien entfacht werden.* Zwietracht trete nicht nur zwischen den Völkern, sondern zwischen den einzelnen Berufsgruppen: Juristen, Mediziner, Philosophen. Er ermahnte die Theologen und Juristen, einträchtig zu sein, warnte die Mediziner, nicht überheblich zu werden und wandte sich ziemlich ausführlich den Philosophen zu.[5] Seine Rede brachte den Wunsch der Humanisten zum Ausdruck, in ihrer Arbeit durch bürgerliche Unruhen und Zwistigkeiten der Anhänger beider Religionslehren nicht gestört zu werden.

In die geistige Strömung jener Jahre, die Reformation, wurde Mosellanus mit seinen Studenten aktiv einbezogen. Einige entschieden sich für die neue Lehre, die meisten beharrten mit ihrem Professor und ihrem Landesherrn, Georg dem Bärtigen, im alten Glauben. Im Gegensatz zum Landesherrn zeigten sich Mosellanus und Agricola in Glaubensfragen jedoch sehr tolerant. Am 27. Juni 1519 begann auf der Pleißenburg in Leipzig eine Auseinandersetzung über Luthers Reformen, nachdem im April 1518 in Heidelberg kein Ergebnis erzielt worden war. Diese zweite in der Reformationsgeschichte bekanntere Disputation erfolgte zwischen Dr. Johann Eck (1486–1543, eigentlich Johann Meier) aus Ingolstadt und den beiden aus Wittenberg angereisten Professoren Andreas Karlstadt (1480–1541, eigentlich Andreas Bodenstein) und Martin Luther (1483–1546). Eck wollte mit Karlstadt über den freien Willen diskutieren, mit Luther über das Papsttum. Herzog Georg beauftragte Mosellanus, die Eröffnungsrede zu dieser Disputation auszuarbeiten und vorzutragen. Das Thema hieß: *De ratione disputanti, prae serbim in re theologica*, d. h. *Über die Art zu diskutieren, besonders in theologischer Sache*. Mosellanus hat seine Aufgabe in diplomatischer Weise hervorragend gelöst. Am 15. Juli 1519 gingen die Streitgespräche zu Ende. Eine Einigung wurde nicht erzielt. Beide Parteien waren nicht zufrieden. Mosellanus schrieb an Willibald Pirkheimer (1470–1530) in Nürnberg: *wie es auch kommen mag, mich geht es nichts an. Mir ist niemals diese schauspielartige Streitweise der sanften Lehre Christi würdig gewesen. Auch kann ich mich nicht überzeugen, daß der Heilige Geist, Urheber des Friedens, sich jemals zu solchen Kämpfen herabläßt. Die Wahrheit der christlichen Theologie wird leichter durch Gebet erlangt, als durch Streit gefunden.*[5] Das Protokoll dieser Disputation befindet sich im Original in der historischen Bibliothek «Andreas Möller» des Gymnasiums zu Freiberg. Die Schrift ist schwer zu lesen, aber die Namen Martinus und Eck sind als Zwischentitel leicht erkennbar. Über die drei Disputatoren schrieb er: *Martinus ist von mittlerer Statur, magern Leibes und von Sorgen und Studium so mitgenommen, daß man, wenn man ihn in der Nähe sieht, fast alle Knochen zählen kann. Ecks Gedächtnis ist ausgezeichnet, und wenn sein Verstand ebenso wäre, so müßte man ihn für ein vollendetes Werk der Natur halten: es fehlt aber die schnelle Fassungsgabe und Schärfe des Urteils.*[6]

Durch das enge Freundschaftsverhältnis erhielt Agricola auch Einblick in Mosellanus' Korrespondenz mit führenden Persönlichkeiten seiner Zeit. So stand er u. a. im Briefwechsel mit Luther und Melanchthon über die Verbesserung und Aufnahme der gelehrten Sprachen und Wissenschaften in den Universitätsunterricht. Pirkheimer und Johannes Reuchlin (1455–1522) waren seine Briefpartner. Mit Erasmus von Rotterdam Desiderius (1466–1536), dem *einzigen echten Humanisten nördlich der Alpen*, tauschte er seine Gedanken aus. Freundschaften bestanden weiterhin zu Richard von Greifenklau, Kurfürst von Trier, und Martin Lochau, Abt des Klosters Marien-Celle bei Nossen.

Im Mai 1522 verließ Agricola Zwickau zum weiteren Studium in Leipzig. Er hat seinen Freund Mosellanus bei dessen Vorlesungen unterstützt, damit sich jener mehr seinen Amtsgeschäften widmen konnte. In diese Zeit fällt auch Agricolas Bekanntschaft mit den beiden Medizinern Stromer von Auerbach und Ulrich Rülein von Calw, dem aus Freiberg übersiedelten ehemaligen Bürgermeister. Sicher wurde hier das Interesse an einem Medizinstudium vertieft. Im August 1522 nahmen beide Freunde Abschied voneinander, obwohl ursprünglich eine gemeinsame Reise zu Erasmus von Rotterdam geplant war. Gesundheitliche Gründe versagten Mosellanus den gewünschten Besuch des von ihm verehrten Mannes in Basel. Agricolas Weg führte nach Italien zum Studium.

Mosellanus' Freunde wurden von seinem frühen Tod am 19. April 1524 überrascht. Die Beisetzung erfolgte hinter dem Altar der Nikolaikirche in Leipzig. Sein Grabmal ist nicht mehr erhalten. Die von Melanchthon verfaßte Grabinschrift lautete in deutscher Übersetzung: *Begraben unter wenig Marmor liegt Petrus, dem die helle Mosel den Namen gab. Hier hörte man zum erstenmal die attische Sprache, und er stellte die alte Ehre der lateinischen Sprache wieder her und gab ihr den ursprünglichen Glanz durch seine Kunst zurück. Seine Sprachgewalt wäre selbst zur Zeit Ciceros berühmt gewesen, wenn er damals mitten auf dem Forum Roms gesprochen hätte. Er verehrte auch in großer Frömmigkeit die Worte Christi, und sein Leben stand im Einklang mit den heiligen Studien. Gib guter Christus, was er sich selbst in Leben und Gebeten erflehte, daß er in deiner Gemeinschaft lebe.*

Seine Freunde ehrten ihn mit lobenden Nachrufen: *Klein war er an Lebenskraft, aber gewaltig an Geist* – Melanchthon; *Vor ihm wäre noch alles zu erwarten gewesen, wenn nicht ein vorzeitiger Tod ihn weggenommen hätte* – Erasmus; *Unser Mosellanus ist zu früh von uns geschieden; denn dieser Mann war eine Zierde der*

Leipziger Universität. Mir wäre nichts erwünschter gewesen, als daß ich ihm meine Gunst länger hätte zuwenden können – Georg der Bärtige.

Mit Martin Luthers (1483–1546) «Sendschreiben an die Bürgermeister und Ratsherren aller Städte Deutschlands» im Jahre 1524 und Phillip Melanchthons (1497–1560) sächsischem Schulplan von 1528 wurden Weichen für die Veränderung des Schulwesens in Sachsen gestellt.

Anmerkungen

1 Luther, M.: An die Ratsherren aller Städte Deutschlands. In: M.Luther Taschenausgabe, Band 5, Berlin 1982, S. 227.

2 Agricola, Georgius: Ausgewählte Werke, Band I, Berlin 1956, S. 85.

3 Süß, P.: Geschichte des Gymnasiums zu Freiberg. Freiberg 1876.

4 Möller, A.: Theatrum Freibergense Chronicum. Freyberg 1653.

5 Boenheim, F.: Zur Rektoratsrede des Petrus Mosellanus. In: Sächsische Heimatblätter (Jahrgang unbekannt), S. 68–70.

6 Alte Quellensammlung für den Geschichtsunterricht, (Jahrgang unbekannt).

Zum Freundeskreis von Mosellanus und Agricola, beide hatten Briefwechsel mit:

- Erasmus v. Rotterdam (1469–1536),
- Willibald Pirckheimer (1470–1530),
- Johannes Reuchlin (1455–1522),
- Herzog Georg der Bärtige (1471–1539),

und waren bekannt mit:

- Richard von Greifenklau, Kurfürst von Trier,
- Johann Eck (1486–1543),
- Martin Luther (1483–1546),
- Philipp Melanchthon (1497–1560),
- Andreas Karlstadt (1480–1541),
- Martin von Lochau (gest. 1522),
- Herzog Georg der Bärtige (1471–1539).
- Professoren von Petrus Mosellanus und Georgius Agricola:
- Richard Crocus (1490–1558), Gräcist in Leipzig und Cambridge,
- Johannes Rhagius (1457–1520), Professor für Naturgeschichte, Universität Wittenberg,
- Stromer von Auerbach (1482–1542), Professor für Medizin, Rektor an der Universität Leipzig,
- Ulrich Rülein von Calw (1465–1523), Professor der Medizin, Universität Leipzig,
- Mitstudenten:
- Caspar Borner (1480–1547), Rektor der Thomasschule in Leipzig,
- Joachim Camerarius (1500–74), Universitäten Tübingen und Leipzig,
- Christoph von Carlowitz (1507–78), Hofrat bei Herzog Moritz und Kurfürst August,
- Georg von Kommerstadt (1498–1559), Hofrat,
- Julius von Pflugk (1499–1564), Bischof von Naumburg,
- Valentin Trotzendorf (1490–1556), Rektor der Lateinschule Goldberg,
- Valentin Hertel (1499–1547), Rektor der Lateinschule Chemnitz,
- Stephan Roth (1492–1546), Rektor in Joachimsthal,
- Caspar Cruciger (1504–48), Rektor an der Universität Leipzig.

Zeittafel zu den Lebensstationen von Mosellanus, Agricola und Rivius:

Mosellanus	Agricola	Rivius
1493 Peter Schade geb.		
	1494 Georg Bauer geb.	
		1500 Johannes Bach geb.
1512 Besuch der Uni Köln Baccalaureus artium		
1514 Lehrer Lateinschule Freiberg	Besuch der Uni Leipzig	
1515 Uni Leipzig		
1517 Professor		Besuch der Uni Köln
1517 Luthers Thesenanschlag in Wittenberg		
1518		Magister artium
1519 Disputation	Rektor in Zwickau	Besuch in Leipzig
		Lehrer in Zwickau
1520 Magister der Theologie Rektor Uni Leipzig		
1522 Baccalaureus der Theologie	Medizinstudium Leipzig	
	Italienreise	
1523 erneut Rektor		
1524 Tod (31 jähr.)		
1526	Zwickau	
1527	Joachimsthal	Annaberg
1531	Chemnitz	
1535		Marienberg
1536		Schneeberg
1537		Freiberg
1543 Gründung der Fürstenschulen		Fürstenschule Meißen
1553		Tod (53 jähr.)
1555	Tod (61 jähr.)	

«De re metallica» – ein Beitrag zu einer frühneuzeitlichen Umwelttechnologie?

Arne Andersen (Bremen)

Natürlich könnte ich es mir leicht machen und die Frage mit einem einfachen Nein beantworten. Auch die systematische Begründung der Verneinung ist kurz; denn der Begriff Umwelttechnologie impliziert einen bestimmten Technikzweck. Da jedoch der Umweltbegriff erst in den 1960er Jahren in den politisch-gesellschaftlichen Diskurs gekommen ist, von 1865 bis dahin war er als Ökologie lediglich Gegenstand einer eher unbedeutenden Subdisziplin der Biologie, kann natürlich auch eine darauf basierende Technikentwicklung erst diesen neueren Ursprungs sein. Dennoch stellt Agricolas Werk die erste bewußte Technikfolgenabschätzung dar. Ausgangspunkt für ihn war die Tatsache, daß jede menschliche Tätigkeit Auswirkungen auf die Natur und die gesellschaftlichen Naturverhältnisse hat. Agricola stellte eine Nutzen-Schäden-Analyse bezüglich der Metallgewinnung an. Dabei konnte er auf eine lange Tradition der Risikobeurteilung bei Nichteisenmetallen zurückblicken.

In den Auseinandersetzungen um Gesundheits- und Umweltgefährdungen in der Antike spielte Blei eine entscheidende Rolle. Blei gehört zu den ältesten Nutzmetallen der Menschheit; wegen seiner vielseitigen Verwendung – es war leicht formbar, weitgehend korrosionsbeständig und besaß mit 327° C einen für Metalle niedrigen Schmelzpunkt – wurde es zu Recht als «römisches Metall» bezeichnet.[1] Neben seiner Verwendung im Wasserleitungsbau nutzten es die Römer für die Herstellung von Gefäßen, Senkbleigewichten in der Fischerei, Kinderspielzeug, Urnen, Grabplatten, aber auch in der Medizin und als Bleiweiß als Kosmetikartikel. Dennoch gab es in der Antike durchaus auch Warnungen vor dem giftigen Metall. So setzte sich der um die Zeitenwende lebende römische Architekt Vitruv im Zusammenhang mit dem Wasserleitungsbau intensiv mit dessen Wirkung auseinander: *So ist das Wasser so durch Irdenrören* (Tonröhren,– A.A.) *geleytet wird/ vil gesünder wann das durch Pleyenrören lauffet/ darumb das vom Pley/ das Pleyweiß kumb/ welches Pleyweiß dem menschlichen cörper ein schedlich gifft ist. So mercken wir auch solche schedlichkeit/ bey denen so mit dem Pley ir handwerck treyben/ wir ir ganzer cörper bleich unnd tödlicher farben ist. Dann so man das Pley schmeltzet/gibt es ein schedlichen Rauch und dampff/ welcher sich in die glider setzet/ und die krafft des geblüts verzerrt.*[2] Als Schlußfolgerung heißt es weiter: *Darumb wo man gesund Wasser haben will/ sol man es in keinerley gestalt in Pleyenrören leiten oder fassen.* Zweierlei erscheint auffällig: Zum einen, daß diesen Warnungen keinerlei Gehör geschenkt worden war. Das mag daran gelegen haben, daß die vielseitige Verwendbarkeit und seine leichte Verarbeitung das Blei zum zeitgenössischen Metall schlechthin gemacht haben. Hinzu kam, daß Bleivergiftungen erst langsam ihre Wirkung entfalteten und nicht alle gleichermaßen traf. So fällt die vitruvsche Warnung im lateinischen Original wesentlich vorsichtiger aus: man sagt *(dicitur),* Bleiweiß sei für den menschlichen Körper schädlich. Einer Ächtung dieses Stoffs hätte auch dem römischen Schönheitsideal der Bleichheit,[3] dem durch Bleiweiß nachgeholfen werden konnte, Abbruch getan. Das dem Blei inhärente Risiko akzeptierte so die römische Gesellschaft offensichtlich als geringfügig.[4] Zum anderen nahm Vitruv aber ausdrücklich auf die Gefährdungen durch die Bleiverhüttung Bezug. Der römische Naturforscher Plinius (24–79) erwähnte diese Risiken ebenfalls und empfahl, *die Atemwege zu schützen; andernfalls atmet man den schädlichen und ungesunden Dunst der Bleiöfen ein.*[5] Wie wenig er diese Gefährdungen als virulentes Problem ansah, zeigte sich auch an seiner abschließenden Betrachtung, daß die Bleidämpfe in den Hütten auch etwas Positives haben, denn es gebe dort keine Fliegen- und Mückenplage.

Der griechische Geograph Strabo (63–23) berichtete ebenfalls um die Zeitenwende über den Bau von Silberschmelzöfen, die mit hohen Schornsteinen ausgestattet seien, *damit der Dampf aus den Erzmassen in die Höhe aufsteige; denn er ist schädlich und tödlich.*[6] Die angegebenen Schutzmaßnahmen bezogen sich eindeutig auf direkte Vergiftungen durch Schwermetallstäube und saure Gase (hauptsächlich SO_2). Auch eine frühe Inschrift aus dem 4. Jahrhundert v.Chr., die es verbietet, auf einem Grundstück in der Nähe von den bleihaltigen Silberschmelzen von Sunion Vieh zu weiden und (Grün-)Dünger zu streuen, deutete auf eine antike Risikowahrnehmung bezüglich dieses Schwermetalls hin.[7]

Obwohl Blei und Silber[8] zur römischen Lebensumwelt gehörten und die Jahresproduktionsmengen von Blei in der Kaiserzeit bei bis zu 60000 Tonnen lagen – eine Größenordnung, die erst wieder in der Mitte des 19. Jahrhunderts erreicht wurde –, waren die Berichte über ihre Produktion dürftig.[9] Lediglich Strabo und Plinius informierten darüber.[10] Bis auf den erwähnten Hinweis Strabos fehlte jedoch jegliche Aussage über die Risiken der Metallverhüttung.

Zusammenfassend läßt sich für die Antike festhalten, daß zwar die Gesundheitsgefährdungen durch Blei in Ansätzen bekannt waren, seine scheinbare Nichtersetzbarkeit und andere Umwelt-Problemlagen aber der weiteren Thematisierung entgegenstanden.

Nach dem Untergang des römischen Imperiums bis zum 16. Jahrhundert, dem Zeitalter Agricolas, gab es in Europa keinerlei Literatur über Verhüttungsprozesse. Dies war nicht weiter verwunderlich, denn die bis dahin in Deutschland existierenden Hütten waren Klein- und Kleinstbetriebe. Dies begann sich in der zweiten Hälfte des 15. Jahrhunderts zu ändern. Durch das Eindringen des Handelskapitals in den Bergbau konnte die seit eineinhalb Jahrhunderten bestehende Krise des Silberbergbaus überwunden werden. Der Bergbau übernahm eine Leitfunktion im entstehenden Frühkapitalismus. Werner Sombart (1863–1941) wies nach, daß der deutsche Bergbau im 15. und 16. Jahrhundert in zehn Jahren so viel Gewinne abwarf wie herkömmlicher Handel in 100 Jahren.[11] Größere Betriebsformen – die Gewerkschaften – entstanden, neue Ofenkonstruktionen und die Verbreitung bisher nur einzeln angewandter Verfahrenstechniken führten auch zu einem Fortschritt in der Verhüttung.[12] Die wachsende Bedeutung des Bergbaus, der zum damaligen Zeitpunkt das Hüttenwesen umfaßte, zeigte sich auch an der zunehmenden Überlieferung von Hüttenrauchauseinandersetzungen. Seit dem Beginn des 15. Jahrhunderts mehrten sich die Klagen wegen des Rauchs von Metallschmelzen, die zum Teil mitten in der Stadt lagen. So mußten sich die Treibhütten bei Goslar 1407 dazu verpflichten, weder oberhalb noch sonst in der Nähe der Stadt Erz zu rösten, um die Stadt nicht durch Hüttenrauch zu belästigen.[13] In Lübeck und Augsburg ansässige Schmelzbetriebe mußten diese aus den Städten verlegen. Der Eisenhütten-Ingenieur Otto Vogel machte in einem Aufsatz in der Zeitschrift «Rauch und Staub» auf die mehrjährigen Auseinandersetzungen um die *Belästigung durch schädlichen Rauch* zwischen dem Kölner Kupfer- und Bleischmelzer Thomas von Venrath und Anwohnern aufmerksam.[14] Innerhalb dieses Streites wandten sich 36 von Venrath abhängige Kupferschläger und Heimarbeiter an den Rat der Stadt Köln, und verlangten die offenbar angeordnete Verlegung der Kupferschmelze wieder zurückzunehmen – allerdings ohne Erfolg.

Der sich hier andeutende Konflikt Arbeitsplätze versus Immissionsschutz konnte noch ohne große Probleme gelöst werden, denn bei den kleinen, in Städten gelegenen Schmelzen erschien eine Verlegung vor die Tore der jeweiligen Stadt ohne weiteres möglich. Diese Umgehensweise mit der Gefährdung gleicht der mit hohen Schornsteinen. In beiden Fällen wird das Problem lediglich verlagert, ohne daß sich der Grundkonflikt von Emissionen bei Metallhütten verändert.

Eine erste Zusammenfassung der Auseinandersetzungen um das Montanwesen (inkl. Hütten) leistete Paulus Niavis gegen Ende des 15. Jahrhunderts in seiner Judicium Iovis, der ältesten literarischen Darstellung des deutschen Bergbaus.[15] Niavis hatte die Form einer Gerichtsverhandlung gewählt, in der dem Menschen als Angeklagter von der Klägerin, der Erde, vorgeworfen wurde, sie zerstöre diese durch den Bergbau. Die Götter als Zeugen, etwa Bacchus oder

Ceres, die Göttin des Feldbaus, unterstützten die Klage, denn der Mensch verwüste die ihnen anvertrauten Berge und Felder.[16] Doch das Urteil der Fortuna war eindeutig: *Es ist die Bestimmung der Menschen, daß sie die Berge durchwühlen; sie müssen Erzgruben anlegen, sie müssen Felder bebauen und Handel treiben.*[17]

Die beschriebenen Veränderungen des Berg- und Hüttenwesens erforderten aber eine systematische Zusammenfassung, den Beginn einer Bergbauwissenschaft. Diese legte der Chemnitzer Stadtarzt und Bürgermeister Georgius Agricola mit seinem «De re metallica», einem der ersten technologischen Bücher der Neuzeit, vor, das über 150 Jahre als praktisches Handbuch für das Berg- und Hüttenwesen in Europa und Amerika benutzt wurde.[18] Der Ausgangspunkt seiner Untersuchungen ist die Frage nach dem generellen Nutzen des Bergbaus. Das erste, umfangreichste Buch (= Kapitel) ist nichts anderes als eine Technikfolgenabschätzung, die den Nachweis antreten will, daß die Metallgewinnung unbeschränkt erfolgen müsse, *denn mit einem Verbot werde jede Möglichkeit aufgehoben, die Gesundheit zu schützen und zu erhalten und ein gepflegteres Leben ganz einzuhalten.*[19] Die Eingriffe in die Natur erscheinen bei Agricola im Sinne der Aufklärung als berechtigt und absolut notwendig, um den gesellschaftlichen Wohlstand und deren Moral zu heben.[20]

Einer der entscheidenden, hier interessierenden Kritikpunkte ist die umweltzerstörende Wirkung des Bergbaus. Die Kritiker argumentierten in den Worten Agricolas folgendermaßen: ... *durch das Schürfen nach Erzen werden die Äcker verwüstet. Deshalb ist einst in Italien durch ein Gesetz Vorsorge getroffen worden, daß niemand um der Erze willen die Erde aufgräbt und jene so ertragreichen Felder und die Wein- und Ölpflanzungen verdirbt. Wälder und Haine werden gefällt; denn man braucht Unmengen Holz für die Bauten, für das Gezeug und Erzschmelzen. Wenn aber die Wälder und Haine niedergelegt sind, dann werden Vögel und Tiere verjagt, von denen sehr viele ausgesuchte und angenehme Speisen für den Menschen sind. Die Erze werden gewaschen. Dieses Waschen tötet die Fische oder vertreibt sie, weil es die Bäche und Flüsse vergiftet. Da also die Bewohner der Gegenden wegen der Verwüstung der Felder, Wälder, Haine, Bäche und Flüsse in große Verlegenheit geraten, wie sie Dinge, die sie zum Leben brauchen, sich verschaffen sollen, und wegen des Mangels an Holz größere Aufwendungen machen müssen für die Errichtung von Gebäuden, so liegt offen vor aller Augen, daß beim Schürfen mehr Schaden entsteht als die Erze Nutzen bringen, die bei dem Schürfen gewonnen werden.*[21] Die Antwort Agricolas zeigt, wie wenig er bereit war, sich dieser nicht von der Hand zu weisenden Kritik en detail auseinanderzusetzen und mögliche, auch zeitgenössische denkbare Alternativen aufzuzeigen: Bergbau finde dort statt, wo der Boden meistens sowieso unfruchtbar sei, wenn Wälder gerodet werden müssen, hätte dies den Vorteil, daß Getreide gesät werden könne, das den Schaden mehr als gut mache, werde die Natur wirklich zerstört, dann könne mit dem durch die Metallgewinnung verdienten Geld *anderswo unzählige Vögel, eßbare Tiere und Fische erworben und in die Gebirgsgegenden gebracht werden.*[22]

Die geringe Bedeutung, die Agricola den Beschwerden beimaß, zeigte sich auch an dem gänzlichen Fehlen einer Auseinandersetzung mit den Folgen des Hüttenrauchs. Immerhin hatten wenige Jahre vor dem Erscheinen seines bahnbrechenden Werks die Bauern im erzgebirgischen Ehrenfriedersdorf 1538 gegen die Brennöfen einer Zinnhütte revoltiert und wollten diese vernichten, weil deren Dämpfe die Feldfrüchte zerstörten.[23] Wie virulent zum damaligen Zeitpunkt die Diskussion um Luftverschmutzung durch Metallhütten war, kam auch im ungarischen Berggesetz von 1575 zum Ausdruck. An das Betreiben von jeglichen Schmelzhütten und Röstöfen knüpfte es die Bedingung, daß *es den Gründen auch mit Rauch und Gestank, Vieh und Leuten, so viel möglich ist, ohne Schaden seyn mag, derohalben die Unterthanen vor verderblichem Nachteil verhütet werden.*[24] Der Gestank einer Vitriolhütte im Erzgebirgischen wirkte sogar namensgebend: das Gewässer, an dem sie lag, erhielt auf Grund der stechenden Dämpfe der Hütte den Namen Stinkenbach.[25]

Um 1550 plante man in Joachimsthal in Böhmen den Bau eines landesfürstlichen Hüttenwerkes mit Staub- und Rauchkammern, die nicht nur die Funktion haben sollten, die Schmelzverluste der silberreichen Erze zu begrenzen, sondern auch die nachbarschaftlichen Schäden. Balthasar Rößler schrieb in seinem «Speculum Metallurgiae Politissimum»: *In vorigen Zeiten hat man so wohl in Königlichen Böhmischen als auch in denen Meißnischen Ertz-Gebürgen von obbeschriebenen Rauch-Fängen nichts gewußt/ sondern es ist der wilde gifftige Rauch von Brenn-Oefen weg in die freye Lufft geflogen/ dabey aber denen anliegenden Feldern und Vieh-Weiden mercklicher Schaden geschehen/ biß im vorigen Seculo* (d.h. im 16. Jahrhundert.– A.A.) *der berühmte glückliche Bergmann/ David Haidler/ zu St.Joachims-Thal/ im Königreich Böhmen/ das Arsenicalische Schmeltz-Werck der gifftigen Kobolter und anderer Ertze erfunden/ und solche Rauch-Fänge daselbst erstmahls angerichtet hat.*[26] Da sich Agricola häufig in Joachimsthal aufgehalten und dort vier Jahre als Arzt praktiziert hatte, gehen entsprechende Hinweise und Zeichnungen von Rauchkammern vermutlich darauf zurück.[27] Diese Kammern lagen in einem Stockwerk oberhalb der Schmelzöfen (Bild: Flugstaubkammer).[28]

In ihnen mündeten die Hüttenschornsteine, so daß sich der metallhaltige Flugstaub ablagern konnte, der Rauch durch einen weiteren Schornstein aus der Rauchkammer entwich. Zweimal im Jahr sollte er zusammengekehrt und wiederum mit Erz und Bleiglätte verschmolzen werden und ergab *so einen Gewinn für den Besitzer.*[29] Zusammenfassend hieß es bei Agricola weiter: *Solche Kammern, die die metallischen Teilchen, die mit dem Rauch entwichen sind, aufnehmen, sind von Nutzen sowohl für das Verarbeiten der reichen Metallerze als besonders*

Abb. 1
Flugstaubkammer

A Ofen
B Wölbung
C Pfeiler
D Flugstaubkammer
E Öffnung
F Rauchfang
G Fenster
H Tür
I Kanal

zum Verarbeiten der kleinen Metallteilchen. Mit keinem Wort erwähnte er ihren – wenn auch begrenzten – Nutzeffekt als Emissionsschutz. Allerdings fallen die beiden Vögel direkt neben dem Schornstein auf. Auf die Bedeutung solcher scheinbarer Nebensächlichkeiten in frühneuzeitlichen Darstellungen hat Troitzsch 1989 hingewiesen.[30] Sie seien für die Beurteilung ökologischer Folgen der Technik von großer Bedeutung. Die Rauchkammer bewirkte eine auch für die Zeitgenossen wahrnehmbare Schadensminimierung; ein akuter Schaden ging offenbar nun vom Hüttenrauch nicht mehr aus (Bild: Zinnschachtofen).

Wenn man diese Zeichnung mit einer anderen eines Zinnschachtofens, der auch einen Rauchfang besitzt, vergleicht, so fällt hier auf, daß ein in der Nähe befindlicher Baum, deutliche Spuren von Vegetationsschäden aufweist, die vermutlich dem Hüttenrauch zuzuschreiben sind. Eine Schlußfolgerung für diese Unterscheidung zwischen nicht-akuten und chronischen Risiken gehen zwar aus den Bildern hervor, sie werden jedoch von Agricola nicht thematisiert.

Abb. 2
Zinnschachtofen

A Ofen
B Dessen Stich
C Vorherd
H Wände des Rauchfangs

Die Erkenntnisse Agricolas finden sich auch in anderen Regionen. So erstatteten 1696 die Harzer (Clausthaler und Altenauer) Hütten einen Bericht an den braunschweigisch-lüneburgischen Berghauptmann über das seit 1640 aus dem Hüttenrauch zurückgewonnenen Silber und schlugen zur noch besseren Ausnutzung des Hüttenrauchs den Bau neuer Rauchfänge vor.[31] Die in der gleichen Sache gemachten Einwände, die Schornsteine *causieren Gestank und Ungelegenheit* wurden ohne Erörterung übergangen.[32] Der Aktentitel «Die Zugutemachung des Hüttenrauchs» verdeutlichte die entsprechende zeitgenössische Wahrnehmung.

Treffend faßte Mumford die Wirkungen der frühneuzeitlichen Montanwirtschaft und -wissenschaft sowie der Metallurgie zusammen: *Der Bergbau stellte das Modell für spätere Formen der Mechanisierung dar – in seiner brutalen Mißachtung menschlicher Faktoren, in seiner Indifferenz gegenüber der Verschmutzung und Zerstörung der Umwelt, in seiner Konzentration auf physikalisch-chemische Prozesse zur Erlangung des gewünschten Metalls oder Brenn-*

stoffs und vor allem in seiner topographischen und psychischen Isolierung von der organischen Welt des Bauern und des Handwerkers und von der geistigen Welt der Kirche, der Universität und der Stadt ... Diese negativen Folgen wogen die technischen Fortschritte auf.[33] Allerdings ist gerade die Einschätzung Mumfords höchst problematisch, denn sie verlängert ein heutiges Verständnis in die Vergangenheit hinein.

Radkau hat sicher Recht, wenn er schreibt, Hüttenrauch sei in der *vorindustriellen Zeit kein Krisenfaktor*[34]; er greift jedoch an diesem Punkt zu kurz; denn die Risiken werden zu einseitig auf die Emissionen begrenzt. Wenn man sich mit den Methoden einer retrospektiven Technikfolgenabschätzung der Metallverhüttung nähert, dann sollte nicht nur die Produktion, sondern auch die Produkte betrachtet werden. In dieser Hinsicht war die Bleiproduktion in der Antike – wie bereits gezeigt – ansatzweise als Krisenfaktor erkannt worden. Doch der Hüttenrauch, auf den sich Radkau bezieht, war in der frühen Neuzeit nicht nur ein lokales Problem[35], sondern wurde auch darüber hinaus wahrgenommen. So hieß es in einem Lexikon von 1712 unter dem Stichwort Hüttenrauch: *Hütten-Rauch, wird derjenige corporalische Rauch auf Bergwercken, oder im Schmeltzen genannt, welcher beym Abtreiben des Wercks vom Ertz und Werck, von Feuer davon getrieben worden: oder es ist das noch unreiffe und im Feuer unbeständige Wesen der Berg-Arten und Ertze, so sich an den Wänden der Oefen und Rost-Städten, und den hierzu gemachten krummen Rauch-Fängen Kreidenweis, auch wohl Schwefel-gelb, nachdem das Ertz viel Schwefel bey sich führet, anleget. Es ist der ärgste Gift, und der tödlich ist; wird Schwefel-gelb, oder weisse Farbe genennt. Die Materialisten nennen es Arsenicum.*[36]

Daß der Hüttenrauch in der Folgezeit nicht nur als ökonomische durch Metallverluste bedingte Schwierigkeit, sondern auch als gesundheitliches Problem verstanden wurde, verdeutlichte eine Metallhüttenkunde aus dem Jahr 1738, deren dritter Paragraph immerhin schon im ersten Kapitel *Von Anlegung eines Hütten-Gebäudes* aufforderte, Hütten so anzulegen, daß der Rauch *nicht zu viel incommodiere*[37] (Bild: Grundriß einer Hütte nach Schlüter, 1738[38]).

Ausführlicher hieß es dann: *Man muß auch dahin sehen, daß man eine Hütte so lege, damit der Wind den Rauch wegtreibe, und solcher die Leute bey der Arbeit nicht incommodire, indem öfters die Hütten so angeleget sind, daß der Rauch von Rösten und Brennen in die Schmelz- und Treibe-Hütten gehet, und aus diesen dann wieder die Leute bey dem Rösten und Brennen behindert, und Schaden an ihrer Gesundheit thut. Es kann zwar niemals ein Werk so angelegt werden, daß ein jeder auf den Hütten ohn alle Behinderung des Rauches arbeiten könte, man kan aber wol dahin sehen, daß die meisten Winde das Werk nicht behindern; es sey nun in Thälern oder auf der Fläche, so muß man eine Zeit vorher die Winde observiren, wie solche an denen Oertern ihr meistes Streichen haben.*[39]

Abb. 3
Grundriß einer Hütte nach Schlüter, 1738.

Von den ersten Auseinandersetzungen um Hüttenrauch Mitte des 15. Jahrhunderts in Köln bis zu dieser Darstellung erschien die (räumliche) Problemverlagerung als beste mögliche Lösungsstrategie, um der Emissionen Herr zu werden. Die Gefährdungen wurden als notwendiges Übel der Hüttenproduktion akzeptiert. Diese Risikoperzeption und -umgehensweise bestimmten auch die Konfliktlage in der zweiten Hälfte des 19. Jahrhunderts. Dennoch gebührt Agricola das Verdienst, ohne direkt den Zusammenhang von Umweltschutz und End-of-the-Pipe-Technologien zu thematisieren, mit den Flugstaubkammern einen der Technikwege zu popularisieren, die bis weit in die zweite Hälfte des 19. Jahrhunderts eine anerkannte Methode zur Senkung der Emissionen metallhaltiger Stäube war. Damit zeichnete er allerdings auch den Weg der Bindung des betrieblichen Umweltschutzes an betriebswirtschaftliche Rentabilitätsrechnungen vor. Dieser hat sich aus heutiger Sicht als höchst problematisch erwiesen. Bis heute, über vier Jahrhunderte, hat er dazu geführt, daß zwar Folgen und Risiken minimiert, aber nicht ursächlich beseitigt wurden. Dies jedoch kann einem Technologen der frühen Neuzeit, dem es in erster Linie darum gehen mußte, eine erste zusammenfassende wissenschaftliche Grundlage für das weitere Prosperieren des Montanwesens zu liefern, nicht vorgeworfen werden.

Der vom Wissenschaftsjournalisten Randow in «Die Zeit» behauptete Streit zwischen Ökologie und Ökonomie entpuppt sich so als Durchsetzung dieses Industriezweiges gegen bestehende agrarische Feudalinteressen.[40]

Anmerkungen

1 Weeber, Karl-Wilhelm: Smog über Attika. Umweltverhalten im Altertum. Zürich/München 1990, S. 176.

2 Pollio, Marcus Vitruvius: Zehen Bücher von der Architektur und künstlichem Bauen (Erstmals verteutscht durch Gualther Hermenius Rivikus.). Nürnberg 1548 (Nachdruck Hildesheim/New York 1973), S. CCLVII.

3 Vgl. Ovid: Die Liebeskunst. In: Ovid Werke in zwei Bänden, Berlin/Weimar 1968, Bd. 2, S. 231: *Bleich sei jeder, der liebt, die Farb ist für Liebende passend; Gut steht sie ihnen – ein Tor, wer an die Wirkung nicht glaubt!*

4 Weeber, Karl-Wilhelm: Smog über Attika ... (Anm. 1), S. 182.

5 Plinius: 34. Buch, Zeile 167.

6 Strabo: Erdbeschreibungen. Übersetzt und durch Anmerkungen erläutert von A.Forbiger, Berlin/Stuttgart 1855–^{2}1907, 1. Bd, Drittes Buch, S. 19.

7 Höfener, Heiner: Zwischen Apokalypse und Paradies. Bausteine zu einer Geschichte des Umweltschutzes, Bd. 1: Umweltprobleme und Umweltschutz in der Antike. Witten 1984, S. 33.

8 Silber tritt zumeist als Mitbestandteil anderer Erze, besonders aber des Bleis (Bleiglanz) auf, so daß die Silberverhüttung eng mit der von Blei verbunden ist. Da das Blei Silber an sich zieht, wurde auch bei nichtbleihaltigen Silbererzen Blei zugesetzt. Die Blei-Silber-Legierung, das Werkblei, wird dann in einem Treibeofen eingeschmolzen. Auf das flüssige Metall wird Luft geleitet, so daß das Blei oxidiert und das reine Silber zurückbleibt.

9 Weeber, Karl-Wilhelm: Smog über Attika ... (Anm. 1), S. 177.

10 Secundus, Cajus Plinius: Naturgeschichte (Übers. und mit erläuternden Registern versehen von Christian Friedrich Lebrecht Strack). Bremen 1855, 3. Theil, 33. Buch, S. 385.

11 Sombart, Werner: Der moderne Kapitalismus, Bd. 1, München/Leipzig, 2. neubearb. Auflage 1916 (Reprint: München 1987), S. 651ff.

12 Vgl. Prescher, Hans: Einleitung zu Georgius Agricola. In: Ausgewählte Werke (AGA). Gedenkausgabe des Staatlichen Museums für Mineralogie und Geologie zu Dresden. Hrsg. von Prescher, Hans und Mathé, Gerhard. Band VIII, Berlin 1974, S. 1ff.

13 Reich, Albert: Leitfaden für die Rauch- und Rußfrage, München/Berlin 1917, S. 7.

14 Vogel, Otto: Rauchbelästigung in alter Zeit. In: Rauch und Staub, 2(1911), S. 118f. Vogels historisches Interesse resultierten aus den zeitgenössischen Hüttenrauchauseinandersetzungen zu Beginn des 20. Jahrhunderts, ihm war daran gelegen, nachzuweisen, daß die Bekämpfung der Luftverschmutzung bei den Hüttenfachleuten und Ingenieuren bestens aufgehoben war, denn: *Als man einmal die Schädlichkeit des Hüttenrauchs erkannt hatte, ging man daran, auf Mittel und Wege zu sinnen, wie diesem Uebelstand abzuhelfen sei (S. 119).*

15 Paulus Niavis, Iudicium Iovis oder Das Gericht der Götter über den Bergbau. Ein literarisches Dokument aus der Frühzeit des deutschen Bergbaus. Übers. und bearb. von Paul Krenkel. Berlin 1953, S. 5. Das zwischen 1485 und 1490 entstandene Werk thematisierte wahrscheinlich die Auseinandersetzungen um die Folgen des Aufschwungs des Bergbaus in Schneeberg (Erzgebirge).

16 Ebenda, S. 21ff. Vgl. Bayerl, Günter: Das Umweltproblem und seine Wahrnehmung in der Geschichte. In: Mensch und Umwelt in der Geschichte. Hrsg. von Jörg Calließ u.a., Pfaffenweiler 1989, S. 47–96, hier besonders S. 60ff.

17 Paulus Niavis, Iudicium Iovis oder Das Gericht der Götter über den Bergbau ... (Anm. 15), S. 38.

18 AGA, Bd. VIII, Berlin 1974. «De re metallica libri XII» erschien erstmalig 1556 in Latein, ein Jahr später in Deutsch.; Einleitung. In: ebenda, S. 5.

19 Ebenda, S. 65.

20 Vgl. Andersen, Arne: Der gesellschaftliche Umgang mit der Mensch-Natur-Beziehung im Industriezeitalter. In: Historische Umweltforschung: wissenschaftliche Neuorientierung. Bensberger Protokolle 71. Bensberg 1992, S. 27–54.

21 AGA, Bd. VIII, Berlin 1974, S. 59.

22 Ebenda, S. 66.

23 Reyer, Eduard: Zinn. Eine geologisch-montanistisch-historische Monografie. Berlin 1881, S. 59.

24 Vogel, Otto: Rauchbelästigung in alter Zeit ... (Anm. 14), S. 119.

25 Siebert, Siegfried: Um Aue, Schwarzenberg und Johanngeorgenstadt. Berlin (DDR) 1973, S. 112.

26 Rössler, Bernhard: Speculum Metallurgiae Politissimum oder Hell-polierte Bergbau-Spiegel. Dresden 1700 (Reprint 1980), S. 159. Das Buch selbst ist viel früher, vermutlich um die Mitte des 17. Jahrhunderts geschrieben worden, denn Rössler starb 1673.

27 Engewald, Gisela-Ruth: Georgius Agricola, Leipzig 1982.

28 Schachtofen mit Flugstaubkammer. Der Rauch wird zunächst in eine über den Öfen befindliche Flugstaubkammer geleitet. Dort kann sich ein Teil des metallhaltigen Rauchs absetzen, bevor er dann durch einen mit Öffnungen (E) versehenen Schornstein ins Freie gelangt. Holzschnitt aus Agricola, G.: De re metallica ibri XII.

29 AGA, Bd. VIII, Berlin 1974, S. 512.

30 Troitzsch, Ulrich: Umweltprobleme im Spätmittelalter und der Frühen Neuzeit aus technikgeschichtlicher Sicht. In: Bernd Hermann (Hg.), Umwelt in der Geschichte. Göttingen 1989, S. 103f.

31 Archiv des Obergamtes Claustal-Zellerfeld, Berg- und Forstamt Clausthal, Silbersachen, Acta betr. die Zugutemachung des Hüttenrauchs 1696–1828, Claußthal, 21.Januar 1696.

32 Ebenda, Zellerfeldt, 23.Januar 1696. Die Nichtberücksichtigung der Kritik erstaunte in diesem Fall, denn in den Einwendungen wurden auf die Erfahrungen der Oberharzer Hütten verwiesen: Diese Hütten lägen zum Teil zwischen Berg und Tälern, *da sich solcher Rauch nicht wohl auseinander geben und zertheilen kann; deswegen auch die formahls bey denen Oberhartzischen Communion Hütten angelegt gewesenen Rauchfänge, ob sie gleich einigen Nutzen gebracht, wieder abgeschafft worden.* Da die Essen mit Sicherheit nicht höher als 10 Meter waren, ist der Einsatz dieser Schornsteine, was die Verteilung des Hüttenrauchs angeht, unbedeutend. Dennoch waren die Hütten auf Grund von Protesten offenbar genötigt, die Essen abzureißen. Ihre Beseitigung wird das Problem nicht wesentlich verringert haben, so daß diese Einwendungen weder berücksichtigt noch diskutiert wurden.

33 Mumford, Lewis: Mythos der Maschine. Frankfurt a.M 1980, S. 502.

34 Radkau, Joachim: Wald- und Wasserzeiten, oder: Der Mensch als Makroparasit? Epochen und Handlungsimpulse einer humanen Umweltgeschichte. In: Calließ (Anm. 1), S. 142.

35 So hieß es in einer Predigt von Johann Mathesius in Joachimsthal 1562: ... *tröstlich ist die Geschicht zumal/ allen armen und dürfftigen Witwen/ der bey den Bergwercken viel sind, wenn ire Menner im Schwaden/ kalten dampff/ bösem wetter(dicken nebeln und gifftigen hütrauch/ verlemen/ ersticken/ oder sonst bergsüchtig werden.* Zit. n. Vogel, Otto: Rauchbekämpfung in alter Zeit. In: Rauch und Staub 2(1911/12), S. 200.

36 Hübner, Johann: Curieuses und reales Natur-Kunst-Berg-Gewerck- und Handlungs-Lexicon. Leipzig 1712, S. 784. Wie sehr Hüttenrauch mit den (bekannten) Gefährdungen durch Arsen gleichgesetzt wurde zeigte besonders die Lexikon-Ausgabe von 1776, in der bei *Hüttenrauch* auf das Stichwort *Arsenicum* verwiesen wurde. Entsprechend war ein Artikel aus dem Journal für Fabrik, Manufactur, Handlung und Mode, 6. Bd., Leipzig 1794, S. 360–369 überschrieben: «Kleine Monographie des Hüttenrauchs oder Arseniks».

37 Schlüter, Christoph Andreas: Gründlicher Unterricht von Hütten-Werken, worin gezeiget wird, wie man Hütten-Werke auch alle dazu gehörige Gebäude und Oefen aus dem Fundament recht anlegen solle, auch wie sie am Hartz und anderen Orten angeleget sind. Braunschweig 1738, S. 3.

38 In dem Hüttengebäude befinden sich von vorn nach hinten: ein Schmelz-Ofen, ein Frisch-Ofen, ein Gar-Ofen und ein Treibeherd. Das Gebäude hat zwei Dachöffnungen am First, die als Schornsteinausgänge bezeichnet werden. Ebenda, Tafel 2.

39 Ebenda, S. 4.

40 Randow, Gero von: Der Mann, der aufschrieb, wie das Silber aus dem Berg kommt. In: Die Zeit, Nr.12, 18.3.1994.

Chemisch-technische Verfahren im Buch XII von «De re metallica»

Hans-Henning Walter (Freiberg)

Im zwölften Buch seines Hauptwerkes behandelt Georgius Agricola die Herstellung der *harten säffte*, wie es in der ersten deutschsprachigen Ausgabe formuliert wird.[1] In teilweise sehr ausführlichen Beschreibungen und instruktiven Holzschnitten stellt er die Bereitung von Substanzen vor, die oft in beträchtlichen Mengen für das tägliche Leben sowie für das Handwerk und Gewerbe benötigt wurden.

Kochsalz

Die ausführlichste Beschreibung widmet Agricola dem *saltz*, das für die Ernährung der Menschen und der Haustiere unentbehrlich war. Er erörtert zunächst die Gewinnung des Meeressalzes durch Eindunsten des Meerwassers in der Sonnenhitze, eine seit Jahrtausenden in heißen Gegenden übliche Methode.[2] Alsdann wird die Erzeugung von Siedewasser beschrieben, bei dem die Sole, das *gesaltzen Wasser*, in *pfannen gesotten*[3] wird (Abb. 1). Der Text läßt darauf schließen, daß Agricola nur die Saline *zu Hall in Saxen*[4] (Halle an der Saale im Erzbistum Magdeburg) näher kannte, denn es folgt kein Verweis auf die zahlreichen Varianten des Siedeprozesses, die in den über 80 Salinen Mitteleuropas zu verzeichnen waren.[5] So erwähnt Agricola in seinen anderen Werken mehrfach das beste, reinweiße Salz der Lüneburger Saline[6], geht aber in «De re metallica» nicht auf die in Lüneburg übliche Methode des Siedens in Bleipfannen ein, sondern beschreibt in Wort und Bild nur die aus einzelnen Pfannenblechen zusammengesetzten Eisenpfannen, wie sie allerdings in der Mehrzahl der Salinen üblich waren.[7]

Schließlich geht Agricola auf einige weniger bedeutende Verfahren der Salzgewinnung ein. Dabei ist heute nicht mehr bekannt, wo die Salzbereitung *auß dem saltzwasser, welchs siedent heiß auff der erden fleusset* [8] angewendet worden ist. Hierbei diente die Thermalsole gleichzeitig als Rohstoff und als Wärmequelle. Eine andere Siedemethode, das *gsaltzen wasser, sonderlich das*

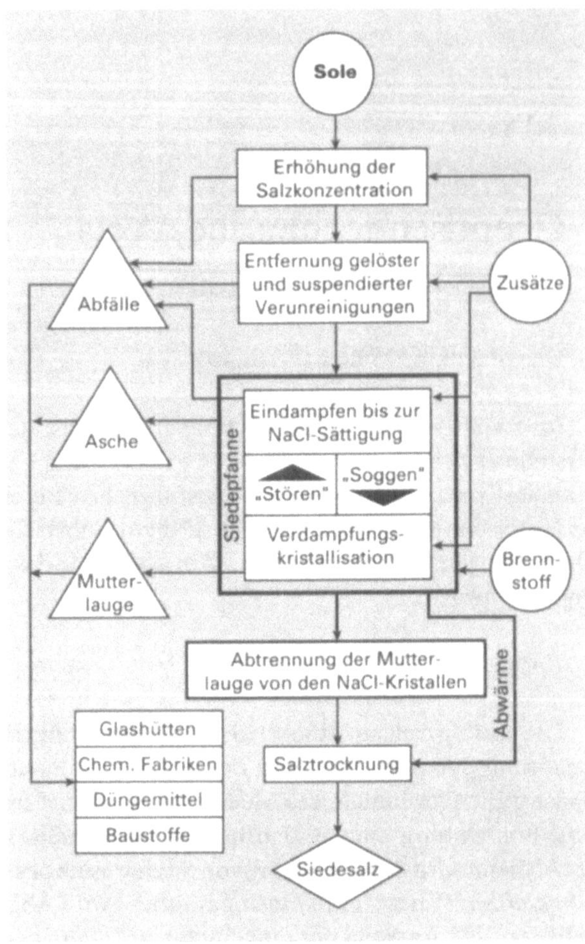

Abb. 1
Verfahrensschema der Siedesalzproduktkion vom Mittelalter bis zum 19. Jahrhundert.

mehrwasser in grossen eisern töpffen [9] einzudampfen, war jahrhundertelang an den dänischen und friesischen Nordseeküsten in Gebrauch.[10]

Soda

Die Gewinnung von natürlicher Soda (Natriumcarbonate verschiedener Zusammensetzung), von Agricola als *nitar* bezeichnet, erfolgte seit dem Altertum durch Sonneneindunstungen carbonathaltiger Quellwässer. Wenn solche Wässer unter einem sehr trockenen Klima wie im Nilgebiet in abflußlose Seen mündeten, kommt es hauptsächlich zur Abscheidung von Trona ($Na_2CO_3 \cdot NaHCO_3 \cdot 2\,H_2O$).[11] Obwohl Agricola diese Methode nicht aus eigener Anschauung kannte, fügte er seinem Text dennoch einen – allerdings für ägyptische

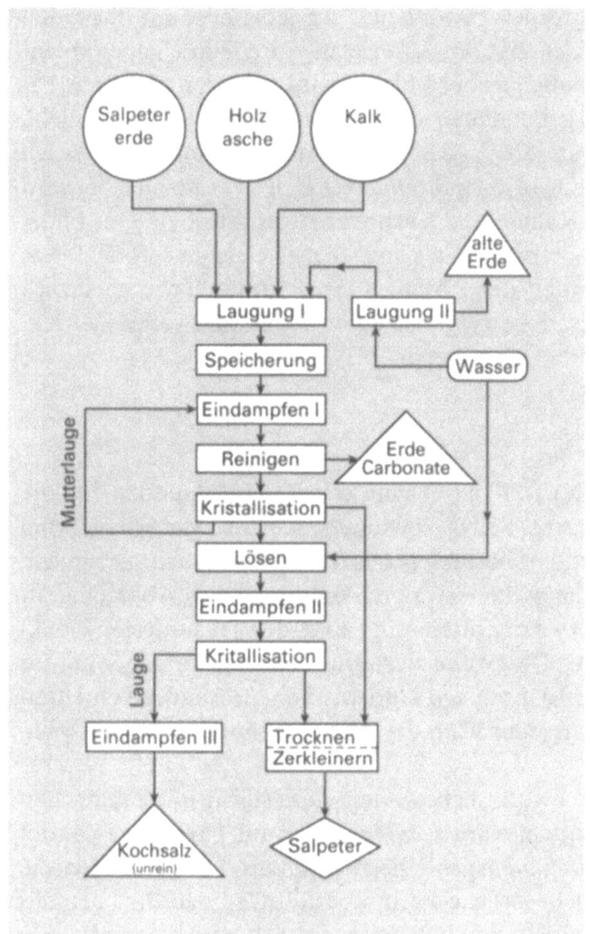

Abb. 2
Verfahrensschema der Salpeterproduktion vom Mittelalter bis zum 19. Jahrhundert.

Sodagewinnung recht unrealistischen – Holzschnitt bei mit der Bemerkung: *Also halt ich darfür daß sie seyendt* (gemeint sind die *nitrische pletze*).[12]

Die sich an die Gewinnung von *nitar* anschließenden Bemerkungen über *borraß* und *salarmoniak* können gegenwärtig noch nicht gedeutet werden.

Salpeter

Auch bei der Beschreibung der Salpetergewinnung stellt Agricola ganz die praktische Durchführung in den Mittelpunkt, ohne auf die zahlreichen, widerspruchsvollen Theorien der damaligen Alchimisten einzugehen.[13] Der für die Schießpulverbereitung unentbehrliche Salpeter, chemisch Kaliumnitrat KNO_3, wurde bis zur Mitte des 19. Jahrhunderts in Mitteleuropa in einem mehrstufigen

Prozeß (Abb. 2) aus «Salpetererde» gewonnen.[14] Agricola erwähnt nicht, daß diese *dürre und etwas fätte erde*[15] erst durch jahrelange *Reife* in «Salpeterplantagen»[16] gewonnen werden mußte, wobei Mikroorganismen den meist aus Fäkalien stammenden organisch gebundenen Stickstoff in Nitrationen umwandeln. Die durch Auslaugen der Salpetererde gewonnene Lösung wird mit *der Eichenen … oder der gleichen äschen*[15] sowie mit *gebrandten Kalch*[15] versetzt. Dabei wird aus der Holzasche vor allem Kalium und Carbonat zugeführt. Letzteres bildet mit dem Calcium aus dem gebrannten Kalk unlösliches Calciumcarbonat, was zu einer bedeutenden Reinigung der Lösung führt. Umständliche, mehrfach wiederholte Kühlungskristallisationen ergeben einen bemerkenswert reinen Kalisalpeter.

Alaun und Vitriole

Der Kali-Alaun $KAl(SO_4)_2 \cdot 12\ H_2O$ wurde seit Jahrtausenden für die Färberei und Gerberei benötigt.[17] Seine Gewinnung war in Deutschland vom Mittelalter bis zum 19. Jahrhundert besonders eng mit dem Bergbau verbunden, da der Ausgangsstoff, der «Alaunschiefer», durch unterirdischen Abbau bereitgestellt wurde. Die «Saalfelder Feengrotten» sind eines der bekanntesten Denkmäler des Alaunschieferabbaus. Die komplizierten chemischen Vorgänge bei der Alaunherstellung sind erst 250 Jahre nach Agricola von Alexander von Humboldt[18] erkannt worden, so daß jeder auch die Alauntechnologie nur rein phänomenologisch abhandelte.

Der Alaunschiefer, ein schwerlösliches Aluminiumsilicat mit zahlreichen Beimengungen anderer Minerale, wurde *außgehauwe*, auf Halden geschüttet und *ettliche mohnate* bei *lufft und regen*[19] liegengelassen. Dabei werden die Aluminiumsilicate in eine leicht lösliche Form überführt, so daß die ebenfalls bei der Verwitterung entstehende freie Schwefelsäure mit dem Alaunschiefer zu Aluminiumsulfat reagieren kann. Die Schwefelsäure entsteht dabei unter Mitwirkung von Sauerstoff und von Mikroorganismen aus dem ebenfalls im Alaunschiefer enthaltenen Schwefelkies FeS_2. Mitunter muß die Verwitterung noch durch einen Röstprozeß unterstützt werden, den Agricola jedoch hier nicht erwähnt, wie er überhaupt die Abfolge der einzelnen Verfahrensschritte teilweise verworren abhandelt. In der beim Auslaugen der verwitterten Schiefer entstehenden Aluminiumsulfatlösung fehlt nun noch die Kaliumkomponente, die in späteren Jahrhunderten durch Zusatz von Holzasche oder Seifensiederlauge zugeführt wurde. Zu Agricolas Zeiten ersetzte man das Kalium K^+ oft durch das chemisch sehr ähnliche Ammonium NH_4^+, das im Urin ausreichend enthalten ist. Nach Zugießen des *jungen knaben harn*[19] wurde die Lösung gereinigt und in *pleyene gfierdten pfannen* stark eingedampft. Diese Lösung gelangte nach dem Absetzen fester Verunreinigungen in *hültze vhaß, die in die erden gegraben*

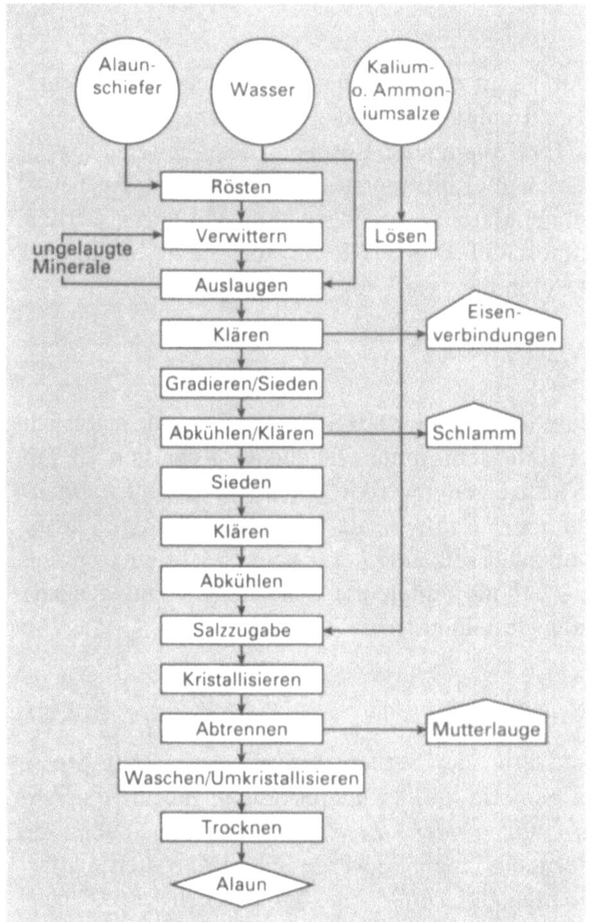

Abb. 3
Verfahrensschema der Alaunproduktion vom 16. bis zum 19. Jahrhundert.

werden[19], wobei durch Abkühlungskristallisation an kleinen Holzstäbchen ein sehr reiner Alaun gewonnen wird, der noch zerkleinert und getrocknet werden muß (Abb. 3).

Aus der zurückbleibenden Lösung wurden oft noch *kupfferwasser* (Kupfervitriol $CuSO_4 \cdot 5\ H_2O$) und *grün kupfferwasser* (Eisenvitriol $FeSO_4 \cdot 7\ H_2O$) erzeugt, wobei die durch Kristallisation entstehenden Salze nur eine relativ geringe Reinheit aufwiesen.[20] Nach Agricola soll allein das *kupfferwasser in viererley weiß gmacht werden*[21], wobei seine Beschreibungen zwar ausführlich, aber oft verworren sind.

Schwefel

Für die Gewinnung des bereits im Altertum bekannten Schwefels[22] kennt Agricola zwei Verfahren. Beim Eindampfen von *gschwefelten wassern*, also gelöstem Schwefelwasserstoff H_2S enthaltenden Lösungen *aus gschwefelten gengen ärtz*[23], entsteht durch Oxidation mit Luftsauerstoff in sehr geringer Ausbeute freier Schwefel. Beim zweiten, apparativ anspruchsvolleren Verfahren werden schwefelhaltige Erze unter Luftabschluß erhitzt. Wie ein Holzschnitt[23] zeigt, wird der dabei ausgetriebene Schwefel in flüssiger Form aufgefangen.

Bitumen

Das *bergkwachs*[24], ein heute als Bitumen bezeichnetes Gemisch natürlich vorkommender Kohlenwasserstoffe sehr unterschiedlicher Konsistenz, kann nach Agricola auf mehreren Wegen erzeugt werden, die er aber nur kurz abhandelt. *Wie Plinius schreibet*[24], wurden *zu Babylon* salz- und bitumenhaltige Wässer eingedunstet, wobei sich das obenauf setzende *bergkwachs* leicht entnommen werden konnte. Eine andere Methode ähnelt der Schwefelgewinnung durch Ausschmelzen des Bitumens aus Gesteinen.

Schwebestoffe

Schwerlösliche, in Quellwässern oder Stollenwässern suspendierte Stoffe lassen sich, wie Agricola kurz bemerkt, in kaskadenförmig angeordneten Absetzbehältern, *etlichen höltzern trogen oder kasten*[25], gewinnen, aus denen sie *abgescharret und gesamlet*[25] werden können. So werde in den Karpaten *schifergrün* und im Harz *okergäl* gewonnen. Bei *schifergrün* könnte es sich um Malachit, ein smaragdgrünes Kupfercarbonat, handeln, das als Farbpigment bereits im Altertum bekannt war. Ebenfalls als Pigment diente der Ocker, ein gelblichbraunes, erdiges Verwitterungsprodukt eisen- und manganhaltiger Mineralien.

Glas

Den Abschluß des Buches XII bildet eine ausführliche Beschreibung der Glasherstellung.[26] Dabei geht Agricola auf die Art und Zusammensetzung der Ausgangstoffe, die benötigten Öfen und Geräte, das Erschmelzen des Glasrohlings und die Verarbeitung des Glases zu Fertigprodukten ein. Mehrere Holzschnitte illustrieren den Aufbau der verwendeten Brennöfen. Ganz gewiß hat Agricola zahlreiche der vielen tausend Glashütten[27] in den deutschen Territorien gekannt, denn er versucht, die zahlreichen empirisch gefunden Verfahren darzustellen, was jedoch zu unklaren und falschen Aussagen führt. So erwähnt er als Glasrohstoff neben den gut geeigneten Pflanzenaschen auch das im Glasschmelzprozeß völlig nutzlose *weisse und durchsichtige bergsaltz*, also Steinsalz. Agricola schließt mit der begeisterten Schilderung der überragenden Kunst der Glasmacher, die er *vorzeitten zu Venedig* beobachten konnte, wo er *viel herzliche und wunderbarliche werck gsähen* hatte.[28]

Anmerkungen

1 Im folgenden wird aus folgendem Faksimiledruck der ersten deutschen Ausgabe zitiert: Agricola, G.: Vom Bergkwerck XII Bücher. Basel 1557. Reprint, Leipzig 1985.

2 Eine ausführliche Darstellung der Meeressalzgewinnung mit weiterführenden Literaturhinweisen z. B. in Bergier, Jean-Francois: Die Geschichte vom Salz. Campus Verlag, Frankfurt/Main 1989.

3 Anm.1, S. CCCCLII.

4 Anm.1, S. CCCCLVII.

5 Emons, Hans-Heinz; Walter, Hans-Henning: Alte Salinen in Mitteleuropa – Zur Geschichte der Siedesalzerzeugung vom Mittelalter bis zur Gegenwart. Deutscher Verlag für Grundstoffindustrie, Leipzig 1988.

6 Wilsdorf, Helmut; Quellmalz, Werner: Bergwerke und Hüttenanlagen der Agricola-Zeit. Deutscher Verlag der Wissenschaften, Berlin 1971, S. 388 (Ausgewählte Werke, Erg.-bd. 1).

7 Walter, Hans-Henning: Zur Entwicklung der Siedesalzgewinnung in Deutschland von 1500 bis 1900 unter besonderer Berücksichtigung chemisch-technischer Probleme. Bergakademie Freiberg 1985 (Dissertation). S. 103–112. Auch die von Agricola erwähnten Siedezusätze Blut und Bier waren längst nicht in allen Salinen üblich. Vgl. dazu Anm. 5, S. 22f.

8 Anm.1, S. CCCCLIX.

9 Anm.1, S. CCCCLX.

10 Philippsen, H.: Eine fast vergessene Salzindustrie an der deutschen Nordseeküste. Kosmos 15(1918), S. 175–176.

11 Ullmann, Fritz: Enzyklopädie der technischen Chemie. Urban & Schwarzenberg, Berlin/Wien, Band 8(1920), S. 382.

12 Anm.1, S. CCCCLXIIII.

13 Zum Verhältnis zwischen Theorie und Praxis vgl. Fester, Gustav: Die Entwicklung der chemischen Technik bis zu den Anfängen der Großindustrie. Verlag von Julius Springer, Berlin 1923, S. 52–62.

14 Walter, Hans-Henning: Historische Produktionsverfahren anorganischer Salze. Chemische Technik 42(1990), S. 231–236.

15 Anm.1, S. CCCCLXV.

16 Ausführlich bei Prinzler, Heinz W.: Pyrobolia – Von griechischem Feuer, Schießpulver und Salpeter. Deutscher Verlag für Grundstoffindustrie, Leipzig 1981.

17 Walter, Hans-Henning: Die Alaunproduktion in Deutschland vom Mittelalter bis zum 19. Jahrhundert. Der Abschnitt 41(1989)1, S. 2–18.

18 Humboldt, Alexander von: Über den Zustand des Bergbaus und Hütten-Wesens in den Fürstentümern Bayreuth und Ansbach im Jahre 1792. Akademie-Verlag, Berlin 1959 (Freiberger Forschungshefte, D23. Hrsg. von Herbert Kühnert.), S. 211–213.

19 Anm.1, S. CCCCLVIIf.

20 Fester, G.: Die Entwicklung der chemischen Technik ... (Anm. 13), S. 87–88.

21 Anm.1, S. CCCCLXXIII.

22 Ullmann, Fritz: Enzyklopädie der technischen Chemie. Urban & Schwarzenberg, Berlin/Wien, Band 10(1922), S. 123.

23 Anm.1, S. CCCCLXXVIIf.

24 Anm.1, S. CCCCLXXXI.

25 Anm.1, S. CCCCLXXXII.

26 Anm.1, S. CCCCLXXXIII bis S. CCCCXXXIX.

27 Berthold, Christian: Lokalisierung von Standorten der Glasproduktion in Deutschland vom 16. bis zum 19. Jahrhundert. Bergakademie Freiberg: Lehrstuhl für Wirtschaftsgeschichte (1989), Seminararbeit.

28 Anm.1, S. CCCCXXXIII.

Lazarus Ercker und der Bericht über das «Kuttenberger Schmelzwerk»

Klaus Freymann (Langweid)

Im Jahre 1555 – im Todesjahr von Georgius Agricola – trat in Dresden ein neuer Probationsmeister sein Amt an: Lazarus Ercker (1528–1594). Beide, Agricola und Ercker, verband das Interesse am Montanwesen, beide unterschied ihr jeweiliger Standpunkt, insbesondere zur Metallurgie ihrer Zeit. Während Agricola in seinen Werken einen eher enzyklopädischen Überblick über die Metallurgie (und den Bergbau) im 16. Jahrhundert gab, stand Ercker mitten im metallurgischen Geschehen seiner Zeit. Schwerpunkte seiner Arbeit bildeten vor allem Technik und Methodik der damaligen metallurgischen Analytik, dem Probierwesen, und das Bestreben, hüttentechnische Verfahren in einer Zeit steigender Unkosten im Bergbau, aber auch im Hüttenwesen, zu optimieren. Ercker wird in allen biographischen Skizzen als ausgesprochen befähigt und ehrgeizig beschrieben,[1] eine Mischung, die ihm einerseits während seiner Tätigkeit in Sachsen und im Harz hohe Führungsämter einbrachte, andererseits seinen ersten Lebensabschnitt unstetig erscheinen läßt. Erst mit seiner Übersiedlung nach Böhmen 1568 änderte sich dies: dort wurde er in die oberste Führungsebene des böhmischen Berg- und Hüttenwesens berufen, besonders gefördert durch Rudolf II.

Einen Teil seiner Aufgaben bildete dort die Teilnahme an königlichen Kommissionen, die Mißstände im böhmischen Montanwesen zu untersuchen und Vorschläge zur Abhilfe zu erarbeiten hatten. Eine dieser Kommissionen war 1589 in Kuttenberg tätig. Der Bericht, den die Kommissionsmitglieder darüber erstellten, befindet sich in der Sondersammlung des Deutschen Museums: *Die Kuttenberger Schmelzwerks-Renovatur* aus dem Jahre 1589.[2] Das Aktenkonvolut umfaßt 976 Seiten und beschreibt im wesentlichen zwei etwa zweimonatige Verhüttungskampagnen (Probeschmelzen) nach etwas modifizierten Verfahren. Die Verfahren wurden eingehend protokolliert und aus den Ergebnissen Vorschläge für zukünftige Handhabungen der Verhüttung in Kuttenberg erarbeitet.

1. Erckers Leben in Kürze

Lazarus Ercker wurde um 1528 in Annaberg im sächsischen Erzgebirge geboren. Die familiären Verbindungen Erckers weisen nach Nürnberg, wo die Erckersche Verwandtschaft an verschiedenen Bergbau- und Hüttenunternehmen in Sachsen und Thüringen beteiligt war.[3] In Annaberg besucht Ercker die Lateinschule und dürfte auch mit dem Rechenwesen von Adam Ries in Berührung gekommen sein.[4] 1547/48 nahm er das Studium an der Wittenberger Universität auf. Nach seiner Rückkehr nach Annaberg erhielt er eine Anstellung als Wardein der Annaberger Münze. Dort erwarb er sich schnell einen Ruf als ausgezeichneter Fachmann, so daß er über verwandtschaftliche Beziehungen als Probationsmeister für den Dresdener Hof vorgeschlagen wurde.[5] Dort trat Ercker im Januar 1555 seinen Dienst an. Ein Jahr später legte er dem Kurfürsten sein erstes handschriftliches metallurgisches Werk vor, das sogenannte «Kleine Probierbuch». Die Zufriedenheit des Kurfürsten mit Ercker drückte sich in der Berufung auf ein neues Amt als Generalprobationsmeister aus.[6] Mit etwa 28 Jahren hatte Ercker damit eine Stellung erreicht, die ihn zum Vorgesetzten altgedienter Wardeine in Freiberg, Schneeberg und Annaberg machte. Um so erstaunlicher mutete es an, daß Ercker noch 1557 als eben einer dieser Wardeine zurück nach Annaberg ging. Beierlein führt verschiedene Gründe für diesen Schritt an, dennoch bleibt Erckers Wahl unklar,[7] zumal er in Annaberg beruflich unzufrieden war. Nach einer Fortbildungsreise nach Tirol und einer kurzen Rückkehr nach Annaberg siedelte Ercker 1558 nach Goslar über.

Herzog Heinrich der Jüngere von Braunschweig hatte sich schon lange um einen fähigen Wardein aus Sachsen bemüht und ihn nun in Ercker gefunden. 1563 wurde Ercker zum Münzmeister befördert, im gleichen Jahr veröffentlichte er sein «Münzbuch».[8] Zwei Jahre später folgte sein Bericht über den Rammelsberg bei Goslar.[9] Ercker blieb aber nur acht Jahre in Goslar, 1566 schied er aus braunschweigischen Diensten aus und kehrte nach Dresden zurück. Mit seiner fundierten metallurgischen Erfahrung hatte er sein eigenes Verhüttungsverfahren entwickelt, das er in Dresden in Form eines Probeschmelzens durchzuführen gedachte. Schon die Vorbereitung, erst recht aber die Durchführung des ersten (und einzigen) Teils des Probeschmelzens, waren von Fehlschlägen begleitet und wurden zu einem persönlichen Mißerfolg Erckers, der ihn die Zuneigung des Kurfürsten kostete. Da er daraufhin in Sachsen keine Anstellung mehr fand, wanderte er 1568 nach Böhmen aus.[10] Dort fand er eine Anstellung als Gegenprobierer in Kuttenberg.[11] Als erfahrener Berg- und Hüttenmann versuchte er zunächst in seinem Kuttenberger Wirkungskreis Verbesserungen einzuführen. Seine Unterstützung der königlichen Kommissionen führte bald zur Beförderung Erckers in die oberste Bergverwaltung des Landes. 1574 veröffentlichte er sein Hauptwerk «Berschreibung: Allerfürnemisten Mineralischen Ertzt und

Bergwerksarten ...» in Prag, wo er wenig später als oberster Bergmeister unter Kaiser Rudolf II. tätig war. Überhaupt begann mit dem Regierungsantritt Rudolf II. Erckers einflußreichste Zeit. Rudolf II. schätzte Erckers Tätigkeit sehr, ernannte ihn 1583 zum Münzmeister von Prag und verlieh ihm drei Jahre später das Adelsprädikat.[12]

Während dieser Zeit zählte die Teilnahme an königlichen Kommissionen zur Untersuchung der Mängel im Bergwesen Böhmens zum festen Bestandteil der Arbeit Erckers. Die Erarbeitung rechtlicher, wirtschaftlicher und auch technologischer Verbesserungen bildete die Aufgabe dieser Kommissionen, deren Abschlußberichte weitgehend unbearbeitet geblieben sind.[13] Ercker blieb bis zu Beginn der 1590er Jahre im Amt und verstarb 1594 in Prag.

2. Die Situation in Kuttenberg während Erckers Zeit

Kuttenberg litt, als Lazarus Ercker dorthin kam, immer noch unter den Folgen der Hussitenkriege. Zwar lebten deutsche und böhmische Bergleute inzwischen wieder gleichberechtigt nebeneinander, doch zu den entstandenen Schäden materieller wie auch gesellschaftlicher Natur kam eine Reihe weiterer Probleme. So waren einige Bergwerke abgesoffen, die Kosten der übrigen Bergwerke stiegen, Brennmaterial für die Hütten wurde zunehmend teurer und der technische Fortschritt, der im Harz oder in Sachsen z.B. in Form der Nutzung von Wasser als Kraftquelle eingetreten war, hatte in Kuttenberg kaum Einzug gehalten.[14] Hinzu kam, daß in der ersten Hälfte des 16. Jahrhunderts in Kuttenberg nur silberhaltiges Kupfer (Schwarzkupfer) hergestellt wurde, das nach Nürnberg, insbesondere an die Ebnersche Seigerhütte in Enzendorf an der Pegnitz, zur Silberextraktion gebracht wurde: um das lukrative Entsilberungsgeschäft selbst in Kuttenberg durchzuführen, liefen zwar seit 1540 entsprechende Versuche in Kuttenberg, dennoch wurde erst ab 1557 entsilbertes Garkupfer nach Nürnberg verkauft.[15] Kuttenberg verfügte also spätestens seit jenem Jahr über ein Verfahren zur Silberextraktion und zur Herstellung von Garkupfer. Dennoch wurden weiterhin Versuche zur Optimierung der Verhüttung durchgeführt, gleichzeitig aber verschlechterte sich die Erzbasis in Kuttenberg, und die Bedeutung Kuttenbergs als Materiallieferant sank zusehens.[16] Als Ercker 1568 seine Arbeit in Kuttenberg aufnahm, begann man mit der Aufarbeitung der Schlackenhalden in den Hütten. Sieben Jahre später, 1575, führte Georg Wirth eines jener Verhüttungsverfahren in Kuttenberg ein, das Gegenstand der Untersuchung der königlichen Kommission im Jahre 1589 sein wird.[17] Neben den Schwierigkeiten, ein geeignetes Verhüttungsverfahren bei sich ändernder Erzbasis zu finden, litt das Kuttenberger Montanwesen unter Privatinteressen der Beteiligten. Die Ausnutzung der Wasserkraft für die bergbauliche Förderung beispielsweise scheiterte noch am vehementen Widerstand der Pferdehalter.[18]

Ganz allgemein litt Kuttenberg, wie auch das Montanwesen in anderen böhmischen Bergbauorten, unter einem gewissen Schlendrian, der auch 1589 in den Unterlagen der königlichen Kommission zum Ausdruck kommt.

3. Silber aus Kupfer

Am Beginn des 16. Jahrhunderts lassen sich zwei verschiedene Prozesse beobachten, um beim Verfahren der Kupfergewinnung möglichst viel Silber zu erhalten und gleichzeitig silberarmes Kupfer herzustellen. Bei beiden Prozessen dienten weitgehend silberfreies Blei bzw. bleihaltige Zwischenprodukte der Verhüttung als «Lösungsmittel» für Silber. Nach dem «Lösungsvorgang», dem Verschmelzen von kupferhaltigen Produkten mit Blei (Frischen), wurden das silberhaltige Blei vom entsilberten Kupfer abgetrennt (Abdarren, Seigern), aus dem silberhaltigen Blei das Silber gewonnen (Treiben, Brennen) und das entsilberte Kupfer zu Garkupfer verarbeitet.

Der Unterschied zwischen den beiden Silberextraktionsprozessen bestand darin, daß

- beim sogenannten Seigerhüttenprozeß silberhaltiges Schwarzkupfer,
- beim sogenannten Abdarrprozeß silberhaltiger Kupferstein mit Blei versetzt wurde.[19]

Agricola führt in seinem elften Buch in «De re metallica libri XII» den klassischen Seigerhüttenprozeß auf.[20]

Danach bestand das Verfahren aus

- der Rohkupferherstellung,
- dem Verschmelzen (Frischen) des silberhaltigen Rohkupfers mit Blei,
- dem Trennen (Seigern) von Kupfer und nunmehr silberhaltigem Blei,
- der Herstellung von Garkupfer und
- dem Abtreiben (Abtrennen) von Blei vom Silber.

Das nach Enzendorf ausgeführte silberhaltige Rohkupfer wurde dort nach diesem Prozeß geseigert und das Silber extrahiert.[21] In Kuttenberg hingegen wurde in der Mitte des 16. Jahrhunderts nicht der Seigerhüttenprozeß, sondern der Abdarrprozeß (gekoppelt mit einem nachgeschalteten Seigerhüttenprozeß) eingeführt.

Die Wahl dieses Verfahrens und die Bemühungen, dieses während vieler Jahre den Verhältnissen in Kuttenberg anzupassen, verwundern, stand doch in Enzendorf der seit Jahrzehnten bewährte Seigerhüttenprozeß zur Verfügung; die Geheimhaltung dieses Prozesses dürfte 1557, als die Entsilberung in Kuttenberg angelaufen war und Georgius Agricolas «De re metallica libri XII» in Deutsch

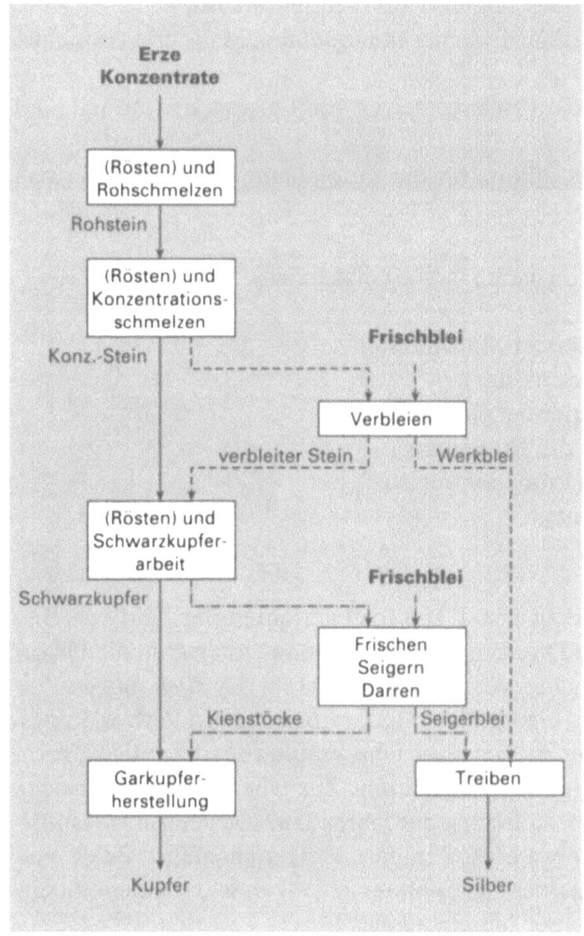

Abb. 1
Prinzipskizze der Verfahren zur Entsilberung von Kupfer im 16. Jahrhundert:

1. durchgezogene Linie: Kupferarbeit ohne Entsilberung
2. gestrichelte Linie: Prozeß der Steinverbleiung (ggf. mit Abdarrschritten)
3. strichpunktierte Linie: Seigerhüttenprozeß. Verschiedene Kombinationen dieser Prozesse waren möglich.

erschien, kein wesentlicher Grund mehr für die Wahl des Abdarrprozeß gewesen sein. Vielmehr könnten personelle Beziehungen zu Hütten in Tirol und Salzburg, wo der Abdarrprozeß in verschiedenen Varianten eine lange Tradition besaß,[22] ausschlaggebend gewesen sein. Diese Beziehungen werden auch in den Unterlagen der Kommission von 1589 deutlich.[23]

4. Die Kuttenberger Schmelzwerks-Renovatur 1589

Der Bericht der Kommission von 1589 enthält mehrere Teile:

- eine Reihe von (unvollständigen) Unterlagen verschiedener Verhüttungskampagnen aus den Jahren 1568 bis 1588,

- Protokolle der beiden Probeschmelzen aus dem Jahre 1598,
- Hütteninventare, Vorlagen für Eide der Angestellten, Maß- und Gewichtsangaben,
- getrennte Berichte über die Probeschmelzen von Lazarus Ercker und Karl von Bieberstein,
- einen Vorschlag einer Instruktion für die Kuttenberger Hüttenwerker von Lazarus Ercker.

Mitglieder der Kommission waren (soweit ersichtlich):[24]

- Karl von Bieberstein (oberster Münzmeister),
- Lazarus Ercker (Oberbergmeister),
- Tobias Schaffer (Buchhalter der Kommission),
- Wolf Heroldt (Buchhalter in Kuttenberg),
- Christoph Burgentreich (Probationsmeister),
- Christoph Purz (oder Punz),
- Baldasar Dürleber.

Den Haupt-Abschlußbericht vom 23.08.1589 verfaßten nur Karl von Bieberstein und Christoph Purz. Die Aufgaben der Kommission waren die Untersuchung zweier an sich ähnlicher Verhüttungsverfahren, der *alten Singerschen Arbeit* und des Verfahrens von Georg Wirth, die Erarbeitung von Verbesserungsvorschlägen hüttentechnischer Art sowie die Überprüfung des derzeitigen Rechnungs- und Probierwesens und der Buchhaltung. Zur Überprüfung der beiden Verhüttungsverfahren wurden zu Beginn des Jahres 1589 zwei einzelne Kampagnen (Probeschmelzen) mit etwa 6500 Zentnern Erz durchgeführt. Beide Verfahren tragen die Grundzüge des bei Schlüter (1738) beschriebenen «alten» Kuttenberger Schmelzprozesses,[25] bestehend aus[26]:

- dem Rohschmelzen auf Rohstein,
- dem zweiten Verschmelzen des gerösteten Rohsteins auf Durchstechstein (Konzentrationsschmelzen),
- dem Verbleien des Durchstechsteins,
- dem anschließenden Abdarren des Durchstechsteins,
- der Schwarzkupfer-Herstellung,
- einer nachgeschalteten Seigerhüttenarbeit mit dem Schwarzkupfer,
- der Treib- und Feinbrennarbeit auf Silber.

Der wesentliche Unterschied zwischen dem bei Schlüter erwähnten und den beim Probeschmelzen angewendeten Verfahren liegt in der Behandlung der anfallenden Zwischenprodukte.[27]

Auch die beiden Probeschmelzen von 1589 unterscheiden sich, und zwar[28]

1. in der Aufbereitung der Erze, insbesondere in der sorgfältigen Handscheidung und Pochwerksarbeit bei der Singerschen Arbeit,
2. in der Verarbeitung armer Erzsorten, auf die Wirth verzichtete,
3. in der getrennten bzw. gemeinsamen Roharbeit bei Erzen mit unterschiedlichem Silbergehalt,
4. bei der Anzahl der einzelnen Abdarr- und Röstschritte und schließlich entscheidend
5. im Silberausbringen, das bei der Singerschen Arbeit bei etwa 88%, bei G. Wirths Verfahren bei etwa 78% lag.[29]

Karl von Bieberstein befürwortete auf Grund des besseren Silberausbringens das Verfahren nach Singer und entwickelte daraus ein eigenes Verfahren. Er legte u.a. besonderen Wert auf die gewissenhafte Aufbereitung der Erze, die Wiederverwendung von Ofenstäuben und das Rösten in geschlossenen Öfen.[30] Ercker stimmte allerdings nicht mit den Analysen und Berechnungen Karl von Biebersteins überein,[31] der versprach, mit seiner Methode ein Silberausbringen von 97% (!) und einen jährlichen Überschuß von gut 52000 Talern zu erhalten.[32] Es ist verständlich, das Ercker, der aus eigener Erfahrung den Wert solcher Prognosen kannte, insbesondere den Ergebnissen der metallurgischen Analysen von Karl von Bieberstein und Purz kritisch gegenüberstand. Dennoch führte Karl von Bieberstein 1590 s e i n Verfahren in einem Probeschmelzen durch. Die darüber angestellte Untersuchung ergab, daß sein Probeschmelzen nicht nur ein Fehlschlag war, sondern zudem der Staatskasse 4000 Taler Verlust einbrachte.[33] Über das in den folgenden Jahrzehnten in Kuttenberg geübte Verfahren liegen derzeit keine Nachrichten vor.[34]

Das umfangreiche Aktenkonvolut von 1589 enthält noch eine Reihe von Unterlagen, deren weitere Auswertung sowohl hüttentechnisch interessante Details als auch Einzelheiten über Erckers Haltung zu verschiedenen Verfahren ergeben wird.

Anmerkungen

1 Zu Erckers Leben: siehe Beierlein, Paul Reinhard: Lazarus Ercker, Bergmann, Hüttenmann und Münzmeister im 16. Jahrhundert. In: Freiberger Forschungshefte D12, Berlin 1955.; ferner die Lebensskizzen in Ercker, Lazarus: Beschreibung der Allervornehmsten mineralischen Erze und Bergwerksarten vom Jahre 1580. In: Freiberger Forschungshefte D34, Berlin 1960.; und Winkelmann, Heinrich: Lazarus Ercker – Drei Schriften. Bochum 1968.

2 Handschrift «Kuttenbergischer Schmelzwerks Renovatur: Ersuchung und Information/wie dieses und andere Schmelwerke zu reformieren sindt». Sondersammlung des deutschen Museums, Nr.1935–5, S. 976, zitiert «Handschrift SSDM 1935–5».

3 Beierlein, Paul Reinhard: Lazarus Ercker ... (Anm.1), S. 11 und Anmerkung 3, S. 123f.
4 Winkelmann, Heinrich: Lazarus Ercker ... (Anm.1), S. 16.
5 Beierlein, Paul Reinhard: Lazarus Ercker ... (Anm.1), S. 12ff.
6 Das «kleine» Probierbuch von 1556 findet sich im Abdruck in Winkelmann, Heinrich: Lazarus Ercker ... (Anm.1), S. 9–216.
7 Beierlein, Paul Reinhard: Lazarus Ercker ... (Anm.1), S. 17f.
8 Das Münzbuch von 1563. In: Winkelmann, Heinrich: Lazarus Ercker ... (Anm.1), S. 269–330.
9 Bericht vom Rammelsberg. In: ebenda, S. 215–266.
10 Beierlein, Paul Reinhard: Lazarus Ercker ... (Anm.1), S. 24ff. Der Mißerfolg Erckers beruhte nicht auf seinen metallurgischen Fähigkeiten, sondern auf seiner naiven Einschätzung seines Freiberger und Dresdner Umfeldes, das ihm z.T. mit Neid und Mißgunst entgegentrat.
11 Ebenda, S. 32.; nach Winkelmann, Heinrich: Lazarus Ercker ... (Anm.1), S. 6 trat Ercker seinen Dienst zuerst in Joachimsthal an und ging dann nach Kuttenberg.
12 Beierlein, Paul Reinhard: Lazarus Ercker ... (Anm.1), S. 32ff.
13 Ebenda, S. 7. Viel Material soll in den Archiven in Prag liegen, gerade die Untersuchungs- und Abschlußberichte der Kommissionen, die metallurgiegeschichtlich Interessantes enthalten dürften.
14 Ebenda, S. 32f.
15 Zu diesem bemerkenswerten Thema s. Klier, Richard: Nürnberg und Kuttenberg. In: Mitteilungen des Vereins für Geschichte der Stadt Nürnberg. 1958, S. 48, S. 51–78.; ferner Mühlfeld, Mergele von; Georg, Johann: Merkwürdigkeiten der königlich freien Stadt Kuttenberg. Wien 1825, S. 157.; und Suhling, Lothar: Der Seigerhüttenprozeß. Stuttgart 1976, S. 137. Der Begriff «Silberextraktion» ist hier nicht im strengen physikalisch-chemischen Sinne zu verstehen.
16 Sternberg, Kaspar Graf: Umrisse einer Geschichte der böhmischen Bergwerke. Prag 1836–38, Bd. I, S. 115ff.; Janaček, Joseph: Das Kupfer in Kutna Hora (Kuttenberg) im 16. Jahrhundert. In: Kellenbenz (Hrsg.): Schwerpunkte der Kupferproduktion und des Kupferhandels in Europa 1500–1650. Köln/Wien 1977, S. 181f.
17 Mühlfeld, Mergele von; Georg, Johann: Merkwürdigkeiten der königlich freien Stadt Kuttenberg ... (Anm. 15), S. 162.
18 Beierlein, Paul Reinhard: Lazarus Ercker ... (Anm.1), S. 33f.
19 Einzelheiten hierzu s. Suhling, Lothar: Der Seigerhüttenprozeß. Stuttgart 1976, S. 111ff.
20 Agricola, Georg: Zwölf Bücher vom Berg- und Hüttenwesen. Reprint VDI-Verlag, Düsseldorf 1977, S. 421ff.
21 Suhling, Lothar: Der Seigerhüttenprozeß ... (Anm. 19), S. 137ff.
22 Ebenda, S. 148f.: Dort auch (S. 148ff.) zur Geschichte und zur Technik des Abdarrprozesses.
23 Handschrift SSDM 1935–5 (Anm. 2), S. 26.: Dort werden zum Vergleich angeführten Hüttenwerke z. B. in Schwaz, Kitzbühl, Kirchberg, Kössen, Leogang, Gastein oder Rauris. Ferner treten in den Protokollen der Probeschmelzen zwei Hüttenleute mit dem Namen Stefan und Phillipp Stöckl auf. Inwieweit diese verwandt sind mit Hans Stöckl aus Tirol, dem Verfasser des Schmelzbuchs, muß geklärt werden. Vgl. Suhling, Lothar: Der Seigerhüttenprozeß ... (Anm. 19), S. 103f.
24 Die Unterschriften tauchen auf verschiedenen Schriftstücken in der Handschrift SSDM 1935–5 (Anm. 2) auf.

25 Schlüter, Christoph Andreas: Gründlicher Unterricht von Hütten-Werken. Braunschweig 1738, S. 473ff.

26 Zu ersehen aus den Protokollen der Probeschmelzen in Handschrift SSDM 1935–5 (Anm. 2), S. 367ff.

27 Dabei ist insbesondere bemerkenswert der Verzicht auf die Handwerksarbeit und den Zusatz von Frischblei beim Abdarren. In der Handschrift SSDM 1935–5 (Anm. 2), S. 588f. heißt es dazu: *Versuchsschmelzen des armen verbleiens, welches jetziger Zeit das Abdörrn genannt wird.* Tatsächlich handelt es sich um eine zweimalige Steinverbleiung mit anschließender Stein(!)-Seigerung.

28 Handschrift SSDM 1935–5 (Anm. 2), S. 331ff.

29 Ebenda, S. 25.

30 Ebenda, S. 27.

31 Ebenda, S. 21ff.

32 Ebenda, S. 29.

33 Mühlfeld, Mergele von; Georg, Johann: Merkwürdigkeiten der königlich freien Stadt Kuttenberg ... (Anm. 15), S. 164.

34 Schlüter, Christoph Andreas: Gründlicher Unterricht von Hütten-Werken ... (Anm. 25), S. 314f. beschreibt das Kuttenberger Verhüttungsverfahren zu Beginn des 18.Jh.

Quellmaterial

Handschrift «Kuttenbergischer Schmelzwerks Renovatur: Ersuchung und Information/wie dieses und andere Schmelwerke zu reformieren sindt». Sondersammlung des deutschen Museums, Nr.1935–5, S. 976, zitiert «Handschrift SSDM 1935–5».

Literatur

Agricola, Georg: Zwölf Bücher vom Berg- und Hüttenwesen. Reprint VDI-Verlag, Düsseldorf 1977.

Beierlein, Paul Reinhard: Lazarus Ercker, Bergmann, Hüttenmann und Münzmeister im 16.Jahrhundert. In: Freiberger Forschungshefte D12, Berlin 1955.

Ercker, Lazarus: Beschreibung der Allervornehmsten mineralischen Erze und Bergwerksarten vom Jahre 1580. In: Freiberger Forschungshefte D34, Berlin 1960.

Janacek, Joseph: Das Kupfer in Kutna Hora (Kuttenberg) im 16.Jahrhundert. In: Kellenbenz (Hrsg.): Schwerpunkte der Kupferproduktion und des Kupferhandels in Europa 1500–1650. Köln/Wien 1977, S. 172ff.

Klier, Richard: Nürnberg und Kuttenberg. In: Mitteilungen des Vereins für Geschichte der Stadt Nürnberg. 1958, S. 48, S. 51–78.

Mühlfeld, Mergele von; Georg, Johann: Merkwürdigkeiten der königlich freien Stadt Kuttenberg. Wien 1825.

Schlüter, Christoph Andreas: Gründlicher Unterricht von Hütten-Werken. Braunschweig 1738.

Sternberg, Kaspar Graf: Umrisse einer Geschichte der böhmischen Bergwerke. Prag 1836–38.

Suhling, Lothar: Der Seigerhüttenprozeß. Stuttgart 1976.

Tafel, Victor: Lehrbuch der Metallhüttenkunde. Band I, Leipzig 1951.

Winkelmann, Heinrich: Lazarus Ercker – Drei Schriften. Bochum 1968.

Der Denkmalkomplex «Saigerhütte Grünthal» in Olbernhau – letzter größerer Sachzeuge des Hüttenwesen aus der Zeit von Georgius Agricola

Hanns-Heinz Kaspar (Freiberg)

Als um die Mitte des 16. Jahrhunderts das Saigerverfahren – vermutlich in den Schmelzhütten bei Nürnberg – entwickelt wurde, und es damit erstmalig gelang, das Silber und andere Beimengungen aus dem Schwarzkupfer zu entfernen, war das, wie C. St. Smith über die Wechselwirkung von Wissenschaft und Praxis schreibt, *die bedeutendste technologische und folgenreichste montanwirtschaftliche Neuerung im Bereich der Nichteisenmetallurgie seit der Erfindung der Messingherstellung in der Antike.*[1] Trotz dieser einst umwälzenden technologischen Entwicklung ist heute der Begriff *Saigern* oder *Saigerhütte* nur noch Metallurgen bekannt, und wenige kennen die Technologie und wissen um deren damalige Bedeutung.

In Georgius Agricolas «De re metallica» sind allein sechs der zwölf Bücher der Metallurgie gewidmet, und im Buch XI beschreibt er *wie das sylber vom kupffer vn auch vom eisen zu scheiden seye.* Wenn auch die Entwicklung des Verfahrens zu dieser Zeit schon an die einhundert Jahre zurücklag, so gehört Agricola zu den Autoren, die erstmals das Saigern in breitem Maße und zugleich mit vielen Abbildungen darstellen. Das hat zwei Ursachen: zum einen wurde die Technologie von den Hüttenmeistern streng geheimgehalten, und auch Agricola bringt keine detaillierten Angaben über Mengen und Schmelzvorgänge, zum anderen war er mit der Technologie in Chemnitz persönlich in Berührung gekommen. Dort hatte bereits 1471 der Nürnberger Kaufmann Nickel Thiel eine erste Saigerhütte errichten lassen, die später in den Besitz der Familie Schütz überging, in die Agricola eingeheiratet hatte. Er hatte anscheinend direkten Zugang zu dieser Schmelzhütte. In seiner «De re metallica» beschreibt er eine Saigerhütte mit ihren Ausmaßen und Funktionen, die wahrscheinlich identisch ist mit der Chemnitzer Saigerhütte, ohne daß er diese benennt.

In meinen folgenden Ausführungen möchte ich auf die Darstellung der Technologie des Saigerverfahrens und seine historische Entwicklung verzichten. Das hat Lothar Suhling in seiner Dissertation und in dem 1978 erschienenen Buch «Das Saigerverfahren» ausführlich getan. Ich möchte mich vielmehr auf die Saigerhütten und speziell auf die Saigerhütte Grünthal beschränken, dem letzten Sachzeugen dieses technischen Verfahrens aus der Zeit von Georgius Agricola.

In der zweiten Hälfte des 15. Jahrhunderts wurden zahlreiche Saigerhütten, vor allem im Thüringer Wald und am Harz, zur Entsilberung von Schwarzkupfer errichtet. Finanziert wurden sie zumeist von Kapitalgesellschaften frühkapitalistischer Kaufleute. Geleitet wurden sie von Nürnberger Hüttenleuten. Die Gründe dafür sind darin zu suchen, daß es mit dem neuen Verfahren möglich war, Silber zu gewinnen, das nicht mehr dem Bergregal der Landesherren unterlag. So konnten sie über das Edelmetall mengenmäßig und preislich frei verfügen. Das löste enorme Impulse für die frühkapitalistische Entwicklung aus. Die Fugger ließen z. B. bei Georgenthal im Thüringer Wald eine Saigerhütte anlegen, nachdem der ungarische König die Ausfuhr von Silber aus seinem Land verboten hatte. Kein Weg war zu weit, um das silberhaltige Schwarzkupfer nach Deutschland zu transportieren, um es hier zu saigern und das Silber zu gewinnen.[2]

Im Herzogtum Sachsen wurde in Grünthal 1537 nach Chemnitz eine weitere Hütte gegründet. Anlaß war dafür das verstärkt anfallende silberhaltige Schwarzkupfer aus dem erzgebirgischen Erzbergbau. Der Annaberger Bergmeister Hans Leonhardt hatte 1532 mit 600 Gulden für den Annaberger Zehntner Heinrich von Elterlein gebürgt, als Herzog Georg diesen neben anderen führenden Beamten des Annaberger Bergreviers entließ. Als Gegenleistung ließ er sich dafür einen Anteil an Elterleins Saigerhandel überschreiben. Unter Saigerhandel verstand man in dieser Zeit sowohl den Handel mit Metallen für die Hüttenindustrie als auch das Betreiben von Saigerhütten. Letzteres dürfte es kaum gewesen sein, denn von einer Saigerhütte im Annaberger Bergrevier ist bis jetzt nichts belegt. Leonhardt nutzte diesen Geschäftsanteil, um eine eigene Saigerhütte in Grünthal oberhalb von Olbernhau, abseits der großen Bergreviere, aufzubauen. Die Zehntabrechnungen des Zehntners des Bergamtes Geyer, des Rechenmeisters Adam Ries, weisen aus, daß das geschmolzene Kupfer je zur Hälfte an die Saigerhütte der Schütz in Chemnitz und an die Saigerhütten von Hans Leonhardt abgeliefert werden mußte.[3]

Was ist von der damals in so hoher Blüte gestandenen Technik und den etwa 20 Saigerhütten geblieben? Nachforschungen in Thüringen und im Harz haben ergeben, daß vielfach kaum Kenntnisse vom Standort der ehemaligen Hütten vorhanden sind, geschweige denn davon, welche Bedeutung die dortige Saigerhütte hatte.

Der Standort der Chemnitzer Saigerhütte konnte 1972 lokalisiert werden, als man bei Schachtarbeiten an der Chemnitz auf Schlacken und Spuren von

Kupfer und Blei und auf eine Grundmauer stieß. Leider ließen die Bauvorhaben kein weiteres Verfolgen der damals gefundenen Spuren zu, so daß heute lediglich der ehemalige Platz der Saigerhütte von Chemnitz bekannt ist. Es wurden auch keine Aufmessungen vorgenommen, so daß unklar bleibt, ob es sich bei dem Fund um die e r s t e Gründung oder um den späteren Neubau handelt.

Anders verhält es sich bei der Saigerhütte Grünthal. Sie wurde im Jahre 1537 gebaut. Das war im Vergleich zu den Hütten im Thüringer Raum relativ spät. In der «Langen Hütte», so wurde das Produktionsgebäude der Saigerhütte Grünthal später genannt, ist bis 1853 gesaigert worden, und auch später wurde das Gebäude für Produktionszwecke bis in die 30er Jahre unseres Jahrhunderts genutzt. 1951 wurde die Lange Hütte wegen Baufälligkeit abgerissen. Das Institut für Denkmalpflege in Dresden ließ das Gebäude wohlweislich von Studenten ausmessen. Jedoch war ein wichtiges Denkmal früherer Produktionsweisen verloren gegangen. Damals hatten Denkmale der Produktion nicht den gleichen Stellenwert wie Denkmale der Architektur und der Kultur. Jedoch blieb in Grünthal ein umfangreiches Ensemble von Produktions-, Gesellschafts- und Wohnbauten auf einer Fläche von 12 ha erhalten, das 1978 in die Zentrale Denkmalliste der DDR aufgenommen wurde. Der Denkmalkomplex läßt mit seiner Vielzahl von Bauten noch heute die Bedeutung eines frühkapitalistischen Produktionsbetriebes erkennen.

Seit der 450-Jahr-Feier, welche der Nachfolgebetrieb, das VEB Blechwalzwerk, im Jahr 1987 durchführte, laufen verstärkte Bemühungen, dieses Denkmal aus der Agricola-Zeit zu erhalten und der Öffentlichkeit zugänglich zu machen. Fördermittel des Sächsischen Staatsministeriums für Wirtschaft unterstützen die Bestrebung der Stadt Olbernhau hinsichtlich der touristischen und musealen Nutzung.

Auf welcher Grundlage wird die Rekonstruktion des Denkmalkomplexes Saigerhütte Grünthal vollzogen? Ausgangspunkt ist die vorhandene Gebäudesubstanz. Auf den ursprünglichen Standorten sind vorhanden – wenn auch zum Teil später umgebaut –:

- das Treibehaus, später umgebaut zur Gießerei, heute Sporthalle,
- das Garhaus, heute Produktionsgebäude,
- der Althammer, heute museal betrieben,
- der Neuhammer,
- der Flöha- oder Doppelhammer, später erstes Walzwerk, heute Kulturhalle,
- der Großhammer, heute Werkhalle,
- das große Kohlhaus, heute Sportstätte,
- die elektrische Zentrale, Neubau von 1905,
- das Zimmerhaus,
- die Hüttenschule,

- die Hüttenschänke,
- die Hüttenmühle, heute Mühlencafé,
- das Brauhaus, der ehemalige kleine Hammer,
- die Faktorei,
- die alte Faktorei bzw. das Haus des Hammerverwalters,
- das Haus des Anrichters bzw. Schichtmeisters,
- das Haus des Richters Lange,
- vier Arbeiterhäuser, davon eins museal eingerichtet.

Nicht mehr vorhanden sind die Pochwäsche und die Brettmühle. Das Terrain der Langen Hütte war zu Beginn der Rekonstruktion Parkplatz. Das Gemeinwesen war mit einer fünf Ellen hohen Mauer mit zwei Toren und einer Hüttenpforte seit 1660 umbaut. Davon sind die Tore, die Pforte und Teile der Mauer mit Schießscharten erhalten. Dem Betrachter bietet sich damit das Bild eines frühkapitalistischen Großbetriebes. Eine Abbildung der Saigerhütte Ludwigstadt aus dem Jahre 1588 – abgebildet bei Suhling – dürfte das älteste Bild einer Saigerhütte sein. Ein Vergleich mit dem Gebäudeensemble von Grünthal läßt die Parallelität erkennen. Auch das Territorium von Ludwigstadt war mit seinen Produktionsgebäuden und Wohnhäusern umschrankt. Die von den Facharbeitern verlangten Fertigkeiten führten zu deren Ansiedlung unmittelbar am Betrieb. Sie mußten jederzeit verfügbar sein. Da die Ausgrabung in Chemnitz sich nur auf die Freilegung *einer* Mauer der Saigerhütte beschränkte, kann über die dortige Anlage keine Aussage gemacht werden. Der einzige bisher bekannte Grundrißplan einer Saigerhütte stammt aus Agricolas «De re metallica». Im Verlauf der Forschungen zur Saigerhütte Grünthal wurde ein von Markscheider Braun 1696/97 gezeichneter Grundrißplan des gesamten Hüttenterrains entdeckt.[4] Die Inneneinrichtungen der Hütten und Hämmer sind in diesem ebenfalls vermerkt. Als weitere wichtige Grundlage für die Rekonstruktion erwiesen sich die Aufmessungen, die 1952 von Studenten der Technischen Universität Dresden im Auftrag des Institutes für Denkmalpflege gemacht worden waren. Trotz dieser beiden maßstabsgerechten Unterlagen wurde die Grundfläche der ehemaligen Langen Hütte durch Grabungen überprüft. Es wurden die Fundamente der Mauern und auch einzelner Öfen und Herde freigelegt, wobei sich zum Teil erhebliche Abweichungen gegenüber den zwei Grundrißplänen ergaben. Das betraf vor allem eine Giebelseite und die Rückfront zur Faktorei. Die Rekonstruktion erfolgte auf den freigelegten Fundamenten. Das Ausmaß der Langen Hütte betrug danach 60 Ellen Länge und 30 Ellen Breite, d.h. 34 mal 17 m. Der umfangreiche Aktenbestand der ehemaligen Saigerhütte im Hauptstaatsarchiv in Dresden enthält zum Teil Angaben zu früheren Umbauten, was die Rekonstruktion wesentlich erleichterte.

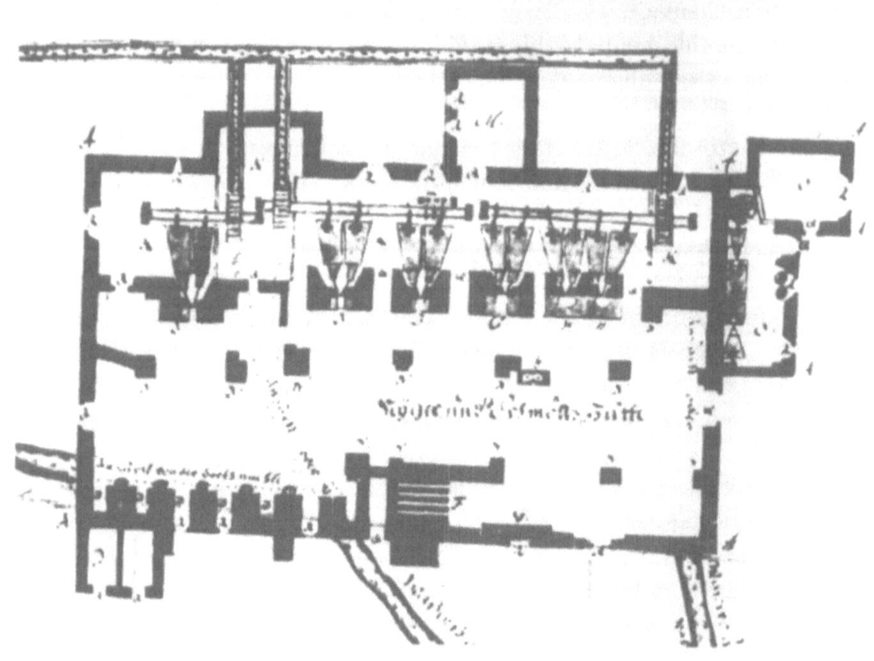

Abb. 1
Grundriß der Saigerhütte Grünthal 1696/97, angefertigt vom Markscheider Braun.

Das letzte zu lösende Problem betraf die Innenausstattung der Langen Hütte. Auch dazu hat Agricola Hinweise in der Gebäudebeschreibung gegeben. Vor allem aber sind zahlreiche Abbildungen vorhanden zum Saigern und zu den Schmelzprozessen in einer Saigerhütte. Im Bergarchiv Freiberg wurden gezeichnete Baupläne für die einzelnen Öfen mit den entsprechenden Maßangaben aufgefunden. Damit waren die wissenschaftlichen Grundlagen für eine weitgehend historisch getreue Nachbildung des Produktionsprozesses einer Saigerhütte gegeben. Bei all diesen Erkenntnissen mußte natürlich die Ökonomie für den Wiederaufbau berücksichtigt werden. Ein Nachbau der ehemaligen Langen Hütte in ihrem gesamten Ausmaß war deshalb nicht möglich. Wir entschlossen uns deshalb zum Einbau von jeweils einer Ofenart, zu zwei Wasserrädern, einem Pochwerk, acht Blasebälgen, weiterhin zu einem teilweisen Aufbau der Außenmauern. In der ersten Bauetappe wird die Inneneinrichtung als Freilichtmuseum gezeigt. Für die Standorte der genannten Objekte wurde weitgehend auf freigelegte Fundamente zurückgegriffen. Um den Besuchern die frühere Hüttentechnik verständlich zu machen, wird in einem Rundgang auf die einzelnen Produktionsstufen hingewiesen. So sind im Aufbau

Abb. 2
Saigerhütte Grünthal. Alte Faktorei – Hüttenschränke – Haus des Anrichters.

- ein kleiner Garherd mit zwei Herdflächen,
- ein Frischofen,
- ein Treibeofen,
- ein Kupferbrechherd,
- zwei Saigerherde,
- ein Darrofen.

Die Inneneinrichtung vervollständigen ein Pochwerk für das Gestübbe und zwei Wasserräder, deren Wellen vier Paare Blasebälge antreiben. Auf Kleingerät wird verzichtet, solange die Ausstellungsfläche nicht überdacht ist. Das soll in einem weiteren Bauabschnitt möglichst ab Herbst diesen Jahres geschehen. Die im Hauptstaatsarchiv deponierten Akten des Betriebes, die für den Zeitraum von 1537 bis 1991 vorhanden sind, sowie die Akten des Bergarchivs Freiberg, aber auch die im wissenschaftlichen Altbestand der Bergakademie Freiberg vorhandene Literatur ermöglichen eine weitgehend detailgetreue und historisch belegte Darstellung, die bei den Besuchern Achtung vor der hohen Kunst der Metallurgen früherer Jahrhunderte hervorrufen wird. In diesem Sinn soll die Rekonstruktion dieses Objektes die touristische Entwicklung des Erzgebirges unterstützen, zumal die erste Ferienstraße Sachsens – die Silberstraße – mitten durch den Denkmalkomplex Saigerhütte Grünthal führt.

Abb. 3
Arbeiterwohnhäuser und oberes Tor der Saigerhüttte Grünthal.

Neben dieser Bedeutung des Denkmalkomplexes für die technische Entwicklung hat die Saigerhütte Grünthal in der Wirtschaft und Politik des Kurfürstentums Sachsen eine nicht unbedeutende Rolle gespielt. So spiegelt sich z. B. der Zufluß von oberdeutschem Kaufmannskapital auch in Grünthal wider. Kaum ein Jahr nach der Gründung der Saigerhütte mangelte es an Geld und an fachkundigem Personal. Das Bekanntwerden dieser Situation veranlaßte das oberdeutsche Handelskapital, vertreten durch Georg Österreicher und Matthias Manlich aus Augsburg, sich an der Saigerhütte zu beteiligen und schließlich den unerfahrenen Eigentümer aus dem Saigerhandel zu treiben.[5] Auch Barbara Uthmann war nach dem Tode ihres Mannes von 1553 bis 1567 mit ihren Kindern Eigentümer der Saigerhütte. Sie führte einen umfangreichen Schriftwechsel mit Kurfürst August zur Erhaltung ihres Privilegs für den Aufkauf allen silberhaltigen Schwarzkupfers. Der Entzug dieses Monopols war das der privaten Bewirtschaftung der Saigerhütte. Sie ging 1567 in den Besitz des Kurfürsten über und blieb bis 1873 staatlicher Betrieb. Der Hüttenbetrieb war anfänglich dem Bergamt Annaberg, später dem Oberbergamt Freiberg unterstellt.

Die Saigerhütte Grünthal produzierte zwischen 1567 und 1848 522398 Mark Silber und 245510 Zentner Garkupfer. Das entsprach zeitweise mehr als 11 % allen Silberaufkommens von Sachsen und war für den Landeshaushalt eine willkommene Einnahme. Auch im Wirtschaftsleben des Landes hatte Grünthal eine Schlüsselstellung. Ab 1732 arbeiteten vier Hammerwerke mit 15 Hämmern. Ihre Kapazität entsprach der Leistung von mehr als 60% aller sächsischen Kupferhämmer. Grünthaler Dachkupfer zierte die meisten Schlösser Sachsens und viele größere Bauten in Europa. Sowohl die Geschichte des Saigerverfahrens als auch die historische Rolle, welche die Saigerhütte im Laufe der Jahrhunderte gespielt hat, waren Veranlassung, die Rekonstruktion in Angriff zu nehmen. Die erste Baustufe wird mit der Gestaltung der Langen Hütte als Freilichtmuseum, mit der Übergabe eines Arbeiterwohnhauses, dem Aufbau des Floßplatzes und einer Meilerstätte sowie einer Ausstellung zum Thema «Agricola und die Saigerhütte Grünthal» im Juni 1994 der Öffentlichkeit übergeben werden. In den folgenden Jahren ist der Wiederaufbau des Neuhammers mit einer Münzstätte, der Brauerei und der elektrischen Zentrale als Energiemuseum beabsichtigt.

So wird dieses einmalige Erbe aus der Zeit Georgius Agricolas erhalten und gepflegt und damit ein interessantes Objekt für die touristische Entwicklung des Erzgebirges geschaffen.

Anmerkungen

1 Smith; Cyril; Stanley: The Interaction of Science an Practice in the History of Metallurgy. In: Technology and Cultur, Vol.2, 1981.

2 Koch, Ernst: Das Hütten- und Hammerwerk der Fugger zu Hohenkirchen bei Georgenthal in Thüringen. In: Zeitschrift des Vereins für Thüringische Geschichte und Altertumskunde, Bd. 26/2, Jena.

3 Schellhas, Walter: Der Rechenmeister Adam Ries (1492–1559) und der Bergbau. Freiberg 1974.

4 Hauptstaatsarchiv Dresden, Außenstelle Freiberg, Rep. E, Nr. C 46.

5 Hauptstaatsarchiv Dresden, Loc.9732, Nr.1: Hans Leonhards Handel mit Georg Oesterreichern... 1538–1548.

Fortschreibung des Agricola-Werkes durch Hüttentechnik im Alpenraum.

Klaus Lewandowski (Großhelfendorf)

1. Einleitung:

Seit vielen Jahren befasse ich mich mit der Erforschung des spätmittelalterlichen bis neuzeitlichen Erzbergbaus im Oberpinzgau/Salzburg. In diesem Zusammenhang bin ich vor einiger Zeit im Salzburger Landesarchiv[1] auf eine in Leder gebundene Handschrift gestoßen, die den Titel trägt «Schmölz- und Perckhwerchs Erfhündung mir Ambroschen Abstarster gehörich wie hierin zu sehen ist, als Nemblichen» (1625). Die Handschrift, etwa im Format DIN A4, umfaßt nach Verfasserangabe *72 Pögen* und ist in einem nicht sehr guten Zustand. Die ersten Seiten fehlen oder sind zerfallen und unleserlich. Vorangestellt ist folgende Inhaltsangabe des Verfassers: *Perg Werchs Bezoch lnhaltend, wie ain Perckhwerch zu erheben, und Paulich zu erhalten, sambt anderen Zuegehörigkheiten, auch von Etwelch Perckhwerch in dem Hochfürstl. Erzstüfft Salzburg, und Tyroll meldend.*

Im ersten Abschnitt befaßt sich die Handschrift mit bergrechtlichen Fragen der Bergwerks-Verleihung. Dieser Teil wurde bislang nicht bearbeitet. Der zweite Teil, ab Seite 23–l, befaßt sich mit der Schmelz- und Hüttentechnik in Salzburg und Tirol und weist zahlreiche Ähnlichkeiten und Übereinstimmungen mit dem älteren *Schmelzbuch* des Tiroler Schmelzermeisters Hans Stöckl auf, das dieser von 1547–1560 zusammengestellt und Jörg Truefer am Pillersee in den Jahren 1617–1631 ergänzt hat. Leider hatte ich bislang keine Gelegenheit, das Original des Hans Stöckl einzusehen, jedoch steht mir eine Inhaltsangabe von Dr.-Ing. Winkelmann, Bochum, aus dem Jahre 1963 zur Verfügung, der die Ergebnisse einer Auswertung dieser Handschrift durch den Direktor des Tiroler Landesmuseums Ferdinandeum, Dr. Erich Egg, im 2. Anschnitt – Sonderheft 1963 kommentiert hat. Daß Abstarster etliche Abschnitte von Hans Stöckl übernommen hat, ist m. E. nicht weiter verwunderlich und hat zahlreiche Vorbilder. So ist (nach Angaben von Dr. Winkelmann) das «Speculum Metallorum» des Martin Sturtz von 1575 in vielen Teilen von Stöckl abgeschrieben. Auch Stöckl selbst hat einige Abschnitte von anderen Autoren übernommen (z.B. von Leonhard Härrer, Jacob Schönegger, Martin Prenninger u. a.). Selbst in heutigen Fachbüchern soll so etwas ja hin und wieder vorkommen. Ambrosius Abstarster, der möglicherweise in der Schmelzhütte in Schwaz beschäftigt war, denn auf Seite 52–2 sagt er über das Schwazer Schmelzen: *Item dise Arbaith, wie wier dann auf heuttigen Tag Arbaitten, Acht ich für die Pöst Arbaith*... ist mir bei meinen Forschungsarbeiten 1646 als Bergrichter und Unterwaldmeister von Ramingstein noch einmal begegnet. Aber das ist schon eine andere Geschichte. Sein Schmelzbuch enthält in loser Reihenfolge folgende Themen:

Nr.	Abschnitt
1	Wie ain Schmölzhütten mit allem Fürmb gepauth soll werden
2	Der Treibherd Zumachen
3	Die Schmölzer Ordnung
4	Vom Gestüb und Zuemachen
5	Von dem Hertten und Tögl zuschlagen
6	Gestübbe für das Abdarren
7	Gestübbe für kiesige oder arme Bleierze
8	Gestübbe zum Kupfer schmelzen
9	Asche zum Abtreiben zubereiten
10	Herde auskleiden und herrichten
11	Silber abtreiben
12	Kupfer oder Kobalt abtreiben
13	Der Saigerofen
14	Der Dörrofen
15	Der Pachofen
16	Das Silberbrennen auf die Fein
17	Goldgehalt von Silber zu probieren
18	Goldgehalt probieren
19	Gold auf seine Reinheit probieren
20	Silber auf die Fein probieren
21	Kupfer auf die Fein probieren u. Kupfergehalt von Erzen probieren
22	Armes Kupfererz auf den Gehalt probieren
23	Auf das Blei probieren
24	Wildes Bleierz probieren
25	Zinn- oder Wismut-Erz probieren
26	Vitriolsieden im Brenntal (Mühlbach)
27	Rohstein (Lech) aus Kies schmelzen
28	Das Schwazer schmelzen
29	Was ein jeder Stein oder Hartwerk bei der Probe an Silber zeigen soll
30	Eigenschaften der Erze von verschiedenen Bergwerken
31	Wie beim Bleischmelzen zu verfahren ist
32	Kitzbühler Schmelzen
33	Schmelzen von Rerobichler Erzen
34	Silber- u. Kupfergehalt verschiedener Erze u. Zwischenprodukte
35	Der Gehalt der Bleierze
36	Silber abtreiben aus Hartwerk, Kienstöcke u. Abzug
37	Wie das Schneeberger u. Gossensasser Erz geschmolzen wird
38	Schmelzen von Kiesen in Rauris und Gastein
39	Schmelzen von Glanzerz in Rauris und Gastein
40	Schmelzen goldhaltiger Kiese in Rauris und Gastein
41	Steinfelder und Villacher Schmelzen
42	Lienzer Schmelzen
43	Das gute Turner Erz auf das Blei zu schmelzen
44	Turner Kiese zu schmelzen
45	Vallhner Schmelzen
46	Des Treiben halber
47	Kapellen zu machen zum Treiben von Gold, Silber u. Münzmetallen
48	Feinkupferschmelzen
49	Kitzbühler Kupferschmelzen
50	Primörer Schmelzen
51	Bleiberger Schmelzen
52	Silbergehalt des Lechs von Wolfgang Pichler über 26 Tage
53	Bericht über das Kiesschmelzen
54	Fürmaß zum Verbleien von Lech und Gasteiner Erzen
55	Probierergebnisse der Bleischmelzung des Ruepp Pürnpichler über 20 Tage
56	Probierergebnisse der Steinschmelzung des Ruepp Pürnpichler über 19 Tage
57	Fürmaße für das Abdarren des Bleisteins u. das Schmelzen des Hartwerksteins
58	Bericht über das Abtreiben des Silbers
59	Verschiedene Methoden Erze und Metalle zu probieren

Es ist natürlich nicht möglich, in der Kürze der zur Verfügung stehenden Zeit auf alle diese Themen einzugehen, ich möchte sie daher zu fünf Themenblöcken zusammenfassen:

a) Hütteneinrichtungen und Hüttentechnik,
b) Eine Schmelzerordnung,
c) Probierkunde,
d) Fürmaße und Schmelzverfahren,
e) Vitriolerzeugung.

Lassen Sie mich mit dem Abschnitt Hütteneinrichtung und der Hüttentechnik beginnen: Die Beschreibung der Anlage einer Schmelzhütte beginnt bei Abstarster (23–1) mit der Überschrift: *Wie ain Schmelzhütten mit allem Fürmb gepauth soll werden.* Der erste Absatz bei Abstarster ist mit Stöckl fast wortgleich. Dann allerdings unterscheiden sich die Texte. Es folgen Beschreibungen eines Treibherdes (24–1), eines Saigerofens (35–2), eines Darrofens (38–1) und eines Pachofens (36–2). Ebenso gehören zu diesem Abschnitt Anleitungen zur Herstellung des Gestübbe und der Zurichtung von Herden und Tiegeln (31–1 bis 34–2). Diese Textteile sind insgesamt schwierig zu lesen, weil Abstarster häufig große Gedankensprünge macht, Wörter verschluckt oder, wie damals üblich, sich in Bandwurmsätzen ergeht. Sein Stil ist damit weit von der wissenschaftlich exakten, kühlen Ausdrucksweise Agricolas entfernt. Aus der Sprache Abstarsters ist eher der Hüttenrauch und der Lärm der Feuer und Gebläse zu spüren.

Der zweite Themenkreis befaßt sich mit einer Schmelzerordnung: Sie besteht bei Abstarster (25–1 bis 30–2) aus elf *Dienstanweisungen* mit dem Titel: *Wie sich ain Jeder in seinen Thunen unnd Arbaith halten soll.*

Sie sind geschrieben für:

- Verweser oder Hüttenschreiber,
- Hutmann,
- Röstmeister,
- Schmelzer u. Schmelzermeister,
- Vorwieger
- Probierer,
- Schmelzerknechte,
- Schauffler,
- Treibmeister,
- Wächter,
- Kupferer.

Bis auf den bei Abstarster fehlenden *Saigerer* sind die beschriebenen Berufe und ihre Reihenfolge identisch mit der von Christof Beham um 1550 für Schwaz zusammengestellten *Schmelzordnung*, so daß ich annehme, daß Abstarster sie kannte und abgeschrieben hat. Einen Hinweis beim Schmelzermeister möchte ich aber dennoch zitieren: Da heißt es: *Ain jeder schmölzer unnd Maister, soll zu morgens frue ungeferlich zwischen dreien und vieren selbst umblassen, und das khainen Khnecht bevelchen, es were dan das ainer zween Heupfchen sözen miest.*

Als Drittes folgen die Ausführungen über die Probierkunde: Abstarster beschäftigt sich auf insgesamt 22 Seiten mit verschiedenen Probiermethoden, die natürlich auch bei Agricola angegeben sind:

a) Feinbrennen von Silber:
Auch Hans Stöckl hat diese Methode beschrieben, allerdings hat er sie wiederum bei dem Faktor der Fröschlmoser, Martin Prenniger, abgeschrieben. Es wäre interessant zu vergleichen, ob beide Texte identisch sind.
b) Goldgehalt von Silber probieren:
Abstarster beschreibt das Trennen der Metalle mit Scheidewasser *(aqua forte)* und das anschließende Ausglühen und Wiegen der Probe.
c) Gold auf seine Reinheit probieren:
Hier beschreibt Abstarster die Anwendung von Probiernadeln und die sogenannte *Quartierprobe*, zu der er, abweichend zur Vorschrift Agricolas, bemerkt: *Wiewoll es etliche annders beschreiben, darnach Sye iere Probierwasser haben.*
Es folgen dann noch
d) Silber auf seine Reinheit probieren (Silber mit Blei auf einer Kapelle unter der Muffel schmelzen),
e) Kupfergehalt von Erzen zu probieren (Kupfererz, Kupferkies und Kupferstein),
f) Bleierze auf den Bleigehalt probieren (für *mildes* und *wildes* Bleierz, wie auch bei Agricola mit *Glasgalle* und
g) Erze auf Zinn und Wismut probieren (mit einer wesentlich komplexeren Flußmittel-Rezeptur als bei Agricola.).

Aus Zeit- und Platzgründen kann ich leider nicht näher darauf eingehen.

Ein Großteil in Abstarsters Schrift befaßt sich mit den Fürmaßen und Schmelzverfahren: Zum großen Unterschied zum Werke Agricolas finden sich bei Abstarster, wie auch bei seinem Vorbild Hans Stöckl, zahlreiche detailierte Fürmaße, d.h. Rezepturen für unterschiedliche Ofenbeschickungen und Schmelzvorgänge. Bei Abstarster sind zehn Fürmaße für das Schmelzen silberhaltiger Kupfererze und Kiese und 25 Fürmaße für die nachfolgenden Bleischichten beschrieben. Zusätzlich hat er auch etliche Fürmaße für das Schmelzen goldhaltiger Erze und für Bleierze angegeben. Beim Vergleich der Fürmaße von Stöckl und Abstarster fällt auf, daß bei einigen Rezepturen völlige Übereinstimmung, bei anderen Ähnlichkeiten bestehen. Beispielsweise finden sich für das Schmelzen der Falkensteiner Erze in Schwaz nur folgende Differenzen:

Arbeitsgang	Stöckl	Abstarster
Erzschicht	Zuschlag 6 Ztr. Schlacken	Zuschlag 1 Par = 2–3 Ztr.
l. Verbleien	Zuschlag 12–14 Ztr. Hertt u.Glet	Zuschlag 5–6 Ztr.
Pürstein auf Cu schmelzen	Ag-Gehalt des Pürstein 1 1/2 Lot/Ztr.	Ag-Gehalt = 1 1/8 Lot/Ztr.

Eine andere Rezeptur weist folgende Unterschiede auf:

Erze			Stöckl				Abstarster	
	Ztr.	Pfd.	Lot Ag/Ztr.	Lot Ag ges.	Ztr.	Pfd.	Lot Ag/Ztr.	Lot Ag/ges.
Rerpichler Stuef	4	–	6	24	5	–	6	30
Rerpichler Pruch	5	–	4	20	3	–	2	6
Rerpichler Khüß	1	–	1	1	2	–	1,5	3
Ringwexl Stuef	2	–	5	10	2	–	4	8
Ringwexl Pruch	1	–	1	1	2	–	2	4
Jufner Ärzt	3	–	2	6	1	–	2	2
Wäschwerch, Camerstaub, Schlaggen	–	–	–	–	–	50	3	1,5
Summen	16	–	19	62	15	50	20,5	54,5
reich. Stein	4	50	9,5	42,5	6	–	8	48
Khobaldt		30	38	11,4	–	30	28	8,4
Ag gesamt				53,9				56,4

Stöckl gewinnt also aus dem Bruttogehalt von 62 Lot Ag (3 Mk 14 Lot) seiner 16 Ztr. Erze 53.9 Lot Ag (= 3 Mk 5,9 Lot) = 86,9% Ausbringung. Abstarster hingegen macht aus den 54,5 Lot Ag Bruttogehalt seiner 15,5 Ztr. Erze 56,4 Lot Ag!

Diese wundersame Silbervermehrung gelingt aber an anderer Stelle auch dem Hans Stöckl, (Fol.313a), wo er aus einem Bruttogehalt von 101 Lot Ag im Kobalt und reichen Stein 170,5 Lot Ag widerfindet!

Als letzter Abschnitt der Handschrift Abstarsters sei die Vitriolerzeugung erwähnt: Die Erzeugung von Kupfervitriol in der Brenntaler Hütte (Mühlbach, Gde. Bramberg/Oberpinzgau) um 1625 wird ausführlich beschrieben. Die Vitriolsiedung ist in Mühlbach seit 1500 aktenkundig, soll aber bis etwa 1430 zurückreichen. Sie wurde lange vor dem Kupferschmelzen betrieben und erfolgte nach Abstarster in folgenden Schritten:

- 200 Kübel Vitriolkies rösten (Die Röstung erfolgte sehr vorsichtig über einen Zeitraum von 6–9 Monaten),
- gerösteten Kies in einer Kaskade von drei bis vier übereinander angeordneten Trögen mit heißem Wasser zwei Mal waschen,
- Trübe läutern lassen,
- geläuterte Waschlauge 20–22 Std. in Bleikesseln sieden,
- Lauge abkühlen lassen,
- Vitriol in Setzkästen in sechs Tagen auskristallisieren lassen,
- Rest der Lauge erneut sieden,
- Vitriol auskratzen, trocknen und verpacken.

Dieser Prozeß wurde im Prinzip in Mühlbach bis zur Schließung der Hütte im Jahre 1864 so betrieben und bis zu 1000 Ztr. Vitriol/Jahr erzeugt und hauptsächlich nach Salzburg, Augsburg und Nürnberg, aber auch nach Wien, Bozen und anderswo verkauft. Für mich, der ich mich mit dem Bergbau und der damit verbundenen Hüttentechnik im Oberpinzgau befasse, ist dieser Teil natürlich der wichtigste.

Abstarsters Handschrift ist sicherlich keine weltbewegende Sache – dafür hat er vielleicht auch zuviel abgeschrieben. Wenn ich mir aber die mir bekannten vergleichbaren Schriften zwischen 1500 und. 1650 betrachte, dann paßt sie vielleicht doch ganz gut zwischen die Schriften von Ulrich Rülein von Calw («Bergbüchlein») und Balthasar Rößler («Hell polierter Bergbau Spiegel»).

Mir persönlich ist es ein echtes Anliegen, zum heutigen Tag zum Ausdruck zu bringen, welche Hilfe und welche Unterstützung ich als quasi Laienforscher (ich verdiene mein Geld nämlich mit der Instandsetzung von Flugzeugen) gerade von Georgius Agricola erfahren habe. Ohne seine geduldigen und detaillierten Erläuterungen der manchmal doch recht komplizierten Vorgänge hätte ich vielleicht längst die Geduld verloren. Ihm gilt daher mein herzliches Dankeschön!

Anmerkungen

1 Landesarchiv Salzburg: Bestand Bücher und Akten der Zentralbehörden, Geheimes Archiv, Bergwesen, 1526–1808, Karton 15, Rep. 6.

Bergbauurkunden der Markgrafen von Meißen aus der zweiten Hälfte des 14. Jahrhunderts und ihre Bedeutung bis zur Agricola-Zeit

Heinz Krümmer (Limbach-Oberfrohna)

Der Ausgangspunkt meiner Betrachtungen zu vorstehend genanntem Thema ist der seit 1530 bekannte philosophische Dialog im «Bermannus ...», wo Agricola mit seinen Gesprächspartnern die Wasserhebung im Bergbau der Antike mit der Gegenwart vergleicht. Während ihres Aufstieges zu den bergmännischen Anlagen bei St. Joachimsthal besichtigten sie einen Pferdegöpel und kamen zu folgendem Urteil: *Unsere Kunstmeister sehen sich durch die Tiefe der Schächte gezwungen, so große und viele Fördermaschinen auszudenken. Es gibt sogar noch bei weitem größere und technisch vollendete Maschinenanlagen ... (in Geyer und Schneeberg haben die Schächte etwa 200 Lachter = 400 m Teufe). Deshalb müssen auch unsere Maschinen bei weitem größer und kunstvoller als die antiken sein, zumal jene, die ziemlich tief in den Schächten selbst aufgestellt werden ... Wahrhaftig sind sie und andere Maschinen ähnlicher Art würdig, der Nachwelt erhalten zu werden.*[1]

Das ist ein frühes Beispiel von der Pflege technischer Denkmale im Bergbau Sachsens und Böhmens und sicherlich die erste Ankündigung der später von Agricola in seinem Hauptwerk «De re metallica» zeichnerisch dargestellten unterirdischen Wasserhebemaschinen. Der Zwang, *sich große und viele Fördermaschinen auszudenken,* bestand nach Bergbauurkunden der Markgrafen von Meißen bereits seit der zweiten Hälfte des 14. Jahrhunderts. Unter Einbeziehung erster Formen des Erfindungsschutzes im sächsischen Bergbau des 14./15. Jahrhunderts erlangen diese Urkunden eine größere technik- und wirtschaftsgeschichtliche Bedeutung als bisher durch J. Köhler und A. Laube bereits bekannt war.[2,3]

Mit der Herausbildung von Anfängen kapitalistischer Produktionsverhältnisse im Silberbergbau Sachsens und der unabdingbaren Notwendigkeit der Einführung neuer Maschinen und Anlagen zur Wasserhebung aus größeren

Tiefen entwickelte sich ab Mitte des 14. Jahrhunderts das Bedürfnis, Erfindungen unter Schutz des Landesherren stellen zu können, um deren finanzielle Ausbeutung zu sichern.

Eine Darstellung von bestimmten Parallelen zwischen Erfindungsschutzrecht und Bergrecht in Sachsen haben bisher Silberstein,[4] Zycha[5] und Creutz[6] vorgenommen. Silberstein geht in seiner Dissertation davon aus, daß den Erfindungsschutzrechten nur bis Ende des 15. Jahrhunderts ein vertragsmäßiges Motiv anhaftet und stellt dann fest, daß *in den sich um das Ende des 16. Jahrhunderts im Bergbau häufenden Privilegien ... der Übergang zum abstrakten Gewohnheitsrecht beobachtet werden kann.*[7]

Die Ursache für die Kontinuität dieser Entwicklung sieht er u.a. darin, daß *die wichtigste Ursache der einheitlichen Entwicklung der Wasserkunstprivilegien im deutschen Bergbau über eine lange Zeit ... die enge Anlehnung an die Grundsätze des Erbstollenrechts* (Teil des Bergrechtes) *ist.*[8]

Er war der erste, der auf mögliche Quellen des Erfindungsschutzes hinwies. Einschränkend fügt er aber hinzu, daß seine Ausführungen *nicht beweisen (sollen), daß das Erbstollenrecht die Entwicklung des gesamten Patentwesens in Deutschland direkt beeinflußt hat. Soweit sich dieses aus den Wasserkunstprivilegien entwickelt hat, ist dies anscheinend bis zu einem gewissen Grade der Fall.*[9]

Früher als Silberstein vermutete Zycha, daß die Erfindungsprivilegien deutscher Landesfürsten im 16. Jahrhundert an Prinzipien anknüpften, die sich aus dem Bergrecht entwickelt hatten. Nach seiner Meinung haben *den Auftakt für die Idee des Erfindungsschutzes überhaupt jene ausschließliche Privilegien gegeben, die für den Bau von Maschinen des deutschen Bergbaus im Osten bereits seit dem 14. Jahrhundert erteilt worden sind.*[10]

Creutz hat anhand des vollständigen Wortlautes vieler Schutzrechtsurkunden des 14./16. Jahrhunderts die Frage nach der Notwendigkeit der Herausbildung, den Quellen, der Entwicklung und den Prinzipien des Erfindungsschutzes in Sachsen untersucht.[11] Das erste Erfindungsschutzrecht in Sachsen wurde 1379 von den Markgrafen von Meißen einer Gesellschaft verliehen, die eine neue Wasserkunst für den Freiberger Bergbau erfunden hatte.[12]

Freiberg war im 13. und 14. Jahrhundert das Zentrum des sächsischen Silberbergbaus. Die rechtlichen Regelungen für die Freiberger Bergwerke wurden schnell den Verhältnissen des mährischen Bergbaurevieres Iglau (Jihlava) angepaßt und dort zwischen 1269 und Mitte des 14. Jahrhunderts wiederholt schriftlich festgelegt.

In Freiberg wurde 1307 das Bergrecht aufgezeichnet und zwischen 1346 und 1375 erweitert.[13] Diese kodifizierten Handschriften befinden sich als «Bergrecht A» und «Bergrecht B» im Ratsarchiv Freiberg. Seine Grundsätze wirkten sich auf spätere Bergordnungen der sächsischen Bergbauzentren aus. Die Annaberger Bergordnung von 1509, die 1511 durch Herzog Georg auch in Freiberg eingeführt und damit das Direktionsprinzip im sächsischen Bergbau durchgesetzt wurde, stellt für die Betrachtungen zum Erfindungsschutz einen gewissen Abschluß dar, da sie das Gedankengut der vorangegangenen Ordnungen in sich vereint, selbst aber zum Ausgangspunkt für spätere Bergordnungen wurde.

Im Jahre 1356 entrissen die sieben deutschen Kurfürsten dem König sein Bergregal. Die Markgrafen von Meißen hatten das Regalrecht an edlen Metallen und suchten dieses auf Gebiete anderer Territorialherren auszudehnen. Das Bergregal und die Bergbaufreiheit bildeten schon damals eine notwendige Einheit. Nach dem gültigen Freiberger Bergrecht schränkte das Bergregal die Rechte des Grundeigentümers zugunsten des Landesherren und die Bergbaufreiheit die des Grundeigentümers zugunsten der Bergbauwilligen ein. Die bloße Tatsache des Bestehens der Bergregalität sicherte noch keine Einnahmen für den Landesherren. Es mußten freie Lohnarbeiter vorhanden sein, die in keinerlei Abhängigkeitsverhältnis zum Grundherren mehr standen und darauf angewiesen waren, ihre Arbeitskraft zu verkaufen.

Ein charakteristischer Grundzug des sächsischen Bergrechtes ist das Recht des ersten Finders auf die Verleihung einer Fundgrube. Der Finder stellt den Antrag auf Verleihung eines Schutzrechtes an den Landesherren, der die «Erfindung» durch seine Beamten auf Neuheit und Nützlichkeit prüfen läßt. Die «Neuheit» war dadurch gewährleistet, daß jedes Bergwerk nur auf freiem Feld errichtet werden konnte, da jedes in Betrieb befindliche Bergwerk über ein durch die Bergordnung festgelegtes Grubenfeld bestimmter Größe verfügte. Die «Nützlichkeit», d.h. die Abbauwürdigkeit des Erzganges, stellte der Bergmeister durch Besichtigung fest. Danach wurde die Verleihung des Bergwerkes durch eine Urkunde bewiesen.

Solange im Bergbau die Eigenlehner und die genossenschaftlichen Gewerken die Bergbautreibenden waren, genügte ein Vertrag zwischen den Gewerken und den Erfindern als Schutz für letztere. Beispielsweise lassen sich im Harzer Bergbau in Goslar keine Erfindungsschutzrechte nachweisen, da der Rat der Stadt Regalherr und Gewerke waren.

Nachdem die oberflächennahen Erze im Freiberger Revier abgebaut waren, verlangte das Problem des Tiefbaus neue technische Lösungen. Die technischen Möglichkeiten zur Wasserbewältigung waren offensichtlich mit dem ausgeprägtem Erbstollenrecht des Freiberger Bergbaus schon vorhanden,[14] doch die Eigenlehner oder Genossenschaften selbstarbeitender Gewerke mit der relativ geringen Zahl von Lohnarbeitern waren nicht mehr in der Lage, die hohen Kosten für den erforderlichen Tiefbau und den Bau und Einsatz von sogenannten «Wasserkünsten» zu tragen. Nicht die Erschöpfung der Lagerstätten oder die unzureichende Technik im Bergbau waren die Ursachen für die ab Mitte des 14. Jahrhunderts verstärkt in Freiberg einsetzende Krise, sondern der in den bestehenden Eigentums- und Produktionsverhältnissen begründete Kapitalmangel für den Bau der erforderlichen Wasserhebemaschinen. Nicht jede Grube konnte die *Wasserlösung* durch einen Stollen empfangen, da die Anlage eines Stollens von den örtlichen Bedingungen abhing. Diesen Gruben blieb nur die Möglichkeit, das Wasser in Kübeln oder mittels Pumpen *an den Tag* zu bringen. Diese *Künste*, von denen später Agricola einige genau beschreibt, wurden nun zum Betätigungsfeld zahlreicher Erfinder.

Erstmals wird 1365 in einer Urkunde die Absicht des Landesherren zur Einrichtung einer Kunst im Freiberger Bergbau belegt.[15] Markgraf Friedrich der Strenge erließ einen Befehl, alle von landesherrlichen Beamten ... *unsen bergwerken zu nucze unde czu vromen* ... eingeleiteten Maßnahmen durchzuführen.

Am 20. März 1379 schlossen die Markgrafen von Meißen mit Johann Zcecheslaw und Dominik Goltsmit aus Prag, Heynmann aus Freiburg und Hermann von Rothenburg und Hensil Messirer aus Nürnberg einen Vertrag über die Errichtung einer Wasserkunst.[16] Die Markgrafen sagten ihnen außer einer Geldzahlung ein freies Neuntel von jeder von ihnen gewältigten Grube zu und gelobten ... *das wir sy schuczen wollin vor allir obirigen gewalt, das yn dy nimant thun sal mit wortin noch mit werkin, unde sal ouch nymant keynerleye gerichte obir si habin denne wir selbir.*

Damit wird das erste Erfindungsschutzrecht in Sachsen belegt. Bereits hier finden sich Ansätze zwischen dem Stollenrecht, einem Teil des Bergrechtes, und der in diesem Schutzrecht verankerten Norm für den Fall der Benutzung der Erfindung durch andere.

Zur Lösung des Wasserhaltungsproblems gab es nach dem Bergrecht nur zwei Möglichkeiten: Entweder wurden fast waagerechte Gänge mit leichtem Gefälle, sogenannte Erbstollen, von über Tage in das Gebirge getrieben, bis sie den auf Wasserlösung harrenden Schacht erreichten oder es mußten Wasserkünste, also mechanische Wasserhebevorrichtungen, in die Grube gehangen werden. Die Anlegung von Erbstollen verursachte über mehrere Jahre beträchtliche Kosten. Durch besondere rechtliche Regelungen mußte der Anreiz zum Bau solcher Stollen erhöht werden. Die Bestimmungen über das Stollenrecht legten im wesentlichen folgendes fest: Die Lehnschaft, als eine Art Untergewerkschaft, erhielt das zur Anlegung eines Stollen benötigte Gebiet nicht als Lehen wie die Gewerke, die eine Grube auf Erz bearbeiteten. Ihnen wurde das Gelände als Erbe, d.h. als Grundbesitz mit dem Erbbereiten, ins Eigentum übertragen. Dadurch erloschen sämtliche Mitbaurechte (landesherrschaftlicher Fronteil und grundherrschaftlicher Ackerteil). Der Lehnschaft stand das Recht zu, bei Auffindung von Erzgängen, diese weiterzuverleihen. Beim Durchfahren des Erbstollens durch ein anderes Lehen mußten die betreffenden Gewerke der Lehnschaft ein Viertel der aufgewendeten Kosten, den *Vierten Pfennig*, zahlen. Brachte der Erbstollen einer Grube Lösung der Wassernot und ermöglichte damit die Bewetterung, so mußten die Gewerken der erlösten Gruben der Lehnschaft den neunten Teil des Ertrages ihrer Grube nach Abzug des Zehnten, das *Stollenneuntel*, geben. Wurden darauf später noch tiefere Erbstollen angelegt, so gingen die Rechte auf den tieferen Stollen über.[17] Das aufgewendete Kapital schien sich sicher rentiert zu haben, denn als im Jahre 1384 die Markgrafen von Meißen den «Reich-Zechner-Stollen» («Alten und Tiefen Fürstenstollen» bei Freiberg) von den Gewerken kauften, mußten sie 1100 Schock Groschen an diese bezahlen. Das geht aus einer Urkunde vom Februar 1384 hervor.[18] Diese Urkunde ist ein Beispiel für die sehr wirksame und folgenreiche Unterstützung des Bergbaus aus den landesherrlichen Einnahmen, führte aber letztendlich, ebenso wie die Befreiung vom Zehnten, vom Mitbaurecht an Stollen u.a. nicht sofort zu der gewünschten Erschließung neuer Erzvorkommen. Es blieb nur die zweite Möglichkeit zur Lösung der Wassernot, das war der Einsatz leistungsfähiger Pferdegöpel und damit Ablösung der zahlreich vorhandenen Handhaspel. Auch hier mußten in den ersten Jahren hohe Kosten aufgewendet werden, ehe später mit weit weniger Lohnarbeitern eine erfolgreich arbeitende Wasserkunst ein Bergwerk *erlösen* konnte. Berücksichtigt man die Parallelen zwischen Erfindungsschutz und Bergrecht im allgemeinen, dann erscheint es fast selbstverständlich, daß die Nutzungsgebühr der Wasserkünste für den Fall der Wasserlösung ähnlich derjenigen im Stollenrecht ausgebildet war. Nach 1384 unterstützten die Landesherren vornehmlich kapitalkräftige Gesellschaften und Münzmeister, die sich bemühten, wirksame maschinelle Einrichtungen zur Wasserhebung einzusetzen, und das nicht nur im Freiberger Bergbau, sondern auch in anderen Montanzentren Sachsens. Dem Erfinder und den an der Errichtung einer neuen Wasserkunst beteiligten Gewerken mußten auch hier besondere Vorrechte gewährt werden, die teilweise bis zu einem Verzicht der Regalrechte durch die Markgrafen selbst führten. In dieser und mehrfacher Hinsicht bemerkenswert ist die Urkunde vom März 1390, wonach die Markgrafen von Meißen dem Freiberger Münzmeister Nickel von Meideburg, *das Bergwerk auf dem Ulrichsberg (bei Wolkenburg/Mulde, ca. 10 km nordöstlich von Glauchau) und alle binnen einer halben Meile um dasselbe belegene Bergwerke ... gegen eine jährliche Rente von 1200 Schock Groschen (!) überlassen.*[19] Darin wird dem Käufer gestattet, daß er *gefertigen mag radekauwen, radeschechte, radephert(e) unde alle ander zcugehorunge, der ym czu demselben bergwerk not ist*, d.h. er darf Gebäude *(Kauwen)* errichten, in denen ein Rad zum Betrieb einer Wasserhebemaschine, einer Wasserkunst aufgestellt ist; er darf Kunstschächte abteufen, worin die Wasserhebemaschinen aufgestellt sind; er darf Pferde zum Betrieb des Wasserkunstrades einstellen.

Mit dieser Urkunde ist der Nachweis erbracht, daß in einem anderen Montanzentrum Sachsens außerhalb von Freiberg, wo die oberflächennahen Erze abgebaut und auch freie Lohnarbeiter vorhanden waren, die Markgrafen erstmals die Einführung von Pferdegöpelanlagen und anderen Anlagen zur Wasserhebung besonders in Erwägung gezogen hatten.[20] Das vertragsmäßige Motiv dieser Urkunde wird mit Zugeständnissen und ausdrücklichen Bedingungen erweitert. Der Käufer braucht demnach die ausgebrachten Erze nicht mehr nach Freiberg zu fahren, sondern darf neben dem Ulrichsberg eigene Erzmühlen und Schmelzhütten errichten.

Die *erbeyter* (Arbeiter), wie Hauer, Haspeler, Schmelzer, Bergschmiede und Bergzimmerleute, die er (der Käufer) mehr benötigt, darf er nicht aus Freiberg abziehen, sondern soll sie *zcu den Kutten* (Kuttenberg in Böhmen) *unde uf andern bergwerken* holen. Auch soll das Erz des Bleiberges bei Frankenberg in die Schmelzhütten zum Ulrichsberg gefahren werden, wo es offensichtlich zur Entsilberung der dort abgebauten Kupfererze benötigt wird. Diese Urkunde weist darauf hin, daß um 1390 mit der ausgeprägten Arbeitsteilung auch ausgeprägte Keime der neuen kapitalistischen Produktionsweise im sächsischen Silberbergbau bestanden haben.[21]

Gleichzeitig läßt dies auch auf einen Höhepunkt in der technikgeschichtlichen Entwicklung des Silberbergbaus in der Markgrafschaft Meißen und den Beginn der Krise im Wolkenburger Bergbau schließen. Der weitgehende Verzicht auf die Regalrechte durch die Markgrafen selbst deuten darauf hin, daß der Bergbau auf dem Ulrichsberg für sie nicht mehr rentabel war. Andererseits wird für den böhmischen Bergbau von Kuttenberg um 1400 der Einsatz eines Pferdegöpels als bedeutende technische Neuerung genannt.[22]

Die fehlenden Investitionen durch das Kaufmannskapital, die um 1400 zu verzeichnende Verringerung des Silbergehaltes der Münzen auf ein Viertel und die Verschlechterung der Lage der Lohnarbeiter verschärften die Krise im sächsischen Bergbau immer mehr. Diesen Prozeß konnten die Markgrafen auch mit den Urkunden von 1402 durch Freikauf des Stollens *zcu dem Storenberge* und Befreiung der Stollen der Gewerke *zcu dem Gerstenberge* nicht mehr aufhalten.[23,24]

Erst rund einhundert Jahre später datieren die nächsten quellenmäßig belegten Erfindungsschutzrechte in Sachsen. Paulus Eck erhielt am 4. Dezember 1477 und der Benediktiner-Bruder Blessing zwei Tage später für eine neue Wasserkunst das erforderliche Schutzrecht.[25,26] Der Hinweis auf die Neuheit und Nützlichkeit der technischen Lösung zur Wasserhebung und die durchgeführte bzw. noch durchzuführende Erprobung der Erfindung sind nach den Urkunden aus dem 14. und 15. Jahrhundert zumindestens Vorläufer der dann nach 1500 immer mehr in den Vordergrund tretenden Erfindungsschutzrechte mit Ausschließungscharakter, die immer deutlicher eine innere Beziehung von Erfindungsschutz- und Bergrecht erklären.

Mit dem Aufblühen der Bergstädte Schneeberg und Annaberg waren gegen Ende des 15. Jahrhunderts in Sachsen die wirtschaftlichen Verhältnisse soweit herangereift, daß das Kaufmannskapital seine Anlage im Bergbau suchte, was wiederum von zunehmend erfinderischen Aktivitäten und technischen Neuerungen begleitet wurde. Am Anfang des 16. Jahrhunderts wurde dann in erheblichem Maße die Wasserkraft zum Betrieb der Künste eingesetzt. So erhielten 1504 die Gewerken des «Markus-Semler-Stolln» in Schlema einen Bach verliehen, ... *damit sie ihm zu ihrer kunst gebrauchen.*[27]

In enger Wechselbeziehung zur Errichtung von Wasserhebemaschinen stand auch das Bestreben, neue Aufbereitungs- und Verhüttungsverfahren zu finden. Auch die hierzu nachgewiesenen Erfindungsschutzrechte sind durchweg Verbietungsrechte, die dem Schutzrechtsinhaber die Benutzung seiner Erfindung allein zusichern. So erhielt Sigismund von Maltitz für seine Erfindung des Naßpochwerkes am 2. Oktober 1507 das Recht von Herzog Georg verliehen, die alten Halden zu durchwaschen und 1512 eine Schutzrechtsurkunde.

Es kann gefolgert werden: Nach den erwähnten Bergbauurkunden der Markgrafen von Meißen aus der zweiten Hälfte des 14. Jahrhunderts ist die Herausbildung des sächsischen Erfindungsschutzes eng mit dem Freiberger Bergrecht und seinem Erbstollenrecht zu begründen. Die Prinzipien des Erfindungsschutzes waren mit denen des Bergrechtes, das bereits frühzeitig in schriftlichen Rechtsnormen vorlag, identisch. Wie die Finder eines Erzganges (bzw. einer Fundgrube oder eines Bergwerkes) hatte auch der Erfinder einer Wasserkunst im sächsischen Bergbau das Recht auf Schutzrechtserteilung. Die Ansätze frühkapitalistischer Produktionsverhältnisse im sächsischen Bergbau des 14./15. Jahrhunderts und die daraus abzuleitenden technikgeschichtlichen Zusammenhänge mit der nachfolgenden Krise sind Ausgangspunkte des Erfindungsschutzes in Sachsen. In dieser Zeit entwickelten sich als typisch kapitalistische Überbauerscheinung und gleichzeitig mit der Herausbildung von Anfängen kapitalistischer Produktionsverhältnisse im sächsischen Berg- und Hüttenwesen bereits erste Formen des Erfindungsschutzes mit Ausschließungscharakter. Das Gewohnheitsrecht war schon zur Agricolazeit die Quelle des Erfindungsschutzes in Sachsen. Die von Agricola in seinem Hauptwerk «De re metallica» beschriebenen Wasserhaltungsmaschinen sind ein Beispiel des Entwicklungsstandes von technischen Neuerungen im mitteleuropäischen Bergbau bis zur ersten Hälfte des 16. Jahrhunderts.

Anmerkungen

1 Agricola, Georgius: Ausgewählte Werke (AGA). Gedenkausgabe des Staatlichen Museums für Mineralogie und Geologie zu Dresden. Hrsg. von Prescher, Hans und Mathé, Gerhard. Bd. II., Berlin 1955, S. 87.

2 Köhler, J.: Die Keime des Kapitalismus im sächsischen Silberbergbau (1168 bis um 1500). In: Freiberger Forschungshefte D13, Berlin 1955.

3 Laube, A.: Die Wechselbeziehungen von Technik und Produktionsverhältnissen im sächsischen Bergbau des 14. bis 16. Jahrhunderts. ICOHTEC-Symposium. Freiberg 1978, S. 233 bis 249.

4 Silberstein, M.: Erfindungsschutz und merkantilistische Gewerbeprivilegien. Winterthur 1961.
5 Zycha, A.: Das böhmische Bergrecht des Mittelalters. Breslau 1900.
6 Creutz, H.-J.: Die Herausbildung des Erfindungsschutzes in Sachsen im 15. und 16. Jahrhundert. In: Jahrbuch für Wirtschaftsgeschichte 2(1983), Berlin, S. 91 bis 110.
7 Silberstein, M.: Erfindungsschutz ... (Anm. 4), S. 47.
8 Silberstein, M.: Erfindungsschutz ... (Anm. 4), S. 51.
9 Silberstein, M.: Erfindungsschutz ... (Anm. 4), S. 53.
10 Zycha, A.: Zur älteren Geschichte und vergleichsweisen Bedeutung des niederländischen Erfindungsschutzes. In: Zeitschrift für Rechtsgeschichte der Savigny-Stiftung (1942), S. 297.
11 Creutz, H.-J.: Die Entwicklung des Erfindungsschutzes in Sachsen im 16. Jahrhundert. Diplomarbeit an der Humboldt-Universität zu Berlin, Sektion Rechtswissenschaften, Berlin 1978, S. 101 bis 105.
12 Creutz, H.-J.: Etappen der Entwicklung des Erfindungsschutzes in Sachsen. In: Sächsische Heimatblätter 31(1985)4, S. 165.
13 Herrmann, W.; Ermisch, H.: Das Freiberger Bergrecht. In: Neues Archiv für sächsische Geschichte 3(1882)2, S. 118 bis 151 und Ermisch, H.: Das sächsische Bergrecht des Mittelalters. Leipzig 1887, S. LX, S. 3, S. LXV und LXXI.
14 Ermisch, H.: Das sächsische Bergrecht ... (Anm. 13), S. LXXIXff.
15 Ermisch, H.: Freiberger Urkundenbuch, Bd. II, Leipzig 1886, Urkunden-Nr.903, S. 24.
16 Ebenda, Urkunden-Nr. 933/934, S. 43 bis 45.
17 Ermisch, H.: Das sächsische Bergrecht ... (Anm. 13), S. LXXIXff.
18 Ermisch, H.: Freiberger Urkundenbuch, Bd. II. ... (Anm. 15), Urkunden-Nr. 941, S. 48 bis 51.
19 Ebenda, Urkunden-Nr. 952, S. 56/57. Vgl. auch Hdschr. im Historischen Staatsarchiv Dresden, Cop. 30, fol. 102.
20 Krümmer, H.: Betrachtungen zur Entwicklung frühkapitalistischer Produktionsformen im Wolkenburger Silberbergbau von 1350 bis 1550. In: Sächsische Heimatblätter 34(1988)3, S. 106 bis 109.
21 Köhler, J.: Die Keime des Kapitalismus ... (Anm. 2), S. 67/68.
22 Wagenbreth, O.: Zur Herausbildung der Montanwissenschaften in Sachsen im 16. Jahrhundert. In: Sächsische Heimatblätter 32(1986)2, S. 60.
23 Ermisch, H.: Freiberger Urkundenbuch, Bd. II. ... (Anm. 15), Urkunden-Nr. 964, S. 63/64.
24 Ebenda, Urkunden-Nr. 965, S 65.
25 Historisches Staatsarchiv Dresden, Loc. 4320, Bl. 34f.
26 Historisches Staatsarchiv Dresden, Loc. 432O, Bl. 91.
27 Historisches Staatsarchiv Dresden, Loc. 4492, Bergrechnungen 1438 bis 1538, Vol. I, Bl. 103ff.

Sachsens Montangeschichte vom 16. bis ins 19. Jahrhundert im Rahmen eines künftigen sächsischen Industriemuseums

Otfried Wagenbreth (Freiberg)

Hier wird das «Industriemuseum» als neuer Typ der Technikmuseen vorgestellt und gezeigt, wie dabei einerseits die Montangeschichte allgemein in ihren Hauptperioden, andererseits aber die von Agricola in seinem berühmten Buch «De re metallica» (1556) behandelte Montantechnik des 16. Jahrhunderts an originalen Sachzeugen nacherlebt werden kann.

1. Das Industriemuseum als neuer Typ der Technikmuseen

Das bekannteste Technikmuseum Mitteleuropas ist das 1906/1925 geschaffene und laufend aktualisierte Deutsche Museum in München. Es enthält Exponate aus nahezu allen Zweigen der Technik, ausgestellt in einem Museumsneubau. Dabei werden technische Anlagen, die für eine Überführung in das Museum zu groß sind, als Modell präsentiert. Ein Museum gleichen Typs ist das Deutsche Bergbaumuseum Bochum im Land Nordrhein-Westfalen. Seit 1985 wird in Nordrhein-Westfalen das erste Beispiel eines neuen Typs von Technikmuseen geschaffen: Das Westfälische Industriemuseum. Dieser Typ ist zu definieren als «dezentrales System museal gestalteter technischer Denkmale». Das Westfälische Industriemuseum umfaßt bisher acht Standorte, die teils schon der Öffentlichkeit zugänglich, teils noch im Aufbau sind. Als solche Standorte werden technische Denkmale der für die Region historisch wichtigen Industriezweige ausgewählt, und zwar eben an den Orten, wo diese Industriezweige typisch waren. So präsentiert das Westfälische Industriemuseum den Steinkohlenbergbau mit mehreren Anlagen im Ruhrgebiet, die Ziegelindustrie der Grafschaft Lippe in der Ziegelei Sylbach bei Lage und die Textilindustrie in der Textilstadt Bocholt. Vorteile dieses Typs der Technikmuseen sind:

– die Technik- und Industriegeschichte wird in ihrem originalen Umfeld dargestellt,

- in die Präsentation des Industrizweiges werden die technischen Denkmale, also originale Bauwerke, einbezogen, die sich in den Technik-Museen konventioneller Art nur durch Modelle darstellen lassen.

Die größeren Entfernungen zwischen den Standorten – in Westfalen maximal etwa 200 km – könnten als Nachteil empfunden werden, sind dies aber allenfalls für die Leitung und Mitarbeiter des Museums, beim heutigen Verkehrswesen jedoch nicht für die Besucher.

Im Rheinland, der zweiten Region von Nordrhein-Westfalen, ist ein analoges Rheinisches Industriemuseum im Aufbau. Von der Industriegeschichte her und mit der vorhandenen Substanz an technischen Denkmalen könnten ebensolche Industriemuseen ohne größere Schwierigkeiten auch in Sachsen-Anhalt, Thüringen und Sachsen geschaffen werden (Bild 1).

2. Die Montangeschichte in einem «Sächsischen Industriemuseum»

Die Zahl der Standorte eines solchen Industriemuseums muß beschränkt sein, wenn sie finanziell machbar bleiben soll. Bei der Vielfalt der in einem Sächsischen Industriemuseum darzustellenden Industriegeschichte kann für die Bergbauzweige nur je ein Standort bestimmt werden, z.B. für den erzgebirgischen Erzbergbau der Denkmalkomplex Freiberg mit der Reichen Zeche als musealer Schwerpunkt, für den Steinkohlenbergbau das schon bestehende Steinkohlenbergbaumuseum Karl-Liebknecht-Schacht Oelsnitz und für die Braunkohlenindustrie die Brikettfabrik Knappenrode bei Hoyerswerda. Diese museal gestalteten bzw. zu gestaltenden Standorte des Industriemuseums werden aber ergänzt durch eine Fülle weiterer technischer Denkmale, die – bei unterschiedlicher Nutzung – die reiche Geschichte der jeweiligen Industriezweige demonstrieren. So wird die Aussage der drei genannten Standorte zur Montangeschichte Sachsens z.B. ergänzt durch die folgenden Denkmale (Bild 1):

a) Zu den Zweigen des Montanwesens:
- Erzbergbau: Denkmale u.a. in den Revieren Schneeberg, Annaberg, Marienberg, Ehrenfriedersdorf, Geyer und Altenberg,
- Buntmetallhüttenwesen: Denkmale der Hütten Muldenhütten und Halsbrücke bei Freiberg,
- Eisenhüttenwesen: Hammerherrenhäuser im Westerzgebirge,
- Steinkohlenbergbau: Denkmale in den Revieren von Zwickau und Freital, sowie ergänzende Denkmale bei Lugau-Oelsnitz,
- Braunkohlenindustrie: Denkmale in den Revieren von Borna und Grimma,
- Kaolin- und Tonbergbau: Denkmal «Glückaufschacht», Mehren bei Meißen.

b) Zu den Bergbauperioden:

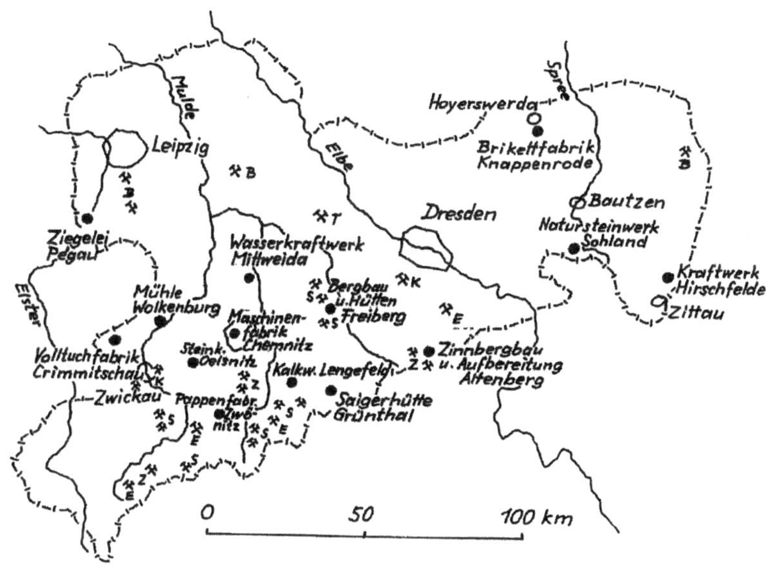

Abb. 1
Die für ein «Sächsisches Industriemuseum» vorzuschlagenden Standorte (dicke Punkte) und die ergänzenden technischen Denkmale des Bergbaus (Bergbau-Symbol mit Buchstaben: S Silber u.a. Metall, Z Zinn, E Eisen, K Steinkohle, B Braunkohle, T Ton und Kaolin).

- 12./14. Jahrhundert: Haldenzüge und Bodendenkmale bei Freiberg, Frankenberg, Zwickau und Penig, Stollnmundlöcher,
- 16./18. Jahrhundert, Anlagen aus dieser Zeit: Halden in mehreren Bergrevieren, die Pingen von Altenberg, Sadisdorf, Seiffen und Geyer, Stollnmundlöcher, Kunstgräben und Kunstteiche in den Revieren von Freiberg, Schneeberg, Marienberg, Altenberg und Ehrenfriedersdorf, mehrere Huthäuser,
- jüngere Anlagen, die aber die Technik des 16./18. Jahrhunderts repräsentieren: Der Pferdegöpel von Johanngeorgenstadt, das Kehrrad der Roten Grube in Freiberg (Wiederherstellung und Erschließung geplant), das Pochwerk und die Erzwäsche von Altenberg,
- 19./20. Jahrhundert: Erzbergbau: Die Schachtanlagen Abrahamschacht (1839), Alte Elisabeth (1848, mit Dampffördermaschine), Reiche Zeche (um 1900) bei Freiberg,
- Arno-Lippmann-Schacht (um 1960) bei Altenberg,
- ferner alle Denkmale des Steinkohlenbergbaus und der Braunkohlenindustrie.

3. Sachzeugen zu der von Agricola dargestellten Montantechnik des 16. Jahrhunderts

Wenn in den Montan-Standorten des vorgeschlagenen Sächsischen Industriemuseums und in den ergänzenden technischen Denkmalen die Montangeschichte Sachsens nacherlebbar gemacht werden soll, steht die Frage, ob und wie dort dann auch speziell die von Agricola in «De re metallica» (1556) in Wort und Bild dargestellte Technik an Sachzeugen in originaler Größe zu sehen ist. Das ist der Fall, wie folgende Beispiele zeigen: Die Gewinnungsarbeit mit Schlägel und Eisen kann in der Freiberger Grube Alte Elisabeth besichtigt werden, wo nicht nur diese Werkzeuge, sondern aus dem 18. Jahrhundert die typischen Bearbeitungsspuren am Gestein zu sehen sind. Die größten von Agricola behandelten Fördermaschinen sind der Pferdegöpel und das Kehrrad. Der 1797/98 erbaute, 1948 durch den Uran-Bergbau abgebrochene, 1992/93 aber wieder errichtete Pferdegöpel von Johanngeorgenstadt und das 1856 erbaute Kehrrad in der Roten Grube in Freiberg können trotz ihres jüngeren Alters als Originale zu der von Agricola abgebildeten Technik gelten. Mit 10,6 m Durchmesser entspricht das Kehrrad der Roten Grube auch in den Abmessungen dem von Agricola abgebildeten Kehrrad (10,2 m Durchmesser).

Kunstgezeuge, die der von Agricola abgebildeten, um 1540 erfundenen «Ehrenfriedersdorfer Radpumpe» entsprechen, sind bis um 1900 zahlreich in Betrieb gewesen, allerdings heute an keiner Stelle vollständig in einem Schacht zu sehen. Teile davon sind in Museen erhalten, ein relativ vollständiger Pumpensatz z.B. übertage museal in der Grube Alte Elisabeth bei Freiberg.

Pochwerke zur Zerkleinerung des Erzes, wie von Agricola abgebildet, haben insbesondere für das fein verwachsene Zinnerz von Altenberg Bedeutung gehabt. Dort waren noch im 19. Jahrhundert etwa 15 Pochwerke mit über 1000 Pochstempeln in Betrieb. Nachdem um 1950 die letzten Pochwerke stillgelegt und durch modernere Aufbereitungsverfahren ersetzt worden sind, ist die «Wäsche IV» mit vier Pochsätzen zu je zehn Pochstempeln und anderen historischen Aufbereitungsaggregaten als museale Schauanlage ausgebaut worden.

Schlußbemerkung

Am Beispiel mehrer musealer Sachzeugen und technischer Denkmale zeigt sich also, wie die von Agricola dargestellte Montantechnik des 16. Jahrhunderts nacherlebbar ist. Das und die Möglichkeit weiterer Erlebniswerte regt zu der Empfehlung an, das vorgeschlagene Sächsische Industriemuseum so bald wie möglich zu schaffen und in das sächsische Tourismus-Angebot einzubinden. Der Aufbau des sächsischen Industriemuseums ist selbst in der Zeit finanzieller Probleme relativ leicht machbar, da mehrere wesentliche

Standorte bereits fertig restauriert, museal gestaltet und touristisch erschlossen sind und die Gestaltung der noch fehlenden Standorte als langfristiger Stufenplan realisiert werden kann.

Literatur

Breuer, G.; Hottes, C.; Sölter, W.: Gesenkschmiede Hendrichs. Schriften des Rheinischen Industriemuseums, Bd. II, Köln 1986.

Deutsches Museum, Führer durch die Sammlungen. München (C. H. Beck) 2. Aufl.: 1987.

Douffet, H.: Bergbauliche Schauanlagen im sächsischen Erzgebirge und seinem Vorland. In: Der Anschnitt, Bochum, 44(1992)4, S. 133–139.

Prescher, H.; Wagenbreth, 0.: Georgius Agricola, seine Zeit und ihre Spuren. Leipzig/Stuttgart 1994.

Sauer, W.; Slotta, R.: Das Lausitzer Bergbaumuseum Knappenrode. In: Der Anschnitt, Bochum, 45(1993)1, S. 22–32.

Socha, B.: Bestandsaufnahmen, stillgelegte Anlagen aus Industrie und Verkehr in Westfalen. Schriften des Westfälischen Industriemuseums (Dokumentation der in das Westfäl. Industriemuseum aufgenommenen technischen Denkmale im Zustand ihres Verfalls). Bd. II, Hagen/W. 1985.

Voigtmann, J. (Herausg.): Museen in Sachsen. Leipzig 1993 (S. 73: Freiberg, Lehr- und Besucherbergwerk; S. 140: Oelsnitz, Steinkohlen-Bergbaumuseum).

Wagenbreth, 0.; Wächtler, E. u. a.: Bergbau im Erzgebirge, technische Denkmale und Geschichte. Leipzig 1990.

Westfälisches Industriemuseum. Faltblatt. Hrsg. vom Landschaftsverband Westfalen-Lippe, 3. Aufl., 1991.

Wild, H.W.: Schau- und Besucherbergwerk (in Deutschland, Österreich und der Schweiz). Haltern 1992, (S. 136: Freiberg; S. 156: Oelsnitz).

Die Swiss-Connection und ihre Bedeutung für die Verbreitung von Agricolas Werk

Beat Rudolf Jenny (Basel)

Petrus Albinus, der humanistisch gebildete kursächsische Sekretär und Archivar,[1] hält in seiner Meißnischen Bergchronik im Zusammenhang mit der Würdigung des Dresdner Arztes Johannes Kenntmann als offenbar höchst bemerkenswertes, wenn nicht sogar ungebührliches Faktum fest, daß der Züricher Conrad Gesner *als doch ein weit abgelegener ausländer der Meyssnischen Metallen vnd Metallarien in seinen Büchlein De fossilibus offt rühmlichen* gedenkt (oder sollen wir sagen: zu gedenken wagt?), natürlich nicht aus eigener Anschauung, sondern *aus (Kenntmanns) anregung, anleitung vnd vnterricht*![2] Es mag deshalb fast als Wagnis erscheinen, wenn sich erneut *ein weit abgelegener* Schweizer Landsmann Gesners, der zudem einerseits weder Natur- noch Montan- oder Technikwissenschaftler ist und andererseits nur über ein Quentchen von Gesners intellektueller Kapazität und Arbeitskraft verfügt, in den Reigen der Agricola-Spezialisten und Bergbauhistoriker drängt! Zwar hat auch er *Anregung, Anleitung und Unterricht* aus Dresden erhalten. Da dies jedoch als Legitimation nicht ausreichen dürfte, hat er versucht, sich anhand der ältesten Vita Agricolas, die besagter Albinus in seiner Meißnischen Landchronik im vorbildlichen prosopographischen Abschnitt «Von den Gelehrten Meisznern» gibt,[3] zu legitimieren. Dies, indem er den Sachsen Albinus gleichsam beim Wort nimmt und damit beweist, daß es kein anderes *weit abgelegenes Land* gibt, das wie die Schweiz Agricola als seinen alten Schützling bezeichnen kann und somit auch die Ehrenpflicht hat, mindestens Außenstelle der Agricola-Forschung zu sein.

Beginnen wir mit Albinus' Hinweis auf Gesner: *Gesnerus hat jhn den Deudschen Plinium genennet*, stellt Albinus fest,[4] recht beiläufig, obwohl damit in lapidarer Prägnanz die Summe aller übrigen Ehrenmeldungen gezogen ist, die Albinus sonst noch zitiert. Dann fällt der Blick natürlich auf das der Vita eingefügte seitenfüllende Werkverzeichnis.[5] Es ist nicht das älteste, jedoch das erste, das einer Agricola-Monographie beigefügt ist und zeichnet sich dadurch aus, daß auch ungedruckte Werke erfaßt sind, und entspricht durchaus den wissenschaftlichen Ansprüchen, die man damals an solch eine Liste stellte.

Viermal erscheint hier Basel als Druckort. Obwohl die Angaben der Liste diesbezüglich unvollständig sind, steht damit fest: Basel als Multiplikator von Agricolas Werken und Ruhm, eine Banalität für den Agricola-Kenner, aber dennoch grundlegendes historisches Faktum! Weniger bekannt und für den Nachruhm Agricolas unwirksam, jedoch für den *abgelegenen Ausländer* besonders fesselnd, sind einige Bemerkungen, die Albinus im Zusammenhang mit dem ungedruckten Nachlaß Agricolas macht. Denn hier wird nicht nur Basel erwähnt, sondern die Namen der Verleger. Fabricius habe die folgenden *reliqiuas operum Agricolae nach desselben todt zum Frobenio vnd Episcopio geschickt, das sie volgden möchten gedruckt werden, wie aus seinen Sch(r)ifften zuuornemen*[6], heißt es da; oder: *Welche Bücher meistes theils in einer Epistel Fabricij ad haeredes Frobenij namhafftig gemacht werden.*[7]

Von unvergleichlich größerem Gewicht als diese summarischen Hinweise auf den leider verlorenen Briefwechsel Fabricius – Offizin Froben ist indessen ein wörtlich abgedruckter Passus aus einem Brief Agricolas an den Basler Kosmographen Sebastian Münster vom 13. März 1549.[8] Es handelt sich dabei offensichtlich um die Antwort auf einen entsprechenden Bittbrief Münsters um einen Beitrag über Meißen zur ersten großen Ausgabe seiner Kosmographie, wie sie der Basler damals an Gelehrte in ganz Europa verschickte, wobei um Abbildungen und erläuternde historisch-geographische Texte gebeten wurde. Agricola schlägt darin Münsters Bitte auf elegant-ausweichende Weise ab durch den Hinweis, daß er selbst vor 15 Jahren den Plan gefaßt habe, eine Beschreibung von Thüringen und Meißen in der Art Münsters zu verfassen, jedoch deren Ausführung habe hintanstellen müssen bis zur Vollendung anderer, naturwissenschaftlicher Werke (darunter «De re metallica»). Überdies sei sein Entwurf einer Topographie von Meißen und Thüringen vor fünf Jahren an den Hof gesandt worden. Sobald er diesen zurückerhalte, werde er ihn Münster zur Verfügung stellen.[9]

Mit diesem Quellenstück und den anderen Hinweisen spielt Albinus den Ball der Forschung eimal mehr den Baslern zu, und es muß abgeklärt werden, ob er allenfalls über einen Basler Informanten verfügte, der ihm Mitteilungen aus den einschlägigen Korrespondenzen machte. Wer Albinus' *Catalogus auctorum,*[10] also eine Quellen- und Literaturliste, wie sie in dieser Weise damals vor allem in chronikalischen Werken üblich waren, durchgeht, stößt selbstverständlich z. B. auf S. Münster. Unerwartet und nur schwer erklärlich ist für ihn jedoch, daß er hier auch auf «Amerbachius I.C.» stößt, zumal weder der Vater Amerbach, der Jurist Bonifacius (1495–1562), noch der Sohn Basilius (1533–1591), ebenfalls Jurist, je publizistisch tätig war.[11] Sollte somit vielleicht letzterer dem sächsischen Sekretär Material zu Agricola aus den Briefnachlässen Münster/Petri bzw. Froben/Episcopius geliefert haben? Obwohl sich von Basel aus diesbezüglich kein zwingender Nachweis führen läßt, da die betreffenden Nachlässe verloren sind[12], spricht doch die Feststellung, daß sich im reichen Briefkorpus des Basilius keine

Albinusbriefe finden, eindeutig dagegen, ganz abgesehen davon, daß für Basilius entsprechende Nachforschungen kaum zumutbar und vielleicht gar unmöglich gewesen wären. Hingegen weisen Albinus' eigene, hie und da eingestreute Angaben deutlich darauf hin, daß er das Material, welches Fabricius über Agricola und für dessen Biographie gesammelt hatte, benutzte, darunter offensichtlich auch Kopien von ausgegangenen Briefen beider.[13] Albinus ist es also, der dazu beiträgt, Lücken zu füllen, welche die Überlieferung der humanistischen Briefkorpora Basels aufweist, im ersten Fall nur sehr notdürftig, im zweiten in grundlegender Weise. Denn Münster hat zahlreiche positive Reaktionen auf seine Bittbriefe in die lateinische Fassung seiner Kosmographie in extenso oder auszugsweise eingefügt,[14] nicht jedoch Absagebriefe oder ausweichende Antworten; denn er wollte damit seine Beiträger honorieren. Somit kann das vorliegende Brieffragment nun exemplarische Grundlage für die Erforschung der Lücken in der Kosmographie werden. Denn es besteht guter Grund zur Vermutung, daß Agricolas Vertröstung auf später und sein Mangel an Bereitschaft zur Kooperation in kausalem Zusammenhang stehen mit der Tatsache, daß Sachsen in der Kosmographie äußerst stiefmütterlich behandelt ist und z.B. Chemnitz – als dessen Bürgermeister Agricola ja mit Leichtigkeit für eine Abbildung hätte sorgen können – darin überhaupt fehlt.[15]

Mögen spätere Generationen für die großen Lücken im humanistischen Briefgut Basels verantwortlich sein, so kann in einem Fall dem zeitgenössigen, humanistischen Basel der Vorwurf nicht erspart werden, hinsichlich Agricolas in unbegreiflicher Weise versagt zu haben. Dies stellt sich heraus, wenn wir noch einmal Albinus beim Wort nehmen und die kritische Bemerkung zitieren, die er, wenig systematisch vorgehend und vermutlich erneut aus Fabricius' Papieren zitierend, dem Briefpassus aus dem Münsterbrief anfügt: *Panthaleon gedenckt Agricolae in seiner Prosopographia, da er ihn vnrecht für einen Belgam oder Niderlender helt.*[16] In der Tat! Agricola, einer der Hauptautoren des damaligen Basler Buchdrucks und als solcher etwa mit Vesal oder Alciato zu vergleichen, wird in Heinrich Pantaleons, des Basler Publizisten, Polyhistors, Arztes und Dozenten an der Artistenfakultät,[17] «Prosopographia» von 1566, einem der Anlage nach glänzenden ersten Versuch zu einer Allgemeinen Deutschen Biographie, als «apud Belgas natus» bezeichnet, und in der deutschen Übersetzung von 1570, dem «Heldenbuch», als *in Niderland erboren.*[18] Damit aber nicht genug der Liederlichkeit, die man bei vielen anderen *«Helden»*, aber nicht bei Agricola gerne mit Problemen der Kommunikation angesichts von Tausenden von Namen entschuldigt hätte: Als Quelle wird 1566 «Con. Gess. in Bibl.» angegeben, 1570 bloß «Con. Ges.», und so der Eindruck erweckt, als hätte Gesner, der wohl genaueste zeitgenössische Forscher und Publizist, so Ungereimtes zu Papier gebracht. Der Sachverhalt ist jedoch anders: Pantaleon hat nur die erste Auflage von Gesners «Bibliotheca universalis» von 1545[19] benutzt und unterließ es, die

Epitome und den Appendix von 1555[20] zu konsultieren, wo die gesamte gedruckte literarische Produktion Agricolas samt einem ausführlichen Hinweis auf den bevorstehenden Druck von «De re metallica» zu finden gewesen wären und nicht nur der «Bermannus» und «De mensuris» wie in der ersten Auflage. Zudem verwechselt Pantaleon den «Bermannus» offensichtlich mit «De re metallica» und nennt ihn deshalb ein *opus praeclarum*. Von diesem scheint er gehört zu haben wie auch davon, daß Agricola *Erasmo Roterodamo familiarissimus* gewesen sei. Dies ist zwar eine Übertreibung, könnte jedoch der Grund dafür gewesen sein, weshalb er Agricola zum Landsmann des Erasmus machte und so Gesners Schweigen über Herkunft und Wirkungsort Agricolas auf seine leichtfertige Weise überspielte.[21]

Daß Albinus diesen Hiweis auf Erasmus, der immerhin Steigbügelhalter für Agricolas puplizistische Laufbahn gewesen war und ihm Zugang zur Offizin Froben geöffnet hatte, unterschlägt, ist wohl nur dadurch zu erklären, daß er Pantaleon gar nicht selber benutzte und in den ihm vorliegenden Papieren des Fabricius auch keine Hinweise auf die beiden Erasmusbriefe fand, die sich damals noch in Meißen befunden haben müssen.[22] Erstaunlicher ist indessen, daß Albinus, der sich in seiner Chronik grundsätzlich der deutschen Sprache bedient und bloß ungezählte Zitate in Latein gibt, die deutsche Übersetzung von «De re metallica» in seiner Werkliste nicht erwähnt. Dies zumal in dem damals grundlegenden Autorenlexikon und bibliographischen Handbuch, nämlich in J. Simlers Neuauflage von C. Gesners «Bibliotheca universalis» von 1574, steht: *De re metallica libri 12 ...; iidem libri Germanice ibidem (sc. Basileae) editi sunt.*[23]

Vermutlich muß man diese Lücke in Albinus' Werkliste als symptomatisch für den Mißerfolg, den die Offizin Froben/Episcopius mit der deutschen Übersetzung hatte, bezeichnen. Von Mißerfolg darf man deshalb sprechen, weil von der lateinischen Fassung 1561 eine zweite Auflage erschien, während ein Teil der deutschen Ausgabe in Basel liegen blieb und um 1579 durch Sigmund Feyerabend in Frankfurt von der im Abgang begriffenen Offizin erworben und 1580 als Titelauflage in den Handel gebracht wurde.[24] Allerdings darf man die deutsche Übersetzung von Phillipp Bechi, ihre Entstehung und Widmung an Christoph Weitmoser nicht isoliert betrachten. Die italienische Übersetzung des Michelangelo Florio,[25] die ebenfalls bei Froben erschien, muß mit einbezogen werden und vor allem ein Eintrag im fragmentarisch überlieferten Rechnungsbuch der Offizin Froben/Episcopius, wo von einer französischen Übersetzung die Rede ist. In der Halbjahresrechnung September 1559 – März 1560 findet sich hier folgender Eintrag: *Leodigario Grymaldo iterum pro indice Laurentii Justiniani operum et recognitione Agricolae de re metallica gallice 15 lb., 16 sh. 8 dn.*[26] Das kann doch nichts anderes heißen, als daß Leodegar/Léger Grimoult, ein gewesener französischer Augustinermönch und damals als Lektor bei Froben/Episcopius tätig, bevor er als Pfarrer in den Dienst der evangelischen Mömpelgarder Kirche trat,[27] mit der Durchsicht, Überprüfung (des Manuskripts) der französischen Übersetzung von «De re metallica» beauftragt war! Übersetzer könnte ein bisher nicht identifizierter Joannes Urcerius/Urzerius gewesen sein, von dem es in chronologisch guter Übereinstimmung in der Abrechnung vom März 1559 heißt: *Item dem Urcerio uff synn indicem Chrysostomi undt versionem de metallis 7 lb. 10 sh.*[28] Zwar fehlt von dieser Übersetzung sonst jegliche Spur, so daß man geneigt sein könnte, einen Irrtum des Rechnungsführers anzunehmen und *gallice* in *italice* zu emendieren. Doch verbietet sich dies wohl nur schon deshalb, weil schwerlich ein Franzose[29] mit der Aufbereitung eines schwierigen italienischen Textes betraut worden wäre. Für unsere Beweisführung von grundlegender Bedeutung ist jedoch der Nachweis, daß die französische Übersetzung im Auftrag der Offizin Froben/Episcopius entstanden ist und auch von dieser finanziert wurde. Wir dürfen somit ein gleiches für Bechis Übersetzung annehmen, obwohl sich Bechis Widmungsepistel diesbezüglich ausschweigt, während Florio Froben in einer Weise nennt, die unmißverständlich auf ihn als Auftraggeber schließen läßt.[30]

Das Fazit unserer Beweisführung können wir somit folgendermaßen formulieren: Die drei Übersetzungen von «De re metallica» waren offensichtlich Bestandteil einer weitsichtigen Publikationsstrategie der Offizin etwa nach dem Vorbild des Vorgehens der Offizin Petri bei der Publikation von Münsters Kosmographie. Dort sollten sich die durch die Bebilderung enorm hohen Investitionskosten dadurch bezahlt machen und unter Ausschluß der Konkurrenz Gewinn abwerfen, daß man gleichzeitig mit der lateinischen Augabe eine deutsche publizierte und anschließend in der eigenen Offizin 1552 erstmals eine französische und 1558 eine italienische Übersetzung publizierte.[31]

Genauso wollte Froben vorgehen und die Konkurrenz ausschalten: 1557 war die deutsche Übersetzung ausgedruckt; 1559/60 lag die französische Übersetzung mindestens im Manuskript vor; als 1561/62 das kaiserliche und königlich-französische Schutzprivileg[32] abliefen, erschien die zweite lateinische Auflage, und 1563 gelangte die italienische Version zur Auslieferung.[33]

Drei Fragen bleiben indessen noch zu klären:

1. Warum unterblieb die Drucklegung der französischen Übersetzung?
2. Warum erschien die italienische Übersetzung erst so spät? Wer ist Florio, ihr Übersetzer, und was weiß man über seine Beziehung über Froben/Episcopius?
3. Was hat es mit der Widmung der deutschen Fassung an Christoph Weitmoser für eine Bewandtnis?

Zu 1: Da der schlechte Absatz von Bechis Übersetzung 1559 festgestanden haben muß,[34] ist es verständlich, daß man im Frühjahr 1560, als die französische

Übersetzung druckfertig war, der Neuauflage des lateinischen Textes den Vortritt gab. Daß hernach die kleine Auflage des italienischen Textes zuerst an die Reihe kam, könnte mit dem ersten französischen Religionskrieg und den dadurch bedingten Problemen beim Handel und Absatz zusammenhängen. Nach 1563/65 geriet die Offizin durch den Tod der Hauptunternehmer in Abgang.[35]

Zu 2: Über die Entstehung der Übersetzung in die «lingua Toscana» gibt das Rechnungsbuch Froben/Episcopius keine Auskunft. *Nicolao Episcopio filio fur papyr zu dem Agricola vulgar. 61 fl.5 sh.* in der Märzabrechnung 1563[36] kann auf deren Druck bezogen werden. Da indessen das Werk sonst in den für Sept. 1561 – März 1564 vollständig erhaltenen Rechnungen nicht erwähnt ist, muß angenommen werden, daß es möglicherweise gleichzeitig mit Bechis Übersetzung schon 1556/57 entstand, zumal es so wenig wie letzteres in den bloß teilweise erhaltenen Rechnungen der Jahre 1558 ff. erscheint. Für die Verzögerung der Drucklegung gälte somit mutatis mutandis das unter 1. Gesagte.

Doch läßt sich eine solche Datierung mit dem, was über das Leben des Übersetzers Florio bekannt ist, in Einklang bringen? Eine Frage, deren Beantwortung auch deshalb dringend ist, weil U. Horst in AGA X, 1971, S. 801, feststellt: *Über die Beziehungen zwischen dem Übersetzer ... und dem Verlag Froben ist uns nichts bekannt.* Wer also war Florio? Kurz gesagt einer jener vielen italienischen Glaubensflüchtlinge, die damals in den Norden zogen, zugleich aber einer jener «Marian exiles», die nach 1553 aus England auf den Kontinent flohen. Ursprünglich Mönch, war er evangelischer Prädikant geworden. Im Bergbau (im Gegensatz zu Bechi) nicht bewandert, jedoch in England als Sprachlehrer mit den Tücken des Übersetzens vertraut geworden und ein Fachmann in der «lingua Tusca», der neuen italienischen Hochsprache, ist er auf Grund von Lebenslauf und Bildung eine Persönlichkeit, die gut faßbar und nicht weniger faszinierend ist als Bechi, auch wenn der Lebensweg bis 1550 nur in Umrissen erfaßbar ist.[37]

Als Kind getaufter jüdischer Eltern möglicherweise in Florenz geboren,[38] wurde er Franziskanermönch. Als solcher in mehreren italienischen Städten tätig und seit 1540 mit dem evangelischen Gedankengut vertraut, wird er 1548 in Rom unter Papst Paul III. wegen häretischer Predigttätigkeit eingekerkert. Am 4. Mai 1550 gelingt ihm die Flucht. Diese führt bezeichnenderweise zuerst nach Neapel und Apulien. Dann übers Meer nach Venedig und im September/Oktober über Piemont, Lyon, Paris nach London. Dort wird er Prediger der italienischen Emigrantengemeinde. Ein sexueller Fehltritt führt zum Verlust der Stelle und der hochadligen Protektion. Hernach Heirat, vermutlich mit dem (möglicherweise englischen) Mädchen, an dem er sich vergangen hat.

Als Sprachlehrer von Adligen tätig, emigriert er nach der Thronbesteigung Marias der Blutigen am 4. März 1554 über Antwerpen nach Straßburg. Dort stellt er am 30. Juli ein Gesuch um Einbürgerung und wird im Dezember vom Herzog von Württemberg unterstützt.[39] Am 6. Mai 1555 erhält er einen Ruf als Pfarrer in das seit 1552 evangelische Bündner Dorf Soglio (Bergell) und trifft daselbst am 27. Mai ein. 1557 publiziert er eine «Apologie» gegen die Anwürfe eines ehemaligen Ordensbruders im Veltlin.[40] 1561 wird er aktenkundig als vehementer Wortführer einer antitrinitarisch gesinnten Gruppe von fünf Pfarrern der Bündner Südtäler sowie als Verbreiter einer in Mailand gedruckten «Schmähschrift» gegen das offizielle Bekenntnis. Letzterem muß er sich jedoch auf der Synode unterziehen. 1562 agiert er auf derselben in recht zweideutiger Weise im Einvernehmen mit dem lutherischen Antitrinitarierjäger P.P. Vergerio und erhält durch dessen Vermittlung ein württembergisches Stipendium für seinen Sohn John.[41] Diesen bringt er Ende April/Anfang Mai 1563 – gegen den Willen der Bündner und Bullingers – über Zürich ins lutherische Tübingen.[42] Im Januar 1565 wird er letztmals erwähnt als Anführer eines Volkstumults im Bergell.[43] Dies paßt schlecht zur Tatsache, daß für 1564/66 seine nebenamtliche Tätigkeit als Notar belegt ist.[44] Im Juli 1574 sind er und seine Frau tot bzw. vor kurzem verstorben; denn damals wird der auf 20 Gulden geschätzte Nachlaß vorbehaltlich der Ansprüche der weiteren Erben der Tochter Constantia zugesprochen.[45] Wir tun Florio somit kaum Unrecht, wenn wir in ihm einen Emigranten sehen, der auf Grund seiner hohen Intelligenz sein Schicksal durch Innovationsfreude und Anpassungsfähigkeit in recht opportunistischer Weise zu meistern verstand, zumal er weder eine tief religiöse Natur noch ein fanatischer, vom Verstand zu letzten theologischen Konsequenzen getriebener Theologe gewesen zu sein scheint. Gute Voraussetzung für die Agricola-Übersetzung! Doch wie erklärt sich der Kontakt zur Offizin Froben?

Ein solcher liegt auf der Hand: Im Mai 1555 dürfte er über Basel ins Bergell gereist sein, falls er nicht den Weg über Tübingen nahm, um dort P.P. Vergerio zu besuchen, der ihm zweifellos im Dezember einen Notpfennig des Herzogs von Württemberg und im Mai die Stelle in italienisch Bünden verschafft hatte. Selbst wenn letzteres zuträfe, kann für 1557 eine Beziehung zu Basel mit großer Wahrscheinlichkeit nachgewiesen werden: Damals scheint nämlich seine Apologie in Basel gedruckt worden zu sein. Es ist somit möglich, daß Florio den Auftrag für die Übersetzung schon 1555 oder 1557 übernahm und bald ausführte, und zwar unter Beigabe jener undatierten Vorrede an den Leser, die für Florios Vorgehen beim Verdolmetschen ebenso aufschlußreich ist wie für die Geschichte der italienischen Schriftsprache.[46] Die Widmungsepistel: *Da Soy de la Rhetia, il di 12 di Marzo, nel' anno M.D.LXIII*, gerichtet an Königin Elisabeth von England,[47] wäre in diesem Fall, wie das oft geschah, erst kurz vor dem Erscheinen verfaßt und gedruckt worden, wie dies allerdings mit kleinerem zeitlichem Abstand auch bei Bechis «Vom Bergkwerck» der Fall ist.

Handelt es sich bei den Kontakten von 1555 und 1557 um Hypothesen, so ist für den Mai 1561 ein Aufenthalt Florios in Basel mit großer Wahrscheinlichkeit belegbar: Damals legte er den Zürichern die nonkonformistischen *Quaestiones* seiner Gruppe vor und hatte im Sinn, dies auch in Basel zu tun, um die dortige Kirche für die darin enthaltenen Ansichten zu gewinnen, wobei man sich füglich fragen kann, ob es ihm dabei nicht weniger um diese Thesen als um die gute Gelegenheit ging, in offizieller Mission nach Zürich und Basel reisen zu können.[48] Die Koinzidenz mit dem Erscheinen der zweiten Auflage von «De re metallica» fällt auf, und die Annahme, daß er damals den Auftrag zur Übersetzung erhielt, drängt sich auf. Zweierlei spricht jedoch dagegen: Das Schweigen des Rechnungsbuches Froben/Episcopius und die Tatsache, daß Bullinger die Basler vor Florio gewarnt hatte.[49] Konnte es Froben unter diesen Umständen wagen, Florio in Dienst zu nehmen? Diese Frage muß offen bleiben, nicht zuletzt deshalb, weil Basel damals im Gegensatz zu Zürich ideologisch kein Monolith, sondern ein vielschichtiges Konglomerat war, und dies z. T. gerade wegen der Bedürfnisse und Einflüsse der Offizinen. 1563 hingegen, als die Widmungsepistel verfaßt wurde, war Florios Position bereits eine andere, für die Basler akzeptable.[50]

Zweierlei steht somit bezüglich der italienischen Übersetzung von «De re metallica» fest: Sie ist im bündnerischen Bergdorf Solio entstanden als Werk eines der zahlreichen zugewanderten Gelehrten, die damals das konfessionell-intellektuelle Profil vor allem des evangelischen Teils der Eidgenossenschaft mitprägten und ihr europaweite Ausstrahlung verliehen. Das Werk muß zwischen 1555 und 1562 entstanden sein, vermutlich in den späteren 50er Jahren, wobei tatsächliche oder mögliche Verbindungen des Autors zu Basel belegbar sind, ohne daß sich daraus feste Anhaltspunkte für eine genauere Datierung ergeben.

Zu 3: Die Antwort auf die vielerörterte Frage nach Auftragserteilung und Finanzierung von Bechis Übersetzung ist seit 1985 insofern einfacher, als Hans Prescher alle möglichen Kandidaten bis auf einen, nämlich den reichen Montanindustriellen Christoph Weitmoser zu Hofgastein, ausgeschlossen hat. Weitmoser, so formuliert er, *könnte nicht allein den Auftrag zur Übersetzung erteilt haben, sondern dieselbe und vielleicht auch den Druck weitgehend finanziell unterstützt haben.*[51] Grundlage für diese Hypothese sind Bechis eigene Angaben in seiner an Weitmoser gerichteten Widmungsepistel.[52] Es gilt somit, diese von der Form und vom Inhalt her unter die Lupe zu nehmen und im Rahmen dessen, was diesbezüglich Brauch war, zu beurteilen. Dabei fällt sogleich auf, daß sie, entgegen dem Usus, ohne Ort und Datum ist. Dies kann kein Zufall sein, sondern muß einen Grund haben. Einen solchen kann man in der Tatsache vermuten, daß das Datum nicht mit dem auf dem Kolophon (und in Übereinstimmung damit auf dem Titelblatt) angegebenen Jahr 1557 übereinstimmte oder daß man gewisse Angaben im Brieftext nicht datieren oder durch ein genaueres Datum überprüfbar machen wollte. Doch wie motiviert Bechi seine Widmung an Weitmoser? Er tut dies folgendermaßen: Nachdem sein (Übersetzungs-)Werk vollendet gewesen sei, habe er sich überlegt, unter wessen Namen, Schutz und Schirm dieses

Buch am besten *in truck aussghen* möchte. Da habe ihn der ehrbare und wohlgelehrte Herman Pincier Hessus, der Präzeptor von Weitmosers Söhnen Johann und Christoph, von Freiburg i. B. aus *von alter Freundtschafft wegen* besucht. Diesem habe er sein Vorhaben entdeckt und sei von *jhnen* (also offensichtlich von Pincier und den Zöglingen) auf (den Vater) Weitmoser aufmerksam gemacht worden, auf dessen hohen Verstand, besonders auch bezüglich des Bergbaues, sowie auf seine rühmliche Freigebigkeit den Bergleuten und Studenten gegenüber. Vor allem aber sei darauf hingewiesen worden, er habe *die Lateinischen buecher Agricole samt anderen (sc. lat. Büchern) genau durchgelesen.*[53] So sei dieser Rat Pinciers nebst der Zustimmung von anderer Seite Anlaß für die Zueignung an Weitmoser gewesen. Fazit: Nicht die geringste Anspielung auf Weitmosers Mitwirken. Im Gegenteil: Eine umständliche Begründung, die nur durch das Fehlen direkter Beziehungen erklärbar ist, verbunden mit der Aufforderung, sich auch dem Verfasser gegenüber durch ein Honorar großzügig zu erweisen – letzteres natürlich nur zwischen den Zeilen anhand des überschwenglichen Lobs!

Will man Bechis Angaben überprüfen, so gilt es vor allem festzustellen, wer Herman Pincier war und ob sich sein Itinerar mit Bechis Erzählung in Einklang bringen läßt.[54] Als Sproß einer bekannten Optimaten- und Gelehrtenfamilie aus Wetter (nördlich von Marburg; darum *Veteranus*), dem später so genannten *hessischen Athen,*[55] damals *eine Art Enklave der reformierten Schweiz,*[56] ist er 1549 in Marburg und 1550 in Basel immatrikuliert. Ob er sich anschließend dauernd in Basel aufhielt, ist fraglich. Am 25. Mai 1557 ist er erstmals zusammen mit seinen Weitmoser-Zöglingen in Tübingen eingeschrieben, könnte also schon zuvor deren Erzieher gewesen sein. Bereits im Juni 1557 sind letztere in der Basler Matrikel zu finden und anschließend, nun wieder zusammen mit dem Präzeptor, am 28. März 1558 in der Freiburger Matrikel.[57] Daraus, daß Pincier 1557 in der Basler Matrikel fehlt, darf man jedoch nicht schließen, er habe sich schon damals in Freiburg aufgehalten und sein Besuch in Basel stehe somit in bestem Einklang mit dem Datum des Druckes. Denn das Fehlen in der Matrikel erklärt sich dadurch, daß es in Basel für bereits früher Immatrikulierte keine Zweitimmatrikulation gab. Überdies läßt sich seine Anwesenheit in Basel gut belegen: Zu Johannes Herolds Ausgabe der Gesetze der salischen und ripuarischen Franken lieferte er ein längeres Gedicht[58] und am 28. Jan. 1558 stand er dem Christian Lucius, dem Sohn von Oporins Mitarbeiter und späteren Heidelberger Buchdrucker Ludwig Lucius, zu St.Peter Pate.[59] Überdies hatte er schon am 9. Okt. 1557 den später berühmten Heidelberger Theologen Zacharias Ursinus aus Breslau als engen Vertrauten Melanchthons (und Begleiter nach Worms) an Bullinger in Zürich empfohlen.[60] Damit nicht genug: Aus einer kleinen Gelegenheitsschrift des erwähnten Johannes Herold über Fragen der Erziehung[61] erfahren wir, daß Pincier mit seinen Zöglingen bei Oporin untergebracht war. Anhand eines fingierten Gesprächs an Oporins Tafel – wobei nicht vergessen wird, auf die Mutter Katharina hinzuweisen und darauf, daß die beiden Weitmoser zur Laute sangen – erhalten wir einen geradezu exemplarischen Einblick in ihren pädagogischen Alltag, der ganz oder weitgehend privaten Lektionen und Repetitionen gewidmet ist und durch seine Loslösung vom offiziellen Vorlesungsbetrieb auch die häufigen Ortswechsel erklärbar macht.

Wen nun Pincier Bechi wirklich von Freiburg aus besucht hat und es sich bei diesem Detail nicht um die Vernebelung des Aufenthalts der Weitmosersöhne im zwinglischen Basel handelt, so bleibt für Abfassung und Druck der Widmungsepistel nur die Frist zwischen dem 28. März und dem 2. Mai 1558 bzw. dem Eintreffen der Nachricht vom Tod Weitmosers in Basel,[62] es sei denn, man nehme an, Pincier habe sich schon früher nach Freiburg begeben, um dort für Quartier zu sorgen. Vom Drucktechnischen her bereitet der kurze Zeitraum allerdings keine Schwierigkeiten. Solche ergeben sich vielmehr aus einer bisher übersehenen Mitteilung Bechis über eine Reise zu Weitmoser, die er zusammen mit Oporin unternahm und die zweifellos auch der Überreichung des Widmungsexemplars an denselben diente, also einem für die Geschichte des Montanwesens hochinteressanten Faktum.

Bekannt war diesbezüglich bisher nur die isolierte und recht marginale Bemerkung aus Oporins Vita gewesen, daß dieser 1558 auf dem Weg zu den Weitmosern (ad Weitmoseros) einen Schlaganfall erlitt und daß letztere ihn mit einem Darlehen von 1000 Joachimsthalern vor dem Konkurs retteten.[63] Genauere Angaben über diese Reise macht nun Bechi in seiner am 1. März 1559 abgefaßten Widmungsepistel zum Nachdruck der von Gentianus Hervetus verfaßten lateinischen Übersetzung des Aristoteles-Kommentars des Theodorus Metochita, die 1559 in Basel bei Nikolaus Brylinger erschien.[64] Diese ist auf Wunsch des später bekannten Juristen und Publizisten Simon Schard[65] und auf Oporins Rat hin dem hochgebildeten Augsburger Patrizier und Mäzen Johann Baptista Haintzel, Bechis einstigem Kommilitonen in Basel und Wittenberg, gewidmet. Sie bezweckt weitere Unterstützung Schards durch Haintzel, dessen Großzügigkeit Bechi selbst erneut erlebte, indem er zusammen mit Oporin in Augsburg zur Tafel geladen wurde, *«als wir im vorigen Jahr (also 1558) im Begriff waren, nach Gastein – eine an Gold- und Silbergruben reiche Gegend, die zwölf alemannische Meilen von Salzburg entfernt ist – zu ziehen zum Herrn Christoph Weitmoser selig, der sich um uns außerordentlich verdient gemacht hat, den das Schicksal jedoch uns und der Gelehrtenwelt zu früh entriß».*[66]

Man mag bedauern, daß die Reise zu Weitmoser hier erneut nur am Rand erwähnt ist und die Übergabe des Widmungsexemplars Hypothese bleiben muß. Dennoch ist der Gewinn an Fakten und Zusammenhängen groß: Oporins Reise ist nun durch den Aufenthalt der Weitmoser-Söhne in einleuchtender Weise aus der Isolation befreit und motiviert. Das gleiche gilt für Bechis Widmungsepistel:

Sie steht in unmittelbarem Zusammenhang mit Oporins Geldbeschaffungsversuch. Daß sie erst 1558 entstand, muß als höchst wahrscheinlich gelten, möglicherweise anfangs März, wie üblich in Hinblick auf die Frankfurter Frühjahrsmesse, und recht spontan. Als Termin für die Reise könnte man in diesem Fall die Vorlesungspause über die Osterfeiertage annehmen.

Wer wäre nun nicht bereit, das sehr undeutliche Bild von Weitmoser als Auftraggeber der 12 Bücher vom Bergwerk gegen die eindrückliche Szene der Übergabe dieses Werkes durch Bechi an Weitmoser zu ersetzen und als großen emotionalen Gewinn in der Geschichte des Bergbaues zu werten? Einen ganz anderen, hier freilich auszuklammernden Bereich betreffen die Schlüsse, die nun bezüglich Weitmosers konfessioneller Haltung zu ziehen sind, nachdem feststeht, daß seine Söhne längere Zeit nicht nur in Basel weilten, sondern der Obhut eines *Zwinglianers* anvertraut waren. Gesinnungsmäßige Nähe zu Basel und seinen Druckern wäre damit gegeben. Dennoch kann nicht ausgeschlossen werden, daß Weitmoser als Adressat der Widmung nur ein Lückenbüßer, ein allerdings probater Notbehelf war, indem man ursprünglich, wie bei der Urfassung und der italienischen Übersetzung, gerne viel höher gegriffen hätte und vielleicht Kurfürst August von Sachsen im Auge hatte. Doch wie hätte man damals so etwas wagen und auf ein fürstliches Honorar rechnen können, wo der Kurfürst den Basler Druckern spinnefeind geworden und sogar den Drucker Brylinger in Frankfurt hatte verhaften und Oporin verhören lassen, weil in einem Basler Druck der offiziellen kursächsischen geschichtsklitternden Version über den Schmalkaldischen Krieg, es habe sich dabei nicht um einen Religionskrieg gehandelt, sondern bloß um eine politische Auseinandersetzung und Herzog Moritz' damaliges Zusammengehen mit dem Kaiser sei somit kein Verrat an seinen Glaubensgenossen gewesen, die historische Wahrheit entgegengehalten wurde?[67]

Die *weit abgelegenen Ausländer* somit als Feinde der kursächsischen Staatsraison, sowohl in konfessioneller wie in politischer Hinsicht! Hätte da eine Buchwidmung nicht geradezu provokativen Charakter gehabt, auch wenn sie als Versöhnungsversuch gedacht gewesen und im Rahmen eines Druckunternehmens erfolgt wäre, mit dem in einzigartiger Weise Agricolas grundlegendes Werk auch unters Volk gebracht und damit der Ruhm eines der größten Söhne Sachsens unter dem *gemeinen Mann* verbreitet werden sollte? Eine Folge dieser besonders explosiven Situation mag es gewesen sein, wenn der Weitmoser-Präzeptor Hermann Pincier im Herbst 1557 anläßlich der Empfehlung des Zacharias Ursinus (den er irrtümlicherweise für einen Sachsen hielt) an H. Bullinger die Nützlichkeit eines Besuches in Zürich folgendermaßen begründete:[68] *«Ihn empfehle ich umso mehr, als ich sehe, wie dringend es ist, dass die Sachsen sowohl im Gespräch wie im Zusammenleben mit den Zwinglianern (welche sie (sc. die Sachsen), durch ein borniertes Vorurteil verblendet, für Untermenschen halten) sich darüber informieren, wie eure Religion, wie euer Glaube ist.»*[69]

Daß H. Pincier mit dieser Äußerung die Situation richtig einschätzte, sollte sich knappe 20 Jahre später in ebenso spektakulärer wie offizieller Weise bestätigen: Im April 1575 ließ nämlich Kurfürst August von Sachsen anläßlich des Besuchs von Kaiser Maximilian II. Calvins Bildnis im Rahmen eines Feuerwerks in die Luft sprengen.[70] Doch die sorgfältige verlegerische Betreuung, welche die Werke des Sachsen Georgius Agricola bei den *weit abgelegenen Ausländern* im zwinglischen Basel fanden, läßt uns mit der beruhigenden Feststellung schließen, daß Wissenschaft und Kommerz nach wie vor die trennenden Mauern überspringen, sich durch ideologische Sprengungen nicht unterkriegen lassen und so schließlich *eo ipso* der Freiheit eine Bahn brechen.

Anmerkungen

1 Über Petrus Albinus (1543–1598) s. Die deutsche Literatur (1450–1620). Hrsg. von Hans-Gert Roloff. Band 2, 1991, S. 24ff, Nr.123 (H. Wolf), mit guter Würdigung der Bergchronik, jedoch ohne Würdigung der Gelehrtenviten in der Landchronik. Die in der Abteilung B zu publizierende Bibliographie fehlt noch.

2 Meisznische Land vnd Berg = Chronica... Gestellet durch Petrum Albinum. Dresden 1589. Wir zitieren im Folgenden «Landchronik» und «Bergchronik». Die vorliegende Stelle: Bergchronik, S. 5.

3 *Von den Gelehrten Meisznern. Der XXV. Tittel.* In: Landchronik, S. 335–370; Die Vita Agricolas, S. 353 - 356.

4 Landchronik, S. 355; vgl. Die Würdigung Agricolas in der Bergchronik, S. 4f. ... *dieser Deudsche Plinius... (wie er von den Gelerten genennet wird),* S. 4, Zeile 13/12 von unten.

5 Landchronik, S. 354.

6 Ebenda.; vgl. auch op. cit. S. 366 (über Fabricius): *Collegit reliquias operum Agricolae et misit typographis Basiliensibus, et vitam illius conscripturus fuit atque adiuncturus.* Vgl. hierzu auch Fabricius' Brief an Meurer vom 1. März 1556. In: Agricola, Georgius: Ausgewählte Werke (AGA). Gedenkausgabe des Staatlichen Museums für Mineralogie und Geologie zu Dresden. Hrsg. von Prescher, Hans und Mathé, Gerhard. Band IX, Berlin 1992, S. 568f., Nr. 379 Dieser Brief bestätigt die Angabe und kann vielleicht sogar als Quelle für Albinus' Mitteilung gelten. Über G. Fabricius aus Chemnitz (1516–1571), den Leiter der Fürstenschule in Meißen, s. NDB 4, 1959, S. 734f.; Killy, W.: Lit. - Lexikon 3(1989), S. 320f. Eine neuere Monographie scheint zu fehlen.

7 Landchronik, S. 354. Hieronymus Froben (1501–1563); Nikolaus Episcopius d. Ae. (1501–1564) sowie sein gleichnamiger Sohn und enger Mitarbeiter (1531–1565). Damit war die Blütezeit des Unternehmens zu Ende.

8 Landchronik, S. 355.; AGA, Bd. IX, Berlin 1992, S. 433ff. (Zeile 7 ist jedoch *huic* statt *huix* zu setzen; Zeile 8 *nondum* statt *non-dum*). In den einschlägigen Werken von Karl Heinz Burmeister über Sebastian Münster (Versuch eines biographischen Gesamtbildes. Basel 1963/ Briefe Sebastian Münsters, Frankfurt 1964.; Sebastian Münster. Eine Bibliographie, Wiesbaden 1964.) ist dieses Brieffragment nicht berücksichtigt, und Agricola fehlt in den Registern.

9 Ohne mich in die diesbezügliche Kontroverse (AGA, loc. cit., Anm. (2)) einzumischen, emendiere ich in Landchronik, Zeile 8 (= AGA, Zeile 6f.) «Topographiam Mysn(i)ae», zumal in Albinus' Werk Druckfehler häufig sind und ich den Ausdruck «Typographia» im

Sinn von «Topographia» nirgends antraf oder nachweisen kann im Schriftgut des 16. Jh. Hinzuweisen ist im vorliegenden Zusammenhang darauf, daß Albinus (Landchronik, S. 354) u. a. auch auf sechs von Agricola geplante Bücher *Commentariorum, in quibus vtriusque linguae scriptorum locos difficiles de rebus subterraneis explicat*, hinweist unter Verweis darauf, daß Agricola dies ... u. a. auch (in einem Brief) *ad Sebstia: Munsterum* darlege. Es ist nicht auszuschließen, daß davon in einem weiteren Abschnitt des Briefes vom März 1549 die Rede war.

10 Landchronik, S. 371–374.

11 Dabei ist allerdings zu beachten, daß Albinus zahlreiche Autoren *in manuscripto* benutzt haben will, und daß er als solchen auch seinen Großvater mütterlicherseits, Johannes Hübsch, aufführt, von dessen Beiträgen zu Agricolas Werken er nur das weiß, was *die epistolae ausweisen* (Bergchronik, S. 5).

12 Nur drei Briefe der Korrespondenz zwischen Agricola und Froben/Episcopius haben sich zufällig und außerhalb von Basel erhalten: s. AGA, Bd. IX, Nr. A 37; A 104; A 117, darunter ist nur der letzte an Episcopius gerichtet. Bezeichnend für die schlechte Basler Quellenlage ist hierbei, daß sich die Vorlage für dieses nur im Druck überlieferte Stück in einem Briefkonvolut befand, das als Liebhaberobjekt wohl schon im 16. Jh. aus dem Archiv der Offizin Froben/Ep. in Straßburger Besitz gelangt war; ein Vorgang, zu dem es etliche Parallelen gibt und dem z. B. die Erhaltung zahlreicher an Erasmus gerichteter Briefe zu verdanken ist.

13 Hinsichtlich von Fabricius' brieflichen Beziehungen zu Basel sind z. B. folgende Angaben von Bedeutung: Das dritte und vierte Buch der «Antiquitates» des Fabricius *sunt autem missi Oporino, à cuius haerdibus (also nach 1568) adhuc detinentur, vti alia plura*; zu Fabricius' Inschriftensammlung heißt es: *Misit autem Basileam, vt apparet ex Epistolis*; *Misit et Sidonii epistolas ad Henricum Petri* (Landchronik, 365f.). Tatsächlich nimmt sich das, was in dem für seine humanistische Tradition so hochgepriesenen Basel an Fabricius-Briefen erhalten hat, kläglich aus: Eine einzige Epistel an Oporin vom 9. Feb. 1562 in Mscr. Fr.-Gr. II.9, 2, Nr.138, die sich mit laufenden Druckaufträgen befaßt, sowie einige kurze Schreiben an Heinrich Petri, den Verleger der Kosmographie, mit beigelegten Ergänzungen zum historischen Abschnitt über Sachsen in derselben vom 19. Okt. 1557, 24. März 1560, 8. Aug. 1562, 11. Aug. 1562, 9. März 1568; alle Briefe also über die Frankfurter Messe spediert. Am interessantesten ist jedoch ein Schreiben von Fabricius' Mitarbeiter an der Fürstenschule in Meißen, Hiob Magdeburg [Medeburgus; Annaberg 1518 – Freiberg 1595] Meissen 15. Aug. 1571, weil ihm eine verbesserte, vorzügliche Karte Thüringens beiliegt, ohne daß dieselbe jemals in der Kosmographie publiziert worden wäre! (UBB Mscr. G II 52, Nr. 1–5, mit Beilagen; G^2I 20b, fol. 67). Vgl. über ihn auch Gesner, Bibliotheca universalis. Zürich 1574, S. 428/2 und S. 226/2 (Index zu Servius in Zusammenarbeit mit Fabricius). Die Frage, inwiefern die Basler Drucker oder Fabricius (allenfalls dessen vorzeitiger Tod) die Verantwortung für das Unterbleiben des Druckes von Agricolas nachgelassenen Schriften und deren Verlust tragen, kann hier nicht erörtert werden.

14 Sie fehlen bei Burmeister (s. Anm. 8), da seine Briefausgabe nur Briefe *von* Sebastian Münster enthält.

15 Eine erste, unvollständige Durchsicht der Abbildungen hat bezüglich dieser Lückenhaftigkeit folgendes ergeben: Der schöne Vogelschauprospekt von Freiberg mit den Initialen IG trägt die Jahreszahl 1554, fehlt noch in den lat. Ausgaben von 1554 und 1559 und figuriert erstmals in der von 1572 sowie in der dt. Ausgabe von 1598. Ebenso die Ansicht

von Meißen mit der Jahreszahl 1558 und dem Monogramm des Hiob Magdeburg, der 1560 (angeregt durch die Kosmographie?) die Landkarte von Meißen schuf (Ratsschulbibliothek in Zwickau). Über ihn als Beiträger zur Kosmographie: s. Anm.13; vgl. die etwas verbesserte Replik dieser Ansicht, die von H. Prescher (Kommentarband, s. Anm. 24) auf ca. 1575 datiert und irrtümlich als älteste bekannte Darstellung bezeichnet wird. Die Ansicht von Plauen ist erst 1587 entstanden, als Stiftung von drei Ratsherren; und die erst in den spätesten Auflagen inserierten Ansichten von Dresden und Leipzig gehören zum Schwächsten, was die Kosmographie an Abbildungen bietet. Zu beachten ist in diesem Zusammenhang, daß Bechi vermutlich den Leipziger Professor A. Alesius im Auftrag Münsters für die Beschreibung von Schottland gewann und daß er in seinem letzten Brief an Oswald Mykonius (Leipzig, den 23. Juni 1551) zum ersten und einzigen Male u.a. Sebastian Münster grüßen läßt. Hatte er für denselben nach weiteren Beiträgern in Sachsen Ausschau halten müssen?

16 Landchronik, S. 355.

17 Über ihn (1522–1595) s. Staehelin, Andreas: Professoren der Universität Basel aus fünf Jahrhunderten. Basel 1960, S. 46f. Aufgrund von Hans Buscher, Heinrich Pantaleon und sein Heldenbuch (Basel 1946), einer Dissertation, die in mancher Hinsicht der Ergänzung und Revision bedarf. Vgl. dazu etwa: Basler Zeitschrift für Geschichte und Altertumskunde. Band 94, 1994 (in Vorbereitung).

18 Prosopographia, Teil 3, Basel 1566, S. 169; 17 durch das Phantasieporträt reduzierte Zeilen. Heldenbuch, Teil 3, Basel 1570, S. 182.; 18 durch das Phantasieporträt reduzierte Zeilen. Die vollständigen Titel in: VD 16. Bd. 15, 1989, S. 382ff, Nr. P 228–230 (Prosopographia); Nr. 231–234 (Heldenbuch).

19 Der genaue Titel in: Vd 16. Band 7, 1986, S. 606, Nr. G 1698.

20 Ebenda, Nr. G 1702 (Appendix) und G 1073 (Epitome).

21 Angesichts von Pantaleons zwangsläufig hastiger Arbeitsweise und der häufigen Verwendung von bloß mündlichen Informationen könnte der Irrtum auch in Anlehnung an den bedeutungslosen Mainzer Domprediger Philipp Agricola entstanden sein, den er 1565 in Mainz kennenlernte und den er in seinem Werk ebenfalls als Belgier bzw. Niederländer bezeichnet (Prosopographie 3, S. 510; Heldenbuch 3, S. 487; dieser hatte ihm mündlich weitere «Niederdeutsche» genannt und zur Aufnahme empfohlen). Ob Pantaleon mehr Sorgfalt hätte walten lassen, wenn Bechi, Froben und die beiden Episcopius noch gelebt hätten, ist fraglich.

22 AGA, Bd. IX, Nr. A 30 und A 38. Den zweiten Brief nahm H. Froben zweifellos mit an die Frankfurter Frühjahrsmesse; er ist deshalb auf Anfang/Mitte März, vor 30. März 1534 zu datieren. Dem stehen die Angaben, die Allen in Nr. 2918 zur Datierung macht, nicht entgegen.

23 S. 223, Sp. 1 und 2.

24 Prescher, Hans. In: Georgius Agricola. Kommentarband zum Faksimiledruck «Vom Bergkwerck XII Bücher», Basel 1557. Leipzig 1985, S. 108 mit Verweis auf AGA.

25 S. S. 317

26 Rechnungsbuch der Froben und Episcopius … 1557– 1564. Hrsg. durch Rudolf Wackernagel, Basel 1881, S. 20, Zeile 19ff.: Das *iterum* dürfte sich auf den folgenden vorausgehenden Eintrag beziehen: *Leodigarius Grymaldus lector 23 lib. 19 sh. 2 dn. (Z. 9).* Vgl. S. 8, Z. 9f., März 1558: *Leodigarius Grimaldus legebat wochen 20, tag 1; Oggerius legebat wochenn 6 tag 2 1/2 19. fl. 22 sh. 6 dn.* Er gehörte also zum wissenschaftlichen Personal der Korrektoren und Lektoren.

27 Ausführliche biographische Angaben über diesen aus der Normandie stammenden Franzosen in: Die Amerbachkorrespondenz (AK). Bd. 10/1. Hrsg. von B. R. Jenny, Basel 1991, S. 53ff., Nr. 3992. Zuerst 1547 aktenkundig anläßlich der Verhaftung als Häretiker und der Flucht aus La Rochelle. Vermutlich 1548 in Genf und dort 1551 erstmals belegt als Präzeptor von jungen Genfern, mit denselben 1551/53 in (Zürich? und) Basel. 1555/56 in Padua, 1556–1561 wieder in Basel und Ende 1557 als Präzeptor u.a. eines Sohnes des Meisters ***der ysenschmidten vnd ertzgruben*** *zu Altdorff jm Delsperger thal* (Bassecourt, JU) nachgewiesen und somit auch Zugang zum Fachwissen und zur Fachsprache des Montanwesens möglich. Seit 1561 Prädikant in der Grafschaft Mömpelgard, gestorben zw. 1580 und 1586, vermutlich als Lateinschulmeister in Mömpelgard. Loc. cit. auch Angaben über seine Tätigkeit als Übersetzer vom Lateinischen ins Französische, z.T. im Dienst der anticalvinistischen Propaganda der Castellionisten.

28 Rechnungsbuch Froben ... (Anm. 26), S. 10, Z. 19f. Zur fünfbändigen Chrysostomusausgabe von 1557 und deren 233 Seiten umfassenden Index s. Rechnungsbuch Froben ... (Anm. 26), S. 107f. *Joanni Urzerio in indicem Chrysostomi operum* waren schon im März 1558 4 lb. bezahlt worden (op. cit. S. 7, Z. 13) in der Offizin *zum Lufft*, und gleichzeitig erhielt *Joannes Urcerius in indicem Chrisostomi operum 12 fl.* in der Offizin *zum Sessell* (S. 8, Z. 8). Eher auf die deutsche als auf die lateinische Fassung von Agricolas Werk möchte man den folgenden gleichzeitigen Eintrag beziehen, der einem *Petrus lector* gilt, der nach 27wöchiger Tätigkeit kurz vor der Rechnungsablage vorzeitig ausgeschieden war: *Petro dono dedi vestem pro castigatione Agricolae de metallis 2 lb. 5 sh.* (S. 6, Z. 17f.). Es sei denn, es handle sich um ein nachträgliches Honorar anläßlich des Abgangs. Identifiziert ist auch Petrus nicht.

29 Der sich allerdings vorübergehend in Italien aufgehalten hatte: s. Anm. 27.

30 S. Anm. 37. Im Vorwort an den Leser: *gl'honorati Frobenij, per li quali l'ho tradotto, si sarebbeno potuti giustissimamente dolere di me, con dirmi che essi non me l'hanno fatto tradurre per uenderlo solamente a Firenze, ma in ogni altra parte d'Italia.*

31 Burmeister: Bibliographie ... (Anm. 8), Nr. 70ff.; Nr. 87ff.; Nr. 92ff.; Nr. 99.

32 Deutsche Übersetzung des letzteren in: AGA, Bd. VIII, Berlin 1974, S. 27f.

33 AGA, Bd. X, Berlin 1971, S. 754ff. (lat. Ausg.); S. 801ff. (it. Ausg.).

34 Vgl. jedoch Rechnungsbuch Froben ... (Anm. 26), S. 59 (März 1563): *Item vonn notitiis (=* Notitia Dignitatum von 1552; op. cit. S. 124f.) *und berckwerkenn ze planieren* (vgl. Grimm, Dt. Wb. 7,1989, Sp. 1891f.) *18sh*; *Item fur 4 berckwerck undt 6 notitiae zuo illuminieren 9 fl. 15 sh.*, wobei zu überlegen ist, ob «Bergwerk» hier nicht einfach als Sammelbegriff für alle Ausgaben verwendet ist.

35 S. Anm. 7.

36 Wie Anm. 26, S. 59, Z. 15f.

37 P.D.R. de Porta. Historia Reformationis ecclesiarum Raeticarum. Band 1, Buch 2, Chur 1772, S. 48. (Mit guter Charakteristik: Pfr. in Soglio *per complures annos*; *vir doctus et facundus, Camilli placitis addictior* (also mit Neigung zum Antitrinitarismus), *pacis interea studiosus, ibidem defunctus*; S. 391f.; samt Beleg seiner brieflichen Kontakte mit Ochino in Zürich und Angaben über die Synode von 1561.).; Trechsel, F.: Die prot. Antitrinitarier vor Faustus Socin. Bd. 2, Heidelberg 1844 (s. unten). Ch. von Hoiningen-Huene: Mitteilungen aus Bergeller Notariatsprotokollen. In: Bündner Monatsblatt 1917, S. 203; 396; und 1919, S. 187 (daselbst u.a. am 22. Nov. 1557 als Zeuge in Soglio belegt).; Truog, J. R.: Die Pfarrer der evg. Gemeinden in Graubünden. In: Jahresbericht der Hist.-Ant. Ges. von

Graubünden, 1934/35, S. 214, mit der irrigen Angabe, er sei nach 1577 wieder nach England zurückgekehrt.; Giovanoli, G. In: Bündner Monatsblatt, 1932, S. 51ff. (erste gute biographische Notiz in der lokalgeschichtlichen Literatur samt Hinweis auf die Agricola-Übersetzung).; Cantimori, D.: Italienische Häretiker der Spätrenaissance, ([verbesserte] deutsche Ausgabe). Basel 1949, S. 270ff. (wo Trechsel 2, 1844, S. 125ff. ausgeschrieben ist); S. 274ff.; S. 281f. (wonach zu vermuten wäre, daß Florio schon vor 1571 starb; ebenso Yates (wie unten), S. 18 auf Grund des gleichen Schriftstücks. Solange letzteres jedoch nicht sicher datiert ist, bleiben entsprechende Schlüsse Hypothese); Camenisch, E.: Geschichte der Reformation und Gegenreformation in den Südtälern Graubündens. Chur 1950, S. 84f.; Dictionary of National Biographie 19., London 1889, S. 336f. s. v. Florio, John (Lee), mit guten Angaben über Florios Aufenthalt in England 1550–1554 und seine damalige schriftstellerische Tätigkeit; doch wird seine Rückkehr auf den Kontinent noch als fraglich bezeichnet. Yates, Frances A.: John Florio. The Life of an Italien in Shakespeare's England. Cambrigde 1934, S. 1–26: Ausgezeichnete und bis heute grundlegende biographische Skizze, nun unter Beizug des im Druck vorliegenden Schweizer Quellenmaterials (de Porta; Trechsel; Bullingers Korrespondenz mit den Graubündnern, ed. T. Schiess, Teil 2 (1557–1566). In: Quellen zur Schweizer Geschichte. Bd. 24, Basel 1905; Apologie; it. Übersetzung von «De re metallica»).; Garrett, Ch. H.: The Marian exiles. Cambrigde 1938, S. 155.; Chapman, H. W.: Lady Jane Grey. Oxford 1962 (erwähnt Florios Biographie der Jane Grey nur nebenbei und stellt fest: *Florio's version is based on Foxe's and Pollini's narratives* (S. 79 Anm.); Jordan, W. K.: Edward VI: The Threshold of Power. London 1970, S. 317. Die reiche, seit 1950 erschienene monographische Literatur über die italienischen Häretiker konnte noch nicht durchgesehen werden.

38 Die ursprüngliche Herkunft der Eltern ist umstritten, und Yates, wie Anm. 37, S. 1 hält es für möglich, daß er sich nur aus Gründen des sprachpädagogischen Prestiges als Italienischlehrer in England als *Florentinus* bezeichnete.

39 Garrett, Ch. H.: The Marian exiles ... (Anm. 37).

40 Mit zahlreichen autobiographischen Angaben, die das in England liegende Quellenmaterial für die Jahre 1550–1554 über diese Zeit hinaus ergänzen. Zu diesem seltenen Druck vgl. Bornatico, R., L'arte tipografica nelle Tre Leghe (1547–1803) e nei Grigioni (1803–1975). Chur 1976, S. 47f. und 55, wobei die Frage, ob der Druck in Graubünden oder in Basel erfolgte, nicht neu untersucht und somit offengelassen wird, während der British Museum General Catalogue 159, 1962, Sp. 703 als bewiesene Tatsache festhält: *The colophon is fictitious. Printed at Basle.* Die Klärung der Frage war dem Verf. noch nicht möglich.

41 Bullingers Briefwechsel, wie Anm. 37, Nr. 341–349; 360; 450; 452.

42 Ebenda, Nr. 514.

43 Ebenda, Nr. 661.

44 Ch. von Hoingen-Huene: Mitteilungen aus Bergeller Notariatsprotokollen ... (Anm. 37). Von Yates nicht benutzt; vgl. jedoch deren entsprechenden Hinweis, S. 25 (Anm. 1). Besonders bemerkenswert ist dabei, daß sein Protokollheft mit einer fünfseitigen Zusammenstellung über Syllogismen endet.

45 Ebenda; vgl. dazu Anm. 37 zu Cantimori.

46 Opera di Giorgio Agricola de l'arte de metalli partita in XII. libri..., Basel, H. Froben und N. Episcopius, 1563. Titel und bibliographische Angaben in: AGA, Bd. X, Berlin 1971, S. 801ff. Die Vorrede (Michel'Angelo Florio Fiorentino // al benigno Lettore) auf den

unpaginierten fol. 5vo/6ro. Gute Inhaltsangabe und Beurteilung bei Yates, wie Anm. 37, S. 23f.

47 Opera di Giorgio Agricola ...(Anm. 46), fol. 2ro – 3ro. Vgl. Yates S. 22f.; S. 8 wird sogar vermutet, Florio habe Elisabeth 1550–1554 persönlich kennengelernt.; S. 22: *Perhaps it was meant to pave the way for his son's coming into England.* Auf diese sowie die andere Frage, ob und wie der Königin ein Widmungsexemplar zukam, kann hier nicht eingegangen werden, zumal sie nur unter Berücksichtigung der damals sehr engen Beziehungen zwischen der evangelischen Eidgenossenschaft und England erörtert werden könnte. Allerdings fällt auf, daß Florio kurz nach Erscheinen des Bandes nach Tübingen ging, so daß eine Weiterreise nach England oder eine Übersendung auf diplomatischem Wege von Würtemberg aus im Bereich des Möglichen liegt (vgl. Yates, Frances A.: John Florio ... (Anm. 37), S. 26).

48 Bullingers Briefwechsel ... (Anm. 37).

49 Ebenda, Nr. 343 und 345. Die *Quaestiones* sind abgedruckt bei Trechsel, F.: Die prot. Antitrinitarier ... (Anm. 37). Beilage V, S. 417–419, wobei besonders die Fragen 4 - 6 und 20 nach Antitrinitarismus riechen.

50 Dank seinem Einvernehmen mit Vergerio; vgl. oben S. 318.

51 Prescher, Hans. In: Georgius Agricola. Kommentarband ... (Anm. 24), S. 107.

52 Agricola, Georgius: Vom Bergkwerck. Basel 1557. 3 unpaginierte Blätter nach dem Titelblatt; neuhochdeutsche Übersetzung in: AGA, Bd. VIII, Berlin1974, S. 45–52, mit erläuterden Anm.

53 Also nach Juni 1556, da «De re metallica» mit gemeint sein muß, wie sich hernach aus Bechis Formulierung ergibt: Wieviel Fleiß er auf die Übersetzung verwendet habe, werde Weitmoser sehen, *wann sie gegen dem Latein das Teutsch halten und conferieren wirt.*

54 Dies umso mehr, als in AGA, Bd. VIII, Berlin 1974, S. 826 nebst dem Hinweis auf Pinciers Immatrikulation in Freiburg i. B. u. a. festgestellt wird: Näheres über diesen Laien sei nicht zu erfahren gewesen, und im Kommentarband (Prescher, Hans: wie Anm. 24), 1985, S. 159 Pincier als Lehrer in Freiburg i. B. bezeichnet wird. Vgl. auch op. cit. A. 417.

55 So der Rektor der dortigen Lateinschule, der gekrönte Poet und Magister Ulrich Bollinger. In: Encomium Wetterae Athenarum Hassiae von 1595, im zweiten Anhang zu: Oswaldi Crollii Veterani Hassi Basilica Chymica ... Frankfurt a. M. 1608, S. (9)–20 unter Verweis auf die zahlreichen gelehrten Glieder der miteinander verschwägerten Familien Pincier, Vulteius, Crollius, Sylburg.

56 So Wenckebach, Karl: Zur Geschichte der Stadt ... und der Kirche zu Wetter in Hessen. Wetter 1966, S. 97.

57 S. AK, wie Anm. 27, Bd. 7, 1973, Nr. 3179, S. 276 mit allen nötigen Quellenangaben über das akademische Itinerar. Die Familie Pincier (Pintzier, -tziger; von Pinnzieher: Nagelschmied) stammt ursprünglich aus Biedenkopf (Hessen), wo sie im 14. und 15. Jh. gut belegt ist (Schöffen; Bürgermeister: Knetsch, S. 5). Hermanns Vater Christian, Sohn des Schöffen Alexander P. zu Biedenkopf heiratete die verwitwete Frau Mechthilde des Bürgermeisters Joh. Vulteius zu Wetter und wurde seinerseits Bürgermeister daselbst (†1565; Knetsch, S. 11). Hermann promovierte später zum Dr. iur. utr., diente bis 1580 als *Hochgräflich Witgensteinischer Rat* und starb zu Nidda (Hessen), wo er auch begraben ist (so nach Materialien, die mir aus dem StA Marburg zur Verfügung gestellt wurden; Knetsch: Handschriftliche Notizen zur Familie Pincier; (Plitt, Joh. Jakob), Nachricht von der Stadt Wetter und ihrer Schule nebst einigen daselbst erzogenen Kindern. (Frankfurt)

1792, S. 226ff. (über die Familie); S. 228 (über Hermann). Man darf demnach annehmen, daß er Rat des bekannten calvinistischen Grafen Ludwig von Sayn-Wittgenstein (1532–1605) war (Isenburg: Europ. Stammtafeln. Bd. 4, Marburg 1957, Tafel 4; ADB 43, 1898, S. 624ff.). Das Epitaph von Hermanns Eltern in der Kirche zu Wetter ist transkribiert bei Plitt und Wenckebach, wie Anm. 56; Abbildung ebenda.

58 Basel, Heinrich Petri, Sept. 1557; s. A. Burckhardt, Joh. Basilius Herold, Basel 1967, S. 164f. Daselbst sind 10 Zeilen daraus abgedruckt; doch ist zu Pincier daselbst nur auf den unkommentierten Eintrag in die Basler Matrikel verwiesen.

59 StABasel, Ki. Ar., St. Peter AA 16, 1, fol. 141ro.

60 StAZürich, E II 347, 685; Schreiberhand. Aus einem Brief (Frankfurt, 8. April 1563; UBBasel, Mscr. Fr.-Gr. II 19, Nr. 316) an den Basler Arzt und Professor Theodor Zwinger (1533–1588), der sich mit ausstehenden Honorarforderungen Zwingers und der Witwe eines Chirurgen im Zusammenhang mit der Krankheit und dem Tod von H. Pinciers Stiefsohn Georgius Bultzius befaßt und dem 12 durch Oporin übersandte Gulden beigefügt waren, steht jedoch fest, daß er damals Amtsträger war und Bruder eines ebenfalls von Basel her mit Zwinger befreundeten Johannes ist. Dieser, im Juli 1552 in Marburg imm., ist im Jan. 1560 in Basel eingeschrieben (zusammen mit zwei Studenten aus Gastein bzw. aus Österreich, die schon 1557 mit H. Pincier und den Weitmosern zusammen in der Tübinger Matrikel erscheinen), nachdem er bereits am 11. Okt. 1559 als Pate von Ph. Bechis Sohn Abraham nachgewiesen ist (s. AK, wie Anm. 27, Bd. 7, S. 276, womit sich die dort geäußerte Vermutung bestätigt). Er läßt sich identifizieren mit jenem ca. 1538 geborenen, in Straßburg und Frankreich ausgebildeten weitgereisten (Italien, Spanien, GB, NL) hessischen Rat und Amtmann in Eppstein, der 1592 starb (ADB 26, 1888, S. 148, Z. 8ff.). Er ist in dem in Anm. 57 zitierten Material gut belegt und als Bruder Hermanns erwiesen und zweifellos identisch mit jenem Johannes Pincier, den der gleichnamige Pfarrer von Wetter am 4. April 1557 als *consobrinus meus* an seinen Freund H. Bullinger in Zürich empfiehlt (Wenckebach, Karl: Zur Geschichte der Stadt ... (Anm. 56), S. 243).

61 Titel in: VD 16, Bd. 8, 1987, S. 706, Nr. H 2555 (April 1558). Die zeitliche Koinzidenz dieser die Weitmosersöhne herausstreichenden Publikation mit der Reise von Bechi/Oporin nach Gastein, fällt auf. Charakterisierung dieser Schrift bei Burckhardt, A.: Joh. Basilius Herold ... (Anm. 47), S. 132, A. 26 und passim.

62 Das Datum nach Prescher, Hans: Kommentarband ... (Anm. 24), S. 148, A. 411. Die Literatur über Weitmoser in der Abhandlung von Heinz Dopsch in den vorliegenden Akten.

63 S. Steinmann, M.: J. Oporinus. Basel 1966, S. 96 nach Jociscus, A.: Oratio de...vita... Oporini, S. 632 der von mir benutzten Neuauflage (Breslau 1739) mit der wohl unzutreffenden Behauptung des Verfassers, die Weitmoser seien dabei *sola Oporini, nomine saltem noti, fide contenti* gewesen. Eine Aktennotiz über die Rückzahlung von 1200 Gulden an die Weitmoser 1568 s. bei Steinmann S. 113.

64 Titel in: VD 16, Bd. 20, 1993, S. 326, Nr. T 838. Die zitierte Stelle auf S. 8 der unpaginierten *Praefatio*; das Basler Exemplar mit eigenhändiger Widmung Bechis an seinen Gevatter und Freund, den Basler Artistenprofessor Johannes Hospinian. In der Bechiforschung bisher übersehen.

65 Über ihn s. die noch unzulänglichen biographischen Angaben in: ADB 30, 1890, S. 581ff. Er hielt sich, wie sich nun herausstellt, nach Beendigung seines Studiums in Frankreich damals in Basel auf und verschaffte sich anhand von Bechis Widmung eine Empfehlung nach Augsburg, wo er zuvor am Annagymnasium als Lehrer gewirkt hatte.

66 Über Philipp Bechi(us) (Freiburg i.Br. 1521–Basel 1560) s. die grundlegende Zusammenstellung der biographischen Daten in AK, wie Anm. 27, Bd. 7, 1973, Nr. 3179, S. 273ff. sowie Ergänzungen dazu in den Bänden 8 bis 10, sowie vor allem die reich bebilderte und Bechis jeweiliges Umfeld ausleuchtende biographische Skizze von Prescher, Hans: Kommentarband ... (Anm. 24), S. 85–106. Daselbst (S. 107–118) eine Würdigung der Übersetzung mit Erläuterungen zu einzelnen Stellen unter Berücksichtigung der Abweichung von der lat. Vorlage.

67 Über diesen sogenannten *Brylinger-Handel* s. Steinmann, M.: J. Oporinus ... (Anm. 63), S. 92ff. mit Lit.

68 S. Anm. 60.

69 *Id vero eò citius vt facerem, inductus sum, quo magis referre sensi, Saxones tum ex sermone, tum ex vita Zuinglianorum (quos illi, stulto quodam praeiudicio excaecati, vix homines esse renuntiant (?)) cognoscere, quae vestra religio, quae fides sit.*

70 Correspondance de Théodore de Bèze. Bd. 16, Genf 1993, S. 84ff., Nr. 1631.

Probleme des Bergbaus in Salzburg zur Agricola-Zeit, dargestellt am Beispiel des Montanreviers von Gastein und Rauris

Heinz Dopsch (Salzburg)

Zwei Jahre nach dem Tode Agricolas erschien 1557 in Basel die erste deutsche Übersetzung seines grundlegenden Werkes «De re metallica libri XII», die der Baseler Universitätsprofessor Philipp Bechi besorgt hatte. Die Vorrede beginnt mit einer Widmung an den *edlen und ehrenfesten Herrn Christoph Weitmoser zu Winkel, Römischer Königlicher Majestät Rat, Gewerken in Gastein und Rauris*... Die persönlichen Verbindungen, die zu dieser Widmung führten, sind bekannt: Christoph Weitmoser, der einst selbst Student in Freiburg gewesen war, ließ auch zwei seiner Söhne dort studieren. Als Erzieher der Söhne Weitmosers war Hermann Pincier aus Hessen (Hermannus Hessus) tätig, der selbst zeitweise in Freiburg als Professor wirkte. Hermann Pincier war aber seinerseits mit Philipp Bechi, dem Übersetzer von Agricolas Hauptwerk, eng befreundet, so daß durch ihn die Kontakte zu Weitmoser hergestellt wurden (vgl. dazu im Detail den Beitrag von Beat Jenny).

Daß Bechi selbst Weitmoser als seinen *großgünstigen und gebietenden Herrn* anspricht, ist kein Zufall, sondern resultierte aus der Situation des Salzburger Edelmetallbergbaus und der dominierenden Postition, die Christoph Weitmoser als der mit Abstand bedeutendste Gewerke einnahm. Gerade in jenem Jahr 1577 erreichte die Produktion von Gold und Silber im Montanrevier von Gastein und Rauris ihren absoluten und einmaligen Höhepunkt. Mit 2954 Gewichtsmark (ca. 830 kg) Gold und 9689 Mark (2723 kg) Silber lag dieses Bergbaugebiet an der Spitze aller Montanreviere in Mitteleuropa. Im Tiroler Berbgauzentrum Schwaz, das durch viele Jahre führend in der Silberproduktion gewesen war, hatte sich bereits nach dem Bauernkrieg 1525/26 ein allmählicher aber unaufhaltsamer Niedergang abgezeichnet. Im sächsischen Erzgebirge hingegen, namentlich im Marienberger Revier, kam es nach einer Krise in den dreißiger Jahren des 16. Jahrhunderts zu einem erneuten Ansteigen der Produktion, die so wie in Salzburg nach der Jahrhundertmitte ihr Maximum erreichte. Anläßlich der schweren Krise des Gold- und Silberbergbaus, die damals in zahlreichen deutschen Montanrevieren einsetzte, war es ganz natürlich, den Blick nach Gastein und Rauris zu lenken, das einen anhaltenden Aufstieg erlebt hatte und wo Christoph Weitmoser alle anderen Gewerken an Macht und Reichtum deutlich überragte. Nicht umsonst ist das sprichwörtliche «Glück der Weitmoser» auch in die Sage eingegangen.

Ein zeitgenössisches Ölgemälde im Salzburger Museum-Carolino-Augusteum, das wenige Jahre vor dem Tode Weitmosers entstanden ist, zeigt diesen mächtigen Berg- und Hüttenherrn im pelzverbrämten Gewand, mit schweren Goldketten um den Hals. Als er 1558 starb, muß er jedoch den Niedergang des Bergsegens bereits geahnt haben. Seinen drei Söhnen vermachte er zunächst alle seine Herrschaften, Güter, Pfandschaften und Silberschätze, dann erst *alle meine Perchwerch* samt den Vorräten und Rechten. Allein für die Aussteuer seiner vier Töchter, die je 80000 fl an Bargeld erhielten, und zur Testamentsvollstreckung war die enorme Summe von 340000 fl erforderlich. Die späteren Generationen der Weitmoser sind dem Beispiel Christophs, der sich das Weitmoserschlößl in Hofgastein als adeligen Ansitz erbaut hatte, gefolgt und durch ihre Heiraten ganz im Adel aufgegangen. Als «Gewerkenadel», wie er damals für Salzburg charakteristisch war, sind sie vom endgültigen Niedergang der Gold- und Silberproduktion und der «Verstaatlichung» unter Erzbischof Markus Sittikus im Jahre 1616 nicht mehr betroffen worden.

1. Die Entwicklung des Gastein-Rauriser Montanreviers bis zu den Bauernkriegen 1525/26

Der Bergbau auf Gold und Silber wird im Gebiet von Gastein und Rauris relativ spät, erstmals im Jahre 1340, urkundlich erwähnt. Vom raschen Aufschwung zeugt die Tatsache, daß Erzbischof Heinrich von Salzburg bereits 1342 eine erste ausführliche Bergordnung für Gastein erließ. Aus den ihm zustehenden Abgaben, der Frone und dem Wechsel, floß dem Landesfürsten ein Anteil von gut 20% an den geförderten Erzen bzw. an deren Wert zu. Die Verpachtung dieser Einkünfte an steirische Unternehmer führte seit der zweiten Hälfte des 14. Jahrhundert zum Raubbau und zu einer schweren Rezession. Erst gegen Ende des 15. Jahrhundert leiteten gezielte Förderungsmaßnahmen der Erzbischöfe eine lange Phase der Montankonjunktur ein. Sie führte dazu, daß sich auch auswärtige Unternehmer, darunter die berühmten Fugger und die Wieland aus Augsburg sowie die Baumgartner aus Kufstein, zu Investitionen entschlossen und Grubenanteile in Gastein und Rauris erwarben. Das Engagement der Fugger währte jedoch nur kurz. Nachdem sie mit ihrem Faktor, Hans Maierhofer, in Streit geraten waren und einen Prozeß vor Erzbischof Leonhard von Keutschach verloren hatten, zogen sie sich bereits 1511 endgültig aus Gastein zurück. Die Führung lag seitdem in den Händen von Salzburger Gewerken, auch wenn

Erzbischof Leonhard selbst, die Augsburger Wieland und einer Reihe von Bürgern der Stadt Salzburg in Gastein investierten. Im Gegensatz zu den sächsischen Montanrevieren mit ihrem «Direktionssystem» ist es in Salzburg nie und zum freien Verkauf von Grubenanteilen an völlig fremde Personen in Form eines Kuxhandels gekommen.

An der Wende vom 15. zum 16. Jahrhundert versuchte eine große Zahl von Lehenhäuern, die über Grubenrechte verfügten, aber selbst im Berg arbeiteten, und von kleineren Gewerken ihr Glück im Bergbau. Aus ihren Reihen kristallisierte sich allmählich eine Gruppe von größeren Gewerken heraus, die sich zum Unterschied von den auswärtigen Investoren ganz auf ihre Gruben und Berganteile in Gastein und Rauris konzentrierten. So vollzog sich auch der Aufstieg des Erasmus Weitmoser, des Vaters von Christoph I. Weitmoser, der zwischen 1480 und 1497 das Neureitergut in Gadaunern bei Hofgastein besaß. Als Lehenhäuer erwarb er um 1500 Anteile an der Grube Unsere Frau in der Erzwies oberhalb von Böckstein (bei Badgastein). Persönliche Tüchtigkeit und Finderglück verhalfen ihm innerhalb weniger Jahre zu einem märchenhaften Aufstieg. Auch sein naher Verwandter, Hans Weitmoser, war als Gewerke erfolgreich. Etwa zeitgleich damit machten die Zott, die in Kärnten über ausgedehnten Grubenbesitz verfügten, und die Strasser, die aus dem Salzburger Bürgertum kamen, Karriere. Da sie neben ihren Grubenanteilen auch eigene Schmelzhütten besaßen, auf deren Benutzung die anderen Klein- und Mittelgewerken angewiesen waren, nahmen die Strasser, Weitmoser und Zott als «Berg- und Hüttenherrn» allmählich eine Sonderstellung ein. Um die Mitte des 16. Jahrhunderts hatten sie alle anderen Konkurrenten deutlich hinter sich gelassen.

Ihren Söhnen ließen diese Großgewerken eine gründliche Ausbildung zuteil werden. Drei Salzburger Gewerkensöhne studierten 1522 gemeinsam in Freiburg im Breisgau, das damals bereits der evangelischen Lehre zuneigte. Von ihnen übersiedelte Christoph I. Weitmoser, der später zum bedeutendsten Salzburger Gewerken aufsteigen sollte, 1523 direkt zu Luther nach Wittenberg, wo auch eine Reihe weiterer Salzburger Studenten inskribiert waren. Über diese persönlichen Verbindungen fanden die Lehren Luthers bei Gewerken und Knappen in Gastein und Rauris rasche Verbreitung und wurden zu einem der wesentlichen Beweggründe für die führende Rolle, die den Bergleuten im Bauernkrieg zukam.

2. Die Gewerken als Führer im Bauernkrieg 1525 – Motive und Ziele

Aus zahlreichen schriftlichen Quellen, vor allem der «Gasteinerischen Chronica», geht die führende Rolle der Gewerken im Salzburger Bauernkrieg 1525 deutlich hervor. Der Aufstand wurde von ihnen organisiert und von der «Gesellschaft des Bergwerks» getragen, wobei die Knappen den harten Kern der kämpfenden Truppe stellten. Über die Motive der Gewerken ist lange gerätselt worden. Die verwandtschaftlichen Beziehungen der Zott nach Kärnten und auch nach Tirol ließen den Schluß zu, daß sich einzelne Gewerken von einem Zusammenschluß mit den habsburgischen Ländern günstigere Bedingungen für den Bergbau erhofften.

Der Hauptgrund für die Aktion der Gewerken war jedoch die rapid zunehmende Holzverknappung, die zu rigorosen Maßnahmen seitens des Erzbischofs führte. Eine 1521 durchgeführte Bestandsaufnahme hatte ergeben, daß in Gastein von insgesamt 15000 Pfann Holz bereits 11000 verhackt waren, und in Rauris von ursprünglich 18000 Pfann Holz nur mehr 15000 Pfann zur Verfügung standen. Die damals erstellte Prognose, daß die Wälder des Gasteinertales auch bei sparsamster Nutzung innerhalb von 25 Jahren aufgebraucht wären, sollte sich rasch bewahrheiten. Als Reaktion darauf begann Kardinal Matthäus Lang mit einer rigorosen Gesetzgebung, die in der ersten umfassenden Waldordnung des Jahres 1524 gipfelte. Wer für seine Wälder keinen schriftlichen Besitztitel vorlegen konnte und nicht zugleich Bergwerke oder Schmelzhütten betrieb, dem wurden die Wälder entzogen. Gleichzeitig wurde auch das Holznutzungsrecht der Bauern stark eingeschränkt. Neben dem Einfluß der evangelischen Lehre und der zunehmenden Belastung durch die landesfürstliche Verwaltung wurde damit der drohende Mangel an Brennstoff und Grubenholz zu einer der Hauptursachen des Bauernkriegs.

Anfangs hatten die großen Berg- und Hüttenherren selbst, die Strasser, Weitmoser und Zott, nicht nur die Organisation, sondern auch die militärische Führung des Aufstands übernommen. Als die raschen militärischen Erfolge bei der Belagerung der Feste Hohensalzburg ins Stocken gerieten, zogen sich die Großgewerken auffallend rasch vom Kriegsgeschehen zurück und gingen vorübergehend ins Exil. Erasmus Weitmoser, der durch die Unterschlagung eines Briefes dem bei Schladming gefangenen steirischen Landeshauptmann Siegmund von Dietrichstein das Leben rettete, entkam selbst nur mit Mühe einem Strafgericht der Aufständischen. Bald nach dem Waffenstillstand vom 31. August, mit dem dieser erste Aufstand zu Ende ging, machten die Gewerken ihren Ausgleich mit Kardinal Mattäus Lang. Als im folgenden Jahr ein erneuter Aufstand losbrach, der vom Tiroler Bauernführer Michael Gaismair und dessen Gefährten organisiert war, standen die Gasteiner Gewerken fest auf seiten des Landesfürsten und mußten mit Gewalt zur Unterstützung der Aufständischen gezwungen werden.

Insgesamt brachte der Bauernkrieg 1525/26 für die Entwicklung des Gastein-Rauriser Montanreviers keinen längerfristigen Rückschlag. Die Menschenverluste konnten rasch ausgeglichen werden, und für die zunehmende Holzverknappung fand man wenige Jahre später eine Lösung, die sich auf Dauer bewährte. Mit Unterstützung des neuen Landesfürsten, des Administrators Herzog

Ernst von Bayern, der sich selbst als Gewerke engagierte, wurde am Salzachufer *eine gemeine Gasteiner Lend* angelegt, an der das aus dem Oberpinzgau herangetriftete Holz aufgefangen und zu Holzkohle verarbeitet werden konnte. An diesen Ort, der den Namen Lend erhielt, wurden ab 1569 auch die gesamten Verhüttungsanlagen und weiteren Betriebseinrichtungen verlegt und mit der Köhlerei zu einem großen montanindustriellen Komplex vereinigt.

3. Technische Neuerungen – Agricola und der Sackzug.

Einen wichtigen Grund für den ersten Salzburger Bauernkrieg 1525 erblickte die ältere Forschung in der Zuwanderung von evangelisch gesinnten Bergleuten aus dem Erzgebirge in das Gastein-Rauriser Montanrevier. Neueste Forschungsergebnisse haben jedoch gezeigt, daß der Austausch technischer Neuerungen und damit auch eine gewisse Migration von Bergleuten in die entgegengesetzte Richtung verlief. Schon seit dem Ende des 15. Jahrhunderts fanden im Gastein-Rauriser Revier zahlreiche technische Neuerungen Eingang, manche wichtige Innovationen sind sogar hier entstanden. Am bedeutendsten ist ein Verfahren, das der Gasteiner Gewerke Augustin Kröpfl 1507/1508 entwickelte, um *mit einer Arbeit* göldisches Silber zu erzeugen. Von einer einzigen Wasserradwelle wurde dabei eine mechanische Werkzeugkombination betrieben, die das Mahlen, Waschen und Amalgamieren des Roherzes in einem Arbeitsgang ermöglichte. Diese Konstruktion nahm die Idee der Transmissionsanlage vorweg.

Die Erfindung war so revolutionär, daß bereits 1508 der sächsische Kurfürst, Friedrich der Weise, Augustin Kröpfl und zwei weitere Gewerken nach Sachsen berief. Die Salzburger haben sich dann im Bergbaugebiet von Steinheide im Thüringer Wald engagiert, wo auch später noch Bergleute aus dem Erzstift nachweisbar sind. Außerdem wurde auf ausdrückliches Verlangen des Kurfürsten ein Exemplar der Salzburger Bergordnung 1508 nach Sachsen übersandt. Als Salzburger Landesfürst war Erzbischof Leonhard von Keutschach jedoch gegen die Abwanderung von Spezialisten nach Sachsen. Statt dessen trat er dafür ein, daß sächsische Bergleute nach Salzburg kommen sollten, um die neuesten Technologien an Ort und Stelle zu lernen.

Georgius Agricola hat das von Kröpfl erfundene technische Wunderwerk durchaus gekannt und im achten Buch seines Werkes genau beschrieben und abgebildet. Eine gewisse Unstimmigkeit ergibt sich dadurch, daß in der ältesten deutschen Fassung von einem *gezeug* gesprochen wird, das *zu einer zeitt das goldt ärtz male, mit Wäschen seubere und mit dem quäcksylber das goldt vermische…* In der neuen Übersetzung ins Hochdeutsche heißt es hingegen *…welche zu gleicher Zeit das Golderz pocht, mahlt, durch waschen reinigt und das Gold mit Quecksilber vermischt.* Falls Agricola schon ursprünglich in dieser Anlage vor der Gesteinsmühle ein Pochwerk einschaltete, dann bedeutete das gegenüber der Erfindung von Kröpfl einen späteren Zusatz. In Gastein wurden nämlich die altertümlichen Gesteinsmühlen erst in den dreißiger Jahren des 16. Jahrhunderts und damit vergleichsweise spät durch Pochwerke ersetzt. Das Verfahren der Amalgamation, das nachweislich bereits im 14. Jahrhundert in Gastein verwendet wurde, war wegen des Mangels an Quecksilber längere Zeit aus der Übung gekommen und wurde seit dem späten 15. Jahrhundert wieder erfolgreich eingesetzt. In der Beschreibung bei Agricola ist allerdings das Abglühen des Goldamalgams, das nach dem Auspressen des Quecksilbers noch erforderlich war, übersehen worden.

Ob Agricola die mit einer Aufbereitungsanlage kombinierte Amalgamiermühle in Rauris oder Gastein an Ort und Stelle besichtigt hat, ist in der Forschung umstritten. Da er in seinen Werken den Salzburger Bergbauort Rauris mehrfach erwähnt, hat die ältere Forschung übereinstimmend angenommen, daß er 1526 von Italien den eher beschwerlichen Rückweg über den Rauriser Tauern genommen hat, um die Einrichtungen dieses bekannten und technisch hochstehenden Montanreviers zu besichtigen. Zuletzt hielt man hingegen eine Rückreise Agricolas über den Brennerpaß in Tirol, der niedriger und daher bequemer zu überschreiten war, für wahrscheinlich.

Es gibt aber einen sicheren Nachweis für die Anwesenheit von Agricola in Rauris, der bisher kaum beachtet wurde. Im sechsten Buch seines Werkes bildet Agricola verschiedene Transportarten ab, mit denen das Roherz zu Tal befördert wurde. Dazu schreibt er: *Die Kärntner füllen sie* (die Erze) *zu Winterszeit in lederne Säcke und legen von diesen zwei oder drei auf eine kleine Schleife, die vorn höher ist als hinten. Auf diese Säcke setzt sich ein beherzter Fahrer und lenkt nicht ohne Lebensgefahr die vom Berge ins Tal abfahrende Schleife mit einem Stabe, den er in der Hand führt...... In Noricum füllen sie im Winter die Erze in Säcke, die aus Schweinshäuten mit Borsten hergestellt sind, und ziehen sie von den höchsten Bergen, welche Pferde, Maultiere und Esel nicht ersteigen können, hinab. Die leeren Säcke tragen starke Hunde, die hieran gewöhnt sind, auf Saumsätteln auf die Berge. Die vollen Säcke werden mit Riemen zusammengebunden und an einem Strick befestigt. Ein Mann nimmt den Strick um einen Arm oder um die Brust und zieht sie durch den Schnee bis an eine Stelle, bis zu der Pferde, Maultiere und Esel mit Saumsätteln hinaufkommen können.*

Agricola beschreibt hier den sogenannten Sackzug, der sich seit dem späten 15. Jahrhundert zunächst in Rauris und Gastein, später auch in den Kärntner Bergbaugebieten durchsetzte. Mit dieser Transportmethode, die freilich nur im Winter möglich war, konnten die Kosten gegenüber dem Einsatz von Tragtieren zunächst auf die Hälfte und später sogar auf ein Drittel verringert werden. Beim Sackzug wurde das Erz in Säcke aus rohem Schweinsleder, später auch aus Hundehäuten, gefüllt, von denen man bis zu dreißig Stück hintereinander zu

Abb. 1
Der Sackzug, wie ihn Agricola im 6. Buch seiner «De re metallica...» falsch darstellt.

einem «Zug» zusammenband. In einer dafür eigens angelegten Riese, einer Schleif- oder Rutschbahn, die man am ehesten mit einer Bobbahn vergleichen kann, wurde das Transportgut von einem einzigen Mann teils zu Tal gezogen, teils auf dem ersten Sack sitzend hinuntergefahren, wobei das Bremsen goße Anstrengung und Konzentration erforderte. Die im Tal entleerten Säcke wurden von Hunden, die mit Tragsätteln ausgestattet waren, wieder auf den Berg transportiert. Ein einzelner Sackzieher konnte auf diese Weise bis zu 2000 kg ins Tal befördern und wegen der Zeitersparnis häufig zwei Transporte an einem Tag durchführen. Ein Säumer hingegen, der in dem steilen Gelände nicht mehr als drei bis vier Tragtiere zügeln konnte, schaffte mit einem Transport maximal 600 kg, also nur ein Drittel der beim Sackzug beförderten Last. Unfälle durch den Abgang von Lawinen oder durch Säcke, die außer Kontrolle geraten waren und den Zieher erschlugen, blieben freilich nicht aus. Die Sackzieher aus Gastein und Rauris galten jedoch bald als Spezialisten für den Bau von Riesen und wurden weitum bis nach Raibl (heute Cave del Predil in Italien) als Berater gerufen.

Die von Agricola dargestellte Form des Sackzugs hätte allerdings für den Zieher letale Folgen gehabt. Die an den aufgespleißten Enden eines einzigen dicken Seiles angebundenen Säcke aus Schweinshaut, an denen irrtümlich noch die Füße zu sehen sind, hätten den Mann in jedem steileren Gelände erschlagen, wären hingegen bei geringer Neigung kaum zu ziehen gewesen. Da Agricola offenbar im Sommer in Rauris weilte, kannte er den Sackzug nicht aus eigener Ansicht, sondern nur aus der Erzählung von Einheimischen, die bei ihm zu

Abb. 2
So funktionierte der Sackzug wirklich. Darstellung des 18. Jahrhunderts im Heimatmuseum Badgastein.

falschen Vorstellungen führten. Wie der Sackzug in der Praxis wirklich funktionierte, zeigen Darstellungen aus der Kärntner Khevenhüller-Chronik und aus Gastein. Im Heimatmuseum von Badgastein haben sich drei originale Säcke, die beim Sackzug zum Einsatz kamen, als Unikate erhalten. Der Transport mit Schlitten, den Agricola am Anfang beschrieb, spielte in der Praxis hingegen keine nenneswerte Rolle. Da in der Aufzählung zuerst Kärnten und dann Noricum – die alte Bezeichnung für Bayern, die auch Salzburg mit einschloß – genannt werden, dürfte Agricola seinen Weg über Kärnten und die Salzburger Tauernpässe, wahrscheinlich doch den Rauriser Tauern, nach Deutschland genommen haben.

Auch wenn es – wie es das Beispiel des Sackzugs zeigt – gelegentlich zu kleineren Ungenauigkeiten kommen konnte, so waren es gerade die 273 hervorragenden Holzschnitte, die neben dem Text das Hauptwerk Agricolas durch Jahrhunderte zur Grundlage der Berg- und Hüttenkunde machten. Wie lange man auf diese Darstellungen zurückgriff, mag abschließend ein Beispiel zeigen. Das Salzburger Museum Carolino Augusteum beherbergt einen Zyklus von acht farbenprächtigen, detailgenauen Ölgemälden, die wichtige Szenen aus dem Bergbau darstellen. Sie wurden wahrscheinlich vom Salzburger Berghauptmann Judas Thaddäus Anselm Lürzer von Zehendthal im letzten Drittel des 18. Jahrhunderts in Auftrag gegeben. Als Künstler wurden der Freskomaler Johann Weiß aus Augsburg, der auch in der neu gebauten Böcksteiner Knappenkirche tätig war, oder Benedikt Werkstätter, der 1757 in den Fürstenzimmern des Pflegamtsgebäudes Hallein die gesamte Salzproduktion in einem großen Zyklus verewigte, vermutet. Die technischen Einrichtungen, die auf den Bildern wiedergegeben werden, entsprechen freilich zum Großteil dem Standard früherer Jahrhunderte.

Wie nachgewiesen werden konnte, sind zahlreiche montanistische Werke des 16. bis 18. Jahrhunderts, darunter Lazarus Ercker, Georg Engelhard Löhneyß und Balthasar Rößler, als Vorlage herangezogen worden. Am stärksten hat sich der Künstler aber an den Holzschnitten Agricolas orientiert, die man in vielen Details der Salzburger Gemälde wiederfinden kann. Während fünf Szenen dem Bergbau auf Gold und Silber sowie der Aufbereitung und Verhüttung gewidmet sind, stellen drei weitere Gemälde die Quecksilbergewinnung, die Schwefelgewinnung und Vitriolerzeugung sowie die Arsenikgewinnung und Blaufarbenerzeugung dar. Damit ist auch für Salzburg – wie Karl-Heinz Ludwig festgestellt hat – die frühmoderne Technik der Agricola-Zeit in Montangemälden des 18. Jahrhunderts festgehalten worden.

Obwohl Agricola an zahlreichen Stellen seiner Werke dem Bergbau absoluten Vorrang vor der Landwirtschaft einräumt, hat doch auch er angesichts der enormen Expansion des Montanwesens darüber resümiert *ob ein wirtschaftlicher Nutzen des Bergbaus so hoch und groß geschätzt werden dürfe, um seinetwegen das Heil des Menschen und sein Leib und Leben in Gefahr zu bringen.* Mit Klagen über die Umweltschäden hat sich der Salzburger Bergbau schon seit dem späten Mittelalter konfrontiert gesehen. Auf einem Landtag 1495 protestierten alle Stände gemeinsam heftig gegen die vom Bergbau verursachten Flurschäden. Neben dem schrankenlosen Abholzen der Wälder, das zu Hangrutschungen und Vermurungen führte, waren es vor allem die hochgiftigen, arsenhaltigen Abgase der Schmelzhütten, die sich als Hüttrauch in der Umgebung niederschlugen. Bereits im 16. Jahrhundert setzten die Schadensersatzforderungen der Bauern ein, die als «Rauchschwadenprozesse» umfangreiche Akten hinterlassen haben. Es dauerte aber viele Jahrzehnte, bis der Betrieb der «Gifthütten», wie die Verhüttungsanlagen gerne bezeichnet wurden, auf die Wintermonate beschränkt wurde. Die Schmelzarbeiten, vor allem das gefährliche Rösten der Erze, wurden teils von Strafgefangenen ausgeführt, teils von Männern, die dafür eine entsprechende Aufbesserung ihres Lohns erhielten.

Der rasche und unaufhaltsame Niedergang des Bergsegens wurde jedoch im Gastein-Rauriser Revier weder durch die Umweltproblematik noch durch den Zustrom von billigem Edelmetall aus der Neuen Welt verursacht, sondern durch die Erschöpfung der günstigen Lagerstätten. Schon 1567, nur zehn Jahre nach dem Höchstwert, war die Produktion von Gold und Silber auf weniger als die Hälfte gesunken, im frühen 17. Jahrhundert ging sie auf ein Zehntel zurück. Das Eingreifen des Landesfürsten, Herzog Ernst von Bayern, der die modernen Verhüttungsanlagen in Lend den Gewerken zur Verfügung stellte, vermochte daran auf Dauer nichts zu ändern. Auch die Maßnahmen des Erzbischofs Wolf Dietrich von Raitenau, der den Gewerken das Ungeld, eine hohe Getränkesteuer, erließ und sich dafür aus dem *Neuen Lender Handel* ganz zurückzog, führte zu keiner Verbesserung. Um einen Zusammenbruch des Arbeitsmarktes zu verhindern, mußte Erzbischof Markus Sittikus 1616 eingreifen und den Bergbau verstaatlichen. Die letzten Gewerken, die vom Erzbischof mit insgesamt 33571 fl für alle ihre Ansprüche entschädigt worden waren, zogen 1618 ab. Damit hatte das private Unternehmertum in Gastein und Rauris nur 60 Jahre, nachdem die deutsche Übersetzung von Agricolas Hauptwerk dem Gewerken Christoph I. Weitmoser gewidmet worden war, sein Ende gefunden.

Literatur

Dopsch, Heinz; Koller, Fritz: Umweltschutz, Energieversorgung und Arbeitsmarkt. «Moderne Wirtschaftsprobleme» in früheren Jahrhunderten am Beispiel Salzburgs. In: Für ein Lebensrecht der Schöpfung. Hrsg. von Bauer, Dolores M.; Virt, Günther. Salzburg 1988, S. 177–199.

Gruber, Fritz: Georg Agricolas Beziehungen zu Gastein. In: Gastein aktuell (1989)6, S. 18f.

Gruber, Fritz: Bergbaubedingte Umweltprobleme zur Zeit des Paracelsus. In: Paracelsus (1493–1541). Keines andern Knecht ... Hrsg. v. Dopsch, Heinz; Goldammer, Kurt; Kramml, Peter F. Salzburg 1993, S. 333–338.

Gruber, Fritz; Ludwig, Karl-Heinz: Salzburgs «Silberhandel» im 16. Jahrundert. Leoben 1980.

Dieseben: Salzburger Bergbaugeschichte. Ein Überblick. Salzburg 1982.

Dieseben: Der Metallbergbau. In: Geschichte Salzburgs – Stadt und Land. Hrsg. v. Dopsch, Heinz; Spatzenegger, Hans. Bd. II/4, Salzburg 1993, S. 2595–2630.

Ludwig, Karl-Heinz: Die Agricola-Zeit im Montangemälde. Frühmoderne Technik in der Malerei des 18. Jahrhunderts. Düsseldorf 1979.

Ludwig, Karl-Heinz: Das Große Rauriser Berggerichtsbuch 1509–1537 (Stuttgarter Arbeiten zur Germanistik 167). Stuttgart 1986.

Ludwig, Karl-Heinz: Das Kleine Rauriser Berggerichtsbuch 1509–1524. Stuttgart 1989.

Ludwig, Karl-Heinz; Gruber, Fritz: Gold und Silberbergbau am Übergang vom Mittelalter zur Neuzeit. Das Salzburger Revier von Gastein und Rauris. Köln/Wien 1987.

Ludwig, Karl-Heinz; Sika, Peter: Bergbau und Arbeitsrecht. Die Arbeitsverfassung im europäischen Bergbau des Mittelalters und der frühen Neuzeit. Wien 1989.

Tinworking in south-west England in the 16th century

Tom Greeves (Devon)

The period of Georgius Agricola's life, falling more or less within the first half of the sixteenth century, corresponds to a remarkable expansion of the English tin industry.[1] Of the two tinproducing counties of south-west England, Cornwall was the major producer, but it was Devon that witnessed the greatest relative increase in productivity, reaching its peak in 1521, followed by a gradual decline.[2] In a nice coincidence, a Great Court of Devon tinners was held in 1494 to make laws to organise their distinctive and prosperous industry,[3] and its anniversary is being celebrated this year by local communities. I have elsewhere outlined the key archaeological and historical features of the Devon tin industry, including some of the characteristic artefacts such as mortarstones and mouldstones.[4] In this short paper I want to draw attention to recent archaeological work on tinworks and tin mills (where ore was processed and smelted) of the sixteenth century. The working conditions of the tinners themselves will not be covered.[5]

Most of my examples are taken from Devon, where systematic field survey and excavation is in progress by the Dartmoor Tinworking Research Group, though significant work has also taken place in Cornwall.

1. The tinworks

Although underground mining by means of deep shafts was certainly well-established by AD 1500,[6] scope for fieldwork, analysis and dating is relatively limited, and will not be discussed here. Far more important on account of the richness of the archaeological evidence are alluvial *streamworks*, and *openworks* where lodes or veins of tin were exploited by opencast techniques. Of great significance for both these types of working was the use of water for washing away waste material and for sorting ore. Water was often stored in small *reservoirs* which were themselves supplied by many kilometres of water channels known as leats. These leats tapped both surface rainwater and flowing rivers

Figure 1
Plan of tin streamworks at Beckamoor Combe, west Devon (drawn by G. A. M. Gerrard from field drawings of the Dartmoor Tinworking Research Group, 1992).

(often small). Reservoirs and leats have now been recognised extensively in both Cornwall[7] and in Devon.[8] No contemporary account of the storage of water has yet been found, but in 1586 Thomas Beare of Cornwall stated that ‹the tynwork which they call a Streame Work otherwise a Hatchwork being without water is even as a windmill without wind›... (British Library, Harleian 6380/The maner of bounding of theire tynworks).

1.1. Streamworks

In mid Cornwall in the sixteenth century alluvial workings for tin were known as streamworks, hatchworks (British Library, Harleian 6380/Of myne tyn and moor tynne als streame worke tynne). The element *stream* is probably connected with the dialect word for rinsing, i.e. washing, clothes;[9] the element *hatch* probably refers to small shafts sunk into the tin-bearing sands and gravels; and the element *moor* relates to the low lying valley bottoms which were locally known as *moors*.

As field evidence, streamworks are found in valleys wherever the ground is relatively wide and flat. They are most recognisable by the characteristic scarp, usually 1 m – 4 m high, at their edges, which represents the lateral limit to which the tinners worked. These scarps are also indicators of the quantity of ground (mostly waste) that has been removed. The same type of working can also be found in dry valleys on hillslopes where the top surface of a tin lode has weathered in situ and has been exploited by a streamworking technique. There is now considerable evidence for systematic exploitation of streamworks, and several different types of waste dump have been recognised,[10] which are likely to date to the seventeenth century or earlier:

1. Parallel or concentric banks of spoil, without walling and with a symmetrical profile. They range in height from 0.2 m – 3 m. These have almost certainly been created by the piling up of material (presumably lacking large stones) with shovels.
2. Parallel or concentric banks of spoil, with retaining drystone walls giving a vertical face on the upstream side. This type is common on Dartmoor.
3. Wheelbarrow dumps, having a steep scarp downstream and a gentle slope on the upstream side. These are otherwise known in published literature as *cuestaworks*. So far, this type has only been recognised in Cornwall.

All three types demonstrate that the movement of work was in an upstream direction, with waste being dumped on lower areas previously worked. Recent detailed survey has been carried out by the Dartmoor Tinworking Research Group on a streamwork at Beckamoor Combe in west Devon (Figure 1). This

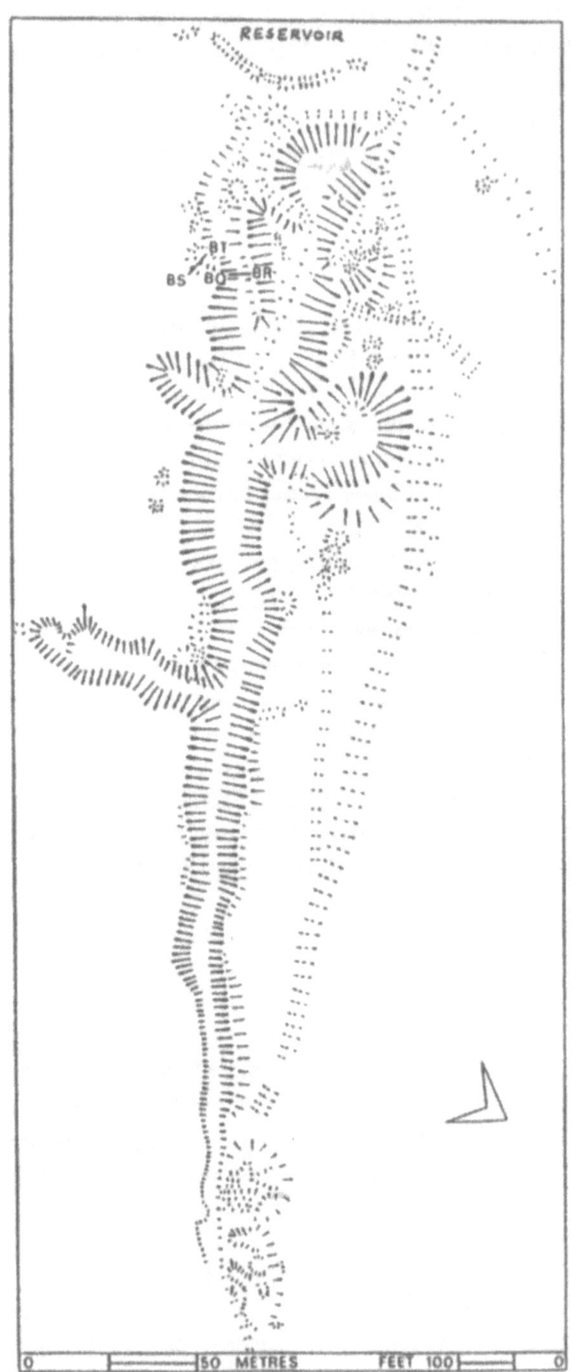

Figure 2
Plan of tin openwork at West Colliford, Cornwall (from Austin et al., 1989, 51).

has revealed many different phases of exploitation, most of which are likely to date to the sixteenth or seventeenth century. This streamwork was supplied by several reservoirs with associated leats.

1.2. Openworks

Where the tinners found an unweathered lode or vein in situ at the surface, they worked it as a linear gully, perhaps as much as 30 m deep. These lodes form some of the most impressive tinworking features. In the sixteenth century, when many are documented, they were known as *beamworks*, the origin of the term being unknown. A system of reservoirs and leats seems to have been commonly used for the exploitation of this type of working. Newman has documented many examples in a small area of west Devon.[11] Here he recorded sixteen reservoirs of crescentic or linear earth banks up to about 1 m in height, and ranging in length from 13 m – 70 m. The reservoirs have one or more openings, sometimes lined with stone, for sluice gates to control the flow of water. The water seems to have been used primarily for washing away soft waste material, though it has been suggested that it may also have been used for firesetting.[12] The openwork at Colliford in east Cornwall, is one of very few to have been surveyed in detail (Figure 2).

2. The mills

In the sixteenth century waterwheels were used to create the energy required to crush tin ore mechanically by raising and then releasing hammers known as stamps, falling onto fine-grained stones which became worn with cup-shaped hollows. These stones are known as mortarstones. Waterwheels were also used to power bellows for creating a forced draught in tin-smelting furnaces.

Mills were generally known as tin mills. Where tin ore was crushed the structure was called a stamping or knocking mill; where it was smelted it was called a blowing mill or blowing house. A tin mill with horizontally placed millstones, as in a corn mill, was known as a crazing mill. Out of about 100 known tin mills dating to before about AD 1750 in Devon, from both field and documentary evidence, about half are blowing mills,[13]and many survive as structures. In Cornwall, more sites are known from documentary sources, but very few survive in the field.[14]

2.1. Stamping mills and crazing mills

Stamping mills were certainly operating in the English tinfields in the fifteenth century,[15] and possibly earlier.[16] The process seems originally to have been

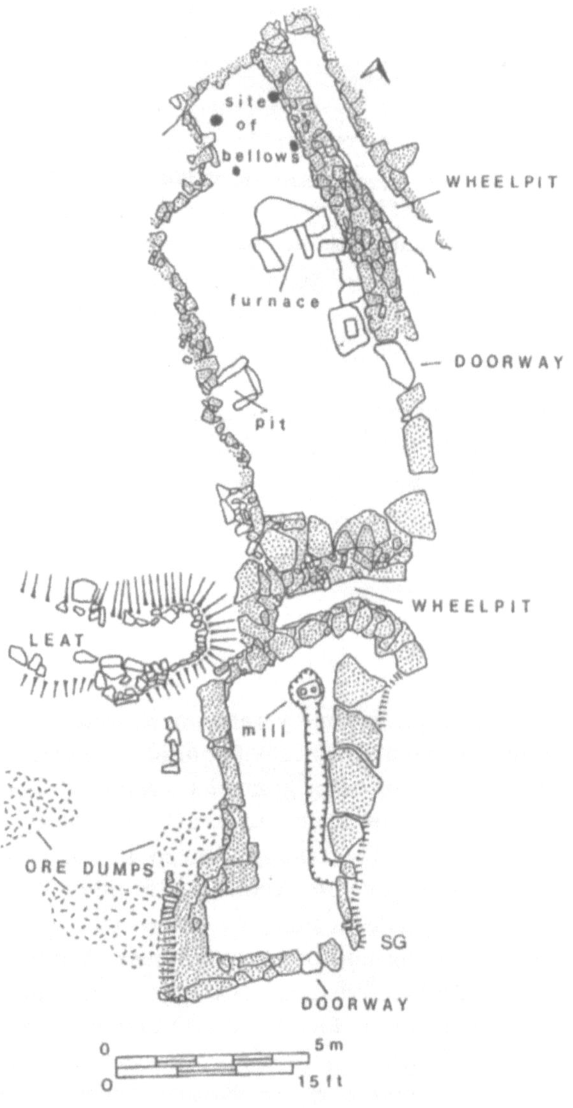

Figure 3
Plan (simplified) of final phase of Upper Merrivale tin blowing and stamping mills, west Devon, c. AD 1700.

a dry one, and combined with a crazing mill. The latter operated more or less on the same principle as a corn mill, and diagnostic slotted stones for supporting the mechanism can be found at tin mills where this practice occurred. Some crazing mills survived at least until the end of the seventeenth century[17] for crushing a particular type of ore.

The excavated tin mill at Colliford on Bodmin Moor in east Cornwall was abandoned in the early seventeenth century but, on the evidence of associated pottery, had seen the introduction of wet stamping in the early sixteenth century.[18] Richard Carew, writing in 1602 of Cornish practice, stated, ...*of late times they mostly use wet stampers.* He is also the earliest writer to note the stamping machinery which he describes as, *three, and in some places six great logs of timber, bound at the ends with iron, and lifted up and down by a wheel driven with the water.*[19] The excavation at Colliford in 1979–80 was the first to be carried out on a tin mill, and revealed much useful data on the use of channels, settling pits (buddles) etc.[20] The earliest known illustration of a Cornish tin stamping mill dates to 1746.[21]

2.2. Blowing mills

In 1991 a research excavation was begun by the Dartmoor Tinworking Research Group at a tin mill at Upper Merrivale on Dartmoor. This is the first Devon tin mill to be exravated, and work is still in progress, a total of nine weeks of investigation having been completed so far. This mill, situated at a height of 335 m, actually consists of two mill structures each with its own waterwheel. In their final phase, around AD 1700, one mill was crushing tin ore and the other had a furnace for smelting it (Figure 3).

The earliest detailed description of tin smelting in south-west England is provided by Thomas Beare, writing of mid-Cornish practice in 1586 (British Library, Harleian 6380). In a passage titled *The making of the hearth of the blowing howse,* he emphasizes the need of there to be a particular depth between the entry point of the nozzles of the bellows and the tap hole of the furnace itself. The example he gives states that if the bellows themselves are two feet (0,60 m) deep, then the tap hole (the *tynhole*) must be set 14 inches (0.36 m) lower. This fits well with the evidence from Devon blowing mills which have surviving furnace structures, which suggests that raised areas behind furnaces (e.g. at Week Ford lower mill) were for supporting the bellows mechanism. The excavated evidence from Upper Merrivale mill is clearly consistent with this, too.

In another passage, titled *Off the blowing of whit tyn,* Thomas Beare gives details about the preparation of ore for the furnace. Stream tin needed to be treated separately from lode tin, which required dampening in the furnace. Both sorts had to be given a final wash on arrival at the blowing mill. The furnace itself

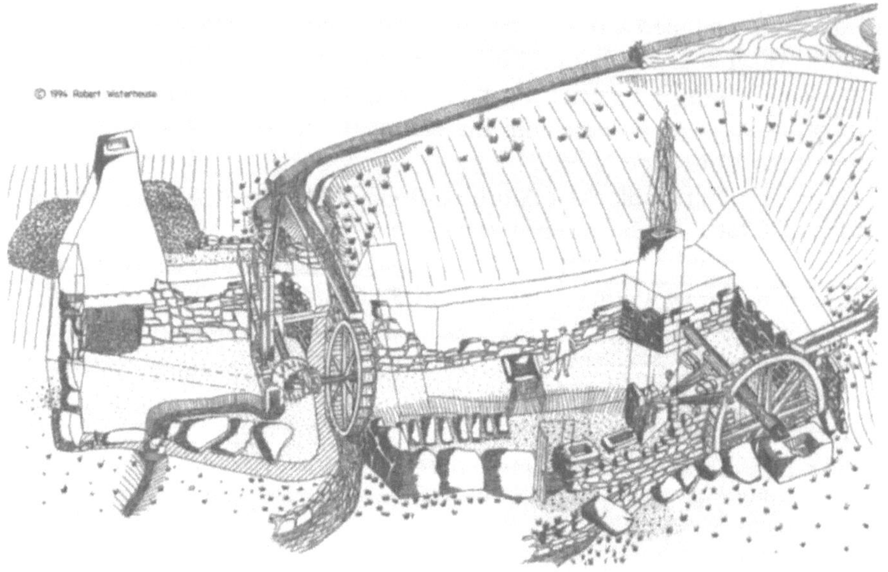

Figure 4
Reconstruction drawing by R. Waterhouse of the final phase of Upper Merrivale tin blowing and stamping mill, west Devon, c. AD 1700, based on excavated evidence.

had to be thoroughly heated before any tin ore was placed within it. The order in which black tin (i.e. concentrate prepared for smelting) should be placed in the furnace was as follows:

1. coarse stream tin
2. fine stream tin
3. fine lode tin
4. "waste"

A smelting *tide* of twelve hours should produce 300 pounds weight (136 kg) of tin metal. In the seventeenth century the fuel used in the furnaces was primarily peat charcoal which was best suited to stream tin. Lode tin was best smelted with an equal proportion of peat charcoal and wood charcoal. Slags were resmelted with wood charcoal.[22] It is likely that this applied in the sixteenth century as well.

Conclusion

As a tailpiece to this brief summary of aspects of tinworking in Agricola's day, I illustrate a reconstruction drawing of the last phase of the Upper Merrivale tin mill (Figure 4). This is based on the preliminary interpretation of excavated evidence, and although this phase is likely to date to the year around AD 1700, it is instructive when reflecting on Agricola's mills of 150 years before. The drawing does not show any of the important ancillary features of a mill, such as settling pits.

The tin industry was very conservative, even up to the twentieth century, and it is reasonable, in the absence of other evidence, to assume that much of what is shown here would have been largely familiar to Agricola. However, our detailed understanding of the south-west English tin industry is still in its infancy and much exciting work remains to be done.

Notes

1 Hatcher, J.: English Tin Production and Trade Before 1550. Oxford 1973.

2 Greeves, T.: Four Devon Stannaries: A Comparative Study of Tinworking in the Sixteenth Century. In: Gray, T. et al. (eds): Tudor and Stuart Devon – The Common Estate and Government (Exeter). 1992, p. 39–74.

3 Greeves, T. A. P.: The Great Courts or Parliaments of Devon Tinners 1474–1786. In: Trans. Devonshire Association 119(1987), p.145–167.

4 Greeves, T. A. P.: An Outline Archgeological and Historical Survey of Tin Mining in Devon, England, 1500–1920. In: ICOHTEC Internationales Symposium zur Geschichte des Bergbaus und Hüttenwesens in Freiberg. I, 1980, p. 73–89.; Greeves, T. A. P.: The Archaeological Potential of the Devon Tin Industry, in Crossley, D. (ed). In: Medieval Industry (Council for British Archaeology Research Report 40). 1981, S. 85–95.; Greeves, T.: Four Devon Stannaries: A Comparative Study of Tinworking ... (note 2), p. 39–74.

5 See Greeves, T.: The Good Life? – The Westcountry Tinner AD c.1500 – c.1700. In: Journal of the Trevithick Society 20(1993), p. 39–47.

6 Greeves, T. A. P.: The Archaeological Potential of the Devon Tin Industry ... (note 4), S. 85–95.

7 Gerrard, S. : Streamworking in Medieval Cornwall. In: Journal of the Trevithick Society 14(1987), p. 7–31.

8 Newman, P.: The Moorland Meavy – A Tinners' Landscape. In: Trans. Devonshire Association, 119(1987), p. 223–240.

9 Upton, C. et al.: Word Maps: A Dialect Atlas of England. 1987, p. 153.

10 Austin, D., Gerrard, G. A. M. and Greeves, T. A. P.: Tin and agriculture in the middle ages and beyond: landscape archaeology in St. Neot Parish, Cornwall. Cornish archaeology 28(1989), p. 44–52.

11 Newman, P.: The Moorland Meavy ... (note 8).

12 Austin, D., Gerrard, G. A. M. and Greeves, T. A. P.: Tin and agriculture in the middle ages ... (note 10), p. 65–66.

13 Greeves, T.: Four Devon Stannaries: A Comparative Study of Tinworking ... (note 2), p. 46–51.

14 Gerrard, S. : The medieval and early modern Cornish stamping mill. In: Industrial Archaeology Review 12(1989), p.13.

15 Buckley, J. A.: Tudor Tin Bounds – West Penwith. Redruth 1987, p. 20 and 66.; Greeves, T A P: The Archaeological Potential of the Devon Tin Industry ... (note 4), p. 212–4.

16 Gerrard, S.: The medieval and early modern Cornish stamping mill ... (note 14), p. 9–10.
17 Anon: An Accompt of some Mineral Observations touching the mines of Cornwal and Devon ... In: Philsophical Transactions, 5(1671), p. 2111.
18 Austin, D., Gerrard, G. A. M. and Greeves, T. A. P.: Tin and agriculture in the middle ages ... (note 10), p. 228.
19 Carew, R.: Survey of Cornwall (1811 edn). 1602, p. 39.
20 Austin, D., Gerrard, G. A. M. and Greeves, T. A. P.: Tin and agriculture in the middle ages ... (note 10).
21 Borlase, W.: Natural History of Cornwall. Oxford 1758, plate 19.
22 Anon: An Accompt of some Mineral Observations ... (note 17), p. 2113.

Bibliography

Anon: An Accompt of some Mineral Observations touching the mines of Cornwal and Devon ... In: Philsophical Transactions, 5(1671), p. 2096–2113.

Austin, D., Gerrard, G. A. M. and Greeves, T. A. P.: Tin and agriculture in the middle ages and beyond: landscape archaeology in St. Neot Parish, Cornwall. Cornish archaeology 28(1989), p. 5–251.

Borlase, W.: Natural History of Cornwall. Oxford 1758.

Buckley, J. A.: Tudor Tin Bounds – West Penwith. Redruth 1987.

Carew, R.: Survey of Cornwall (1811 edn). 1602.

Gerrard, S.: Streamworking in Medieval Cornwall. In: Journal of the Trevithick Society 14(1987), p. 7–31.

Gerrard, S. : The medieval and early modern Cornish stamping mill. In: Industrial Archaeology Review 12(1989), p. 9–19.

Greeves, T. A. P.: An Outline Archgeological and Historical Survey of Tin Mining in Devon, England, 1500–1920. In: ICOHTEC Internationales Symposium zur Geschichte des Bergbaus und Hüttenwesens in Freiberg. I, 1980, p. 73–89.

Greeves, T. A. P.: The Archaeological Potential of the Devon Tin Industry, in Crossley, D (ed). In: Medieval Industry (Council for British Archaeology Research Report 40). 1981, p. 85–95.

Greeves, T. A. P.: The Great Courts or Parliaments of Devon Tinners 1474–1786. In: Trans. Devonshire Association 119(1987), p.145–167.

Greeves, T.: Four Devon Stannaries: A Comparative Study of Tinworking in the Sixteenth Century. In: Gray, T. et al. (eds): Tudor and Stuart Devon – The Common Estate and Government (Exeter). 1992, p. 39–74.

Greeves, T.: The Good Life? – The Westcountry Tinner AD c.1500 – c.1700. In: Journal of the Trevithick Society 20(1993), p. 39–47.

Hatcher, J.: English Tin Production and Trade Before 1550. Oxford 1973.

Newman, P.: The Moorland Meavy – A Tinners' Landscape. In: Trans. Devonshire Association, 119(1987), p. 223–240.

Upton, C. et al.: Word Maps: A Dialect Atlas of England. 1987.

Die Prinzipien der Wasserhebung im Montanrevier von Banská Štiavnica

Juraj Potočan (Bratislava)

Zur gegenwärtigen Ehrung anläßlich des 500. Geburtstags von Georgius Agricola geht es vor allem darum, die Arbeit jener Menschen zu ehren, die heute schon eine Jahrhunderte währende Geschichte bilden. Der Beitrag soll deshalb die Gewinnung von Grubenerzen – ein Fachgebiet der Montanwissenschaften – von technikhistorischem Standpunkt aus behandeln.

Man sagt, jeder Mensch sei ein Kind der Zeit, und sein gegenwärtiges Leben beeinflusse ihn zu seinem Bilde. Die Wurzeln des körperlichen Lebens eines Menschen sind jedoch nicht nur in den Eltern zu suchen, sondern reichen darüber hinaus weit in die Vergangenheit zurück. Das körperliche Leben ist das Resultat der Lebensprozesse vieler Generationen vor ihm, so trägt es auch das Erbe sämtlicher vorangegangenen Kulturen.

Unser Leben rekrutiert sich zudem aus den geistigen Werten der zurückliegenden Jahrhunderte und Jahrtausende. Die christliche Kultur besteht noch nicht ganz 2000 Jahre, aber auch sie übernahm das Erbe von den älteren Kulturen, der römischen und der griechischen wie auch jenes der noch früheren Kulturen: der assyrischen, der babylonischen sowie der ägyptischen. Diese reiche kulturelle Vergangenheit bestimmt nun unsere Gegenwart.

Ein wesentliches Problem des menschlichen Daseins besteht im Kampf mit dem Wasser und um das Wasser, eng verbunden mit seiner Tätigkeit in den verschiedenartigen Entwicklungsstufen seiner Zivilisation. Dieses soll nun hier am Beispiel der Bergwerke von Banská Štiavnica (Schemnitz) und der Erzaufbereitung in den mittelslowakischen Gruben der Slowakischen Republik dargestellt werden. Gleichermaßen befaßte sich unser Jubilar auch mit der Historie der Gold- und Silbergruben von Kremnica (Kremnitz) und Štiavnica sowie der Ergiebigkeit der Erze in Kremnica usw. Im zweiten Teil des Werkes «De re metallica libri XII» (Basel 1556) bringt er im Zusammenhang mit der Technik und Technologie des Kupfers oftmals die *karpatischen Einwohner* – die Hüttenmänner – zur Sprache. Viele Abbildungen im Werke betreffen ebenso den slowakischen Bergbau und das Hüttenwesen.[1]

Bezüglich Agricolas Reisen ist anzunehmen, daß er nie in der Slowakei gewesen ist, daß er die Nachrichten über die Berg- und Hüttenwerke im Ausland auch häufig von seinen gelehrten Freunden in Form von Briefen erworben hat. In diesem Zusammenhang stellt sich die Frage, wie Agricola Informationen über den slowakischen Bergbau erlangte? Nach unserer Ansicht dürften diese am wahrscheinlichsten über den aus dem böhmischen Most (Brüx) stammenden Humanisten Johann Dernschwamm – ein Faktor der Fugger in Banská Bystrica (Neusohl) – zu ihm gelangt sein, wobei auch eine persönliche Bekanntschaft zwischen beiden nicht auszuschließen ist. Beide sind nämlich im selben Jahre (1494) geboren und studierten eine Zeitlang an der Universität in Leipzig. Wahrscheinlich war Dernschwamm auch ein Berater von Paracelsus und in den sechziger Jahren möglicherweise der Begleiter der Berliner Professoren und Alchimisten Kasper Neumann sowie Leonhard Thurnysen – in dem Werk «De aquis mineralibus» wurden die Zementationswässer von Špania Dolina und Smolnik (Herrengrund und Schmöllnitz) beschrieben.

Einer der ersten europäischen humanistischen Wissenschaftler, die eine Studienreise in die Slowakei unternahmen, war Paracelsus. Er besuchte die Slowakei sogar zweimal. Zum ersten Mal war er im Jahre 1537 beim Stadtrat von Bratislava zu Gast, die zweite weniger bekannte Reise unternahm er 1537 in die mittel- und ostslowakischen Städte. Dem Engländer John Merin gelang es erstmals, etwas mehr Licht in Paracelsus' Aufenthalt vom Jahre 1537 in den slowakischen Bergstätten zu bringen. In seiner Reisebeschreibung notierte er, daß in *Banská Bystrica auch der berühmte Paracelsus eine bestimmte Zeit verbracht hatte.*

Doch zurück nun zum gesetzten Thema. Naturkräfte in die menschlichen Arbeit einzubeziehen, hat stets viel schöpferisches Nachdenken erfordert, und die Natur hat nur sehr schwer ihre Geheimnisse preisgegeben. Der menschliche Genius kannte vorerst sehr wenig Naturgegebenheiten, die er als Helfer und unter Ausnutzung theoretischer Erkenntnis in die praktische Anwendung einzuschalten imstande war. Vor allem ging es ihm um die Vielfalt energetischer Quellen. Eine dieser wäre zunächst der einfache geologisch bedingte Höhenunterschied, durch den Wasser aus höheren Lagen in eine tiefere Position gelangen kann. Wasser aus mehreren Stollen mit Hilfe von Gräben in Stollen größerer Querschnitte, z.B. die Erbstollen, abzuleiten, war unter Umständen sehr problematisch. So waren Gräben von länglichem Querschnitt und einer Bodenneigung von 15°–20°, je nach Beschaffenheit der Materialien, durch die das Wasser geleitet wurde, am vorteilhaftesten. Bei kleineren Neigungen versandeten die Durchströmungsquerschnitte leicht, andererseits verschob sich bei größeren das Durchströmungsprofil besonders der Boden des Grabens. Aus den Gräben wurde das Wasser in einen Erbstollen geleitet, von da gelangte es unter Tage wieder in das Flußbett. Es sind auf diese Weise viele bedeutende Entwässerungsstollen ausgeschlagen worden. Der Entwässerungsstollen von Voznica ist von

1782 bis 1878, also über einen Zeitraum von 96 Jahren, vorgetrieben worden. Er hatte eine Länge von 16553 Metern und ist bis heute noch in Benutzung. In Kremnica begann man im Jahre 1859 den Ferdinand-Erbstollen zu bauen. Innerhalb von 40 Jahren ist dieser über eine Länge von 12376 Metern vorgetrieben worden.[2] In diesem Zeitabschnitt wurden alte Erbstollen ebenfalls weiter aufgefahren; zugleich ist das System der Seen und Gräben aus wasserwirtschaftlicher Sicht perfektioniert worden. So war es zum einen möglich, die Niederschläge aufzufangen, zum anderen aber auch eine optimale Nutzung der akkumulierten Wässer zum Antrieb der Aggregate zu gewährleisten.

Um die Energie der Lebewesen – der Menschen und der Tiere – auszunutzen, hat man sich zunächst verschiedener einfacher Maschinen bedient, so z.B. als Hebel eingesetzter Balken, besonders jedoch der Handhaspel, der Göpelwerke sowie der Tret- und Laufräder. Die Wasserenergie spielte für das Manufakturzeitalter im mittelslowakischen wie auch im ostslowakischen Montanrevier zwar eine wichtige Rolle, erwies sich jedoch bei der Einführung der Feuermaschinen (der Kolbendampfmaschinen) auch als Bremse, da sie zunächst eine billige Energiequelle war.

Für die Anwendung der Wasserenergie lassen sich verschiedene Etappen nachweisen. Zunächst nutzte man die hydraulische Energie durch Wasserräder unterschiedlichster Konstruktion, dann setzte die Anwendung von Wassersäulenmaschinen, schließlich auch von Wasserturbinen ein. Entsprechend nicht ganz verläßlicher Quellen ist die Wasserradschaufel schon im Jahre 135 v.u.Z. durch Ctebius erfunden worden. Bekannt ist auch, daß die Wassermühlen von den Völkern Mittelasiens im alten China über viele vorchristliche Jahrhunderte auch in Indien Anwendung fanden. Es ist bemerkenswert, daß wir in allen Regionen der alten Weltteile – in Mesopotamien, in China, in Ägypten oder im maurischen Spanien – genau dieselben Prinzipien der Wasserkraftnutzung und im Bau von Wasserrädern vorfinden. Detaillierte Beschreibungen von Wassermühlen finden wir bei Strabo in seinen Ausführungen zur Geographie aus einer Zeit von hundert Jahren v.u.Z. Die Technologie, Wasserräder zu bauen und anzuwenden, ist später auch in das Römische Reich vorgedrungen. In Rom hat man vorher in Kleinasien beheimatete Wassermühlen erst während der Regierung von Julius Caesar gebaut.[3] Von Rom aus hat sich die Wassermühle während der römischen Kriege auch nach Westeuropa hin verbreitet.

Eine charakteristische Besonderheit der Entfaltung der Technik im Zeitalter der Manufaktur ist die Verbreitung der von den Naturkräften abhängigen Antriebsmittel. Zum Hauptmotor entwickelte sich in diesem Zeitabschnitt das Wasserrad, das in allen Produktionsformen angewendet wurde. Sämtliche Produktionsmittel, z.B. Handmühlen, Pumpen, Bälge, Wetzsteine usw., die vorher manuell oder mit der Kraft der Tiere bewegt wurden, verwenden im Manufakturzeitalter nun den Antrieb des hydraulischen Rades.

Wasserräder hatten gewöhnlich eine Leistung, die 10kW nicht wesentlich überstieg. Die Zahl der Umdrehungen war eher sehr gering und erreichte durchschnittlich 2–10 pro Minute. Als wesentlicher Faktor erwies sich auch die ökonomischen Ausnutzung des Wassers, vor allem bei Rädern mit einem Oberwassergerinne. In Abhängigkeit von der Konstruktion bewegte sich deren Wirkungsgrad in den Grenzen zwischen 30 und 83 %.

Im 15. Jahrhundert gibt es Betrebungen, die Konstruktion der Wasserräder zu modifizieren, z.B. durch dessen horizontale Anordnung (also senkrecht gestellter Welle), so daß sich das Schaufelrad in horizontaler Ebene drehen konnte. Am Anfang des 17. Jahrhunderts ist dann das Horizontalrad mit breiten Löffelschaufeln zur Anwendung gelangt. Die Entwicklung des Wasserrades und dessen umfangreiche Anwendung in der Produktion, hat zu weiteren Erfindungen geführt, die im Verlaufe der folgenden Entwicklung als Fundament für die Lösung vieler wichtiger Aufgaben förderlich waren. An dieser Stelle sollte jedoch erwähnt werden, daß das Wasserrad heute nur noch als geschütztes Denkmal vorzufinden ist, somit zur touristischen Attraktion wurde.

Es sei nochmals in Erinnerung gebracht, daß das Wasserrad zur Hauptantriebskraft im Rahmen der manufakturellen Produktion wurde. Eine Besonderheit in der gesellschaftlich bedingten Entwicklung der Technik ist nun darin zu sehen, daß der Fluß als Standort der Wasserräder zu einer gewissen Polarisierung der industriellen Produktion führte, diese gewissermaßen an das Wasser «fesselte» und zum Hindernis dafür wurde, daß sich die Industrie in den Städten konzentrieren konnte. Ein Aufschwung in der Technik durch das Wasserrad blieb jedoch nicht aus, wobei die Technik im Bergbau und im Hüttenwesen besonders große Fortschritte zu verzeichnen hatte – im besonderen betrifft dies die umfangreiche Anwendung von Schöpfgeräten, Hebemaschinen und Ventilationsanlagen. Im Hüttenwesen führte dies zur Mechanisierung der Schmiedearbeit mit Hilfe des mechanischen Hammers und leistungsfähigerer Gebläse; Höhe und Rauminhalt der Öfen wie auch die erforderliche Schmelztemperatur konnten auf diese Weise erhöht werden. Die Entdeckung des Hochofens ermöglichte schließlich auch qualitative Veränderungen des Roheisen zu schmiedbarer Form, also Stahl herzustellen.

Das Wasserrad verhalf auch dem Prozeß der Zerfaserung der Hadern im Rahmen der Papiererzeugung zu einer Umwälzung, denn die zur Papiererzeugung erforderlichen Werkzeuge Handpresse und Handmühle kamen nun in den Einflußbereich der Wassermühle. Auch der für die Erzeugung des holzhaltigen Papiers erforderliche Schleifapparat wurde mit Wasser angetrieben. Dazu analoge Innovationen sind in der Montanindustrie, in der Schießpulverproduktion, in der Mühlen- und Hüttenindustrie und in den Sägewerken zu verzeichnen.

Wasserenergie war auf dem Territorium der Slowakei zur Genüge vorhanden, und es ist eine historische Tatsache, daß dieser *gute Versorgungsdienst mit dem Treibstoff Wasser* in den folgenden Jahren, vor allem zum Ende der ersten Hälfte des 18. Jahrhunderts, zu einer Bremse des technischen Fortschritts, besonders des mit der Entfaltung des Bergbaus eng verbundenen Maschinenbaus, wurde. Letztendlich verursachte die billige Wasserenergie auch eine späte und dabei sehr sporadische Anwendung der Dampfmaschine.

Eine ähnliche Aufgabe wie der Komplex der hydrotechnischen Anlagen im Montanrevier von Banská Štiavnica spielte auch die noch heute aktuelle Wasserleitung von Turček. Da sich Georgius Agricola in seinen «Zwölf Büchern vom Berg- und Hüttenwesen» auch mit der Altertümlichkeit der Gold- und der Silbergruben von Kremnica sowie der Ergiebigkeit der dortigen Gänge im Zusammenhang mit der Technik und der Technologie der Verhüttung des Kupfers, häufig auch mit den *Karpatheneinwohnern* – den Hüttenmännern – befaßt hatte, sei die Wasserleitung von Turcek hier in Erwähnung gebracht.

Friedrich Gayer, ein in Pension befindlicher Bergmann aus Kremnica, schrieb in seinen eigenhändig verfaßten Notizen mit dem Titel «Poznámky k dvom mapám týkajúcich sa turčekovského vodovodu z roku 1760 a 1825» (Anmerkungen zu zwei Karten, die Wasserleitung von Turček aus den Jahren 1760 und 1825 betreffend) folgendes: *So ist das alte Wasserwerk, das zu den besten Kleinoden der Stadt Kremnica gehörte, wie davon in den Pflichten des Bergmeisters aus dem Jahre 1512 geschrieben steht: Zum Siebenzehenzen, soll der bergmaister gar ein treuer und vleysigs aussehen haben. Auff die besten klainot diser stat, das ist auff die zwen Wassergraben damit si tewart werden.* Auch heute noch, nach 488 Jahren, dient diese Wasseranlage energetischen Zwecken. Der Zeitpunkt der Errichtung läßt sich jedoch nicht genau feststellen, da das dazu erforderliche Quellenmaterial fehlt. Immerhin ist anzunehmen, daß die Anfänge wahrscheinlich bis in das 15. Jahrhundert zurückreichen; jener Zeitpunkt also, wo der Bergbau in Hinter Zöch bereits gut entwickelt war. Auf andere Weise, also ohne das Wasser aus der Turček-Wasserleitung, könnte man sich den Antrieb der Mechanismen und Anlagen kaum vorstellen. Schon im Jahre 1512 werden zwei Wasserleitungen erwähnt (*die zwen Wasser graben*), die als «Hauptwassergraben», der zweite als «Lauterwassergraben», benannt wurden. Der Letztgenannte wird noch heute für Industrieabwässer des Münzhauses, für die Hydroenergetik und die städtischen Sanitärzwecke benutzt.

In der vierten Stufe der Wasserkraftwerke in Kremnica, wo der Ferdinand-Erbstollen beginnt, sind zwei Pelton-Turbinen vorhanden. Das unterirdische Elektrizitätswerk dieser vierten Stufe wurde im Jahre 1921 als das erste in Europa errichtet. Im Oberbecken beginnen zwei Rohrleitungen, die unter Ausnutzung des Profils durch den Schacht geführt werden und sich im unteren Bereich, wo der Ferdinand-Erbstollen beginnt, zu einer gemeinsamen Rohrleitung verbinden. Jeder Rohrleitungszweig hat oben und unten ein manuell zu betätigendes Ventil (in der Zeichnung u1 bis u4). Im Betriebszustand dürfen die

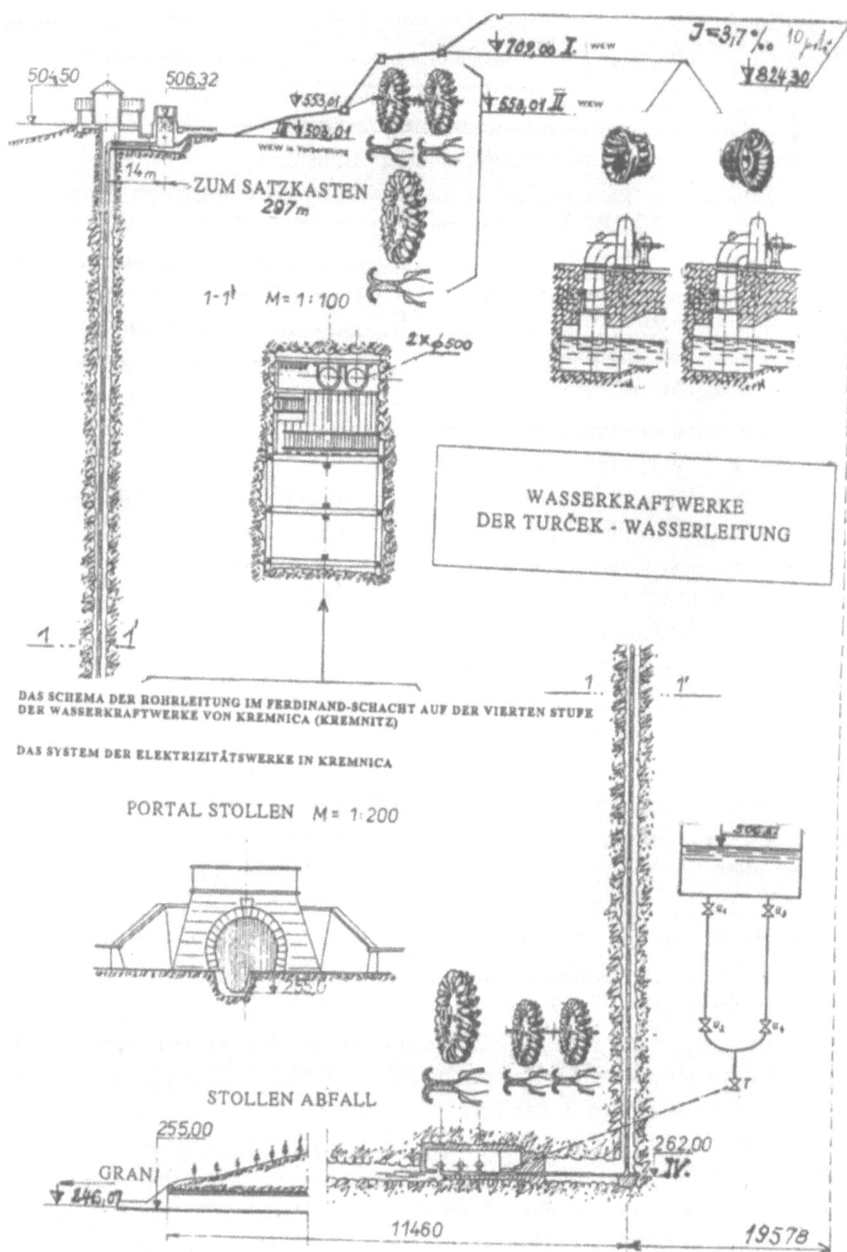

Abb. 1
Wasserkraftwerke der Turček-Wasserleitung. Portal-Stollen. Stollen-Abfall.

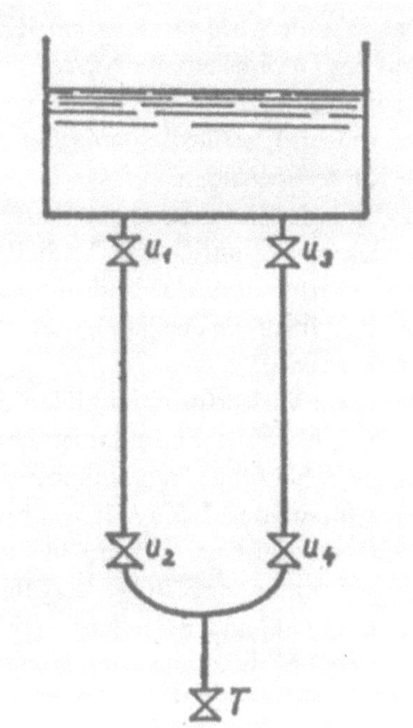

Abb. 2
Funktionsprinzip der Wasserführung in Kremnica.

Rohrleitungen jedoch niemals geschlossen werden, lediglich eines der beiden Einlaufventile (also u1 oder u3). Im anderen Falle würde beim Turbinenventil eine stoßartige Welle entstehen und sich in die beiden Zweige der Rohrleitung ausbreiten. Da aber der obere Teil der beiden Rohrleitungszweige auf kleine Drücke ausgelegt ist, würde er diesen ungedämpften Wellen nicht standhalten können. Die genannten Systeme arbeiteten mit der hydraulischen Energie der Wasserleitung von Turček, die ihren Namen dadurch erhielt, weil sehr tiefgründig das Wasser aus dem Turiec-Flußgebiet in das Sammelgebiet des Hron-Flusses überführt wird und dabei den schon erwähnten Zwecken dient.

Für das Montanrevier von Banska Štiavnica hatte Matthias Kornel Hell (1650–1747) den Entwurf zum Komplex von hydrotechnischen Anlagen verfaßt; die Arbeiten sind mit fachmännischem Urteil und gutem Rat von Samuel Mikovini (1700–1750) vollendet worden. Topographisch teilt sich das Ganze in drei stufenweise erbaute und gegenseitig funktionell verbundene wasserwirtschaftliche Systeme auf, die bis zum Ende des 18. Jahrhundert realisiert wurden. Einige davon, mittlerweile restaurativ verändert, dienen noch heute als touristische Attraktion.

Als drittes Beispiel für die Verwendung des Wassers im Bergbau läßt sich die Wasserleitung von Špania Dolina (Herrengrund) anführen. Das Wasser aus dieser Hydromagistrale diente montanistischen wie auch energetischen Zwekken, d.h. für den Bedarf der Bergwerke. Das Wasser wurde unter dem Berg Prašivá hervorgeleitet, welcher ein Bestandteil des Gebirgsmassivs Nízke Tatry (Niedere Tatra) ist, und auf diesem Niveau in einer Länge von 31,8 km bis nach Špania Dolina, unweit von Banská Bystrica (Neusohl), geführt. Špania Dolina wurde besonders bekannt durch die dortigen Kupfererzgruben.

Auf den Nutzen vom Bau dieser Anlagen und die Einbindung des Wassers in die Dienste des Menschen sei deshalb verwiesen, weil unrichtiges Verhalten und Fehlentscheidungen der 60er Jahre unseres Jahrhunderts dazu führten, daß alle kleinen Wasserkraftwerke stillgelegt wurden. Wir sollten deshalb lernen, die Arbeit unserer Vorfahren aufmerksamer zu bewerten.

Einen Übergang von den Wasserrädern zu den Wasserturbinen bilden die Wassersäulenmaschinen. Unter den ersten Professoren der montanistischen Hochschule in Banská Štiavnica war auch der Jesuit Nikolaus Poda, Inhaber des Lehrstuhls für Mechanik und Hydraulik im Zeitraum von 1765–1771. Während seines Wirkens an der Bergakademie, verfaßte er drei Lehrbücher über das Bergmaschinenwesen. Das erste Lehrbuch erschien unter dem Titel «Kurzgefaßte Beschreibung der bey dem Bergbau zu Schemnitz in Nieder-Hungarn errichteten Maschinen» (Prag 1771). Ein Großteil dieses Lehrbuches ist den manuell zu bedienenden Anlagen zum Schöpfen der Grubenwässer, z. B Handpumpen, aber auch dem Pferdeantrieb und dem Aufbau der Wasserkünste gewidmet. Im besonderen betrifft dies durch Wasser getriebene Kolbenpumpen, atmosphärische Dampfmaschinen, Wassersäulenmaschinen und schließlich auch Bewetterungsmaschinen. Fast alle diese Maschinen sind vom Maschinenhauptmeister Matthias Kornelius Hell gebaut worden. In der Schrift wird auch die von Hell erfundene Schwenkhebel-Bewetterungsmaschine erwähnt. Ein ansehnlicher Teil des Lehrbuchs ist den Kolbenwassermotoren gewidmet; Hell baute diese zuerst im Jahre 1749, die Konstruktion seiner Bewetterungsmaschine fällt in das Jahr 1755.

Auch Professor Josef Schitko (1776–1883), bis zu seinem Tode Inhaber eines Lehrstuhls für Logik, Mathematik und Physik, widmete sich der praktischen Tätigkeit im Bereich des Bergmaschinenwesens; sein Name gelangte in etliche europäische Hochschullehrbücher, so z.B. in Julius Weisbachs «Lehrbuch der Mechanik II» (Braunschweig 1865). Bekannt wurde besonders das von ihm im Zeitraum von 1828 bis 1833 konstruierte Dreiwegeventil und die bei den Kolbenwassermaschinen eingesetzte moderne Kolbensteuerung. Auch war er publizistisch tätig; unter großen Schwierigkeiten gelang es ihm, die Zeitschrift «Beiträge zur Bergbaukunde, insbesondere zur Bergmaschinenlehre», herauszugeben.

Nikolaus Poda, Josef Schitko und der Maschinen- und Bergbautechnologe Christoph Traugott Delius (1728–1779), tätig an der Bergakademie in Banská Štiavnica (Schemnitz), lassen sich für das Ende des 18. Jahrhunderts als erste

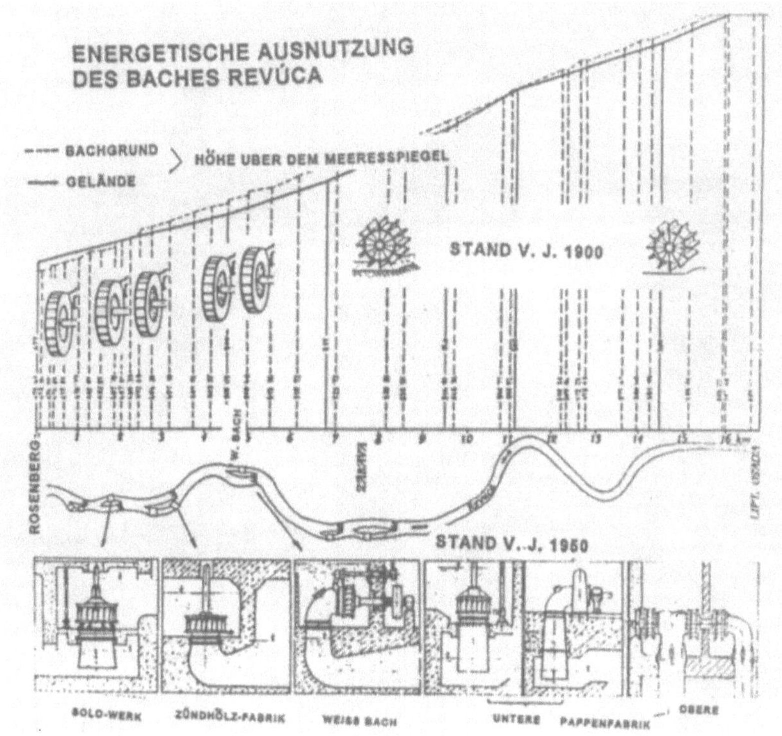

Abb. 3
Energetische Ausnutzung des Baches Revuca.

Repräsentanten für eine Hochschulausbildung im Fach Maschinenbau in der Slowakei ansehen.[4] Nikolaus Podas zweites Lehrbuch trägt den Titel «Berechnung der Wettermaschine, welche in der niederungarischen Bergstat zu Schemnitz bey dem Amalie Schacht, vom Hern Karl Joseph Hell, Oberkunstmeistern erfunden, erbaut, und im Jahre 1753 den 23. Maerz ist angelassen worden» (Wien 1770). In diesem Lehrbuch beschreibt Nikolaus Poda sehr ausführlich die von Joseph Karl Hell erfundene Wettermaschine, die in den Jahren 1753 bis 1768 zur Anwendung gelangte.

Der junge slowakische Maschinenbau beteiligte sich auch am Bau der ersten Dampfmaschinen in der Welt und damit am «Jahrhundert der Dampfmaschine». Einen ersten Beitrag leistete Emanuel Fischer von Erlach (1695–1742), Sohn des namhaften österreichischen Barockbaumeisters Friedrich Fischer, im Jahre 1721. Beim Bau seiner Dampfmaschine, die erste atmosphärische auf dem europäischen Kontinent, lud er den Mechaniker Isaac Potter aus England zu sich ein. Auf der ganzen Welt, d. h. eigentlich nur in England, waren in dieser Zeit lediglich

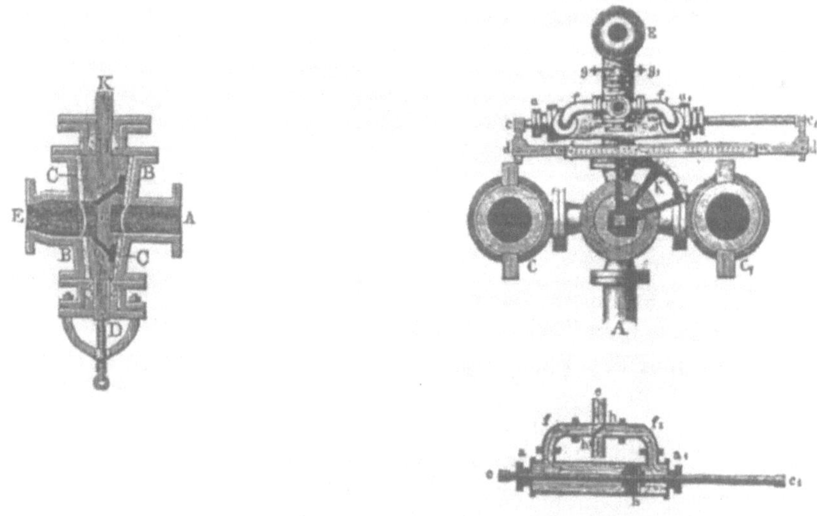

Abb. 4
Verteilungssteuerung einer Kolbenwassermaschine nach Schitko.

neun atmosphärische Dampfmaschinen in Betrieb gewesen. Die atmosphärische Dampfmaschine von Fischer und Potters, gebaut in Nová Baňa (Königsberg), war die zehnte auf der Welt. Interessant ist auch, daß diese Maschine mit Kupferblech aus dem Hammerwerk von Banská Bystrica (Neusohl) gebaut worden ist. Fischer hat in den Bergwerken von Banská Štiavnica noch fünf atmosphärische Dampfmaschinen konstruiert. Auch Hell ist durch den Bau vieler atmosphärischer Dampfmaschinen, die in europäischen Bergbaurevieren zum Antrieb von Pumpen und Fördermaschinen verwendet wurden, bekannt geworden; eine davon gelangte 1758 in Banská Štiavnica zum Einsatz.[5]

Ein weiteres Problem ist die elektrische Energie und ihre Übertragung über größere Entfernungen. Die Geschichte hält ein geeignetes Beispiel dafür mit der Übertragung von München nach Miesbach über 57 km im Jahre 1882 bereit. Im Revier von Banská Štiavnica läßt sich nicht genau feststellen, wann der erste Elektromotor für den Bedarf des Bergbaus verwendet worden ist. Vermutlich erfolgte am Ende des vorigen Jahrhunderts der Einsatz zum Antrieb einer Zugmaschine.[6] Auch kann angenommen werden, daß Elektromotoren zum Antrieb von Schöpfgeräten verwendet wurden.

Heute gewährleisten die Erkenntnisse der Mechanik, die Gesetze der Dynamik, der Festigkeit und der Elastizität der Maschinenteile eine wissenschaftliche Durchdringung der gesamten Mechanismen, die im Bergbau angewendet werden. Neue Konstruktionsformen und der Aufbau komplizierter technischer Anlagen erfordern auch entsprechende Fachleute. Und so sind in Banská Štiavnica die Anfänge des Maschinenbaues besonders mit dem dortigen Bergrevier, der Bergakademie und dem ersten Maschinenbauunternehmen von Karl Kachelmann verbunden. Auf diese Weise ist schließlich überzeugend zu belegen, weshalb Georgius Agricola in seinem berühmten «De re metallica libri XII» auch auf den slowakischen Bergbau Bezug genommen hat.

Anmerkungen

1 Tibenský: Dejiny vedy a techniky na Slovensku (Geschichte der Wissenschaft und der Technik in der Slowakei). Bratislava 1971.

2 Necleba: Vodni turbiny, jejich konstrukce a přislušenstvi (Die Wasserturbinen, deren Konstruktionen und deren Zubehör). Praha 1962, SNTL.

3 Hebký: Vodné sily (Die Wasserkraftwerke). Bratislava Práca 1950.

4 Potočan: 30 rokov Strojnickej fakulty SVŠT, Bratislava (30 Jahre Maschinenbaufakultät der Slovakischen Technischen Hochschule) Bratislava, Obzor 1971.

5 Kladivik: Pretnášanie banského strojnictva na Banskej akademii TU Košice 1972, Banicka fakulta (Vorlesungen zum Bergmaschinenwesen an der Technischen Universität in Kosice (Kaschau) 1972, Fakultät für Montanwesen.)

6 Sombathy: Význam Štiavnickej banickej vysokej školy pre rozvoj banictva, hutnictva a banskej techniky, Sbornik 230 rokov Banskej akademie v Banskej Šiavnici, Banicka fakulta TU Košice 1992. (Die Bedeutung der Berghochschule für die Entfaltung des Bergbaues, des Hüttenwesens und der Montantechnik, Sammelbuch 230 Jahre der Bergakademie in Banska Štiavnica, Fakultät für Bergbau der Technischen Universität Košice 1992.)

Auf den Spuren Agricolas im südamerikanischen Bergbau

Helmut Waszkis (Silo Circle)

1. Vorkolumbianischer Bergbau in Lateinamerika

1492 wurden die Amerikas durch Kolumbus «wiederentdeckt», und ab 1500 begann auch die portugiesische Konquista der Amerikas. Es ist nun zu fragen, wie es um diese Zeit mit dem Bergbau stand?

Gemeinhin ist bekannt, daß das amerikanische Gold, noch mehr jedoch das amerikanische Silber aus Mexiko, Zentralperu und Potosi (im heutigen Bolivien gelegen) bald nach Westeuropa gelangte und vermöge seiner Menge den Merkantilismus ermöglichte, der dann wiederum zur Industriellen Revolution führte und somit unsere moderne Zeit einzuleiten wußte. Nach der Auffassung von Altamerikanisten gab es Bergbau in Mexiko, Peru und Kolumbien bereits seit dem 1. Jahrtausend vor der Zeitenwende, nämlich *als die an der Oberfläche vorhandenen Materialien nicht mehr ausreichten*; denn es sei den alten Völkern um *Werkstoffe* und *Materialien von [...] kultischer Bedeutung wie besondere Schmucksteine und Gold* gegangen. So soll es in Peru und Kolumbien bereits *vierundzwanzig Meter tiefe, senkrechte Schächte und sechsunddreißig Meter lange Stollen mit 30% Gefälle* gegeben haben.[1]

Bergbau im modernen Sinne war dies wohl nicht, aber überall begann die Erzgewinnung zunächst mit Buddeln und Graben und Hacken. Den Altamerikanern ist auch zuzugestehen, daß sie viel und gut abgebaut haben. Im großen und ganzen dürfte zur Zeit der Ankunft der Europäer in Amerika in der Hauptsache das oberflächliche Sammeln und Waschen auf der Basis von Goldseifen vorgeherrscht haben; Vorkommen in anstehendem Gestein dürften demgegenüber eher weniger Gegenstand eines Abbaus gewesen sein.

Dieses Sammeln von Gold als primitive Form des Bergbaus gab es bei den vorkolumbianischen Kulturen in Mexiko, Kolumbien und Peru sowie im heutigen Bolivien und in Nordchile. Die Spanier landeten zuerst in den Bahamas und im heutigen Haiti, zogen dann aber bald nach Mexiko, Venezuela und Kolumbien, später nach Zentralamerika, schließlich nach Peru und Chile.

Abb. 1
Primitiver vorkolumbianischer Bergbau.

2. *Spanische Bergbaukunst in Lateinamerika*

Die Spanier begannen ihren Bergbau an genau jenen Stellen, wo die Eingeborenen vorher Gold und Silber gefunden hatten. So stießen sie auch zuerst auf Gold, später in reichlichen Mengen auf Silber. Goldvorkommen waren recht häufig, hauptsächlich existierten sie als Seifen in Flüssen. Für Länder wie Brasilien, Kolumbien, Venezuela und Bolivien trifft dies heute noch zu. Reichhaltige

Silbererze fand man zuerst in Mexiko, Peru und Potosi; auch Erze mit geringeren Gehalten wurden abgebaut, so zum Beispiel ab 1555 in Mexiko und ab 1571 in Potosi. Ermöglicht wurde dies durch die Einführung der Amalgamation; eine besonders erfolgreiche Anwendung läßt sich für Potosi nachweisen, nachdem man 1566 ein Quecksilbervorkommen in Huancavelica, Peru, entdeckt hatte.

Die bedeutendsten Bergbauzentren existierten somit ab 1550 in Compostela, Tasco, Jalisco, Guanajuato und Real del Monte in Mexiko, Antioch, Caceres und Zaragoza in Kolumbien sowie in Cerro de Pasco und Huancavelica in Peru, schließlich in Potosi im heutigen Bolivien. In Mexiko sind über einen Zeitraum von 350 Jahren 250000 Tonnen Silber produziert worden,[2] weitere 50 bis 70000 Tonnen lassen sich für Peru und Bolivien nachweisen – ein großer Reichtum, der seinen Weg auch nach Europa fand.

Die ersten Spanier brachten offensichtlich keine besonderen Technologien des Bergbaus nach Amerika, und als Bergleute waren die Konquistadoren vermutlich nur unwesentlich weiter als die Ureinwohner. Um hier Abhilfe zu schaffen, segelten bereits auf Kolumbus' zweiter Reise Grubenfachleute und Goldwäscher mit in die karibische See.[3] Sie stammten aus Almaden, der großen spanischen Quecksilberlagerstätte. Nur wenig später waren es dann deutsche Fachleute, die den Ozean überquerten; der spanische König Karl I. war ja – als Karl V. – auch deutscher Kaiser, der damals führende Bergbau im Erzgebirge und der in Tirol dürften ihm gut vertraut gewesen sein. In gleicher Weise nahmen 1528 die Augsburger Welser, Venezuela zum Lehen, zur Eroberung, Ausbeutung und Besiedlung erhaltend, deutsche Bergleute mit nach Übersee. Da weder in der Karibik noch in Venezuela leicht zugängliche Lagerstätten aufzufinden waren, blieb der erhoffte Erfolg aus und man zog bald nach Mexiko weiter, um sich an den hier vorhandenen großen Bergbauzentren zu engagieren.[4] Auf diese Weise gelangte beispielsweise der Nürnberger Hans Tetzel nach Kuba, um hier zwischen 1545 und 1571 bei der Verhüttung von Kupfererzen tätig zu sein.[5]

3. Agricolas Einfluß

Es läßt sich heute schwer nachweisen, wann Agricolas Hauptwerk «De re metallica» den Weg nach Lateinamerika fand. Möglicherweise erfolgte dies in dem Jahrzehnt nach 1570. In den Jahren 1556 und 1557 waren die lateinische und die deutsche Ausgabe gedruckt worden. Da viele Auswanderer in ihrer Gier nach schnellem Reichtum oder einfach nur von der Abenteuerlust gepackt nach Amerika zogen, ist anzunehmen, daß auf diesem Wege das «De re metallica» – vielleicht auch nur in Teilen – dahin gelangt ist. Möglich ist auch, daß Jesuitenmissionare dieses Buch in ihrem Gepäck hatten – das Beispiel der 7000 Bände umfassenden Pekinger Beitang-Bibliothek, die 1612 von Jesuiten zusammengetragen worden war, spräche dafür. Unter den Büchern befand sich nämlich auch das «De re metallica», das dann zwischen 1638 und 1640 ins Chinesische übersetzt und somit den Provinzialverwaltungen zugänglich gemacht wurde.[6] Sollte weder die lateinische noch die deutsche Ausgabe auf den Weg gebracht worden sein, dann war es zumindest ein Exemplar der erstmals 1569 in Madrid erschienenen spanischen Ausgabe. Bernardo Perez de Vargas übersetzte große Teile von sieben Büchern und veröffentlichte diese unter seinem Namen, ohne Agricola auch nur zu erwähnen – ein Urheberrecht gab es zu dieser Zeit ja noch nicht. Dies alles sind allerdings nur Vermutungen, die noch zu beweisen wären.

Einen sicheren Anhaltspunkt gibt allerdings das Buch «Arte de los Metales» (Die Kunst der Metalle), verfaßt im Jahre 1640 durch den spanischen Priester Alvaro Barba in Potosi, dem Bergbauzentrum im heutigen Bolivien, und gedruckt im gleichen Jahr in Madrid. Dieses nur 120 Folioseiten umfassende und vom Gedankengut Agricolas zehrende Buch greift elf mal auf ihn zurück – fast doppelt so oft, wie zu jeder anderen Quelle. Der Missionar Barba, der allerdings kein Bergmann war, sich aber für Bergbau und dessen Technologie interessierte, deshalb auch das Spezifische beobachtete und registrierte, gibt uns somit den sicheren Nachweis für das vorliegende Original aus Europa.

Es ist leicht zu schlußfolgern, daß das Buch auch in anderen Bergbauzentren bekannt gewesen sein muß und benutzt wurde, den Weg zu Barba nach Potosi also möglicherweise über Lima und La Paz genommen hat. Ein Transfer europäischer Bergbautechnologien nach Amerika auf der Basis des agricolaschen Werkes kann also spätestens für die Zeit ab 1625 bis 1638 angenommen werden.

Der Technologietransfer war auch insofern von Vorteil, als die Spanier zwischen 1500 und 1900 im Hochland von Mexiko, Peru und Bolivien im wesentlichen nur Bergbau auf Silber betrieben. Abgesehen von Blei, das man als Ballast für die Schiffe benötigte, und Kupfer für den Glocken- und Kanonenguß, hatte man für andere Metalle noch keine Verwendung. Der Bergbau auf Silber und Quecksilber hingegen war relativ weit entwickelt und erstreckte sich auch in die Tiefe. Für die Gewinnung von Gold reichte jedoch das Waschen von Flußkiesen mit vergleichsweise einfachen Methoden immer noch aus.

4. Zur Aktualität von Agricolas Technik

Es bleibt nun abschließend die Frage, inwieweit Agricolas Spuren noch heute in Südamerika zu finden sind. Agricola ist hauptsächlich noch da zu spüren, wo Gold, Zinn und Wolfram gewaschen werden, z. B. am ostbrasilianischen Xingufluß, in Roraima, an der Grenze zwischen Brasilien und Venezuela gelegen, am Tapajos im Mittelamazonasgebiet, an den Mamoré- und Madeiraflüssen im westbrasilianischen Amazonasgebiet, in den Grenzgebieten zu Kolumbien, Peru und Bolivien bis tief in den Urwald hinein.

Abb. 2
Gebiete, wo noch heute mit Agricolas Technik Gold gewaschen wird.

Abb. 3
Agricolas Technik: statt mit Knoten versehenem grobem Stoff wird heute Teppich verwendet.

In den zurückliegenden zehn bis fünfzehn Jahren konnte man in den Flüssen – beispielsweise im Madeirafluß und im Mamoré – unzählige Flöße sehen, so z. B. in der Nähe von Porto Velho im brasilianischen Staat Rondonia. Diese waren fest verankert; dieselmotorgetriebene Pumpen saugten Kies durch 30 bis 50 cm dicke und am Flußboden in 20 m Tiefe von Tauchern gehandhabte Schläuche nach oben. Dieser Kies wurde auf einen Herd gespült, wobei die größeren Kiesel über Querrinnen wieder in den Fluß zurückrollten, und der leichte Sand ebenfalls zurückgelangte. Die schwarzen, mit Eisenpartikeln vermischten Goldteilchen jedoch blieben in einem zum Herd gehörigen Teppich haften. Tausende derartiger Flöße ließen sich auf den Madeira nachweisen. Weiter östlich, am mittleren Xingufluß, waren es nicht Flöße, sondern nur einfache Herde in Gestalt

Abb. 4
Wie am mittleren Xingu Woframerz gewaschen wird.

primitiv zusammengenagelter Kisten wie auch entsprechender Tröge, wie sie in Agricolas Bildern dargestellt sind.

Agricolas Technik findet sich jedoch nicht nur im fernen Amazonasgebiet, sondern auch in der Nähe von Rio de Janeiro, in Ouro Preto und in Mariana, den schönen vom Barock des 18. Jahrhunderts geprägten alten Goldgräberstädten. Am mitten durch Mariana fließenden Carmofluß wird noch heute Gold in der Weise gewaschen, daß einfache trogähnliche Vertiefungen in den dreißig Zentimeter Wasser führenden Fluß gegraben werden, wo sich dann Gold- und Eisenpartikel aufgrund ihres spezifischen Gewichtes als Schlamm sammeln.

Dieser Schlamm wird dann vorsichtig und flußabwärts mit Kratzen oder Hacken über einen kleinen Damm gehoben, um schließlich sein Gold in ausgebreiteten Tüchern aus grobem Stoff zurückzulassen – man kann diese Technologie bei Agricola in gut vergleichbarer Weise studieren.

Andere Spuren – z.B. in Gestalt der von Agricola beschriebenen Handsetzmaschinen – lassen sich in Oruro, in Potosi und weiteren bolivianischen Bergbaugebieten nachweisen.[7] In Nordperu schließlich, östlich von Trujillo, wurde bis etwa 1948 in der Grube Pasto Bello von Malaga Santolalla das Wolframerz nach ebensolchen Methoden angereichert.

Sicher lassen sich noch weitere unzählige Beispiele anführen, die die rezente Anwendung genannter alter europäischer Technologien belegen und damit auf einen direkten Transfer verweisen. Auffällig ist auch, daß Agricola in der Öffentlichkeit des Montanwesens gegenwärtig ist. So findet man beispielsweise verschiedene Kopien von Abbildungen aus dem «De re metallica» in der Empfangshalle des Geowissenschaftlichen Instituts der Campinas Universität in Sao Paulo wie auch im Büro der Associated Metals in Rio de Janeiro. Auch das «De re metallica» als Werk ist aufzuspüren: z.B. in Lima, in Sao Paulo, natürlich in New York.

So bleibt Agricola nicht vergessen, seine Spuren werden nicht verwischt. Und wenn, wie es heißt, jeder Mensch zweimal stirbt – einmal, wenn er die Augen schließt, ein zweites mal, wenn die Erinnerung an ihn erlöscht –, dann ist Agricola auch in Südamerika wahrhaft unsterblich; denn noch nach 500 Jahren denken wir an ihn, lesen ihn und sprechen von ihm.

Anmerkungen

1 Noack, K.; Thiemer-Sachse, U.: Altamerikanischer Bergbau. In: Das Altertum 37(1991), S. 166, 168.

2 Leon-Portilla, M.: La Mineria en Mexico. Mexico: UNAM, 1978, S. 169.

3 Prieto, C.: A mineracao e o novo mundo. Sao Paulo 1976, S. 50.

4 Hagen, V. von: Der Ruf der Neuen Welt. München/Zürich 1970, S. 85.

5 Konetzke, R.: Fischer Weltgeschichte. Bd. 22, Frankfurt/M., S. 300.

6 Sommerlatte, H.W.A.: Agricola in China. Über die Geschichte und Übersetzung von Agricolas «De re metallica libri XII» im China des 17. Jahrhunderts. In: Bergknappe 14(1990)5, S. 21–24.; Sommerlatte greift auf den Beitrag «Übersetzung und Verbreitung von Georgius Agricolas De re metallica im China der späten Ming-Zeit (1368–1644)», verfaßt von Pan Jixing, Hans Ulrich Vogel und Elizabeth Theisen-Vogel, erschienen im Journal of the Economic and Social History of the Orient, vol. 32(1989), S. 153–202 bei Brill in Leiden (Niederlande), zurück.

7 Diese Information erhielt der Verfasser von Herrn Dipl.-Ing. Richard Knobler, seit 1984 Senior Associate bei Behre Dolbear & Co. Inc., New York.; Herr Kobler war in den Jahren 1938–1962 bei der Mauricio Hochschild Gruppe, anschließend bis 1983 bei Minerals & Chemicals Philipp Corp. beschäftigt.

Agricola, horizontaler Bergverkehr und Eisenbahn

Ivan Jakubec (Prag)

Agricola mit dem horizontalen Verkehr und der Eisenbahn in Verbindung zu bringen ist – auch aus der Sicht von Wissenschaft und Technik – eher ungewöhnlich, läßt sich jedoch damit begründen, daß dieser begabte Wissenschaftler die Fähigkeit besaß, die beobachteten und kennengelernten Dinge im Detail zu beschreiben. Auf diese Weise wurde auch der horizontale Bergverkehr, in der modernen Industriegesellschaft zur hochorganisierten Eisenbahn gewachsen, zu Agricolas Forschungsobjekt.

Im «Urkundenbuch zur Geschichte der böhmischen Bergwerke» von 1486, erschienen in der zweiten Abteilung der «Umrisse einer Geschichte der Böhmischen Bergwerke»[1] wird in einer Verordnung König Wladislaws II. über den Erzkauf zu Kuttenberg erstmals ein *hund* bzw. *hunt* erwähnt. Man erklärt in einer Fußnote die Bedeutung des Wortes als *bekannte bergmännische Benennung von schmalen vierrädrigen Kästen.* Die Fußnote ergänzt: *Unsere neuen Eisenbahnwagen sind veritable Hunde* (Hunte), *die auf der Spur* (den Eisenbahnschienen) *stehen, und reisen einmal Könige und Fürsten in schönen Eisenbahnkutschen auf Eisenbahnen... Nichts neues unter der Sonne!* Hier zeigt sich in der historischen Entwicklung schon am Anfang der Ära der Dampfeisenbahn ein gewisses Bewußtsein.

Zu den bedeutendsten Quellen der Bergbaugeschichte gehören Darstellungen, Miniaturen und Figuren, denn viele der bergtechnischen Einrichtungen – so auch die Bergwagen des 16. Jahrhunderts – sind zwangsläufig durch zeitbedingten Verfall verschwunden. Natürlich ist entscheidend, welche Rolle diesbezüglich die Phantasie des Künstlers spielte. Ein Holzschnitt aus dem Jahre 1503 zeigt beispielsweise eine der ersten bildlichen Darstellungen für einen *Huntestößer* ohne Gleisbahn. In einer auf ein breites Informationsbedürfnis orientierten Grafik von 1530 mit dem Titel «Sächsisches Bergwerk» wird erstmals eine künstlerisch befriedigende wie auch sachlich korrekte Erfassung der Arbeit auf dem Bergrevier vorgenommen.[2] Ein vierrädriger Hunt ohne Gleis ist bereits auf einem Holzschnitt des Meisters F. Petrarca in dem Buch «Von der Artzney bayder Glück»[3] zu sehen.

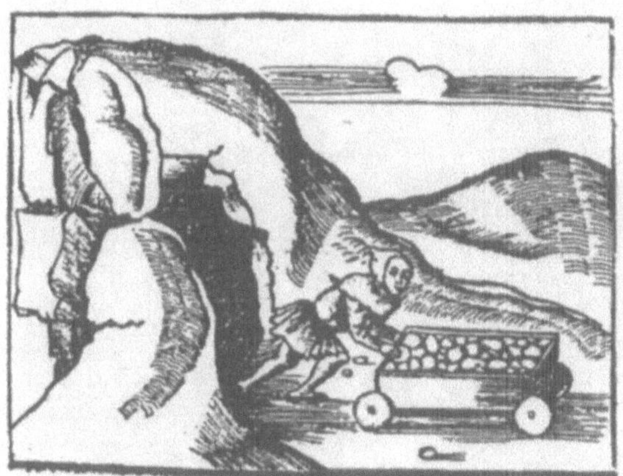

Abb. 1
Hutestößer ohne Gleisbahn. Holzschnitt aus: «Margarita Philosophica», Buch 9: De Orgine rerum Naturalium v. Gregor Reisch, Freiburg 1505.

Abb. 2
«Sächsisches Bergwerk» um 1550, unbekannter Meister.

Abb. 3
Goldbergbau untertage. Holzschnitt des Petrarca-Meisters aus: «Von der Artzney beyder Glück», 1532.

Abb. 4
Stollenbild am Anfang des Bergbüchlein-Abdruckes «Von Erkanntnus der Bergwerk» in Haselbergs «Ursprung gemeiner Bergrecht» 1535–38.

In dem von Johann Haselberger herausgegebenen Sammelwerk «Ursprung gemeiner Bergrecht»[4] von 1535 findet sich die Darstellung eines Holzgleises für den Grubenwagen. W. Pieper erwähnt hierzu[5]:...*man muß aber vorsichtig sein, da man nicht weiß, ob die Einzelheiten auf planmäßiger Beobachtung beruhen oder Phantasiestriche des Zeichners oder Formschneiders sind.*

Ein ähnliches, ja fast gleiches Bild findet sich in der «Geschichte der Eisenbahnen der österreichisch-ungarischen Monarchie»[6] mit Verweis auf die Quelle «Corpus iuris et systema rerum metallicum» vom Jahre 1698.

Für die Erläuterung der Abbildung eines Huntes in Agricolas «De re metallica» kann die Darstellung des Grubenbetriebes um 1550 in der Roten Grube zu St. Nicolas im elsässischen Lebertal – zu finden in «La Rouge myne de sainct Nicolas» von H. Gross – hinzugezogen werden. Das Bild zeigt die Bergwagen, ausgestattet mit zwei kleineren Rädern für die vordere Seite und zwei größeren für die hintere wie auch ein Gleis.

Die im Jahre 1550 erschienene «Cosmographey, oder Beschreibung aller Länder, Herrschaften und Fürnemsten Stetten...» von Sebastian Münster[7] enthält – wiederum mit Bezug auf das Elsässer Lebertal – eine gleichermaßen interessante Abbildung mit einer aus Bohlen oder Balken hergestellten Spurbahn und einem Bergwagen, dessen Vorderräder wahrscheinlich wiederum kleiner als die Hinterräder gewesen sind.

Die von Agricola gewählte Darstellung im «De re metallica» hebt sich gegenüber den genannten dadurch ab, daß Text und Bild eine Einheit bilden und die beigefügten Erläuterungen von hoher Qualität sind. So heißt es beispielsweise:[8] *Der Hund faßt um die Hälfte mehr als der Schubkarren, er ist etwa 4 Fuß lang und ungefähr 2 1/2 Fuß breit und hoch. Seiner rechteckigen Form entsprechend ist er mit drei rechteckigen eisernen Bändern beschlagen, außerdem wird er auf allen Seiten durch eiserne Stäbe verstärkt. Am Boden sind zwei kleinere eiserne Achsen befestigt, um deren Enden sich auf beiden Seiten hölzerne Scheiben drehen. Damit diese nicht von den festen Achsen abgleiten, werden sie durch kleine eiserne Nägel gehalten; durch den am Boden befestigten Leitnagel wird der Hund in der Spur, die in den Laufpfosten ausgespart ist, geführt. Der Hundestößer faßt den Hund hinten mit den Händen und stößt den mit Mineralien beladenen hinaus und den entleerten wieder hinein. Da er, wenn er gefahren wird, einen Ton erzeugt, der einigen dem Bellen der Hunde ähnlich dünkt, so nannten sie ihn Hund. Diesen Hund benutzen sie, wenn sie aus sehr langen Stollen fördern, denn er ist leichter beweglich und kann schwerer beladen werden.*

Piepers Meinung[9] läßt sich deshalb vollinhaltlich teilen, denn er sagt: *Man muß staunen über die außerordentliche Anschaulichkeit der Darstellung, die das plastische Bild der Gegenstände und Einrichtungen und nach Bedarf zugleich ihre Einzelheiten wiedergibt, und man muß die Auffassungsgabe der Zeichner und Formenschneider bewundern, die die Abbildungen fast fehlerfrei wiedergegeben haben.*

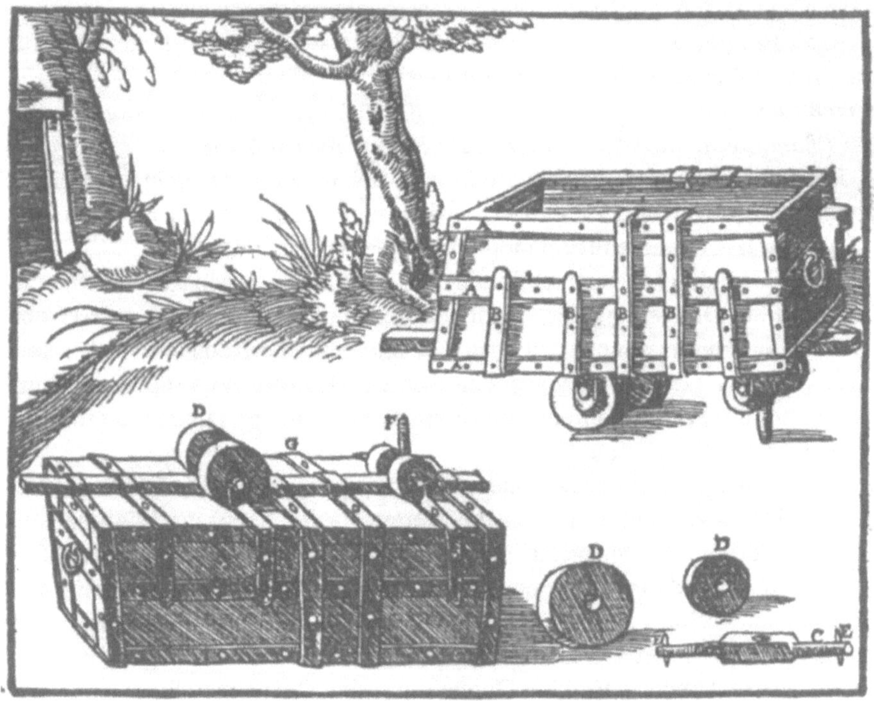

Abb. 5
Darstellung des Huntes von G. Agricola in: «De re metallica libri XII» (dt. Übersetzung v. 1928).

Die Darstellung der Wagenfigur bei Agricola stellt trotz allem weitere Fragen, wie: Warum benötigt der Hunt trotz der großen und kleinen Räder noch einen Leitnagel – entspricht dies dem damaligen Niveau von Technik und Verkehr, oder ist dies vielleicht nur der Phantasie des Künstlers geschuldet? Warum fehlt im Text die Begründung für die unterschiedliche Größe der Wagenräder? Relativ ausführlich befaßt sich damit H. Baumgärtel;[10] er schreibt: *Der Text gibt somit keine Erklärung dieses sonderbaren Bildes, doch muß die «ungarische» Form des Hundes in der 1. Hälfte des 16. Jahrhunderts wohl schon existiert haben, denn es ist nicht anzunehmen, daß es sich hier um eine Willkür des Zeichners bzw. Holzschneiders handelt, dagegen spricht schon die ganz richtige Anordnung des großen Räderpaares in der Nähe des Schwerpunktes. Am wahrscheinlichsten dürfte folgende Erklärung sein: Der Mann, der die Vorlagen für die Bilder zu «De re metallica» lieferte – für die technischen Darstellungen war das Basilius Wefring aus Joachimsthal –, schickte den Baseler Zeichnern und Holzschneidern den Entwurf für das Bild eines Hundes mit zwei ungleichen Räderpaaren, weil die Form zweifellos den neuesten Stand der Streckenfördertechnik darstellte. Agricola, der diese Form nicht – nicht mehr? – kennengelernt hatte, beschrieb aber den normalen Spurnagelhund. Der Zeichner, in der guten Absicht, sowohl dem Text als auch der Bildvorlage gerecht zu werden, stellte den Hund nach Wefrings Entwurf dar, versah ihn aber zusätzlich mit dem von Agricola hervorgehobenen Spurnagel, ohne das technisch Unsinnige der so entstandenen Kreuzung zu bemerken.*

Man könnte jedoch auch der Ansicht J. Majers folgen, der in seiner Studie zur Entwicklung der Bergbautechnik[11] unter Hinweis auf archivalische Quellen des 16. Jahrhunderts konstatiert, daß mit dem Zeitpunkt des Beginns des Bergbaus in St. Joachimsthal auch der sächsische Förderwagen mit einem Spurnagel versehen worden sein könnte. Der ungarische Hunt wurde jedoch erst im 18. Jahrhundert im Erzgebirge eingeführt.[12] Generalbergkommissar Freiherr F. A. von Heynitz forderte in seinem Hauptbericht von 1771 die Verwendung von Hunten statt Karren, darauf verweisend, daß man zur Einführung der Hunte böhmische Bergleute aus Joachimsthal nach Freiberg habe kommen lassen. Die Abbildungen vom Elsässer Lebertal-Bergbau lassen erkennen, daß hier der ungarische Hunt – natürlich ohne Leitnagel – verwendet wurde. Für die Hunte deutscher oder ungarischer Bauart war aufgrund der außerordentlich großen Zuladung der Nagel zur Führung jedoch äußerst wichtig. Zudem ließ sich der ungarische durch einen günstigen Schwerpunkt leichter schieben und entleeren.

Möglicherweise diente für die zeichnerische Darstellung des sächsischen Huntes im «De re metallica» der *normale* Hunt elsässischer Bauart als Vorlage – in Übereinstimmung zum Text natürlich *mit* Leitnagel. Auf diese Weise wird auch ein weiteres Bild verständlich, wo ein ganz *normaler* Bergwagen gezeigt wird.

In der von C. T. Delius verfaßten «Anleitung zu der Bergbaukunst nach ihrer Theorie und Ausübung entworfen»[13] werden ebenfalls zwei Typen von Grubenhunten unterschieden, nämlich solche mit und solche ohne Spurnagel. Es heißt hierzu: *Ein Grubenhund besteht aus einem länglicht vereckichten Kasten, der auf kleinen Rädern läuft, in der Lichte in der Länge 31. Zoll, in der obern Breite 9 1/2. Zoll, in der untern 11. Zoll, und in der Tiefe 12. Zoll hat. Man hat zweyerley Grubenhunde, nämlich mit und ohne Leitnagel, die mit dem Leitnagel laufen auf 4. gleichen Rädern, wovon zwey vorn, und zwey hinten angemacht sind. Aus dem Boden des Hundes geht zwischen den zwey vordern Rädern der Leitnagel heraus […] Die zweyte Art der Hunde aber ohne Leitnagel, hat zwey größere Räder von 6. Zoll im Durchschnitte unter dem Schwerpunkte, oder dem Mittel des Hundes, und zwey kleine vorne von drey Zoll. Die mehrere Größe der mittlern Räder, und ihre Stellung in dem Schwerpunkte dienet dazu, daß, weil die Last daselbst gleich getheilt ist, der Hund also leicht hinten niederdruckt, und auf die Seite gewendet werden kann, wenn der Hundstößer damit durch ungerade Strecken zu laufen hat. Sie dienen aber auch zur Erleichterung des Hundstoßens selbst: denn ein geübter*

Abb. 6
Transportkarren von Beaumont

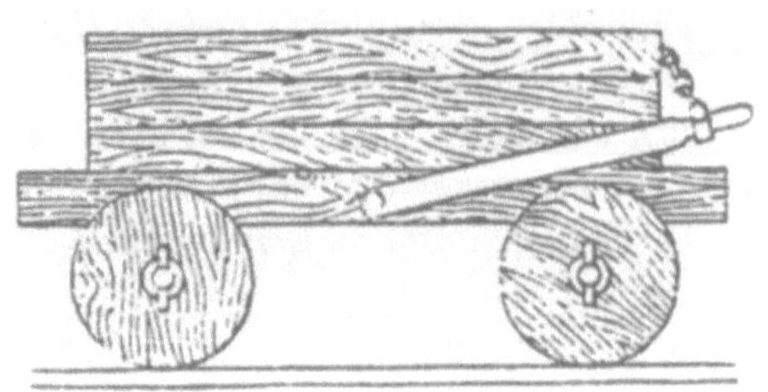

Hundstößer lauft niemals auf allen vier Rädern, sondern nur auf den zweyen mittleren. Wegen ihrer Stellung nun in dem Schwerpunkte, und weil zwey Räder weniger Friktion machen, als viere, wird hierdurch der Hundstoß ungemein erleichtert, und er geschiehet mit besonderer Geschwindigkeit. Es wird auch hier das öftere Anstoßen und Reiben des Leitnagels an dem Gestänge vermeiden, welches bey Leitnagelhunden unvermeidlich ist. Es leistet daher diese zweyte Art der Hunde, welche in unsern niederungarischen Bergwerken durchaus üblich ist, sehr vorzügliche Dienste von der ersten Art, welches durch genugsame Erfahrung bewähret worden.

Im 17. und 18. Jahrhundert verlagerte sich der Schwerpunkt der Entwicklung von Montanbahnen nach England. Unter Elisabeth I. sowie vordem unter Heinrich VI. waren die erfahrenen Bergleute aus Böhmen, Sachsen, dem Harz und Ungarn nach England gekommen, um technische Probleme zu lösen. Die Hunte erscheinen in der von Gray verfaßten und 1649 in New Castle erschienenen «Chronography» zuerst als *waynes;* der erfindungsreiche Beaumont beschreibt die 1630 eingeführten und auf einem Spurweg laufenden Karren schließlich als *waggons.* Die Bemühungen um Beschleunigung und Verbilligung der Kohletransporte zu den Hafenplätzen führte zwangsläufig zu einer Verbesserung der Wege. Und so legte man in die ausgefahrenen Gleise der Straßen zunächst nur starke Bohlen, später stützte man diese auch mit Querschwellen. Kunstgerechte Anlagen entstanden schließlich um die Mitte des 18. Jahrhunderts.

Im Jahre 1908 charakterisierte A. Birk[14] den Begriff der Eisenbahn wie folgt: *Der Begriff Eisenbahn, im eigentlichen Sinne des Wortes genommen, gilt für alle jene Beförderungswege, die mit metallenem Gleise, d. i. mit einem eisernen Schienenstrange oder mit mehreren parallel laufenden eisernen Schienensträngen als Bahn für die Beförderungsmittel versehen sind, um auf solche Weise deren Lauf zu regeln, eine Verminderung der Reibung zwischen Fahrzeug und Fahrbahn zu bewirken und mithin die Leistungsfähigkeit des Fördermittels zu erhöhen. Es muß als ein Kennzeichen der Eisenbahn angesehen werden, daß sie von den Landfuhrwerken gewöhnlicher Bauart nicht befahren werden kann und daß andererseits die Eisenbahnfahrzeuge auf die ausschließliche Benutzung der Schienenwege*

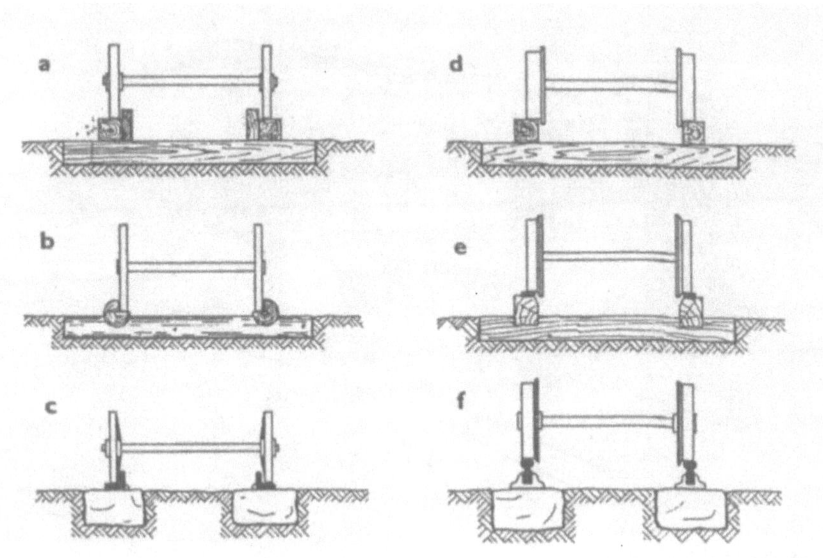

Abb. 7
Die Entwicklung der Gleise im 18. und 19. Jahrhundert
a) Holzschienen mit Leitleisten (England, ca. 1730)
b) Holzschienen mit Leitleisten (Slowakei, 1842)
c) Gußeisenschiene (England, 1800)
d) Holzschienen für Randräder (England, ca. 1730)
e) Flacheisenschiene für Randräder (England, ca. 1780)
f) Schiene in Pilzform (England, ca. 1800)

angewiesen sind. Das Gleis bildet für den Begriff der Eisenbahn das entscheidende Moment, die Art der bewegenden Kraft kommt erst in zweiter Linie zur Geltung.

Zur echten Eisenbahn blieb noch ein langer Weg – über den Holzweg mit den Leitleisten (ca. 1730), die Gußeisenschiene (ca. 1800), die Randräder auf den Holzschienen (ca. 1730), auf den Flacheisenschienen (ca. 1780) und auf den sogenannten Schienen in der Pilzform (ca. 1800) bis hin zur Holz- und Steinschwelle. Die Enwicklung der Montanbahnen in Tirol – man versah hier bereits im 16. Jahrhundert die Holzbergbahnen mit Eisenstreifen – sowie in Siebenbürgen – hier wurden Bergwagen mit Holzrandrädern noch im 20. Jahrhundert benutzt – beeinflußten die weitere Entwicklung des (Eisen-)bahnverkehrs in Europa jedoch nicht.

Das Dargelegte berechtigt zu folgenden Schlußfolgerungen:

1. Der Gedanke, den horizontalen Verkehr untertage durch (Holz-)Schiene und (Holz-)Wagen zu erleichtern und zu beschleunigen, stellt einen Höhe-

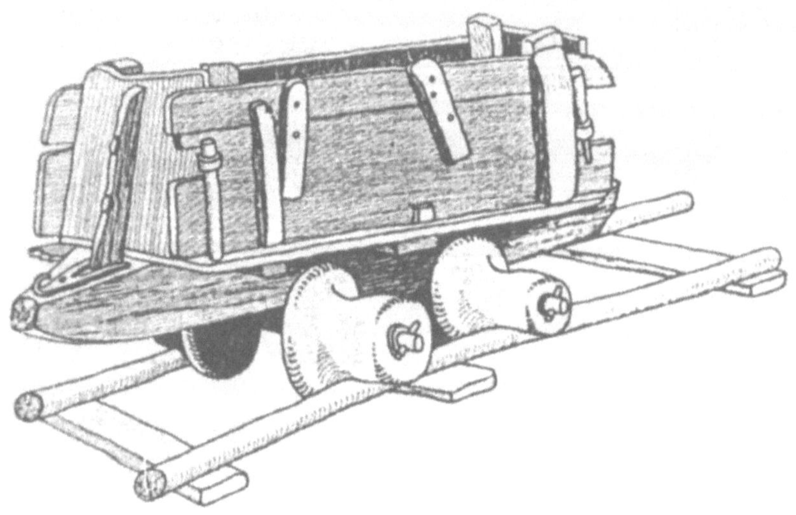

Abb. 8
Bergwagen mit Randrädern aus Siebenbürgen

punkt in der Entwicklung des horizontalen Bergverkehrs dar, denn er schuf nicht nur die theoretischen, sondern auch die praktischen Voraussetzungen für die spätere Bahnentwicklung, und dies nicht nur auf den Untertagebereich bezogen. Der Verlauf der Jahrhunderte hat die Vorteile dieses Gedankens bewiesen.

2. Zwischen dem mittelalterlichen horizontalen «Schienenverkehr» untertage, den neuzeitlichen Eisenwegen im 17. und 18. und der Eisenbahn im 19. und 20. Jahrhundert läßt sich, dem Prinzip *Wagen auf der Schiene* folgend, eine gerade Entwicklungslinie nachweisen. Der in der Agricola-Zeit erblühte Gedanke fand dann – sowohl für untertage als auch für übertage – seine Verbreitung in England und kehrte im 18. Jahrhundert als *englische Erfindung* nach Europa zurück. Die Eisenbahn in ihrer endgültigen Form war deshalb auch durch die weitere technologische Enwicklung in England geprägt, obwohl die Ursprünge doch in den Spurbahnen der mitteleuropäischen Bergwerke zu suchen sind.
3. Den Wagen auf die Schiene zu setzen, ist keine Erfindung Agricolas. So war die entsprechende Abbildung eines Wagens – des Huntes – im «De re metallica» auch keineswegs die erste. Agricola gebührt jedoch das Verdienst, erstmals den Wagen auf der Schiene dargestellt und zudem ausführlich beschrieben zu haben. Gleiches gilt auch für seine Betrachtungen zum (Berg-)Verkehr und dessen Bedeutung. Auf diese Weise bleibt Agricola auch mit unserer Zeit verbunden.

Abb. 9
Pferdewagen, eingesetzt in Newcastle-upon-Tyne, 1773.

Anmerkungen

1 Sternberg, C. Graf v.: Umrisse einer Geschichte der Böhmischen Bergwerke. Prag 1836/1837.

2 Vgl. Wilsdorf, H.: Montanwesen – Eine Kulturgeschichte. Leipzig 1987, S. 170.

3 Petrarca, F.: De remediis utriusque fortunae (Von der Artzney beyder Glück). 1364/66; hier Auflage des Buches von 1532, erschienen in Augsburg.

4 Reichenau, J. Haselberger v. d.: Ursprung gemeiner Bergrecht. O. O., um 1535.

5 Pieper, W.: Die kunstgeschichtliche Stellung und die illustrationstechnische Bedeutung der Holzschnitte in Agricolas «De re metallica». In: Agricola-Gedenkschrift, Berlin 1955, S. 273–274.

6 Geschichte der Eisenbahnen der österreichisch-ungarischen Monarchie. Wien/Teschen/Leipzig 1898.

7 Zuerst ediert als «Cosmographia». Basel 1544 (dt. u. lat. überarbeitet 1550).

8 Agricola, Georg: Vom Berg- und Hüttenwesen. München 1994. S. 126–127. Das hier erwähnte *schwer beladen* zielt auf einen Vergleich zu einer Schubkarre.

9 Pieper, W.: Die kunstgeschichtliche Stellung ... (Anm. 5).

10 Baumgärtel, H.: Bergbau und Absolutismus. Der sächsische Bergbau in der zweiten Hälfte des 18. Jahrhunderts und Maßnahmen zu seiner Verbesserung nach dem Siebenjährigen Kriege. In: Freiberger Forsch.-Heft D44. Leipzig 1963, S. 168.

11 Majer, J.: Zur Entwicklung der Bergbautechnik im 16. Jahrhundert im Westteil des böhmischen Erzgebirges. In: Deutsches Jahrbuch für Volkskunde 3(1967), Berlin.

12 Vgl. dazu Trebra, F. von: Erfahrungen vom Innern der Gebirge. Dessau 1785.

13 Delius, C. T.: Anleitung zu der Bergbaukunst nach ihrer Theorie und Ausübung, nebst einer Abhandlung von den Grundsätzen der Berg-Kameralwissenschaft, für die Kaiserl. Königl. Schemnitzer Bergakademie entworfen. Wien 1773.

14 Birk, Alfred: Der Eisenbahnbau. Leipzig 1908, S. 1.

Maschinenwesen und Maschinenkunde im 16. und 17. Jahrhundert

Klaus Mauersberger (Dresden)

Agricolas «De re metallica» markiert gewissermaßen den Beginn der neuzeitlichen maschinentechnischen Literatur. Die Maschinentechnik erscheint darin eingebettet in den seinerzeit am weitesten fortgeschrittenen Produktionszweig, die Montantechnik. Agricolas Darstellungsweise gibt zum einen die im Montanwesen genutzte maschinelle Technik – die Artefakte selbst – wider, ist aber zugleich ein Abbild des technischen Wissens um Maschinen, Prozesse und Verfahren in der Renaissancezeit.

Um das Maschinenwesen und das darüber angesammelte Wissen in der Folgezeit geht es auch in diesem Beitrag, der sich mit der Frage beschäftigt, wie sich die vorindustrielle Maschinerie entfaltete, über welches Wissen die Mechanici, Mühlenbauer und Kunstmeister verfügten und welchen Einfluß die sich herausbildenden modernen Naturwissenschaften auf die wissenschaftliche Durchdringung maschineller Technik ausüben konnten.

Bekanntlich nannte man die Maschinen selbst und den Maschinenbau bis ins 18. Jahrhundert hinein noch mechanische Künste. Begriffe wie Kunstgezeug, Wasserkunst oder Kunstmeister verweisen auf eine Herkunft der Technik aus dem Bereich handwerklicher und künstlerischer Tätigkeiten. Die sogenannten Künstler-Ingenieure der Renaissance, allen voran Leonardo da Vinci, waren auch die Träger entsprechenden Wissens. Sie waren es, die in die Geheimnisse der mechanischen Künste eingeweiht waren. Kunst in diesem «technischen» Sinn, und es ging in der Tat auch um künstlerische Techniken, schloß aber seit alters her sowohl das instrumentelle, als auch das methodologische ein: nämlich Kunstgriffe anzuwenden, um etwa mit einem Hebezeug die Natur zu überlisten, d.h. etwas wider die Natur zu schaffen.

Dabei waren die niederen oder mechanischen Künste noch im Mittelalter streng getrennt durch soziale und weltanschauliche Schranken von den *artes liberales*, den freien Künsten resp. der höheren Gelehrsamkeit. Allein die Tatsache, daß sich ein humanistischer Gelehrter vom Format eines Agricola mit den «Niederungen montanistischer Maschinentechnik» befaßte, zeugt daher von einem gewaltigen Umbruch in einer Zeit, da sich die Wissenschaften anschickten, gleichermaßen Natur, Kunst und Technik in sich einzuschließen, um dem Menschen die Welt entdecken und verändern zu helfen.

Die aufblühende handwerkliche und gewerbliche Praxis des 16. Jahrhunderts, namentlich das Mühlenwesen und die Montantechnik, hielten für die Entstehung der modernen Naturwissenschaften mannigfaltige Anreize bereit. Mechanische Phänomene, Bewegungsvorgänge, Widerstandskräfte und Festigkeit der Materialien, die auch das Wirken von Maschinen bestimmten, fanden das lebhafte Interesse solcher der Praxis zugewandter Gelehrter wie Tartaglia, Cardano oder Galilei, die sich aus der Enge der Studierstuben herausbegeben hatten. Gelehrte wie Agricola waren es auch, die den scholastischen Kathederweisheiten eine praxisnahe Werkstättentradition entgegensetzten: die freie Beobachtung am Objekt und die Anpassung der Gedanken an die Wirklichkeit. In Fühlungnahme mit Gruben, Werften, Arsenalen und Manufakturen wurden neue Wissenschaftszweige begründet. Jetzt war die Zeit reif, dem Gedanken der Dienstbarmachung der Naturkräfte folgend, das Natürliche im Technischen zu erkennen, entsprechende Zusammenhänge zu ergründen und zur Verbesserung technischer Mittel einzusetzen. Eine neue Epoche der geistigen und tätigen Auseinandersetzung des Menschen mit der Natur hatte begonnen.

Das tiefere Eindringen in die Natur mechanischer Vorgänge und maschineller Gebilde setzte bereits bei dem virtuosen, von universellen Ansprüchen ausgehenden Künstler-Ingenieur Leonardo da Vinci ein. In seinen Skizzensammlungen breitet er ein nahezu unüberschaubares Arsenal von Erfindungen und Erkenntnissen in der mechanischen Technik aus. Im Gegensatz zu dem einige Dezennien später wirkenden Agricola ist sein Gegenstand aber nicht so sehr die tatsächlich produktiv eingesetzte Technik, als vielmehr jener Prozeß der geistigen Vorwegnahme, welcher jedem technischen Schöpfungsakt vorausgeht. Die Zeichnungen und konstruktiven Entwürfe Leonardos, einst möglicherweise als der Grundstock eines größeren maschinentechnischen Werkes angelegt, nach seinem Tode in viele Lande zerstreut und zuweilen, wie der aufsehenerregende Fund der «Codices Madrid» im Jahr 1965, wieder aufgetaucht, bieten sie eine Fülle von technischen Ideen, phantastischen Einfällen, konstruktiven Lösungen, aber auch von Ansätzen theoretischer Durchdringung der Mechanismen und Maschinen. Agricolas nüchterne Abbilder und Leonardos überschäumende Entwürfe repräsentieren gewissermaßen jene zwei Ströme in der Darstellungskunst von Maschinentechnik, die in der folgenden technischen Literatur zu beachten sind.

Mit seiner faszinierenden technischen Zeichenkultur ist Leonardo mehr noch als viele seiner Nachfolger bis in die Elemente der Maschinerie vorgedrungen. In großer Kühnheit nehmen einige seiner Konstruktionen, ohne daß sie in seiner Zeit hätten verwirklicht werden können, den künftigen industriellen Techniktyp vorweg. Mit seinem tiefen Eindringen in solche Zusammenhänge

Abb. 1
Mechanische Potenzen des Altertums auf dem Titelblatt einer italienischen Antikenrezeption von Guidobaldo del Monte zu den «Problemata mechanika» der Aristotelischen Schule (Titelblatt der deutschen Übersetzung von 1629).

wie Festigkeit, Kräftespiel, Reibung und Strömungsvorgänge trug er auf ganz eigenständige Weise dazu bei, die mechanischen Künste auf ein wissenschaftliches Fundament zu heben und in die Gelehrtenwelt hineinzutragen. Leonardo wurde nicht müde, zur Anwendung von Geometrie und Mathematik in der Technik aufzurufen. Freilich deutete er selbst dabei vieles nur an. Manche seiner vorausschauenden Ideen waren unausgereift, die meisten seiner vorauseilenden Projekte blieben unverstanden oder unbeachtet. Anregungen gingen allemal von ihm aus. Die Schaffung neuer Technik vollzog sich stets in einem Spannungsfeld von Wünschbarem, Machbarem und Notwendigem.

Die künstlerischen und technischen Berufe, denen zunächst solche Tätigkeiten wie Zeichnen, Messen, Wägen und der Umgang mit Instrumenten vorbehalten waren, gingen im 16. Jahrhundert fruchtbare Wechselwirkungen mit den Wissenschaften ein. Gebildete Männer wie Guidobaldo del Monte, Adam Ries oder Walter Ryff trugen den Umgang mit Zahlen und die Quantifizierung von Vorgängen in die Kreise der Händler, Mühlenbauer, Büchsenmeister und Mechanici hinein, von deren gehäufter praktischer Erfahrung sie wiederum profitieren konnten.

Anteil daran hatte auch die Übersetzung und kritische Rezeption antiker und mittelalterlicher Texte. Besagter Del Monte, Humanist, Mathematiker und Festungsinspektor, trat 1577 mit einer kommentierenden Übersetzung der Aristoteles bzw. der Schule des Peripatos zugeschriebenen «Problemata mechanica» hervor, in welcher sich die klassischen Mechanischen Potenzen (die sogenannten einfachen Maschinen) wie ein roter Faden durchziehen. Mit der Zuwendung zu höchst praktischen Fragen wie Kraftersparnis, Festigkeit und anderen wird darin und in weiteren Werken eine neue, auf Naturgesetzen beruhende Mechanik aus der Taufe gehoben, wobei das technische Mittel in seiner Anschaulichkeit gewissermaßen als Taufpate fungiert.

Walter Ryff, auf welchen eine Übertragung von Vitruvs «10 Büchern über die Baukunst» ins Deutsche zurückgeht, hat viel zur Propagierung einer anschaulichen Geometrie getan, die er auch in der Maschinenbaukunst für unerläßlich hielt. Sein Maschinenbegriff steht dabei noch ganz in der antiken bzw. mittelalterlichen Tradition und geht auf das «Rüstzeug» – sprich die Kriegsmaschine (lat. *ingenium*) zurück, schließt aber zunehmend baugebundene Hebezeuge und Fördermaschinen ein. Die Maschinentechniker des 16. Jahrhunderts standen ganz im Banne der Möglichkeiten maschineller Kraftverstärkung.

In dieser Hinsicht hat wohl kaum eine ingenieurtechnische Großleistung die Gemüter so erregt, wie die Umsetzung des Vatikanischen Obelisken zum Petersplatz unter der Leitung des päpstlichen Baumeisters Domenico Fontana im Jahr 1586. Auch dieses spektakuläre Unternehmen des Schwerlasttransportes eines 25 m langen und ca. 300 t gewichtigen Monolithen ist ein frühes Beispiel ingenieurgemäßen kalkulativen Herangehens. Bereits die Auswahl des geeigneten Verfahrens läßt neue Züge erkennen: Auf einem «Ingenieurkongreß» wird aus den von 500 Bewerbern vorgelegten Projekten das vorteilhafteste diskutiert und ausgewählt. Fontana, dessen Plan technisch-organisatorisch verwirklicht wurde, kann nachgesagt werden, die damaligen Möglichkeiten der Dimensionierung von Hebezeugen voll genutzt zu haben. So elementar sich seine Berechnungen auch aus heutiger Sicht ausnehmen mögen, im Ingenieurschaffen des 16. Jahrhunderts waren sie eine Novität.

Trotz dieser ersten spärlichen Erfolge kalkulativen Denkens in den mechanischen Künsten kann von greifbaren Ergebnissen einer Rückwirkung der Naturwissenschaften auf die Praxis noch nicht die Rede sein. Dazu bedurfte es zunächst eines ausgedehnten Reifeprozesses. Dennoch ist die Hinwendung namhafter Naturgelehrter zur Technik nicht zu übersehen. Tatsächlich waren es eher die Praktiker selbst, deren vermehrtes Wissen und Können eine Maschinenkunde hervorgebracht hat, die als kräftiger Wissensstrom zu den späteren Maschinenwissenschaften hinführt.

Der Aufschwung des technischen Erfahrungswissens im 16. Jahrhundert ist insofern zu erklären, als die ersten zaghaften Versuche mechanischer Theorien-

Abb. 2
Massierter Einsatz von Hebezeugen (Hebel, Göpelwinde, Flaschenzüge) bei dem technischen Großunternehmen der Umsetzung des Vatikanischen Obelisken auf dem Petersplatz in Rom unter der Leitung von Domenico Fontana im Jahr 1586.

bildung den praktischen Problemen keineswegs gewachsen sein konnten. So bildeten sich an der Nahtstelle von Naturwissenschaften und Produktion jene praxisnahen Wissensgebiete heraus, deren Profil die praktische Mechanik und Maschinenkunde mitbestimmten. Während die klassische Mechanik in kosmologische Dimensionen vorstieß, verhalf der indessen hohe Stand praktisch-mechanischen Wissens den Mühlenbauern, Mechanicis, Uhrmachern, Büchsen- und Kunstmeistern in vielen Ländern zu glänzenden Erfolgen.

Die gesellschaftliche Anerkennung, Pflege und Förderung einzelner mechanischer Künste wurden wesentlich durch die Repräsentanz bei Hofe bestimmt. Zu diesen «hoffähigen» mechanischen Künsten gehörte die Drehkunst. Sie stand im 17./18. Jahrhundert in hoher Blüte. Große Potentaten gehörten zu ihren Liebhabern. Die stattliche Zahl von vermögenden Bewunderern der Drehkunst ermöglichte es, daß 1701 erstmalig ein Lehr- und Fachbuch darüber erschien, dem in der zweiten Hälfte des 18. Jahrhunderts weitere folgten.

Das große höfische Interesse an künstlerischer Selbstbestätigung und Erwerb einmaliger kunstvoller Drechslerprodukte rief die Differenzierung in eine «gemeine oder niedere» und eine «höhere» Drehkunst hervor. Letztere hatte

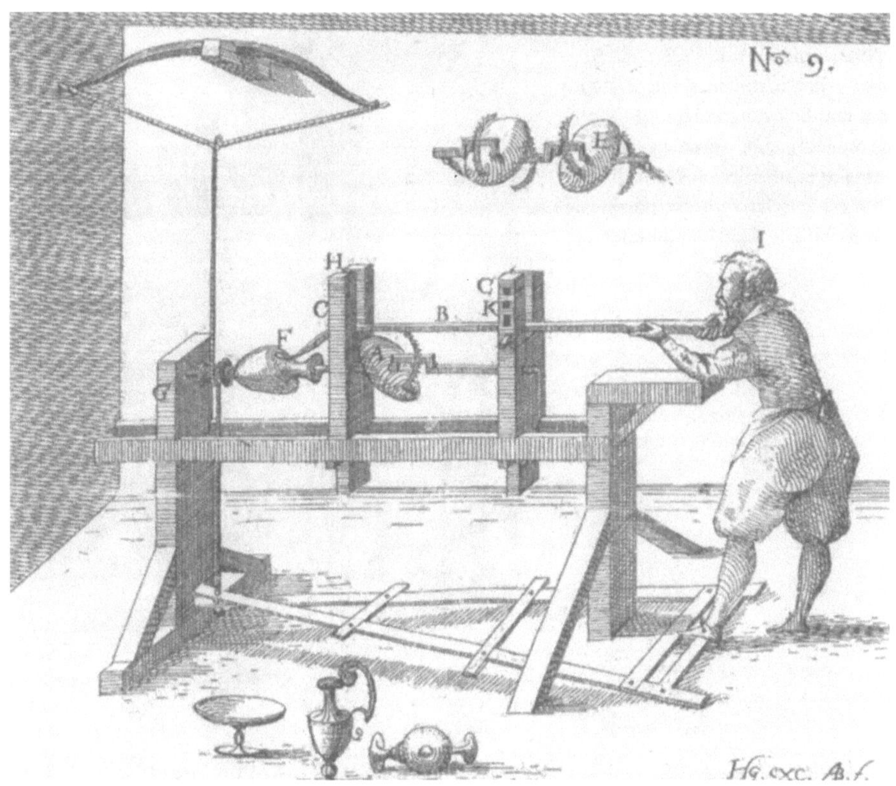

Abb. 3
Kopierdrehbank mit Wippenantrieb aus Heinrich Zeisings «Theatrum machinarum» (1612), auf das «Theatrum instrumentorum» (1582) von Jaques Besson zurückgehend.

das Unrunddrehen, insbesondere das Passigdrehen, Ovaldrehen, Medaillendrehen und Porträtdrehen sowie besondere Dreh- und Kunststücke zum Gegenstand. Als Werkstoffe dienten zahlreiche Holzarten, Bein, Stein sowie leicht bearbeitbare Metalle, selten Eisen.

In besonderem Maße repräsentierten die prachtvollen Maschinenbücher, die als eigenständige Literaturgattung seit dem ausgehenden 16. Jahrhundert den Buchmarkt bereicherten, das mechanisch-technische Wissen. In dieser Zeit lebten die deskriptiven Sammelleidenschaften auf dem Gebiet der Maschinentechnik förmlich auf. Mit der Renaissance war in allen gesellschaftlichen Schichten ein großer Bildungshunger geweckt worden. Die ersten Maschinenbücher vornehmlich italienischer Provenienz waren freilich an höfische, zumindest aber wohlhabende Kreise adressiert.

Jacques Besson, Agostino Ramelli, Vittorio Zonca, Fausto Veranzio, Giovanni Branca, Salomon de Caus, Jacopo Strada à Rossberg, Georg A. Böckler und

Abb. 4
Perpetuum mobile mit Wasserrad, Archimedischer Schraube, Schneckengetriebe und Schwungrad zum Antrieb einer Schleifscheibe – gedacht als «geistiges Experimentierfeld» für praktisch-mechanische Verbesserungen an der Maschinerie der Manufakturzeit.

Heinrich Zeising gehörten zu den bedeutenden Autoren. Die zum Teil brillant illustrierten Schauplätze der Maschinenbaukunst – der Begriff des «Theatrum machinarum» bürgerte sich bald ein – gaben weniger ein getreues Abbild der im technischen Alltag bewährten Maschinen als vielmehr des Außergewöhnlichen und Bizarren der Maschinenwelt. In manchen Büchern treten uns wahrlich barocke Maschinen entgegen, voller Zierat, unergründlich in ihrer Wirkungsweise, gigantomanisch in ihren Ausmaßen. Kunst und Technik waren so weit noch nicht voneinander entfernt, als daß sich die im Zeitgeist des 17. Jahrhunderts verwurzelte Manieriertheit nicht hätte auch auf die Maschinentechnik übertragen können. Und dennoch, hinter dem Dickicht barocken Überschwanges leuchtet der rationale Kern hervor. Selbst der ausgefallenste Entwurf eines *perpetuum mobile* galt nicht allein als technisches Wunderwerk, sondern war gleichermaßen Studienobjekt für die Untersuchung von Kraftbedarf, Bewegungswiderstand und Wirkung der Schwungkraft, für das geistige Durchspielen neuer Wirkprinzipe und konstruktiver Lösungen. Allgegenwärtig in diesen Büchern ist das Streben nach Kraftökonomie bei der Abstimmung von Antriebs-, Übertragungs- und Bearbeitungskräften sowie bei der Minderung der Bewegungswiderstände. Derlei Probleme sollten in der Folgezeit zum Hauptgegenstand der Maschinenlehre aufrücken.

THEATRVM
INSTRVMENTO
RVM ET MACHI-
narum Iacobi Bessoni
Delphinatis, Mathe-
matici ingeniosissimi,

NECNON VBIQVE NE-

Apud Barth. Vincent.
Cum Priuilegio Regis.
1582.

Abb. 5
Titelblatt der lateinischen Ausgabe des «Theatrum instrumentorum» von Jaques Besson aus dem Jahr 1582 – in Rückbesinnung auf die gelehrten Autoritäten der Antike wird eine wissenschaftlich begründete Technik proklamiert.

Darüber hinaus gibt die Darstellungsart Aufschluß über das neuartige Herangehen. Manche Autoren wagen den Versuch, Kraft- und Bewegungsgrößen der Maschinen in einfache Zahlenrelationen zu kleiden. Bereits die Titelblätter verraten metaphorisch die Intentionen der Verfasser. Überall ist Wissenschaft im Spiel, auch wenn die Vorstellungen über eine solche künftige Maschinen-Wissenschaft noch recht unklar zutage treten.

Die Maschinerie der Barockzeit war wie keine andere vorher eingebettet in die kulturellen Strömungen ihrer Zeit. Sie tritt uns in weiterer Hinsicht ambivalent entgegen: Einerseits bewegte sie sich gewöhnlich noch in den Bahnen der vorausgegangenen Zeit. Durch geschickte Modifizierung und Variationen, durch Multiplizierung einfacher Elemente sowie durch ausgeklügelte Organisation konnte eine Steigerung ihrer Wirkung erzielt werden. Andererseits warfen die großen Veränderungen der Technik, wie sie während der Industriellen Revolution des 18./19. Jahrhunderts sprunghaft zu Tage treten sollten, bereits ihre Schatten voraus. Man kann wohl davon ausgehen, daß die vorbereitende Arbeit von den Technikern des 17. Jahrhunderts vollbracht wurde. Selbst Maschinen, die dem Spiel- und Luxusbedürfnis von Hofhaltung Rechnung trugen (Automatentheater, Wasserorgeln, Grottenwerke u. a.) zählen in ihrer Art der Steuerung

Abb. 6
Die gigantische Wasserhebeanlage von Marly an der Seine – sie wurde zwischen 1681 und 1685 für die Wasserkünste Ludwig XIV. in Versailles erbaut.

und Kraftübertragung zu den Vorboten der Mechanisierung produktiver Prozesse.

Dies trifft auch auf Neuerungen bei den Antriebsmaschinen zu. Noch ganz im Dienste höfischer Prachtentfaltung stehend, aber zugleich Zeugnis massierten Einsatzes von Naturkräften, ist die gigantische Wasserhebeanlage von Marly doch nur der Ausdruck eines verschwenderischen Umgangs mit Finanzen, Material und natürlichen Ressourcen. Bei dieser 1681–1685 erbauten Anlage zum Betrieb der Wasserkünste Ludwigs XIV. im Park von Versailles trieben 14 unterschlächtige Wasserräder von 12 m Durchmesser 235 Druckpumpen an. Bei einem Wirkungsgrad von ca. 7 % leistete diese kostenaufwendige Antriebsanlage ganze 85 PS.

Die manufakturelle Produktion und der sich ausweitende Mühlenbetrieb warfen dagegen frühzeitig energieökonomische Probleme auf. Erhöhter Kraftbedarf und das Erfordernis, mit dem Wasserdargebot hauszuhalten, führten zu technischen Verbesserungen. Mehrfachanordnungen der Mahlgänge, die Art der Gerinne und Pansterwerke, optimale Wasserradformen sowie die Gestaltung friktionsarmer Übertragungsglieder wie Zahlräder u. a. m. hatten bereits ausgangs des 17. Jahrhunderts erheblichen Einfluß auf die Effizienz der Maschinerie. Doch brachte das 17. Jahrhundert noch eine weitere Hinterlassenschaft

Abb. 7
Versuche Otto von Guerickes zur Demonstration des Arbeitsvermögens des Luftdruckes gegenüber einem Vakuum (1664) sind in das Vorfeld der Entwicklung der Kolbendampfmaschine einzureihen.

hervor, auf welche sich die Antriebstechnik stützen konnte. Der Ausbau der modernen Naturwissenschaften, so sehr er von der Mechanik fester Körper ausging, führte auch zur Ergründung weiterer Phänomene, die ebenfalls eine Basis für technische Wirkprinzipe abgaben. Wärme, Materialaufbau, Luftdruck, Strömungsvorgänge und vieles mehr wurden zum Untersuchungsgegenstand der Naturforscher. Die Untersuchung des Vakuums z.B. ist an die Namen Boyle, Mariotte und Torricelli gebunden. Otto von Guericke demonstrierte in seinen Magdeburger Versuchen bereits das Arbeitsvermögen des Luftdruckes gegen ein Vakuum, und der Gelehrte Papin erzeugte dieses Vakuum durch die Kondensation von Wasserdampf und erfand mit seiner Vorrichtung den Prototyp der atmosphärischen Dampfpumpe. So reihen sich namhafte Wissenschaftler in die Vorgeschichte der Kolbendampfmaschine ein, die durch die englischen Techniker Savery und Newcomen zu einer ersten Betriebsreife gebracht wurde.

Gleichermaßen anziehend auf Naturwissenschaftler mögen Uhr und Mühle, die Vorbilder aller produktiven Maschinerie, gewesen sein. Christiaan Huygens, ein Verfechter Cartesianischer Ideen, faszinierten Schwingungsbewegungen. Er vervollkommnete die Pendeluhr. Das Buch «Horologium oscillatorium» (1673) verrät das konstruktive Geschick seines Autors bei der Lösung schwieriger Probleme wie der Pendelführung.

Uhrenfedern regten Hooke zu theoretischen Betrachtungen über die Elastizität an. In der damals üblichen Form eines Anagramms stellte er 1675 sein Elastizitätsgesetz vor, das von einer Proportionalität zwischen Kraft und Verlängerung ausging. Solche Ergebnisse konnte er allerdings nur durch ausgedehnte Versuche erreichen. Im 17. Jahrhundert gerieten zunehmend die Werkstoffe in das Blickfeld wissenschaftlicher Betrachtung und experimenteller Untersuchungen. Dies betraf ihre konstruktive Widerstandsfähigkeit und ihre Eigenschaften bei der Bearbeitung. Hauptwerkstoff war nach wie vor das Holz, bei dessen mechanischer Bearbeitung überwiegend auf spanende Fertigungsverfahren wie Sägen, Drehen, Bohren, Hobeln und Schleifen zurückgegriffen wurde.

In der Metallbearbeitung dominierten bis zum Mittelalter das Gießen, Schmieden und Treiben für Werkstücke aus Kupfer, Bronze und Eisen. Seit dem Aufkommen der Feuerwaffen wurde das Bohren der Geschoßläufe zu einer neuen schwierigen Fertigungsaufgabe. Genauigkeitsanforderungen und Kraftbedarf verlangten die Entwicklung von Bohrmaschinen neuer Qualität und Größe. Vor der industriellen Revolution waren somit Sägemühlen und Kanonenbohrmaschinen die größten und bedeutendsten spanenden Werkzeugmaschinen. Erstmals nahmen an diesen Maschinen Gelehrte spanungstechnische theoretische Untersuchungen und Berechnungen vor.

Auch das Textilgewerbe, von dem die Initialzündung zur Industriellen Revolution ausging, kannte lange vor deren Einsetzen in Grenzen eine mechanisierte Produktion. Davon zeugen die bereits im 16./17. Jahrhundert verbreiteten Zwirnmühlen, Handkulierstühle zum Stricken von Strümpfen sowie mechanische Bandwebstühle. Entsprechendes Know-how war gleichfalls in der maschinentechnischen Literatur niedergelegt. In Frankreich förderte der Merkantilismus Colbert'scher Prägung die gewerbe- und verfahrensorientierten Wissensgebiete in besonderer Weise. Die Planung und Durchführung eines so gewaltigen Publikationsvorhabens wie der «Descriptions des Arts et Metiers» war an die Möglichkeiten nationalstaatlicher Interessenvertretung gebunden.

Auch in Deutschland weiteten sich die Maschinenbücher zu enzyklopädischen Sammelwerken aus. Darin konnten die Vertreter der praktischen Mechanik und beschreibenden Maschinenkunde auf erste Erfolge eines Brückenschlages zu den Errungenschaften der Naturwissenschaften verweisen. Die Zeit der Aufklärung brachte den bildungsbeflissenen Praktiker hervor, das wissenschaftliche Fundament der einstigen Erfindungskunst nahm Konturen an. Das technische Denken war von durchdringender Rationalität gekennzeichnet und stärker als vorher auf ökonomische Kategorien orientiert. Als bestes Beispiel dafür gilt das Werk des Leipziger Mechanicus Jacob Leupold. In seinem «Theatrum machinarum» (1724 bis 1727) fließen die Ströme empirischer und theoretischer Technikbetrachtung zusammen. Beispiellos ist sein auf Analyse gegründetes systematisches Herangehen an die Maschinenwelt des 18. Jahrhunderts. Die ausgeprägte Kunst seiner technischen Zeichnung vereint alle vorhandenen Ansätze zu einer sachlichen Darstellungsart mit hoher Aussagekraft. Die verbalen Äußerungen lassen an Klarheit nichts vermissen. Leupolds Klassifikations-

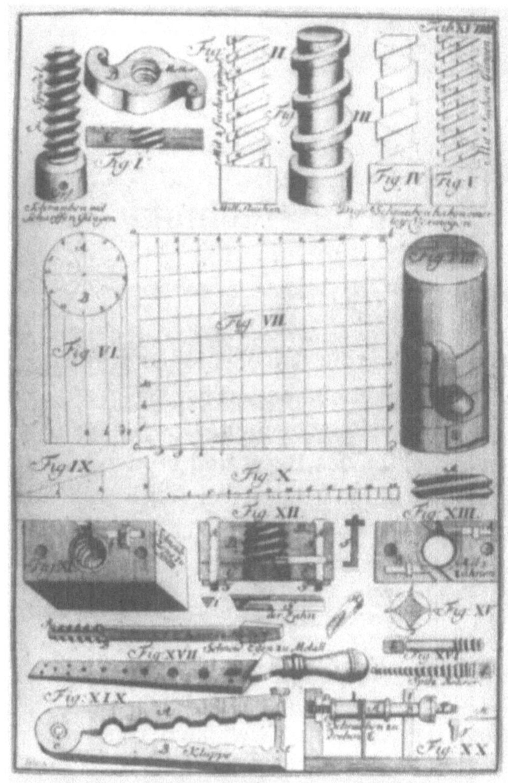

Abb. 8
In hervorragender Systematik beschreibt Jacob Leupold in seinem «Theatrum machinarum generale» (1724) die Wirkung der Schraube, entsprechende geometrisch-mechanische Zusammenhänge sowie Fertigungstechniken.

system und technische Terminologie setzten Maßstäbe für die künftige Maschinenkunde und schließen damit einen weiten Bogen von den kühnen Visionen eines Leonardo über die sachlichen Darstellungen Agricolas und die kunstvollen Maschinenbücher des 17. Jahrhunderts hin zur modernen industriellen Maschinerie.

Literatur

Sonnemann, R.: Zur Entwicklung der Technik im 17. Jahrhundert. In: Wiss. Zeitschrift der TH Magdeburg 31(1988)1, S. 37–42.

Mauel, K.: Die Technik im Zeitalter des Barock. In: Görres-Gesellschaft, Jahres- und Tagungsbericht 1988, S. 72–85.

Mauersberger, K.: Technik im Umfeld der Naturerkenntnis von Galilei bis Newton. In: Beitr. z. Wissenschaftsgeschichte. Naturwissenschaftliche Revolutionen im 17. Jahrhundert. Berlin 1988, S. 179–212.

Buchheim, G.; Sonnemann, R. (Hrsg.): Geschichte der Technikwissenschaften. Leipzig 1990, S. 111–134.

Mauersberger, K.: Energienutzung und Kraftmaschinen im 18. und 19. Jahrhundert. In: Sächs. Heimatblätter 39(1993)4, S. 202–210.

Agicola und die Bedeutung der Technik

Hans-Joachim Kraschewski (Marburg)

Der Stand der Technik im Montanwesen, wie ihn Aricola in seinem Werk *in unvergleichlicher Weise* zusammengetragen und dokumentiert hat, sei *im großen und ganzen für weitere zweihundert Jahre* bestehen geblieben.[1] Das Buch «Vom Bergkwerck» habe auf dem technischen Sektor des Berg- und Hütten- sowie dem des Maschinenwesens weitreichenden Einfluß gehabt. Der Autor habe mit seinem technologischen Hauptwerk von 1556, sowohl was den sachlichen Gehalt als auch die Systematik und Darstellungesweise betrifft, ein für lange Zeit unerreichtes wissenschaftliches Vorbild hinterlassen, nämlich bis in das 18. Jahrhundert hinein.

Diesen zentralen Aspekt der Leistung Agricolas betont Lothar Suhling, wenn er von *lehrbuchartiger Systematisierung und formaler Gliederung des Stoffes spricht.*[2] Dabei ist zu bedenken, daß bis zum Erscheinen von «De re metallica» das einschlägige Erfahrungswissen zum überwiegenden Teil noch nicht schriftlich niedergelegt und allgemein zugänglich war und daß es daher einer solchen grundlegenden Systematik von der Bedarfslage her zwingend bedurfte.

Die praktische Nutzanwendung der wissenschaftlichen Erkenntnisse dieses Autors war dagegen von geringerer Tragweite und Bedeutung. Der technische Zustand, z.B. des Oberharzer Montanwesens zwischen 1620 und 1640, zeigt unmittelbar wenig, was als Anwendung der Lehre Agricolas gelten könnte. Maschinen und Verfahrenstechniken des Bergbaus im Oberharzer Revier Clausthal-Zellerfeld waren von anderen Elementen bestimmt, als Agricola sie zusammengetragen hat. Desgleichen gab es dort eine andere Roherzbasis als Grundlage des Bergbetriebes (Gangerzlagerstätten mit tiefreichenden Spaltensystemen) als im Unterharz oder am Rammelsberg, den Agricola in seinem Werk vielfältig würdigt.[3]

Hinzu kommt ein weiterer Gesichtspunkt. Mit Recht weist Lothar Suhling darauf hin, daß bei Agricola in der Regel ein *Rückgriff auf einfachere Grundformen der geschilderten Prozesse* realiter vorliege, der zwar die grundsätzlichen Elemente der behandelten Vorgänge dargestellt, nicht aber die produktionspraktischen Anwendung verständlich werden läßt.[4]

Als Beispiel nennt er die Technologie des Kupferseigerns: *Das pädagogische Bemühen des Humanisten* (Agricola) *um eine verständliche und folgerichtige Darstellungsweise kommt gerade bei der Schilderung der vergleichsweise sehr komplexen Seigerhüttentechnologie in besonderer Weise zum Ausdruck, auch wenn die angestebte Belehrung heute zuweilen als etwas langatmig und von vielen nebensächlichen Details belastet empfunden werden mag.*[5]

Die Beschreibungen Agricolas in Bezug auf die Anlagen und mechanischen Ausrüstungen sind detailliert und präzise, verfahrenstechnische Eigenschaften fehlen hingegen. Das gilt z.B. auch für den Prozeß des Vitriolsiedens. Dennoch sollten nicht äußere Form gegen inhaltliche Defizite gestellt werden: Agricola besaß kein subtiles Erfahrungswissen des Praktikers. Außerdem ging es Agricola weniger um die Beschreibung real ablaufender Produktionsprozesse, als vielmehr um die systematische und strukturierte Aufbereitung seines Stoffes. Insofern urteilt Christoph Bartels m. E. angemessen, wenn er sagt, das Werk Agricolas sei eher ein gelehrtes Buch über das Montanwesen gewesen, dazu bestimmt, die wissenschaftlich interessierte Öffentlichkeit des Renaissance-Zeitalters zu informieren und Einblick zu geben, als ein technisches Handbuch für die montanistische Betriebspraxis.[6]

Stimmt man dieser Überlegung zu bzw. erkennt sie als Prämisse an, dann wird verständlich, daß Georg Engelhard von Löhneiß, als 1617 sein «Bericht vom Bergwerk» erschien, in seinem Vorwort sagt, daß unter den *Scribenten, so von Metallen, Ertzen und mineralibus ... allerhand Bücher ausgehen lassen, so werden doch unter diesen wenig gefunden, die etwas gründtliches im Latein und im Teutschen geschrieben haben, wie man die Metallen und mineralien auffs bequemste und leichteste aus der Erden und dem Erz bringen, probieren, schmeltzen und zu Nutz machen sol.*[7] Es wird dann auch verständlich, daß Löhneiß vieles aus dem Werk Agricolas unter praktischen Anwendungsbedingungen betrachtet und ganz anders dargestellt hat, aufgrund dessen nämlich, *daß gemeldte Scribenten allein ad Theoricam gesehen und die Sachen im Werck selbst nicht erfahren, verstanden, geübet und gebrauchet.*

Allerdings haftet bis heute an dem Werk von Georg Engelhard von Löhneiß der Vorwurf des Plagiats: *Die einzige Leistung dieses Plagiators besteht wohl darin, daß er die einzelnen Abschnitte* (z.B. aus Erckers «Großem Probierbuch» von 1574) ... *zusammengestellt und dabei nicht einmal die Verweise Erckers auf vorausgehende Kapitel und Abbildungen eliminiert oder abändert.*[8]

Dieser Vorwurf des Plagiats besaß zur Zeit Agricolas sicherlich nicht heutiges Gewicht, denn es ging im technischen Bereich um Wissensvermittlung und nicht um die Herkunft der Vorlage. Denn auch Erckers Abhandlungen sind in großen Teilen keine selbständigen Arbeiten, sondern Bearbeitungen älterer Quellen.[9]

Löhneiß hat das praktische, anwendbare Wissen, über das er nicht nur als Oberberghauptmann Herzogs Heinrich Julius verfügte, zusammengefaßt und in großformatigen Holzschnitten konkretisiert und veranschaulicht. Dabei spielt es keine Rolle, daß andere Autoren des 16. Jahrhunderts Vorformen lieferten. Relevant ist das, was von Agricola oder Ercker exzerpiert wurde, ohne den Herkunftsort mitzuteilen.

Text und Bilder bei Löhneiß machen deutlich, daß z. B. von den Wasserhebemaschinen, die Agricola additiv aufreiht und beschreibt, nur noch ganz wenige Konstruktionstypen, die sich praktisch offensichtlich bewährt hatten, von Löhneiß übernommen werden, wie z. B. die Weiterentwicklung vorhandener Technik zur *Kunst mit dem krummen Zapfen.* Ergänzend trat das Element des Feldgestänges hinzu zur Übertragung von Wasserkraft über größere Distanzen: *Die Stangenkünste mit dem krummen Zapfen sind unter allen anderen Wasserkünsten die bestendigsten und nützlichsten, zudem sind sie auch ohn grossen Kosten zuerbauen und zuerhalten, sintemahl man dieselben in Gruben, Strecken und Schächten anrichten kann, da schon kein Wasser in der Nähe vorhanden, sondern wann es gleich 300 oder 1000 Lachter davon ist, haben derhalben derselben Wirckung, und wie sie zuerbauen und anzurichten, nachfolgendts kürtzlich vermelden wollen.*[10]

Eine kritisch-sachliche Auseinandersetzung mit dem Werk von Löhneiß ist bisher nicht geleistet worden. Sie kann – in Relation zum Werk und zur Vorlage Agricolas – einen erheblichen Beitrag liefern zur Wirkungsgeschichte der Renaissance-Auffassungen zum Berg- und Hüttenwesen und Informationen geben über die praktische Durchsetzung bestimmter technischer Verfahren und Konstruktionen. Die singuläre Stellung Agricolas für das Montanwesen würde dadurch nicht tangiert.

Anmerkungen

1 Schmidtchen, Volker: Technik im Übergang vom Mittelalter zur Neuzeit zwischen 1350 und 1600. In: Ludwig, Karl-Heinz; Schmidtchen, Volker: Metalle und Macht 1000 bis 1600. Propyläen Technikgeschichte. Bd. 2, Berlin 1992, S. 239, 245.

2 Suhling, Lothar: Bergbau und Hüttenwesen in Mitteleuropa zur Agricola-Zeit. In: Agricola, Georgius: Zwölf Bücher vom Berg- und Hüttenwesen. Vollständige Ausgabe nach dem lateinischen Original von 1556. München 1977, S. 570–584 und S. 582.

3 Laub, Gerhard: Der Westharzer Silberbergbau bei Georgius Agricola. In: Harz-Zeitschrift 30(1978), S. 87–100.

4 Suhling, Lothar: Bergbau und Hüttenwesen ... (Anm. 2), S. 582.

5 Suhling, Lothar: Der Seigerhüttenprozeß. Die Technologie des Kupferseigerns nach dem frühen metallurgischen Schrifttum. Stuttgart 1976, S. 112.

6 Bartels, Christoph: Vom frühneuzeitlichen Montangewerbe zur Bergbauindustrie. Erzbergbau im Oberharz 1635–1866. (Veröffentlichungen aus dem Deutschen Bergbau-Museum Bochum, Nr. 54.). Bochum 1992, S. 280.

7 Löhneiß, Georg Engelhard von: Bericht vom Bergwerck, wie man dieselben bawen und in guten wolstande bringen sol, sampt allen dazugehörigen arbeiten, ordnung und Rechtlichen processen. Zellerfeld 1617, Vorwort.

8 Suhling, Lothar: Der Seigerhüttenprozeß ... (Anm. 5), S. 142.

9 Ercker, Lazarus: Das Kleine Probierbuch von 1556. Hrsg. von Heinrich Winkelmann. Bochum 1968, S. 145–214.

10 Löhneiß, Georg Engelhard von: Bericht vom Bergwerck ... (Anm. 7), S. 62.

Agricola auf dem Weg zum modernen Maschinenbegriff

Marcus Popplow (Bremen)

Bekanntermaßen konnte Agricola für seine Darstellung des Berg- und Hüttenwesens in lateinischer Sprache kaum auf Vorbilder zurückgreifen. So mußte er einen großen Teil der entsprechenden Terminologie selbst entwickeln. Besonders interessant ist in dieser Hinsicht seine Behandlung der Bergwerksmaschinen. Zunächst scheint es selbstverständlich, daß er diese unter dem lateinischen Oberbegriff *machina* zusammenfaßte. Kennt man die Vorgeschichte dieses Wortes, zeigt sich jedoch, daß Agricola stillschweigend seine herkömmliche Bedeutung verschob. Die weitere Verwendung des Wortes nach Agricola läßt dann erkennen, daß er sich mit diesem Umdeutungsprozeß auf dem Weg zum modernen Maschinenbegriff befand. Um diese Zwischenstellung deutlich zu machen, ist zunächst ein kurzer Blick auf den Gebrauch von *machina* vor Agricolas Zeiten notwendig.

1. Die Verwendung von machina in Antike und Mittelalter

In der griechischen und römischen Antike war das Wort *machina* noch vielseitig verwendbar. Eine präzise technische Definition des Wortes gab es nicht: *machina* bezeichnete zum einen Hilfsmittel zur Lastenbeförderung, zum anderen Gerüstkonstruktionen. Unter die erste Kategorie fielen Kräne und andere Hilfsmittel, die den Transport von Baumaterial erleichterten, darüber hinaus auch einfache Schöpfräder zur Bewässerung. Die zweite Kategorie umfaßte Belagerungsgerät wie Rammböcke, Belagerungstürme und Schutzhütten, aber auch Baugerüste und Tribünen. Im Mittelalter kam das Wort weiterhin nur in lateinischer Form vor, in die Volkssprachen wurde es nicht übernommen. Seine Bedeutung verengte sich auf die Gerüstkonstruktionen:[1] Während Isidor von Sevillas Enzyklopädie (um 600 n.Chr.) Vorbild für die Bezeichnung von Baugerüsten mit *machina* wurde, wurden es die Bücher Maccabäer der Vulgata (um 400 n.Chr.) für die Verwendung des Wortes für Belagerungsgerät. Hilfsmittel zur Lastenbeförderung bezeichnete man im allgemeinen nicht mehr mit *machina*.

Unter einer *machina* verstanden mittelalterliche Autoren also eine Gerüstkonstruktion, die sich durch ihre Stabilität auszeichnete, nicht durch einen Funktionsmechanismus.

Dieser Aspekt trat erst in der Frühen Neuzeit in das Zentrum der Vorstellung von *machina.* Vorher hatte es dafür noch gar keinen eigenständigen Begriff gegeben – ausgenommenen das griechische Wort *automaton* (Automat), das jedoch praktisch nur im Bereich der Unterhaltungstechnik Anwendung fand. Was in der Antike oder im Mittelalter unter einer *machina* verstanden wurde, ist daher inhaltlich nicht mit dem modernen Maschinenbegriff deckungsgleich. Gemeinsam ist diesen beiden Wortformen nur eine ganz allgemeine Funktion als Sammelbegriff für technische Gerätschaften.

Je deutlicher man diesen Bedeutungsunterschied zwischen der statischen Holzkonstruktion im Mittelalter und dem funktionierenden Mechanismus in der Frühen Neuzeit herausarbeitet, desto mehr stellt sich die Frage, wie *machina* seine Bedeutung im 16. Jahrhundert so grundlegend ändern konnte. Gerade Textpassagen Agricolas im «Bermannus» (1530) und in «De re metallica» (1556) zeigen nun, wie dieser Brückenschlag möglich war.

2. «Bermannus» – die neue Qualität der machina

Im «Bermannus», der bekannten Frühschrift Agricolas, findet sich eine der seltenen Passagen, in der der Bedeutungswandel von *machina* im 16. Jahrhundert überhaupt einmal explizit angesprochen wird. Bermannus, der Bergbauspezialist, führt zwei Gelehrte durch das Grubenrevier von Joachimsthal. Sie disputieren in der traditionellen Form des Lehrgespräches über Mineralogie und Bergbaufragen. Im Mittelpunkt steht dabei der Vergleich eigener Kenntnisse mit denen antiker Autoren, antike Lehrmeinungen oder Bezeichnungen werden aufgegriffen, um sie im Licht neuer Erkenntnisse und Entwicklungen kritisch zu betrachten.[2] In einer Passage geht es dabei auch um die Bergbautechnik: *Mein Gott, da sehe ich so eine große machina, dient sie denn dazu, Städte zu erobern, wie früher Rammbock und Schutzhütte?*[3] fragt Naevius beeindruckt angesichts eines schindelgedeckten Göpelhauses. Dessen charakteristische Form erinnert nun tatsächlich entfernt an eine Schutzhütte.[4] Agricola nutzte diese äußerliche Ähnlichkeit, um an den herkömmlichen Bedeutungskern von *machina* zu erinnern und gleichzeitig auf seine *neue* Verwendung für Hebezeug aufmerksam zu machen. Bermannus erklärt diese Bedeutungsveränderung im folgenden jedoch nicht auf technischer, sondern nur auf qualitativer Ebene. Mit einem eher rhetorischen Kunstgriff stellt er zunächst fest, daß diese *machina* vor ihren Augen, also das Hebewerk, eben nicht für die Eroberung von Städten gemacht sei, sondern *für die Eroberung von Erzgängen.*[5] Zudem seien zeitgenössische *machinae* kunstvoller konstruiert und in vieler Hinsicht anders (d.h. insbesondere leistungsfähiger) als ihre antiken Vorläufer,[6] wie sie von Vitruv beschrieben worden waren. Vitruv, römischer Architekt unter Kaiser Augustus, hatte gut 1600 Jahre vor Agricola größere technische Hilfsmittel im zehnten Buch seines Werkes «De Architectura» zusammenfassend dargestellt – ebenfalls unter dem Sammelbegriff *machina*. Es war für Agricola kein Widerspruch, auf die vitruvsche Terminologie zurückzugreifen und gleichzeitig einen qualitativen technischen Fortschritt festzustellen. Im Gegenteil: der Rückgriff lieferte den notwendigen Orientierungspunkt,[7] um den zeitgenössischen Stand der Technik beurteilen zu können.

3. «De re metallica» – die stillschweigende Bedeutungsverschiebung von machina

Agricola war bei weitem nicht der erste Autor der Frühen Neuzeit, der das Wort *machina* von Vitruv übernahm. Verbreitet wurde es zunächst durch Übersetzungen und Kommentare der vitruvschen Schrift selbst.[8] Agricola behandelte jedoch mit dem Bergbau einen Bereich abseits der Hauptlinien der Vitruv-Rezeption. Seine systematische Darstellungsweise ermöglicht nun in «De re metallica» einen detaillierteren Einblick in den Bedeutungswandel von *machina*. Schon der Untertitel verspricht die Beschreibung der *Ämter, Instrumente, machinae und aller Dinge, die zum Berg- und Hüttenwesen gehören*. Im sechsten Buch stellt Agricola zunächst Werkzeuge der Bergleute vor – Gezähe, Karren und Behältnisse – und leitet dann zu den *machinae* über. Er teilt sie in drei Klassen ein, die er wörtlich von Vitruv übernimmt, ohne ihn explizit zu erwähnen. Wie dieser nennt er *machinae scansoriae* (zum Auf-und Absteigen), *machinae spiritales* (mit Luft betriebene) und *machinae tractoriae* (zum Bewegen von Lasten),[9] doch behandelt er darunter ganz andere Konstruktionen, nämlich die für den Bergbau relevanten. Gerüste, Orgeln und Hebezeug im Bauwesen bei Vitruv ersetzt er beispielsweise durch Fahrten, Anlagen zur Grubenbewetterung und Wasserkünste (vgl. zu den *machinae tractoriae* Abb. 1 und 2).

Verglichen mit Vitruv ist das zwar eine neue Verwendung von *machina*, aber noch kein neuer Maschinenbegriff. Ein neuer Bedeutungskern des Wortes, wie es im Mittelalter die stabile Stützkonstruktion gewesen war, ist hier noch nicht zu erkennen. Dieser verrät sich erst im achten Buch, wo Agricola plötzlich ganz beiläufig das vitruvsche Schema erweitert. Er führt nun explizit *eine vierte Art der machinae*[10] ein: die (Naß-)Pochwerke. Der gemeinsame Nenner dieser Erfindung der Frühen Neuzeit mit den meisten der im sechsten Buch vorgestellten Hebemechanismen war dabei der *mechanische* Antrieb über ein Wasserrad. Im neunten Buch beschreibt Agricola darüber hinaus eine *machina*, die Blasebälge zusammendrückt.[11] Wobei es sich auch hier wiederum um eine Vorrichtung handelt, die über ein Wasserrad betrieben wurde. Im Überblick ist so eindeutig

Abb. 1
machina tractoria bei Vitruv: Hebevorrichtung für Baumaterialien (nach Caesarianos Vitruv-Kommentar von 1521)

Abb. 2
machina tractoria bei Agricola: Radpumpe als Beispiel für wasserhebende Vorrichtungen.

zu erkennen, daß Agricola unter einer *machina* gerade die Konstruktionen verstand, die einen Arbeitsgang (Entwässerung, Pochen, etc.) *mechanisierten.* Die durch Haspelknechte betriebene Haspel oder die Fahrten müssen dabei als Remineszenzen an Vitruv ausgeklammert werden.

Für uns, die wir mit dem modernen Maschinenbegriff vertraut sind, ist diese Verwendung von *machina* bei Agricola keine große Überraschung. Im historischen Kontext war diese Bedeutungsverschiebung jedoch nicht ganz unproblematisch. Bezeichnenderweise formulierte Agricola den neuen Bedeutungskern von *machina* nicht explizit, sondern führte ihn eher unter der Hand ein. Wie tief die Kluft zu dem traditionellen Gebrauch des Wortes war, zeigt noch folgendes Detail: Vitruv hatte seiner oben erwähnten Einteilung der *machinae*, die sich vor allem an deren Funktion orientierte, noch eine weitere Definition folgen lassen, die sich auf die Zahl der notwendigen Arbeitskräfte bezog: in Abgrenzung zum Werkzeug (lat. *organum*), das von einer Person benutzt werde, seien zum Gebrauch einer *machina* mehrere Personen notwendig[12] (vgl. Abb.1). Entsprechend ist es kein Zufall, daß Vitruv seine einfachen Schöpfräder als *organa* vorstellte[13] – zu ihrem Betrieb war schließlich gar keine Arbeitskraft erforderlich. Das in diesem Sinne selbständige Funktionieren war nun aber bei Agricola paradoxerweise gerade zum Bedeutungskern von *machina* geworden: eine Wende um 180 Grad. Sie hätte kaum so deutlich formuliert werden können, ohne die Autorität Vitruvs, auf die Agricola seine Darstellung gerade aufgebaut hatte, in Frage zu stellen. Somit ist hier eine ähnliche Vorgehensweise wie im «Bermannus» zu erkennen: auf der einen Seite der Rückgriff auf Vitruv, der als antike Autorität die lateinische Begrifflichkeit absichert, auf der anderen Seite eine neue Verwendung von *machina*, die hier bis zur Bedeutungsverschiebung des Wortes geht.

4. Ausblick und Fazit

Zur weiteren Entwicklung des Maschinenbegriffes kann hier nur festgestellt werden, daß sich die Verwendung von *machina* für Funktionsmechanismen, die sich bei Agricola erst andeutete, schon einige Jahrzehnte später durchgesetzt hatte. So setzt Zonca bei seiner Einteilung der *machine* (1607) bereits voraus, daß eine *machina* «sich bewegt». Die verschiedenen *machinae* werden bei ihm daher nur noch durch das Prinzip ihrer Antriebskraft unterschieden.[14] Wie sein Beispiel zeigt, war das Wort zu dieser Zeit auch bereits in die romanischen Sprachen eingegangen. Im Deutschen wurde *machina* entweder als Fremdwort zitiert oder man verwendete, wie z.B. Philipp Bechi in der deutschen Fassung von «De re metallica» (1557), Worte wie «gezeug» oder «kunst». Diese blieben in ihrer Bedeutung aber unspezifischer als *machina*. Sie wurden eher situationsgebunden gebraucht und erlangten nicht den Status eines Schlüsselbegriffes für technische Hilfsmittel, wie er *machina* seit dem 17. Jahrhundert zukam. Festzuhalten bleibt, daß die Geschichte des Maschinenbegriffes nicht mit der Geschichte des Maschinenbaus deckungsgleich ist – Maschinen im modernen Sinne gab es schon lange bevor Autoren wie Agricola schrieben, man denke nur an die Geschichte der Wassermühle. Auch der Innovationsprozeß der von Agricola vorgestellten Wasserkünste ist im Bergbau bereits Ende des 14. Jahrhunderts deutlich zu erkennen.[15] Zur Formulierung des Sammelbegriffes in der uns vertrauten Form kam es jedoch, wie Agricolas Texte zeigen, erst im gelehrten lateinischen Diskurs. Zunächst half *machina* bei der Lösung des Problems, daß für eine Reihe im Vergleich zur Antike «neuer» technischer Hilfsmittel keine adäquate lateinische Terminologie vorhanden war. Indem das Wort dann aber gerade die «selbständig» funktionierenden Konstruktionen unter einem Ausdruck zusammenfaßte, entstand ein Begriff, den es in dieser Form vorher nicht gegeben hatte.

Anmerkungen

1 Vgl. dazu ausführlicher Popplow, Marcus: Die Verwendung von lat. *machina* im Mittelalter und in der Frühen Neuzeit – vom Baugerüst zu Zoncas mechanischem Bratenwender. In: Technikgeschichte 60(1993), S. 7–26.

2 Vgl. dazu Suhling, Lothar: Georgius Agricola und der Bergbau. Zur Rolle der Antike im montanistischen Werk des Humanisten. In: Die Antike-Rezeption in den Wissenschaften während der Renaissance. Hrsg. von Buck, A. und Heitmann, K. Weinheim 1983, S. 149–165 (hier besonders S. 160–165).

3 *Deum immortalem quantam machinam video, est ne pro expugnandis urbibus ut olim aries & testudo parata?* In: Agricola, Georgius: Bermannus, sive de re metallica. Basel 1530, S. 36.

4 Vgl. die Abbildung in Agricola, Georgius: De re metallica libri XII. In: Ausgewählte Werke (AGA). Gedenkausgabe des Staatlichen Museums für Mineralogie und Geologie zu Dresden. Hrsg. von Prescher, Hans und Mathé, Gerhard. Bd. VIII, Berlin 1974, S. 224.

5 *Pro expugnanda vena hac, quae argento abundat, fabricatam vides,...* In: Agricola, Georgius: Bermannus ... (Anm. 3), S. 36.

6 *...multae tamen machinae, si quid ego sentio, a nostris hominibus inventae sunt, quae veteres illas non parum artificio vincunt, aut multum ab eis differunt.* In: ebenda, S. 36–37. Zu ähnlichen Bemerkungen von Zeitgenossen über die technischen Leistungen ihrer Epoche vgl. z. B. Keller, Alexander: Mathematical Technologies and the Growth of the Idea of Technical Progress in the Sixteenth Century. In: Allen G. Debus (ed.): Science, Medicine and Society in the Renaissance, London 1972(Vol. I), S. 11–27.

7 Auf diese Funktion Vitruvs für die technische Literatur der Frühen Neuzeit hat z. B.auch Ansgar Stöcklein hingewiesen. Vgl. ders.: Leitbilder der Technik. Biblische Tradition und technischer Fortschritt. München 1969, S. 121 (Anm. 35).

8 Beispiele hierfür sind neben einer großen Zahl von Handschriften seit dem Mittelalter insbesondere die gedruckten, kommentierten Ausgaben wie die von Cesare Cesariano (it. 1521), Jean Martin (franz. 1547) oder Walter H. Rivius (dt. 1548).

9 Vgl. Vitruv: De Architectura X, I,1.; und Agricola, Georgius: De re metallica Libri XII, Basel 1556, S. 117.

10 *...quarto machinarum...generi...* In: ebenda, S. 219.

11 *0...machina, quae folles comprimit,...* In: ebenda, S. 292.

12 Vgl. Vitruv: De Architectura X, I, 3.

13 *Nunc de organis, quae ad hauriendam aquam inventa sunt...exponam.* In: Vitruv: De Architectura X, IV, 1. Er tat dies, obwohl er diese Schöpfmechanismen im X., also dem den *machinae* gewidmeten Buch behandelte und sie in der Antike ansonsten auch häufig als *machina* bezeichnet wurden. Entsprechende Textstellen sind über das Register bei Oleson, John P.: Greek and Roman Mechanical Water lifting Devices: The History of a Technology. Toronto 1984 zu erschließen.

14 *Tutte le Machine...si debbano distinguere in questo modo, cioè alcune che da se stesse si movono, alcune altre che da se non si movono, alcune altre hanno sotto di se certe cose, che le danno il moto.* (Es folgt eine ausführliche Beschreibung der einzelnen Kategorien.). Vittorio Zonca: Novo Teatro di Machine et Edificii 1607, a. c. di Carlo Poni, Milano 1985, S. 92.

15 Vgl. v. Stromer, Wolfgang: Wassersnot und Wasserkünste im Bergbau des Mittelalters und der Frühen Neuzeit. In: Der Anschnitt. Beiheft 2: Montanwirtschaft Mitteleuropas vom 12. bis 17. Jh. Bochum 1984, S. 50–72.

Agricola als Beobachter seiner Zeit (Aussagen zu Krieg und Frieden)

Siegfried Hoyer (Leipzig)

Mit dem scharfen Blick des Naturwissenschaftlers und Arztes beobachtete Agricola die Menschen in seiner Umgebung, notierte Veränderungen in der Landschaft, beschrieb Siedlungen und Gebäude. Am Anfang seines Dialoges mit den beiden Ärzten Ancon und Nävius beschreibt Bermannus die Folgen des Bergbaus für das Grenzgebirge um Joachimsthal: *Die Berge, die ihr jetzt abgeholzt seht, waren von dichten Wäldern bedeckt und die Täler, die jetzt schon viele tausend Menschen bewohnen, waren die Schlupfwinkel wilder Tiere.*[1] Ein Vergleich mit ähnlichen Bemerkungen in dem um 1492 entstandenen, die Situation von 1475 beschreibenden «Iudicium Iovis» des Paulus Niavis verdeutlicht den Kontrast. Dort heißt es: *ein riesiger Wald erstreckt sich wie ein Meer in Richtung auf Lichtenstadt, Berge, Hügel und tiefe Täler in sich einschließend* (Niavis, Iudicium, 1953, S. 13).

Nichts wäre verfehlter, als in den Aussagen des Agricola eine kritische Reflexion über diese Naturveränderungen zu vermuten, etwa eine Parteinahme für Ökologie und Umweltschutz. Er beurteilt die Veränderungen vom Standpunkt des Montanwissenschaftlers seiner Zeit. Das betraf auch andere Aspekte, die mit dieser Äußerung im Bermannus in Verbindung standen, etwa den Rückgang des Grundwassers. Im ersten Buch von «De re metallica» kommt Agricola nochmals auf die Rodungen zurück: *Wo sie* (Bergleute) *endlich Wälder und Haine umhauen, säen sie nach der Ausrodung der Wurzeln von Sträuchern und Bäumen Getreide und diese Äcker bringen nach kurzer Zeit fette Früchte... für die Edelmetalle, die man aus dem Erz schmilzt, können anderswo Vögel, eßbare Tiere und Fische erworben und in die Gebirgsgegenden gebracht werden.*

Warnt uns schon dieses Beispiel einer Beobachtung der Naturveränderungen, moderne Maßstäbe an solche Aussagen anzulegen, so gilt dies ebenso für Agricolas Haltung zu den politischen und religiösen Fragen seiner Zeit, insbesondere zu den relativ zahlreichen Kriegen im zweiten Drittel des 16. Jahrhunderts: Verurteilte er *die Kämpfe und Kriege der Dynasten mit dem Blut der Untertanen auf das schärfste?* (Wilsdorf, Agricola S. 190) Handelte er in der

«Türkenfrage», bei der Abwehr des türkischen Angriffs bis vor Wien (1529), wo ein bewaffneter Kampf nicht nur unvermeidlich, sondern dringend notwendig war, *als deutscher Patriot und europäischer Humanist* (ebenda)? Das wird mit der Widmung seiner Türkenschrift an den deutschen König Ferdinand begründet.

Um einige Aussagen dieser «Oratio de bello adversus Turcam suscipiendi» besser zu verstehen, ist ein kurzer Rückgriff auf Leben und Tätigkeit des Georgius Agricola bis zu seiner Rückkehr aus Italien (1526) erforderlich. Weder während seiner Tätigkeit als Pädagoge in Zwickau (1519/1522) noch in den Jahren des Italienaufenthaltes reflektierte er die zahlreichen kriegerischen Konflikte seiner Umgebung. Das läßt sich leicht durch die starke Inanspruchnahme im Studium, die Leitung der Schule in Zwickau und den erneuten Lernprozeß in Italien erklären. Auch unter den Beispielen seiner Erstlingsschrift «Libellus de prima ac simplici institutione grammatica» (1520) gibt es keine Bezüge zu Tagesfragen, so daß man feststellen muß, bis etwa 1526 interessierte er sich kaum für solche Dinge. Das änderte sich nach der Niederlassung in Joachimsthal und läßt sich erstmals im Dialog des «Bermannus» belegen. Die Vermittlung des 1528 abgeschlossenen Erstlings Agricolas über den Bergbau durch den Joachimsthaler Rektor Plateanus an Erasmus von Rotterdam, dessen Antwortbrief und endlich der Druck 1531 in dem entfernten Basel bei Froben, sprechen von einer noch geringen Bekanntschaft in Humanistenkreisen. Außerdem fehlte ihm offenbar zu dieser Zeit der Kontakt zu einer Presse in der Nachbarschaft. Die einst rege Drucktätigkeit von Gastel/Schönsperger in dem nahen Zwickau war ja 1527 zum Erliegen gekommen (Claus, Zwickauer Drucke).

Bereits im «Bermannus» finden sich Bemerkungen zur Türkenproblematik mit der eindeutig positiven Aussage zugunsten eines bewaffneten Kampfes. Zu nennen wären die Erwähnung des Grafen von Leisnig, *der häufig der Schrecken der Türken war*, der Hinweis auf das Schicksal des Stephan von Schlick, der *in dem unglücklichen Krieg gegen die Türken lieber tapfer untergehen, als sich durch die Flucht retten wollte*, und die Hoffnung, daß der Kaiser nach dem Frieden mit dem König von Frankreich (dem Damenfrieden von Cambrai, S. H.) nun *seine militärische Kraft gegen die Türken richten werde.*[2]

Georgius Agricola wird die kritische Position des Erasmus von Rotterdam gegen jede Art von Kriegen zwischen Christen in der «Querela pacis» von 1517 bekannt gewesen sein. Gegen den Aggressor und Glaubensfeind unterstützten jedoch nahezu alle *Lager*, Humanisten wie Lutheraner und Altgläubige die bewaffnete Gegenwehr. Die schriftliche Aufforderung dazu verbanden sie allerdings jeweils mit eigenen Akzenten (Göllner, Turcica I, S. 164–215). Auch Erasmus von Rotterdam verfaßte eine «consultatio de bello Turcis inferendo» (1530), die Agricola gekannt haben könnte, ehe er selbst seine «oratio» schrieb. Unter den Verfassern von Türkenschriften befindet sich außerdem Agricolas Freund

Eobanus Hessus, der zudem in Joachimsthal Kuxenbesitzer war. Auch seine Ermahnung an Karl V. zum Kampf gegen die Türken könnte auf Agricola anregend gewirkt haben.

Im Unterschied zu Cochläus und Luther, die ihre Türkenschriften mit Polemiken gegen den jeweiligen Glaubensgegner verbanden, konzentriert sich Agricola auf die Notwendigkeit des bewaffneten Kampfes. Er schloß, anders als Erasmus, ein Verhandeln bis zum Äußersten und die von Cusanus *(de pace fidei)* abgeleitete Hoffnung, die Muslime doch noch zu bekehren, aus. In dieser Hinsicht war er realistischer, aber auch aggressiver, denn über die Abwehr der Türken hinaus forderte er vom deutschen König die Befreiung des gesamten Balkans. Der Appell zur Einigkeit in seiner Türkenschrift ist nichts Besonderes. Ein solcher findet sich in allen Manifesten gleicher Art. Ebenso wenig fällt die Aufforderung an den deutschen König und die Fürsten, die Führungsrolle in dem Kampf zu übernehmen, aus dem Rahmen. Selbst für Martin Luther, der nach dem Speyerer Reichstag von 1529 nicht gerade Sympathien für die Habsburger hegen konnte, war klar, daß das weltliche Oberhaupt des Reiches, der Kaiser, wer er auch immer sei, an der Spitze des Heeres stehen mußte. Da Ferdinand tatsächlich den Abwehrkampf bisher geführt hatte, wandte sich Agricola an den richtigen Vertreter der Dynastie. Sein vermeintlicher «Reichspatriotismus» ist dem humanistischen Bild vom deutschen Mittelalter und der «deutschen Vorzeit» geschuldet, wie es nach der Tacitusrezeption Verbreitung gefunden hatte.

Mit der Türkenschrift steht nun, durch die historischen Bedingungen verursacht, am Beginn der Äußerungen Agricolas zu Krieg und Frieden ein glühendes Bekenntnis zum Waffengang ohne die zögernden Einschränkungen seines Geistesfreundes Erasmus, aber auch ohne einen Aufruf zum rücksichtslosen Dreinschlagen vor uns, wie er sich bei Luther findet. In dessen «Heerpredigt wider den Türken» von Ende 1529 heißt es *mit Freuden die Faust regen und getrost dreinschlagen, morden, rauben und Schaden tun, soviel sie immer mögen* (Luther, WA, 30, 2, S. 179).

Ehe 1538 der lateinische Text der «oratio» erschien, hatte Agricola, seit 1531 Stadtphysikus von Chemnitz, ein kritisches Verhältnis zu den Kriegen seiner christlichen Zeitgenossen untereinander gewonnen. Über ältere Wurzeln der nunmehr in den Publikationen faßbaren Friedensliebe kann nur spekuliert werden, da entsprechende schriftliche Aussagen fehlen. Die Friedensliebe bedarf allerdings einer politischen Zuordnung.

Agricolas geistige und konfessionelle Heimat war der Reformkatholizismus, zu dem auch Erasmus und zahlreiche andere Humanisten neigten. Im Herzogtum Sachsen waren es einige Schüler von Mosellanus aus einheimischen Adelsfamilien. Sie beteiligten sich in den dreißiger und vierziger Jahren an Religionsgesprächen, die Brücken zwischen den schon in politischen Bünden organisierten konfessionellen Lagern schlagen sollten, um einen tragfähigen Glaubenskompromiß zu erreichen. In Widmungen Agricolas, mit denen er seine naturwissenschaftlichen Schriften versah, tauchen diese Namen wieder auf – Julius von Pflugk, Christoph von Carlowitz, auch der evangelisch gewordene Georg von Komerstadt.

Nach der deutschen Übersetzung der Türkenrede erschien 1533 Agricolas erste metrologische Schrift, die fünf Bücher «de mensuris et ponderibus Romanorum atque Graecorum» mit einem Widmungsbrief an wettinische Fürsten beider Häuser, den Ernestiner Johann Friedrich und den Albertiner Johannes. Wilsdorf (Agricola und seine Zeit, 1656, S. 208) ist zuzustimmen, daß in den Zeilen eine politische Absicht steckte. Auf den ersten Blick scheint diese Widmung die Vorfahren der beiden Fürsten, das Herrscherhaus der Wettiner, in den höchsten Tönen zu loben. Der aktuelle Bezug offenbart sich in dem Schlußsatz, *einträchtigen Sinns untereinander* zu bleiben, damit der Name des Vorfahren Friedrich den tatsächlichen Inhalt erhält: Friedensreich. Da beide wettinische Fürsten bzw. ihre Territorien unterschiedlichen konfessionellen Lagern angehörten, hieß dies mit anderen Worten, die Differenzen durch einen Dialog und nicht durch die Waffen zu lösen.

Als Agricola zwölf Jahre später, mit dem Datum vom 24. Oktober 1545, im Widmungsbrief zu dem Buch «de natura eorum, quae effluunt ex terra» an seinen neuen Landesherren Herzog Moritz das Thema Krieg und Frieden wieder aufgreift, hat er diesem zunächst für großzügige materielle Unterstützung durch den 1543 erhaltenen Freibrief zu danken. Agricola preist seinen Herzog nicht nur als Förderer der Universität Leipzig und der Landesschulen, sondern vor allem als Heerführer und wegen seiner persönlichen Tapferkeit. Lobend werden auch die Anstrengungen der früheren Wettiner zur Befestigung der sächsischen Städte erwähnt. Dann erhält die Ruhmrede eine Wendung: *Wenn doch der Frieden, den der unbesiegte Kaiser mit dem großmächtigen König von Frankreich schloß* [bei Crépy am 18.09.1544], *von Dauer wäre. Sicher wäre das von großem Vorteil für den christlichen Staat, dessen Glück die Wut der Türken von allen Seiten bedroht.*[3] Also wiederum Frieden unter den christlichen Ländern zum verstärkten Kampf gegen die Türken.

Das Lob für Moritz und dessen kriegerische Taten erstreckt sich noch auf einen weiteren Bezug: *Ihr habt erst kürzlich*, schreibt Agricola, *mit Waffengewalt die eigenen Lande geschützt und von den verbündeten Fürsten Unheil abgewendet.* Das bezieht sich wohl auf den Einsatz des sächsischen Herzogs im September/Oktober 1545 an der Seite des Schmalkaldischen Bundes gegen Herzog Heinrich von Braunschweig, der nach Thüringen eingefallen war. Er führte zur Gefangennahme des Angreifers und (was Agricola zu dieser Zeit nicht wissen konnte) zur späteren Einführung des evangelischen Glaubens in dem Herzogtum Braunschweig-Wolfenbüttel.

Will Agricola seinem Landesherrn etwas *für seine Ohren* geben, obwohl dessen Verhältnisse *voll Wirrnis und Streit* sind, wie es abschließend in dem Widmungsbrief heißt? Oder war für ihn auch der Angriff eines christlichen Fürsten auf ein anderes Territorium, ohne erst einen mühsamen Verhandlungsweg zu gehen, der Anlaß für einen gerechtfertigten Krieg? Die Antwort auf diese Fragen sollte bald in der Praxis erfolgen, denn im Sommer des folgenden Jahres (1546) brach der Schmalkaldische Krieg aus. Herzog Moritz hatte sich auf die Seite des Kaisers geschlagen, und im Frühjahr 1547 bedrohten kursächsische Truppen Chemnitz. Agricola, seit Oktober 1546 durch herzogliches Dekret Bürgermeister von Chemnitz, konnte die Verteidigung nicht selbst leiten, denn Herzog Moritz hatte ihn am 3. März in sein Lager befohlen. In Chemnitz verblieben, wie ein Chronist schrieb, *nur alte, verlebte leuthe.*

Drei Tage später schreibt Agricola von Freiberg aus an den Rat, man solle in der Stadt *keine meuterey machen* und sie nicht leichtfertig dem Feind übergeben. «Meuterei» ist dabei als Abfall vom Landesherrn aufzufassen, eine Befürchtung, die im übrigen sehr realistisch war! Agricola versicherte dem Rat, daß ihm die Wohlfahrt der Stadt stets am Herzen läge, und bat, während der Abwesenheit, seine Familie, seine Kinder und sein Gut zu schützen. Die Lage um Chemnitz spitzte sich allerdings weiter zu. Am 9. März wurde es von den kurfürstlichen Truppen zur Übergabe aufgefordert; Herzog Moritz verfügte über keine Kräfte, um seiner Stadt zu helfen.

In dieser Situation ermunterte Agricola am 10. März die Stadtväter, standhaft zu bleiben, schloß aber eine ehrenvolle Übergabe nicht aus, wenn bestimmte Bedingungen erfüllt waren (Die schwierige Textstelle ist eindeutig... *moget Ir Im mit ehren die stadt auffgeben...* Agricola, Briefe und Urkunden, 1992, S. 383). Er zog also das Leben der Bürger einer sinnlosen Verteidigung vor. In der Tat mußten die Chemnitzer für kurze Zeit dem Kurfürst die Tore öffnen, bis der Anmarsch des kaiserlichen Heeres und schließlich die Schlacht bei Mühlberg (24. April 1547) den Krieg und jede Bedrohung für Chemnitz beendeten. Aus der Reaktion Agricolas in den beiden Briefen vom 6. und vom 10. März läßt sich erhärten, was schon in der Widmung von 1545 zu erkennen war. Die bewaffnete Verteidigung gegen einen Angreifer, sei er nun Türke oder ein christlicher Fürst, war nicht nur legitim, sondern absolut notwendig und mit allen Kräften, so weit wie möglich, zu führen. Er teilte diese Auffassung mit einer großen Anzahl humanistisch gebildeter Zeitgenossen, auch mit Martin Luther.

Wenn man die Äußerungen Agricolas nach 1547 zu dem Thema Frieden überblickt, so scheint ihn die direkte Berührung mit dem bewaffneten Kampf, mit Belagerung und Zerstörung während des Schmalkaldischen Krieges beflügelt zu haben, eindringlicher als bisher die Fürsten und ihre Räte zu einer friedlichen Lösung aller Streitfragen im Lande aufzufordern. Beispielhaft hierfür ist sein Widmungsbrief vom 10. März 1549 an die beiden Albertiner Moritz, nunmehr Kurfürst und Erzmarschall des Reiches, und seinen Bruder August für den Sammelband seiner verschiedenen Schriften über Maße und Gewichte, der 1550 bei Froben erscheinen sollte. Wieder richtet sich die Widmung, wie 1533 die zum ersten Buch aus diesem Themenkreis, an «die erlauchten Herzöge von Sachsen». Nur sind es dieses Mal nicht mehr die Vertreter beider Linien. Die Ernestiner waren geschlagen und Johann Friedrich saß bis 1552 in kaiserlicher Haft. Agricola respektierte durchaus die veränderten Machtverhältnisse und rühmt nun die Dynastie und die Fruchtbarkeit des Landes, ohne die Ernestiner zu erwähnen. Er appelliert an die Brüder, daß Ihr *erlauchten Fürsten*, darum *bemüht sein möget, den Frieden zu erhalten. Ihn den Frieden mit seiner Ruhe und seiner Sicherheit haben alle die Völker und Stämme unter der Herrschaft Eurer Ahnen genossen, die wirklich den Namen Friedrich verdienen, d. h. Friedensreiche, bis jetzt zu diesen wild aufgeregten Zeiten hin, in den die furchtbare Zerrissenheit in religiösen Fragen nicht nur Eurem Lande allein jammervolles Unheil gebracht hat, sondern nahezu dem gesamten Deutschland.* Agricola erinnert nochmals an den Schmalkaldischen Krieg und seine persönliche Betroffenheit, da er *durch Böhmen mit Euch* (Moritz) *zum kaiserlichen Heer zog, weil ich nämlich sah, daß Ihr zu Kaiser und König, als denen, so Gott das Regiment gab über die Deutschen, in Treue verharret.* Er habe dabei seine Frau, die gesegneten Leibes war, allein mit den Kindern zu Hause gelassen, zudem all sein ‹Hab und Gut›, *von dem sich die bösen Feinde manch' Beutestück erraffen konnten.* Trotz seines hohen Alters habe er im Heer Dienst getan. Bei dieser Mahnung verleugnet er seinen religiösen Standpunkt nicht. Die Fürsten könnten sich nur mit Erfolg für den Frieden einsetzen, wenn sie sich nicht nur an die Apostel, sondern auch an die Überlieferung und die Tradition der katholischen Kirche hielten. Weniger den in konfessionellen Dingen großzügigen Kurfürsten als seinem streng lutherischen Bruder dürfte das verstimmt haben.

Etwa ein halbes Jahr vor seinem Tod, am 28. März 1555, kommt Agricola im Widmungsbrief für eine neue, revidierte Ausgabe seiner Schriften von 1544 an den Kurfürsten August – Moritz war am 9. Juli 1553 bei Sievershausen gefallen – auf das Friedensthema zurück. Da der Kurfürst *das von lang andauernden und verderblichen Kriegen zerrüttete Land in letzter Zeit aufgerichtet habe*, müsse er ihn lieben. *Denn was gibt es Traurigeres, Schädlicheres, Verhängnisvolleres als den Krieg? Was dagegen Froheres, Fruchtbringenderes, Heilsameres als den Frieden?* Agricola schildert das Wüten der Soldaten, deren Zerstörungswerk, ihre Übergriffe gegen Unschuldige. *Deshalb kann man den Krieg mit Recht als Pflanzschule jeglichen Unrechts bezeichnen. Wenn aber Friede herrscht, da werden Gesetze gegeben, da werden Entscheidungen getroffen, da werden Anordnungen erlassen.* Agricola variiert das Thema mit Beispielen aus der antiken Dichtung, um abschließend noch einmal die großen Verdienste des Wettiners für die

Herstellung des Friedens zu preisen. Seine letzte Äußerung zu dem Thema Frieden ist zugleich die engagierteste.

Chronologisch gesehen beginnen die Aussagen Agricolas zu Krieg und Frieden mit der Bejahung des Kampfes gegen die Türken und der Verteidigung der Heimat, ihr folgt ein Appell an die politisch Verantwortlichen, die Probleme der Zeit mit friedlichen Mitteln zu lösen. Im letzten Lebensjahr steht eine fast hymnische Lobpreisung des Friedens. Im Grunde genommen sind allerdings alle drei Elemente im Denken Agricolas präsent. Im historischen Vergleich zur Behandlung des Themas bei Augustin, Thomas Aquino und vor allem bei den humanistischen Zeitgenossen sagt Agricola nichts Neues. Es geht aber bei ihm nicht um Originelles, sondern um die Verbindung dieser Ideen mit seinem praktischen Handeln. Als Wissenschaftler und erfahrener Politiker in einer friedlosen Zeit sah er wohl die Verheerungen durch Waffen, aber auch die Notwendigkeit, Leben und Besitz der bedrohten Bürger zu schützen. Eine große Anzahl von Bemerkungen über Waffen, Befestigungen und die Werbung für die Heere bestätigen ihn als Realisten, der solche Mittel als Teil des täglichen Lebens akzeptieren mußte, aber ihre Anwendung auf den äußersten Notfall beschränkt wissen wollte.

Anmerkungen

1 Agricola, Georgius: Ausgewählte Werke (AGA). Gedenkausgabe des Staatlichen Museums für Mineralogie und Geologie zu Dresden. Hrsg. von Prescher, Hans und Mathé, Gerhard. Bd. II, Berlin 1955, S. 77.

2 Ebenda, S. 77.

3 AGA, Bd. III., Berlin 1956, S. 222.

Die Industrieregion Erzgebirge – Geburtsort des «De re metallica»

Eberhard Wächtler (Dresden)

1. Frage: Kann man im 16. Jahrhundert von einer Industrieregion Erzgebirge überhaupt sprechen? Hätte man mich in meinem Abiturexamen gebeten, die Frage zu beantworten: Was ist eine Industrieregion, bzw. was versteht man generell unter Industrie? – Ich glaube kaum, daß ich um eine Antwort verlegen gewesen wäre, die den Lehrer nicht befriedigt hätte.

Inzwischen, seitdem etwas im Alter vorangekommen, geht mir die Antwort bei weitem nicht mehr so flott von der Zunge. Zu meinem Trost habe ich festgestellt, daß ich nicht der einzige Historiker oder Gesellschaftswissenschaftler bin, dem das so geht. Vielleicht denkt der eine oder andere unter uns jetzt: nun das ist eben so bei Geistes- und Gesellschaftswissenschaften. Oh nein, dem ist nicht so! Auch die spätestens durch Wilhelm Ostwaldt als sogenannte «exakte Wissenschaften» bezeichneten Disziplinen, haben damit Ihre Probleme. Fragt man einen Mathematiker, was eigentlich Mathematik sei, so weiß er das natürlich. Er verweist aber auch auf die Tatsache, daß es bei verschiedenen Definitionen unterschiedliche Nuancen gibt. Das Blättern in mehreren Lexika bestätigt das. Diese wurden nicht von Abiturienten geschrieben. Ziehen wir eine Zwischenbilanz für unsere Fachdisziplin: Die Industrie- und Wirtschaftsgeschichte weisen in dieser Hinsicht ein der Mathematik vergleichbares Niveau auf. Industrie wird mit unterschiedlichen Nuancen im Verlauf der Geschichte, aber auch in der Gegenwart sowohl für bestimmte historische Etappen als auch die heutige Zeit definiert. Alle Definitionen zeichnen sich dadurch aus, daß man weiß, was gemeint ist. Mir sei heute gestattet zu sagen, daß ich das mittelalterliche und frühneuzeitliche Erzgebirge als eine solche Region mit hoher Konzentration gewerblicher Produktion ansehe, Hausindustrie (-gewerbe), Handwerk, Manufakturen, Bergwerke, Hütten und andere Montanfabriken eingeschlossen.

2. Frage: Wie vollzog sich die Genese dieser Kulturlandschaft?

Das Erzgebirge – der Name sagt es schon – besitzt entsprechende Lagerstätten. Ohne diese gäbe es keinen Bergbau! Das Gebirge besitzt Flußläufe und damit eine energetische Basis zum Betrieb von Wasserrädern, sowohl im frühneuzeitlichen Montanwesen als auch noch in der ersten Hälfte des 19. Jahrhunderts in mechanisierten Baumwollspinnerein. Wasser ist außerdem ein Betriebsmittel für auf physikalischen Gesetzmäßigkeiten beruhende Produktionsprozesse im Bereich der Verfahrenstechnik. Natürlich war ebenso für Bauten oder als Energieträger Holz vorhanden, das – entweder als solches oder zur Holzkohle veredelt – ermöglichte, chemische Prozesse im Hüttenwesen zu beherrschen. Das sind ohne Zweifel wichtige Voraussetzungen für die Geburt einer Industrieregion. Nicht jedes geographisch und geologisch ähnliche Territorium in der Welt wurde jedoch zu einer solchen Industriekulturlandschaft. Zur Besiedelung, man kann auch Kolonisierung sagen, riefen die Landesherrn seit dem 10. Jahrhundert Bauern aus westlicheren Gegenden Deutschlands ins Meißnische. Sie wurden hier von Anfang an persönlich frei. Ihre soziale Position verbesserte sich mit dem Gang in den Osten!

Als 1168 auf der Flur des heutigen Freibergs Silber gefunden wurde, riefen wiederum die Wettiner Berg- und Hüttenleute in das Land. Mit diesem Ortswechsel wurden sie frei. Kein Adliger durfte sie daran hindern, Bergbau zu treiben und Silber bzw. anderes Metall zu erzeugen. So beginnt die Gewerbefreiheit in Sachsen im Montanwesen. Selbstverständlich ist sie nicht mit der des 19. Jahrhunderts zu vergleichen, weil sie nicht als Realisierung einer liberalen bürgerlichen Forderung das Licht der Welt erblickte. Sie erschien noch als ein feudales Privileg. Jedoch wurden damit Weichen gestellt. Neben der Agrarwirtschaft entstand gewerbliche, montanindustrielle Produktion. Und jederzeit war es seit dem 12. Jahrhundert möglich, daß, bei zunehmender Bevölkerungszahl in der Landwirtschaft, dort überflüssige Arbeitskräfte im Montanwesen ihr Glück suchten oder anderweitige gewerbliche Beschäftigung aufnahmen. Hierin liegt ein entscheidender Grund für die außerordentliche montanindustrielle und Manufakturentwicklung Sachsens, für die Herausbildung eines der städtereichsten Territorien Deutschlands zwischen Dresden und Schneeberg/Zwickau, für die frühzeitige Entwicklung nichtzünftiger gewerblicher Produktion auch in vielen Dörfern auf der Basis kapitalistischer Produktionsverhältnisse. Brechen wir hier ab und stellen die These zur Diskussion: Bis ins 19. Jahrhundert war eine starke frühkapitalistische Entwicklung die Folge «feudaler» Gewerbefreiheit (natürlich war sie nicht absolut, nicht vollkommen) und nicht die Gewerbefreiheit eine Folge bürgerlicher Forderungen.

3. Frage: Ist die Bedeutung des natürlichen und des gesellschaftliche Faktors gleichwertig oder dominiert einer von beiden extrem?

Für die Herausbildung dieser Kulturlandschaft haben natürlich, wie immer in der Geschichte, beide eine große Bedeutung. Welcher Faktor war der wichtigere? Das ist eine gern rasch gestellte Frage. Unbedachtes Beantworten führt oft nicht weit. Es könnte leicht ein Postulat zustande kommen wie: Die Ente hat zwei Beine, besonders das linke (oder vielleicht das rechte)? Auf alle Fälle hat der Landesherr, die Wettiner, sich vom 12. bis 16. Jahrhundert zu für seine Zeit nicht alltäglichen politischen Maßnahmen entschieden. So wurde die optimalste Lösung gefunden und im feudalen Europa damals ein seltener, wenn nicht einmaliger gesellschaftlicher Prozeß ins Rollen gebracht. Vielleicht würde der eine oder andere unter uns jetzt sagen: Es war doch das Kapital, das dies alles bewirkte! Dieser Einwand ist natürlich von der Hand zu weisen. Im Bergbau Sachsens investierende Kaufleute aus Zwickau, Leipzig, Nürnberg und anderen Städten stehen dafür als Beispiel.

Der erste bedeutende «Kapitalist» im Montanwesen Sachsens ist eigentlich der Landesherr selbst. Schon im 13. Jahrhundert engagierte er sich persönlich beim Bau des «Alten Tiefen Fürstenstolln». Vom Muldental bei Tuttendorf wurde er über 10 Kilometer, etwa 90 Meter tief unter der Stadt Freiberg, vorgetrieben. Damit wurde die Wasserlösung für die kleinen privaten Eigenlöhnergruben oder erster, noch kapitalschwacher Gewerkschaften erleichtert bzw. ermöglicht. Klein- und Kleinstbetriebe hätten ohne solches «feudalkapitalistisches» landesherrliches Engagement den geschilderten notwendigen technischen Fortschritt nicht bewerkstelligen können. Ein extremes Dominieren eines der beiden genannten Faktors möchte ich verneinen. Dennoch: Von der Weitsicht des Landesherrn ging jedoch wohl der Funke für das Feuer aus. Und eine fatalistische These: Weil die Bedingungen so waren, mußte die Geschichte so und nicht anders verlaufen, darf man nicht aufstellen, auch nicht in unserem Falle. Zudem gibt es genügend Beispiele in der Geschichte, wo sich feudale Herrscher nicht in einem vergleichbaren Ausmaß in ihrem Montanwesen engagierten. Errare humanum est! Auch die Wettiner blieben als Herrscher in der Geschichte – wenn auch vorzugsweise auf einem anderen Terrain – davon nicht verschont.

4. Frage: Wie beeinflußte die technologische Qualität dieser «Industrieregion» im 16. Jahrhundert das Sozialverhalten der dort lebenden Produzenten?

Beginnen wir mit der technologischen Qualität. Die gewerbliche Produktion ist dominierend an sich wie überall in Feudalstaaten durch handwerkliche Technologien gekennzeichnet. Das gilt natürlich für die Zünfte, aber auch für die meisten Spielarten der Manufaktur- und Verlagsproduktion. Ausnehmen davon kann man den Bergbau außerhalb der Gewinnung und die metallurgischen Produktionsstätten samt aller Bergfabriken. Die Arbeitsleistung der Produzenten, das gilt auch für die Landwirtschaft, klammert man einmal den Einfluß von Witterungsunbilden aus, hängt bei dominierend handwerklicher Technologie in erster Linie von deren freiwillig angestrebter oder durch irgendeine Form der Gewalt erzwungene Arbeitsdisziplin ab. Im Berg- und Hüttenwesen Sachsens ist die Arbeitsdisziplinfrage wesentlich vielschichtiger. Dort wird im 16. Jahrhundert das individuelle Arbeitsdisziplinproblem einzelner Beschäftigter bereits zur Angelegenheit ganzer Arbeitskollektive. Ein nachlässiges Bedienen, ein leichtsinniges oder gar mutwilliges Zerstören von Grubenbauen, Bergmaschinen in Gestalt von Kunstgezeugen, Wasser- bzw. Kehrrädern und anderes mehr drückt die Leistung ganzer Grubenbelegschaften. Die Gesundheit der Kameraden an Arbeitspunkten, hunderte Meter vom Ort der Disziplinlosigkeit entfernt, kann gefährdet und kontinuierlich produktive Arbeit behindert sein. Es wird höchste Zeit, einmal die Rolle und die Struktur der Disziplin in der deutschen Geschichte genauer zu untersuchen. Der Preußischen Korporalstockdisziplin, geboren in der Armee und bei der gutswirtschaftlichen Arbeit mit niedrigem technologischen Niveau, wird oft noch zu viel Bedeutung für das Wesen des deutschen Volkes beigemessen. Ich halte die sächsische disziplinierte Emsigkeit persönlich freier Menschen bei sich in entscheidenden Bereichen der Volkswirtschaft entsprechend entwickelndem technologischen Niveau für wesentlicher. Das empfand – wenn er es offensichtlich auch nicht verstand – sicher auch Friedrich II. von Preußen, als er im Siebenjährigen Krieg im Besatzerjargon in Freiberg sagte: *Sachsen ist wie ein Mehlsack. Man mag darauf schlagen, so oft man will, so kommt immer etwas heraus.*

Bitte nehmen sie diese Gedanken so, wie ich sie sage, einen Heiligenschein möchte ich der arbeitenden Bevölkerung Sachsens trotzdem nicht verleihen! Technologisch war Sachsen innovativ, seine Technologie – vor allem im Montanwesen – von hoher Qualität. Italien hat seinen Leonardo da Vinci, die Holländer die Universität Leiden, und in Freiberg zeigten sich die ersten Keime der ältesten staatlichen Forschungs- und Ingenieurausbildungstätte Europas im Oberbergamt Freiberg. Seit 1542 institutionalisieren sich dort die Montanwissenschaften und spätestens 1556 zeigt sich mit dem Erscheinen von Agricolas «De re metallica» ein Höhepunkt der montanwissenschaftlichen Literatur. Ohne das Formieren, Institutionalisieren und Praxiswirksamwerden montanwissenschaftlicher, technischer, geometrischer und geologischer Erkenntnisse war Sachsens glanzvolles Montanwesen zu dieser Zeit nicht mehr vorstellbar.

5. Ist eine solche «Industrieregion» im 16. Jahrhundert in Europa Ausnahme oder typisch?

Natürlich bin ich davon überzeugt, daß es noch andere bedeutende Industrieregionen, vor allem Montanreviere, gab. Nicht nur die Sachsen allein waren (und sind) mit Verstand begabt. Wenn ich dennoch mehr für Ausnahme, zumindest für untypisch plädiere, dann hat das folgende Gründe: Die geologischen und geographischen Bedingungen waren zwar kompliziert. Das lag an der Gestalt des Gebirges. Nach Böhmen steil abfallend, erstreckte es sich nördlich in das Sächsische in einem flachen Winkel. In Böhmen war es möglich, Bergbau mit Hilfe von Stolln, seitlich in Steilhänge vorgetrieben, zu betreiben. In Sachsen konnte man, nach dem Abbau von oberflächennahen, tiefere Lagerstätten nur mit Hilfe saigerer Schächte erreichen. Das komplizierte, vor allem energietechnisch, Wasserhaltung, Gewinnung, Abbau und Förderung. Aber die damit auftauchenden Probleme waren technisch mit den vorhandenen Mitteln lösbar. Man mußte nicht Wasser in Dampf wandeln, man benötigte nicht unbedingt Dampfmaschinen. Die geographische Situation ermöglichte den Prozeß einer frühen Urbanisierung gewerblicher Produktion bei gleichzeitiger agrikultureller Erschließung der gesamten Region. Diese wirtschafts-, agrar-, technik-, wissenschafts-, stadt- sowie last but not least architektur- und kunstgeschichtliche Komplexität wird nur in wenigen Bergbaurevieren Europas erreicht. Das Erzgebirge war, ist und bleibt als Industrieregion, von den ersten Anfängen an, immer vielfältig entwickelt.

6. In welcher Hinsicht spielt das sächsische Erzgebirge seit der frühen Neuzeit für die Industrielandschaften der Industriellen Revolution in Europa eine Vorreiterrolle?

Oft lesen und hören wir: Der Energietransport im großen Maßstabe zur Produktion wird erst mit dem schienengebundenen Transport von Kohle zu den Dampfmaschinen der Fabriken seit der zweiten Phase der Industriellen Revolution gelöst. Ich halte diese These für übertrieben. Im sächsischen Erzgebirge wurde Energie in Gestalt von Wasser seit dem 16. Jahrhundert schließlich über hunderte Kilometer in Verbundsystemen zur Produktion geleitet. Es war nicht möglich, die Lagerstätten samt der dort errichteten Grubengebäude an die Flußläufe zu rücken wie in der ersten Phase der Industriellen Revolution die Baumwollspinnereien. Energietechnisch gesehen, bleibt die Textilindustrie einige Jahrzehnte in der ersten Hälfte des 19. Jahrhunderts hinter dem Niveau zurück, das sich für das Montanwesen seit dem 16. Jahrhundert in Sachsen herausgebildet hat. Die ersten mechanisierten Baumwollspinnereien standen energietechnich jeder dörflichen Wassermühle näher als dem Bergbau und Hüttenwesen. Es gelang weiterhin, ohne Umwandlung von Wasser und Veredlung bzw. Verstromung von Kohle auch einen höheren Unabhängigkeitsgrad von den Launen der Natur zu erreichen. Klimatische Kapriolen, wie z.B. Trockenheiten, wirkten sich immer weniger auf die montanistische Produktion aus. Die in bergamtlichen Berichten zu findenden Feststellungen: *Infolge großer Trockenheit ersoffen die Gruben*, wurde zu einer überwundenen geschichtlichen Erscheinung. In Freiberg brauchte es monatelang nicht regnen, dennoch liefen die Kehrräder. Wasserreservoirs in Gestalt der Kunstteiche gaben die Basis dafür. Die Grenze des beschriebenen erzgebirgischen technischen Systems lag darin begründet: Es war an spezifische geographische Voraussetzungen gebunden und deshalb nicht problemlos in andere Reviere übertragbar, meist überhaupt nicht. Diese Feststellung nimmt ihm genauso wenig den Ruhm als technische Leistung seiner Zeit wie den römischen Aquädukten. Letztere traten als notwendige Erscheinung auch nicht in jeder bedeutenden Großstadt auf; z.B. kennt das um 1600 schon eine Million Einwohner zählende Tokio keine.

7. Welche Bedeutung hat Agricola für die Geschichte der Technologie?

Entschuldigen sie bitte, daß ich in meinem Abstract so arrogant war zu glauben, diesen Problemkreis könnte ich hier auch noch thesenhaft vorstellen. Wir sagen, Johann Beckmann begründete die Technologie als Wissenschaftsdisziplin. Und was machen wir mit Agricola? Hat er als Technologe keine Bedeutung? Erscheinen nicht manche seiner verbalen wie zeichnerischen Arbeitsprozeßanalysen der Technologie des 18. Jahrhunderts überlegen? Ich schlage vor durchzusetzen, daß wir in Zukunft in seinem Werk stärker als bisher die große Ouvertüre des 250 Jahre später Folgenden sehen. Das Montanwesen hatte in Sachsen und anderswo gesellschaftlich eine Vorreiterposition. Wundert es uns da, wenn die technische Wissenschaft dort auch derartige Funktionen ausübt? Aber ich schlage vor, dies ein andermal zu behandeln, heute langt hier die Zeit und Kraft nicht mehr. Es besteht die Gefahr, das Resultat wäre seiner, wäre Agricola nicht würdig.

Das sächsische Münzwesen in der ersten Hälfte des 16. Jahrhunderts – die Wechselbeziehungen zwischen Bergbau und Münzpolitik in Sachsen

Paul Arnold (Dresden)

Und ist wohl zu beachten, dass diese Lande mit keiner sonderlichen Waare, dadurch die Handel und Bergwerke erhalten, denn allein auf guter Münze versehen schrieb der Gegenschreiber am Annaberger Bergamt Adam Ries in einem Gutachten an die sächsischen Fürsten.[1] Die Bedeutung des Bergbaues im Wirtschaftsleben und die engen Wechselbeziehungen zwischen Bergbau und Münzpolitik in Sachsen spiegeln sich in diesem Zitat des als «Rechenmeister» bekannt gewordenen Bergbeamten wider. Nachdem sich im Spätmittelalter der Übergang vom Eigenlehner- zum Gewerkenbergbau vollzogen hatte und die sächsischen Fürsten den Bergbau nach dem Direktionsprinzip Abb. 1 leiteten, konnten sie ihn so gewinnbringend wie nur möglich betreiben. Das Direktionsprinzip war für sie eine wichtige Ergänzung Ihres Berg- und Münzregals. Damit besaßen sie als oberste Bergherren nicht nur das uneingeschränkte Verfügungsrecht über die Bodenschätze ihres Landes, im Hinblick auf die Münzprägung vor allem über das Silber, sondern sie bestimmten über ihre Bergbeamten auch die Verwaltung und Erzförderung der Bergwerke. Die Verwaltung der Bergwerke lag in ihren Händen, während die privaten Gewerken nur das Eigentumsrecht besaßen und zu Beginn eines jeden Quartals die Zubußgelder zu zahlen hatten. Das Münzregal bildete eine wichtige Ergänzung des Bergregals, weil es den sächsischen Fürsten die Möglichkeit gab, dank der reichen Silberförderung ihres Landes eine starke Münzpolitik zu betreiben, die vor allem den Interessen ihrer Bergbauverwaltung diente.[2] Grundlage der Münzpolitik war die Ablieferungspflicht des geförderten Silbers an die Landeshauptmünzstätte in Freiberg gegen einen festgelegten Kaufpreis, der sowohl den Marktpreis des Silbers als auch den erhofften Münzgewinn berücksichtigte. Diese Ablieferungspflicht war bereits in der ältesten Freiberger Bergordnung mit den Worten festgelegt: *und das silber gehort in unsere muncze.*[3] Damit sicherten sich die sächsischen Fürsten das

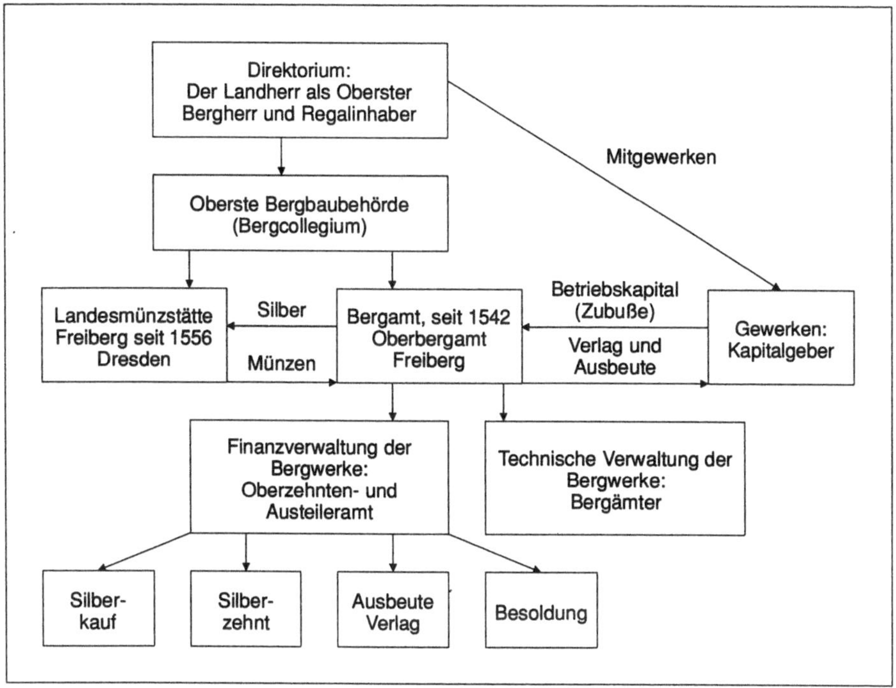

Abb. 1
Bergbauadministration in Sachsen seit Einführung des Direktionsprinzips.

uneingeschränkte Silbermonopol. Die Münze war somit die Warenform, in der sie das Silber ihres Landes verwerteten.[4] Weitgehend bestimmten daher die Zahlungsverpflichtungen der Bergbauverwaltung den Umfang der Münzproduktion. Die Münzstätten mußten das eingehende Silber verarbeiten und die Gelder für folgende Zahlungen bereitstellen:

- die Ausbeutezahlung, die nach der Schneeberger Bergordnung vom 9. Januar 1492 dann gezahlt werden mußte, wenn ein Bergwerk Reingewinn erzielte,
- die Verlagsgelderstattung, die dann erfolgte, wenn sich das Bergwerk im Quartal *freiverbaute*, d.h., wenn der erreichte Gewinn die Unkosten deckte,
- der Silberkauf,
- die Lohn und Gehaltszahlungen an die Bergarbeiter und -beamten.

Als es nach 1470 zur zweiten Blütezeit des erzgebirgischen Silberbergbaues kam und die Silbererze am Schneeberg und später am Schreckenberg fündig wurden, förderte Sachsen zwischen 1485 und 1539 ca. 350082,7 kg Silber.[5] Diese hohe Silberförderung wirkte sich unmittelbar auf die Münzpolitik Sachsens aus.

Um den Geldbedarf der obererzgebirgischen Bergämter decken zu können, mußten neben Freiberg in Schneeberg (1482), Annaberg, Frohnau (1498) und Buchholz (1505) Bergmünzstätten eingerichtet werden. Außerdem wurde auch in Leipzig, Colditz und Zwickau gemünzt. Durch den enormen Anstieg der Silberproduktion nicht nur in Sachsen, sondern auch in den anderen mitteleuropäischen Bergbaugebieten, im Harz, in Tirol, in Böhmen und in Oberungarn, entstand die folgerichtige Idee, ein Silberäquivalent zum rheinischen Goldgulden zu schaffen, der sich seit dem 14. Jahrhundert zu der bedeutendsten deutschen Handelsmünze entwickelt hatte. Dieses Äquivalent sollte der Taler werden. Seine Einführung am Ende des 15. Jahrhunderts markiert gleichsam den Beginn der neuzeitlichen Münzgeschichte in Deutschland. Der Taler war, sehen wir von seinen Mehrfachprägungen ab, die größte Silbermünze, die jemals in Deutschland geprägt worden ist. Deshalb sprechen wir von der «Großsilbermünze». Ihre Geburtsstunde war das Jahr 1486, als Erzherzog Sigismund von Tirol, der «Münzreiche» genannt, beraten von dem venezianischen Finanzmann Antonio de Caballis, die ganzen Guldiner prägen ließ.[6] Die Guldiner waren das silberne Äquivalent des rheinischen Goldguldens, der sich im 14. und 15. Jahrhundert zur allgemein anerkannten deutschen Fernhandelsmünze entwickelt hatte. (Abb. 2a und 2b) Vier Jahre nach dem Tiroler Vorbild, im Jahre 1490, führte Sachsen ebenfalls ein Silberäquivalent des Goldguldens, vorerst allerdings nur als Rechnungseinheit ein.[7] Die geprägten Münzen wurden in ein festes Umrechnungsverhältnis dazu gebracht. 1 Gulden hatte 21 Groschen = 252 Pfennige. Das war das Münzsystem, nachdem dann zehn Jahre später, im Jahre 1500, die Talerwährung in Sachsen eingeführt werden sollte. Um der geplanten Großsilberwährung Bestand zu geben, mußte vorher der Kleingeldbedarf gedeckt werden. In den Jahren 1490–1500 prägte man deshalb große Mengen von Groschen und Pfennigen. 1492/93 führte die sächsische Regierung die Zwicker Groschen ein, die erstmalig das Münzbild des sächsischen Kurfürsten Friedrich des Weisen im Kurornat mit Kurschwert tragen. Den Zwicker Groschen folgten 1496 die Zins- oder Mutgroschen, die den Namen nach ihrer Verwendung bei Zahlungen von Zinsen und Schürfgeldern (Mutungen) im Bergbau erhielten. Gleichzeitig begann eine umfangreiche Pfennigprägung. Zwischen 1496 und 1498 kam es zu einem erneuten Anstieg der Silberproduktion. Um dadurch den Silberpreis nicht zu gefährden, wurden 1498 dreifache Groschen, sieben Stück auf einen rheinischen Goldgulden, eingeführt. Dies waren die weit über Sachsens Grenzen hinaus bekannten Schreckenberger, die ihren Namen vom Fundort des Silbers am Schreckenberg (bei Annaberg) erhielten. Um ihre Durchsetzung im Zahlungsverkehr zu garantieren, wurde angeordnet, daß sie für alle Zahlungen genommen werden mußten. Der weiteren Verbreitung des rheinischen Goldguldens war somit Einhalt geboten. Damit waren die Voraussetzungen für die Einführung der Großsilbermünze geschaffen. Das Münzsystem von 1490 hatte sich bewährt. Kleingeld war in großen Mengen ausgeprägt worden und hatte einen festen Wechselkurs zur geplanten Großsilbermünze. Die weiter steigende Silberproduktion garantierte den in der Münzordnung vom Mai 1500 für den St. Ulrichstag (4. Juli) angesetzten ganzen und halben sächsischen Gulden, die erst seit 1534 Guldengroschen und seit 1571 offiziell Reichstaler genannt wurden, mehr Beständigkeit als den Tiroler Guldinern.[8] Sie waren vor allem für die Silberbezahlung, speziell die Ausbeutezahlung im Bergbau, bestimmt. Die erste Emission der neuen Großsilbermünzen ist von hoher künstlerischer Qualität.[9] Sie tragen auf der Vorderseite das Bildnis des sächsischen Kurfürsten Friedrich des Weisen und auf der Rückseite die Bildnisse seines Bruders und Mitregenten Herzog Johann sowie seines albertinischen Onkels Herzog Albrecht. Mit diesem reichgegliederten Münzsystem und der Ausprägung großer Mengen von Gulden wurde die Vorherrschaft des Goldguldens beseitigt. Neue Zahlungsverpflichtungen in Gold wurden für rechtsungültig erklärt, bei bestehenden wurde Gold für die Kapitalrückzahlung und nicht für die Zinszahlung anerkannt (Abb. 3a und 3b). Der Name für die neue Großsilbermünze kam jedoch nicht aus Sachsen, sondern aus dem böhmischen Erzgebirge, wo die Grafen und Herren von Schlick bei St. Joachimsthal reiche Silbervorkommen besaßen, die sie seit 1520 mit sächsischer Hilfe und im sächsischen Münzfuß vermünzten.[10] Aus den Leipziger Probationsregistern[11] ist bekannt, daß von 1519/20–1528 mehr als 2 Millionen Gulden in St. Joachimsthal geprägt wurden.

Die Joachimsthaler Gulden erfreuten sich großer Beliebtheit und wurden zum Namensgeber der neuen Großsilbermünzen, als sich in der Umgangssprache die Kurzform Joachimsthaler und schließlich Taler ausbildete (Abb. 4a und 4b). Das Hauptproblem für Sachsen war nach 1500, ein möglichst großes Umlaufgebiet für seine neue Währung zu schaffen, um zu verhindern, daß die Gulden in den Nachbarländern eingeschmolzen und in schlechtes Kleingeld umgeprägt wurden. Sachsen schloß deshalb mit seinen Nachbarn Verträge ab und gewährte, wenn sein Münzfuß übernommen wurde, Silberlieferungen zu günstigen Preisen. Diese Verhandlungen waren sehr kompliziert, weil die Nachbarstaaten zwar die Taler, nicht aber das Kleingeld im sächsischen Fuß prägen wollten. Hinzu kam noch, daß der Goldpreis infolge der steigenden Silberproduktion anstieg und dadurch der Feingehalt des Goldguldens verringert wurde. Es war also nötig, die Silberwährung unabhängig vom Goldgulden zu gestalten. Wegen dieses Problems kam es nach 1525 zum Streit zwischen den Ernestinern und den Albertinern, die zwar 1485 in der Leipziger Hauptteilung das Land in zwei Teile geteilt hatten, aber eine gemeinsame Bergbau- und Münzpolitik betrieben. Kurfürst Johann und seine Berater wünschten eine Verringerung des Feingehaltes der Münzen, während Herzog Georg einer solchen Geldverschlechterung nicht zustimmen konnte.[12] Auf den sogenannten Münzstreit der sächsischen Fürsten, der zu einer fünfjährigen Münztrennung führte, nahm Ge-

Abb. 2a

Abb. 2b

Abb. 3a

Abb. 3b

Abb. 4a

Abb. 4b

orgius Agricola zwar keinen direkten Einfluß, in seinen drei Büchern «De precio metallorum et monetis» (Über den Preis der Metalle und Münzen, 1549)[13] stimmte er aber der von ernestinischer Seite gewünschten Münzverschlechterung nicht zu, sondern stellte vielmehr die Argumente beider Parteien vor und untersuchte mit Akribie ihre Vor- und Nachteile. Im Hinblick auf die Bergwerke und der von den sächsischen Fürsten geforderten Ablieferung des geförderten Silbers ist vor allem die Feststellung Agricolas wichtig, daß die geringhaltige Münze ihren Besitzer seines Vermögens beraube. Genauso dachte Herzog Georg, in dessen Landesteil die bedeutenderen der sächsischen Bergwerke lagen. Ähnlich äußerte sich sein Neffe, Kurfürst Moritz gegenüber König Ferdinand I., als dieser ihn aufgefordert hatte, sich an der Wormser Münzvereinbarung von 1545 zu beteiligen. In Worms war ein geringerer Münzfuß als der in Sachsen geltende festgelegt worden. Moritz befürchtete deshalb, daß es bei einem Beitritt Sachsens zu Preissteigerungen käme, denen wie üblich dann Münzverschlechterungen folgen würden. Dies hielt er für Betrug an der Bevölkerung, weil deren Renten und Zinsen an Wert verloren. Eine gemeinsame Münze im Reich sei schon nützlich, *doch möge es ohne Schaden für das Land und die Bergwerke des Kurfürsten gehen, denn der Verderb der kurfürstlichen Bergwerke*, schrieb er dem Bruder Kaiser Karls V., *bringt dem ganzen Reich Nachteil.*[14] Deshalb solle die Reichsmünze im sächsischen Münzfuß ausgebracht werden. Der sächsische Münzfuß durfte aber nicht zu hoch sein und mußte eine gleichmäßige gute Bezahlung des abgelieferten Silbers garantieren. Für schlechte oder häufigen Feingehaltsschwankungen unterworfene Münzen konnte die landesfürstliche Regierung keinen Silberverkauf von den privaten Gewerken fordern. Nach den langwierigen Verhandlungen, die auf Grund des Grimmaischen Machtspruches der sächsischen Landstände aufgenommen werden mußten, kam es 1534 zu einem Vergleich zwischen Herzog Georg und Kurfürst Johann Friedrich, dessen Vater Johann bereits 1532 verstorben war. Die neue Münzordnung von 1534 verringerte den Feingehalt der Kölnischen Mark geringfügig und erhöhte den Wert des Talers von 21 auf 22 Groschen. In der Folgezeit stieg er bis 1541 noch auf 25 Groschen, um dann 1542 seinen jahrhundertelangen Wert von 24 Groschen zu erreichen. Die Silberproduktion, die in der ersten Hälfte des 16. Jahrhunderts ihren absoluten Höhepunkt erreichte, ging nach 1550 beachtlich zurück. Kurfürst August, Nachfolger und Bruder von Moritz, der seinen Bergbeamten, die weit entfernt der Dresdner Residenz das Silber verwalteten, nicht traute, beschloß deshalb alle Münzstätten zu schließen und in unmittelbarer Nähe seines Dresdner Schlosses eine neue Landeszentralmünzstätte einzurichten. Gegen den Protest der alten Berghauptstadt Freiberg vollzog er dies 1556. Den Bemühungen von Kaiser und Reichstag um eine einheitliche Münzordnung stand er abwartend gegenüber. Erst als die sächsische Talerwährung bei der Festlegung des neuen Reichsmünzfußes Berücksichtigung fand und keine Nachteile für den sächsischen Bergbau zu befürchten waren, trat er 1571 der Reichsmünzordnung bei. Zu diesem Zeitpunkt war aber die große Zeit des erzgebirgischen Silberbergbaues, die Georgius Agricolas Leben und Werk so entscheidend mitgeformt hatte, schon vorüber.

Anmerkungen

1 Zitiert nach Wuttke, R.: Ein Gutachten Adam Riese's über die wirtschaftlichen Folgen einer Erhöhung des Silberpreises in Sachsen. In: Blätter für Münzfreunde. Band VIII (1893–1896), Sp. 1915f.

2 Zur Problematik Bergbau und Münzpolitik vgl. grundlegend Arnold, P.; Quellmalz, W.: Sächsisch-thüringische Bergbaugepräge – Die Gewinnung und Verhüttung von Gold, Silber und Kupfer im Spiegel der Münzen und Medaillen, Leipzig 1978.; und Arnold, P.: Silberproduktion und Münzprägung in Kursachsen während der Talerzeit. In: Actes du 9ème Congrès International de Numismatique. Bern 1979, Louvain-La-Neuve/Luxembourg 1982, S. 949ff.

3 CSDR II, XIII UB Freiberg 2, S. 1267ff. §9 und S. 285ff. §36.

4 Vgl. Anm. 1.

5 Vgl. Arnold, P. (Anm.2) S. 952 und 954. Berechnet nach Goerlitz, W.: Staat und Stände unter den Herzögen Albrecht und Georg (1485–1539). Band I der Sächsischen Landtagsakten. Hrsg. von der Sächsischen Kommission für Geschichte. Leipzig 1928, S. 300–302.

6 Über die Münzreform Erzherzog Sigismunds von Tirol vgl. grundlegend Moser, K.; Dworschak, F.: Die große Münzreform Erzherzog Sigismunds von Tirol. Wien 1936 und Moser, H.; Tursky, H.: Die Münzstätte Hall in Tirol 1477–1665. Innsbruck 1977, S. 7–31.

7 Krug, G.: Die meißnisch-sächsischen Groschen 1338–1500. Berlin 1974, S. 100f.

8 Über die Bedeutung Sachsens bei der Einführung und Durchsetzung der Talerwährung vgl. Krug, G.: Die ersten ab 1500 auf innerdeutschem Boden als Währungsgeld geschlagenen Talergepräge. In: Hamburger Beiträge zur Numismatik, Band VII, S. 491ff.; und Arnold, P.: Die sächsische Talerwährung von 1500–1763. In: Schweizerische Numismatische Rundschau, Bd. 59(1980), S. 50ff.

9 Arnold, P.: Kurfürst Friedrich der Weise von Sachsen als Förderer der Medaillenkunst. In: The Medal, Nr. 17(Autumn 1990), S. 49.

10 Nemeškal, L.: Jáchymovská Mincovna v 1. polovine 16. stoleti. Praha 1964.

11 Bamberg, P.: Beiträge zur Münzgeschichte der Grafen Schlick. In: Der Münzensammler V(1931), S. 8f.

12 Lotz, W. (Hrsg.): Die drei Flugschriften über den Münzstreit der Sächsischen Albertiner und Ernestiner um 1530. Leipzig 1893.

13 Abgedruckt in Agricola, Georgius: Ausgewählte Werke, Band V, Schriften über Maße und Gewichte (Metrologie). Hrsg von H. Prescher, Berlin 1959, S. 358ff.

14 Bedenken von Kurfürst Moritz zur Münze (Oktober 1547). In: Politische Korrespondenz des Herzogs und Kurfürsten Moritz von Sachsen, 3. Band, Berlin 1978.

Ansätze zu merkantilistischem Denken um die Mitte des 16. Jahrhunderts – Georgius Agricola

Harald Witthöft (Siegen)

Sein Lebenslauf und die Gesamtheit seiner Schriften begründeten den Ruf des Georgius Agricola als «Sächsischer Humanist und Naturforscher». Die 1556 posthum erschienenen «Zwölf Bücher vom Berg- und Hüttenwesen» brachten ihm den Ruhm eines Begründers der modernen Bergwissenschaft. Doch erst die im Rahmen der Gedenkausgabe 1959 vorgelegte deutsche Übersetzung seiner 13 «Schriften über Maße und Gewichte» von 1550 ließ die moderne historische Forschung auf das metrologische und wirtschaftliche Denken Agricolas aufmerksam werden.[1]

Agricola selbst hatte diesen Schriften keinen gemeinsamen Titel gegeben. Wie die Antike, kannte auch seine Zeit keine Wissenschaft von der Metrologie. Zu den bereits 1533 veröffentlichten fünf Büchern «De mensuribus et ponderibus Romanorum atque Graecorum» fügte er nunmehr, je mit Widmungsbriefen aus dem Jahre 1549, fünf weitere hinzu – u.a. über «ausländische» Maße, über solche, «mit denen wir die Entfernungen messen» und über «Die Wiederfeststellung der Gewichte und Maße». Den Schluß bildeten drei Bücher «De precio metallorum et monetis», deren Bezug zu Maß und Gewicht in mittelalterlichen Ordnungsvorstellungen gründete. Ein Anhang enthält *für etliche Maße und Gewichte die deutschen Bezeichnungen* und dazu Teilungssysteme von Meißner, Chemnitzer, Leipziger und Nürnberger Einheiten.

Diese 13 Schriften spiegeln einen Wandel in den Erfahrungen und im Denken des Agricola. Mit den fünf Büchern von 1533 beteiligte er sich als humanistisch gebildeter Arzt und Apotheker an einer literarischen und philologischen Diskussion, an der teilzunehmen ihn seine Studien in Venedig und Rom (1524–1526) angeregt haben dürften. Erst in seinen späteren Schriften «De mensuris quibus intervalla metimur» und «De restituendis ponderibus atque mensuris» wird erkennbar, daß er in diesen Jahren auch die in Italien einsetzende Suche nach den realen Überresten an Maßen und Gewichten der Antike wahrgenommen hatte.

Viel spricht für die Annahme, daß der Aufenthalt in St. Joachimsthal (1527–1531) Agricolas Verständnis für den Quellen- und Erkenntniswert der realen Überlieferungen in besonderer Weise schärfte. Unterwiesen durch *erfahrene Bergbeamte* und kundig durch Augenschein *mußte es für ihn – als dem an den antiken Autoren geschulten Humanisten – schockierend gewesen sein, daß jeder Bergmann hier im Erzgebirge mehr und besser über Minerale und Gesteine und auch über die großartigen Bergbaumaschinen, die man treffend «Künste» nannte, Bescheid wußte, als alle alten Autoritäten zusammengenommen.*[2]

Um *die alten Gewichte und Maße in den vorigen Stand zu setzen*, machte Agricola sich nunmehr auch die Eigenschaften realer Objekte zunutze. Er ging dabei verschiedene methodische Wege, verlangte aber eine kontrollierbare Übereinstimmung der Ergebnisse. Ein Weg führte über die *von der Natur vorgegebenen Dinge*, wie z.B. Getreidekörner, ein anderer über die *künstlichen Dinge*, wie z.B. erhaltene römische Münzen und Gewichtsstücke. Zum Vergleich und zur Orientierung begann er schließlich, Münzen, Maße und Gewichte seiner Zeit und seines Landes heranzuziehen.[3] Damit hatte er methodisch einen großen Schritt getan – vom Ding als Begriff einer geistig-literarischen Kultur zum Ding als Gegenstand einer materiellen Kultur.

Seit vermutlich 1531 lebte Agricola als Stadtleibarzt in Chemnitz, wo er nach 1546 noch dreimal das Amt des Bürgermeisters innehatte und 1555 starb. Hier erfuhr der wohlhabende Bürger auch die Probleme des Wirtschaftens in einer Zeit steigender Preise in der eigenen Stadt und am eigenen Leibe. Es ist erlaubt anzunehmen, daß diese Erfahrungen und dazu die zeitgenössische Diskussion um das gute Geld in Sachsen in seine Reflexionen über wirtschaftliche Zusammenhänge eingeflossen sind.[4] Wir finden vor allem in den letzten drei Büchern die in deutschen Quellen des 16. Jahrhunderts seltenen Hinweise auf ein bürgerliches ökonomisches Verständnis.

Agricolas metrologische und seine bergwissenschaftlichen Arbeiten könnten verschiedener kaum sein. Seine Zeit verstand es noch nicht, Erkenntnisse verschiedener Methoden und Wissenschaften kritisch systematisch zu verbinden.[5] Das blieb dem Zeitalter der modernen Akademien seit den 60er Jahren des 17. Jahrhunderts vorbehalten. So erklärt sich auch, daß Agricola in seinen Büchern «Vom Berg- und Hüttenwesen» wirtschaftliche Fragen des Bergwesens nicht weiter reflektierte. Nur zwei Verweise auf seine metrologischen Schriften finden sich dort. Einer Erwähnung von Münzlegierungen zum Vorteil von König, Fürst oder Stadt fügte er hinzu, er werde darüber *ausführlicher* in seinem Werke «Über den Wert der Metalle und über Münzen» sprechen. Und einer Erörterung von *Gewichten, deren sich die Berg- und Hüttenleute bedienen*, folgt der Hinweis, er habe bereits *die größere Mark* in seinen Werken «De restituendis ...» und «De pretio ...» beschrieben. Seine Erläuterungen zu Gewicht und Waage beim Probieren sind jedoch sehr detailliert und fachkundig.[6] Sie lassen erkennen, daß

Agricola seinen metrologischen Schriften nur jene knappen Informationen zum zeitgenössischen regionalen Maß und Gewicht beigegeben hatte, die ihm nötig schienen, um eine Brücke zu den antiken Autoren zu schlagen.

Agricola hat die Ökonomie seiner Zeit nicht zum Gegenstand grundsätzlicher Erörterungen und einer eigenständigen Schrift gemacht. Er fügte sie den metrologischen Schriften hinzu – gestützt auf Maß und Gewicht einerseits, Erz, Metall, Münze andererseits, einmündend in Nachrichten von Bergbau und Kaufmannschaft, *von den Einkünften, von den Einschätzungen, von den Löhnen, von Geschenken und gewissen Aufwendungen, vom Preis der Sklaven und anderer Dinge, von den Zinsen,*[7] und stets verbunden mit dem Ziele, die numerischen Überlieferungen der Antike in Begriffen und objektiven Größen seiner Zeit und für seine Zeitgenossen vergleichbar und über das Rechnen mit konkreten Einheiten des 16. Jahrhunderts verständlich werden zu lassen.

Seinen Schriften «De precio» steht ein Widmungsbrief an Georg Comerstad aus dem Jahre 1549 voran. Agricola beginnt ihn auf klassische humanistische Weise mit einem Hinweis auf die *Gesamtheit der Güter* in der Ethik, um sofort von jenen Güter seiner Zeit zu sprechen, *deren Preis wir auf jede Weise, die wir wollen, zahlen können*: Tiere, seidene Kleidung und – *auf höchste geschätzt – fein gebaute liebliche Landschlösser, feste schöne Städte, mächtige blühende Großstädte, reiche fruchtbare Länder. Dies alles und dem Ähnliches steht in einem um so höheren Preise, je größeren Ertrag es bringt.* Diese Dinge mögen kostbar sein, *so erreicht doch das Geld, ..., weil es der Preis für sie sein kann, ihrer aller Wert.*

Geld ist notwendig, um für Lohn die Gelehrten, Ärzte und Rechtskundigen zu gewinnen. *Kurz, wer reichlich Geld hat, der hat etwas, womit er etwas unternehmen kann, er mag auf langen Frieden Wert legen, oder er mag Krieg führen.* Denjenigen, *die das Geld mißbrauchen zur Befriedigung ihrer unbezähmten Begierde,* hält er entgegen: *für die Verwendung des Geldes bedarf es der Vernunft. Vorschrift und Regel* will er jedermann an die Hand geben, *der die Münzen seiner Stadt oder seines Landes* mit jenen vergleichen möchte, *die die weltlichen und geistlichen Schriftsteller einst verwendet haben.*[8]

Sein Anliegen war und blieb in diesen Schriften das Verstehen der Maße und Gewichte der antiken Literatur, die humanistische Wissenschaft. Aber auf sehr deutliche Weise verband er nunmehr seine Erkenntnisse mit den materiellen Vorstellungen seiner Zeit, mit dem zentralen Problem der Zeitgenossen des 16. Jahrhunderts – dem Geld und seinem (Kurs-)Wert, den Dingen bzw. Hantierungen und deren Preisen. Er sprach von einer Ordnung der Vernunft. Auch wenn es ihm nicht mehr bewußt war – feste Relationen nach Zahl, Maß und Gewicht/Münze waren die Grundlagen der frühmittelalterlichen, statischen, erst im 16. Jahrhundert endgültig überkommenen Währungs- und Wirtschaftsordnung gewesen.[9] Dieser Ordnung entsprach noch seine Erörterung «De precio» im Kontext «De mensuris et ponderibus».

Seine Comerstad gewidmeten drei Bücher «De precio metallorum et monetis» überliefern uns Einzelheiten zu frühmodernen wirtschaftlichen Ordnungsvorstellungen. Agricola konstatierte, daß ein Metall von einem anderen in seinem Preise sich unterschied, *weil es sich entweder durch mehr Eigenschaften auszeichnet, oder weil es sich viel besser verwenden läßt zum Schneiden und für sehr viele andere Zwecke, oder weil es seltener ist.*[10]

Für ihn war es ein Faktum, daß Warenfülle und Warenmangel den Preis bestimmten. Zur Fülle kam es, wenn ein Metall *in großer Menge gefördert oder gefunden oder zu Lande und Wasser aufgetrieben und in irgendeine einzige Stadt gebracht wird. ... Ich brauche nicht nochmals auf die jüngst aufgefundenen Inseln hinzuweisen und auf gewisse Gegenden Afrikas und Indiens, die, wie schon gesagt, Gold im Überfluß haben und es zum Teil deswegen nicht eben hoch schätzen.*

Andererseits trat ein Mangel an Metall ein, *wenn nur wenig gefördert oder in ein Land bzw. eine Stadt gebracht wird.* Er nennt als zwei Beispiele die Zinn- und Kupferversorgung aus *den Bergen von Meißen und Böhmen* bzw. *den Bergwerken in den Karpaten.* Schwankungen im Preise von Gold und Silber waren für Agricola sebstverständlich, *da in alten Zeiten der Preis des Goldes und des Silbers nicht derselbe gewesen ist, wie er es auch in unseren nicht ist.*[11]

Mit den Münzen verband er die Frage, *ob der Warentausch* (Tauschhandel) *für die Menschheit günstiger ist oder ob die Münzen als Preise* (Wertmesser) *für die Waren.* Er entschied sich für letztere, *denn die Münze sei geeigneter für die Angleichung der Preise für die Waren «aneinander» als die Waren selbst*, auch könne das Geld *mit meist viel geringeren Kosten ... getragen oder gefahren werden als die Waren* und *etliche Völker brauchen unsre Waren nicht, aber wir können ihre Waren nicht entbehren.*[12]

Unter den Münzen galten nicht nur die reinen Gold- und Silberstücke als gut, sondern auch jene, *die aus der gesetzmäßigen Mischung bestehen, das rechte Gewicht haben.* Es bestanden jedoch *unter Menschen, die vielseitig erfahren sind, größte Meinungsverschiedenheit*, ob eine höherwertige oder eine geringerwertige Münze *für ein Land bzw. eine Stadt vorteilhafter ist.* Agricolas vertrat die Ansicht, daß *mehr Nachteil entsteht bei Abgabe, Zoll, Steuern und Eintreibung als Gewinn bei der Prägung einer geringerwertigen Münze.* Deshalb *sollte sich ein König, Fürst oder Senat nicht durch einen augenblicklichen, aber geringen Gewinn und Vorteil bestimmen lassen, sondern sich von dem großen Schaden hüten, den nicht nur das Königreich* (der Staat) *oder das Land oder die Stadt, sondern auch er selbst sich zuzieht.*[13]

Dazu schlug er vor, *Grundsätze zu entwickeln, mit Hilfe deren sich jedes Gemeinwesen vor den Folgen hüten kann, die sie befürchten.* Gesetze *müßten den Aufwand regeln, damit die Bewohner mit dem Aufwand, den sie für Auslandswaren machen, nicht das Maß überschreiten.* Dann *werden die Leute den größten Teil ihres Geldes behalten und bewahren. Ferner werden wir die Kaufleute nicht schädigen können. Denn wenn wir gute Münze haben, werden sie die Waren für wenige Geldstücke verkaufen, wenn weniger gute, für viele. Und so werden sie vermittels beider Verkaufsmethoden dasselbe Gold- bzw. Silbergewicht erreichen.* Er hielt es für *das Beste, daß «reine» Münzen geprägt werden, oder, weil Könige, Fürsten und Gemeinwesen dem Gold Silber und dem Silber Kupfer mit Fug und Recht beimischen, wenigstens «gute».*[14]

Agricola hatte bei seinen Überlegungen den Nutzen für Land und Stadt vor Augen, durchaus das Wohl auch der Kaufleute und nicht nur der Fürsten. Seine Überlegungen zum «guten» Gelde waren ohne Frage von der Münz- und Währungspolitik seiner Zeit im allgemeinen sowie vom sächsischen Münzstreit im besonderen geformt.[15] Seine Argumente waren monetaristisch, seine wirtschaftlichen Überlegungen wurzelten in – modern gesprochen – einer Quantitätstheorie des Geldes. Er unterschied zwischen Ware und Geld, wußte um die Wirkung von Angebot und Nachfrage auf die Preise, machte eine Bilanz des Handels auf, erblickte aber den Maßstab allen Reichtums, Wohlstandes und aller Macht im Gelde, dessen vereinbartes Edelmetallgewicht es konstant zu bewahren und gegen schlechte Münze auch gesetzlich zu schützen galt.

Agricolas Vorstellungen vom praktischen Vorteil des Geldes finden sich im 16. Jahrhundert auch bei Sir Thomas Smith,[16] Argumente der sächsischen Münzschrift «Gemeine Stimmen» (um 1530) ebenfalls dort, bei Jean Bodin und bei Nikolaus Kopernikus.[17] Unter deutschen Bürgern waren um die Mitte des 16. Jahrhunderts offensichtlich dieselben wirtschaftlichen Überlegungen im Schwange wie in England, in Frankreich und in Polen.

Die deutsche Geschichtsschreibung tut sich schwer, den augenscheinlichen Wandel in der wirtschaftlichen Praxis und im ökonomischen Verständnis seit dem 15./16. Jahrhundert angemessen darzustellen. Weder die numismatischen noch die geldgeschichtlichen oder die historisch-metrologischen Überlieferungen des 15. bis 17. Jahrhunderts sind bis heute unter dem Aspekt eines sich wandelnden Geld-, Wert- und Wirtschaftsverständnisses erschöpfend untersucht worden. Es dominieren die Kategorien der politischen Ökonomie und der Staatswissenschaft seit dem 17. Jahrhundert.[18] Im Lichte eines Wandels wirtschaftlicher Ordnungsvorstellungen seit dem frühen Mittelalter erhält das 15. bis 18. Jahrhundert jedoch ein anderes Gesicht. Erfassen läßt sich dieser Wandel in der Geschichte von Geld und Währung, des Verständnisses von Wert und Preis. Als Zeiten des Übergangs treten hervor:[19]

- 11. bis 13. Jahrhundert: Dynamisierung einer statischen Ordnung (Epoche der regionalen Pfennige und Marken),
- 15./16. Jahrhundert: Rationalisierung einer dynamischen Ordnung (Übergang von der Parallelwährung zur Doppelwährung im Deutschen Reich unter Aufgabe eine statischen Gold-Silber-Relation).

Agricola zeigte für eine ältere statische Wirtschafts- und Währungsordnung kein Verständnis mehr, von der Thomas Smith und Jean Bodin noch gegen Ende des 16. Jahrhunderts schrieben. Die notwendige Ordnung erwartete er von einer Gesetzgebung, die nur eine herrschaftliche sein konnte. Die mit dem 15./16. Jahrhundert einsetzende Phase einer rationalen, dynamischen, nach immanenter Ordnung suchenden Wirtschaft in den frühneuzeitlichen Territorien und Staaten sollte erst mit Adam Smith gegen Ende des 18. Jahrhunderts zu Ende gehen.

Charles Wilson hat die Zeit von der Mitte des 16. bis zur Mitte des 18. Jahrhunderts als *Mercantilist Age* bezeichnet, *when thinkers and policy makers drew the scattered acts and notions of earlier ages together within a framework of national, often nationalistic, economic policy, which can be briefly expressed in terms of the balance of trade doctrine.*[20]

Ich halte es für historisch angemessen, auch in der deutschen Geschichtsschreibung die auf den Handel und seine Bilanz, auf die Währung, das Geld und das Finanzwesen gerichteten wirtschaftlichen Reflexionen, Thesen und Ordnungen des 16. bis 18. Jahrhunderts einer einheitlichen Strömung zuzuordnen, die «merkantilistisch» zu nennen wäre – mit verschiedenen Phasen der Entwicklung und unterschiedlichen territorialen Ausprägungen.[21] Georgius Agricola ist ein Zeuge für die Ansätze dieses merkantilistischen Denkens um die Mitte des 16. Jahrhunderts, auch in Deutschland. Es geht nicht länger an, den *eigentliche[n] Merkantilismus* als *bestimmte Richtung der ‹theoretischen› Wirtschaftspolitik und für eine bestimmte Ausprägung der darauf aufbauenden praktischen Wirtschaftspolitik* in England um 1623 und in Deutschland um 1648 beginnen zu lassen.[22]

Anmerkungen

1 Vgl. u. a. Ladwig, Roland: Ökonomisches Denken bei Georgius Agricola (Veröff. Bibl. G. Agricola 121). Freiberg 1990.; Ders.: Schranken und Standardisierung: Agricola und die Wirtschaft. In: Georgius Agricola. Bergwelten 1494–1994 (Katalog zur Ausstellung = Veröff. a.d. Dt. Bergbaumus.Bochum 55). Hrsg. v. B. Ernsting, Essen 1994, S. 90–93.; Witthöft, Harald: Georg Agricola über Maß und Gewicht der Antike und des 16. Jahrhunderts – als Arzt, Humanist und Ökonom. In: Historia socialis et oeconomica. Festschrift Wolfgang Zorn zum 65. Geburtstag. Hrsg. v. W. Conze, H. Kellenbenz u. H. Pohl. Stuttgart 1987, S. 338–369.

2 Prescher, Hans: Georgius Agricola (1494–1555). In: Georgius Agricola und seine Familie. Dokumente. Bearb. v. Gabriele Viertel u. a., Chemnitz 1994, S. 11. Zur Biographie Agricolas s. ebd., S. 7–49.

3 Agricola, Georgius: Ausgewählte Werke (AGA). Gedenkausgabe des Staatlichen Museums für Mineralogie und Geologie zu Dresden. Hrsg. von Prescher, Hans und Mathé, Gerhard. Bd. V, Berlin 1959, S. 320ff., S. 365ff., S. 432ff.; Vgl. Witthöft, Harald: Georg Agricola ... (Anm.1), S. 354f., 356ff.

4 Prescher, Hans: Georgius Agricola ... (Anm. 2), S. 13.; Ladwig, Roland: Schranken ... (Anm. 1), S. 92.; Witthöft, Harald: Gold. Silber. Gold... Geld... Vom Grunde eines uralten Vertrauens. In: Geld (Diagonal. Zeitschrift der UGH Siegen) 1991, S. 8ff.

5 Vgl. Witthöft, Harald: Georgius Agricola ... (Anm. 1), S. 364 u. 369.
6 Agricola, Georgius: Zwölf Bücher vom Berg- und Hüttenwesen. Übersetzt und bearbeitet von Carl Schiffner u. a. (dtv-bibliothek 6086), München 1977, S. 218, 229, 22ff. (7.Buch).
7 AGA, Bd. V, Berlin 1959, S. 409ff.
8 AGA, Bd. V, Berlin 1959, S. 337ff.
9 Vgl. Witthöft, Harald: Die Münzordnungen und das Grundgewicht im Deutschen Reich vom 16. Jahrhundert bis 1871/72. In: Geld und Währung vom 16. Jahrhundert bis zur Gegenwart (VSWG-Beiheft 106). Hrsg. v. E. Schremmer, Stuttgart 1993, S. 56ff.
10 AGA, Bd. V, Berlin 1959, S. 340ff.
11 Ebenda, S. 342ff.
12 Ebenda, S. 345 u. 352.
13 Ebenda, S. 357ff.
14 Ebenda, S. 360f.
15 Vgl. u. a. Ladwig, Roland: Schranken ... (Anm.1), S. 92.; Prescher, Hans: Georgius Agricola ... (Anm. 2), S. 13.; Witthöft, Harald: Gold. Silber ... (Anm. 4), S. 8ff.
16 Wilson, Charles: Mercantilism (Pamphlet of the Historical Association, Gen.ser.37), London etc. 1963, S. 11.
17 Vgl. zu diesem Fragenkreis Witthöft,Harald: Gold. Silber ... (Anm. 4), S. 8ff.; und Ders.: Die Münzordnungen ... (Anm. 9), S. 56ff.
18 Vgl. u. a. Blaich, Fritz: Die Epoche des Merkantilismus (Wissenschaftl.Paperbacks Sozial- und Wirtschaftsgeschichte 3). Wiesbaden, S. 1ff.
19 Vgl. Witthöft, Harald: Münze, Maß und Gewicht im Frankfurter Kapitulare von 794. In: 794 – Karl der Große in Frankfurt [Katalog zur Ausstellung, hrsg. v. J. Fried u. a.]. Frankfurt 1994 [i. Druck]; und Ders.: Gold. Silber ... (Anm. 4), S. 7ff.; sowie Die Münzordnungen ... (Anm. 9), S. 56ff.
20 Wilson, Charles: Mercantilism ... (Anm. 16), S. 10.; über «Mercantilism: A Misnomer» s. a. Rondo Cameron: A concise economic history of the world. From Paleolothic times to the present. Oxford 1932, S. 130ff.
21 S. zu dieser Epoche u. a. Braudel, Fernand: Sozialgeschichte des 15.–18. Jahrhunderts, 3 Bde., München 1985 (frz. Paris 1979), insbesondere Vorwort und Einführung in Band 1, S. 11ff.
22 Blaich, Fritz: Die Epoche des Merkantilismus ... (Anm. 18), S. 9 u. 22; vgl. u. a. Borchardt, Knut: Grundriß der deutschen Wirtschaftsgeschichte (Kl.Vandenhoeck-Reihe 1441). Göttingen 1978, S. 23f., 26f.

Agricolas metrologische Arbeiten in der Geschichte des ökonomischen Denkens

Roland Ladwig (Freiberg)

Die moderne Volkswirtschaftslehre hat neben den ökonomischen zugleich historische und philosophische Wurzeln. Praktiker und Theoretiker haben zum heutigen Wissens- und Erfahrungsschatz in den einzelnen Entwicklungsphasen in unterschiedlichem Maße beigetragen. Die Reflexionen und Erkenntnisse waren Ausdruck der gesellschaftlichen Umwälzung. Die wirtschaftlichen Bedürfnisse und die Möglichkeiten zu ihrer Befriedigung entwickelten sich temporär und lokal nicht gleichförmig. Damit waren die Voraussetzungen für ökonomische Fragestellungen, die Formulierung von Hypothesen, ihre Verifikation oder die weitere Suche nach Antworten nicht zu allen Zeiten gleichermaßen gegeben. Auch das Interesse an praktikablen Anleitungen zum wirtschaftlichen Handeln bzw. der Beschreibung oder ideologischen Rechtfertigung der Prozesse war unterschiedlich ausgeprägt. Hier soll nicht auf die Diskussion zum Erkenntnisfortschritt[1] oder die Frage, ob Denker vergangener Zeiten Vorläufer oder Vorbilder[2] der heutigen Volkswirtschaftslehre sind, eingegangen werden. Es geht um die Leistung des Renaissance-Humanisten Georgius Agricola auf dem Gebiet der Metrologie und Ökonomie. Seine Arbeiten über Maße und Gewichte und die ökonomischen Aussagen waren von den Dogmenhistorikern meist unbeachtet geblieben.[3] Wurde auf Agricola verwiesen, dann meist auf die technologischen Fragen in Verbindung mit dem Bergbau und der Edelmetallgewinnung.[4]

Die fünf metrologischen Schriften, die 1959 in deutscher Übersetzung herausgegeben wurden, finden keine Erwähnung. Besonders mit der Schrift «De precio metallorum et monetis» (Der Preis der Metalle und die Münzen)[5] und explizit ökonomischen Äußerungen in anderen Arbeiten[6] hatte Agricola auf aktuelle wirtschaftliche Probleme reagiert und sich an den Diskussionen beteiligt. Es soll gezeigt werden, daß er dabei, ausgehend von der Kenntnis der herrschenden ökonomischen Dogmen, mit eigenständigen Beiträgen die Wirtschaftstheorie und -praxis bereicherte. Diese Leistungen gehören ebenso zum humanistischen Erbe und haben eine gleichrangige Bedeutung wie die weiteren durch Agricola begründeten wissenschaftlichen Traditionen. Die Motivationen für die metrologischen Schriften lagen nicht in einer abstrakten scholastischen Beschäftigung mit den Maßen und Gewichten, sondern ergaben sich aus seinen medizinisch-pharmazeutischen Interessen. Es ging ihm als Stadtarzt von Sankt Joachimsthal um die Nutzbarmachung von Erkenntnissen der Heilkunde, die er u.a. in Italien bei der Übersetzung und Neuherausgabe medizinischer Autoritäten der Antike gewonnen hatte. Das erforderte die Wiederfeststellung und Vergleichbarkeit von Maßen und Gewichten. Es veranlaßte ihn zugleich, sich dem Montanwesen zuzuwenden, und zwar in mehrfacher Hinsicht. St.Joachimsthal war ein prosperierendes Zentrum des Bergbaus und Hüttenwesens, und Agricola wollte Montanprodukte auf ihre Verwendbarkeit in der Medizin prüfen. Er kam damit in engsten Kontakt mit der bergmännischen Praxis. Mit den Dialogen in «Bermannus sive de re metalica»[7] wurde das Montanwesen zum Gegenstand der wissenschaftlichen Erörterung. Das Montanwesen wurde so auch von dem Makel befreit, es sei eine schmutzige und wenig ehrenhafte Tätigkeit. Der Erzbergbau der Region hatte seinen besonderen Stellenwert durch die Gewinnung von Silber für die Münzprägung. Das Geld erlangte zunehmende Bedeutung, da es neben der Verwendung in der Warenwirtschaft auch bei der Ablösung der Naturalrente und als Kapital fungierte. Damit war der Bergbau nicht ein Zweig der Güterproduktion unter vielen, sondern durch sein Produkt exponiert. Das drückte sich auch in einem besonderen staats- und wirtschaftspolitischen Interesse an ihm aus. Der Bergbau war in Sachsen zu dieser Zeit bereits ein Sektor, in dem unter landesherrlicher Regalität in großem Umfang Handelskapital eine Anlagemöglichkeit fand und von feudalen Bindungen freie Produzenten wirkten. Hier wurden, und das ist für den Prozeß der Erkenntnisgewinnung wichtig, bürgerliche Verhältnisse antizipiert.

In diesem Aufsatz zu Agricolas dogmenhistorischen Beiträgen wird auf folgende Punkte eingegangen:

1. Skizzierung des wirtschafts- und sozialgeschichtlichen Hintergrundes (unter besonderer Bezugnahme auf Sachsen),
2. Darstellung des geistigen Umfeldes und die Relevanz der neuen Ideen,
3. Wertung des Beitrages von Agricola zur Entwicklung der ökonomischen Theorie.

1. Zur Wirtschafts- und Sozialgeschichte

In der Wirkungszeit Agricolas bilden sich in der Wirtschaftsordnung des Feudalwesens, ausgelöst durch die Handels-, Gewerbe- und Stadtentwicklung, frühkapitalistische Keime heraus. Besonders im Bergbau spielt ein starker

Kapitalzustrom eine Rolle. Kapital ersetzt hier nicht die Arbeitskräfte und verändert auch nicht die gewinnende Tätigkeit des Bergmannes, sondern ermöglicht die Anwendung neuer Techniken der Förderung, Wasserhaltung und Aufbereitung und die Erschließung weiterer Gruben. Das führt in der Zeit um 1500 zu einer Blüte des mitteleuropäischen Silberbergbaus. Die sächsischen Reviere bringen in dieser Zeit mit ca. 30 t jährlich etwa die Hälfte des Silberaufkommens.[8] Wenn damit auch die Grenzen der feudalen Wirtschaftsordnung deutlich werden, bleiben die gesellschaftlichen und politischen Machtverhätnisse davon weitgehend unberührt. Es kommt zur Überlagerung innerfeudaler und aus der frühkapitalistischen Entwicklung resultierender Konflikte. So setzt z. B. der Landes- und Regalherr die Bergbauinteressen auch gegen die Belange der Grundeigentümer durch. Im Sächsischen Münzstreit kollidieren die Zielstellungen der Albertiner und Ernestiner hinsichtlich der Geldpolitik.[9] Geistige Wandlungen zeigen sich in der Reformation und der von den Humanisten getragenen Renaissance. In der Antike vorhandene Erkenntnisse und Regelungen sollen wieder nutzbar gemacht werden. Das wird bei Agricolas Forschungen auf allen Gebieten in dem Rückgriff auf die Quellen und ihre Überprüfung in der Praxis deutlich. Für die Humanisten ist das Römische Imperium auch als geeintes Reich vorbildhaft. Die Zersplitterung in Deutschland gilt es nach ihrer Meinung zu überwinden. So sieht Agricola in der Stärkung der Landesherrschaft (und religiösen Einheit) einen ersten Schritt, um den Partikularismus zu überwinden.

Die Ausbreitung der Waren- und Geldwirtschaft führt einmal zur Einbeziehung von immer mehr Gütern in den Austausch und die zunehmende Abgeltung von Leistungen in Geldform. Sie ist andererseits Ergebnis der Erweiterung der Wirtschaftsräume durch den Fernhandel und die geographischen Entdeckungen. Das bringt ab ca. 1540 einen starken Silberzustrom aus Amerika und beeinflußt den monetären Bereich. Die arbeitsteilige Produktion und der Handel fördern und verlangen eine zunehmende Standardisierung der Produkte, was nicht nur wiederholbare Technologien erfordert, sondern auch vergleichbare und stabile Maße und Gewichte. Gleiches gilt für den Geldbereich. Die Wertigkeit und Vergleichbarkeit, der Geltungsbereich und die Gültigkeitsdauer sind wichtige qualitative Merkmale des Geldes. Nur bei ihrem Vorhandensein kann es seine Funktionen erfüllen. Nur dann ist die Tauschgerechtigkeit, die Förderung des auswärtigen Handels, die Kapitalakkumulation, die Stabilität der Preise usw. realisierbar. In der Praxis sind demgegenüber Preissteigerungen häufig, so daß auch vom Zeitalter der «Preisrevolutionen» gesprochen wird. Für diese Phänomene gibt es Erklärungsbedarf, sie stellen eine Herausforderung an das zeitgenössische Wissen über die wirtschaftlichen Abläufe dar. In Sachsen wird das in dem Münzstreit um 1530 deutlich.

2. Zur Ideengeschichte

Hier muß historisch weiter zurückgegriffen werden. Die griechischen und römischen Denker erfaßten die wirtschaftlichen Probleme ihrer hochentwickelten sozialen Ordnungen. Die dabei gewonnenen Erkenntnisse, besonders zur Hauswirtschaft, aber auch zum Geld, wurden in der Folgezeit von unterschiedlichen Institutionen bewahrt und weitergegeben. Sie werden erneut aufgegriffen und angewendet, wenn ähnliche Fragestellungen durch die Entwicklungen auftreten. Das gilt auch für die germanischen Gebiete. Bei aller Differenzierung (z.B. durch den römischen Einfluß) spielt die Hauswirtschaft eine dominierende Rolle, Geld dagegen eine eher begrenzte. Über die Hauswirtschaft hinausgehende Fragen kommen auf, als sich im Zuge der Stadtgründungen Handel und Gewerbe entfalten. Die neuen Wirtschaftssubjekte existieren neben der traditionellen Naturalwirtschaft, ergänzen sie teilweise und schränken deren Bedeutung letztlich immer weiter ein. Es wird notwendig, wirtschaftliche Vorgänge zu bewerten, die in unterschiedlichen Bereichen (auch der gesellschaftlichen Hierarchie) nebeneinander ablaufen oder arbeitsteilig miteinander verbunden sind. Dabei wird besonders auf das Werk des Aristoteles zurückgegriffen. Dieser hatte neben der *Ökonomik* (Hauswirtschaftslehre) die *Chrematistik* (Erwerbslehre) beschrieben. Bei den Untersuchungen des Gütertausches, der durch das Geld erleichtert wird, unterscheidet er zwischen dem der Bedürfnisbefriedigung dienenden (natürlichen) Gebrauchswert und dem Tauschwert. Der auf die Gewinnerzielung gerichtete, nicht an die Konsumtion gebundene künstliche Tauschwert sprengt die Grenzen der Naturalwirtschaft und wirft z.B. die Frage nach der Tauschgerechtigkeit auf. Das Eigentum dient nicht mehr nur der Hauswirtschaft, es bedarf im Zusammenhang mit der Erwerbswirtschaft einer neuen Begründung und Rechtfertigung. Die Überlegungen des Aristoteles zur Ersetzung der Arbeitsmenge durch eine entsprechende Gütermenge finden sich bei Thomas von Aquin und Albertus Magnus als Lehre vom gerechten Preis und sind damit Grundbestandteil der ethisch orientierten Wirtschaftslehre der Scholastik. Agricola, der sich neben der Naturbeobachtung dem Bergbau zuwendet, kommt dabei mit Fragen der Bewertung der berg-und hüttenmännischen Arbeit und des gewonnenen Edelmetalls in Verbindung. Damit ist die Verbindung zum Münzwesen und zur Geldpolitik gegeben. Er hat damit neben anderen Anteil an der Hinwendung zu wirtschaftlichen und sozialen Fragen, wobei die neuen Fragestellungen zugleich eine partielle Loslösung von der Scholastik und religiös begründeten Sichtweisen bringen. Der (innere) Wert eines Gutes, so die Wert- und Preisvorstellungen der Scholastik, bestimmt sich durch die standesgemäße Entlohnung der geleisteten Arbeit und die Materialkosten. Darauf beruht der gerechte Preis *(justum pretium)*. Von diesem sollte der (äußere) Tauschwert oder Marktpreis nicht längerfristig abweichen. Somit ist für Agricola der Wert des

Bergbauprodukts bestimmbar. Das Edelmetall hat wie andere produzierte Güter einen Wert, der sich aus den Arbeits- und Materialaufwendungen ergibt. Die Seltenheit verursacht hohe Kosten, was zu dem vergleichsweise hohen und gesellschaftlich anerkannten Wert führt. Aus dem Edelmetall wird die Münze geschlagen. Es wird zu Geld, das den Preis anderer Güter und Dienste ausdrükken kann. Agricola tritt für eine metallistische Währung ein. Das Geld ist für ihn ein Gut, es ist Resultat der Produktion. Der Wert beruht auf dem Metallinhalt. Er kann nicht Ergebnis subjektiver, obrigkeitlicher Manipulation oder eines Machtanspruchs bzw. Bereicherungsstrebens sein. Der Nominalwert ist an den Realwert gebunden. Diese Erkenntnisse führen ihn zur Ablehnung der spekulativen Geldverschlechterung, z.B. durch Verringerung des Metallgehaltes mit dem Ziel der Bereicherung der Inhaber des Münzregals. Agricola unterstützt die Argumente der Verfechter vollwertiger Münzen. *Die reine Münze ist ein Schatz* (eine «Anlage»). *Wer nämlich solche goldene und silberne Geldstücke besitzt, weiß, was er hat, und was er hat, gilt überall soviel.*[10] Hier erfolgt die monetaristische Identifikation von Geld (Edelmetall) und Reichtum, den weder Motten noch Rost fressen. Vollwertige Münzen können auch aus legiertem Metall geprägt werden (das ist hinsichtlich der Verminderung des Verschleißes sogar sinnvoll). Der Nominalwert soll dabei ebenso (mit Ausnahme der Kleinmünzen) dem Metallwert entsprechen. *Die mit geringerem Metall vermischte Gold- bzw. Silbermünze dagegen gilt in dem Land, wo man sie prägt, viel, in anderen wenig. Und so beraubt sie großenteils ihren Besitzer seines Vermögens und seiner Güter. Soviel Gold und Silber wie die Münze gilt, besitzt er gar nicht.*[11] Entspricht der Nennwert nicht dem Metallinhalt, so fallen die (durch die obrigkeitliche Prägung dargestellte) Geltung und die (dem Metallwert entsprechende) Anerkennung der Münzen auseinander. Sie verkörpern auf unterschiedlichen Märkten höhere oder niedrigere Kaufkraft. Hierbei kann sich nur der über das Edelmetall- und Münzmonopol Verfügende Vorteile verschaffen. Daß diese weder dauerhaft sind, noch der wirtschaftlichen Entwicklung dienen, beschreibt Agricola folgendermaßen: *Ferner: in das Land bzw. in die Stadt, die gute Münzen haben, führen alle Waren, die wir als lebensnotwendig verlangen, entweder auswärtige Kaufleute von sich aus ein, oder die einheimischen, die sie, weil sie gern gesehenes Geld haben, leicht von den Bewohnern anderer einhandeln. In ein Land bzw. eine Stadt dagegen mit geringwertigen Münzen führen weder auswärtige Kaufleute soviel Waren ein, noch einheimische, weil ihre Münze von den Bewohnern anderer Länder nicht gern genommen wird. Und so wird, wenn die Leute keine Käufe vornehmen, Abgabe und Zoll darniederliegen ... Eine Masse Menschen wird aus dem Lande, dessen Vermögen auf diese Weise angeschlagen ist, abwandern und in ein anderes blühendes flugs hinüberwechseln. Durch beide Vorgänge werden die Einkünfte des Königs, des Fürsten bzw. der Stadt Schaden erleiden ... Weiter wird schließlich, auch wenn Waren in das Land bzw. die Stadt eingeführt werden, doch der König bzw. der Fürst oder die Stadt Schaden haben, weil die Münzen, die auf die Waren als Abgabe und Zoll gelegt und beigetrieben werden, weniger gut sind. Dasselbe wird für ihn eintreten, wenn Steuern gezahlt werden ... Da also mehr Nachteil entsteht ... als Gewinn bei der Prägung einer geringerwertigen Münze, sollte sich ein König, Fürst oder Senat nicht durch einen augenblicklichen, aber geringen Gewinn und Vorteil bestimmen lassen, sondern sich vor dem großen Schaden hüten, den nicht nur das Königreich /der Staat/ oder das Land oder die Stadt, sondern auch er selbst sich zuzieht.*[12] Agricola ist hier an der Formierung merkantilistischer Positionen beteiligt. Es klingt die Quantitätstheorie des Geldes an und er formuliert den später als Greshamsches Gesetz bezeichneten Vorgang, daß gutes Geld von schlechtem verdrängt wird. Und: Er leistet in Verbindung mit der Geldtheorie einen Beitrag zum Verständnis von Wert und Preis.

3. Wertung des Beitrages von Agricola

Die metrologischen Arbeiten von Agricola sind ein wesentlicher Bestandteil seines Gesamtwerkes. Ihre Bedeutung gewinnen sie durch die Verbindung mit der Produktion. Die Kenntnis der Technologie des Montanwesens führt zu einer neuen Betrachtungsweise der wirtschaftlichen Fragen. Hinzu kommt, daß der Bergbau frühkapitalistisch geprägt ist. Somit vollzieht sich in seinem Werk die Hinwendung zum Merkantilismus. Im Vergleich zu anderen Ländern gibt es in Deutschland mitunter Besonderheiten der wirtschaftlichen Entwicklung und des darauf bezogenen ökonomischen Denkens. Das gilt auch für Sachsen in der hier betrachteten Zeit. Mit dem Direktionssystem, das auf dem landesherrlichen Berg- und Münzregal beruht, wird hier eine wirtschaftliche Reife erreicht, hinter der später der Merkantilismus in seiner Ausprägung als Kameralismus in anderen deutschen Staaten meist zurückbleibt (außerdem hat sich zur Hauptverbreitungszeit des Kameralismus in Deutschland in den fortgeschritteneren Ländern bereits der klassische Liberalismus etabliert). So kommt denn auch Agricola mit der Betrachtung einer allgemeinen, unterschiedslosen Arbeit bei der Wertbestimmung dem Verständnis der klassischen englischen Nationalökonomie, zur Arbeitswertlehre und der Bestimmung der Warenwerte nahe.[13] Agricola trägt bei zur Überwindung der scharfen Trennung von Gelehrtenwelt und handwerklich-technischer Arbeitswelt. Er setzt Ausgangspunkte für die Entwicklung der Natur- und Technikwissenschaften (Technologie) in untrennbarer Einheit mit der sozialen Determination. Das Montanwesen seiner Zeit ist dabei nicht schlechthin ein Akzelerator, es ist auch die gesellschaftliche Klammer, für den eine neue Dimension erreichenden sozialen Prozeß. Konzentration von Arbeit und Kapital sowie die Anleitung und Kontrolle durch das Direktionssystem führen zu technologisch komplexen und wirtschaftlich progressiven Lösungen.

Alle diese Entwicklungen hat Agricola maßgeblich beeinflußt und dabei den Übergang von der Empirie zur Wissenschaft vollzogen.

Anmerkungen

1 Helmstädter, E.: Die Geschichte der Nationalökonomie als Geschichte ihres Fortschritts. In: Geschichte der Nationalökonomie. Hrsg. von O. Issing, München: Vahlen, 1988.
2 Hansen untersucht diese Frage am Beispiel von Aristoteles. Hansen, H.: Die ökonomische Lehre des Aritoteles – Vorläuferin oder Vorbild moderner Nationalökonomie. TU Bergakademie Freiberg, 1993.
3 Zu den wenigen Ausnahmen gehören beispielsweise: Mombert, P.: Geschichte der Nationalökonomie. Jena: Fischer, 1927; Fabiunke, G.: Geschichte der politischen Ökonomie. Berlin: Die Wirtschaft, 1985, S. 46.
4 Brandt, K.: Geschichte der deutschen Volkswirtschaftslehre. Freiburg i.Br.: Haufe, 1992, S. 27.
5 Agricola, Georgius: Ausgewählte Werke (AGA). Gedenkausgabe des Staatlichen Museums für Mineralogie und Geologie zu Dresden. Hrsg. von Prescher, Hans und Mathé, Gerhard. Bd.V, Berlin1959.
6 Ladwig, R.: Ökonomisches Denken bei Montanwissenschaftlern am Beispiel von Georgius Agricola. Bergakademie Freiberg (Diss. B), 1987.
7 AGA, Bd.II, Berlin1955.
8 Henning, F.-W.: Wirtschafts- und Sozialgeschichte, Bd.1. Das vorindustrielle Deutschland 800 bis 1800. Paderborn: Schöningh, 1985, S. 211.
9 Lotz, W.(Hrsg.): Die drei Flugschriften über den Münzstreit der sächsischen Albertiner und Ernestiner um 1530. Leipzig: Duncker und Humblot, 1893.
10 AGA, Bd.V, Berlin 1959, S. 358.
11 Ebenda.
12 Ebenda, S. 358–359.
13 Brandt, K.: Geschichte der deutschen Volkswirtschaftslehre ... (Anm. 4), S. 142.

Georgius Agricola – sein Erbe in der erzgebirgischen Schnitzerei

Bachmann Manfred (Oberwartha)

In seinem für die Erforschung der Bergbaukultur so bedeutsamen Buch «Der Bergbau und seine Kultur» (Zürich 1981) unterscheidet Gerhard Heilfurth (Marburg), Ehrenbürger von Schneeberg, zwischen dem Bergbau als Gegenstand von Kunst und Kunsthandwerk, als Thema von bergbaulicher Auftragskunst und als Ergebnis bergmännischer Kunstschöpfung, wozu auch jene Werke zählen, die wir mit dem Verständigungsbegriff «Volkskunst» erfassen. 1978 schloß G. Heilfurth seine Festrede zur Feier «100 Jahre Erzgebirgsverein» in Kirchberg/Jagst mit dem Bekenntnis zu seiner erzgebirgischen Heimat: *Der Glanz, der heute noch über dem Erzgebirge liegt, stammt in erster Linie aus der Fülle seiner traditionsreichen Volkskunst, in der sich das bergmännische Element auf eine immer neue Weise widerspiegelt und ungebrochen über alle Beschränkungen hinweg ausstrahlt, insbesondere zur Weihnachtszeit ein Symbol dafür, daß trotz tiefer Strukturveränderungen die kreative Kraft der Bevölkerung dieser Grenzregion weiterhin ihrer Substanz treu geblieben ist.*

Das Erzgebirge zählt zu den größten und bekanntesten Volkslandschaften Deutschlands. In ihm ist noch heute, im Zeitalter der modernen Industrie und Technik, eine relativ beständige Geschlossenheit verschiedener traditioneller Volkskunstübungen zu finden: eine formen- und farbenreiche Schnitzerei im westlichen Teil des Erzgebirges, die Produktion alter Volksspielzeuge (neben der modernen Spielzeugindustrie) im Gebiet von Seiffen, Grünhainichen und Olbernhau, eine weitverbreitete Spitzenklöppelei, lebendiger Volksgesang, Mundartdichtung und Volksspiel. Unerschöpflich in seiner Vielfalt offenbart sich der künstlerische Gestaltungswille der heimatverbundenen Erzgebirger. Die erzgebirgische Volkskultur ist in allen ihren Zweigen auf das engste mit der Entwicklung des Bergbaus verbunden. Der Bergbau in seinen technischen und sozialen Bezügen, in seinem historischen Wandel prägte weitgehend Sitte und Brauch, Fest und Feier, Familienleben und Vereinswesen, Kleidungsverhalten und Eßsitten, Volksdichtung (Mundart), Lied und Spruchgut, Volksglaube, Heiligenverehrung und Aberglaube. Das Bergmanns-/Berufsideal, die durch den Bergbau bestimmte Landschaft und der Einfluß bergmännisch bestimmter Hochkultur in Kirchen und im Profanbereich formten gleichermaßen den Erzgebirger in den unterschiedlichen sozialökonomischen Klassen und Schichten. Den direkten Einfluß auf die gestalterischen Eigenheiten der erzgebirgischen Volkskunst kann man am besten im Bild der Schnitzerei erkennen. Ursprünglich wohl als eine spezifische Form der Volkskunst den Bergleuten zugehörig, verbreitete sich die Schnitzerei allmählich unter allen Kreisen der Bevölkerung, besonders seit dem Ende des vorigen Jahrhunderts. Innerhalb der Holzschnitzerei zeigen sich diese Eigenarten vor allem in einer starken Neigung zu technischer Bastelei und Mechanisierung – von der funktionsgerechten Nachbildung des Bergwerks bis zur mechanischen Beweglichkeit der Figuren. Die besten Werke der Vergangenheit spiegeln getreu das Leben der Bergleute wider, unabhängig vom Grad der Beherrschung von Holz und Schnitzwerkzeug. Im Gegensatz zur Spitzenklöppelei und Spielzeugherstellung, die von ihren Anfängen als Beruf oder Nebenberuf betrieben wurden und auch heute noch als Erwerbszweig gelten, ist die Erzgebirgsschnitzerei bis zu Gegenwart im wesentlichen eine sogenannte «Feierabendkunst». Sie wird in Verbindung mit technischer Bastelei – im Gegensatz zu allen anderen Schnitzgebieten Deutschlands – vor allem in geselliger Gemeinsamkeit betrieben. Seit dem ausgehenden 19. Jahrhundert finden wir im sächsischen Erzgebirge feste, vereinsmäßige Zusammenschlüsse der Schnitzer und Bastler aus allen sozialen Schichten und Berufen (der erste Verein dieser Art wurde als «Bergverein» 1879 in Lößnitz gegründet).

Der Bergmann gilt als die Zentralgestalt der erzgebirgischen Schnitzerei. Wir finden ihn schon früh als Motiv in Werken berufsmäßiger Künstler in Stein gehauen und als Holzfigur an Kanzeln und Altären erzgebirgischer Kirchen. Erst für das späte 17. und 18. Jahrhundert sind Darstellungen aus der Hand einfacher Bergleute überliefert, obwohl es bereits für das 16. Jahrhundert literarische Hinweise dafür gibt. So verbot z.B. 1581 der Rat zu Nürnberg Peter Döpffer vom Schneeberg das Vorführen eines mechanischen Bergwerks. 1570 führte ein Oederaner Bürger in Freiberg ein mechanisches Modell vor. Der Schneeberger Stadtchronist und kursächsiche Geschichtsschreiber Petrus Albinus (Peter Weiß, 1543–1598) nennt Christoff Pucher – ein Tischler – und Hans Hübsch als geschickte Männer, die kleine Modelle von Wäschen, Pochwerken, Hütten- und Maschinenanlagen sowie Wasserräder gebastelt haben. Auch im Freiberger «Bergkalender» (Jg. 1774) wird bergmännisches Bastelwerk erwähnt.

Offensichtlich ging es bereits damals auch um Broterwerb von Bergleuten, die keine Beschäftigung mehr fanden. Der Erwerbsgedanke ist in den frühen Nachrichten nicht zu überhören. Um 1800 arbeiteten z.B. in Schneeberg neun Drechsler. 1786 vermerkte Johann Ernst Fabri im «Neuen geographischen Magazin. Halle», Bd. III: *Es werden zu J. Georgenstadt auch Vorstellungen von*

Bergwerken in größeren und kleineren viereckichten Flaschen verfertigt, so daß in manchen derselben die Figuren der Bergarbeiter beweglich sind, und, wenn man an einer oben daran befindlichen Winde dreht, immer frisch auf das Erz loshauen. Man sendet sogar welche davon außer Landes (S. 223).

Um 1800 findet das Schnitzen der Bergleute in einer Beschreibung von Johanngeorgenstadt Beachtung: ... *Hier wird auch (jetzt nur noch von wenigen Personen) verschiedenes Spielwerk, das auf den Bergbau sich bezieht, gefertigt und von den sog. Landreisenden besonders in Gegenden vertrieben, wo es keinen Bergbau gibt* (K. A. Engelhardt, D. J. Merkel's Erdbeschreibung von Kursachsen ... Leipzig 1804, S. 198).

Einen beträchlichen Quellenwert für die Volkskunde des Erzgebirges besitzt das Hauptwerk des Breitenbrunner Pfarrers Christian Gottlob Wild (1785–1839), den wir mit gutem Grund als Begründer der erzgebirgischen Mundartdichtung betrachten dürfen. In seinem Band «Interessante Wanderungen durch das Sächsische Obererzgebirge», Freiberg 1800, vermittelt er exakte Beobachtungen über das volkskünstlerische Schaffen der Bergleute: *Während der ganzen Adventszeit arbeitet und schnitzt der fleißige und spekulative Bergmann an allerlei mechanischen Spielereien, welche meistenteils allerlei Modelle des Bergbaus sind und ihm manchen Schweißtropfen kosten. Diese verkauft er nun entweder, daß er Feiertagsgeld habe, oder er illuminiert sie zur Freude seiner Familie am heiligen Abend. So findet man hölzerne Steiger, in deren Bauch man ein ganzes wohllöbliches Bergamt mit den Köpfen nickend Session halten sieht: überbaute 4 bis 5 Stock hohe Pyramiden, wo man das ganze Bergbauwesen, auch die Eisenhämmer, Wasserkünste in völligen Gange sieht...* (S. 144). *Aber der heilige Abend selbst, wie illuminiert wird er gefeiert. Zu dieser Zeit hat es mir vorzüglich in Schneeberg gefallen, wo man Abends auf den sogenannten Gebirge hinter Neustädtel und auf dem Mühlberge fast alle Häuser an den Fenstern sehr hell erleuchtet sieht, welches in dem Dunkel der Nacht sehr schön in den Augen fällt. Dazwischen tönt immer ein beständiges Lärmen und Singen, auch die Bergsänger gehen Abends mit Stangen-Laternen und Zithern herum und singen allerley Bergmannslieder. Bei dem geschickten Schlosser-Meister Nuth sah man sonst auch verschiedene Bergwerks-Vorstellungen, welche ein einfacher Mechanismus lebendig machte, wobei noch allerhand kleine Spaßerei vorkam. Die gewöhnlichen Speisen am heiligen Abende sind Semmelmilch, Hering mit Milchbrey oder Apfelsallat, oder Sauerkraut und Wurst, wobey das Gläschen Schnaps nicht fehlen darf. Zu dieser Mahlzeit brennt ein großes, bunt gemahltes Licht, auf welchem oft Namen und Jahrzahl zu sehen ist oder ein Spruch. Diese Lichte machen und mahlen sich die Bergleute selbst und schenken zu dieser Zeit einige ihren Vorgesetzten. ...* (S. 145)... *Von der Rosengärtner-Halde weg gehen wir nach dem Eleonorer-Stollen zu. In dem dabei befindlichen Zechenhaus wohnt ein Mann, namens Unger, welcher allerlei kleine Modelle vom Bergbau und Darstellungen desselben schnitzt, welche ein einfacher Mechanismus lebendig macht, überhaupt besitzt er ziemliche Fertigkeit im Schnitzeln, obgleich seine Figuren keinen feinen Geschmack verrathen* (S. 22 f).

Die erzgebirgische Schnitzerei und das Basteln von mechanisch betriebenen Bergwerksmodellen, Bergen, Krippen und anderem Spielwerk hat sich nicht trotz, sondern im Gegenteil gerade infolge starker Industrialisierung entwickelt und bis in die Gegenwart erhalten. Immer wieder ist in der volkskünstlerischen Gestaltung das Wirken Georgius Agricolas spürbar. Seine Arbeitswelt ist für den erzgebirgischen Bergmann im Hinblick auf die Technik bis in die Mitte des 19. Jahrhunderts gleichermaßen Arbeits- und Lebensraum.

Agricolas Hauptwerk «De re metallica libri XII», das zwischen 1556 und 1621 auch deutsche Ausgaben erfuhr, dann erst wieder 1928, war und ist noch heute mit seinen fast 300 Holzschnitten für die Schnitzer eine «Fundgrube» voller Anregungen für ihre Gestaltungen, obgleich sie sicher in der Regel nur einzelne Blätter davon in populären Zeitschriften oder in der Sekundärliteratur zur Verfügung hatten. Auch die Arbeiten anderer Künstler aus dem Bereich der Genremalerei des 19. Jahrhunderts, vor allem die Lithographien Eduard Heuchlers (1801–1879), dessen *Werk sich auf einem breiten Nährboden populärer Genrebilder über berufsbezogene Themen des Biedermeier erhebt* (Gerhard Heilfurth), volkstümliche Bilderbogen, Abbildungen aus den Trachtenwerken von C. H.J. Fehlingk (1683–1755), von Chr. Weigel (1654–1725) und G. E. Rost (1831) boten und bieten den Schnitzern viele Anregungen zur Übernahme von Themen und Motiven sowohl für szenische Gestaltungen als auch Einzelfiguren. Als jüngstes Beispiel sei auf das mechanische Kastenbergwerk nach Motiven des «Annaberger Bergaltars» des Schnitzervereins Königswalde nach einem Entwurf von Wolfgang Süß verwiesen (1989/90). Das bergmännische Maschinenwesen in Form von Modellen hat gleichermaßen Einfluß auf die Volksgestaltung gehabt, wie uns Nachrichten aus dem 18. und 19. Jahrhundert bezeugen. Für Sachsen belegt G. H. Hollenberg in seiner Reisebeschreibung aus dem Jahre 1782 derartige Lehrmodelle von Probieröfen, Pochwerken, Waschherden und Feldgestängen, die er in der Dresdner Kunstkammer und in der Freiberger Bergakademie gesehen hat. In unserem Jahrhundert erwarb sich der Modellbaumeister Hermann Ranft (1906–1976) aus Annaberg, der vor allem für Museen arbeitete, einen guten Ruf.

Der gleiche Vorgang der freien Adaption – nicht einer maßstabgerechten und exakten Nachbildung – von Vorbildern aus der künstlerischen Berufswelt in die oft ganz naive Volksgestaltung ist auch für die Geschichte der Weihnachtskrippe und größer angelegten Weihnachtsberge nach «orientalischer Art» seit dem frühen 19. Jahrhundert zu beobachten. Hierbei ist der direkte Einfluß von katholischen Kirchenkrippen, der Bilder der Nazarener (als populärer Wandschmuck) und der weit verbreiteten, auch als billige Nachdrucke angebotenen

Bilderbibeln der Maler Julius Schnorr von Carolsfeld (1794–1872) und Joseph Führich (1800–1876) bis in die Gegenwart auszumachen.

Herbert Clauß hat bereits 1957 in einer grundlegenden Studie («Bergmännische Arbeitsvorgänge in volkskünstlerischer Gestaltung») die Gestaltungsprinzipien der Schnitzer und Bastler zusammengefaßt. Als Merkmale erweisen sich: ein direkter Wirklichkeitsbezug; die Einzelmotive der Figuren sind in der Regel eine wohlerwogene Auswahl; die Beschränkung auf die Wiedergabe einfacher Arbeitsvorgänge, die für die Gewinnung, Förderung und Aufbereitung des Erzes unbedingt notwendig sind; Vorliebe für das Einfügen komplizierter technischer Neuerungen (wie kunstvolle Wasserhebemaschinen); Komposition der Szenen in Etagen und kleinere Betrachtungsfelder, die nicht mit ödem Schematismus zu verwechseln ist, sondern wohlgefügte Ordnung ausstrahlen, Einsatz von verschiedenen Naturstoffen (Steine, Moose u. a.) sowie Papier (mit Stärke und Leim) zur Gestaltung der Szenerie; technische Primitivität der Figuren, die im Einklang mit einer häufig spürbaren Naivität des Schnitzers steht und knappeste Gestaltung unter Verzicht auf individuelle Ausformung bedingt; die Figuren oder Figurengruppen – starr oder beweglich – wirken in ihrer Zusammengehörigkeit, in ihrer *kompositionellen Familarität* (Wilhelm Fraenger) und weniger als Einzelplastik. Friedrich Sieber vermerkte 1963: *Aus dieser Beweglichkeit der Einzelfiguren und ganzer Gruppen spricht ein volkstümlicher Verismus, dem Beweglichkeit als wesentliches Moment der Wirklichkeit erscheint. Die Rückführung individuell getönter Gestik zur typischen Bewegungsformel ist ein echter Schaffensakt.*

Zu den frühen Kostbarkeiten zählen die 15 erhaltenen (von ursprünglich 18) geschnitzten, teilweise farbig gefaßten Bergbauszenen im Stadt- und Bergbaumuseum Freiberg, die dem sächsischen Kurfürsten Johann Georg II anläßlich eines Vergnügungsbesuches zum Vogelschießen in Freiberg am 26. Juli 1678 als Tafeldekoration zwischen das Marzipan präsentiert wurden. Es sind die bisher ältesten überlieferten Stücke von hohem handwerklich-gestalterischen Können aus dem erzgebirgischen Raum. Sie verdeutlichen im Detail die Arbeitswelt, wie sie uns Agricola vermittelt. Rolf Kunze hat ihnen 1982 eine gründliche Studie gewidmet.Die Figurengruppen dokumentieren das Aufsuchen, das Erschließen, das Gewinnen und die Aufbereitung der Silbererze.

Das Hofjournal berichtet über die Reise des Kurfürsten. Danach brach er am 19. Juli in Dresden auf und kam mittags in Freiberg an, blieb bis zum 26. Juli in Dresden und reiste über Chemnitz am 27. Juli nach Schneeberg, wo ihn die Einwohner herzlich begrüßten. Von Schneeberg aus unternahm er mehrere Ausflüge und blieb bis zum 10. September in der Bergstadt, reiste dann wieder über Freiberg nach Dresden, wo er am 14. September 1678 ankam. In Schneeberg fand am 5./6. August ein Vogelschießen statt, außerdem ein bergmännischer Aufzug.

Christian Meltzer (1655–1733) berichtet in seiner «Historia Schneebergensis renovata», Schneeberg 1716, über den Besuch des Kurfürsten von 1678: *Doch also / daß eben zu dieser Zeit / als man nebst andern Confect den in 20. Stücke eingetheilten Marcipan auffgetragen / der bereits abgesungene Anzugs-Reyhen: Wach auff! wach auff! der Steiger kömmt usw. mit völlig starken Chor wiederholet werden müssen / alldieweil jeglichen Marcipan-Stück ein besonderes geschnitztes und gemahltes Berg-Männlein mit unterschiedenen Berg-Gezäu und kleinen silbernen angezündeten Gruben-Lichtlein mit einem etwas größeren / an statt des Steigers / in der mitten mit einer roth-göldenen Ertz-Stufe zu CHurfl. Durchl. und allerseits hohen Anwesenden erfreulichen Wohlgefallen praesentiert worden.* (S. 1135 ff).

Die geschnitzten Bergleute wurden also offenbar im Reisegepäck mitgeführt und in beiden Städten als Tafelschmuck eingesetzt. Den historischen Belegen nach zählen auch die Bergwerksmodelle zu den frühesten Formen der Schnitzerei. In kleinen mechanisch bewegten Modellen, sogenannten «Buckelbergwerken», die in 1 bis 1,5 *m* hohen schrankartigen Behältern eingebaut wurden, haben Bergleute ihr Leben und ihre Arbeit gestaltet. Sehr oft waren es Berginvaliden, die diese Modelle bauten, auf dem Rücken *(*dem *Buckel)* über Land trugen und auf Jahrmärkten, in Gaststätten und – bis in unser Jahrhundert hinein – auch in Schulen gegen ein Entgelt zeigten und erklärten. Schausteller mit solchen Bauwerken sind bereits 1740 für die Leipziger Messe und in Schleswig-Holstein nachweisbar. Bisweilen finden wir in diesen Werken (auch *Bergwerkshuck* genannt) starke sozialkritische Aussagen, z.B. Darstellungen der erschütternden Kinderarbeit im Bergbau. Wir finden in Tageszeitungen Verkaufsanzeigen für solche Bergwerke (Annaberger Wochenblatt 17.–26. November 1863) und auch Einladungen zum Vorführen (Zwickauer Wochenblatt 1. Juni 1825).

Die Tradition der Buckelbergwerke wird auch heute noch von einzelnen Schnitzern gepflegt (neue Werke schufen u.a. Wolfgang Süß, Königswalde, Günther Zielke, Seiffen und Peter Püschmann, Thalheim. Harry Schmidt, Schnitzmeister in Bermsgrün, gestaltete um 1988 seine elfteilige Szenenfolge «Alter Bergbau. Nach Georgius Agricola» als Wandkasten in drei Etagen. Auch der genossenschaftliche Betrieb «Schneeberger Volkskunst» (1959–1992) bot Buckelbergwerke (neben Heimat- und Weihnachtsbergen mit bergmännischen Szenen) in unterschiedlichen Formen an. Walter Werner, Seiffen, fügte der reizenden Gruppe seiner Figuren aus dem Volksleben 1984 einen Bergmann bei, dessen Buckelbergwerk abgenommen werden kann, und ein beweglicher Arm das *Erklären* andeutet. Diese beweglichen Bergwerke und auch unbewegliche Modelle stehen offensichtlich in gestalterischen Beziehungen zu den von Künstlerhand aus kostbaren *Stufen* – meist gediegenem Silber oder edlen Silbererzen geformten Handsteinen, die vom 16. bis 18. Jahrhundert in verschiedenen mitteleuropäischen Bergbaugebieten gefertigt wurden und uns vor allem aus dem

Besitz fürstlicher Kunstkammern überliefert sind. Solche *Stufen* waren besonders im böhmischen Teil des Erzgebirges verbreitet. Unter *Stufe* versteht man im katholischen Glaubensgebiet auch ein Kruzifix in einem Glasschränkchen, das mit geschnitzten Bergmannfiguren, seltenen Steinen und glitzernden Erzstücken verziert wurde.

Zu den ältesten Formen zählen auch die sogenannten *Geduldflaschen* oder *Eingerichte.* Sie werden für das Erzgebirge bereits 1786 belegt und wurden von Johanngeorgenstadt aus gewerblich vertrieben. Die in diesen bis etwa 30 cm hohen Flaschen mit häufig auf 2 oder 3 Ebenen dargestellten bergmännischen Szenen und auch religiösen Themen werden vielfach durch ein einfaches Kurbelwerk beweglich gemacht. Diese Gestaltungen sind mit den von Seeleuten und Fischern gefertigten Buddelschiffen verwandt und auch in anderen europäischen Bergbaugebieten überliefert. Die Tradition der Geduldflaschen ist im Erzgebirge heute noch lebendig (Harry Schmidt, Bermsgrün). Eine ausführliche Baubeschreibung der Geduldflasche gibt J. D. Merkels Erdbeschreibung von Kursachsen, 1804: *Letztere Art von Spielwerk verlangt ganz eigene Kunstgriffe und Fertigkeiten; weshalb man auch gemeinlich glaubt, die Flasche müsse über das Model geblasen werden. Allein man schafft alle Teile des Spielwerks einzeln durch den ziemlich engen Hals der Flasche mit Instrumenten hinein, bringt sie auf dieselbe Art in Ordnung und befestigt alles mit Leim. Dann wird der Stöpsel hineingedreht, welcher gewöhnlich unten ein paar Riegel mit einem Vorlegeschloß hat. Um auch dies einzeln einzubringen, wird der Stöpsel ausgeholt, und wenn alles fertig ist, mit Holz ausgefüllt und mit Farbe überstrichen. Manchmal kann man die Figuren bewegen, und zwar durch Löcher, welche die mühesamen Verfertiger dieser sonst so bewunderten und geschätzten Spielwerke selbst in die Flaschen arbeiten.* (S. 198 ff.).

Bergmännische Arbeitsvorgänge als Miniaturen in Nußschalen eingefügt sind bereits für das 18./19. Jahrhundert belegt. Der Geologe Abraham Gottlob Werner (1789–1817) schenkte seinem Schüler Theodor Körner 1809 ein *Bergwerk in Nußschale.* 1827 zeigte eine Ausstellung mit Erzeugnissen des Erzgebirges in Chemnitz *ein hölzernes niedliches Service in einer Nuß, im Preis von 1 Gr und ein noch kleineres Service von Elfenbein in einer Haselnuß, von einem 84-jährigen Greis gedrechselt.* Auch die überlieferten erzgebirgischen Spielzeugmusterbücher belegen diese Kunstfertigkeiten der Drechsler. Wunderbare Beispiele hinterließ Werner Pflugbeil (1925–1975, Schneeberg). Für die Gegenwart bewahren u.a. Horst Schreiter, Borstendorf, Harry Schmidt, Bermsgrün und Gerhard Zimmer, Hainichen, die liebenswerte Tradition der in Walnuß- oder Haselnußschalen eingesetzten Szenen. Die Miniaturkrippe auf Stufwerk aus Jáchymov im Museum Schneeberg, dem Anfang des 19. Jahrhunderts zuzuordnen, mit etwa 1 cm großen Figuren, verdeutlicht gleichermaßen diese Kunstfertigkeit.

Auch der *Weihnachtsberg* ist aus der Darstellung des Bergwerks emporgewachsen, wie eines der ältesten Beispiele, der Cranzahler Stufenberg aus der Mitte des 19. Jahrhunderts, belegt (Museum Schneeberg). Seit etwa 1820 wird im Erzgebirge unter dem Einfluß der katholisch gebundenen böhmischen Krippenschnitzerei und der volkstümlichen Christgeburtsspiele auch die Darstellung der Weihnachtslegende heimisch.

Die handelsbedingten Straßenverbindungen zwischen beiden Gebieten, die ökonomischen Beziehungen zwischen den sächsischen und böhmischen Bergstädten, das Fehlen der Sprachgrenze, das Wirken der Jesuiten und vielfältige kulturelle Verflechtungen bewirkten – trotz der Glaubensgrenze – den Einzug der szenischen Krippenschnitzerei in das sächsische Erzgebirge. Zunächst entwickeln sich die sogenannten *orientalischen Krippenberge*.

Seit der Jahrhundertwende mehren sich im Erzgebirge die Krippengestaltungen im heimatlichen Stil. Hierbei wird die *Geburt* in ein Bauernhaus, Bergmannshäuschen, Huthaus, Göpelwerk, in die Dorfschmiede oder Köhlerhütte verlegt. Dabei wird Joseph als Bergmann, Maria als Bergmannsfrau dargestellt, und statt der *Drei Könige* erscheinen drei Bergleute vor dem Kinde. Diese Form der Krippengestaltung, die besonders nach dem ersten Weltkrieg zunahm und sich auch in der Gegenwart immer mehr durchsetzt, mag zunächst durch die Bilder Fritz von Uhdes (1848–1911) zur deutschen Weihnacht beeinflußt und schließlich durch die zunehmende atheistische Bewegung gefördert worden sein. Besonders schöne Beispiele dafür sind der um 1920 entstandene Neustädteler Heimatberg, die *Christgeburt im Huthaus* (1937) des berühmten Schnitzers Gustav Rössel (1877–1943) und die *Schneeberger Heimatkrippe* des dortigen Schnitzvereins (um 1957 entstanden).

In der Gestaltung der erzgebirgischen Weihnachtsberge erkennen wir auch viele Mischformen. So erhebt sich über der Darstellung des Bergwerks eine orientalische Landschaft mit einer morgenländlichen Krippe. Auf einigen Weihnachts- und Heimatbergen ist die Gestaltung der Krippe gänzlich verschwunden, sondern lediglich die Gebirgsheimat mit ihren Menschen und Tieren, Dörfern und Naturgegebenheiten dargestellt. Zu den Heimatbergen zählen wir auch die oft maßstabgerechten Nachbildungen von *Schachtanlagen*. Zu den schönsten zählt das Modell der Grube Weißer Hirsch zu Schneeberg des Böttchermeisters Hermann Leonhardt (gebaut 1898–1905). In realistischer Darstellung zeigt es auf einer Fläche von 18 m^2 mit über 80 Figuren, in zahlreichen mechanisch bewegten Szenen den Bergbau über und unter Tage, z.B. das Pochwerk, die Erzwäsche, die Haspelförderung und das Göpelwerk, den Fahrschacht und die Häuer vor Ort. Die Schnitzgpuppe Zwickau-Planitz baute in jahrelanger Arbeit einen 15 m langen Steinkohlenschacht. Der Ehrenfriedersdorfer Malermeister und Schnitzer Albert Klumpp (1880–1972) hat zwischen 1913 und 1929 den vor allem mündlich tradierten Stoff der *Langen Schicht* als Sittenbild aus dem

Bergmannsleben in einem szenisch geordneten Heimatberg vor dem Hintergrund der Stadt Ehrenfriedersdorf in epischer Breite gestaltet. 35 Arbeits- und Festszenen binden den realen Kern der Sage ein: die Auffindung des 1563 verschütteten Oßwald Barthel, nachdem er 60 Jahre weniger neun Wochen und drei Tage in der Grube gelegen. Der gleiche Stoff eines verschütteten Bergmanns wurde bereits durch E. T. A. Hoffmann als Novelle gestaltet («Die Bergwerke von Falun»), durch Johann Peter Hebel und Hugo von Hofmannsthal ebenfalls in künstlerischer Weise verarbeitet. Auch Volkskalender und Lesebücher verbreiteten den Stoff.

Viele Erzgebirger haben Freude an einer *mechanischen Verlebendigung ihres Berges* und dessen Figuren. Als Geheimnis bewahrt, versteckt sich unter manchem Berg ein technisches Wunderwerk mit komplizierter Mechanik, ein anscheinend wirres Spiel von Drähten und Fäden, Schienen, Rädern, Hebeln und Wellen, von einem Uhrwerk oder einem Elektromotor getrieben (früher durch Sandantrieb, Wasserkraft und Dampfmotoren). Auf dem 1957/58 erbauten neuen Heimatberg der Fachgruppe Schneeberg II (Neustädtel) kann man eine *geschnitzte Bergparade* bewundern, deren Figürchen beim Marschieren im Takte der Musik die Beine bewegen. Für das Heimatmuseum Rodewisch schnitzte dessen verstorbener Leiter Erich Seifert (1929–1990) einen Bergaufzug im Festhabit von 1830, der im festlichen Licht durch die Heimatstadt marschiert.

Neue Forschungen erweisen die erzgebirgischen Weihnachts- und Heimatberge als einen Nachklang der mechanischen Künste des 16., 17. und 18. Jahrhunderts, z. B. des Baues von Räderuhren und Automatenwerken. Es sind gleichsam Wiederholungen dieser Werke in der Volksgestaltung. In diesem Sinne ist auch die seit dem Beginn des 19. Jahrhunderts im Erzgebirge übliche drehbare, mit Figuren besetzte *Pyramide* zu bewerten (aus Holz, Zinn oder Blech).

Bereits eine der frühesten Pyramiden, die Lenzsche um 1810 (Erzgebirgsmuseum Annaberg) zeigt auf ihrer untersten Stufe eine Gruppe von Bergleuten. Zahlreich sind die Belege für Pyramiden in Form eines Göpels seit den zwanziger Jahren unseres Jahrhunderts. Eigenwillig ist darunter die 1983 als Meisterstück von Siegfried Werner gefertigte *Krippenpyramide*. Zu besonderer Berühmtheit gelangten die von Meister Walter Werner, Seiffen, geschaffenen *Göpelpyramiden*, die seit 1968 die Werkstatt verlassen. Auch der *Schwibbogen* gehört seit Mitte des 18. Jahrhunderts in die Reihe der bergmännischen Lichtträger.

Unter den Einzelfiguren der Erzgebirgsschnitzerei tritt verständlicherweise der *Bergmann* hervor. Er wird von Feierabendschnitzern etwa seit dem ausgehenden 18. Jahrhundert – unter Einfluß der von professionellen Bildhauern geschaffenen Bergmannsdarstellungen – in Arbeitskleidung und Berghabit, mit bergmännischem Arbeitsgerät oder mit dem Licht in einer Hand oder in beiden Händen geschnitzt. Es gibt unzählige Variationen dieser Art: vom historischen Oberberghauptmann bis zum einfachen Wismut-Kumpel in jüngster Zeit. Mit besonderer Vorliebe werden ganze *Bergaufzüge* oder *Bergparaden* gestaltet. Die *Bergbrüderschaften* und *Bergvereine* des Erzgebirges halten bei ihren festlichen Umzügen das Erbe lebendig, machen es im Alltag sichtbar. Zur genauen farbigen Gestaltung der Bergmannstracht verwenden die Schnitzer bildliche Darstellungen in der bergbaugeschichtlichen Literatur. Die von Harry Schmidt (Bermsgrün) 1993 geschnitzte Bergparade mit 42 Figuren in einer Größe von 18–20 mm ist die bisher kleinste in Miniaturform. Der größte Berghäuerzug von 1719 von Walter Werner 1989 gefertigt, vereinigt 167 gedrechselte und farbig gestaltete Figuren.

Zu den bekanntesten bergmännischen Bildschnitzern gehört Ernst Dagobert Kaltofen (1841–1922) aus Langenau, der mit 30 Jahren noch den Holzbildhauerberuf erlernte. Er benutzte in der Regel die Arbeiten des Freiberger Professors und Zeichenmeisters Eduard Heuchler (1801–1879) als bildliche Vorlage für seine Werke. Für das 17.–19. Jahrhundert sind Bergmannsfiguren als Lichtträger aus Zinn gegossen, bergmännische Themen aus Elfenbein geschnitzt und Bergleute aus Porzellan (18.–19. Jahrhundert) überliefert. Ihre Gestalter waren professionelle Kunsthandwerker.

In Goethes «Wilhelm Meisters Wanderjahre», die durch die Gestalt des Montanus (gemeint ist A. G. Werner, Freiberg) mancherlei Bezug zum Bergbau haben, heißt es, *daß es eben schön sei, wie Kunst und Technik sich immer gleichsam die Waage halten und so nahe verwandt immer eine zu den anderen sich hinneigt.* Man kann das Wort mit gutem Gewissen für die lebendige Tradition der bergmännischen Volkskunst übernehmen.

(Abbildungen zu allen behandelten Sachgebieten enthält der Band von Bachmann, Manfred; Prescher, Hans: Georgius Agricola und Reflexionen in erzgebirgischer Schnitzerei. Schneeberg/Dresden 1993.)

Αγαθή δ' Ἔρις ἥδε βροτοῖσιν Gut ist solcher Streit für die Sterblichen – zu den beiden theologischen Briefen Georgius Agricolas

Inge Franz (Chemnitz)

Mit diesem Ausspruch würdigte und ermunterte Erasmus von Rotterdam[1] Georgius Agricola, in seinem Kampf nach Erkenntnis, nach Wahrheit unbeirrt fortzufahren (der konkrete Bezug war Agricolas Buch «Maße und Gewichte der Römer und Griechen ...»,1533).[2]

Um dieses Zitat richtig zu verstehen, muß man den meist nicht beachteten Kontext heranziehen. Erasmus zitiert aus Hesiods «Werke und Tage», 24. Halbvers. Das nachbarliche Wettstreiten zwischen einem reichen und einem armen Bauern um den besseren Ertrag führt Hesiod zu dem Resümee: Diese ἔρις ist Sterblichen (d. h. den Menschen) nützlich. Denn ἔρις kann sowohl Streit, Krieg bedeuten als auch Arbeitseifer, Drang nach Erfolg.[3] Jenen – der antiken «Bauern»-Epik entlehnten – Ausspruch auf Georgius Agricola (alias Bauer) anzuwenden, ist von Erasmus sehr feinsinnig empfunden.

Agricola «agrikultiviert» seine Polemik gegenüber historisch wie zeitgenössisch vertretenen Auffassungen religiös-philosophischen und wissenschaftlichen Charakters an der Skala des für ihn evidenten Erkennungsniveaus oder -zuwachses. Ἔρις im Sinne geistiger Streitkultur bedeutet für ihn den Weg der Wahrheit, für die er als dem höchsten wissenschaftlichen bzw. philosophischen Wert in allen seinen Werken unnachgiebig eintritt. Daher soll dem axiologischen Aspekt dieser seiner Lebensmaxime in seinen beiden theologischen Briefen etwas nachgegangen werden. Sie sind uns, wie bekannt, nur dank der Abschrift seines Freundes Stephan Roth erhalten geblieben und neben den beiden kirchenkritischen Zwickauer Epigrammen sowie adäquaten Beispielen in seiner lateinischen Grammatik («Libellus de prima ac simplici institutione grammatica») wertvolle Zeugnisse seines damaligen Engagements in theologischen Fragen.

Adressat des Briefes vom 23.7.1522[4] ist der Leibarzt des Kurfürsten und Erzbischofs Albrecht von Mainz, Dr. Georgius Coppus (Koppe oder Köppe). Er gehörte zu jenem Leipziger Humanistenkreis, der sich im Hause des Medizinprofessors Dr. Heinrich Stromer von Auerbach (Leibarzt verschiedener Fürsten, auch des o.g.), bei dem Agricola wohnte, zu theologischen Disputationen traf. Nach einer solchen Disputation bietet er mit dem an diese anknüpfenden Brief ein ausgezeichnetes Beispiel für produktiven Wettstreit, denn dieser Brief ist bereits ein Reagieren auf den dortigen und generellen Umgang mit Glaubenssätzen. Unter den vertretenen Standpunkten *schienen doch manche Paradoxa zu sein, die nicht nur hart, sondern auch dem ursprünglichen Sinne der Schrift einigermaßen fremd* sind und daher für *gar viele Gemüter* irreführend. Deswegen *kamen wir überein, diese Fragen einmal in den Mittelpunkt einer eingehenden Erörterung zu stellen, und dies mehr in dem Bestreben, echter Frömmigkeit nachzugehen, als eitler Auseinandersetzung wegen ...; zumal aus dieser würdig frommen Art eifernden Streites, wie immer er schließlich ausgeht, der Besiegte und der Sieger gleichermaßen nicht ohne außerordentlichen inneren Gewinn davonzugehen pflegen.*[5] Das sind fürwahr *goldene Worte.*

Der Gegenstand der Erörterung, welcher – er hebt es andernorts hervor – immer konkret zu benennen und einzugrenzen ist, bezeichnet im weiteren Sinne sein Verhältnis zu den Quellen überhaupt, nämlich *die reine Lehre unseres echten Glaubens aus den Schriften herzuleiten*, nicht verfälscht, indem *wir fremden Sinn unterlegen.*[6] Dieses dem Christen Agricola ständig am Herzen liegende Thema tangiert stark auch den anderen theologischen Brief und wird unten fortgesetzt. Der Gegenstand im engeren Sinne ist nun *die Meinung der Schrift über die Prädestination.* Wenngleich *eine in den Schulen der theologischen Spiegelfechter abgedroschene Frage, aber von wenigen ... wirklich verstanden. Zudem gibt es manche, die verdrehen ... einiges in den paulinischen Briefen, was recht schwer zu verstehen ist, und geben ihm einen anderen Sinn; gerade sie zerstören die ganze unversehrte Echtheit der Schrift, nicht ohne vielen zum Verhängnis zu werden.*[7] Er fordert die Verantwortung derer ein, die mit der Exegese betraut sind.

In der ihm eigenen Akribie führt Agricola die Argumentation methodisch dergestalt, daß er mit dem Anziehen der wesentlichen Schriftstellen zugleich die etymologischen Aspekte vom Griechischen und Lateinischen her klärt und den Geltungsbereich des Satzes von der Prädestination eingrenzt: ... *es wird nur auf diejenigen bezogen, die haben glauben wollen.* Schließlich aber spitzt Agricola das Problem zu, indem er die Kardinalfrage der Prädestinationslehre anspricht, welche Coppus bejaht, er verneint: *Gott ist der Urheber nicht nur des Guten, sondern auch des Bösen, d.h. der Sünden ...* Die sprachwissenschaftlich-exegetische Analyse erfolgt nur an der zentralen Kategorie des *malum.* Rhetorisch vor allem ist interessant der letzte Schritt in der Argumentationskette, mit dem Agricola die Schriftstellen, die der «gegnerischen» Beweisführung dienten, synthetisierend in den Sinn seines eigenen Begründungszusammenhangs einzureihen weiß (denn die Schrift ist ein Ganzes). Das Fazit rundet die eingangs aufgestellte These in ihrem ethisch-religiösen Gehalt ab: da Gott nicht *Urheber des Bösen* ist, liegt die Verantwortung dafür im Menschen mit seinen *Lüsten.*[8]

Die Brisanz des ethischen Momentes erwächst vor dem Hintergrund der Auseinandersetzungen mit Luther, ohne daß Agricola als katholischer Christ eine offene Konfrontation anstrebte, zumal er, gleich anderen Humanisten, dessen Reformationsbestrebungen zeitweise nicht nur tolerierte, sondern sich zumindest punktuell mit ihnen identifizieren konnte. Sein Menschenbild ist getragen – wie auch seine pädagogischen Auffassungen zeigen – von der sittlichen Eigenverantwortung des Einzelnen, und damit ergibt sich die axiologische Konsequenz der Ablehnung der Einschränkung der Willensfreiheit, dieses analog anderen Humanisten. Doch muß dem jungen Agricola auf jeden Fall auch theoretische Eigenständigkeit, die er zu verteidigen wußte, zuerkannt werden, denn Erasmus von Rotterdam beispielsweise schrieb seine diesbezügliche διατριβή erst 1524.[9]

Wie Agricolas Brief an Coppus ein für den Humanismus repräsentatives Beispiel des Übergangs von der theozentrischen zur anthropozentrischen Betrachtung darstellt, so steht der andere theologische Brief aus dem Frühsommer des gleichen Jahres (?) für einen ebenfalls wesentlichen Grundzug des Humanismus wie in der Renaissance: die Rückbesinnung auf die Quellen unseres Wissens. Historische Wahrheit zu erlangen – ob über religiöse Überlieferungen, ob über wissenschaftliche Erkenntnisse ehedem hochwertiger alter geistiger Kulturen – ist nach Agricola nur möglich, wenn zum einen aus den *reinen Quellen* geschöpft wird und andererseits deren Reinhaltung oberstes Gebot wissenschaftlicher Solidität der Nachfolgenden ist. Sein unnachgiebiger Kampf hierfür richtet sich u.a. gegen den blinden Autoritätsglauben und vermittelt eine rigorose Handhabung von ἔρις seinerseits, kämpferisch coloriert. Adressat dieses Briefes ist der Franziskaner Dr. Peter Zedlitz (Zeidlitz?), der sich Frotinus (bei Agricola ist es «Frontanus») nannte.

Auf eine unbefriedigende Predigt zum Fest der «heiligen drei Könige» hin, in der die drei Magier als Könige ausgegeben wurden und der Prediger gesteht, daß er der Kenntnis der betreffenden *maßgebenden Theologen* ermangelte und sich auf die *bloße Autorität* seines Lehrers beruft, begibt sich Agricola in die Auseinandersetzung mit dessen Dienstherren, eben jenem Fontinus, *aus Liebe zur Wahrheit, die mich nicht einfach teilnahmslos bleiben läßt, schließlich mit Rücksicht auf das unkundige und einfache Volk, das urteilslos glaubt, sobald man ihm Gewährsmänner anführt ...*[10]

Wie ist nun die Methode Agricolas?

1. Rückführung der *Gewährmänner* oder Autoritäten auf die *reinen Quellen.* Zum einen handelt es sich um Johannes Chrystsostomus (ca. 347–407, Patriarch von Konstantinopel, einer der bedeutendsten Exegeten des christlichen

Altertums), dessen relevante Homilien Agricola tiefgründig synoptisch heranzieht. Zum anderen ist es Eusebius Sophronius Hieronymus (um 347–419, als bedeutendster aller Kirchenväter angesehen), den Agricola auch des öfteren in geologischen Werken heranzieht, in diesem Zusammenhang stützt er sich auf dessen lateinische Bibelübersetzung, die «Vulgata» sowie dessen lateinische Übersetzung der Septuaginta. Komparativ verweist er auf weitere Quellen.

2. Nachweis von Unzulänglichkeiten des Fontinus nicht nur in der Wissenschaftlichkeit, sondern Unkenntnis des methodischen Instrumentariums eines Theologen, Insonderheit der Rhetorik, Verkennung des gleichnishaften Charakters der heiligen Schriften bzw. Unverständnis der allegorischen Ausdrucksweise kirchlicher Autoritäten, so daß ihm beispielsweise Metonymien, Auxien und Hyperbeln als rhetorische Figuren fremd sind.[11]
3. Notwendiger Nachweis der Autoritäten als solche kraft überzeugender *vernünftiger Begründung*, sonst *glaube ich ihnen gar nichts*. Maßstab ist das eigene kritische Urteilsvermögen, auf Kenntniserwerb und Erfahrung beruhend, Agricolas bekannte Hochschätzung von Autoritäten und Tradition nicht aus-, sondern einschließend. Eindeutig sagt er andernorts: Ich *ziehe die Wahrheit der Autorität vor*.[12]
4. Einforderung der Verpflichtung des Theologen zur Wahrheit, die Agricola mit ungewöhnlicher Schärfe vornimmt: *Doch, ehrwürdiger Pater, bisher haben wir nur geplänkelt; wenn Du weiterhin der Wahrheit laut widerspricht, werden wir schärfere Waffen einsetzen und die Sturmböcke und Wurfmaschinen der Schriftsteller ins Feld führen ... Aber nicht so, daß nur ich und Du es lesen, sondern alle Gelehrten und alle rechten Vertreter der freien Künste, damit diese erkennen, welche innere Einstellung Ihr zur christlichen Frömmigkeit und Wahrheit habt ...*[13]

Wie sich Agricola gegen eine oberflächliche Exegese wendet, so auch gegen eine zu engstirnige, die der Evolution mit den ihr eigenen Gesetzen – die zu erkennen der Mensch die Pflicht hat – neben dem Schöpfungsgedanken keinen oder ungenügenden Raum bietet, damit den Menschen mit seiner sittlichen Verantwortung aber auch seinem Gestaltungsvermögen einschränkend, wenn nicht gar ausgrenzend. Hier sollten Parallelen als weiterer Ansatz gesehen werden zu den vielfältigen Veränderungen der Erde seit ihrer Entstehung, wie sie Agricola z. B. in seinen geologischen Schriften darstellt[14] und des sich ändernden Verhältnisses des Menschen zur Erde.

Zurück zu ερις: Wie steht Agricola selber zur Kritik?

Er bekennt freimütig: *Daß (ich) meine Irrtümer den Vertretern der Wissenschaften gegenüber als Wahrheiten verteidige, einen so verrückten Gedanken von mir, hoffe ich, Gott nicht eingeben. Wenn mich also Gelehrte dabei ertappen, daß*

ich geirrt bin, werden sie mich leicht, ohne daß ich widerstrebe, auf den (rechten) Weg zurückführen.[15] *Wenn aber einer streitsüchtig bekämpft, was wahr und echt ist, den werde ich das nicht mit seinen Spitzfindigkeiten und Sophismen umstürzen lassen, sondern werde es mit Berufung auf maßgebende Fachmänner (autoritate), mit der Erfahrung (experientia), mit Vernunftgründen (ratione) verteidigen ...*[16]
In diesem Sinne sei auf solcherart Kritik an Andreas Alcatius (zu Maßen und Gewichten) verwiesen, in der Agricola schöpferisch über dessen Entgegnung hinausgeht.[17]

Die z.T. notwendigerweise fragmentarischen Ausführungen hoffen erkennen zu lassen, daß Agricolas wissenschaftlichen Fortschritt bewirkende geistige Streitkultur bedeutet,

- konstruktiv-schöpferische Kritik zu üben,
- an und mit dieser Kritik zu partizipieren,
- konsequente Verteidigung selbsterrungener resp. akzeptierter Erkenntnisse bei Achtung kompetenter «Gegner»,
- dabei stets offen zu sein für die Kritik anderer, die einen höheren Grad der wissenschaftlichen Objektivierbarkeit ermöglichen,
- demnach Rezeption der Autoritäten bei absoluter Quellentreue stets wissenschaftlich über diese hinausführend.

Den Brief an Coppus hat Agricola mit dem Gruß beendet: *Georgius Agricola an Gregor Koppe aus Calbe, den erfahrensten Doktor der Medizin, den großen Gottesgelehrten*[18] θεολογωτάτῳ.

Der Humanistengeflogenheit gemäß beinhalteten Grußformeln Attributierungen, denen man selber zu entsprechen suchte. Dem Verständnis von ἔρις nach wäre θεολογώτατος für Agricola zutreffend zu übersetzen mit *Gottes-Streiter*.

Anmerkungen

1 Brief vom 29.8.1531. Vgl. Agricola, Georgius: Ausgewählte Werke (AGA). Gedenkausgabe des Staatlichen Museums für Mineralogie und Geologie zu Dresden. Hrsg. von Prescher, Hans und Mathé, Gerhard. Bd. IX, Berlin 1992, S. 171ff.

2 Vgl. AGA, Bd. V, Berlin 1959.

3 Auf diese notwendige Nuancierung machte mich freundlicherweise ein in Hamburg lehrender griechischer Kunsthistoriker und Dichter, Herr Theodoris Vlachodimitris, aufmerksam.

4 AGA, Bd. IX, Berlin 1992, S. 133ff.

5 Ebenda, S. 146.

6 Ebenda, S. 147.

7 Ebenda, S. 148.

8 Ebenda, S. 148ff.

9 Rotterdam, Erasmus von: De libero arbitrio διατριβή sive collatio. Gespräch oder Unterredung über den freien Willen. Basel 1524. Nach Luthers «De servo arbitrio» (1525) folgte

die Antworten des Erasmus 1526/27 mit «Hyperaspistes diatribae adversus servum arbitritrium Martini Lutheri» I und II, zu einer Zeit also, in der sich Agricola nachweislich nicht mehr «aktiv» an dieser Diskussion beteiligte.

10 AGA, Bd. IX, Berlin 1992, S. 122f.

11 Ebenda, S. 123f.

12 Ebenda, S. 203.

13 Ebenda, S. 129.

14 Siehe insbesondere AGA, Bd. III, Berlin 1956.

15 AGA, Bd. IX, Berlin 1992, S. 203.

16 AGA, Bd. IX, Berlin 1992, S. 252.

17 Vgl. ebd., S. 253–264.

18 AGA, Bd. IX, Berlin 1992, S. 146 bzw. übersetzt S. 152.

Georgius Agricola und die Hüttentechnik seiner Zeit: Die «De re metallica libri XII» im Kontext metallurgischer Handschriften (frühneuzeitlicher Schmelzbücher)

Lothar Suhling (Mannheim)

Wer es unternimmt, sich mit der Hüttentechnik der Frühen Neuzeit näher zu befassen, der gerät alsbald – wie könnte es auch anders sein – in den Sog jener großen montankundlichen Literatur, deren Verfasser als die nahezu sakrosankten Fachautoritäten in keiner Abhandlung zum Berg- und Hüttenwesen des 16. Jahrhunderts fehlen dürfen. Ich spreche von Vannoccio Biringuccio, Georgius Agricola und Lazarus Ercker, dem illustren Dreigestirn am Himmel der Metallurgie und der metallurgischen Technik oder – wie George Sarton feststellte – von den *three leading men whose books represent sixteenth-century technology*.[1]

Fügen wir nun deren Werken noch die seit dem frühen 16. Jahrhundert wachsende Flut gedruckter *Berg-, Probier- und Kunstbüchlein*[2] hinzu, drängt sich uns fast zwangsläufig die Frage auf, ob diese Quellen nicht ausreichen, um ein zutreffendes Bild vom Hüttenwesen der Agricola-Zeit zu gewinnen? Mit anderen Worten: Bedarf es zur «Pirotechnia» des Sieneser Ingenieurs Biringuccio von 1540,[3] zu den 1556 erschienenen «De re metallica libri XII», den «Zwölf Büchern vom Berg- und Hüttenwesen» des Glauchauer Montangelehrten Agricola[4] oder zum sogenannten «Großen Probierbuch» des Oberbergmeisters Ercker aus Annaberg von 1574 und 1580,[5] bedarf es hierzu und zu der diese Werke vorbereitenden und später begleitenden Kleinliteratur überhaupt noch des Studiums weiterer montankundlicher Schriftquellen der Agricola-Zeit? Hierauf werde ich im zweiten Teil näher eingehen und dabei namentlich den metallurgiegeschichtlichen Stellenwert einer bislang kaum bearbeiteten Quellengattung des 16. Jahrhunderts im Vergleich vor allem zu Agricolas Hauptwerk erörtern. Gemeint ist eine Reihe miteinander verwandter schmelz-, probier- und bergkundlicher Handschriften, die z.T. erst in jüngerer und jüngster Zeit in Bibliotheken und Archiven entdeckt wurden.[6] Sie enthalten Informationen, die es in der Tat sinnvoll erscheinen lassen, sich mit diesen *Schmelzbüchern*, wie ich sie hier verkürzt bezeichnen will, intensiver zu befassen.

Doch zurück zum Ausgangspunkt unserer Betrachtungen, zu Georgius Agricola. Seine «Zwölf Bücher vom Berg- und Hüttenwesen» sind ohne Zweifel das umfassendste und gründlichste aller thematisch verwandten Werke, gedruckter wie ungedruckter, die wir aus der Frühen Neuzeit kennen. Agricola nutzte offensichtlich sehr konsequent die Möglichkeiten, sich vor Ort in Hütte und Bergwerk zu informieren und zahlreiche fachkundige Gewährsleute zu konsultieren; er nutzte aber auch – und dies nicht nur beiläufig – die Chance, von Biringuccios einschlägigem Werk zu profitieren.[7]

Daß Agricola diese wichtige Quelle zwar in seiner Widmung von 1550 deutlich vermerkt, im Werk selbst jedoch nicht mehr – wie heute i.a. üblich – explizit anführt, wo er aus ihr – z.T. wörtlich – schöpft, gehörte durchaus zu den Gepflogenheiten seiner Zeit. Immerhin hatte er darauf verwiesen, daß sein Vorläufer in der Metallurgie das Thema *Vom Gießen, Scheiden und Löten der Metalle* behandelt und dabei auch die *Methode, gewisse Erze auszuschmelzen, ... kurz berührt [habe].*[8] Biringuccios hüttenkundliche Rolle wird hier allerdings – wie ich einflechten muß – deutlich von Agricola unterbewertet.

Um so höhergesteckt waren die Erwartungen in Fachkreisen an Agricolas eigenem montanistischen Kompendium, lag doch – wie Agricola-Freund Georg Fabricius im Januar 1555 an Meurer schrieb – *die Ehre ganz Deutschlands darin, daß diese Schriften so vollkommen wie nur irgend möglich werden.*[9] Es war schließlich Agricola selbst, der diese Erwartungen frühzeitig geweckt hatte. So hatte er seinem Freund Petrus Plateanus schon in der gemeinsamen Sankt Joachimsthaler Zeit (1527–1531) versprochen, er werde hinsichtlich der «Bücher über das Bergwesen», die er damals bereits in Arbeit hatte, *zu gegebener Zeit die Gelehrten nicht um den Genuß seiner Studien bringen.* Darüber berichtete Plateanus voller Begeisterung in einem Widmungsschreiben zum «Bermannus» von 1530.[10]

Drei Jahre darauf spricht Agricola in einem Widmungsbrief zu seinem Werk «De mensuris et ponderibus... libri V» (Basel 1533) erstmals von *zwölf Bücher(n) über den Bergbau*, die er herausgeben wolle. Näheres über *die zwölf Bücher De re metallica* erfuhr die Fachwelt jedoch erst 13 Jahre später, als Agricola in einem Widmungsbrief vom März 1546 an den geheimen Rat Georg Komerstadt zur kleinen Schrift «De veteribus et novis metallis libri II» im Sammelband vom gleichen Jahr (Basel 1546) eine Vorschau auf deren Inhalt präsentiert: *Darin werde ich die Verfahrensarten aufzeigen, nach denen man Erze auffinden kann, nach denen man sie herausholen, waschen und schmelzen muß, und überhaupt das ganze Handwerk der Aufbereitung der Erze und festen Gemenge.*[11]

Noch ehe Text und Illustrationen vollständig vorlagen, vermerkt Agricola im Dezember 1550 in einer Widmung an seinen Landesherrn Kurfürst Moritz von Sachsen und dessen Bruder August, daß er seine zwölf Bücher über das Bergwesen verfaßt habe, weil *dieses unverkürzt und vollständig noch kein Schriftsteller beschrieben hat.*[12]

Die hier besonders interessierenden Bücher oder Kapitel neun, zehn und elf haben – so Agricola in diesem Widmungsschreiben zu seinem Hauptwerk – folgenden Inhalt: *Das neunte setzt die Art des Schmelzens der Erze auseinander. Das zehnte unterrichtet die Bergbautreibenden darüber, wie Silber vom Golde und Blei von diesem und Silber geschieden wird. Das elfte zeigt die Wege, wie Silber vom Kupfer zu scheiden ist.*[13] Ziel der metallurgischen Schmelzverfahren sei es, wie er schließlich im Buch IX betonen wird, das jeweilige Metall so rein darzustellen, *daß es mit größtem Nutzen für die menschlichen Bedürfnisse verwendet werden kann.*[14]

Neben den soeben angedeuteten metallurgischen Verfahren der Gold-, Silber-, Kupfer- und Bleigewinnung schildert Agricola aber auch die Methoden, Geräte, Töpfe, Öfen, Herde und Apparaturen der Zinn-, Quecksilber-, Antimon-, Wismut- sowie der Eisen- und Stahlproduktion aus ihren Erzen und Zwischenprodukten. Wenn er auch dem Erschmelzen von Eisen apparativ und methodisch deutlich geringere Aufmerksamkeit widmet, so befindet sich Agricola im übrigen doch weitgehend auf dem Stand der metallurgischen Technik seiner Zeit.

Die Hüttenwerke, *in denen die Metalle ausgeschmolzen werden*, hatten ihn schon im böhmischen Sankt Joachimsthal lebhaft interessiert. Sein 1530 in Basel erschienenes montanistisches Erstlingswerk «Bermannus sive de re metallica dialogus» bezeugt dies ausdrücklich: Gegen Ende des Dialogs werden die Gesprächspartner durch Bermannus, den gelehrten Joachimsthaler Hüttenschreiber Lorenz Wermann, darauf hingewiesen, daß Agricola *nichts lieber sein [würde], als mit … zu den Hüttenwerken zu gehen, die er häufig zu besuchen pflegt.*[15] Später in Chemnitz trat Agricola in enge Verbindung zu der angesehenen Unternehmerfamilie Schütz, die in der Stadt am Chemnitz-Fluß ein großes Seigerhüttenwerk betrieb. Dieser Anlage, in der bereits seit den 70er Jahren des 15. Jahrhunderts Schwarzkupfer mit Hilfe der neuen Kupferseigertechnik entsilbert wurde, setzte Agricola dann im Buch XI seines Hauptwerks – wenngleich ohne Orts- oder Namensangabe – durch eine außergewöhnlich detaillierte Beschreibung ein unvergleichliches literarisches Denkmal.

Doch nicht nur der Hüttenausstattung und den Schmelzarbeiten, auch der Erzaufbereitung, deren vielfältige Methoden er im achten Buch eingehend schildert, gilt sein besonderes Interesse. Dabei schöpft er generell aus dem umfangreichen Reservoir eines erstaunlich ausdifferenzierten, für den Laien kaum überblickbaren weil sehr komplexen metallurgischen Erfahrungswissens. Es ist daher einerseits verdienstvoll, wenn Agricola, der an fachlicher Wissensvermittlung mit pädagogischem Anspruch interessierte montankundige Humanist, sich bei der lehrbuchartigen Wiedergabe des Wissens um eine entsprechend systematische Gliederung des Stoffes bemüht. Andererseits muß er dabei in Kauf nehmen, daß manche langwierigen Arbeitsabläufe in der Hütte in ihre Grundoperationen zerlegt und gesondert dargestellt werden. Darunter aber leidet gelegentlich der Zusammenhang bei der Schilderung realer mehrstufiger Produktionsprozesse.

Das mag Lazarus Ercker, den Praktiker, wohl zu seiner herben Kritik an jenen Schriftstellern mitveranlaßt haben – hierzu gehörte nach Beierlein namentlich Agricola[16] –, die ihre *mühseligen Bücher aus bloßen Berichten von etlichen, denen sie zuviel geglaubt, zusammengetragen [haben].* Hiervon aber würden *solche, die am Feuer arbeiten ... irre gemacht werden.*[17]

Den Bedarf an fachlicher Unterrichtung über die Schmelz- und Probierkunst betont aber auch Ercker, wenn er 1574 schon im Titel seines «Großen Probierbuchs» hervorhebt, daß es den *jungen Probierern und Bergleuten zunutze* sein möge. Dieses Anliegen finden wir genauso und mit immer neuen Wendungen beim Joachimsthaler Bergprediger und Agricola-Freund Johann Mathesius zehn Jahre zuvor in seinen Bergpredigten, in denen er in sehr plastischer Sprache auf die Berg- und Hüttenarbeiten eingeht. So will Mathesius beispielsweise mit seiner VII. Predigt «Vom Kupffer» – wie er betont – *jungen leuten .../ein wenig dienen/ und vom Kupffer rösten/ schmeltzen/ seygern/ derren/ gar machen/ und schleissen/ ein wenig stamlen.*[18] Beim näheren Hinsehen entpuppt sich dies als eine durchaus beachtliche Quelle zur Schmelzkunst der Agricola-Zeit, die sich in fachlicher Hinsicht keineswegs nur aufs Stammeln beschränkt!

Dieser Bedarf an gründlicher Belehrung in hüttentechnischer Hinsicht wird um die Mitte des 16. Jahrhunderts, als die zentraleuropäische Montanwirtschaft bereits vielerorts unter tiefgreifenden Krisenerscheinungen litt, wohl kaum anderswo nachdrücklicher zum Ausdruck gebracht als im «Schwazer Bergbuch» von 1556. Die endgültige Fassung dieser bislang in elf Abschriften vorliegenden montankundlichen Handschrift weist allerdings nur einen sehr kurzgefaßten Abschnitt über das *Schmelzwerk* auf.[19]

Im Vorwort hierzu beklagt der Verfasser, wie schwer es doch als Außenstehender ohne eigene praktische Erfahrung sei, *klar* über das Schmelzen zu berichten, zumal *die zur Zeit darin arbeitenden Gewerken und ihre Diener ... damit sehr geheim [tun].* Weiter unten heißt es dann, ähnlich wie bei Agricola und später auch bei Lazarus Ercker: *Obwohl es viele unternommen haben, darüber zu schreiben, sind diese Schriften aber nicht genau oder so gut verständlich, um danach ein beständiges Werk machen und abschließen zu können. Daraus ist manchem großer Schaden erwachsen und Unlust gekommen.*[20]

So wird um der Bergwerke willen, *die mit des Allmächtigen Hilfe künftig erbaut werden*, die Abfassung einer Sammlung schmelztechnischer Schriften angeregt, welche das aus Erfahrung gewonnene Fachwissen über *die Schmelz-*

hütten mit ihrem Zubehör und die Schmelzverfahren mit Abbildung und Zeichnung in einem Buch zusammenzöge.[21]

Für den bergrechtlichen und bergrechtshistorischen, den betriebstechnischen wie auch ökonomischen und sozialen Bereich war dieser Anspruch ja bereits kompendienartig im «Schwazer Bergbuch» weitgehend eingelöst, allerdings in erster Linie bezogen auf das nordostalpine Montanwesen mit dem Berggerichtsbezirk Schwaz im Zentrum, dem im frühen 16. Jahrhundert in Europa führenden Revier. Zwar hatte der Autor des Kapitels *Vom Schmelzwerk* im Bochumer Entwurfscodex von ca. 1554 zum «Schwazer Bergbuch» eine eingehendere Behandlung des Stoffes angekündigt und dafür eine geradezu frühkameralistisch klingende Begründung gegeben, wenn er schreibt: *Weil aus solcher Gottesgabe ... so viel Gutes kommt, das dem Landesfürsten Ehre und Nutzen und eine große Zahl an Menschen bringt, um Land und Leute zu beschützen, kann und will ich es auch nicht unterlassen und anzeigen, wie durch den edlen Schatz des Bergwerks Blei, Kupfer und Silber gemacht und zu Kaufmannsgut hergerichtet werden.*[22]

Dies aber wurde hier nur bruchstückhaft eingelöst und fehlte dann größtenteils zwei Jahre später in der Endfassung des Bergbuchs. Vielleicht hatte der Auftraggeber oder Bearbeiter der Handschrift davon Kenntnis bekommen, daß der bedeutende Tiroler Metallurge Hans Stöckl ein umfangreiches schmelztechnisches Kompendium in Arbeit hatte, weshalb ein näheres Eingehen hierauf im *Bergbuch* nicht mehr erforderlich erschien. Oder hatte man in Schwaz vielleicht auch von Agricolas montankundlichem Werk erfahren, das bereits seit 1553 bei Froben in Basel zum Druck vorbereitet wurde? Immerhin geht Agricola darin wiederholt auf das Schmelzwesen bei den «Rhätern», d.h. in den Revieren Tirols, ein. Doch etwas mit dem «Schwazer Bergbuch» Vergleichbares für das in den Ostalpen wie in den Karpathen, im Erzgebirge wie im Harz, in den Vogesen wie im Schwarzwald und anderenorts in Zentraleuropa vorherrschende Metallhüttenwesen zu schaffen, war ein sehr schwer zu erfüllendes Desiderat. Ein großes Problem selbst für einen Agricola mit seinen zahlreichen Verbindungen, wollte er ja auch weit mehr als nur die Hüttenarbeiten darstellen. So bekennt Agricola selbst einschränkend: *Die unternommene Aufgabe aber habe ich, obschon sie so ist, daß ich sie wegen der Menge der Dinge nicht völlig durchführen konnte, wenigstens versucht zu lösen. Und ich habe auf sie viel Mühe und Arbeit verwendet, auch keine Kosten gescheut.*[23]

Entsprach nun das Resultat dieser Mühen und Arbeiten dem geschilderten Bedarf, d.h. dem Wunsch, alles einschlägige Fachwissen über die Schmelzhütten und die Schmelzverfahren in Wort und Bild so praxisgerecht zusammengefaßt zu besitzen, daß danach ein *beständiges Werk* gemacht werden könnte? Sicherlich lag dem ein elementares Anliegen zugrunde, galt es doch, das erworbene Erfahrungswissen in Zeiten des Niedergangs und der zunehmenden bürokratischen Lenkung des Berg- und Hüttenwesens durch die Landesherrschaft den Bergbauwilligen auch künftig zugänglich zu machen.

Ein Blick auf den vergleichsweise bescheidenen publizistischen Erfolg Agricolas im ersten halben Jahrhundert nährt Zweifel daran, ob Agricola der Bedarfssituation seiner und der nachfolgenden Zeit wirklich gerecht werden konnte. Zwar gab es nach der lateinischen Erstausgabe seiner «Zwölf Bücher» bereits 1557 eine deutschsprachige von Philipp Bechi; sie wurde im gleichen Jahrhundert jedoch nur noch einmal – 1580 – als Restauflage herausgegeben (insges. ca. 800 Exemplare). Auch die lateinische Ausgabe wurde nur noch einmal, nämlich 1561, aufgelegt, allerdings mit höherer Stückzahl. Dazwischen erschien 1563 eine italienische Ausgabe. Lazarus Ercker war indessen mit vier Ausgaben seiner «Beschreibung Aller fürnemisten Mineralischen Ertzt und Bergkwercksarten» (= «Großes Probierbuch») bis 1623, d.h. innerhalb des ersten halben Jahrhunderts, zunächst kaum erfolgreicher, obwohl er sich fachlich auf die Probier- und Schmelztechnik beschränkt hatte. Das sollte sich bei ihm allerdings – wie ich gleich hinzufügen will – im weiteren Verlauf des 17. Jahrhunderts wesentlich ändern.

Hatten etwa die während des 16. Jahrhunderts in sehr schneller Folge aufgelegten kleinen und damit weitaus erschwinglicheren *Berg-, Probier- und Kunstbüchlein* zu einer «Marktsättigung» geführt? Oder war es die dreiunddreißigmal seit 1544 bis zur Jahrhundertwende herausgegebene «Cosmographei» des Polyhistors Sebastian Münster[24] mit ihren beachtenswerten Berichten über Bergbau und Hüttenwesen in verschiedenen Montanrevieren, die der großen Montanliteratur der Zeit gleichsam das «Wasser» eines breiteren interessierten Publikums abgegraben hatte? Angesichts der engen Grenzen, die diesen Publikationen in montankundlicher Hinsicht gezogen waren,[25] läßt sich die Frage nach den Ursachen für den relativ bescheidenen Erfolg von Agricolas Hauptwerk jedoch hiermit nicht schlüssig beantworten. Seine kleine montanistische Programmschrift von 1530, der «Bermannus», war dagegen bis 1558 bereits sechsmal erschienen, darunter einmal in italienischer Übersetzung (1550). Das wirft, abgesehen von der Frage nach den Buchkosten, auch die nach dem Einfluß der im späteren 16. Jahrhundert veränderten äußeren Faktoren auf, wie z.B.

- Rückgang des «Bergsegens» in den traditionellen Revieren,
- Abnahme der Bergbautätigkeit im Zuge verstärkter Edelmetallimporte aus Übersee,
- Rückzug des bürgerlichen Kapitals und Engagements insgesamt aus dem Bergbau und der Hüttenindustrie hierzulande,[26]
- wachsender partikularstaatlicher Dirigismus und Bürokratismus (z.T. auf der Grundlage des Direktionsprinzips wie in Sachsen).

Oder spielte gar das, was Ercker als irreführend an den Schriften seiner Vorläufer kritisiert hatte, die inhaltliche Disposition und didaktische Reduktion des Stoffes – wie ich dies interpretiere – eine Rolle? War doch Agricola bei aller Liebe fürs Detail bei seinen Schilderungen verschiedentlich zugunsten seiner Systematik von jenen Arbeitszusammenhängen abgewichen, wie sie typisch für die Schmelzhütten waren: *es fleußt ain Arbait aus der annderen... ain Arbait treibt die annder... unnd khan on die annder nit sein.* So werden wir in Stöckls Schmelzbuch aus der Mitte des 16. Jahrhunderts belehrt.[27]

Wie auch immer, vermutlich steckt in alledem ein Körnchen Wahrheit. Ein weiteres wird sicherlich auch in dem stecken, worauf ich schon mehrfach hingewiesen habe, in den schmelztechnischen Handschriften der Zeit. Sie zirkulierten offensichtlich in Fachkreisen in zahlreichen Abschriften. Vergleiche zeigen, daß auch Agricola einige davon gekannt und genutzt haben muß.[28] Gleiches gilt übrigens für Lazarus Ercker.

Ein wesentlicher Teil dieser Handschriften wurde nun in der zweiten Hälfte des 16. Jahrhunderts zu – in erster Linie – schmelztechnischen Sammelwerken bzw. *Schmelzbüchern* zusammengefaßt. Summiert man alle diese Kompendien, die häufig auch Teile des «Schwazer Bergbuchs», ferner Probiervorschriften und chemisch-technische Rezepturen wie in den «Kunstbüchlein» der Zeit umfassen, auf, so kommt man für die Zeit bis zum Dreißigjährigen Krieg auf zehn miteinander verwandte oder teilweise identische Codices, die bisher als solche erkannt und eingeordnet werden konnten. Sie werden in Bibliotheken und Archiven in Innsbruck, Leoben, Stuttgart, Erlangen, Calw, Wien, Brünn, Dresden, Gotha und Lindau aufbewahrt. Die Handschriften der sechs letztgenannten Orte sind Abschriften des «Speculum Metallorum».[29] Auch im Stuttgarter Codex von ca. 1610 ist u. a. eine Abschrift (ohne Bilder) des *Speculum* enthalten,[30] ebenso ein großer Teil der Schriften, wie sie im «Schwazer Bergbuch» zusammengefaßt sind.

Dieser bebilderte «Spiegel der Metalle» oder auch «Spiegel der Bergwerke» mit seinen bergbau- und metallkundlichen Kapiteln sowie umfangreichen hüttentechnischen Ergänzungen ist laut Titelseite im Jahre 1575 von Martin Sturtz im vermutlich böhmischen Sankt Georgental begonnen oder – wie Erich Egg meint – veranlaßt worden. Als Autor – zumindest von Teilen des *Speculum* – oder Auftraggeber wird auch der Schwazer Silberbrenner Christoph Hofer genannt.[31] Ein späterer Bearbeiter war übrigens der zeitweilige württembergische Bergmeister und Projektemacher Abraham Schnitzer aus Tirol.[32]

Die z. T. erst seit kurzem bekanntgewordenen Sammelschriften lassen sich in folgende Kategorien einordnen:

– Das Innsbrucker Exemplar, das Hans Stöckl 1543 begann und um 1560 abschloß, stellt ein «Schmelz- und Kunstbuch»[33] dar, ergänzt durch einige Probiervorschriften.

- Die mit Ausnahme eines Nachtrags wohl um 1563 abgeschlossene, sehr umfangreiche Erlanger Handschrift kann sogar als *Berg-, Schmelz-, Kunst- und Probierbuch* bezeichnet werden.[34]
- Auch der auf 1577 datierte Leobener Codex ist als *Berg-, Schmelz-, Kunst- und Probierbuch*[35] zu charakterisieren.
- Die umfangreiche Stuttgarter Handschrift schließlich läßt sich als *Berg- und Schmelzbuch* kennzeichnen und mit ihr auch die *Speculum*-Abschriften der im übrigen genannten Fundorte.

Was zeichnen nun diese Handschriften, deren inhaltliche Hauptorientierung im alpenländischen Bergbau und Hüttenwesen liegt, vor der gedruckten Literatur aus? Worin erweitern oder differenzieren sie unsere bisherigen Kenntnisse in der Hüttentechnik bzw. den Schmelzverfahren? Hierfür einige Beispiele:

Was den meisten dieser *Schmelzbücher* gemeinsam ist, sind schmelztechnische Berichte aus dem frühen 16. Jahrhundert. In einigen der Bücher[36] werden derartige Berichte mit den Namen von Gewerken verknüpft, die im Tiroler Berg- und Hüttenwesen über viele Jahre hinweg nachweisbar sind.[37] Neben dem langjährigen Schwazer Gewerken Hans Grienhofer oder Grünhofer mit seinem kürzeren Schmelzbericht von 1501 ist hier in erster Linie die umfangreiche Abhandlung von Leonhard Härrer, dem 1516 verstorbenen Rattenberger und Schwazer Gewerken, zu nennen. Dieser Bericht über die an verschiedenen Hüttenstandorten am unteren Inn entwickelten Schmelzverfahren und Schmelzgattierungen (Fürmaße) zeichnet sich besonders durch seine historische Perspektive und seine detailgetreue Praxisnähe aus. Fast minutiös schildert Härrer z.B. die metallurgische Entwicklung bei der Verhüttung der silberhaltigen Kupfererze vom Falkenstein bei Schwaz seit den siebziger Jahren des 15. Jahrhunderts. Dabei fehlt auch nicht der für den weiteren Fortschritt der Schmelztechnik fundamentale Transfer der Kupferseigertechnik[38] nach Schwaz durch Metallurgen und Gewerken aus dem Nürnberger Raum während der achtziger Jahre. Darüber habe ich an anderer Stelle einmal ausführlicher berichtet.[39]

Die Entwicklung der Hüttenarbeiten nach Einführung des Kupferseigerns in Schwaz mündeten im frühen 16. Jahrhundert schließlich in den dann voll ausgebildeten *Tiroler Abdarrprozeß*, den Biringuccio in seiner kurzen, etwas bruchstückhaften Beschreibung als *wirklich klug und schön erdacht* rühmt.[40] Auch Agricola wagte sich an die Wiedergabe dieses sehr komplexen Prozesses.[41] Doch bei aller Brillanz des Vortrags kann den Ausführungen Agricolas – ebenso wie jenen Biringuccios – im Vergleich zu Härrer nur ein nachgeordneter Rang als Quelle eingeräumt werden. Was Agricola recht detailliert mit allen «Fürmaßen», Gehaltsangaben und Ausbeuten, doch ohne tieferes Verständnis für die spezifischen Eigenarten dieser Arbeiten darstellt, ist ein bei Abfassung seines Hauptwerkes schon lange überholter Entwicklungsstand, wie wir bei Grienhofer, Härrer und ihren Nachfolgern, wie Hans Springer oder Hans Stöckl, lernen. Der Abdarrprozeß bildete im übrigen in Tirol und anderenorts bis weit in das 19. Jahrhundert hinein die Basis der Kupferhüttenarbeiten zur Gewinnung der Kuppelprodukte Kupfer und Silber.

Härrers Berichte über das Schwazer und Rattenberger Schmelzen, aber z.T. auch jene Stöckls und anderer über die Kupfer-, Silber-, Blei- und Goldgewinnung, suchen in der Tat ihresgleichen in der gedruckten Literatur des 16. Jahrhunderts. Diese hüttentechnischen Erfahrungsberichte in den Handschriften sind eine wahre Fundgrube für Angaben über Hüttenorte, Hüttenbesitzer und Hüttenverwalter, Hüttenschreiber, Schmelzmeister und Probierer, über Schmelzgattierungen und Ausbeuten oder Zeitangaben für die Ausführung bestimmter Schmelzversuche. Damit verfügen wir über ein Quellenmaterial, das im Hinblick auf zeitliche, räumliche, unternehmerische, betriebliche und technologisch-methodische Aussagen häufig das übertrifft, was wir in den zeitgleichen gedruckten Publikationen vorfinden, mit einer großen Ausnahme: Das sind die bildlichen und verbalen Beschreibungen der Hütten mit ihren Herden, Öfen und Blasebälgen, ihren Wasserrad- und Krananlagen, den baulichen Ausstattungen, technischen Geräten, Apparaten und Werkzeugen, wie sie uns Agricola und partiell auch Ercker überliefert haben. In dieser Hinsicht fallen auch die illustrierten Exemplare des «Speculum Metallorum» eindeutig ab.

Wenn auch die metallurgische Orientierung der *Schmelzbücher* primär den nordostalpinen Revieren gilt, so erfahren wir doch auch sehr viel Interessantes – z.B. von den Schmelzern Matthäus Weidacher oder Christof Reiß – über das Spleißen (falls erforderlich) und Frischen, Seigern und Darren von Mansfelder, thüringischem, böhmischem oder niederungarischem Schwarzkupfer. Für die detailliert geschilderten Seigerhüttenarbeiten zu Moschnitz im ehemals niederungarischen Montanbezirk um Neusohl läßt sich eine zuweilen wörtliche Übereinstimmung mit Textstellen bei Agricola feststellen. Dieser berichtet im Buch XI – gemäß seiner Systematik an zwei verschiedenen Stellen – ohne Nennung des Hüttenorts über die Schmelzmethoden der Karpathenbewohner,[42] dies allerdings in verkürzter Form im Vergleich zu den Berichten in den *Schmelzbüchern.*[43] In diesen finden sich darüber hinaus auch Abhandlungen über das Verhütten von Bleierzen, z.B. vom Schneeberg in Tirol oder Bleiberg in Kärnten, von Golderzen in Rauris, Gastein und Pongau, d.h. im Salzburgischen, von Kupfererzen bei Schladming in der Steiermark usf.

Derartige Differenzierungsmöglichkeiten, wie sie die noch wenig systematisch erschlossenen *Schmelzbücher* bieten – und hierzu kann man u.a. auch den Erckerschen «Bericht vom Rammelsberg» vom Jahre 1565 oder seine Berichte über die Kuttenberger Schmelzarbeiten von 1588/89 zählen[44] –, solcher Möglichkeiten haben wir uns m.W. bislang kaum bedienen können. So lernen wir z.B. aus den Berichten Hans Springers, der sich als zeitweiliger Hüttenschreiber in den Hütten Sigmund Fügers zu erkennen gibt, Schmelzgattierungen *(Fürmaße)* der verschiedensten tirolischen Hüttenwerke in den 1520er Jahren kennen. Die maßgebliche Quelle hierfür ist der Erlanger Codex. Zusammen mit den späteren Hüttenberichten, etwa von Hans Stöckl seit den 1540er Jahren, bedeutet dies, daß uns nunmehr hervorragende Möglichkeiten zur Ergänzung und zum metallurgischen Vergleich geboten sind, ein in der Tat seltener Glücksfall, wenn man an die zeitüblichen Geheimhaltungspraktiken denkt.

Ich fasse zusammen: Die schmelztechnischen Handschriften der Frühen Neuzeit ergänzen in wesentlichen Punkten die gedruckte einschlägige Literatur. Sie ermöglichen eine nach Raum, Zeit, Rohstoffen, Methoden und Personen differenzierende Analyse komplexer Entwicklungen oder Ist-Zustände im Bereich der Hüttenoperationen, namentlich solcher auf Kupfer, Silber, Gold und Blei. Sie lassen Vergleiche und Aussagen zu über die Ursachen von Erfolg und Mißerfolg einzelner Hüttenwerke oder ganzer Reviere. Sie geben Auskünfte über Innovationswege und Innovatoren, über Hüttenbedienstete und Gewerken, ja über technische, ökonomische und soziale Aspekte des Montanwesens schlechthin.

Schließlich: Sie erfüllen wie ein Netzwerk sich ergänzender Elemente einen wesentlichen Teil jener Anregung aus dem «Schwazer Bergbuch», wonach es von größter Bedeutung sei, ein schmelztechnisches Kompendium zu schaffen, das alle apparativen und methodischen Erfahrungen beim Schmelzen in Wort und Bild zusammenfaßt. Diesem Bedürfnis wurde fast gleichzeitig von Agricola, vor allem in apparativer und illustrativer Hinsicht, von unseren *Schmelzbüchern* vorrangig aus verfahrenstechnisch-methodischer Sicht entsprochen, ein für die Metallurgiegeschichte glückliches Zusammentreffen einzigartig komplementären Quellenmaterials.

Anmerkungen

1 Sarton, George: Six Wings. Men of science in the Renaissance. Bloomington 1957, S. 119.

2 Vgl. zu dieser Literaturgattung u. a. Darmstaedter, Ernst: Berg-, Probier- und Kunstbüchlein. München 1926.; Sisco, Anneliese G.; Smith, Cyril Stanley: Bergwerk- und Probierbüchlein. New York 1949.

3 Biringuccio, Vannoccio: De la pirotechnia. Venedig 1540.; Biringuccios Pirotechnia. Deutsch von Otto Johannsen. Braunschweig 1925.

4 Agricola, Georgius: De re metallica libri XII. Basel 1556. Erste deutsche Ausgabe von Bech, Philipp: Vom Bergwerck XII Bücher. Basel 1557. Hier zitiert nach: Agricola, Georg: Zwölf Bücher vom Berg- und Hüttenwesen. Deutsch von Carl Schiffner. Taschenbuchausgabe München 1977. Zu Agricola vgl. Prescher, H.; Wagenbreth, O.: Georgius-Agricola – seine Zeit und ihre Spuren. Leipzig/Stuttgart 1994.

5 Ercker, Lazarus: Beschreibung der allervornehmsten mineralischen Erze und Bergwerksarten vom Jahre 1580 (=Freiberger Forschungsheft D34). Übertragen von Paul Reinhard Beierlein. Berlin 1960. Erstausgabe: Prag 1574. Sie lag in größeren Teilen seit 1569 in der illustrierten «Beschreibung der Sechs Metallischen Erzt und Berchwerksarten...» vor,

einer heute im Staatlichen Zentralarchiv Prag aufbewahrten Handschrift. Erweiterte Zweitausgabe: Frankfurt 1580 (s. o.). Vgl. a. jüngst Kubátová, L.; Prescher, H.; Weisbach, W.: Ercker, Lazarus (1528/30–1594). Leipzig/Stuttgart 1994.

6 Vgl. Suhling, Lothar: Schmelztechnische Handschriften des 16. Jahrhunderts in zentraleuropäischen Bibliotheken. Vortrag anläßlich des Internationalen Symposiums «Das kulturelle Erbe geo- und montanwissenschaftlicher Bibliotheken». Freiberg im September 1993.

7 Vgl. Varani, Bocchini: Agricola and Italy. In: Geo Journal. Vol. 32, 1994, No. 2, S. 151–160, hier S. 156ff.

8 Zitiert nach der dtv-Taschenbuchausgabe, Anm. 4, S. XIV.

9 Zitiert nach Wilsdorf, Helmut: Georg Agricola und seine Zeit (= Agricola-Gesamt-Ausgabe. Bd. 1.). Berlin 1956, S. 282.

10 Agricola, Georgius: Ausgewählte Werke (AGA). Gedenkausgabe des Staatlichen Museums für Mineralogie und Geologie zu Dresden. Hrsg. von Prescher, Hans und Mathé, Gerhard. Bd. II, Berlin 1955, S. 63.

11 AGA, Bd. XI, Berlin 1961, S. 69.

12 Vgl. Anm. 8, S. XVI.

13 Ebd.

14 Vgl. Anm. 8, S. 310.

15 Vgl. Anm. 10, S. 166.

16 Vgl. Paul Reinhard Beierlein. In: Lazarus Ercker, Amn. 5, S. 28f.

17 Ercker in seinem Widmungsschreiben vom 3.9.1574 an den Kaiser. Vgl. Anm. 5, S. 38.

18 Mathesius, Johann: Sarepta oder Bergpostill. Nürnberg 1564, Nachdruck Prag 1975, S. C r.

19 Vgl. Schwazer Bergbuch von 1556. Zitiert nach der Faksimile-Ausgabe des Wiener Codex 10852 mit Textübertragung in den heutigen Sprachgebrauch nach dem Innsbrucker Codex 856 von Heinrich Winkelmann. Essen und Graz 1988, S. 135–138. In dieser Ausgabe werden zehn Exemplare der Handschrift von Erich Egg aufgelistet. Ein elftes Exemplar ist nach Auskunft von Frau Dr. Jontes, Bibliothek der Montanuniversität Leoben, jüngst im Steierischen Landesarchiv Graz aufgefunden worden.

20 Ebd., S. 136.

21 Ebd.

22 Entwurfscodex zum *Schwazer Bergbuch*. Bibliothek des Deutschen Bergbaumuseums. Übertragung von H. Winkelmann.

23 Anm. 4, S. XVI.

24 Münster, Sebastian: Cosmographia. Beschreibung aller Lender ... Basel 1544. Bis 1628 erschienen hiervon 35 Ausgaben und Auflagen.

25 Zu ihnen gehörte auch die recht erfolgreiche «Bergpostille» unseres Predigers Johann Mathesius. Vgl. Anm. 18.

26 Zur montanwirtschaftlichen und -technischen Entwicklung im 16. Jahrhundert vgl. Suhling, Lothar: Aufschließen, Gewinnen, Fördern. Geschichte des Bergbaus. Reinbek bei Hamburg 1988, S. 167ff u. a.

27 Schmelzbuch des Hans Stöckl: Tiroler Landesmuseum Ferdinandeum Innsbruck, Cod. W 1516, fol. 87r.

28 So beschreibt Agricola z. B. in seinem elften Kapitel die Seigerhüttenarbeiten zu Moschnitz bei Neusohl z. T. in wörtlicher Übereinstimmung mit einem Bericht in Hans Stöckls

Schmelzbuch. Vgl. Suhling, Lothar: Der Seigerhüttenprozeß. Die Technologie des Kupferseigerns nach dem frühen metallurgischen Schrifttum. Stuttgart 1976, S. 132ff.

29 Franz Kirnbauer, der 1961 einen Auszug aus dem Wiener Codex 11134 in Nr. 50 der Leobener Grünen Hefte veröffentlichte, hielt diesen Codex für die Urhandschrift. Dies ist nach den jüngeren Ergebnissen der Wasserzeichenanalyse jedoch nicht mehr haltbar. Vgl. Irtenkauf, Wolfgang: Neues zum «Speculum metallorum». In: Der Anschnitt 34(1982)2, 1982, S. 89f.

30 Württembergische Landesbibliothek Stuttgart, Cod. jur. fol. 27, Bl. 1r – 111r.

31 Vgl. Egg, Erich: Zum dritten Exemplar des Speculum Metallorum. In: Der Anschnitt 25(1973)2, S. 12.; S. a. ders, Anm. 19, S. XIX.

32 Vgl. Irtenkauf, Wolfgang: Anm. 29.

33 Vgl. Anm. 27.

34 Universitätsbibliothek Erlangen, Codex B 344/Irm. 1714.

35 Montanuniversität Leoben, Institut für Bergbaukunde: Hs. «Vom Perkhwerkh und was demselben angehörig...»

36 Hierzu gehört auch der in Bochum aufbewahrte Entwurfscodex zum *Schwazer Bergbuch*, in dem allerdings der nachfolgend genannte Bericht Härrers nur auszugsweise erscheint.

37 Vgl. Westermann, Ekkehard: Die Listen der Bandsilberproduktion des Falkenstein bei Schwaz von 1470 bis 1623 (= Leobener Grüne Hefte. Neue Folge. H. 7). Wien 1988, S. 75–95.

38 Vgl. Suhling, Lothar: Anm. 28, S. 66–72.

39 Suhling, Lothar: Innovationen im Montanwesen der Renaissance. Zur Frühgeschichte des Tiroler Abdarrprozesses. In: Technikgeschichte. Bd. 42, 1975, S. 97–119. Zu beachten ist hierin, daß bei der Drucklegung die Schemata auf S. 108 und S. 114 miteinander vertauscht wurden, nicht aber die Bildlegenden.

40 Biringuccio, Vannoccio: Anm. 3, S. 187.

41 Agricola, Georgius: Anm. 4, S. 353ff.

42 Ebd., S. 461f, 464f.

43 Vgl. Anm. 28.

44 Ercker, Lazarus: Vom Rammelsberge, und dessen Bergwerk, ein kurzer Bericht... Anno 1569. In: Ders., Drei Schriften. Hrsg. von Heinrich Winkelmann. Bochum 1968, S. 237–266. Ein gebundenes Aktenkonvolut «Kuttenberger Schmelzwerks Renovatur 1589», das Einzelberichte – u. a. aus der Feder Erckers – aus der Zeit von 1568 bis 1589 enthält, wird im Archiv des Deutschen Museums München aufbewahrt. Vgl. a. Kubátová u. a., Anm. 5, S. 51, S. 65–68.

Agricola und die Pharmazie

Fritz Krafft (Marburg)

Die Renaissance, von der die neuzeitliche Welt und neuzeitliche Naturwissenschaft ihren Ursprung und Anfang nahmen, war über alle individuellen und nationalen Nuancen hinweg von einer einheitlichen Geisteshaltung geprägt gewesen, die keine grundsätzlich andersgerichtete natur- und technikbezogene Denkweise neben einer durch die Rückbesinnung auf die Antike geleiteten christlich orientierten und von Kunst, Dichtung und Rhetorik gebildeten Vorstellungswelt kannte – insbesondere da auch *ars* als «Kunst» und *ars* als «Technik» noch eine häufig genug in einer Person repräsentierte Einheit darstellten.[1]

Grundlage bildete die Verschmelzung rationalen antiken Denkens mit christlicher Glaubensvorstellungen, wie sie bereits im 13. Jahrhundert erfolgt war: Im vorchristlichen Gedankengut der Klassischen Antike war bereits damals eine natürliche Wahrheit gesehen worden, *die Gott in die Menschen gesenkt hatte*, um das Christentum vorzubereiten. Abendländisches Christentum hatte sich über die historische Distanz mit griechisch-römischem Heidentum versöhnen können; und antikes Denken hatte seinen Reichtum bewähren können, *indem es sich von einer ihm entwachsenen Welt absorbieren ließ, ohne darin unterzugehen.*[2] Die *mathematica* und die *realia*, die Kenntnisse und Fähigkeiten der Griechen und Römer in der Mathematik sowie in der mathematisch orientierten und in der naturhistorischen Beschreibung der außermenschlichen Umwelt, waren im Zuge dieses Prozesses plötzlich und unvermittelt in einer ungeheuren Detailfülle auf das sich geistig neu formierende Europa eingeströmt – und hatten vorerst nichts anderes als eine mehr oder weniger willkommene Zugabe sein können, mit übernommen zur genehmeren Bewältigung des diesseitigen, materiellen Lebens, ohne je integriert worden zu sein, sozusagen als bloßes instrumentales Wissen. Darüber täuscht auch nicht hinweg, daß man etwa die die Realien betreffenden «mechanischen Künste» (zu denen auch die Medizin und deren Hilfsdisziplin Pharmazie zählten) zur Rechtfertigung als dem Menschen von Gott verliehen deklariert hatte, als Ausgleich für die durch den Sündenfall erlittenen Mängel und zur Erleichterung der von Gott verhängten Strafe, wie man es gern im Anschluß an Augustinus und Bonaventura[3] im technischen Schrifttum tat.[4] Das war nichts als Etikettenschwindel, gewährte aber natürlich einen Schutzwall, hinter dem dieses instrumentale Wissen und die Realienkunde ein fast ungestörtes und daraufhin auswucherndes, vorerst jedoch weiterhin an der meist durch die Araber vermittelten Antike orientiertes Eigenleben führen konnte.

Die Neubesinnung der frühen, italienischen Humanisten war deshalb anfangs gleichermaßen gegen die Scholastik als isolierte, starre deduktive Methodologie mit metaphysischen Vorgaben und gegen das losgelöste instrumentale Wissen auch und gerade auf dem Gebiet der Naturgeschichte gerichtet. Aber die Frühhumanisten prägten noch nicht die Geisteshaltung der Renaissance, sondern ebneten erst die Wege zu einer besseren Einsicht in die kulturelle Eigenständigkeit der Klassischen Antike, die dann verbunden ist mit der Wiederentdeckung des Griechischen, hin zur enthusiastisch werdenden Überzeugung, daß dem antiken Wort nicht nur in der Dichtung, sondern auch in der Wissenschaft und im Bereich der Realien eine paradigmatische Bedeutung innewohnt als nicht überbietbares Urbild lebensformender Weisheit.

Die Legitimität, für das 15. und 16. Jahrhundert von einer selbständigen *Epoche* der Renaissance zu sprechen, ergibt sich eigentlich auch erst daraus, daß auch die Naturwissenschaften in ihr eine gegenüber dem vorangegangenen Nominalismus und gegenüber der «naturwissenschaftlichen Revolution» des 17. Jahrhunderts eigenständige Rolle gespielt haben und in ihrer Haltung den übrigen geistigen Einstellungen der Epoche Renaissance entsprachen und einbezogen waren in die Bestrebungen der Renaissance-Humanisten – auch im Bereich der Naturwissenschaften – durch Bereitstellung und Aufbereitung der Texte der Griechen deren Wissen wieder zu beleben, nicht als wenn auch unsterbliches, so doch vergangenes Kulturgut, sondern als für die Gegenwart unerläßliches Wissen, das entweder selbst oder dessen Verständnis zwischenzeitlich verlorengegangen war.

Die naturgeschichtlichen Disziplinen, Botanik, Zoologie und Mineralogie, erhielten ihre gegenüber dem Mittelalter neuen und das heißt neuzeitlichen Inhalte während eines in mehreren Phasen verlaufenden Prozesses, der mit der rein philologischen Kleinarbeit an den antiken Texten von Hippokrates, Aristoteles, Theophrastos, Dioskorides, Plinius, Galenos und anderen einsetzte, vom Aufsuchen und Kopieren der Texte bis zur Säuberung von Überlieferungsfehlern, sich fortsetzte über die philologisch-grammatische und sachliche Interpretation bis hin zur zusammenfassenden Verarbeitung dieser Texte in Kommentaren und selbständigen Werken unter Berücksichtigung eines Vergleichs mit empirischen Erkenntnissen und Versuchen (gerade auch der nicht humanistisch vorgebildeten, meist volkssprachigen «Experten» der Praxis) und schließlich in der fachgerechten, besonders medizinischen Anwendung der aus den alten Schriften gewonnenen neuen Kenntnissen als vorläufigem Ziel endete. Ausgangspunkt war so häufig das Bemühen gewesen, die in den klassischen Gebrauchs-Texten beschriebenen und in den medizinischen Rezepten verwendeten Pflanzen, Tiere und Minerale zu identifizieren und möglichst mit der jeweils heimischen Flora, Fauna und Mineralwelt gleich- oder zwecks Substitution in Parallele zu setzen. Botanik, Zoologie und Mineralogie emanzipierten sich aber auch auf diesem Wege aus der mittelalterlichen und universitären Umklammerung durch die Medizin; sie lieferten nicht mehr bloße *materia medica.*

Während dieser Prozeß der Wiederaneignung des Wissens der Griechen (und Römer) für Botanik und Zoologie jedoch mehrerer Generationen von Humanisten mit wachsenden Fachkenntnissen bedurfte und bis ins 17. Jahrhundert währte,[5] fand der Erneuerungs- und Emanzipierungsprozeß für die bis dahin noch gar nicht existierende Disziplin Mineralogie von dem bewußten Rückgriff auf die antiken Texte über die Anhäufung und Anwendung des aus ihnen gewonnenen Wissens bis zu seiner empirischen Prüfung im und am Bergwerk und Hüttenwesen fast zugleich Anfang und Höhepunkt in der Person des humanistischen Arztes Georgius Agricola[6] – programmatisch dargelegt bereits in seinem Erstlingswerk, dem 1530 in Basel gedruckten Dialog «Bermannus sive de re metallica», von dem immerhin kein geringerer als Erasmus von Rotterdam in dem mitabgedruckten Geleitwort schrieb,[7] daß er nicht sagen könne, ob er es mit größerem Vergnügen oder mit größerem Gewinn gelesen habe *(Nec satis possum dicere, maiore ne voluptate fecerim an fructum)*; denn wirklich erfreulich sei auch der *schlichte Stil, der an gewisse attische Vorbilder erinnere.* Er sehe, *daß sich einige junge Leute zur Wiederherstellung der Medizin anschickten (ad rem medicam restituendam iuvenes aliquot accinctos video),* und keine geringere Hoffnung eröffneten diese «Vorleistungen» Agricolas *(haec Georgii* προγυμνασμάτα*),* nämlich der «Bermannus».

Aus heutiger Sicht ist es nicht ganz verständlich, daß ein Werk wie dieser «Bermannus», das in der Regel inhaltlich der Erneuerung der Mineralogie zugeordnet wird, als «Vorleistung zur Wiederherstellung der Medizin» gefeiert werden konnte, wie die Renaissance-Bestrebungen zur Erneuerung der (griechischen) Medizin also zur Begründung von Mineralogie und Montanwissenschaften hätten führen können, die dem humanistischen Arzt Georgius Agricola ja mit Recht zugeschrieben werden können. Wie der ihm befreundete Joachimsthaler Rektor Petrus Plateanus im Widmungsschreiben[8] zu der von ihm besorgten Ausgabe des Dialogs darlegte, hatte Agricola damals bereits über den Dialog «Bermannus» hinausgehende Studien zu Papier gebracht, die er nach Fertigstellung herauszubringen versprochen habe – was Agricola dann auch nach der Übersiedlung nach Chemnitz tat, wohin er 1531 als *stadtleybarzt*, also Stadtphysikus, berufen werden sollte, nachdem er 1530 das Amt in Joachimsthal aufgegeben hatte.

Plateanus betonte dabei die von Agricola verkörperten Voraussetzungen: Beherrschung der zeitgenössische Medizin *(medicus)*, überragende Bildung *(vi-*

rum supra reliquam erutionem), beste Kenntnis der *beiden* klassischen Sprachen, das heißt des Lateinischen *und* des Griechischen *(utraque lingua doctissimum)*. Daraufhin habe er *vieles, was einst die berühmtesten Ärzte auf dem Höhepunkt der Medizin angewendet hatten (non pauca praestantissimis olim medicis in maximo medendi usu habita)*, aus der Vergessenheit *(ex ipsis inferis)* wieder ans Licht bringen können, und dazu habe er einerseits sämtliche verstreuten Erörterungen «de rebus metallicis» aus den erhaltenen Schriften der Griechen und Römer sorgfältig studiert und gesammelt, andererseits aber auch alles peinlichst genau abgewogen, was sich an Benennungen und Erkenntnissen aus dem deutschen und besonders dem heimischen Bergwesen gewinnen ließ. Als Ergebnis würden demnächst erscheinen Werke über Bergbau und Hüttenwesen – und gereinigte Texteditionen der bedeutendsten Ärzte, Hippokrates und Galenos, in griechischer Sprache aus den ältesten Handschriften. Auch das sind nur scheinbar widersprüchliche Dinge!

Agricola war Arzt. Nachdem er mehrere Jahre in Zwickau als humanistisch ausgebildeter Lehrer des Griechischen und Lateinischen tätig gewesen war, hatte er mit Hilfe des immerhin jährlich 30 Gulden einbringenden Stiftungslehens St. Erasmi 1522 ein zweites Studium begonnen, zunächst in Leipzig, wo er sich bereits der Medizin zuwandte, der er sich dann in Italien vorwiegend widmete, von wo er 1526 als *Doctor medicinae* nach Zwickau zurückkehrte. In Italien studierte er im Sommer 1524 in Bologna (wo er auch griechische Vorlesungen gehalten haben soll) und dann in Padua.

So paradox es heute auch klingen mag, Agricola war durch seine Sprachstudien für ein Studium der Medizin bestens ausgerüstet; denn während des Renaissance-Humanismus waren gründliche Kenntnisse der klassischen Sprachen hierfür erste Voraussetzung gewesen. Galten Medizin und Pharmazie doch als abgeschlossene Wissenschaften, waren also aus Büchern zu erlernen; und dazu hatten die Humanisten statt der arabisch-lateinischen Quellen des Mittelalters wieder auf die griechischen und lateinischen der Antike zurückgegriffen, die es in der Ursprache zu lesen galt.

Aber Agricola war von Bologna schon im Herbst 1524 nach Venedig gegangen. Das geschah zwar zum einen sicherlich, um auch die praktische Medizin zu erlernen – die zuständige Stadtuniversität war im nahen Padua, wo nicht nur eine am menschlichen Körper orientierte Medizin gelehrt wurde, sondern wo sicherlich auch die Bestrebungen von 1543 um die Errichtung eines *Horto dei Semplici* oder *Hortus simplicium* (also eines Heilkräutergartens für die Studierenden der Medizin), der 1545 verwirklicht wurde (und noch heute als Botanischer Garten existiert),[9] einen längeren Vorlauf hatten, der immerhin 1533 zur Einrichtung einer *Lectura simplicium* geführt hatte. Andererseits wirkte Agricola hier aber auch als Mitarbeiter des berühmten venezianischen Verlagshauses Aldus Manutius an der Erstellung griechischer Ausgaben der Werke von Hippokrates, Galenos und Paulos von Aegina mit. Diese Tätigkeit, für die er bestens gerüstet war, wird schon deshalb ein gewichtiger Grund für die Übersiedlung gewesen sein, weil im Herbst 1524 das Zwickauer Lehen auslief und Agricola wieder selbst für seinen Unterhalt aufkommen mußte.

Andreas Asulanus, der derzeitige Inhaber des Verlagshauses, hatte für diese Editionen ein Privileg erhalten und ließ sie durch angesehene humanistische Ärzte und Philologen unter der Leitung von Giambattista Opizo aus den Handschriften bearbeiten – nachdem in seinem Verlagshaus bereits früher neben Schriften des Aristoteles die «Historia plantarum» des Theophrastos (1497) und Dioskurides' «De re medica» (1499) erschienen waren. Die von Anfang an bestehende Schwerpunktsetzung des venizianischen Druckwesens auf das medizinische Schrifttum hängt auch sicherlich ursächlich damit zusammen, daß Venedig trotz der Erschließung des Seeweges nach Indien und Ostasien und der türkischen Eroberungen im Mittelmeerraum immer noch Zentrum und Ausgangspunkt des europäischen Drogen- und Gewürzhandels über die Levante war, den auch Agricola hier kennengelernt haben wird. Immerhin wurde das aus griechisch-arabischer Tradition stammende umfangreiche lateinische medizinisch-pharmazeutische Kompendium des Pseudo-Mesuë aus dem frühen 13. Jahrhundert als erstes umfangreicheres medizinisches Werk 1471 auch hier in Venedig gedruckt (1475 folgte die erste italienische Ausgabe), und die Hälfte der dann auch mit Kommentaren versehenen mindestens 57 lateinischen Gesamtausgaben, die insgesamt bis 1623 erschienen, hatte ebenfalls Venedig bzw. Padua (1471) als Druckort – bis 1513 waren es sogar 14 von 21 Ausgaben gewesen, während danach das Interesse sich hier in Venedig mehr den griechischen Autoren zugewandt hatte; erst ab der Mitte des 16. Jahrhunderts, als die humanistische Medizin (wie mit gewissen Phasenverschiebungen auch anderenorts) aus pragmatischen Gründen insbesondere seitens der Pharmazie wieder zurückgedrängt wurde, erscheinen dann auch in Venedig wieder Mesuë-Ausgaben, nach 1527 und 1538 insgesamt 12 von 17, die allerdings insofern auch dem Humanismus Tribut zollten, als anfangs parallel zur mittelalterlichen Version und dann ausschließlich eine von Jacques Dubois 1542 angefertigte ‹Übersetzung› in Humanistenlatein den Ausgaben zugrundegelegt wurde.[10]

Bereits im August 1525 war die erste griechische Gesamtausgabe des Galenos vollständig erschienen, in deren fünften und letzten Band der Verleger Asulanus auch die Mitwirkung Agricolas lobend erwähnt, von dem gesagt wird, daß *er bei der Berichtigung des Galenos seinen Fleiß und seine Arbeitskraft voll eingesetzt* habe. 1526 folgte die griechische «Editio princeps» der Werke des Hippokrates, 1528 die bereits 1526 fertiggestellte der Schriften des Paulos von Aigina. Auch an diesen beiden hat Agricola mitgearbeitet; und es ist möglich, daß die Fertigstellung dieser Arbeiten Agricola veranlaßten, zur Suche einer neuen Anstellung in die sächsische Heimat zurückzukehren. Plateanus hatte aber berichtet, daß Agricola sich auch nach seiner Rückkehr weiterhin mit der Korrektur und Wiederherstellung der Schriften des Galenos und Hippokrates beschäftigt hätte, weil vieles in den Schriften, speziell in den Rezepturen, nicht mehr verständlich oder verfälscht worden sei, da die Kenntnis der genannten Substanzen im Mittelalter verloren gegangen wäre.

Wir kennen diese durchaus ernstgemeinte Rechtfertigung auch von den sogenannten «Vätern der Botanik»; auch hier liegt vorerst ein vorwiegend pragmatisches Interesse an den *vegetabilia* als *simplicia pharmaceutica* vor, wobei gerade auch im pflanzlichen Bereich neben der Klärung von Widersprüchen in den antiken Quellen das Bemühen um eine eindeutige Diagnostik und Identifikation der einzelnen, in den klassischen Schriften genannten Pflanzen, wenn möglich mit heimischen Arten (wozu dann auch die naturalistische Abbildung zählt und bald zum Standard wird), an erster Stelle der eigenen Aufgabenstellung liegt. Für die *simplicia vegetabilia* gehen diese Bestrebungen von Italien aus, um dann hauptsächlich nach Deutschland überzugehen; sie sind anfangs in der Art von Kommentaren an die Texte (vor allem Dioskurides und Plinius) geknüpft,[11] später an das Objekt Pflanze. In die erste Gruppe gehören etwa die *In Dioskoridem Corollarium libri quinque* des Venezianers Hermolaus Barbarus (1454–1493), die sicherlich in Venedig bekannt waren und bei der Manutius-Ausgabe berücksichtigt wurden, auch wenn sie erst 1530 in Köln posthum erschienen; in die zweite Gruppe die zahlreichen «Kräuterbücher».[12]

Es mag im nachhinein auch noch so unsinnig und widersprüchlich erscheinen, aber die Art, in der etwa noch Leonhart Fuchs sein 1542 lateinisch und ein Jahr später deutsch erschienenes «New Kreüterbuch» aufbaute, indem er erstmals anscheinend in die Moderne weisende, möglichst naturgetreue und auf Autopsie beruhende Abbildungen vermeintlich unverbunden neben scheinbar antiquierte, philologisch orientierte Sammlungen von Belegstellen für die betreffende Pflanze aus alten Autoren stellte und diese «Pflanzenmonographien» dann auch noch alphabetisch anordnete, entspricht genau dieser Phase des Renaissance-Humanismus, in der es um die Wiederaneignung der Kenntnisse der Griechen und Römer ging, um sie insbesondere in der praktischen Pharmazie für die theoretisch an den antiken Autoren ausgerichtete Medizin auch anwenden zu können. Empirie und Autopsie dienen hier noch nicht der Erforschung von Neuem, sondern der Wiedererkennung von Altbekanntem und zwischenzeitlich in Vergessenheit Geratenem. Erst im Zuge dieser Phase des Renaissance-Humanismus verselbständigen sich dann Botanik und Zoologie allmählich und emanzipieren sich von der Nutzanwendung als *materia medica*.

Während aber Pflanzen und Tiere auf diese Weise von den Humanisten vielfältig behandelt wurden – Agricola lernte diese Bemühungen in Italien kennen und konnte sie später selbst verfolgen –, reichten für das Wiedererkennen der *mineralia* und *fossilia* die üblichen Kenntnisse eines Humanisten nicht aus; hierzu bedurfte es des berg- und hüttenmännischen (meist volkssprachigen) Fachwissens, wie es in der sächsischen Heimat Agricolas vorlag.

Es war sicherlich zumindest seit seinen Arbeiten an den griechischen Medizinertexten das Bemühen Agricolas, diese Lücke selbst zu füllen; denn er bemühte sich sogleich nach seiner Rückkehr aus Italien um die Stelle eines Stadtarztes im heimischen Erzbaugebiet mit der ausdrücklichen Absicht, ‹vor Ort› auch für den Bereich der *mineralia* diese Kenntnisse wiederzugewinnen. Während jedoch in Chemnitz seine diesbezüglichen Bemühungen vorerst vergebens waren, konnte er im Herbst 1527 die Stelle des Stadtarztes und Stadtapothekers in Joachimsthal übernehmen.

St. Joachimsthal war eine ganz junge, aber rasch aufblühende Bergwerkstadt. Erst 1516 hatte man in dem Tal Silbererze entdeckt. Der rasch wachsenden Bergbausiedlung wurde 1517 der Name Sankt Joachimsthal gegeben, und 1520 wurde sie zur freien Bergstadt erhoben; 1527 war bereits eine Einwohnerzahl von 15000 erreicht. Der ehemalige Erfurter Medizinprofessor Georg Sturtz (1490–1548) hatte hier als Stadtarzt 1525 eine Apotheke errichtet; außerhalb der großen Städte und gerade auch in solchen Pioniersiedlungen galten ja noch lange nicht die städtischen Medizinalordnungen, die in der Folge der *Constitutiones von Melfi* Friedrich II. von 1231 und ihrer Novellierungen die wirtschaftliche Gemeinschaft von Arzt und Apotheker untersagten und dem Arzt verbaten, eine eigene Offizin zu unterhalten oder Arzneimittel selbst zu dispensieren. Als Agricola das Amt des Stadtphysikus und des Apothekers übernahm, war er also gezwungen, die verschriebenen Arzneien auch selbst herzustellen, wobei er dann die Erfahrungen sammeln konnte, die ihn in seinem 1556 posthum in Basel erschienenen Hauptwerk «De re metallica libri XII» bei der Aufzählung der Nutzanwendungen des Erz-Bergbaus beginnen ließ.[13]

Zuerst nützt er den Ärzten; denn er liefert eine Menge von Arzneien, mit denen Wunden und Eiterungen geheilt zu werden pflegen, sogar die der Pest. Darum müßten wir schon der Medizin allein wegen in der Erde graben, selbst wenn wir keinen weiteren Grund zu ihrer Durchsuchung hätten.

In seinem mineralogisch-montanistischen Erstlingswerk «Bermannus» schildert Agricola dann, daß er diesen Weg beschritten habe, um *vor Ort* die trotz aller Bemühungen der humanistischen Ärzte um die Texte weiterhin bestehende Unwissenheit der zeitgenössischen Medizin und Pharmazie von den mineralischen Substanzen beseitigen zu können[14]: *Wenn doch wenigstens die alten und unverdorbenen Bezeichnungen uns keine Geheimnisse und nach deren Entschleierung uns zumindest die Dinge, die damit bezeichnet wurden, keine Rätsel mehr blieben! [...] Wer wüßte nicht, von welch außerordentlichem Nutzen für die Medizin die res metallicae sind, zumal dort, wo durch die äußerliche Anwendung von Mitteln therapiert wird. Zweifellos wird diesen Nutzen keiner bestreiten können, der die Bücher des Galenos [...] und des Dioskurides einmal aufgeschla-*

gen hat. Wer aber kann heute klipp und klar sagen, was molibdaenam (Molybdän), pyritem, chalcidia, misy, sory, pompholyga, spodon, diphryges und die übrigen mineralischen Wirkstoffe (recrementa) sind. Außer Antimon (stibi), Lithargyrum (später ersetzt durch ‹spuma argenti›), Arsen, Bleiweiß (cerussam) und einigen wenigen anderen Stoffen haben die heutigen Apotheken (officinae), in denen doch Medikamente jeder Art hergestellt werden (in quibus cuiusque generis medicamenta conficiuntur), nichts dergleichen, und die Ärzte kennen, mit Verlaub gesagt, sie nicht einmal (neque medici norunt, vera liceat dicere).

Ähnlich hatte Plinius über die Kenntnisse der römischen Ärzte über die ‹metallischen› Arzneimittel vor der römischen Renaissance griechischer Medizin geurteilt[15]: *«Atque haec omnia medici, quod pace eorum dixisse liceat, ignorant. parent nominibus: in tantum a conficiendis medicaminibus iis absunt, quod esse proprium medicinae solebat.» / «Alles dieses kennen die Ärzte, sie mögen darüber nicht ungehalten sein, nicht. Sie folgen nur den Bezeichnungen – soweit haben sie sich von der Herstellung der Arzneimittel entfernt, die doch ein der Medizin ureigenster Bereich zu sein pflegte.»*

Die Ärzte müßten ihre Pflaster vielmehr in der berüchtigten Seplasia kaufen (eine *officina* gab es damals noch nicht). – Hieran will der Humanist Agricola seine Ausführungen sicherlich anklingen lassen; denn auch er fährt fort: *Wir* [die Ärzte] *sollten uns schämen, diese Wörter so oft zu lesen und so oft im Munde zu führen und die Substanzen, die damit bezeichnet werden, nicht zu kennen! [...] Wie soll man einen Arzt gleichmütig ertragen können, der sich über den Gebrauch und die Wirkkräfte von Arzneimitteln immer wieder lang und breit ausläßt, die er überhaupt nicht kennt? [...] Was wundert unter solchen Umständen, wenn bestimmte Geschwüre, die anderswo geheilt wurden, bei uns unheilbar sind, da wir nur noch wenige Pflaster, und am wenigsten die aus mineralischen Stoffen zusammengesetzten (emplastra ex metallicis composita), welche die Alten zum höchsten Nutzen der Menschheit, aber auch zu ihrem eigenen Ruhm bereits in Gebrauch hatten, richtig herstellen können (integra conficere possumus).*

Diese Unwissenheit der Medizin sei der eigentliche und hauptsächliche Grund dafür gewesen, daß er seine Tätigkeit als Arzt an einen Ort verlegt hätte (nämlich Joachimsthal), an dem vielseitiger Bergbau betrieben wird *(quae sane praecipua fuit causa, quam ob rem me ad loca quae metallis abundarent, contulerim)*, um diese Kenntnisse wiederzugewinnen; denn *von anderem abgesehen, muß ich feststellen, daß sehr viel von den besonderen Arten der Tiere und von den Pflanzen, die aus der Erde ihren Ursprung habe, wie auch von dem, was die Erde selbst aus sich erzeugt, uns völlig verworren und unbekannt ist. Aber selbst, wenn wir es erkennen und nicht selten mit unseren Händen bearbeiten, so wissen wir doch im ganzen nichts darüber, mit welchen Bezeichnungen das klassische Altertum diese Dinge benannt hat. Daraus ergibt sich von selbst, daß uns ein erheblicher Teil der Verwendungsmöglichkeiten jener Dinge unbekannt bleibt. Dabei sind die meisten Probleme der Natur und der Naturkräfte, die in gewisser Weise den Dingen innewohnen, im klassischen Altertum, insbesondere von den Griechen, höchst sorgfältig in ihren Werken behandelt worden. Was aus langer praktischer Erfahrung gefunden worden war, das steht, durch theoretische Überlegungen gesichert, fest. Sollte es uns nicht möglich sein, dies alles bei weitem reiner von den Griechen, die gewissermaßen die eigentlichen Quellen sind, wieder zu schöpfen, wenn wenigstens die alten und unverdorbenen Bezeichnungen uns keine Geheimnisse und nach deren Entschleierung uns mindestens die Dinge, die damit bezeichnet wurden, keine Rätsel mehr blieben?* Und Agricola hat für die Aufklärung der metallischen und allgemein mineralischen Stoffe, welche in der Medizin Verwendung gefunden hatten und damals (und teilweise noch heute) fanden, wirklich Bedeutendes geleistet.[16] Zusätzlich wollte er *den jeweiligen Heilkräften Entsprechendes ans Licht bringen, was in Deutschland in den Bergwerken aufgefunden wird, in der Antike aber noch unbekannt gewesen ist*[17] – woraus sich dann die Ausweitung auf den gesamten Montanbereich ergab.

Der *Bermannus* stellt einen Dialog dar, wie er auch in der damaligen Umbruchzeit gern als literarisches Stilmittel benutzt wurde, um das Alte und Neue besser argumentativ voneinander scheiden zu können. Hier treffen der aristotelisch-scholastische und in der arabisch-lateinischen Medizin bewanderte Arzt Nicolaus Ancon und der die *via moderna* vertretende und sich in der griechischen und lateinischen Literatur bestens auskennende humanistische Arzt Johannes Naevius als Gesprächspartner der medizinisch-pharmazeutischen Seite auf den Schichtmeister Lorenz Wermann, der die berg- und hüttenmännische Seite vertritt und die Ärzte auf deren Wunsch ‹vor Ort› führt, um dem zwischen ihnen geführten Fachgespräch stets sogleich den anschaulichen Hintergrund bieten zu können. Die in den Bergwerken gefundenen Substanzen werden hinsichtlich ihrer Eigenschaften und Verwendungsart mit den bei den antiken Autoren genannten Arzneimitteln verglichen und möglichst zugeordnet. Dabei schlägt Agricola durchaus auch Substituierungen nicht zu beschaffender oder zu kostspieliger Substanzen durch heimische vor. So müsse die Nichtbeschaffbarkeit des von Dioskurides besonders empfohlenen Ockers aus Attika nicht dazu führen, seine Pflaster nicht zu verwenden; denn deutscher oder ungarischer Ton würde denselben Dienst leisten, wobei es sogar gar nicht nötig sei, ungarischen einzuführen, wie es wegen des relativ geringen Preises geschehe, und den in Joachimsthal anstehenden ungenutzt liegen zu lassen, wie der mineralogische Fachmann Bermann bemerkt,[18] zumal schon zur Zeit des Plinius die als beste eingeschätze attische ‹Gelberde› wegen der Stillegung der erschöpften attischen Silbergruben nicht mehr zur Verfügung gestanden hätte.

Ausgesprochen Neues zur Pharmazie bringt Agricola hier und in anderen Werken nicht; darin sieht er als Humanist im Gegensatz etwa zu seinem berühmten Zeitgenossen Paracelsus auch gar nicht seine Aufgabe. Neues bedeutet bei ihm: Wiedererkennung, Wiederbekanntmachung und gelegentlich auch selbst durchgeführte Wiederanwendung von einfachen und zusammengesetzten Arzneimitteln der antiken Autoritäten – in richtigen Maß- und Gewichtsverhältnissen. Denn auch Agricolas metrologische Bemühungen um die Gewichte und Maße der Alten («De mensuris et ponderibus», Basel 1533), mit denen er noch in Joachimsthal begonnen hatte, hatten nach eigener Auskunft in erster Linie den Grund und Sinn, die unbekannten und widersprüchlichen quantitativen Angaben in den Rezepten der antiken Mediziner zu erfassen. Es sei nämlich kein Wunder, daß die Heilerfolge der von den antiken Ärzten beschriebenen Rezepte selbst Verwendung gleicher und einwandfreier Bestandteile nicht einträten, wenn die darin genannten Gewichts- und Mengenangaben nicht befolgt werden könnten, weil die Maßeinheiten unbekannt wären.[19] Dabei konnte er etwa feststellen, daß bei Galenos *libra* und *uncia* sowohl als Gewichts- als auch als Volumeneinheit benutzt wurde.

Agricola benutzte das Werk «Über die Maße und Gewichte» zwar gleichzeitig, um bei der Diskussion der Maßangaben in antiken Rezepten aus den griechischen Schriften den Ärzten seiner Zeit noch unbekannte Rezepturen näherzubringen und erwähnt etwa ein ausgewaschenes Wachspflaster aus Celsus («De medicina», V, S. 12), eine Binsensalbe aus Columella («De re rustica», XII, S. 28) und eine Pille gegen Brustschmerzen ebenfalls nach Celsus,[20] aber insgesamt läßt sich gerade aus der Schrift «De mensuris et ponderibus» ein gewisser Überblick zumindest über die einem humanistischen Arzt und Apotheker dieser Zeit bekannten und von ihm benutzten *simplicia* und *composita* gewinnen.[21] Immerhin war der jüngere Valerius Cordus, dessen «Dispensatorium pharmacorum omnium» von 1536 dann 1542 vom Nürnberger Rat als erste amtliche Pharmakopöe eingeführt werden sollte, mit Agricola, dem er mehrfach Mineralien von seinen Reisen zukommen ließ, eng befreundet. Wieweit Agricolas Studien auf dieses dann für die Folgezeit einflußreiche amtliche *Dispensatorium* eingewirkt haben, bedürfte jedoch noch einer genaueren Untersuchung.

Nur das humanistische Programm der Medizin seiner Zeit macht jedenfalls überhaupt verständlich, wieso und warum gerade ein Arzt zum Begründer neuzeitlicher Mineralogie und Montanwissenschaft hat werden können. Agricola gewinnt auf diese Weise nicht nur über das Mittelalter hinweg die antiken Kenntnisse über die Minerale wieder, er erhebt durch die Lateinisierung gleichzeitig das volkssprachlich überlieferte empirische Wissen der Berg- und Hüttenleute zur Höhe akademischer Wissenschaft und verbindet beides.

Anmerkungen

1 Siehe hierzu Krafft, Fritz: Humanismus-Naturwissenschaft-Technik. Europa vor der Spaltung in zwei Kulturen des Geistes. In: Georg Kauffmann (Hrsg.): Die Renaissance im Blick der Nationen Europas. (Wolfenbütteler Abhandlungen zur Renaissanceforschung, Bd. 9) Wiesbaden 1991, S. 355–380.

2 Friedrich, Hugo: Abendländischer Humanismus. *Gymnasium* 74(1967), 1–13 (ursprünglich in: Freiburger Dies Universitatis 3, 1954/55); hier S. 5f.; vgl. hierzu insgesamt auch Krafft, Fritz: Der Naturwissenschaftler und das Buch in der Renaissance. In: Fritz Krafft; Dieter Wuttke (Hrsg.): Das Verhältnis der Humanisten zum Buch. (DFG-Kommission für Humanismusforschung, Mitteilung 4) Boppard 1977, S. 13–45.

3 Augustinus, Aurelius: De civitate Dei XXII, 24: De bonis quibus etiam hanc vitam damnationi obnoxiam Creator implevit.; Bonaventura: De reductione artium ad theologiam. In: Opera omnia, edidit A.C. Peltier. Bd 7, Paris 1866, S. 498.

4 Siehe Sternagel, Peter: Die artes mechanicae im Mittelalter. Begriffs- und Bedeutungsgeschichte bis zum Ende des 13. Jahrhunderts. (Münchener Historische Studien, Abt. Mittelalterliche Geschichte, Bd. 2) Kallmünz 1966.; Stöcklein, Ansgar: Leitbilder der Technik. Biblische Tradition und technischer Fortschritt. München 1969; hier besonders der 1. Hauptabschnitt «Anfang und Ziel des Maschinenbaues: Das Paradies», S. 36–59.; Krafft, Fritz: Artes mechanicae. In: Lexikon des Mittelalters. Bd. 1, München/Zürich (1977–)1980, Sp.1063–65.

5 Siehe hierzu jetzt Bäumer[-Schleinkofer], Änne: Geschichte der Biologie. 2 Bde, Frankfurt am Main usw. 1991.

6 Zur Biographie und allgemeinen Einordnung siehe jetzt Prescher, Hans; Wagenbreth, Otfried: Georgius Agricola – seine Zeit und ihre Spuren. Leipzig/Stuttgart 1994.

7 Agricola, Georgius: Bermannus sive de re metallica. Basel 1530, p. 3 (1546, p. 418); deutsche Übersetzung: Agricola, Georgius: Ausgewählte Werke (AGA). Gedenkausgabe des Staatlichen Museums für Mineralogie und Geologie zu Dresden. Hrsg. von Prescher, Hans und Mathé, Gerhard. Bd. II, Berlin 1955, S. 59f.

8 Agricola, G.: Bermannus ... (1530), p. 5–9; (1546), p. 419 f.; deutsch S. 61–65.

9 Siehe Schiller, Peter: Der Botanische Garten in Padua. Astrologische Geographie und Heilkräuterkunde zu Beginn der modernen Botanik. (Centro Tedesco di Studi Veneziani, Quaderni 37) Venedig: Deutsches Studienzentrum in Venedig 1987.

10 Siehe hierzu vorerst abschließend die Marburger pharmaziehistorische Dissertation von Lieberknecht, Sieglinde: Die ‹Canones› des Pseudo-Mesue: Eine mittelalterliche Purgantien-Lehre. Übersetzung und Kommentar. Diss. rer. nat. Marburg 1993.

11 Siehe hierzu Dilg, Peter: Die Botanische Kommentarliteratur Italiens um 1500 und ihr Einfluß auf Deutschland. In: A. Buck und O. Herding (Hrsgg.): Der Kommentar in der Renaissance. (Kommission für Humanismusforschung, Mitteilung 1) Bonn-Bad Godesberg 1975, S. 225–252.

12 Hierzu siehe jetzt Ä.Bäumer-Schleinkofer (wie Anm.5), Bd 1, S. 170ff.

13 Agricola, Georg: Zwölf Bücher vom Berg- und Hüttenwesen... Übersetzt und bearbeitet von Carl Schiffner unter Mitwirkung von Ernst Darmstaedter usw. Berlin: VDI-Verlag 1928, Düsseldorf: VDI-Verlag 1961, S. 17.

14 Agricola, G.: Bermannus ... (1530), p. 12–15; (1546), p. 421–423; deutsch S. 67ff.

15 Secundus, Gaius Plinius: Naturalis historia, XXXIV, S. 108.

16 Siehe hierzu etwa Hickel, Erika: Chemikalien im Arzneischatz deutscher Apotheker des 16. Jahrhunderts, unter besonderer Berücksichtigung der Metalle. (Veröffentlichungen aus dem Pharmaziegeschichtlichen Seminar der Technischen Hochschule Braunschweig, Bd. 7) Braunschweig 1963; Goltz, Dietlinde: Studien zur Geschichte der Mineralnamen in Pharmazie, Chemie und Medizin von den Anfängen bis Paracelsus. (Sudhoffs Archiv, Beiheft 14) Wiesbaden (jetzt:Stuttgart) 1972. Vieles findet sich auch in den Anmerkungen zur deutschen Agricola-Ausgabe.

17 Agricola, G.: Bermannus ... (1530), p. 14; deutsch S. 70.
18 Agricola, G.: Bermannus ... (1530), p. 92 f.; deutsch S. 133f.
19 AGA, Bd. X, Berlin 1959, S. 308 (Widmungsbrief zu *De restituendis mensuris atque ponderibus*, zuerst Basel 1550). Die Schrift *De mensuris et ponderibus* (Basel 1533 und Venedig 1535) war mit verschiedenen Ergänzungen unter dem Titel *De mensuris et ponderibus Romanorum atque Graecorum libri V* (Basel 1550) neu gedruckt worden.
20 AGA, Bd. X, Berlin 1959, S. 143f.
21 Hans Prescher hat dem Band V der Ausgewählten Werke Agricolas ein Verzeichnis der erwähnten Arzneipflanzen mit Erläuterungen hinzugefügt.

Georgius Agricola – ein humanistischer Naturforscher der deutschen Renaissance

Charlotte Schönbeck (Wilhelmsfeld)

500 Jahre Georgius Agricola – das bedeutet auch, daß wir aus mehr als viereinhalb Jahrhunderten Würdigungen, kritische Deutungen, Interpretationen, Übersetzungen und Fortführungen des Lebenswerkes dieses bedeutenden Humanisten der deutschen Renaissance besitzen, daß wir uns also einer außerordentlich umfangreichen und vielfältigen Agricola-Literatur gegenüberstehen. In den letzten Jahrzehnten ist gerade hier in Sachsen ein Zentrum der Agricola-Forschung entstanden, in der den Lebensspuren Agricolas nachgegangen und seine Werke durch Übersetzungen und Kommentare erschlossen wurden. Aber trotz dieser Bemühungen ist Georgius Agricola den heutigen Naturwissenschaftlern, Ingenieuren und Technikern – falls sie nicht aus der Montanindustrie oder dem Hüttenwesen stammen oder dem Kreis der Wissenschaftshistoriker angehören – meist unbekannt. Das gilt in gleicher Weise für die meisten Geisteswissenschaftler und erst recht für die breitere Öffentlichkeit. Auch in Gesamtdarstellungen über den Humanismus der deutschen Renaissance oder in Sammlungen von Biographien berühmter Humanisten, taucht Agricolas Name kaum auf. In Übersichtswerken über die Geschichte Deutschlands zur Zeit der Renaissance findet Agricola oft nur Erwähnung in den Kapiteln über die wirtschaftliche Bedeutung des Bergbaus in dieser Epoche. Wie kommt das? Wo muß man die Gründe für diese weitverbreitete Unbekanntheit Agricolas suchen? Die Agricola-Forschung geht zumeist von der Person Agricolas, von seinen Werken und den Zeugnissen seines Lebens aus und versucht, den vielfältigen Ausstrahlungen seines Wirkens in der Region und weit darüber hinaus nachzuspüren. Es liegt hierbei gewissermaßen eine Öffnung von der Person Agricolas als Zentrum, nach außen vor. Hier soll einmal ein Weg in umgekehrter Blickrichtung gegangen werden und sozusagen von *außen* nach der Einordnung von Agricolas Lebenswerk in die Geistesgeschichte und kulturelle Entwicklung der deutschen Renaissance gefragt werden. Diese Frage soll aber in erster Linie auf Agricolas Wirken in den Naturwissenschaften und der Technik beschränkt werden, seine Wirksamkeit als Arzt, Pharmazeut, Pädagoge, Philologe, Philosoph, Politiker, als Theolo-

ge, Verwaltungsfachmann, Ökologe, Ökonom oder als Historiker des wettinischen Hofes wird dabei in den Hintergrund treten. Diese Aspekte haben in den vorangegangenen Beiträgen eine ausführliche Würdigung erfahren, ebenso wie die einzelnen Stationen von Agricolas Lebensweg. Es wird also im Folgenden darum gehen, die Bedeutung des Humanisten Georgius Agricola für die Entwicklung von Naturwissenschaft und Technik in der deutschen Renaissance zu skizzieren. Um das zu zeigen, um diesen Standort Agricolas in der Komplexität einer weiten Epoche zu verdeutlichen, sind viele Vereinfachungen und Vergröberungen notwendig. Es erscheinen nur die hauptsächlichen Entwicklungsstränge und auch die in einfacher, holzschnittartiger Darstellung.

1. Die beschreibenden Naturwissenschaften zur Zeit der Renaissance in Deutschland

Zwischen der Geburt von Georgius Agricola am 24. März 1494 und seinem Tod am 21. November 1555 liegt ein außerordentlich reiches, vielfältiges und bewegtes Leben. Es umspannt – grob gesehen – die Zeit der Hochrenaissance in Deutschland. Es ist eine Zeit der Unruhe und Unsicherheit in fast allen Lebensbereichen, eine Zeit des politischen, wirtschaftlichen und sozialen Wandels. Aber diese erste Hälfte des 16. Jahrhunderts ist ebenso eine Epoche des prickelnden Aufbruchs, der ungeahnten Erweiterung des geographischen Lebensraumes, eine Zeit des wachsenden Selbstbewußtseins und Eigenwertgefühls der Menschen und eine Zeitspanne mit verstärkter Weltoffenheit und Hinwendung zur Natur. Denken wir an die Situation in Deutschland: Neben Kriegen zwischen Frankreich und dem Kaiser Karl V. treffen umwälzende Ereignisse das Land. Luther schlägt 1517 die 95 Thesen an die Schloßkirche in Wittenberg, die Reformation beginnt. Ideen von Thomas Müntzer erschüttern das traditionelle soziale Gefüge, die Bauernkriege brechen aus. In den deutschen Bergbaugebieten begehrt die große Zahl von Lohnarbeitern auf gegen die bedrückenden Arbeitsbedingungen und den geringen Lohn, sie sind ein weiterer Herd sozialer Unruhe. Die Türken haben Konstantinopel erobert und bedrohen Europa. Die neuen Konfessionsgegensätze eskalieren im Schmalkaldischen Krieg. Pestepidemien überziehen die deutschen Städte.

Im geistesgeschichtlichen Leben dieser Zeit vollzieht sich eine langsame Abwendung von der Scholastik, eine Loslösung von der engen kirchlichen Bindung. Die Säkularisierung der Kultur deutet sich auch in Deutschland an. Der Humanismus findet – ausgehend von Italien – Eingang in den Ländern nördlich der Alpen, auch hier kommt es zu einer Wiederentdeckung antiken Schrifttums und einer Blüte der lateinischen und griechischen Sprache. Das Interesse der Humanisten gilt allerdings vordringlich den philosophischen, den literarischen und den historischen antiken Überlieferungen. Man kann sogar pointiert sagen: Humanistische Studien betreiben heißt, sich mit Kunst, Literatur, Philologie und Geschichte zu beschäftigen. Und in der klassischen Literatur über die Renaissance wurde dieser historisch-literarische und philologische Aspekt fast ausschließlich hervorgehoben. Noch bis heute spüren wir vielerorts diese Einstellung nachwirken. Erst durch die Forschungen der letzten Jahrzehnte[1] wurde das Augenmerk auch auf die Entwicklung der Naturwissenschaft und der Technik dieses Zeitabschnittes gelenkt, der man vorher kaum Beachtung geschenkt hatte.

Für die Naturwissenschaften galt die Renaissance – nicht nur in Deutschland – lange als eine dunkle und unergiebige Epoche zwischen dem Mittelalter und der beginnenden Neuzeit. Erst durch die Untersuchungen der letzten Jahre wurde deutlich, daß es auch für Naturwissenschaften und Technik eine Periode des Umbruchs, der Entstehung einer neuen Haltung zur Natur, einer offeneren Weltsicht und eine Zeit der langsamen Vorbereitung für die Geburt der neuzeitlichen Naturwissenschaften war.

Wie treten uns die beschreibenden Naturwissenschaften zu Beginn des 16. Jahrhunderts entgegen?

In den ersten Jahrzehnten des Jahrhunderts werden durch die großen Entdeckungsfahrten die Grenzen des vertrauten geographischen Länderderbildes einfach weggewischt. 1507 erscheint zum erstenmal auf einer Weltkarte von Martin Waldseemüller die Bezeichnung *Amerika* für neu entdeckte Landstriche. Magalhães bestätigt durch seine Weltumseglung die Vorstellung von der Kugelgestalt der Erde. Martin Behaim baut in Nürnberg – einem Zentrum des deutschen Humanismus in der Renaissance – den ersten Erdglobus. Unzählige neue Fakten bereichern Erd- und Länderkunde. Die Entdeckungsfahrten erweitern aber nicht nur die geographischen Kenntnisse, sondern bedeuten auch für die Tier- und Pflanzenkunde ungeahnte neue Erfahrungen. An die Stelle der Tierfabeln oder der traditionellen Beschreibungen des Tierreiches nach Plinius treten die ersten umfassenden und genauen Tierbeschreibungen und Tierdarstellungen von Conrad Gesner und anderen. Gesners «Historia animalium» ist eine der ersten sammelnden Zusammenstellungen der damals bekannten Tierwelt. Sie erscheint von 1551 bis 1581 in mehreren Bänden. Die reich bebilderten Pflanzenbücher von Otto Brunfels und Hieronymus Bock hatten vor allem durch ihre naturgetreuen und zahlreichen Illustrationen eine bahnbrechende Wirkung für die ersten Ansätze zu einer Botanik als Wissenschaft. Diese Werke regten Leonhard Fuchs zu seinem «Kommentar zur Geschichte der Pflanzen» an, der 1542 erschien. Es ist noch immer eines der schönsten Pflanzenbücher, die es gibt. Aber in diesem großen Sammelwerk sind die Pflanzen in alphabetischer Reihenfolge aufgeführt, eine Klassifikation oder Vorschläge einer systematischen Gliederung gibt es noch nicht. Das wache Interesse an der Natur richtet sich in der Renaissance in Deutschland nicht nur auf die Pflanzen- und Tierwelt, auch die Mineralogie, Geologie und Gesteinskunde machen in dieser Zeit Fortschritte, die zur Entstehung eigener Wissenschaften hinführen. Durch den wieder aufblühenden Bergbau in Deutschland wird die Neugier an allen Dingen, die mit dem Erdinneren zusammenhängen, geweckt. Georgius Agricola ist hier der Wegbereiter der neu entstehenden beschreibenden Naturwissenschaften der Minerale.

2. Die mineralogischen und geologischen Schriften Agricolas

Agricola hat als Stadtarzt und Apotheker von 1527 bis 1531 in der jungen und aufstrebenden böhmischen Bergstadt St. Joachimsthal eingehende und umfangreiche geologische, mineralogische, berg- und hüttenmännische Kenntnisse erworben. Die Frage, was den humanistischen Gelehrten und Philologen, den im Ursprungsland von Humanismus und Renaissancegedankengut ausgebildeten Arzt dazu bewogen haben mag, sich in St. Joachimsthal, der Stadt des großen *Berggeschreis*, niederzulassen, ist oft erörtert worden. Diese Stadt war gerade in diesen Jahren des überreichen Silberabbaus angefüllt mit Einwohnern sehr verschiedener Couleur: fürstliche und großbürgerliche Unternehmer, Angehörige großer Bankhäuser, Grubenbesitzer, Bergleute in großer Zahl, aber auch Schatzsucher und Träumer, die auf das schnelle Geld hofften. Der Joachimsthaler Pfarrer Johannes Mathesius *sah seine Gemeinde vom Freß- und Saufteufel, vom Mode- und Tanzteufel ebenso umgarnt, wie vom Buhl- und Raufteufel.*[2] Das Geld floß schneller aus den Taschen als es verdient wurde. Die Pläne Agricolas waren bei seiner Heimkehr aus Italien sehr klar umrissen: Nur in einem Bergbaudistrikt ließen sich die in der medizinischen Literatur oft gepriesenen Heilmittel aus Metall und Erden aus Hüttenprodukten und Gesteinen überprüfen.[3] Und Joachimsthal war ein Zentrum des damaligen Bergbaus. Agricola ist selbst in die Gruben eingefahren, hat Knappen bei der Arbeit beobachtet, hat Werkzeuge und Gerätschaften genau angesehen, hat Schichtmeister ausgefragt und in die Aufzeichnungen der Berg- und Hüttenfachleute geschaut. Er hat selbst Gesteinsproben gesammelt und das nicht nur in Joachimsthal, sondern auch in anderen Bergbaugebieten. Von Freunden und Bekannten hat er sich Gesteinsproben aus ganz Europa mitbringen lassen. Agricola besaß die geniale Gabe, sehr genau zu beobachten und sowohl bei Werkzeugen und Maschinen wie auch bei Arbeitsprozessen das Wesentliche nicht nur zu erfassen, sondern dies auch exakt und für andere verständlich in Wort und Abbildung wiederzugeben. Nach diesen intensiven Sammel-, Beobachtungs- und Befragungstätigkeiten stand Agricola schon nach relativ kurzer Zeit eine ungeheure Fülle an Material und Informationen zur Verfügung. Und er verfolgte schon bald – in einer für ihn sehr bezeichnenden Weise – das Ziel, einerseits seine Sammlungen an Gesteinsproben und Erfahrungen möglichst zu vervollständigen und darüber hinaus nach einer Ordnung und Gliederung dieses Wissensvorrates zu suchen. Und genau dieser Schritt ist es, der Agricola von allen früheren Autoren, die sich über Jahrhunderte hinweg mehr oder weniger sporadisch für diese Themen interessiert haben, unterscheidet und der ihn zum Begründer der Mineralogie als einer neu entstehenden Wissenschaft macht. Die ersten Ergebnisse seiner Bemühungen finden wir in dem kleinen Werk «Bermannus, sive de re metallica», das bereits 1528 von Agricola abgeschlossen wurde und 1530 bei Froben in Basel erscheint. Den «Bermannus» kann man gleichsam als Programmschrift für die zukünftigen wissenschaftlichen Arbeiten Agricolas ansehen, die sich – wenn auch die Titel auf den ersten Blick hin oft andere Dinge anzusprechen scheinen – mit Problemen beschäftigen, die in weitestem Sinn mit Bergbau und Hüttenwesen zusammenhängen. Als Form wählt Agricola den Dialog in lateinischer Sprache. Das ist ein für die Humanisten in Deutschland damals sehr beliebtes Darstellungsmittel, das erlaubt, kritische und sehr unterschiedliche Meinungen den verschiedenen Gesprächspartnern in den Mund zu legen, ohne sie zu einem Konsens führen zu müssen. Die Dialoge des Erasmus von Rotterdam waren hierfür oft Vorbild. Im «Bermannus» findet das Gespräch zwischen dem Hüttenschreiber und Bergbausachverständigen Bermann, dem klassisch gebildeten Arzt Naevius und dem Mediziner Ancon statt, der als Aristoteliker auch mit der arabischen Medizin vertraut ist. Im Gespräch werden also die naturwissenschaftliche und technische Gegenwartserfahrung, das überkommene Wissen der Antike und die Kenntnisse des Mittelalters miteinander verglichen. Im Laufe des lebhaften und anschaulichen Gesprächs werden an Hand von Proben unterschiedliche Eigenschaften von Mineralen, zum Beispiel ihre Farbe, Größe, Spaltbarkeit, Durchlässigkeit und ihr Gewicht, ihr Glanz und ihr Nutzen, vorgestellt. Sprachliche Betrachtungen über Namen und Bezeichnungen nehmen einen breiten Raum ein und lassen den für den Humanismus typischen pädagogischen und philologischen Aspekt anklingen. Mit der Aufzählung von 30 Mineralen und einigen Gesteinen erfaßt Agricola das Vorkommen in den damals aufgeschlossenen Joachimsthaler Lagerstätten erschöpfend. Und mit der Erwähnung von insgesamt 90 Mineralen und Gesteinen zeigt der «Bermannus», welch eine erstaunlich breite Erfahrungspalette Agricola besitzt. Auch die Frage nach der Entstehung der Minerale wird schon in dieser ersten Schrift angesprochen, Agricola grenzt sich hier strikt gegen die Meinungen der Alchimisten und Astrologen ab, zeigt aber auch die Unterschiede gegenüber traditioneller Vorstellungen der Araber oder mittelalterlicher Meinungen, besonders der des Albertus Magnus.

Bei seinen Erörterungen zieht Agricola zunächst mit großer Sorgfalt alle aus den klassischen antiken Schriften, den mittelalterlichen Werken und den arabischen Überlieferungen bekannten Texte heran und vergleicht mit den von ihm selbst vor Ort gemachten Beobachtungen. Weichen die überlieferten Angaben von seinen eigenen Erfahrungen ab, dann sind diese der Maßstab für die Richtigkeit eines Phänomens. So erwidert beispielsweise Bermannus auf die ängstliche Frage von Naevius, wie man sich denn verhalten solle, wenn man feststellt, daß sich Plinius in Bergbaufragen geirrt hat: *Dagegen kann einer streiten wie er will. Uns wird die Wahrheit selbst, die mächtiger ist als Plinius verteidigen.*[4] Und bei der Betrachtung eines gediegenen Silberstückes stellt Bermannus fest: *Aber Plinius erweist wieder einmal, daß er kein Sachverständiger ist; denn er weiß nichts von gediegenem Silber (...). Wenn Plinius freilich unsere Gruben besichtigt hätte, dann hätte er niemals so fehlerhafte Nachrichten gegeben.*[5] Die philologischen und pädagogischen Neigungen des Humanisten und die Aspekte der medizinischen Anwendbarkeit schimmern im «Bermannus» noch kräftig durch. In späteren mineralogischen Schriften treten diese Vorlieben immer mehr zurück zugunsten sachlicher und genauer Beschreibungen. Sechzehn Jahre nach dem «Bermannus» erscheint ein Sammelband Agricolas mit vier mineralogischen Schriften, die seinen Beitrag zu dieser Thematik abrunden.[6] Schon die Aufeinanderfolge der einzelnen Arbeiten zeigt, in welch logischer und klar gegliederter Weise sich Agricola den gesamten Komplex erschließt: Er fragt in der ersten Schrift zunächst nach der Entstehung und Ursache der unterirdischen Dinge, überlegt in den beiden folgenden Arbeiten, wie sich einerseits die Dinge, die von selbst aus dem Erdinneren nach außen gelangen und andererseits die Materialien, die aus der Erde gegraben oder gefördert werden müssen, charakterisieren lassen. Beschreibungen der Bergwerke im Altertum und in neuerer Zeit, also die Beschreibungen der menschlichen Tätigkeit unter Tage, runden den Sammelband ab. Für unsere Fragestellung, welchen Beitrag Agricola im Entwicklungsprozeß der Mineralogie zu einer eigenen Wissenschaft geleistet hat, wollen wir aus dem Sammelband die Arbeit «De natura fossilium» von 1546, also die Behandlung der Dinge, die aus der Erde gegraben werden müssen, herausgreifen. In dem Widmungsschreiben an den Herzog Moritz von Sachsen weist Agricola ausdrücklich darauf hin, daß er bei der Behandlung *unterirdischer Stoffe* keinerlei Vorgänger hat, daß alle antiken und mittelalterlichen Autoren stets nur Teilfragen angesprochen haben und er zum ersten Mal einen Überblick über den gesamten Stoff gibt. In «De natura fossilium» ordnet und gliedert Agricola alle ihm bekannten Fakten und Beobachtungen über die *Minerale* nach systematischen Gesichtspunkten. Und dieser bedeutende Schritt hebt seine Darstellung über das Sammeln mineralogischer und geologischer Einzeltatsachen hinaus. Es entsteht hier das erste mineralogische Handbuch. Der Beiname *Vater der Mineralogie*, der Agricola von Gottlob Werner und anderen gegeben worden ist, besteht so auch aus heutiger Sicht zu vollem Recht. Schon in der Antike und im Mittelalter hat man nach ordnenden Gesichtspunkten nur die Vielfalt der Minerale und Gesteine gesucht. Diese Ansätze von Aristoteles und Avicenna erweitert Agricola zu seiner Systematik, in der Erden, Gemenge (neu durch

Agricola eingefügt), Steine, Metalle und Gemische (ebenfalls neu durch Agricola eingeführt) aufeinander folgen.[7] Bezeichnend für seinen Arbeitsstil ist, daß er der Systematik eine Definition der benutzten Begriffe und Charakterisierung der 18 Eigenschaften der Minerale voranstellt, die seine systematische Anordnung bestimmt haben. Der wegbereitende Schritt zur Wissenschaft Mineralogie ist damit gemacht. Ein Vergleich mit der Entwicklung der anderen beschreibenden Naturwissenschaften der Zoologie und Botanik zur gleichen Zeit läßt die Leistung Agricolas noch deutlicher werden. Die großen illustrierten Sammelwerke beider Gebiete haben wir anfangs erwähnt. Auf den Schritt zu einer systematischen Behandlung, der durch Agricola in der Mineralogie bereits in diesen Jahren gelungen war, mußte man hier noch lange warten. Nach einigen Versuchen wurde eine systematische Ordnung in Zoologie und Botanik in abgeschlossener Form erst durch die Arbeiten von Georges Cuvier (1769–1832), Georges Buffon (1707–1788) und Carl von Linné (1707–1778) gegeben. In der Mineralogie wird eine vollständige, sammelnde Darstellung und eine gliedernde Systematik durch die Arbeiten eines einzigen Gelehrten gegeben.

3. Der Entstehungsprozeß der exakten Naturwissenschaften zur Zeit der Renaissance in Deutschland

Im Gegensatz zu den beschreibenden Naturwissenschaften Erdkunde, Botanik, Zoologie und Mineralogie, also zu den sich gerade erst entfaltenden jungen Wissenschaften, bieten andere Naturwissenschaften zur Zeit der Renaissance in Deutschland ein ganz anderes Bild. Lange Zeit galt die Renaissance – die Epoche zwischen Mittelalter und beginnender Neuzeit – als eine Periode, die ausschließlich durch die Blüte von Kunst, Literatur, Philosophie und Geschichte, aber auch durch die vom Humanismus geprägten Bildungsvorstellungen charakterisiert wurde. Von der Rolle der Naturwissenschaften in der Renaissance war nicht die Rede. Und aus dieser Einschätzung rührt noch heute die Unkenntnis vieler Leistungen von Naturwissenschaft und Technik der Renaissance her, sie ist auch der Grund für die relative Unbekanntheit des Humanisten Georgius Agricola. Neuere Forschungsarbeiten[8] machten nun immer deutlicher, daß sich der Entstehungsprozeß der neuzeitlichen exakten Naturwissenschaften gar nicht trennen läßt von dem grundsätzlichen geistesgeschichtlichen Wandel, der sich in der ersten Hälfte des 16. Jahrhunderts – auch in Deutschland – vollzogen hat. Für uns ist dabei vor allem wichtig herauszufinden, welche Rolle Agricola in diesem Vorbereitungsprozeß für die Entstehung der *nova scientia* in Deutschland gespielt hat.

Warum es zur Geburt der modernen Naturwissenschaften, die ja zusammen mit der Technik bis heute unser Denken maßgeblich prägen, gerade in dieser Epoche der Renaissance kommt, läßt sich nur verstehen, wenn man neben der immer stärkeren Bindung der Mathematik mit Naturbeobachtung und Naturerkenntnis und der Wiederentdeckung und Auffindung antiken Wissens die sich ändernde Einstellung zur Technik und zu den *mechanischen Künsten* mit einbezieht. Die *neue Wissenschaft* entsteht erst durch die Verknüpfung der praktischen Kenntnisse und Erfahrungen der Handwerker, Büchsenmeister, Knappen und Hüttenfachleute, Techniker, Baumeister und Künstler mit dem theoretischen, methodisch geschulten Wissen der Gelehrten. Zu der Verbindung von praktischen und theoretischen Interessen kommt es erst allmählich, sie wird schrittweise mal von der Seite der Praxis und mal von der Seite der Theorie vorangetrieben, bis es schließlich zu einer Verschmelzung bei der Geburt der modernen Naturwissenschaften durch Galileo Galilei kommt. Diese «langsame Geburt» erstreckt sich von der Neuentdeckung antiken Schrifttums um 1450 bis zum Erscheinen der «Discorsi» von Galilei 1638. Um den Standort von Agricola in diesem Entwicklungsfluß auszumachen, soll hauptsächlich die Zeit bis zu Agricolas Tod 1555 herausgegriffen werden. Dieser Entstehungsprozeß modernen naturwissenschaftlichen Denkens verläuft in den Ländern Europas sehr unterschiedlich. Von ihrem Ausgangspunkt Italien wird diese Entwicklung – getragen durch die Erfindung des Buchdruckes – bald in ganz Europa spürbar. Während sich aber in England, den Niederlanden und in Frankreich besondere Formen auf *breiter* Basis herausbilden, beschränkt sich die Mitwirkung Deutschlands in der Renaissance auf die Tätigkeit *einiger weniger* genialer Persönlichkeiten.

Wir wollen zunächst die Seite der Praxis betrachten: Wie zeigen sich uns Technik und Handwerk in Deutschland um 1500? Die revolutionierenden Erfindungen des Kompasses, des Schießpulvers, der mechanischen Uhrwerke und vor allem des Buchdruckes sind bekannt; die Landwirtschaft bringt durch die Verwendung des Eisenpfluges und durch die Einführung der Dreifelderwirtschaft gute Erträge. In seinen technischen Leistungen nimmt Deutschland im 16. Jahrhundert – wie schon im Jahrhundert davor – eine führende Rolle ein. Das gilt vor allem für den Bergbau und das Hüttenwesen. Hier hatten die Verbesserung der Pumpen und Gebläse, die Erfindung des Eisengusses und die Einführung des Seigerverfahrens bei der Verhüttung silberhaltiger Blei- und Kupfererze und vor allem die verstärkte Ausnutzung der Wasserkraft als Energiequelle zu einem Erzabbau in größeren Tiefen und damit zu einem erstaunlichen wirtschaftlichen Aufschwung des Bergbaus geführt. Man nutzte zwar bereits im 15. Jahrhundert Wasserkräfte zum Antrieb von Maschinen, aber ihre außerordentliche Weiterentwicklung verleiht der Technik im 16. Jahrhundert erst ihr besonderes Gepräge. Die neuen Wasserkraftmaschinen wirkten revolutionierend. Denn nur durch Wasserantrieb ließen sich die großen Blasebälge in Bewegung setzen, die für die fortgeschrittene Hüttentechnik notwendig waren. Vielfach wurde durch den Einsatz von Wasserkräften der Betrieb von Gruben erst lohnend oder der Aufschluß von Erzvorkommen in großen Tiefen erst möglich.

Wegen der notwendigen Entwässerung in tief gelegenen Stollen reichten die traditionellen Antriebe durch Tier- und Menschenkraft nicht aus. An die Stelle der alten Bulgen- und Heinzenkünste treten jetzt Pumpensätze, die durch Radkünste mit Krummzapfen betrieben werden. Durch den Einsatz von Wasser- und Windmühlen steigt auch die Arbeitsleistung in vielen anderen Bereichen: in Handwerks und Werftbetrieben, beim Befestigungsbau und auch in der Textilverarbeitung.

Diese neuen technischen Möglichkeiten hatten sich ohne Zutun der offiziellen Wissenschaft – die an den Universitäten und in kirchlichen Institutionen gelehrt wurde – herausgebildet. Getragen werden diese technischen Innovationen von den Praktikern, d.h. von den Baumeistern, den Schiffbauern oder den Fachleuten im Berg- und Hüttenwesen. Es sind Empiriker, die meist weder lesen noch schreiben können, die keinerlei Bedürfnis nach theoretischer Begründung ihres Tuns haben und in abstraktem Denken völlig ungeübt sind. Ihr praktisches Wissen, spezielle Handfertigkeiten und Verfahren hüten sie als Zunftgeheimnisse und geben ihre Erfahrungen nur mündlich von Generation zu Generation weiter. Die Geheimhaltung wurde gerade im Bergbau noch verstärkt, weil aller Arbeit unter Tage noch lange ein Hauch des Magischen anhaftete. Schriftlich fixiert wurden die vorhandenen Kenntnisse bis zum Spätmittelalter kaum.

Wenden wir uns der *Gelehrtenwelt* um 1500 zu. Die offizielle Wissenschaft hatte sich bis zum Ende der Hochscholastik darum bemüht, das damals bekannte antike Bildungsgut mit dem Wissen der arabischen Gelehrten zu verbinden und mit der christlichen Glaubenslehre in Einklang zu bringen. Die Physik als Naturbetrachtung und Teil der Naturphilosophie setzte sich mit dem Lehrgebäude des Aristoteles und den Werken Platons auseinander. Handwerkliche Tätigkeit und technisches Bemühen waren *wider die Natur,* der Beschäftigung eines freien Bürgers unwürdig, sie gehörten zu Beginn der Renaissance noch nicht in den Kreis der sanktionierten Wissenschaften. Gerade die Arbeit der Bergleute gehörte lange zu den niedrigsten Tätigkeiten überhaupt, sie war oft Sklavenarbeit. In Deutschland war das im 15. und 16. Jahrhundert nicht mehr der Fall.

Bei dieser ganzen Konzeption der offiziellen Wissenschaft war es zu diesem Zeitpunkt gar nicht zu erwarten, daß von der Seite der Theorie her eine Hinwendung zum Verständnis praktischer Fragen erfolgen würde. Bei der Entwicklung und Verbesserung analytischer und synthetischer Betrachtungsweisen und deren logischer Schlußfolgerungen hatte die Wissenschaft bis zum Ende des Mittelalters allerdings beachtliche Fortschritte erzielt.

Die Wiederentdeckung der Antike mit ihrer Bejahung des Lebens und der Öffnung des Menschen für die Natur und die Welt, findet ihren intensivsten Ausdruck im Humanismus. Er geht von Italien aus, prägt das Geistesleben in ganz Europa und schlägt auch in Deutschland Wurzeln. Die erste Ankündigung für eine Vorlesung über humanistische Studien finden wir am Schwarzen Brett der Universität Heidelberg 1456, hier werden die Generalthemen des Humanismus genannt: Der Kurfürst wünscht, *die schon fast in die Barbarei verwandelte lateinische Sprache an seiner Universität zu erneuern und hat deshalb angeordnet, (...) daß die humanistischen Studien, das heißt die Werke der Dichter Redner und Geschichtsschreiber öffentlich behandelt werden sollen.*[9]

Der Humanismus ist zwar nicht in der Lage, die beiden getrennten Lager – die *praktische* Technik und die *theoretische* Wissenschaft – einander näher zu bringen, aber die Humanisten schaffen doch eine wesentliche Voraussetzung dafür. Als 1453 die Türken Konstantinopel eroberten, hatte man vor diesem Ansturm verstärkt antike literarische, philosophische, historische aber auch naturwissenschaftliche Schriften nach Europa gebracht. Durch kritische philologische Interpretation und exakte Übersetzungen der ursprünglichen Texte versuchten die Humanisten diese Dichtungen, aber auch philosophische und historische Werke der Antike neu zu erschließen. Obwohl von der Seite der Humanisten wenig Interesse für die Thematik und auch für die recht ungeschliffene Sprache der aufgefundenen naturwissenschaftlichen Manuskripte vorhanden war, so sammelten sie doch auch diese antiken Quellen, übersetzten und kommentierten die Schriften der antiken Wissenschaftler, die entweder jahrhundertelang unbekannt oder nur in Bruchstücken überliefert waren oder von denen man nur durch arabische Werke gehört hatte. So standen bald neben den Werken von Vitruv, den kompletten Schriften des Aristoteles auch die Arbeiten von Heron, Euklid, Pappos, Appolonius, Strabon, Ptolemäus und vor allem die mechanischen Schriften des Archimedes zur Verfügung. Eine wichtige Voraussetzung für den Entstehungsprozeß der modernen Wissenschaften war damit gegeben. Durch die rege Entfaltung von Handwerk und Handel hatte sich in der ersten Hälfte des 15. Jahrhunderts eine solche Fülle an Kenntnissen und bisher unbekannten Tatsachen angehäuft, die auf eine Gliederung und Systematisierung des weitgefächerten Stoffes hindrängte. Der Anstoß dazu kam nicht von der Seite der Universitätsgelehrten.

Da in Deutschland in dieser Zeit Handwerk, Schiffbau, Befestigungswesen und vor allem der Bergbau und das Hüttenwesen immer stärkere Faktoren für die Wirtschaft und die Politik des Landes wurden, wuchs ihr gesellschaftliches Ansehen. Lese- und schreibkundige Männer, die häufig aus den Kreisen der Humanisten stammten, begannen sich für die Arbeit der Praktiker zu interessieren. Auch Ingenieure und Künstler versuchen, ihre Erfahrungen mit oder in der Praxis schriftlich festzuhalten. Es entsteht eine erste *technisch-wissenschaftliche Literatur*, die sich einerseits an Landesherren und Unternehmer wendet, um Informationen über mögliche wirtschaftliche Investitionen – modern würde man sagen: Informationen zum Wirtschaftsstandort und Nutzungen – zu geben, aber andererseits entstehen auch Werke, die sich an die Praktiker selbst wenden. Die meisten Bücher werden in lateinischer Sprache, der internationalen Sprache der

Gelehrten und dem Erkennungszeichen humanistischer Bildung, geschrieben. Aber es entstehen auch erste Werke in den jeweiligen Volkssprachen, die ausdrücklich auf diese Weise dokumentieren, daß sie für Praktiker gedacht sind, die des Lateinischen nicht mächtig sind. Ganze Gebiete der Technik, von denen bisher nur mündliche Überlieferungen existierten, werden jetzt schriftlich fixiert. Durch den Buchdruck finden sie schnelle Verbreitung in gelehrten Kreisen, zu denen jetzt auch vermögende Bürger, Handwerker und auch Künstler gehören.

Die ersten dieser neuen Technik-Bücher gibt es über das Bauwesen. «De re aedificatoria» des Humanisten Leo Battista Alberti aus den Jahren 1443 bis 1452 ist dafür das berühmteste Beispiel. Das Bedürfnis, die vielfältigen praktischen Kenntnisse zusammenzustellen und einem größeren Interessenkreis zugänglich zu machen, beschränkt sich nicht nur auf das Bauwesen. Durch die Erfindung des Schießpulvers und durch die rasche Entwicklung der Feuerwaffen änderten sich nicht nur die Kriegstechniken und die Befestigungsvorkehrungen, sondern man sammelte viele neue Erfahrungen auf dem Gebiet des Metallgusses und der Metallverarbeitung, die dem Hüttenwesen dann zugute kamen. Das erste Werk über Metallurgie und Artillerietechnik, die «Pirotechnia» von Vanoccio Biringuccio erscheint 1540. Im Gegensatz zu Alberti ist Biringuccio Empiriker, ein Geschützgießer und Büchsenmeister aus Florenz. Das in der italienischen Volkssprache verfaßte Werk enthält keinerlei Ansätze für wissenschaftliche Begründungen oder Erklärungen, dafür aber eine Fülle praktischer Hinweise. Die «Pirotechnia» ist ein Buch eines Praktikers für den Praktiker.

Die größte Wirkung und eine erstaunliche Popularität aus dem Kreis der technischen *Erstlingsliteratur* erreicht das Lebenswerk von Georgius Agricola «De re metallica», das 1556 in lateinischer Sprache und 1557 in der deutschen Übersetzung erscheint.

4. «De re metallica»

Seine Erfahrungen mit der Praxis des Bergbaus und des Hüttenwesens sammelt Agricola ebenfalls in seiner Zeit als Stadtarzt und Apotheker von St. Joachimsthal von 1527 bis etwa 1537. Es gelingt ihm, ein Gebiet, das trotz seiner mehr als tausendjährigen Geschichte noch niemals systematisch und umfassend behandelt worden ist, in einem Gesamtüberblick zu erschließen. Unmittelbare Vorläufer in der Bergbauliteratur, zum Beispiel das «Bergbüchlein» von Ulrich Rülein von Calw (1500), das «Gericht der Götter über den Bergbau» von Paulus Niavis (1490) oder die Kuttenberger Kanzionale von 1495, widmen sich nur Einzelthemen des Bergbaus. Agricola legt mit seinem Werk die Grundlage der Bergbaukunde, wie sie für die folgenden zweihundert Jahre richtungsweisend war. Während Biringuccio sehr viel mehr Ingenieur war als der Humanist Agricola und daher auch die technische Seite einzelner Verfahren – zum Beispiel die

Sprengtechnik – wirklich aus erster Hand in seiner «Pirotechnia» schildern konnte, besaß Agricola sehr viel mehr Erfahrungen durch Informationen und Beobachtungen auf vielen verschiedenen Gebieten der Bergbaukunde. Diese umfassenden Kenntnisse und seine humanistische Geisteshaltung prädestinierten ihn daher viel mehr zu einer Gesamtschau eines komplexen Gebietes. In «De re metallica» spricht Agricola das selbst aus: *Da nun dieses* (das Bergwesen) *unverkürzt und vollständig noch kein Schriftsteller beschrieben hat, und die fremden Völker unsere Sprache nicht verstehen, und wenn sie sie verstünden, sie von unseren oben erwähnten Schriftstellern nur einen kleinen Teil der Kunst lernen könnten, so habe ich diese Bücher über das Bergwesen geschrieben.*[10]

In der für einen Humanisten selbstverständlichen Arbeitseinstellung hat Agricola zunächst die Quellen der klassischen Antike über Mineralogie – wie wir es bereits im «Bermannus» gesehen haben – und über die Bergbaukunde zusammengetragen. Die Ausbeute war nicht groß: Da Griechen und Römer die Tätigkeit des Technikers und vor allem die Arbeit in Bergwerken für einen freien Mann nicht als angemessen ansahen, schenkte man Bergbaufragen auch in der Literatur wenig Beachtung. In der Renaissance änderte sich die Einstellung zu handwerklicher Arbeit grundlegend, das galt auch für die *schmutzige*, geheimnisvoll umwitterte Arbeit in Inneren der Erde. Schon lange vor Agricolas Aufenthalt in Joachimsthal waren die Bergleute in Deutschland ein angesehener Stand. Die typisch deutsche Handwerksorganisation in Zünften und Gewerken hatte dafür gesorgt, daß nicht nur die sklavenähnlichen Arbeitsformen, sondern auch die antiken Vorurteile gegen alle Dinge, die mit Steinen und Erden zusammenhingen, verschwanden. Zu Agricolas Zeit war der Beruf des Bergmanns der eines freien, sich oft in Familien vererbender Stand. In «De re metallica» hebt Agricola immer wieder den Stolz der Knappen auf ihren Beruf hervor.

Zu dieser neuen und grundsätzlich positiven Einstellung zur praktischen Arbeit, die auch durch den Humanismus geprägt worden ist, kamen bci der Wertschätzung des Bergbaus in Deutschland noch andere Aspekte. Die wachsende Ausbeute hatte zu einer neuen Blüte des deutschen Bergbaus geführt und ihn zu einem wichtigen Faktor der Wirtschaft und der Politik des Landes gemacht. Und Joachimsthal war gerade in den Jahren, in denen Agricola dort tätig war, ein Zentrum dieses Bergbaubooms. Durch zahlreiche Verbindungen mit anderen Bergbaugebieten war hier das aktuelle Wissen über das Bergwerkswesen konzentriert. Günstiger konnten die Bedingungen für das Entstehen von «De re metallica» nicht sein. Agricola, der humanistisch gebildete Gelehrte, der Geisteswissenschaftler, ist von der ungestümen Entwicklung in Joachimsthal fasziniert, er wendet sich intensiv der Beschäftigung mit dem Berg- und Hüttenwesen zu. «De re metallica» ist ein Zeugnis für die ungemein starke Auffassungs- und Abstraktionsgabe Agricolas. Er registriert alle Einzelheiten, er beobachtet nicht nur den einzelnen Vorgang oder das spezielle Gerät, sondern nimmt auch die weiterreichenden Folgen für Bergleute wahr. Er erweist sich als ein Humanist, der die Gabe besitzt, geisteswissenschaftliche Bildung, technisches und naturwissenschaftliches Interesse und pädagogisch-historisches Bemühen miteinander zu verbinden. Seine klare sprachliche Darstellung wird ergänzt durch sehr genaue, informative Abbildungen, die auch künstlerisch von großem Wert sind.

Agricola schreibt «De re metallica» in der Humanistensprache Latein. Nach den Voraussetzungen, die Agricola in dem Werk selbst von einem tüchtigen Bergmann fordert – er muß neben Philosophie, Medizin, Astronomie auch Kenntnisse in der Lehre von den Maßen, in der Rechen- und Zeichenkunst und im Bergrecht besitzen –, schreibt Agricola nicht für die Knappen, sondern für die Bergbausachverständigen, die Bergmeister oder die Obersteiger. Die Frage ist allerdings, ob diese immer über lateinische Sprachkenntnisse verfügten. Zum Leserkreis gehörten sicher auch die Unternehmer, die sich mit dem Gedanken trugen, eine Grube zu erschließen. Durch die lateinische Sprache suchte sich Agricola auch in der Gesellschaft der Gelehrten auszuweisen.

Das Werk zeigt eine dem bergbaulichen und hüttentechnischen Produktionsprozeß entsprechende Gliederung. In dem Widmungsschreiben faßt Agricola selbst den Inhalt kurz zusammen:

1. *enthält das, was gegen diese Kunst und gegen die Bergwerke und Bergleute, möglicherweise von denselben Leuten, gesagt werden kann,*
2. *entwirft ein Bild des Bergmannes und geht über zu der Erörterung, wie man sie gewöhnlich über die Auffindung der Erzgänge anstellt,*
3. *handelt von den Gängen, Klüften und Gesteinsschichten,*
4. *entwickelt das Verfahren des Vermessens der Gänge und beschreibt auch die bergmännischen Ämter,*
5. *lehrt den Aufbau der Gänge und die Kunst des Marktscheidens,*
6. *beschreibt die Gezähe* (die Werkzeuge) *und Maschinen im Bergbau,*
7. *handelt vom Probieren der Erze,*
8. *unterrichtet über die Arbeit des Brennens, des Pochens, des Röstens,*
9. *legt das Verfahren des Erzschmelzens dar,*
10. *unterrrichtet die Bergbautreibenden darüber, wie man Silber von Gold und Blei von diesem und von Silber scheidet,*
11. *weist die Wege, wie man Silber von Kupfer trennt,*
12. *gibt Hinweise für die Gewinnung von Salz, Soda, Alaun, Vitriol, Schwefel, Bitumen und Glas.*[11]

Die Darstellung besticht durch die Verbindung von humanitischer Methode, historischem Wissen mit der realistischen Naturbeobachtung und einem sicheren Blick für technische Geräte, Werkzeuge und technische Verfahren. Besonders eindrucksvoll ist das sechste Buch über die Bergbaumaschinen. In ihm finden sich zum Beispiel die Beschreibung und Abbildung eines riesigen Kehrrades mit genauen Angaben über dessen Dimensionen und Funktion, die Beschreibung der Bulgen- und Heinzenkünste, der Pferdegöpel und deren Einsatz zum Antrieb unterschiedlicher Maschinen, die Darstellung von Kranen, Naßpochwerken und durch Wasserräder angetriebenen Arbeitsmaschinen. Text und Abbildungen geben die Praxis exakt wider, die Arbeitsvorgänge lassen sich nach Agricolas Beschreibung genau nachvollziehen. In diesem ersten Lehrbuch über das Berg- und Hüttenwesen gelingt Agricola die immense Arbeit der Zusammenstellung des damaligen aktuellen Wissens, sie wird in Text und Bild in einer so akkuraten und einschlägigen Form gegeben, daß «De re metallica» den Praktikern und Gelehrten für mehrere Jahrhunderte als Leitfaden unentbehrlich ist. Mit diesem Werk ist Agricola wieder Wegbereiter für eine neue Wissenschaft, die Berg- und Hüttenkunde.

Das Werk war bahnbrechend in der Technikliteratur, es wurde in viele Sprachen übersetzt; es ist noch heute eines der besten Bücher, die über Technik geschrieben wurden. Es hat seinen Platz in der Sammlung *der Bücher, die die Welt verändern*, gefunden[12] und ist eine unentbehrliche Quelle der Technikgeschichte. Trotz dieser genialen Leistung Agricolas muß man sich klarmachen: Neue Geräte und Arbeitsmethoden für den Bergbau und das Hüttenwesen hat er nicht erfunden. Seine reichen Kenntnisse der Bergbaupraxis veranlassen ihn auch nicht, sich über die Fragen der Mechanik oder Hydraulik in dem damals bekannten Rahmen zu beschäftigen. Hinweise auf theoretische Überlegungen über Waagen und über die einfachen Maschinen findet man in seinem Werk nicht. Der Schritt vom Sammeln, Ordnen und exaktem Darstellen des großen praktischen Erfahrungsschatzes zu dessen theoretischer Begründung und Fundierung ist Agricola noch nicht möglich. Er schafft zwar die Grundlage und die Ausgangsposition für die wissenschaftliche Berg- und Hüttenkunde, aber sie entsteht erst später – aufbauend auf dem Lebenswerk Agricolas. Sarton spricht dies pointiert so aus: *Gleichwohl war der eingeschlagene Weg zur induktiven Wissenschaft noch lang und steinig, setzte er doch die geistige Abstraktion von der individuellen Einzelerfahrung zum dahinter verborgenen allgemeinen Prinzip der Naturgesetzlichkeit voraus. Trotz der bemerkenswert systematischen Ansätze und Konzepte war die Umformung des montanistischen Erfahrungswissens zur rationalen Montanwissenschaft noch nicht die eigentliche Aufgabe der Agricola-Zeit. Es ging zunächst darum, im großen Buch der Natur und der menschlichen Arbeit bislang wenig oder gar nicht bekannte Kapitel darzustellen.*[13] Nach der Mitte des 16. Jahrhunderts wächst die Zahl der Veröffentlichungen über technische Themen sprunghaft an. Immer häufiger werden diese Werke – man denke an die *Maschinenbücher* – in der jeweiligen Volkssprache geschrieben.

5. Skizze des Entwicklungsganges vom Erscheinen von «De re metallica» bis zum Beginn der neuzeitlichen Naturwissenschaft

Die Stufe des Sammelns und Ordnens vielfältiger praktischer und technischer Kenntnisse wird bald überwunden. Man erkennt, daß sich die neuen Anforderungen nicht mehr durch wiederholte Anwendung der alten Methoden oder durch eine Vervielfachung der Zahl der Arbeitskräfte lösen lassen. Diese spürbare Grenze traditionellen Vorgehens verstärkt unter den Praktikern das Bedürfnis nach einer vertieften Kenntnis ihrer beruflichen Tätigkeit und nach einer wissenschaftlichen Durchdringung ihrer Arbeit. Unter den Praktikern beginnen einige weitschauende Vertreter, sich aus eigenem Antrieb für theoretische Überlegungen zu interessieren, sie gelangen durch kritische Aneignung und Überprüfung vorhandener wissenschaftlicher Vorstellungen zu Ansätzen für neue Wissenschaftszweige. Solche vereinzelten Bemühungen vollziehen sich meist immer noch unbeachtet von der etablierten Wissenschaft. Unter diesen *neugierigen und aufgeschlossenen* Praktikern sind die *Künstler-Ingenieure* am kreativsten. In Leonardo da Vinci erlebt diese Entwicklung ihren Höhepunkt. Er geht in seiner wissenschaftlichen Betrachtungsweise praktischer Probleme weit über den Stand der vorher geschilderten Technikbücher hinaus. Das gilt in Deutschland auch für Albrecht Dürer, dem Zeitgenossen Agricolas aus Nürnberg, einem Zentrum des deutschen Renaissance-Humanismus, der in seiner «Underweysung der Messung mit Zirkel und richtscheyt» und vier Büchern über die menschlichen Proportionen einen Meilenstein in der künstlerisch-wissenschaftlichen Literatur dieser Zeit setzt.

Die Künstler-Ingenieure charakterisiert eine Gemeinsamkeit: sie grenzen sich von der offiziellen Wissenschaft ab, und sie betonen die Wichtigkeit der praktischen Erfahrung. Mit ihren – meist sporadischen – wissenschaftlichen Erkenntnissen ist zwar die Annäherung zwischen Praxis und Theorie wieder einen Schritt weitergekommen, aber es gelingt den Künstler-Ingenieuren noch nicht, eine umfassende theoretische Betrachtungsweise eines ganzen Gebietes zu finden. Aber sie nehmen selbstbewußt für sich in Anspruch, mit ihren Ansätzen etwas Neues zu schaffen, daß über die Möglichkeiten der herkömmlichen Wissenschaft hinauszeigt. Die nun gewählten Buchtitel machen das deutlich. Heißen die Werke von Alberti und Agricola noch «De re aedificatoria» oder «De re metallica», so nennt Tartaglia eines seiner Werke «Nova scientia». Dieser Titel wird zu einem Schlagwort. Galileo Galilei nimmt ihn 1636 auch in den «Discorsi» wieder auf. Ganz klar wird hier, daß sich die endgültige Loslösung von der Wissenschaft der Scholastik vollzieht. Bei der allmählichen Annäherung von Technik und Naturwissenschaften, von Praxis und Theorie, gehen die ersten Schritte eindeutig von den Praktikern aus. Aber die Aufnahme der *artes mechanicae* in das Lehrgebäude universitärer Bildung im 12. Jahrhundert ist – nach der strikt ablehnenden Haltung gegenüber handwerklicher Betätigung und technischem Erfindergeist – ein erster Hinweis, daß sich auf der Seite der *Gelehrten,* eine neue Einstellung zur Technik bemerkbar macht. Und der spanische Humanist Juan Luis Vives legt den Gelehrten 1530 sehr ans Herz: *Man solle sich nicht schämen, die Läden und Werkstätten zu betreten und sich dort von den Menschen des praktischen Lebens über ihre Erfahrungen belehren zu lassen.* In der ersten Hälfte des 16. Jahrhunderts, der Lebenszeit von Agricola, beginnen einige wenige Gelehrte, gesammelte Darstellungen aus der ungeheuren Fülle des neuen Wissens zu geben, dazu gehören unter anderem Cardano und della Porta. Zu einer Verschmelzung von praktischer Erfahrung und theoretischer Erfassung – und damit zum Beginn neuzeitlicher Wissenschaft – kommt es erst durch die Arbeiten von Galileo Galilei.

6. Medizin und Astronomie zur Zeit Agricolas

Im Gegensatz zu den beschreibenden, gerade erst entstehenden Naturwissenschaften, der Mineralogie, Geologie, Botanik, Zoologie und Geographie, und im Gegensatz zu den tastenden Versuchen von Physik und Technik, sich anzunähern, zeigen sich zwei andere Naturwissenschaften zur Zeit Agricolas in einem völlig anderen Bild: die Medizin und die Astronomie. 1543 erscheinen von Andreas Vaselins «De human corporis fabrica libri» und von Nikolaus Kopernikus «De revolutionibus orbium coelestium». In der *Fabrica* ist die Verschmelzung von Theorie und Praxis für die Medizin bereits vollzogen, mit ihr beginnt die moderne Anatomie. In dem Lebenswerk des Kopernikus wird der Grundstein für ein neues astronomisches Weltbild gelegt.

Zur Zeit Agricolas ist die Astronomie bereits eine voll entfaltete moderne Wissenschaft: Sie geht von Beobachtungen aus, verwertet ihre Messungen und prüft theoretische Annahmen durch Vergleich mit den Beobachtungsdaten. In der Frührenaissance hatten bereits Georg Peurbach und Regiomontanus erkannt, daß für eine verbesserte Theorie der Planetenbewegungen umfassendere und genauere Beobachtungsreihen gebraucht wurden. Diese Ansätze wurden durch Kopernikus erfolgreich vollendet. Als ihm die Mangelhaftigkeit der überlieferten Beobachtungdaten bewußt wird, legt er nicht nur die Ptolemäischen Zahlenangaben, sondern auch dessen erklärende astronomischen theoretischen Vorstellungen zur Seite. Nach der für einen humanistischen Gelehrten der Renaissance typischen Auffassung sucht Kopernikus zunächst in der Antike nach Vorbildern für ein Weltbild, das sich von dem des Ptolemäus unterscheidet. Mit Hilfe eigener Beobachtungen entwickelt er ein heliozentrisches Weltbild, wenn er auch in vielen Teilen noch den antiken Vorbildern verhaftet bleibt. Für unseren Gedankengang ist dabei wichtig: Der humanistische Gelehrte Kopernikus erkennt die Notwendigkeit eigener Beobachtungen als Grundlage seiner

Forschung an, führt diese praktischen Messungen selbst durch und kommt zu einer neuen theoretischen Gesamtschau der Planetenbewegungen. Die Vollendung dieses Werkes gelingt nach vielen Entwicklungsschritten – man denke an Tycho Brahe, Johannes Kepler, Galileo Galilei – schließlich im 17. Jahrhundert durch die «Principia mathematica» von Isaac Newton.

Die Astronomie hat zur Agricola-Zeit schon eine solche Entwicklungsstufe erreicht, daß der verknüpfende Schritt zwischen Praxis und Theorie bereits zu einem neuen umfassenden Verständnis der Planetenbewegung führt. Das Berg- und Hüttenwesen wird durch das Lebenswerk von Georgius Agricola auf die Stufe des umfassenden und ordnenden Sammelns gebracht, von hier aus ist noch kein Sprung zu hinterfragenden, theoretischen Überlegungen der praktischen Tätigkeit zu erwarten. Und diese Einsicht schmälert die geniale Leistung Agricolas in keiner Weise.

7. Agricola und die humanistischen Zentren im Deutschland der Renaissance

Wir wollen abschließend einen Blick auf das Wirken des Humanismus der Renaissance in Deutschland werfen und versuchen, Agricolas Einbindung darin zu finden.

Der Humanismus der Frührenaissance bewegt sich noch weitgehend im traditionellen kirchlichen Rahmen der ausgehenden Scholastik. Er ist zwar für Reformbestrebungen offen, tritt aber nicht in Opposition zur Kirche. Das Studium der Antike und die Begeisterung für die italienische Renaissancekultur prägt auch die Humanisten in Deutschland, auch sie sehen es als Ziel ihrer Studien an, sich eine umfassende Bildung und eine freiere Individualität anzueignen. Sie bleiben zunächst der katholischen Kirche verbunden. Erst allmählich wird sich der Humanismus des Gegensatzes zur Scholastik bewußt, es bilden sich antischolastische Bildungstendenzen heraus, die sich speziell in Deutschland mit einer antirömisch-nationalen Ausrichtung verbinden, die oft auch stark patriotische Züge aufweist.

In der Blütezeit des Humanismus – zu Lebzeiten Agricolas – bilden sich in Deutschland zahlreiche Zentren der neuen Geisteshaltung an Fürstenhöfen, Universitäten und in reichen Handelsstädten aus. *Basel* nimmt hier eine herausragende Stellung ein: Es war Sitz des Reformkonzils von 1431 bis 1449, besitzt seit 1459 eine Universität, verfügt ab 1513 über die größte Buchdruckerei in Europa und beherbergt einen starken Gelehrtenkreis. Dazu gehören z. B. Erasmus von Rotterdam, Paracelsus, Holbein d. J. und Oekolampad. In enger Verbindung mit Basel stehen die Humanisten in *Straßburg* – Sebastian Brant, Geiler von Kaysersberg, Jakob Wimpfeling u. a. –, in *Schlettstadt* – Beatus Rhenanus und Hieronymus Gebwiler – und in *Freiburg*.

Erasmus von Rotterdam ist die zentrale Persönlichkeit nicht nur für den Baseler Humanismus, sondern für den ganzen deutschsprachigen Raum und darüber hinaus. Agricola ist seit seinen Studienjahren in Leipzig bei Petrus Mosellanus überzeugter Erasmianer, und er ist dieser Einstellung Zeit seines Lebens treu geblieben. Ebenso wie Erasmus bleibt er dem katholischen Glauben verbunden, tritt für die Einheit der Kirche ein, verhält sich zunächst tolerant gegenüber reformatorischen Ideen, tritt aber auch aktiv in die Glaubensauseinandersetzungen ein. Auch bei den Bauernkriegen und den Aufständen der Knappen zeigt er zwar Verständnis für die sozialen Forderungen, zieht sich aber von einem aktiven Eingreifen zurück. Die Freundschaft und Wertschätzung des Erasmus bedeuten Agricola sehr viel. Allerdings muß man sehen, daß die Verbindung zwischen beiden Gelehrten nur wenige Jahre bestand und sich auf keinen persönlichen Kontakt, sondern nur auf einige wenige Briefe gründete. Der einzige Brief von Erasmus, der Agricolas ureigenstes Arbeitsgebiet anspricht, ist das öffentliche Empfehlungsschreiben für den «Bermannus» (1530). Er äußert sich zwar nicht zu dem eigentlichen Inhalt, aber er würdigt doch Agricolas Thema mit den Worten: *Das Neuartige des Gegenstandes hat mir sehr gefallen.* Und das bedeutet für einen Humanisten, der sich in seinem Lebenswerk ausschließlich mit literarischen, philosophischen, pädagogischen, religiösen und künstlerisch ausgerichteten Themen auseinandersetzt, sehr viel.

Eine Verbindung Agricolas zu Paracelsus, der durch seine metallurgischen Untersuchungen Themen nahestand, die auch in Agricolas Interessengebiet fielen, lassen sich nicht nachweisen. Vielleicht läßt sich in der Neigung von Paracelsus zur Auswertung alchimistischer Ansätze – die Agricola aufs Schärfste ablehnt – eine Begründung dafür sehen.

Für die Ausbreitung des Humanismus spielte *Wien* mit seinem Fürstenhof und der Universität eine wichtige Rolle. Zunächst war es in der Frührenaissance ein Mittelpunkt astronomischer Forschung durch Peurbach und Regiomontanus, später prägte Celtis und sein Dichterkreis die humanistische Ausrichtung von Wien. Die Werke der beiden bedeutenden Astronomen sind für Agricola kein literarischer Bezugspunkt, ebensowenig die Dichtungen der späteren Periode.

In *Heidelberg* – mit Rudolph Agricola und Melanchthon – und in *Tübingen* – mit Reuchlin – werden die humanistischen Bestrebungen vor allem durch sprachliche Studien und durch humanistische Bildungspläne geprägt. Hierher hat Georgius Agricola keine Beziehungen, das gilt auch für die humanistischen Zentren in den freien Reichstädten *Augsburg* und *Nürnberg.* Durch einflußreiche humanistisch gebildete Patrizier gewinnt hier der Humanismus, und vor allem die humanistische naturwissenschaftliche Tätigkeit, ein wichtiges Zentrum. Hier entstehen wichtige Beiträge zur Erdkunde und zur Kartographie. Die Schedelsche Weltchronik, der erste Erdglobus von Martin Behaim, die mathematischen Arbeiten von Pirckheimer und die mathematisch-künstlerischen

Schriften von Albrecht Dürer kommen aus dem humanistischen Nürnberger Gelehrten-Kreis.

Dagegen hält Agricola enge Verbindung zur Universität *Erfurt*, wo um Mutianus Rufus ein humanistischer Dichterkreis entsteht, und zur Hochschule in *Leipzig*, wo schon in seiner Studienzeit das Fundament für seine universelle humanistische und sprachliche Bildung gelegt wird. In der Reformation bildet sich dann an der neuen Universität *Wittenberg* ein humanistischer Kreis um Melanchthon, der für Agricola von großer persönlicher Bedeutung wird.

Das gesamte Netz der *humanistischen Kontakte* von Agricola im Deutschland der Renaissance zeigt deutlich: Eine Vielzahl von Verbindungen bestehen von Agricola zu vielen Vertretern des Humanismus im Deutschland zur Zeit der Renaissance. Aber diese Beziehungen kommen über seine humanistische Bildung zustande, naturwissenschaftliche oder technische Studien an anderen Orten sind kein Anknüpfungspunkt. Mit dem Thema seiner Lebensarbeit, dem *neuen Gegenstand* des Berg- und Hüttenwesens und den mineralogischen und geologischen Fragen steht er allein – wenn man die Hilfe von Freunden und Gelehrten bei der Vergrößerung seiner Gesteinssammlung außer acht läßt.

In Agricola haben wir eine der wenigen vielseitigen, genialen Persönlichkeiten vor uns, die durch ihre Pionierleistung entscheidende Marksteine für die Entstehung der modernen Wissenschaften gesetzt haben. In der Verquickung von einer fortwährenden historischen Rückschau auf antike Quellen, von sprachlich und philologischer Durchdringung mit der realistischen, konkreten Erfassung der aktuellen Situation vom Berg- und Hüttenwesen im umfassendsten Sinn verbindet Georgius Agricola in einer Person humanistische Geisteshaltung mit der Fähigkeit, ein umfangreiches naturwissenschaftlich-technisches Wissensgebiet erstmalig zu erschließen, zu ordnen und systematisch zu beschreiben. Agricola verkörpert in seinem Wirken sehr modern anmutende Ziele der heutigen Technik- und Naturwissenschaftsgeschichte: er beschreibt eine aktuelle Situation mit ihrem historischen Entwicklungsgang und versucht, das technische Geschehen in die Gesamtheit sozialer, wirtschaftlicher und kultureller Bezüge einzubetten. Unter diesem Blickwinkel ist er ein echter Namenspatron der Georg-Agricola-Gesellschaft, deren Arbeit gerade auf die umfassende Aufbereitung der Technik- und Naturwissenschaftsgeschichte gerichtet ist.

Anmerkungen

1 Krafft, Fritz: Renaissance und Naturwissenschaften – Naturwissenschaften der Renaissance. In: Humanismusforschung seit 1945. Kommission für Humanismusforschung, Mitteilungen II. Boppard 1975, S. 111–183.

2 Nach Wilsdorf, Helmut: Georg Agricola und seine Zeit. In: Agricola, Georgius: Ausgewählte Werke (AGA). Gedenkausgabe des Staatlichen Museums für Mineralogie und Geologie zu Dresden. Hrsg. von Prescher, Hans und Mathé, Gerhard. Bd. I, Berlin 1956, S. 156.

3 Einleitung Agricolas zum «Bermannus». In: AGA, Bd. II, Berlin 1955, S. 69.

4 Georgius Agricola: Bermannus oder über den Bergbau. In: AGA, Bd. II, Berlin 1955, S. 128.

5 Ebenda, S. 122/123.

6 Im Sammelband sind enthalten: «De ortu et causis subterraneorum» (Über die Entstehung und Ursache der unterirdischen Dinge) 1544; «De natura eorum, qui effluunt ex terra» (Vom Wesen dessen, was der Erde entquillt) 1545; «De natura fossilium» (Vom Wesen des Herausgegrabenen) 1546;«De veteribus et novis metallis» (Von Bergwerken in alter und neuer Zeit) 1546. In: AGA, Bd. III, Berlin 1956.; AGA, Bd. IV, Berlin 1958.; AGA, Bd. V, Berlin 1961.

7 Fraustadt, Georg; Prescher, Hans: Einführung zu Georgius Agricola, Schriften zur Geologie und Mineralogie I. In: AGA, Bd. III, Berlin 1956; Prescher, Hans; Wagenbreth, Otfried: Georgius Agricola – seine Zeit und ihre Spuren. Leipzig/Stuttgart 1994, Tabelle 9, S. 104.

8 Hier sind vor allem Arbeiten von E. J. Dijksterhuis, Maria Boas, P. O. Kristeller, Ernst Cassirer und Fritz Krafft (vgl. Anm.1) zu nennen.

9 Nach Trillitzsch, Winfried: Der deutsche Renaissance-Humanismus. Frankfurt a.M. 1981, S. 149.

10 Agricola, Georgius: Zwölf Bücher vom Berg- und Hüttenwesen. Düsseldorf 1978, S. XXX.

11 Vgl. ebenda.

12 Carter, John; Muir, Percy H. (Hrsg.): Bücher, die die Welt verändern. München 1968, S. 170–172.

13 Sarton, George: Six Wings. Men of science in the Renaissance. Bloominton 1957. Deutsche Übersetzung nach Suhling, Lothar: Aufschließen, Gewinnen und Fördern (Kulturgeschichte der Technik und der Naturwissenschaften. rororo 7713). Reinbek b. Hamburg 1983, S. 97.

Georgius Agricola und die Medizin seiner Zeit

Rolf Winau (Berlin)

Georgius Agricola hat Medizin studiert, ist Arzt gewesen, hat sich mit medizinischen Fragen auseinandergesetzt. Vieles in diesem Bereich ist jedoch nach wie vor ungeklärt und wird vielleicht gar nicht geklärt werden können.[1] Dennoch wollen wir versuchen, uns den medizinischen Anschauungen Agricolas zu nähern und sie in die Entwicklung der Medizin in der ersten Hälfte des 16. Jahrhunderts einzuordnen. Wir werden uns seiner medizinischen Ausbildung widmen, versuchen sein medizinisches Wirken zu skizzieren, seine medizinischen Auffassungen anhand der noch erhaltenen Schriften darlegen und uns schließlich seiner Bedeutung für die Arbeitsmedizin zuwenden.

Wann Agricola seine medizinische Ausbildung begonnen hat, ist nicht mit Sicherheit auszumachen. Als er 1522 Zwickau verließ, um in Leipzig zu studieren, war zunächst von einem Theologiestudium die Rede, aber er ist in Leipzig weder in der theologischen, noch in der medizinischen Fakultät als immatrikulierter Student zu finden. Aber er hat Umgang mit Medizinprofessoren der Leipziger Universität gehabt. Sein Mentor in Leipzig, Petrus Mosellanus, einer der bedeutenden Humanisten Leipzigs, hat ihm diese Bekanntschaften vermittelt. Da war zunächst Heinrich Stromer von Auerbach. Dieser war nicht nur ein gesuchter Arzt, Leibarzt mehrerer Kurfürsten, sondern auch Rektor der Universität Leipzig in dieser schwierigen Zeit, in der es nicht nur um die Rolle der Scholastischen Universität, sondern auch um handfeste Auseinandersetzungen zwischen Bürgern und Studenten ging. Stromer von Auerbach führte ein gastliches Haus und bot so eine Möglichkeit, Kontakte zu knüpfen. Von nicht unbedeutendem Einfluß dürfte auch Ulrich Rülein von Calw gewesen sein, der gleich in zweierlei Beziehung zum Werk des Agricola zu sehen ist. Als Bürgermeister von Freiberg hatte er sich dem Bergbau zugewandt und das erste deutsche Bergbaubüchlein geschrieben, als Professor der Medizin hatte er zwei Pesttraktate geschrieben – beides Gegenstände, die uns in Agricolas Werk wieder begegnen.

Von Leipzig aus ging Agricola nach Oberitalien, um dort seine Studien fortzusetzen und zu beenden. Erster Studienort wird wohl Bologna gewesen sein.

In Bologna begann das Studienjahr am 10. Oktober, spätestens bei der feierlichen Eröffnung des Studienjahres am 2. November mußten die Studenten in Bologna anwesend sein; Agricola ist wohl im Herbst 1522, vielleicht aber auch erst später, dort angekommen.

Bologna war neben Padua die bedeutendste der oberitalienischen Universitäten. In beiden stand auch die Medizin in besonderer Blüte. Aber ein Medizinstudium dieser Zeit hatte wenig gemein mit dem, was wir uns unter einem solchen Studium vorstellen. Auch das Medizinstudium war geprägt von der Berufung auf die Autorität der Antike, vornehmlich der des Hippokrates und des Galen und des arabischen Mittelalters, vor allem des Avicenna. Einen Patienten bekam ein Medizinstudent des frühen 16. Jahrhunderts auf der Universität nicht zu sehen. Medizin war eine philosophische und philologische Wissenschaft: aus für unbestreitbar gehaltenen Aussagen der Autoritäten wurde deduktiv der notwendige Schluß gezogen. Dabei war die Lehre Galens, der die hippokratische Medizin im zweiten nachchristlichen Jahrhundert zusammengefaßt und systematisiert hatte, in zunehmendem Maße verengt und dogmatisiert worden. Sie war zu einer Buchwissenschaft geworden.

Wie sah nun das theoretische Konzept aus, das auch Agricola studierte und zu seinem eigenen machte?

Im Mittelpunkt der galenischen Lehre stand die Humoralpathologie. Ausgehend von der Vier-Elementen-Lehre der griechischen Philosophen, war die Lehre von den vier Säften entstanden, die den menschlichen Körper konstituieren sollten: Blut, Schleim, gelbe Galle und schwarze Galle. Für jeden Menschen waren sie in einer typischen Mischung vorhanden und charakterisierten sein Temperament: Sanguiniker, Phlegmatiker, Choleriker und Melancholiker. Waren die vier Säfte in der für jeden Menschen typischen Mischung wohl geordnet, befanden sie sich im Gleichgewicht, in Eukrasie, dann war der Mensch gesund, gerieten sie aus dem Gleichgewicht, herrschte Dyskrasie, dann war der Mensch krank. Krankheit wurde also definiert als fehlerhafte Mischung der Säfte, als Disharmonie der Säfteverteilung. Alle Symptome, alle vom Arzt zu beobachtenden Zeichen sind nur Ausdruck dieser Dyskrasie.

Auf die Ursachen der Entstehung einer solchen Dyskrasie hier einzugehen, würde viel zu weit führen, sie können bedingt sein durch äußere und innere Ereignisse, durch Klima und Miasmen, ansteckende Dünste, durch Gifte, durch Fehler in der Lebensweise, durch psychische Faktoren, vor allem aber durch gestörte Ausscheidungen aus dem Körper. Gerade die Zurückhaltung von schädlichen Säften wurde zu einer der wichtigsten Ursachen von Krankheit erklärt.

Galen hat dieses System der Säfte verfeinert, indem er in das Schema zusätzlich die Qualitäten warm, kalt, feucht und trocken einführte, die in unterschiedlichen Graden – von 1 bis 4 – eine Krankheit charakterisieren sollten. Die sich daraus ableitende Pharmakotherapie war genauso spekulativ wie die Diagnostik aus Puls- und Harnschau. War eine Krankheit als warm im 3. Grad erkannt, so mußte der Arzt ein Medikament geben, das als kalt im 3. Grad angesehen wurde oder aber er mußte eine Medikamentenmischung suchen, deren einzelne Komponenten am Ende dieses Resultat ergaben. Ein Beispiel: Der Durchfall galt als warm im 3. Grad, das empfohlene Heilmittel Opium war kalt im 4. Grad, es mußte also durch einen Zusatz, der warm im 1. Grad war – hier Alkohol – auf das richtige Maß gebracht werden.

Aber die medikamentöse Therapie ist nicht das Mittel erster Wahl, an erster Stelle stand die Diätetik. Dabei ist Diätetik ein viel umfassenderes Konzept als wir heute unter Diät verstehen. Sie regelte nicht nur Essen und Trinken, sondern auch Schlafen und Wachen, Arbeit und Muße, Gemütsbewegung und Sexualleben. Daneben gab es als dritte, geringste Möglichkeit, die Chirurgie.

Daß eine solches Medizintheorie nicht zu einem realen Bild vom menschlichen Körper führen konnte, liegt auf der Hand. Doch fielen bei den Sektionen, die durchaus durchgeführt wurden, zunehmend Unterschiede zwischen der galenischen Beschreibung und dem tatsächlichen Augenschein auf, aber bis weit ins 16. Jahrhundert hinein war man eher geneigt, daran zu glauben, daß der menschliche Körper sich in einem guten Jahrtausend verändert habe, als die Lehren Galens in Zweifel zu ziehen.[2] Dies ist das theoretische Gebäude, das auch Agricola in Oberitalien lernte. Ihm kamen offensichtlich keine Zweifel daran; er war hervorragend ausgebildet, um sich in dieser Medizin zurechtzufinden. Er konnte Latein und Griechisch, und sein Trachten war darauf gerichtet, die Werke Galens und Hippokrates in einer philologisch möglichst orignialgetreuen Version kennenzulernen. Zweifel an den Grundfesten dieser Medizin hat er offensichtlich bis zu seinem Lebensende nicht gehegt.

Ganz anders ein gleichalter Student, der zur selben Zeit in Italien Medizin studierte: Theophrastus Bombastus Aureolus Philippus von Hohenheim, den Sie besser unter seinem selbstgewählten Namen Paracelsus kennen. Schon als Student war ihm klargeworden, daß die galenische Auffassung von den Verhältnissen im Körper nicht der Wirklichkeit entsprechen könnte, daß die galenische Therapeutik eine schematische sei. *Als die phisici pflegen drei pfund kelte an zwei pfund hitz zu setzen [...] ist als einer, der da wollt ein holzhaufen der da brennte, durch die winterisch kelte nöten zu gefrieren.*[3] Und noch viel deutlicher wurde er später. 1528 hat er als Stadtarzt von Basel die Schriften des Hippokrates und des Galen ins Johannisfeuer der Studenten geworfen und erklärt, er werde von nun an die Medizin nicht mehr nach den antiken Autoritäten, sondern nach der Natur lehren. Der Sturm der Entrüstung über ein solches Verhalten war allgemein.

Wir wissen nicht, wie sich Agricola zu Paracelsus gestellt hat, ob er ihn überhaupt gekannt hat. Eigentlich hätte dessen Forderung, nach der Natur zu lehren, ihn beeindrucken müssen, hat er sie doch später – wenn auch mit

Einschränkungen – zu seiner eigenen Leitlinie gemacht, aber er hat sich – mindestens in dem, was überliefert ist – nicht dazu geäußert.

Und auch zu einer zweiten großen Reformbewegung der Medizin dieser Zeit hat er nichts hinterlassen. Zu der in Padua – freilich erst nach seinem Weggang – debattierten neuen medizinischen Wissenschaft der Anatomie, wie sie Andreas Vesal ab 1538 vertrat. Anders als Agricola hatte diesen die Beschäftigung mit der galensichen Anatomie – er sollte sie für den Verlag der Junta neu herausgeben – zu einer kritischen Auseinandersetzung auch mit den Inhalten geführt, die schließlich in seinem großen neuen Anatomiebuch von 1543 münden sollten: «De fabrica humani corpori libri septem», sieben Bücher vom Bau des menschlichen Körpers.

Aber wir haben der Zeit vorgegriffen. Im Frühjahr 1524 ging Agricola *nach Venedig, um bei den Ärzten in die Schule zu gehen und den Galen griechisch zu lesen*, wie er später schreibt.[4] Diese Aussage ist nicht so eindeutig wie sie sich liest. Bedeutet Venedig wirklich die Stadt Venedig, oder vielleicht den Staat? Ging er vielleicht an die Venezianische Universität Padua? Und lernte er dort im griechischen Originaltext die galenische Krankenbehandlung? Oder lernte er bei venezianischen Stadtärzten die alltägliche Krankenbehandlung?

Sicher ist, daß Agricola 1525 nicht so sehr mit der Krankenbehandlung, als vielmehr mit der Herausgabe der Werke Galens in dem bedeutenden Verlag der Aldina beschäftigt war. Ein Privileg von 27. Januar 1525 stellte jeden Versuch, die dort erscheinenden Werke des Galen, des Hippokrates, des Paulus von Aigina und des Oribasios nachzudrucken, unter eine drakonische Strafandrohung: Geldstrafe von beträchtlicher Höhe und Exkommunikation.

Es war ein Team, dem Agricola angehörte; unter Leitung eines Italieners, Giovanni Battista Opiza, arbeiteten junge Humanisten, vor allem Engländer, und das Werk ging erstaunlich schnell von der Hand: 1525 erschien die Galenausgabe, schon ein Jahr später die Hippokratesausgabe, beide aus griechischen Handschriften ediert.[5]

Im Spätsommer 1526 verließ Agricola Venedig, 1527 wurde er Stadtarzt in Joachimsthal. Außer, daß er die Bergbauprodukte auch in seiner medizinischen Praxis einzusetzen gedachte, wissen wir kaum etwas von dieser seiner Tätigkeit. Aber der Verweis auf die klassischen Autoren im «Bermannus» spiegelt sein ungebrochenes Vertrauen in die antiken Autoritäten. Und auch andere sahen das so. Im Widmungsbrief zu diesem Werk schreibt Petrus Plateanus: *Er hat nicht wenig von dem, was die berühmten Ärzte einst im höchstem Stadium der Arzneikunst anzuwenden pflegten, aus der tiefsten Finsternis, oder [...] geradezu aus der Unterwelt in die das alles herabgeglitten war, ans Licht gebracht.*[6] In der Tat, Agricola hat immer wieder antike Verwendung von Mineralien, Erzen und Gesteinen belegt und sie mit aktuellen Praktiken der Bergarbeiter verglichen. Er wollte, wie er selber schrieb, auch *das den jeweiligen Heilkräften entsprechende ans Licht ziehen, was in unserem Deutschland in Bergwerken überhaupt gefunden wird und in der Antike unbekannt war.*[7]

Hier wird schon etwas sichtbar, was wir später noch deutlicher erkennen werden: Es kommt Agricola nicht so sehr auf ein neues theoretisches Konstrukt in der Medizin an, auf ein neues Konzept, wie es bei Paracelsus und Vesal war, sondern auf eine sehr praktische Anwendung zum Wohl und zum Schutz der Menschen.

1531 wurde Agricola Stadtleibarzt in Chemnitz, wurde dort mit den Pestzügen konfrontiert und so entstand wohl sein einziges erhaltenes medizinisches Werk, das freilich erst kurz vor seinem Tod bei Froben in Basel erschien.[8] «De Peste» war nicht das einzige Buch rein medizinischen Inhalts aus Agricolas Feder. Wenn wir einmal von der Redaktion der Galen- und der Hippokratesausgabe der Aldina in Venedig absehen, die uns wenig Auskunft über Agricolas medizinisches Denken geben, bleiben noch vier weitere Werke, die heute nicht mehr greifbar sind.[9] Zwei von ihnen gehören seiner frühen Arbeitsperiode an, sind ganz offensichtlich im Zusammenhang mit seiner venezianischen Tätigkeit konzipiert. Dabei handelt es sich um «Libellus Galeni latine versus» (Galens Büchlein ins Lateinische übersetzt) und um die «Castigationes in Hippocratem et Galenum» (Anmerkungen zu Hippokrates und Galen), die wir gerne lesen würden, um aus ihnen zu erfahren, ob und gegebenenfalls wie sich Agricola mit den antiken Autoritäten auseinandergesetzt hat. Eine weitere nicht erhaltene Schrift beschäftigt sich mit den medizinischen Quellen, «De fontibus medicatis», gehörte also im weiteren Sinne zur Bäderliteratur. Sie stand wohl in Verbindung mit der erhaltenen Schrift «De natura enim quae ex terra effluunt», die 1553 in das in Venedig erschienene Sammelwerk «De balneis» aufgenommen wurde. Diese Schrift ist eine systematische Aufstellung der medizinisch wirksamen Bestandteile des Wassers.[10] Die vierte Schrift, «De putretudine», befaßte sich mit der Fäulnis. Auch hier müssen wir den Verlust aufs Tiefste bedauern, hätten wir doch hier seine Stellung zu den gerade in den 30er Jahren aufkommenden Diskussionen um Infektion und Infektionsmodi erfahren können.

Durch das erstmalige seuchenartige Auftreten der Syphilis in Europa am Ende des 15. Jahrhunderts war diese Diskussion belebt worden. *Wie werden Krankheiten übertragen*, war zu einer der wichtigsten Fragen geworden. 1530 hatte der Veroneser Arzt Girolamo Fracastoro den amerikanischen Ursprung der Syphilis in einem langem Lehrgedicht dargestellt, 1546 hatte er eine Infektionstheorie aufgestellt, die einen belebten Erreger als Ursache der Krankheit annahm, der auf unterschiedlichem Wege übertragen werden konnte: durch Schmierinfektion, durch Tröpfcheninfektion und durch den *Zunder*, eine Infektion über faulende Materialien. Auch hier müssen wir bedauern, daß wir Agricolas Stellung in der Auseinandersetzung um diese neue Theorie nicht kennen.[11]

Es bleibt also nur das Pestbuch, das uns einen Einblick in Agricolas medizinisches Denken gewährt.[12]

Vordergründig verdankt die Schrift ihre Entstehung der Pestepidemie im Jahre 1552/53, wie wir durch den Freund Fabricius wissen. Betrachtet man die Schrift jedoch genauer, so wird klar, daß Agricola schon längere Zeit daran und dafür gearbeitet haben muß. Entstehung, Wesen, Ursachen und Behandlung der Pest sind laut Widmungsbrief die Gegenstände der drei Bücher über die Pest. Der Widmungsbrief führt auch aus, daß Agricola unter dem Begriff *Pest* nicht eine einheitliche Krankheit begreift, sondern mehrere, mindestens deren drei. *Drei Arten von Pest gibt es, wie wir aus den Schriften der alten Griechen ersehen, zwei hat schon der in der ärztlichen Kunst besonders berühmte und bekannte Hippokrates von Kos gekannt, die dritte auch Galen von Pergamon... ich selber habe viermal die Pest von der ersten Art erlebt, dreimal die der zweiten Art.*[13]

Agricola ist es klar, daß unter dem Namen Pest nicht nur eine Krankheit in der Geschichte der Medizin überliefert ist. Und so paraphrasiert er Galen: *Pest ist eine fieberhafte Seuche, durch die grausige Leiden, die in ihrem Verlauf auftreten, bedrohlich, ansteckend und für die meisten Menschen oder wenigstens für viele zu ein und derselben Zeit tödlich ist.*[14] Pest ist also ein Synonym für Seuche, der Begriff ist nicht eingeengt auf die Krankheit, die heute Pest heißt. Ob die vielen Pesten in der Geschichte wirklich die Pest gewesen sind, oder doch eher andere Epidemien, ist bis heute umstritten. Sicher ist, daß in der Mitte des 14. Jahrhunderts der sogenannte Schwarze Tod nach Europa kam, die Pest, die sich von den Hafenstädten Südeuropas aus über ganz Europa in nur fünf Jahren verbreitet hat und zu einem Massensterben führte. Ein Fünftel bis ein Drittel der europäischen Bevölkerung ist in dieser Zeit gestorben, die Bevölkerung verminderte sich von 150 Millionen auf 100 bis 120 Millionen. Von dieser Zeit an war die Pest immer wieder in epidemischen Zügen aufgetreten, vor allem im 16. und 17. Jahrhundert, ehe sie als Epidemie zu Anfang des 19. Jahrhunderts in Europa erlosch.

Das erste Auftreten der Pest hatte zu umfangreicher wissenschaftlicher Buch- und Traktatproduktion geführt, auch zu literarischer Produktion, wie das «Decamerone» belegt, aber auch zu konkreten seuchenpolizeilichen Maßnahmen. Auf all dies konnte Agricola zurückgreifen, und so erwähnt er neben seinen Meistern Hippokrates und Galen auch *arabische und jüngere – ebenso italienische wie andere – Schriftsteller* als Quellen.[15]

Dem einleitenden philologischen Kapitel über die Namen Pestis, Loimos, Epidemie, Lues folgt ein Kapitel über die Ursachen der Pest. Astrologische und theologische Ursachen lehnt er – wenn auch vorsichtig – ab: *die Theologen sagen, Gott sei der Urheber der Pest, die Astrologen bestimmte Gestirnskonstellationen seien es. Gegen die Einbildung dieser mag ich nicht kämpfen, gegen die fromme Meinung jener darf es, glaube ich, kein Christ. Aber die Ärzte haben es nicht nötig, auf diese Weise die Ursache der Pest herzuleiten. Sie sind ja Jünger der Philosophie und müssen daher dem nachgehen, was man mit den Sinnen wahrnehmen und mit dem Verstande begreifen [...] kann.*[16] Hier meint man den neuen Geist der Medizin zu spüren, aber Agricola fällt ins Althergebrachte zurück: Die Pest entsteht aus schwerer verpesteter Luft, aus dauernder ungünstiger Mischung der Luft, aus dem Genuß schlechter Speisen und Getränke, aus fauligen Ausdünstungen, aus todbringenden Dünsten. Daneben stehen aber offensichtlich eigene Beobachtungen: *häufiger aber wird die Pest durch unvorsichtige Fremde und Zureisende verbreitet.*[17] Und er führt Beispiele für diese Behauptung aus den letzten Jahren an.

Agricola unterscheidet drei verschiedene Pestformen, die er auf den Enstehungsmodus zurückführt, und die unterschiedlich gefährlich sind. Am gefährlichsten ist die Pest, die aus Ausdünstungen entsteht, es folgt die, die aus der Fäulnis der Säfte ihren Ursprung nimmt, die dritte Form schließlich führt er auf Hungersnöte zurück. Dies alles ist ganz im Sinne seiner antiken Gewährsmänner.

Im zweiten Buch behandelt Agricola die Klinik der Pest, wieder unter dem Aspekt der drei Pestarten. Die Pathophysiologie ist dabei auf der Säftelehre gegründet, und der Begriff der Fäulnis spielt eine zentrale Rolle. Im zweiten Teil des zweiten und im dritten Buch schließlich werden Heilmittel gegen die Pest, zum Teil in minutiösen Rezepten angegeben. Auch sie gehen mehr oder weniger auf die galenische Pharmakotherapie zurück.

Es ist schwer, die Pestschrift im medizinhistorischen Kontext einzuordnen. Über weite Strecken folgt sie traditionellen Bahnen; das ist nicht weiter verwunderlich. In der Mitte des 16. Jahrhunderts hatten die neuen Ansätze einer dynamischen Medizin des Paracelsus und eines morphologischen Konzeptes des Vesal sich noch nicht durchgesetzt, und für die Therapie hatte zumindest das letztere kaum eine Alternative zum Althergebrachten zu bieten. Und doch, zwar nicht vordergründig, der neue Ansatz – Wahrnehmung mit den eigenen Augen – wird in Spuren sichtbar. Dies betrifft nicht nur den schon erwähnten Infektionsweg, sondern er ist auch an anderen Stellen spürbar. Da wird zum Beispiel in den ersten Kapiteln eine Beobachtung mitgeteilt: Bei der Aufzählung von endemischen Krankheiten steht neben antikem Wissen die Angabe: Es gibt bei den Alpenvölkern übermäßig häufig Kropfbildung, die man auf die Beschaffenheit der örtlichen Lage, das Wasser oder die Luft oder eine besondere Lebensgewohnheit zurückführen kann.[18]

Oder in einem ausführlichen Kapitel wird die in Venedig praktizierte Quarantäne geschildert. Ich zitiere die Stelle etwas verkürzt: *Wenn aber die Pest die Bürger ansteckt, empfiehlt es sich, Fremde und Zureisende, die aus dem Land kommen, auf das es sich wirft, von den Städten und Dörfern fernzuhalten [...] In Venedig schafft man aus dem Volke die, die an der Pest erkranken, baldigst mit der ganzen Familie aus den Häusern fort, fährt sie in [...] öffentliche Gebäude einer in einer Lagune gelegenen Insel, die altes Lazarett heißt [...] Wenn sie von der Krankheit genesen sind, fährt man sie nach 40 Tagen zu einer zweiten Insel, die neues Lazarett heißt. Und man fährt sie nicht eher nach Venedig, als sie dort eben so viele Tage verbracht haben. Dorthin zwingt die Behörde auch alle, die mit Pestkranken Kontakt hatten, ebenso lange Zeit.*[19] Dies ist die Stelle, aus der der Begriff Lazarett in der deutschen Sprache sich herleitet.

Hier spricht Agricola ganz offensichtlich aus eigener Anschauung. Hier, wo es um den Gesundheitsschutz geht, weitaus konkreter als in den übrigen Kapiteln der drei Bücher. Und dies zeichnet auch die medizinischen Kapitel in «De re metallica» aus.[20]

Zu den Künsten und Wissenschaften die ein Bergmann nach Agricola beherrschen muß, gehört auch die Medizin: *Daß er für die Häuer und andere Bergarbeiter sorgen könne, damit sie nicht in Krankheit verfallen, von denen sie vor anderen bedrängt werden, oder wenn sie in solche verfallen sind, daß er entweder selbst sie kurieren oder dafür sorgen könne, daß Ärzte sie kurieren.*[21] Gesundheitsvorsorge und Heilung werden hier angesprochen. Daß es Agricola ganz besonders auf den Gesundheitsschutz ankommt, wird hier bereits sichtbar.

Die Schilderung der Gesundheitsgefahren für die Bergarbeiter gleich zu Beginn der zwölf Bücher thematisiert das Gesagte genauer. *Alsdann behaupten die Gegner, es sei gefährlich, sich um den Bergbau zu bemühen, weil die Berghäuer bald vom verderblichen Grubendunste getötet würden, den sie mit dem Atem einziehen, bald durch Abmagerung dahinschwinden, weil sie Staub in sich aufnehmen, der die Lungen zum Eitern bringt, bald verunglücken, erdrückt durch Zusammensturz der Berge, bald auch von der Fahrt in die Schächte fallen und dabei Beine, Arme und Hals brechen.* Agricola nimmt diese Vorwürfe ernst: *Man dürfe aber keinen wirtschaftlichen Nutzen so hoch schätzen, daß wegen seiner Größe Heil und Leben der Menschen in höchstem Maße aufs Spiel gesetzt werden.*[22]

Am Ende des 6. Buches geht er vor allem auf die Maßnahmen zum Gesundheitsschutz der Grubenarbeiter ein. Zunächst spricht er von den Wettermaschinen, die nötig sind, damit *Bergleute leicht atmen und ihre Arbeit verrichten können.*[23] Denn *wenn ein Schacht sehr tief geworden ist, ohne daß zu ihm ein Stollen oder von einem anderen Schachte ein Feldort herangeführt worden ist, oder wenn ein Stollen sehr lang ist, ohne daß er mit einem Schachte in Verbindug steht, so kann sich die Luft nicht verdünnen und wird für die Bergleute so dick, daß sie schwer atmen können. Zuweilen ersticken sie sogar und brennende Lichter verlöschen.*[24]

Drei Gattungen solcher Wettermaschinen beschreibt er: Das Zuleiten von Luft mittels bestimmter Konstruktionen, die den vorbeistreifenden Wind auffangen und mit Rohren in die Tiefe leiten sollen, Maschinen, die, von Hand betrieben, mittels Schaufeln oder Flügeln frische Luft in die Tiefe führen sollen und Blasebälge, die sowohl geeignet sind, Frischluft einzublasen als auch schwere und schädliche Luft abzusaugen. *Da auf jeden Luftstoß der Bälge jedes Mal ein anderer folgt, so wird die Luft leicht aus einem Stollen von 1200 Fuß Länge und auch aus einem noch längeren abgesaugt, während die frische Luft natürlich nachdringt [...] auf diese Weise wird die Luft erneuert, und die Arbeiter können die angefangene Arbeit fortführen.*[25]

Die präzise Beschreibung einer solchen Anlage, die mit Pferdekraft betrieben wird, macht deutlich, daß Agricola hier von etwas spricht, das er aus persönlicher Anschauung kennt. *Es bleibt noch übrig von den Unglücksfällen und Krankheiten der Bergleute zu sprechen und von den Mitteln, durch die sie sich vor ihnen bewahren können.*[26] An erster Stelle steht das kalte Wasser, in dem die Bergleute oft stehen müssen. Stiefel, die die Beine vor der Nässe und Kälte des Wassers schützen, sind Agricola ein probates Mittel.

Ähnlich gesundheitsschädlich wie das kalte Wasser ist der trockene Staub in manchen Gruben. Er gelangt in die Lungen und erzeugt Atembeschwerden und Asthma, Eiterung der Lungen und Schwindsucht. *Auf den Gruben der Karpaten findet man Frauen, welche sieben Männer gehabt haben, die alle jene unheilvolle Schwindsucht dahingerafft hat.*[27] Auch der schwarze Hüttenrauch zerfrißt Lungen und Augen. Schützen kann man sich vor Staub und Rauch, indem man eine Gesichtsmaske trägt, die das Einatmen von Staub und Dunst verhindert.

Als besondere Gefahr beschreibt Agricola schließlich das Feuersetzen in einem Stollen. Ein dadurch entstehendes Gift bewirkt eingeatmet Bewußtlosigkeit, es kommt zu Schwellungen an Händen und Füßen, so daß Arbeiter beim Ausfahren den Halt verlieren und in die Schächte stürzen. Wenn sie einen solchen Sturz überleben, sind sie bleich wie die Toten. Dieser Wirkung – es dürfte sich um die Wirkung von Kohlenmonoxyd gehandelt haben, die Agricola beobachtet hat – kann man nur entgehen, wenn man während die Feuer brennen, die Grube nicht betritt.

Brüche von Armen und Beinen führt Agricola zumeist auf Unachtsamkeit der Bergleute und auf Fahrlässigkeit der Steiger zurück.

Wenn vom Beginn der Sozial- und Arbeitsmedizin in Deutschland die Rede ist, werden meist zwei Namen in einem Atemzug genannt: Paracelsus und Agricola.[28] Agricolas Anteil haben wir eben kennengelernt. Paracelsus hat ein Büchlein «Von der Bergsucht und anderen Bergkrankheiten» geschrieben.[29] Paracelsus geht von einem ganz anderen Standpunkt als Agricola aus. Seine Beschreibung der Bergsucht ist eingebunden in seine Gesamtvorstellung von Gesundheit und Krankheit, von Mikrokosmos und Makrokosmos. Zwar beschreibt er die Symptome der Staublunge, *ir fieber, ir geschwer, ir schwinsucht, ir völli, ir husten, ir keichen, ir engi mitsamt anderen speciebus*[30], aber die Erörterung der Pathophysiologie macht deutlich, daß er auch hier seiner Idee von den tartarischen

Krankheiten nachgeht: auch in der Lunge schlägt sich der Tartarus nieder *auf mercurialisch wie ein sublimirter rauch, der sich coaguliert, und wie ein salzgeist, der sich von der resolution in ein coagulation coaguliert, und zum driten, wie ein sulphur, der durch die reverberirung an die Nebenwände geschlagen wird. zu gleicher weis wie ir sehen ein rein faß, das zu herbstzeiten mit wein anfült wird, der lauter ist und anzusehen on alle corporalitetder greiflichen congelation; und aber im ausgang des jars, so der wein wider herausgegossen wird, so werden dieselbigen drei species, mercurius, sulphur und sal am selbigen faß angelegt gefunden, das tartarum ist.*[31] Die Bergsucht dient Paracelsus als Modell für seine alchemistische Theorie der Entstehung der Krankheiten aus den drei Prinzipien Sal, Mercurius und Sulphur. Prophylaxe und Therapie werden von ihm nur gestreift. Der arbeitende Mensch steht bei ihm viel weniger im Mittelpunkt als bei Agricola. Und so muß man, wenn man von Pionieren der Arbeitsmedizin spricht, die Reihenfolge wohl umkehren: Agricola und Paracelsus.

In der Welt des Paracelsus, in der Verflechtung von Mensch und Natur, von Sinnlichem und Übersinnlichem, spielt die Welt der Geister eine große Rolle. Aber auch bei dem so nüchternen Agricola, der sich von allem Aberglauben frei glaubte, spielen solche Gedanken eine Rolle: *In einigen unserer Gruben, wenngleich nur in recht wenigen, gibt es ein anderes Übel und Verderben, nämlich die Berggeister, schrecklich anzuschauen.*[32] *Die einen bieten einen wilden und schreckerregenden Anblick und sind meist den Bergleuten unfreundlich und feindlich gesinnt [...] es gibt aber auch gute Geister [...] Kobolde, Bergmännchen, Guttel genannt.*[33]

Agricola zeigt sich in seinem medizinischen Denken als ein Arzt auf der Schwelle zwischen zwei Epochen. Einerseits ist er rückwärts gewandt in seiner unbestrittenen Anerkennung der Autorität der antiken Lehrer, andererseits ist er einer der ersten, der die neue Legitimation, dic Berufung auf den eigenen Augenschein, ernst nimmt, nicht in einem großen systematischen Entwurf, sondern, und das war für die Menschen sicher sogar wichtiger, in sehr konkreten Verbesserungen ihrer Gesundheitsbedingungen.

Anmerkungen

1 Zum Lebenslauf Agricolas vgl. Engewald, Gisela-Ruth: Georgius Agricola. 2. Aufl., Stuttgart 1993.

2 Vgl. dazu Winau, Rolf: Konzepte von Gesundheit und Krankheit. In: Winau, Rolf (Hg.): Technik und Medizin (= Technik und Kultur, Bd 4). Düsseldorf 1993, S. 9–30.

3 Paracelsus: Vom Ursprung und Herkommen der Franzosen. In: Paracelsus: Sämtliche Werke. Hrsg. von Karl Sudhoff. Bd. 7, München 1923, S. 357.

4 Schreiben an den Rat der Stadt Zwickau vom 1. Februar 1536. Der lateinische Text *ut medicos sectarer* deckt nicht die Übersetzung *um den Ärzten ans Krankenbett zu folgen*, die Theodor Brugsch gegeben hat. Vgl. Brugsch, Theodor: Agricola als Arzt. In: Georgius Agricola 1494–1555. Hrsg. v. d. Deutschen Akademie der Wissenschaften, Berlin 1955, S. 163–170.

5 Vgl dazu Wilsdorf, Helmut: Agricola in Italien und seine persönlichen Beziehungen zur angelsächsischen Welt. In: Brugsch, Theodor: Agricola als Arzt ... (Anm. 4), S. 230–246.
6 Agricola, Georgius: Ausgewählte Werke (AGA). Gedenkausgabe des Staatlichen Museums für Mineralogie und Geologie zu Dresden. Hrsg. von Prescher, Hans und Mathé, Gerhard. Bd. II, Berlin 1955, S. 64.
7 Ebenda, S. 140.
8 De peste libri tres. Basel 1554.
9 Vgl. hierzu Brugsch, Theodor: Agricola als Arzt ... (Anm. 4), S. 168.
10 De balneis omnia quae extant apud Graecos, Latinos et Arabas. Venedig 1553.
11 Fracastoro, Girolamo: Syphilidis sive morbi gallici libri tres. Verona.; ders.: De contagionibus et contagiis morbis et eorum curatione. Verona 1546.
12 Die deutschen Zitate folgen der Übersetzung in: AGA, Bd. VI, Berlin 1961, S. 233–367.
13 AGA, Bd. VI, S. 254.
14 Ebenda, S. 258.
15 Ebenda, S. 255.
16 Ebenda, S. 258.
17 Ebenda, S. 262.
18 Ebenda, S. 257.
19 Ebenda, S. 281f.
20 De re metallica libri XII. Basel 1556. Die Zitate folgen der deutschen Übersetzung, die von der Georg-Agricola-Gesellschaft unter dem Titel «Zwölf Bücher vom Berg- und Hüttenwesen» (5. Aufl., Düsseldorf 1978) herausgegeben wurde.
21 Zwölf Bücher vom Berg- und Hüttenwesen. 5. Aufl., Düsseldorf 1978, S. 1.
22 Ebenda, S. 4.
23 Ebenda, S. 171.
24 Ebenda, S. 171.
25 Ebenda, S. 180.
26 Ebenda, S. 183.
27 Ebenda, S. 185.
28 Vgl. Buess, Heinrich: Paracelsus und Agricola als Pioniere der Sozial- und Arbeitsmedizin. In: Deutsche Medizinische Wochenschrift 86(1961), S. 2335–2340; wiederabgedruckt in: Soziale Medizin. Hrsg. von Lesky, Erna. Darmstadt 1977, S. 7–25.
29 Paracelsus: Von der Bergsucht und anderen Bergkrankheiten. Zuerst gedruckt 1567, geschrieben wohl 1533/34. Zitate nach der von Karl Sudhoff herausgegebenen Gesamtausgabe (Anm. 3), Bd. 9, München 1925.
30 Paracelsus: Von der Bergsucht ... (Anm. 29), S. 465.
31 Ebenda, S. 467.
32 Zwölf Bücher vom Berg- und Hüttenwesen ... (Anm. 21), S. 186f.
33 Ebenda, S. 540f.